개정판

상하수도 공학

이정수 지음

신광문화사

머리말

오염이 심하지 않을 경우 물은 자연의 순환과정을 통해 오염이 제거되고 원래의 순수에 가까운 상태를 회복한다. 이와 같은 지속적인 물의 순환과 자정과정은 인간의 삶뿐만 아니라 지구상 모든 생명체의 생명활동 및 물리적 환경을 유지하는데, 오늘날과 같이 물 사용량과 하수 발생량의 급격한 증가는 물의 순환과정 중 자연의 정화능력을 초과하여 물은 오염된다. 그리고 이러한 결과는 많은 생명체의 서식환경을 악화시키고 인간의 삶의 질을 저하시키며 경제적 손실마저 유발한다.

따라서 물을 잘 관리하는 것은 무엇보다 중요한 문제인데, 물의 관리와 이용을 보다 효과적으로 시행하기 위해서는 각종의 자연현상, 즉 강수·증발·지하침투·유출 등 지구상의 물 순환, 자연의 정화작용, 물의 인위적 오염과정과 처리방법 및 이들 상호간의 관계 등을 체계적으로 연구해야 한다. 다시 말해 물 관리는 대단히 많은 분야가 관련되는데, 이 중 상·하수도공학은 인간의 편익을 위해 순환과정의 일부 물을 수집·이용하고 오염된 물을 차집·처리하는 분야이다.

이와 같이 상·하수도공학은 많은 관련 분야와 관련 기초지식이 요구되는데, 이 책은 최근 새롭게 개정된 상하수도 설계기준을 초심자나 전문가가 되도록 쉽고 폭 넓게 이해하고 응용할 수 있도록 관련 기초지식을 포함하여 상수도편은 9장으로 하수도편은 6장으로 구성하였다. 이 중 특히 하수처리 분야는 보다 신중히 기술하였는데, 그것은 이 분야가 아직까지 잘못 알려진 사실이 많고 복잡하여 전문가 역시 자세히 이해하지 못하고 경험에만 의존하고 있기 때문이다. 이 책은 이 부분의 기초적 내용과 더불어 개정된 설계기준을 포함하여 왜곡되거나 쉽게 이해되지 않았던 부분을 바로잡고 설명하기 위해 새로운 이론을 제시하였으며, 아울러 새롭게 제시된 이론을 쉽게 이해하고 바로 실무에 응용할 수 있도록 자세한 설명과 예제를 수록하였다. 하지만 이러한 노력에도 불구하고 필자의 저서로는 부족한 내용이 많을 것으로 생각된다. 따라서 이 책의 부족한 점은 기회가 있을 때마다 수정·보완할 예정인데, 관련하여 독자의 꾸준한 관심과 조언을 부탁드린다.

끝으로 이 책의 출판에 도움을 주신 신광문화사 관계자 여러분께 깊이 감사드린다.

목 차

Part 01

상수도

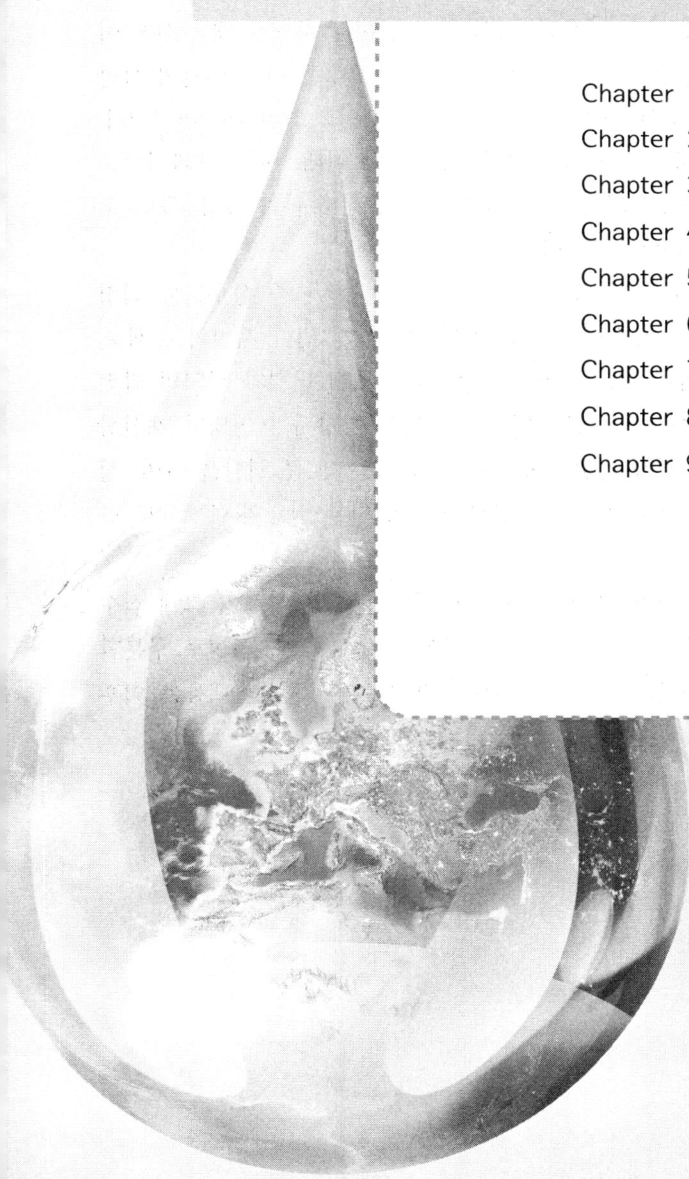

Chapter 1 총 론

인간은 생명을 유지하기 위해 물을 마시며, 마신 물을 땀이나 분뇨로 배출한다. 이와 같이 물은 인간의 생명 유지에 필수적인 자원이며, 그 중요성은 단지 인간의 삶만이 아니라 지구상의 모든 생명체의 생명활동 및 물리적 환경의 조성과도 관련된다. 따라서 물을 효율적으로 관리하고 이용하는 것은 매우 중요한데, 물을 효과적으로 관리하고 이용하기 위해서는 지구상의 물의 순환과 자정작용·수원의 특성·물의 오염과정과 처리방법 등을 체계적으로 탐구해야 한다.

상·하수도공학은 이러한 문제를 다루는 공학의 한 분야로, 이 중 상수도는 적정 수질의 물을 필요한 만큼 필요한 장소까지 오염 없이 공급하기 위한 시설의 총체로, 음용 목적은 물론 산업 등 도시에 필요한 용수를 공급하므로써 도시와 산업의 발전에 기여하고 있다. 그 외에도 상수도는 도시의 소방기능을 향상시켜 인명과 재산상의 손실을 감소시킬 수 있고, 도시를 청결하게 유지·관리하는 데 큰 역할을 하며, 정화된 물을 풍부하게 공급함으로써 수인성 전염병뿐 아니라 다른 질병의 예방에도 크게 기여한다.

상수도가 상기의 기능을 발휘하기 위해 필요한 시설은 그림 1.1과 같이 크게 집수(集水) 및 취수(取水)시설·정수시설·송수 및 도수시설·급수 및 배수시설로 구분할 수 있으며, 각 시설별 일반적 구성은 표 1.1과 같다. 각 시설의 자세한 내용은 이후에 기술하였다.

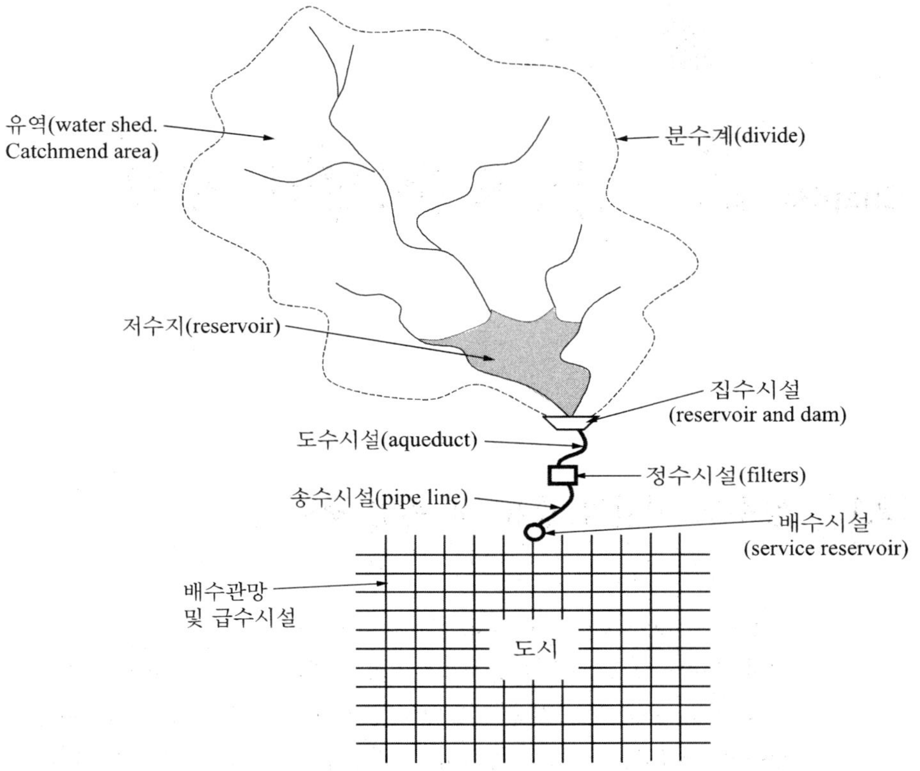

그림 1.1 상수도 시설의 관계도

표 1.1 상수도 시설의 일반적 구성

수원	취수시설	도수시설	정수시설	송수시설	급·배수시설
지표수	취수문 취수탑 취수관 등	침사지 → 도수관거	착수정 → 침전지 → 여과지 → 소독시설 → 정수지	송수관로	배수시설(배수지, 배수탑, 고가탱크, 배수관) 급수시설(급수관, 수도메타, 급수전)
지하수	천정호 심정호 집수매거	상동	착수정 → 여과지 → 소독시설 → 정수지	상동	상동

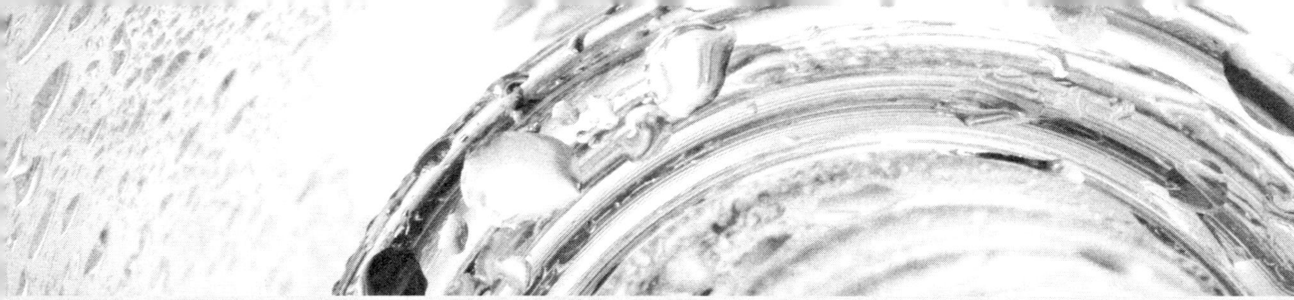

Chapter 2 상수도 시설의 계획

2.1 상수도 시설의 종류 및 관련 용어

상수도(water works or water system)란 음용수 공급과 관련된 모든 시설의 총칭이며, 일반적으로 하수나 공업용수도와 구별하기 위해 사용되는 용어로 수도와 동일한 의미로 사용된다. 한편 수도(水道)란 관과 기타의 공작물을 사용하여 원수 또는 정수를 공급하는 시설을 총칭하며, 일반수도·공업용수도·전용수도로 구분한다. 다만, 농업용수 및 일시적인 목적으로 설치된 시설은 제외한다.

1. 일반수도

일반수도(一般水道)란 광역상수도·지방상수도 및 마을상수도를 말한다.

① 광역상수도

광역상수도(廣域上水源)란 국가·지방자치단체·수자원공사 또는 관련 장관이 인정하는 자가 둘 이상의 지방자치단체에 원수 또는 정수를 공급하는 일반수도를 말한다.

② 지방상수도

지방상수도(地方上水道)란 지방자치단체가 관할 지역주민·인근 지방자치단체 또는 그 주민에게 원수 또는 정수를 공급하는 일반수도로 광역상수도 및 마을상수도 외의 수도를 말한다.

③ 마을상수도

마을상수도(簡易上水道)란 지방자치단체가 대통령령으로 정하는 수도시설에 의하여 급수인구 100인 이상 2,500인 이내에게 정수를 공급하는 일반수도로 1일 공급량이 20 m^3 이상 500 m^3 미만인 수도나 또는 그와 비슷한 규모의 수도로 시장·군수·구청장이 지정하는 수도를 말한다.

2. 공업용수도

공업용수도(工業用水道)란 공업용 수도사업자가 원수 또는 정수를 공업용에 적합하게 처리하여 공급하는 수도를 말한다.

3. 전용수도

전용수도(專用水道)란 전용상수도와 전용공업용수도를 말한다.

① 전용상수도

전용상수도(專用上水道)란 100인 이상을 수용하는 기숙사·사택·요양소 기타의 시설에서 사용되는 자가사용 목적의 수도와 수도사업에 제공되는 수도 외의 수도로 급수인구 100인 이상 5,000인 이내에게 원수 또는 정수를 공급하는 수도를 말한다. 다만, 다른 수도에서 공급되는 물만을 상수원으로 하는 것 중 대통령령으로 정하는 것과 그 수도시설의 규모가 대통령령이 정하는 기준에 미달하는 것은 제외한다.

② 전용공업용수도

전용공업용수도(專用工業用水道)란 수도사업에 따른 수도 외의 수도로 원수 또는 정수를 공업용에 적합하게 처리하여 사용하는 수도를 말한다. 다만, 다른 수도에서 공급되는 물만을 상수원으로 하는 것 중 대통령령으로 정하는 것과 그 수도시설의 규모가 대통령령이 정하는 기준에 미달하는 것은 제외한다.

4. 소규모 급수시설

소규모 급수시설(小規模給水施設)이란 주민이 공동으로 설치·관리하는 급수인구 100인 미만 또는 1일 공급량 20 m^3 미만인 급수시설 중 시장·군수·구청장이 지정하는 급수시설을 말한다.

5. 중수도

중수도(中水道)란 사용한 수돗물을 생활용수·공업용수 등으로 재사용할 수 있도록 다시 처리·공급하는 시설을 말한다.

6. 수도시설

수도시설(水道施設)이란 원수 또는 정수를 공급하기 위한 취수·저수·도수·정수·송수·배수시설과 급수장치 및 기타 수도와 관련된 시설을 말한다.

7. 급수장치

급수장치(給水裝置)란 수도사업자가 일반의 수요자에게 원수 또는 정수를 공급하기 위하여 설치한 배수관에서 분지하여 설치한 급수관과 기타 계량기·저수조·수도전 등 급수에 관련된 기구를 말한다.

8. 빗물이용시설

빗물을 모아 생활용수·조경용수·공업용수 등으로 이용할 수 있도록 설치한 시설을 말한다.

2.2 기본계획의 목표 및 기초조사

물 사용량은 인구 증가와 도시 발전에 따라 매년 증가하므로, 상수도시설은 계획한 기간까지 지역주민의 편의와 지역의 정상적 발전에 꾸준히 기여할 수 있도록 급수의 범위와 시설능력을 결정해야 한다. 따라서 상수도 계획의 수립 시에는 국가나 관련기관의 상위계획과 부합하며, 동시에 합리적이고 경제적으로 수립해야 하며, 기본적으로 양적 질적 안정성·시설의 개량과 갱신·자연제해나 주변 환경 등을 고려하여 상수도가 그 목적을 달성할 수 있도록 다음과 같은 기초자료를 면밀히 조사해야 한다.

① 급수량의 현황과 장래 급수요구량의 추정 : 인구의 동향·경제성장률 및 장래 도시계획 등을 조사한다.

② 상수원에 대한 조사 : 예상 상수원의 수질 및 수량, 현재의 물 이용 현황 및 장래 계획 등을 조사한다.

③ 주변의 자연조건 조사 : 상수원 유역의 지형·지질·강우·기온 등 자연환경을 파악하여, 홍수나 가뭄 등 자연재해 시에도 급수의 안정정이 확보될 수 있고, 아울러 증설·개량·유지관리의 용이성 등을 감안하여 시설부지의 위치나 여유부

지·구체적 배치나 구조 등도 고려한다.

④ **생활환경 조사** : 가로 및 도로·하천·지하 매설물 등에 대한 현황 및 장래 계획을 조사한다.

이들 기초자료는 계획년도·급수구역·급수량·시설의 규모 등 계획의 구체화를 위해 필히 요구되며, 그림 2.1은 이러한 기초자료를 가지고 구체적 세부계획을 수립해 가는 과정을 도식적으로 나타낸 것이다.

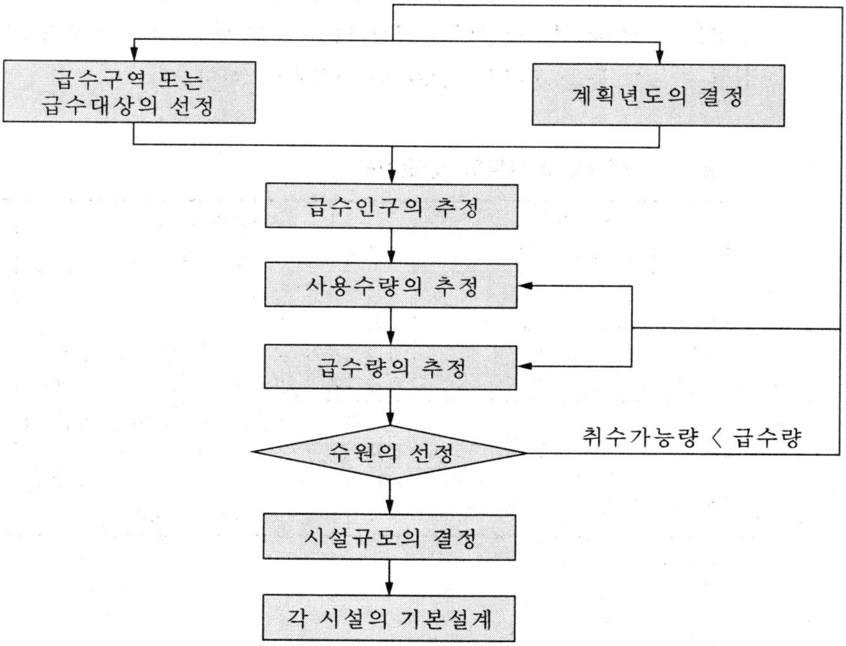

그림 2.1 수도 기본계획의 순서

2.3 계획년도 및 계획급수구역

물 사용량은 매년 증가하므로 현재의 수요량을 대상으로 수도를 계획할 경우, 곧바로 공급의 부족을 초래하게 된다. 따라서 계획년도는 장래의 수요를 대상으로 정하며, 동시에 각종 시설물이나 기계의 내용년수(耐用年數)·시설확장의 가능성·건설비·당시의 자금사정이나 화폐의 가치 등을 고려해야 한다. 이와 같이 계획년도는 당

시의 사정이나 해당 도시의 사정에 따라 각기 다르므로 일률적으로 정할 수 있는 문제는 아닌데, 계획년도를 지나치게 길게 하면, 건설비가 증가하고 각종 시설물이나 장비의 노후화에 따라 관리비가 상승하게 되며, 역으로 계획년도를 지나치게 짧게 할 경우, 잦은 확장공사 등으로 비경제적이다. 따라서 계획년도는 나라마다 다소 다르지만 우리나라에서는 그간의 실적을 근거로 15~20년 후를 목표로 하는 것이 보통이다. 각 시설의 일반적 계획년도는 표 2.1에 나타낸 바와 같다.

한편 계획급수구역이란 계획년도까지 급수를 계획하고 있는 구역으로, 수도사업자는 계획급수구역 내의 수요자에게 계획년도까지 급수할 의무를 가진다. 따라서 급수구역을 정할 때에는 당장의 요구보다는 도시계획상 장래 발전의 가능성, 경제성 및 실현 가능성 등을 충분히 검토하여 결정해야 한다.

표 2.1 상수도 시설물의 계획년도

시 설	시설의 특징	계획기간(년)
대규모 댐 및 대구경 관로	확장이 어렵고 시설비가 비싸다.	25~50
정호, 도·송수관 중 대규모인 것, 정수장의 기간시설, 배수지 등	비교적 확장이 쉽다. 수요의 증가와 자금이율이 연 3% 이하로 낮은 경우 자금이율이 연 3% 이상으로 높은 경우	 20~25 10~15
ø300 mm 이상의 배수본관 등	소구경관을 대구경으로 치환하는 것은 비경제적이다.	20~25
ø300 mm 이하의 배수지관 등	필요에 따라 단시일에 수요에 대처하고, 수요지점의 장기 예측이 어렵다.	수요에 따라 결정

2.4 계획급수인구

급수인구란 수도에 의해 급수를 받는 상주인구를 말하며, 계획급수인구란 계획년도 내에 급수의 혜택이 계획된 인구수이다. 따라서 유동인구, 즉 주야 유입인구나 여행자 등은 급수인구에 포함되지 않는다.

계획급수인구는 계획급수량을 결정하기 위한 기초인자로 식 (2.1)과 같이 계획 급수구역 내 상주하는 인구에 계획급수보급률을 곱하여 결정한다. 하지만 도시의 장래 인구의 변화는 해당 도시의 상황에 따라 다르므로 과거의 변화 경향·유사 도시의 변화 경향 및 도시계획 등을 고려하여 결정한다. 한편 급수보급률은 식 (2.2)와 같이 구할 수 있는데, 일반적으로 도시나 산업의 규모에 따라 증가하며, 지하수의 수질이 불량한 도시는 보통 도시보다 크다.

$$\text{계획급수인구} = \text{계획년도의 계획급수구역 내 총인구} \times \text{계획급수보급률}(\%) \div 100 \qquad (2.1)$$

$$\text{급수보급률} = (\text{급수인구} / \text{급수구역 내 총인구}) \times 100(\%) \qquad (2.2)$$

2.5 장래인구의 추정

인구의 추정은 과거 20년 정도의 인구조사 자료를 토대로 하고, 앞으로 도시계획에 따른 발전 추세를 고려하여 정하는데, 해당 도시의 특성에 따라 등차급수법·등비급수법·Peggy 함수식·지수곡선식·logistic corve법·수정지수곡선식 등 여러 가지 추정공식이 제시되어 있다. 하지만 이들 식과 관계없이 예측 결과의 오차는 일반적으로 대도시에 비해 소도시에서 크게 나타나는데, 그 이유는 변화요인에 대해 소도시가 보다 민감하게 작용하기 때문이다. 따라서 추정공식의 선정 시에는 각 도시의 과거 경향과 아울러 최근의 경향을 주시하여 반영하는 것이 요구된다.

2.5.1 등차급수법(等差級數法)

이 방법은 식 (2.3)과 같이 인구의 증가수가 매년 거의 일정하다고 가정하고 계산하는 방법으로 추정인구가 과소평가되는 경향이 있다. 일반적으로 단기추정에 적합하며, 발전이 완만한 도시 또는 발전이 거의 완료된 중·대도시에 적합하다.

$$P_n = P_o + nq \qquad (2.3)$$

여기서, P_n : 현재부터 n년 후의 인구

P_o : 현재 인구

n : 현재부터 계획년도까지의 경과년수

q : 연평균 인구증가수 $= \dfrac{P_o - P_t}{t}$

P_t : 현재로부터 t년 전의 인구이다.

예제 2.1

L 도시의 인구자료를 조사한 결과는 다음과 같다. 등차급수법을 이용하여 2015년의 인구를 추정하라.

풀이 1991～2000년의 연평균 증가 인구수는

$$q = \frac{P_o - P_t}{t} = \frac{247,800 - 204,700}{9} = 4,789$$

따라서 2015년 인구는 $247,800 + 4,789 \times 15 = 319,635$인

표 2.2 L 도시의 과년도 인구변화

연 도	인 구	연 도	인 구
1991	204,700	1996	229,400
1992	207,900	1997	234,400
1993	212,800	1998	238,100
1994	216,500	1999	242,000
1995	224,600	2000	247,800

상기 방법은 2개의 자료(1991년과 2000년의 인구자료)를 이용하는 방법으로 자료의 이상(異常) 변화가 있을 경우 추정치는 매우 달라질 수 있다. 따라서 이러한 변화의 영향을 최소화시키기 위해서는 통계적 수단으로 최소자승법(最小自乘法)을 이용할 수 있는데, 최소자승법이란 관측값과 계산값과의 차를 제곱하고, 그 값의 총합이 최소가 되도록 회귀식의 계수를 결정하는 방법이다. 표 2.2의 인구 변화 추이는 거의 직선적이므로 회귀식으로 직선식 $y = ax + b$를 취할 경우, 상수 a, b는 다음 식을 이용하여 구할 수 있다.

$$a = \frac{N\sum XY - \sum X \sum Y}{N\sum X^2 - \sum X \sum X}, \qquad b = \frac{\sum X^2 \sum Y - \sum X \sum XY}{N\sum X^2 - \sum X \sum X}$$

여기서, N : 인구의 자료 수

X : 기준년으로부터의 경과년수

Y : 인구수이다.

표 2.3 최소자승법에 의한 계산

연 도	인 구(Y)	X	X^2	XY
1991	204,700	−4	16	−818,800
1992	207,900	−3	9	−623,700
1993	212,800	−2	4	−425,600
1994	216,500	−1	1	−216,500
1995	224,600	0	0	0
1996	229,400	1	1	229,400
1997	234,400	2	4	468,800
1998	238,100	3	9	714,300
1999	242,000	4	16	968,000
2000	247,800	5	25	1,239,000
Σ	2,258,200	5	85	1,534,900

따라서 $a=\dfrac{N\sum XY-\sum X\sum Y}{N\sum X^2-\sum X\sum X}=\dfrac{10\times 1,534,900-5\times 2,258,200}{10\times 85-5\times 5}=4,918.8$

$$b=\dfrac{\sum X^2\sum Y-\sum X\sum XY}{N\sum X^2-\sum X\sum X}=\dfrac{85\times 2,258,200-5\times 1,534,900}{10\times 85-5\times 5}=223,360$$

기준년도는 1995년이므로 2015년은 기준년으로부터 20년 후이다. 따라서 2015년의 인구는 $y_{(2015)}=4,918.8\times 20+223,360=321,736$인이다.

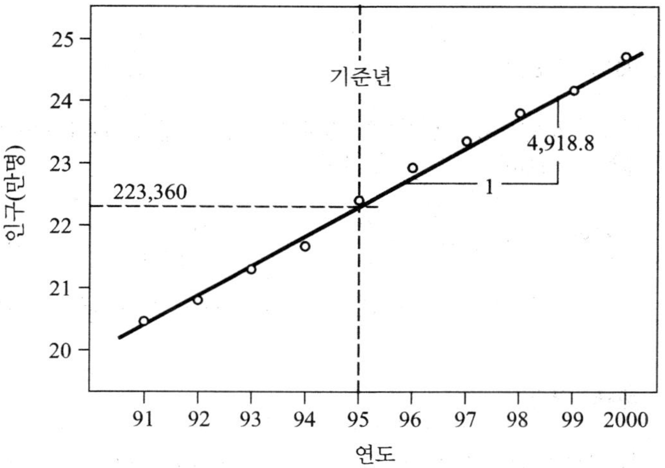

그림 2.2 최소자승법에 의한 인구예측

2.5.2 등비급수법(等比級數法)

이 방법은 식 (2.4)와 같이 매년 인구의 증가율이 거의 일정하다고 가정하고 이 인구증가율을 기준으로 인구를 추정하는 방법이며, 추정인구가 과대평가되는 경향이 있다. 일반적으로 상당한 기간 동안 일정률로 발전이 지속되어 온 발전적인 도시에 적합하다.

$$P_n = P_o(1+r)^n \tag{2.4}$$

여기서, P_n : 현재부터 n년 후의 인구

P_o : 현재 인구

r : 연평균 인구증가율 $= \left(\frac{P_o}{P_t}\right)^{\frac{1}{t}} - 1$

P_t : 현재로부터 t년 전의 인구이다.

참고로 r값의 대략치는 대도시의 경우 2～3%, 소도시의 경우 0.5～1%, 읍·면지역의 경우 0～0.03% 정도이다.

한편 식 (2.4)는 대수를 취하여 식 (2.5)와 같이 직선식 $y = ax + b$의 형태로 나타낼 수 있다.

$$\log P_n = n\log(1+r) + \log P_o \tag{2.5}$$

예제 2.2

L 도시의 인구자료를 조사한 결과는 표 2.2와 같다. 등비급수법을 이용하여 2015년의 인구를 추정하라.

풀이 먼저 증가율 $r = \left(\frac{P_o}{P_t}\right)^{1/t} - 1 = \left(\frac{247,800}{204,700}\right)^{1/9} - 1 = 0.0215$이다.

따라서, $P_n = P_o(1+r)^n = 247,800(1+0.0215)^{15} = 340,939.1 \fallingdotseq 340,940$인

예제 2.3

최소자승법에서 회귀식으로 직선 $y = ax + b$을 취할 경우, 상수 a, b를 구하라.

풀이 최소자승법이란 관측값과 계산값과의 차를 제곱하고, 제곱값의 총합이 최소가 되도록 회귀식의 계수를 결정하는 통계적 수단이다. 제곱값의 총합을 R이라고 하면, $R = \sum(y - ax - b)^2$이고, R이 최소가 되기 위해서는 a나 b로 편미분한 값

이 0이 되어야 한다. 즉,

$$\frac{\partial R}{\partial a} = -2\Sigma x(y-ax-b) = 0$$

$$\therefore\ \Sigma xy - a\Sigma x^2 - b\Sigma x = 0 \tag{2.6}$$

$$\frac{\partial R}{\partial b} = -2\Sigma(y-ax-b) = 0$$

$$\therefore\ \Sigma y - a\Sigma x - \Sigma b = \Sigma y - a\Sigma x - Nb = 0 \tag{2.7}$$

위 식 (2.6)과 (2.7)에 각각 N, Σx를 곱하여 연립하면,

$$a(N\Sigma x^2 - \Sigma x\Sigma x) = N\Sigma xy - \Sigma x\Sigma y \qquad \therefore\ a = \frac{N\Sigma xy - \Sigma x\Sigma y}{N\Sigma x^2 - \Sigma x\Sigma x}$$

한편, 식 (2.6)과 (2.7)에 각각 Σx와 Σx^2을 곱하여 연립하면,

$$b(N\Sigma x^2 - \Sigma x\Sigma x) = \Sigma x^2\Sigma y - \Sigma x\Sigma xy \qquad \therefore\ b = \frac{\Sigma x^2\Sigma y - \Sigma x\Sigma xy}{N\Sigma x^2 - \Sigma x\Sigma x}$$

이다.

2.5.3 지수곡선식

이 방법은 그림 2.3과 같이 대부분의 도시에 적용 가능하며, 다음 식 (2.8)과 같다.

$$P_n = P_o + An^a \tag{2.8}$$

여기서, P_n : 기준년도로부터 n년 후의 인구지수

P_o : 현재의 인구를 100으로 할 경우 기준년도의 인구지수

n : 기준년도부터 계획년도까지의 경과년수

A, a : 상수이다.

한편 식 (2.8)에 대수를 취하고 최소자승법을 이용하여 상수 A와 a를 구할 수 있다.

$$\log(P_n - P_o) = \log A + a\log n \tag{2.9}$$

여기서, $\log(P_n - P_o) = Y$, $\log n = X$, $\log A = b$라고 하면, $Y = aX + b$의 형태가 되고, 최소자승법에 의해 a와 b를 구한다.

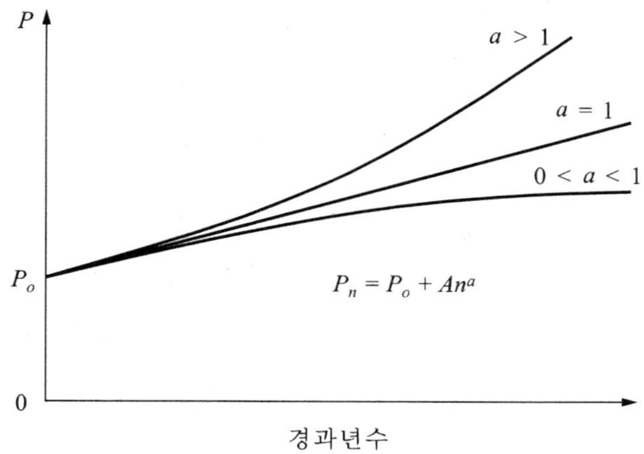

그림 2.3 지수 곡선에 의한 예측인구의 경향

예제 2.4

L 도시의 인구자료를 조사한 결과는 표 2.2와 같다. 지수곡선식을 이용하여 2015년의 인구를 추정하라.

풀이 먼저 지수곡선식에 의한 계산표를 작성한다.

표 2.4 현재(2000년)의 인구를 100으로 할 경우 각 연도의 지수

연 도	인 구	지수(P_n)	연 도	인 구	지수(P_n)
1991	204,700	82.61	1996	229,400	92.57
1992	207,900	83.90	1997	234,400	94.59
1993	212,800	85.88	1998	238,100	96.09
1994	216,500	87.37	1999	242,000	97.66
1995	224,600	90.64	2000	247,800	100.00

표 2.5 지수곡선식에 의한 계산

연도	n	X=log n	X^2	지수(P_n)	P_n-P_o	Y=log(P_n-P_o)	XY
1991	0	–	–	82.61	0	–	–
1992	1	0	0	83.90	1.29	0.11059	0
1993	2	0.30103	0.09062	85.88	3.27	0.51455	0.15489
1994	3	0.47712	0.22764	87.37	4.76	0.67761	0.32330
1995	4	0.60206	0.36248	90.64	8.03	0.90472	0.54470
1996	5	0.69897	0.48856	92.57	10.41	1.01745	0.71117
1997	6	0.77815	0.60552	94.59	12.43	1.09447	0.85166
1998	7	0.84510	0.71419	96.09	13.93	1.14395	0.96675
1999	8	0.90308	0.81555	97.66	15.50	1.19033	1.07496

연도	n	X=log n	X^2	지수(P_n)	P_n−P_o	Y = log(P_n−P_o)	XY
2000	9	0.95424	0.91057	100.00	17.84	1.25139	1.19413
Σ		5.55975	4.21513			7.90506	5.82156

자료수 $N=9$이고,

$$a=\frac{N\sum XY-\sum X\sum Y}{N\sum X^2-\sum X\sum X}=\frac{9\times 5.82156-5.55975\times 7.90506}{9\times 4.21513-5.55975\times 5.55975}=1.2019$$

$$b=\frac{\sum X^2\sum Y-\sum X\sum XY}{N\sum X^2-\sum X\sum X}=\frac{4.21513\times 7.90506-5.55975\times 5.82156}{9\times 4.21513-5.55975\times 5.55975}=0.13586$$

한편 $\log A=b$에서, $A=1.3673$

$$\therefore\ P_n=P_o+An^a=82.61+1.3673n^{1.2019}$$

기준년도가 1991년이므로 $n=24$이다.

따라서 $P_n=82.61+1.3673\times 24^{1.2019}=144.95$이고.

2015년의 예상인구는 $204{,}700\times\dfrac{144.95}{100}=296{,}713$인이다.

2.5.4 이론곡선식(logistic curve)

이 식은 먼저 인구의 극한치(K)를 가정한 다음, 인구증가율이 다음 식 (2.10)과 같이 현재인구 및 현재인구와 극한인구의 차에 비례한다고 전제한 것이다.

$$\frac{dy}{dx}\propto y(K-y) \tag{2.10}$$

위 식을 y에 대해 풀면, 다음 식과 같은 이론곡선식이 얻어지는데, 이 식은 포화인구(극한인구)를 가정하는 데 어려움이 있으나, 도시인구의 변화 경향을 잘 나타내므로 자주 사용되고 있다.

$$y=\frac{K}{1+me^{-ax}}=\frac{K}{1+e^{b-ax}} \tag{2.11}$$

여기서, y : 기준년으로부터 x년 후의 인구

x : 기준년으로부터 경과년수

e : 자연대수의 저

K : 포화인구

$m,\ a,\ b$: 상수이다.

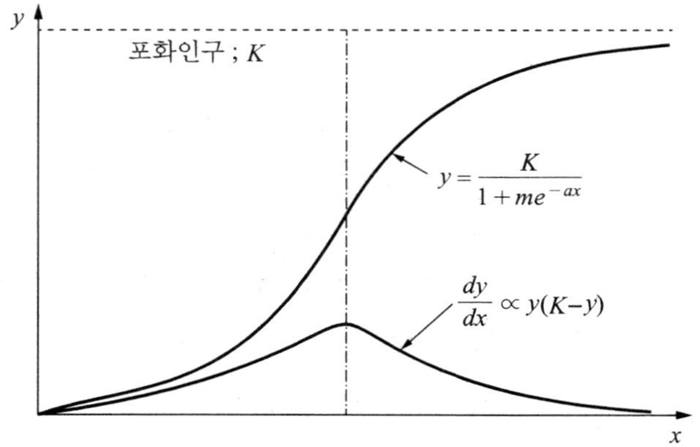

그림 2.4 이론곡선식

상기 식 (2.11)의 상수 a, b를 결정하기 위해서는 이 식에 대수를 취한 후 최소자승법을 이용한다. 식 (2.11)을 변형하면,

$$\log y - \log(K - y) = ax \log e - b \log e \tag{2.12}$$

여기서, $\log y - \log(K-y) = Y$

$x \log e = X$

$b \log e = -C$라고 하면, $Y = aX + C$의 형태가 되고, 최소자승법에 의해 a, b는 각각 다음과 같다.

$$a = \frac{N\sum XY - \sum X \sum Y}{N\sum X^2 - \sum X \sum X}$$

$$b = -\frac{1}{\log e}\frac{\sum X^2 \sum Y - \sum X \sum XY}{N\sum X^2 - \sum X \sum X}$$

예제 2.5

L 도시의 인구자료를 조사한 결과는 표 2.2와 같다. 포화인구를 35만 명으로 가정할 경우 이론곡선식을 이용하여 2015년의 인구를 추정하라.

풀이 먼저 이론곡선식에 의한 계산표를 작성한다.

표 2.6 이론곡선식에 의한 계산

연도	인구(y)	x	X=x log e	X^2	Y=log y−log(K−y)	XY
1991	204,700	−4	−1.7372	3.0179	0.1486	−0.2581
1992	207,900	−3	−1.3029	1.6975	0.1653	−0.2154
1993	212,800	−2	−0.8686	0.7545	0.1906	−0.1656
1994	216,500	−1	−0.4343	0.1886	0.2100	−0.0912
1995	224,600	0	0	0	0.2531	0
1996	229,400	1	0.4343	0.1886	0.2792	0.1213
1997	234,400	2	0.8686	0.7545	0.3070	0.2667
1998	238,100	3	1.3029	1.6975	0.3279	0.4272
1999	242,000	4	1.7372	3.0179	0.3504	0.6087
2000	247,800	5	2.1715	4.7154	0.3847	0.8354
Σ			2.1715	16.0324	2.6168	1.5290

자료수 $N=10$이고,

$$a = \frac{N\Sigma XY - \Sigma X \Sigma Y}{N\Sigma X^2 - \Sigma X \Sigma X} = \frac{10\times 1.529 - 2.1715\times 2.6168}{10\times 16.0324 - 2.1715\times 2.1715} = 0.0617$$

$$b = -\frac{1}{\log e}\frac{\Sigma X^2 \Sigma Y - \Sigma X \Sigma XY}{N\Sigma X^2 - \Sigma X \Sigma X}$$

$$= -\frac{1}{0.4343}\frac{16.0324\times 2.6168 - 2.1715\times 1.529}{10\times 16.0324 - 2.1715\times 2.1715} = -1.60$$

$$y = \frac{K}{1+e^{-1.6-0.0617x}}$$ 이고,

2015년의 예상인구는 $y = \dfrac{350,000}{1+e^{-1.6-0.0617\times 20}} = 330,570$ 인이다.

2.5.5 수정지수곡선식

이 방법은 logistic curve와 같은 경향의 추정식이다.

$$P_n = k - ab^n \tag{2.13}$$

여기서, P_n : 기준년도로부터 n년 후의 인구 수

k : 극한값(포화인구)
n : 기준년도부터 계획년도까지의 경과년수
a, b : 상수이다.

한편 식 (2.13)에 대수를 취하면 다음 식 (2.14)와 같고,

$$\log(k-P_n) = n\log b + \log a \tag{2.14}$$

여기서, $\log(k-P_n) = Y$, $\log b = X$, $\log a = c$라고 하면,
$Y = nX + c$의 형태가 되고, 최소자승법에 의해 n과 c를 구할 수 있다.

2.6 계획급수량

2.6.1 용수량과 용수의 종류

도시의 소비용수는 크게 생활용수(가정용수·공업용수·영업용수·업무용수)·소화용수·불명수(不明水) 등으로 대별되는데, 각각의 사용량은 도시의 크기·산업의 종류·계절·수도요금·수압 및 수도시설의 관리효율 등 여러 요인에 따라 크게 달라진다. 따라서 상수도의 사용량을 예측하기 위해서는 계획의 규모나 용수의 종류 등을 고려해야 하는데, 광역적 계획을 수립할 경우에는 용도별(가정용·영업용·업무용·공업용 등) 사용량이 합산된 양을 생활용수로 취급하여 분석·추정하는 것을 원칙으로 하고 필요한 경우 용도별 사용량을 고려하여 지자체별로 세분한다. 하지만 지자체별 계획인 경우에는 용도별 사용량과 경향을 추정할 수 있도록 과거 20년 정도의 자료를 분석하여 장래 용도별 사용량을 추정해야 한다.

한편 공업용수의 경우 전용공업용수와 생활용수 급수구역 내 입지 업체의 사용량을 구분·추정하여 상기 수요량 예측 시에 누락 또는 중복되지 않도록 해야 하는데, 전용공업용수는 해당지역의 공업용수 사용량을 업종별로 분석하여 추정하거나 업종별 원단위를 이용하고, 생활용수 급수구역 내 사용량은 생활용수로 취급하여 추정하거나 각 업체별로 조사하여 업종별로 추정한다. 기타 해당 도시의 특성에 따라 특정의 용수(관광용수·군부대용수·항만용수 등) 사용량을 고려해야 할 경우에는 이들 용수가 생활용수 원단위에 포함되어 있는지 여부를 확인한다.

1. 가정용수

가정용수는 취사·음용·청소·수세식 화장실·정원의 살수 등 가정에서 사용되는 모든 용수를 말한다. 즉 가정용수는 음용을 전제로 하기 때문에 건강상·정서상 문제가 없어야 한다. 한편 1인당 사용수량은 생활수준, 세대 구성원의 수 및 계절 등에 따라 달라지는데, 일반적으로 생활수준이 높을 경우나 세대 구성인원이 적을수록 1인당 사용수량은 증가한다.

2. 영업용수

음식점·호텔·여관·오락장·백화점, 이·미용실 등 영업에 사용되는 용수를 말한다.

3. 공업용수

공업용수의 사용량은 업체의 종류·규모·수도요금 등에 따라 크게 다르다. 일반적으로 소량의 용수를 사용하는 소규모의 공장들은 수돗물을 이용하지만 대량의 용수를 사용하는 대규모 공장은 별도의 전용수도를 사용하는 것이 일반적이다. 또한 식품이나 음료 산업과 같이 용수가 제품의 질을 크게 좌우하는 경우에는 자체 개발한 용수를 사용할 가능성이 커진다. 따라서 공업용수의 사용량을 정확하게 추정하기는 매우 어려우며, 대상지역에 대한 특별한 조사를 통해 생활용수의 분석·추정 시 누락 또는 중복되지 않도록 유의해야 한다. 표 2.7은 상수도 사용 여부와 관계없이 업종별 공업용수 사용량의 대략 치를 나타낸 것이다.

표 2.7 공업용수(淡水)의 제품 ton당 용수량(m^3/t)

업종	식 품	폴리에틸렌	알루미늄	펄프(제지용)	석유정제	시멘트	메탄올	
용수량	125	50～60	350	300～500	20	2～5	300	
업종	황산암모늄	암모니아	강재	비철금속	電解소다	면사*	短絲*	염료整理*
용수량	200～250	550	60	180	120	160	540	170

주) *의 제품단위 : 1000 lb

4. 공공용수

공공용수란 관청·병원·학교 등 공공건물의 용수와 가로·공원 또는 화단의 살수·소화용수 등을 총괄한 것으로, 이 중 소화용수는 대도시의 경우 그 비중이 크지 않으나 소도시에서는 큰 비중을 차지하므로 별도로 용량을 산정해야 한다. 일반적으로 1인1일당 공공용수 사용량은 20～30 L 정도로 판단된다.

5. 불명수

이것은 손실수량이라고도 하는데, 대부분 시공이나 관리의 부실에 따른 누수(漏水)에 의한 것이다. 누수율은 수압에 따라 증가하는데, 우리나라의 평균 누수율은 2010년 기준 약 11% 정도이며, 자재의 고급화와 노후 수도관 교체사업 등으로 누수율은 향후 소폭이나마 꾸준히 감소할 것으로 예상된다.

소화용수를 제외한 용도별 사용수량을 예시하면 표 2.8과 같다.

표 2.8 용도별 사용수량(L/capita · day)

구분＼국별	일 본	미 국	미국(2000년)	
			수 량	비 율(%)
가정용수	50～100	60～270	300	44
상공업용수	30～40	40～380	상업 100	15
			공업 160	24
공공용수	20～30	20～80	60	9
불명수	15～25	40～150	50	8
합 계	115～196	160～880	670	100

6. 소화용수

소화용수량은 도시의 성격 · 소방시설 · 인구밀도 · 내화성 건축물의 비율 · 기상조건 등에 따라 다르며 연간 용수 사용량에 대한 비율은 극소하다. 하지만 화재 발생 시에는 일시에 대량의 물이 필요하기 때문에 소화용수량은 일 급수량이 적을수록, 즉 도시의 규모가 작을수록 시간최대 급수량이나 배수시설 등의 규모를 결정하는 데 영향을 미친다. 그러나 취수 · 송수 · 정수시설의 결정에는 직접적으로 영향을 주지 않는다. 소화용수량의 산정에는 다음 공식들이 이용되며, 이들 공식은 인구 20만 명 이하의 도시에 적용한다.

① NBFU(National Board of Fire Underwriter; 미국국립소방협회)공식

$$Q = 3.86\sqrt{P}(1-0.01\sqrt{P}) \ [\mathrm{m^3/min}] \qquad (2.15)$$

여기서, Q : 소화용수량

P : 인구수를 1000으로 나눈 값(1,000명 단위)이다.

② Kuichling 공식

$$Q = 2.65\sqrt{P} \ \ [\mathrm{m^3/min}] \tag{2.16}$$

여기서, P : 인구 1,000명 단위이다.

③ Freeman 공식

$$Q = 0.946\left(\frac{P}{5} + 10\right) \ \ [\mathrm{m^3/min}] \tag{2.17}$$

여기서, P : 인구수를 1000으로 나눈 값(1,000명 단위)이다.

한편 20만 명 이상인 경우에는 2차 화재 준비용으로 2,000～8,000 gal/min을 가산한다. 1 gallon은 3.7853 L 이다. 소화전은 배수지관에 설치하는데, 매 블록마다 1개 이상 설치한다. 화재지속시간은 소도시에서는 보통 1～1.5시간으로 가정하는 것이 적당하며, 미국국립소방협회에서는 인구 2,500명 이하의 도시에서는 5시간, 그 이상에서는 10시간으로 잡고 있다.

2.6.2 사용수량의 변동과 급수량의 종류

그림 2.5는 급수량의 시간적 변화를 예시한 것이다. 이와 같이 물의 사용량은 도시의 규모·계절·시간·계절 등에 따라 변화한다. 따라서 상수도의 수요량과 각종 시설

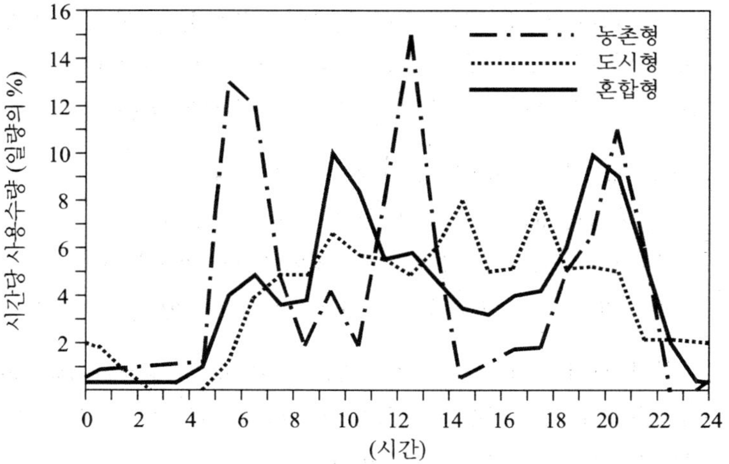

그림 2.5 급수량의 시간적 변화 예

의 규모를 결정하기 위해서는 먼저 목표 연도를 설정하고 그림 2.6과 같은 순서로 세부적 급수량을 구한다. 이때 각 수량의 변동 폭은 평균사용량에 대한 비율로 나타낼 수 있고 그 결과는 각종 수도시설의 중요한 설계인자로 사용된다.

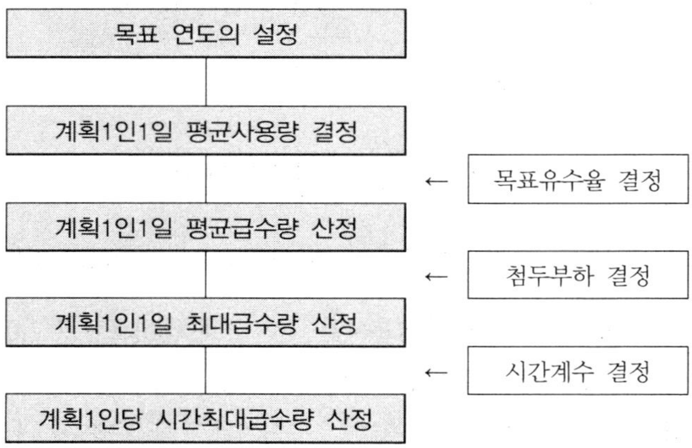

그림 2.6 상수 수요량 산정 절차

1. 1인1일 평균급수량과 1일 평균급수량

1인1일 **평균급수량**은 1년 총 급수량을 급수인구×365로 나눈 값으로, 계획 1인1일당 평균급수량은 과거 1인1일 유수수량을 기준으로 예측한다. 예측을 위해서는 과거 20년 정도의 사용량을 조사하는데, 이때 과거 기록이 양호한 도시(인구 10만 이상)는 파악된 과거의 유수수량과 유수율 및 장래의 계획 유수율을 반영하여 개별 추정하고, 그 외의 중·소도시는 표준 원단위를 적용한다. 이 수량은 도시의 여건에 따라 다르나, 일반적으로 다음과 같은 특성을 나타낸다. 상기에서 유수율이란 정수장에서 공급한 수량에 대한 수도요금으로 산정된 수량의 비를 의미한다.

① 대도시의 수량이 소도시에 비해 커진다.
② 공업과 문화의 발달에 따라 수량이 커진다.
③ 기온이 높은 지역이 추운지역에 비해 수량이 크다.
④ 계량급수에 비해 정액급수(定額給水) 시에 수량이 증가한다.

한편 1인1일 평균급수량에 급수인구를 곱한 수량을 1일 **평균급수량**이라고 하며, 이것은 수원지나 저수지의 설계 및 약품·전력 사용량의 산정, 유지·관리비나 수도요금의 산정 등 수도재정계획에 활용된다.

$$\text{계획1일 평균급수량} = \frac{\text{계획1일 평균사용량}}{\text{계획유수율}} \tag{2.18}$$

$$\text{계획1일 최대급수량} = \text{계획1일 평균 급수량} \times \text{계획첨두부하율} \tag{2.19}$$

2. 1인1일 최대급수량과 1일 최대급수량

연간을 통해 최대 사용수량을 나타내는 날의 급수량을 **1일 최대급수량**이라 하고, 이것을 다시 급수인구로 나눈 수량을 1인1일 최대급수량이라 한다. 1일 최대급수량을 구하기 위해서는 도시의 규모나 특성에 따른 첨두부하율(1일최대급수량/1일평균급수량)을 감안해야 하는데, 이때 해당 지자체의 기록이 충분할 경우 평균값이나 10년 확률빈도를 사용하며 그렇지 못할 경우 과거 2~3년 자료의 최대치 혹은 유사도시의 부하율을 활용한다.

$$\text{1일 최대급수량} = \text{연간 최대 사용수량을 나타내는 날의 급수량} \tag{2.20}$$

$$\text{1인1일 최대급수량} = \frac{\text{1일 최대급수량}}{\text{급수인구}} \tag{2.21}$$

$$\text{1일 최대급수량} = \text{1일 평균급수량} \times \text{첨두부하율} \tag{2.22}$$

3. 시간최대급수량

수도의 사용량은 그림 2.5와 같이 일중에도 시시각각으로 변화하며, 보통 아침·저녁의 식사시간 부근이 최고를 나타내고, 밤중부터 이른 아침에 걸쳐 최저를 나타내는데, 사용량이 일중 최대를 나타낼 때의 시간당 급수량을 **시간최대급수량**이라 하고, 이 값은 배수관의 설계에 이용된다. 이 값을 산정하기 위해서는 시간계수를 적용해야 하는데 과거자료에 따른 시간계수를 적용한 도시의 특성 및 규모별 시간최대급수량은 대략 다음과 같다.

$$\text{시간최대급수량} = \frac{\text{1일 최대급수량}}{24} \times \begin{cases} \text{1.3(대도시 및 공업도시)} \\ \text{1.5(중소도시)} \\ \text{2.0(농촌 및 주택단지)} \end{cases} \tag{2.23}$$

2.6.3 계획급수량의 산정 및 수도 구조물의 설계

1. 총괄적 방법

계획급수량은 수도시설의 규모를 결정하는 기본 수량인데, 이것을 결정하기 위해서는 도시의 다양한 요구에 맞게 주택·상업·공업지역 및 공공시설물 등에 공급해야 할 물의 총량을 산정한 다음 여기에 유수율 등을 감안하여 결정해야 한다. 이들 사용량은 기후·생활수준·상공업의 규모와 종류·수도요금·자가수도 설치의 난이·수압·계량방식 등 각 도시의 다양한 요소에 따라 달라진다. 따라서 이들 각 요소를 고려하여 그 영향 정도를 계량화하는 연구가 진행되고 있으나, 근년까지는 신설의 경우 그 도시의 성격과 발전 상태가 유사한 기존 도시의 실적을 참고하며, 확장의 경우에는 과거실적을 기초로 하여 상주인구 1인당 1일 급수량을 추정하고, 여기에 계획급수인구를 곱하여 계획급수량을 산정한다.

한편 1인1일 급수량은 계절과 기후에 따라 변화하는데, 연중 최대 수요가 발생할 경우에도 수도가 충분한 기능을 발휘할 수 있도록 설계되어야 하므로, 급수시설의 규모를 결정하는 기본수량으로는 **계획1인1일 최대급수량**을 사용해 왔다. 계획첨두부하율과 시간계수를 적용한 각종 계획급수량은 다음과 같다.

$$\text{계획1일 최대급수량} = \text{계획1인1일 최대급수량} \times \text{계획급수인구} \tag{2.24}$$

$$\text{계획1일 평균급수량} = \text{계획1일 최대급수량} \times \begin{cases} 0.7(\text{중소도시}) \\ 0.8(\text{대도시 및 공업도시}) \end{cases} \tag{2.25}$$

$$\text{계획1인1일 평균급수량} = \text{계획1일 평균급수량} \div \text{계획급수인구} \tag{2.26}$$

$$\text{계획시간최대급수량} = \frac{\text{계획1일 최대급수량}}{24} \times \begin{cases} 1.3(\text{대도시 및 공업도시}) \\ 1.5(\text{중소도시}) \\ 2.0(\text{농촌 및 주택단지}) \end{cases} \tag{2.27}$$

예제 2.6

계획인구가 200,000명인 어떤 도시의 계획년도 수도보급률은 95%이다. 계획1인1일 최대급수량이 400 L인 경우 ① 1일 최대급수량 ② 일평균급수량 및 ③ 시간최대급수량을 구하라.

풀이 ① 1일 최대급수량 = 계획급수인구 × 1인1일 최대급수량

$$= 200{,}000 \times 0.95 \times 400\ \text{L} = 76{,}000\ \text{m}^3/\text{day}$$

② 일평균급수량 = 1일 최대급수량 × 0.7(중소도시)이므로,
$= 76{,}000 \times 0.7 = 53{,}200\ m^3/day$

③ 시간최대급수량 = 계획1일 최대급수량/24 × 1.5(중소도시)이므로,
$= 76{,}000/24 \times 1.5 = 4{,}750\ m^3/hr$이다.

예제 2.7

연평균 상수 소비량이 1인 1일 300 L 이다. Goodrich공식을 이용하여 1인1일 월최대급수량을 구하라. 단, 연평균 소비율에 대한 백분율 $P = 180 \times t^{-0.1}$이다.

풀이 $P = 180 \times t^{-0.1} = 180 \times 30^{-0.1} = 128\%$

∴ 1인1일 월최대급수량은 $300 \times 1.28 = 384$ L

[참고] Goodrich 공식은 과거 통계치가 없을 경우에 급수율의 변화를 계산하기 위해 사용된다.

2. 용도별 사용수량에 의한 방법

이 방법은 수도의 전체 수요량을 산정함에 있어 과거실적·장래의 계획 등을 감안하여 급수구역 내에 필요한 각각의 용도별 평균 요구수량과 용도별 수요의 변화를 추산하여 총합하는 방법이다. 이 방법은 물의 이용 내력을 계획과정에서 명확히 할 수 있고, 수자원의 배분이나 수도 운용자금의 분담을 합리적으로 검토할 수 있다. 이 방법에 따른 각종 계획급수량은 다음과 같이 계산한다.

$$\text{계획1일 평균급수량} = \text{계획 용도별 사용수량의 총합} \ / \ \text{계획유수율} \tag{2.28}$$

$$\text{계획1일 최대급수량} = \text{계획1일 평균급수량} \div \text{첨두부하율} \tag{2.29}$$

$$\text{계획1인1일 평균급수량} = \text{계획1일 평균급수량} \div \text{계획급수인구} \tag{2.30}$$

$$\text{계획1인1일 최대급수량} = \text{계획1일 최대급수량} \div \text{계획급수인구} \tag{2.31}$$

3. 수도 구조물의 설계

이상과 같이 각종의 급수량은 수도의 각부 구조물의 규모를 결정할 때 사용되는데, 급수량과 수도 구조물의 설계기준과의 관계는 표 2.9와 같다.

■ 표 2.9 급수량의 종류와 수도 구조물의 설계

시설물	계획기준수량	비 고
수원지	1일 평균급수량	
저수지	1일 평균급수량	
유역면적의 결정	1일 평균급수량	
취수시설	1일 최대급수량 × 1.1	시설 내에서 사용량을 가산
도수펌프	1일 최대급수량 × 1.1 + 예비	
도수로	1일 최대급수량 × 1.1	
정수장	1일 최대급수량 × 1.1 + 예비	여과지 세정 등에 약 5%의 물 손실
송수펌프	1일 최대급수량 + 예비	
송수로	1일 최대급수량	
배수지	1일 최대급수량	보통 일최대급수량의 6시간분 이상
배수관	시간 최대급수량	화재 시 수량 = 일최대급수량/24 + 소화수량(m^3/hr)

Chapter 2 연습문제

1. 상수도 system의 4대 요소에 대해 기술하라.

2. 어떤 도시의 계획급수구역 내 장래 용도별 토지이용면적은 다음 표 2.10과 같다. 계획급수구역 내의 포화인구를 구하라(단, 포화인구 산정을 위한 용도별 포화인구 밀도는 표 2.11과 같다).

표 2.10 용도별 토지이용면적

용 도	면적(ha)	비율(%)
상업지역	450	27
주거지역	780	46
준공업지역	100	6
공업지역	350	21
합 계	1,680	100

표 2.11 용도별 포화인구밀도

용 도	포화인구밀도(인/ha)
상업지역	150～200
주거지역	
고층주택지구	100～120
일반주택지구	60～ 80
고급주택지구	40～ 60
준공업지역	30～ 40
공업지역	0～ 20

Answer 147,150인

주) 상기 결과는 용도별 포화인구의 평균치. 즉, 상업지역 175인/ha, 주거지역 80인/ha, 준공업지역 25인/ha, 공업지역 10인/ha으로 할 경우임.

3. 상기 문제와 같이 포화인구가 147,150명인 경우 이론곡선식을 이용하여 20년 후의 인구를 구하라(단, 상수 a와 b는 각각 0.062와 -1.5이다).

Answer 138,225인

4. 계획인구를 추정함에 있어 도시 특성에 따른 적정 추정법은 무엇이며, 이들 각 추정법의 장단점은 무엇인가?

5. 계획인구가 138,225명인 경우, 표 2.8의 미국(2000년) 예를 이용하여 이 도시의 일당 총 사용수량을 구하라.

Answer 9.26×10^4 m^3/day

6. NBFU 공식을 이용하여 이 도시에 요구되는 소화용수량을 구하라.

Answer 40.1 m^3/min

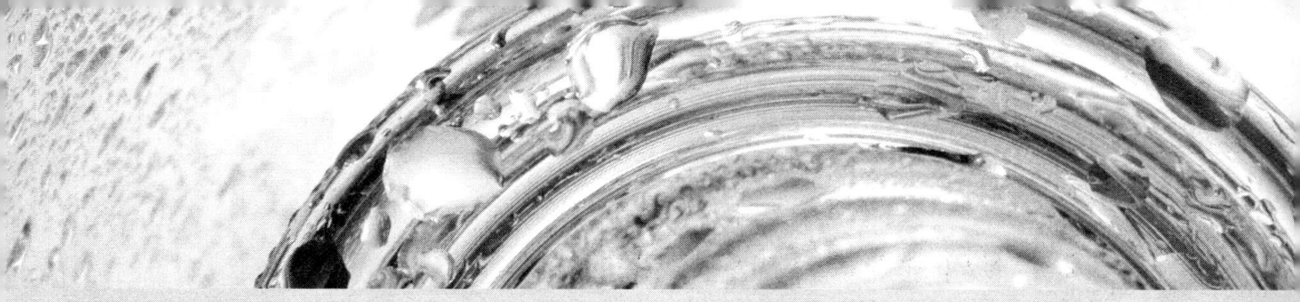

Chapter 3 수 원

3.1 개 설

용수의 근원을 수원(水原)이라 한다. 일반적으로 수원은 지표수(하천수·호소수 등)·지하수[우물물(천층수·심층수)·용천수(湧泉水)·복류수(伏流水) 등]·기타 수원(빗물·해수) 등으로 대별되는데, 이들 수원이 용수로 이용되기 위해서는 대략 다음과 같은 조건을 갖추어야 한다.

즉, 수원의 수질이 용도에 맞고 수량이 풍부해 계획취수량을 충분히 확보할 수 있어야 하며, 장래 오염의 우려가 없고 수량이나 수질의 변화가 적어야 한다. 또한 수원은 소비지로부터 가능한 한 가까운 곳에 위치해야 하며, 가급적이면 자연유하식 취수와 도수가 가능한 곳이 좋다.

한편 최근에는 물 사용량의 증가와 더불어 새로운 수원을 확보하는 것이 점점 어려워지고 있어 지역에 따라서는 이러한 문제를 해결하기 위해 기존의 수원 외에 해수나 빗물 또는 하수처리수도 새로운 수원으로 고려하고 있는 실정인데, 수원을 효율적으로 관리하기 위해서는 물의 순환과정과 수자원의 이용실태를 파악해야 한다.

3.2 물의 순환과 수자원의 이용실태

3.2.1 물의 순환

지구상의 물은 그림 3.1과 같이 강수(降水)·침투(浸透)·유출(流出)·증발(蒸發) 등의 순환과정을 되풀이한다. 이러한 과정에서 물은 오염과 정화과정을 반복한다. 즉, 해양·호소의 수면이나 지면 또는 식물의 잎으로부터 증발과 증산(蒸散)된 수분은 구름으로 떠다니다가 비·눈·우박 등의 형태로 지면에 강하하는데, 이 과정에서 대기 중의 오염물질을 함유하게 된다.

또한 강수는 하해(河海)나 호소의 수면에 직접 강하하거나 지표면을 따라 흐르고 일부는 지하로 침투(浸透)하는데, 이때 지표면을 따라 흐르는 강수는 그 과정에서 더욱 오염되거나 수계의 자정작용에 의해 자정되기도 한다.

지하 침투수는 가까운 지하층에 머물고 있다가 모세관 현상에 의해 지면으로부터 또는 식물의 표면으로부터 대기 중으로 증발하거나 더욱 깊은 지하로 침투하여 지하수층을 이루는데, 이 지하수는 용수(湧水)로 지상에 솟아나오기도 하고, 지하에서 유동하여 하해(河海)나 호소 등으로 유입한다. 이 과정에서 지하수는 토층의 여과작용을 받거나 토층 내의 특정 무기물을 함유하기도 한다. 이와 같이 물은 끈임 없이 순환하고 이러한 과정에서 정화와 오염의 과정을 겪게 된다.

한편 자연의 정화 능력은 일정 한계를 가지고 있는데, 이러한 능력의 한계를 **환경용량(環境容量)**이라고 하며, 자연적 또는 인위적인 원인에 의해 오염의 정도가 자연의 정화한계를 초과하면 물의 오염은 가중되어 물의 이용가치는 크게 하락하고 가용(可用) 가능한 수원은 고갈되며 생태계는 파괴된다.

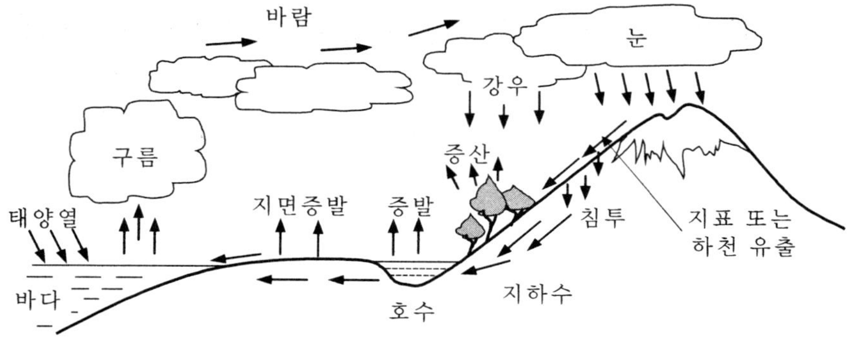

그림 3.1 물의 순환과정

3.2.2 가용수원

강수는 단속적(斷續的)인 현상이므로 전부를 가용(可用)할 수는 없다. 따라서 임의의 시각에 사용할 수 있는 물은 어느 형태로든 저류된 것이어야 한다. 즉, 가용수원은 순환과정에 있는 각종의 물을 저류(貯溜)하고 저류로부터 평균화되어 유출되는 물을 의미한다. 따라서 가용수원은 그 배후에 유역과 저류를 가짐이 필수조건이다. 이때 수원의 가용수량은 유역 및 저류의 크기·강수량·증발량과 관계된다. 또한 물 공급의 안정성에 미치는 요소는 강수량의 시간적 변동·유역의 유출특성(크기·지형·지표 및 지하의 구조 등)이다.

우리나라의 연간 강우량은 1,245 mm로 수자원의 총량은 1,240억 톤(100%)이다. 하지만 가용수원은 일반적으로 취수의 용이성이나 수량·수질 등을 종합적으로 고려할 때 하천수(123억 톤)·호소수(177억 톤)와 지하수(37억 톤)으로, 이들 수원에 의한 평균 가용량은 총 337억 톤이며, 이 양은 수자원 총량의 27% 정도에 해당한다. 그림 3.2는 가용수원의 종류와 상호관계 그리고 저류의 형태를 나타낸 것이다.

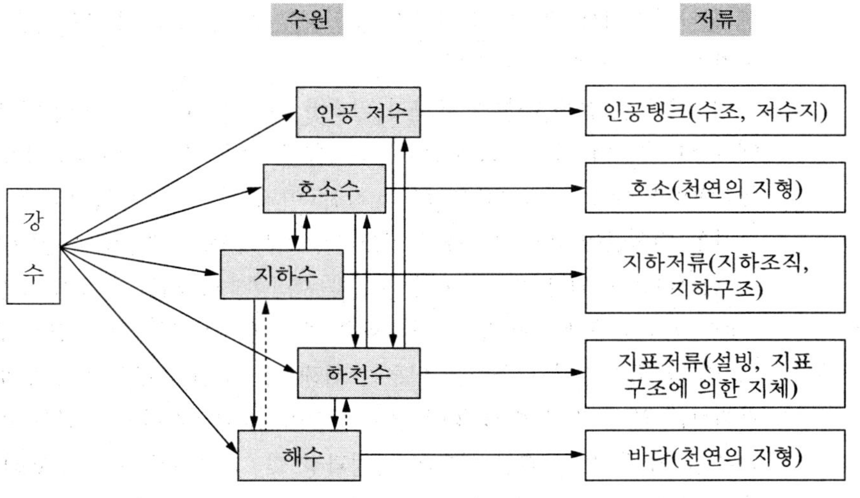

그림 3.2 가용수원과 저류의 상호관계

3.3 수원별 수질특성

3.3.1 지표수

지표수는 하천수와 호소수로 구분되는데, 대부분은 강수가 직접 지표를 유하한 것이고, 일부는 지하수가 지표로 유출한 것이다. 지표수는 가장 손쉽고 싸게 얻을 수 있으므로 일찍부터 상수도 수원으로 사용되어 왔으나, 근래에 도시하수나 산업폐수로 오염되어 이용에 지장을 초래하는 경우가 많다. 일반적으로 지표수는 지하수에 비해 부유성 유기물이 많고, 대기성분이 용해되어 있으며 경도가 낮은 것이 특징이다.

1. 하천수

하천수는 지표·지중 및 천수 중의 물질을 함유한다. 지표로부터 유입하는 물질로는 유역의 지질에서 유래한 무기질, 식물의 부패·분해 생성물인 유기질, 하수나 폐수성분 등이 주가 된다. 지중 물질로는 일대의 지질에서 유래한 철이나 망간, 유기물의 분해과정에서 생기는 탄산가스 등이 용존하며, 그 외에 생물작용에 의해 생긴 질소가스 등도 용존할 수 있다.

하천수의 수질은 하천의 유량과 밀접한 관계를 가지며, 오염원에서 하류로 흘러감에 따라 수질이 점차 호전되는데, 수계에서 발생하는 이러한 현상을 자정작용(自淨作用)이라 한다. 자정작용은 희석·침전·여과·폭기 등의 물리적 작용, 호기성 또는 혐기성 미생물에 의한 유기물의 생물학적 분해작용, 생물학적 분해과정에서 생성되는 탄산가스에 의한 수산화물의 생성과 수산화물에 의한 화학적 응집 등 물리·화학·생물학적 작용에 의한다. 자정작용에 의해 수계가 일정의 수질을 유지하기 위해서는, 즉 오염과 정화가 균형을 이루기 위해서는 오염물 부하가 수계의 환경용량을 초과해서는 안 된다. 그렇지 못할 경우 시간이 경과함에 따라 하천의 오염은 더욱 가중된다. 그림 3.3은 오염된 하천의 자정과정 및 그에 따른 수질의 변화를 도식한 것인데 자정과정은 크게 분해지대·활발한 분해지대·회복지대 및 정수지대로 나눌 수 있으며 각 과정의 특징은 다음과 같다.

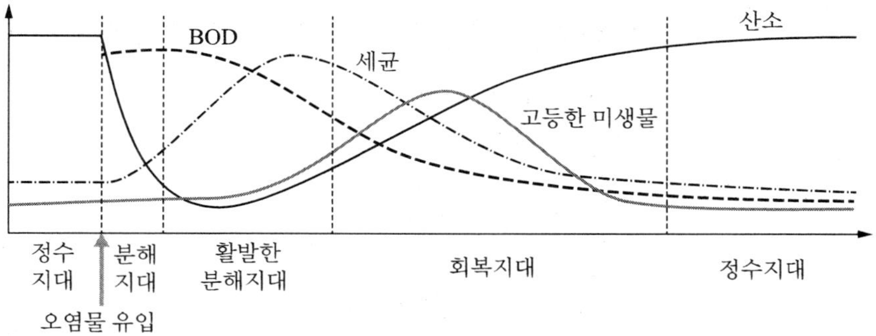

그림 3.3 ■ 하천의 자정과정과 수질변화

① **분해지대**(zone of degradation)

분해지대는 오염물 유입 지점의 근거리에 위치하며 오염물질로 인하여 수질이 급속히 악화되며, 그로 인하여 물고기나 수서생물은 사라지고 세균과 곰팡이류가 크게 번성한다. 유입 오염물 중 고형물의 침전이 일어나며 세균의 활동으로 용존산소의 농도는 크게 감소하고 대신 CO_2의 양은 증가한다. 분해지대는 희석이 잘 이루어지는 대하천보다 소하천에서 잘 관찰되며 쉽게 원상태로 회복되므로 식별이 잘 되지 않는다.

② **활발한 분해지대**(zone of active decomposition)

이 구역은 용존산소가 거의 없어 부패상태가 되며 혐기성 세균이 크게 번성한다. 유기물의 부패로 인하여 악취가 발생하며 심할 경우 물의 색깔이 회색 또는 흑색을 나타내기도 한다. 또한 점액질의 슬러지 침전물이 생성되고 침전물의 혐기성 분해로 기포가 떠오르며 CO_2나 암모니아성 질소의 농도가 크게 증가한다.

③ **회복지대**(zone of recovery)

유기물의 감소로 용존산소의 농도가 서서히 증가하며 외관상 물은 상당히 깨끗해지고 기포의 발생도 중단된다. 이후 용존산소의 농도는 포화치에 가깝게 증가하고 질소물질의 산화로 아질산염이나 질산염의 농도가 증가한다. 또한 세균의 수가 감소하는 대신 고등한 미생물이 증가하고 탁도의 감소로 조류가 증가하며 벌레의 유충 등 수서생물이 증가하고 황어·메기·잉어·붕어 등 오염에 강한 물고기가 출현한다.

회복지대에서 산소농도의 변화속도(dO/dt)는 다음 식 (3.1)과 같이 나타낼 수 있으며, 하천의 BOD 농도를 L, 탈산소계수를 K_1(base e), 재포기계수를

K_2(base e)라고 하면, 이 식은 식 (3.2)와 같이 나타낼 수 있다.

$$\frac{dO}{dt} = \frac{dO_r}{dt} - \frac{dO_e}{dt} \tag{3.1}$$

$$\frac{dO}{dt} = K_2D - K_1L \tag{3.2}$$

여기서, dO_r/dt : 산소공급속도이고,

dO_e/dt : 산소소비속도이다.

한편 재포기계수(K_2)/탈산소계수(K_1)를 하천의 **자정계수**라 하며, 이 값은 하천의 상대적 자정속도의 크기를 나타낸다.

④ **정수지대**(zone of clear water)

이 지역은 오염이 되지 않은 자연수처럼 보이며 많은 종류의 물고기가 출현한다. 대장균과 일반병원성 세균은 피식 등의 원인으로 그 수가 크게 감소한다. 한편 정수지대의 물은 한 번 오염되었던 물이므로 아무리 외관상 깨끗하게 보여도 위생적으로 완전한 상태가 아니다. 따라서 음용을 위해서는 소독 등 적절한 처리를 해야 한다.

2. 호수 및 저수지

호수 및 저수지의 물은 각 계절에 따른 물의 온도·밀도 및 바람의 상호작용에 의해 특징적인 형태의 **온도성층**과 **순환류**를 만드는데, 동계와 하계는 그림 3.4와 같이 수심에 따라 수온이 일정하여 각기 밀도가 다른 세 층을 형성한다. 이때 최상부 층은 바람에 의해 물이 순환하고 수온이 거의 일정한 **순환층**(循環層; circulation zone)을 이루며, 최하부 층은 수온이 거의 일정하고 연직 방향으로 순환하지 않는 **정체층**(停滯層; stagnation zone)을 이룬다. 상기 두 층 사이에는 수심에 따라 온도가 크게 변화(수심 1 m당 0.9℃ 이상)하는 층이 존재하는데, 이 층을 **약층**(躍層; transition zone)이라 한다.

이러한 성층현상은 춘계와 추계에 수온의 변화에 따라 일시에 해소되고, 이때 호수 전체에 연직 방향의 큰 순환이 일어나는데, 이것을 **춘추의 순환**이라 한다. 순환기에는 호수 바닥의 영양물이나 침전물이 수면으로 올라와 부유하며, 영양물은 조류의 번식을 촉진하여 물에 이취미를 주고 상수도의 여과지를 폐색(閉塞)시키는 등의 장해를 일으킬 수 있으며, 이러한 현상은 봄철에 비해 순환기간이 긴 가을철에 특히 심하다. 한편 성층기에는 온도구배에 따라 호수의 수질에도 구배가 발생하는데, 이것은 호수로부터 가장 양질의 물을 얻기 위한 인수심도(引水深度)를 결정하는 데 중요한 인자로 작용한다. 수질구배는 온도구배와 마찬가지로 하계 정체기에 가장 뚜렷하게 나타난다.

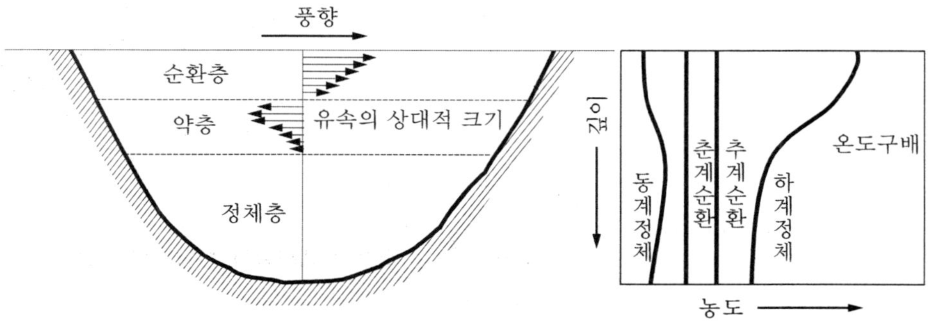

그림 3.4 호수의 성층현상

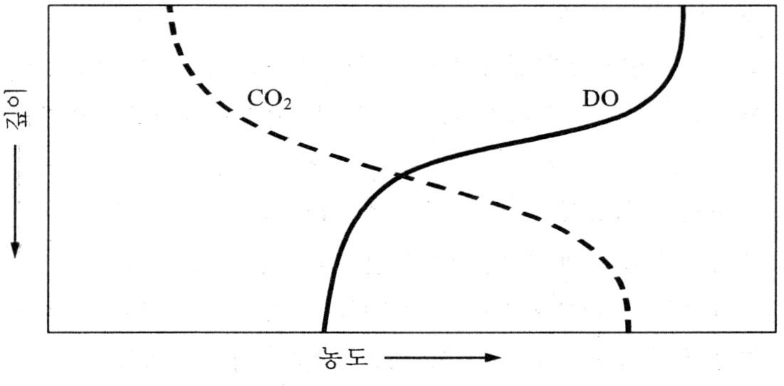

그림 3.5 여름철 낮의 호수 중 CO_2와 DO의 변화

한편 호수는 시간의 흐름에 따라 오염물의 유입과 조류의 번식으로 영양분이 풍부해 지는데 이러한 현상을 부영양화(eutrophication)라 하며, 이 현상은 호수가 지질학적 기원으로부터 서서히 소멸해 결국 육지화되어 가는 자연적인 천이과정이다. 그림 3.6은 호수의 부영양화 과정을 도식한 것으로, 호수에 유입하는 질소와 인은 자영양성 미생물인 조류나 수초를 번식시키고, 이들의 생존 여건이 악화될 때 이들의 사체는 호수 바닥에 침전한다. 이후 이들 사체를 구성하는 질소와 인은 혐기성 분해과정을 거쳐 다시 용출되는데, 이와 같은 반복적 과정을 통해 호수 내에 질소와 인이 누적되어 농도가 증가하고, 결국 호수는 최종적으로 육지화된다.

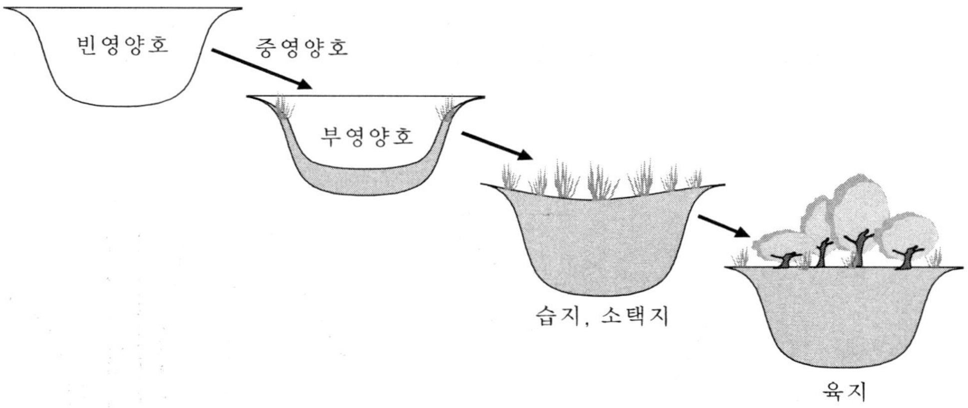

그림 3.6 호수의 생태학적 천이 과정

이러한 자연적 과정은 매우 서서히 진행된다. 하지만 일단 부영양화가 시작되면 호소의 천이과정은 매우 빠르게 진행되며, 특히 농업활동이나 하수의 무분별한 처분 등 인간의 활동은 진행속도를 가속시킨다. 표 3.1은 호수의 영양 상태를 대별한 것으로, 호수의 부영양화 현상은 표의 각 항목 외에도 일광·온도·비타민·유해 중금속의 농도 등 다양한 영향인자에 따라 좌우되지만 주로 질소와 인의 농도가 지표로 활용되며, 일반적으로 그 한계치는 질소 0.1～0.2 mg-N/L, 인 0.02～0.03 mg-P/L 정도인 것으로 알려져 있다.

한편 부영양화 현상은 상하수도에도 영향을 미치는데, 상수도에서는 여과지를 폐색시키거나, 물에 불필요한 색깔, 불쾌한 맛이나 냄새 등을 주어 물의 이용 가치를 저하시키며, 하수도에서는 이 현상을 억제하기 위해 하수를 고도처리해야 하는 등 인간의 생활에 많은 불편을 가중시킨다. 참고로 부양양화를 방지하기 위한 몇 가지 대책을 들면 다음과 같다.

① 수역 내 오·폐수 및 영양염류의 유입을 방지한다.
② 황산동($CuSO_4$)이나 염소제{액화염소·차아염소산나트륨(NaClO)·차아염소산칼슘[$Ca(ClO)_2$]} 등을 살포하여 조류의 증식을 억제한다.
③ 폭기하여 저류수의 수질을 개선한다.
④ 저니(底泥)의 흡인(吸引)이나 준설 등에 의하여 영양염류를 제거한다.
⑤ 저니를 고화(固化)하여 영양염류의 용출(溶出)을 억제한다.
⑥ 갈대나 부들 등 영양염류를 잘 흡수하는 식물대를 형성시킨다.

표 3.1 호수의 영양 상태

수질항목	빈영양	중영양	부영양
TP(μg/L)	<10	10~20	>20
chlorophyll(μg/L)	< 4	4~10	>10
투명도(m)	> 4	2~ 4	< 2
심수층DO(%포화도)	>80	10~80	<10

USEPA(1974), NAS/NAE(1972), Thomann, R. V., Mueler, J. A.(1987)

3.3.2 지하수

대기나 지표에서 유래한 지표수중 유기 및 무기 불순물은 지중에 침투하는 동안 세균에 의해 분해되거나 지층에 의해 여과되어 제거된다. 반면 이러한 과정에서 지층을 구성하는 성분이 물에 녹아 지하수는 지표수와 또 다른 특성을 나타낸다. 즉, 지표수 중의 유기물은 표토를 유하하는 동안 표토에 존재하는 미생물에 의해 분해되고, 이때 많은 양의 CO_2가 발생한다. 이 CO_2는 물에 용해되어 탄산과 평형을 이루고, 무기물을 용해하여 지하수를 경수(硬水)로 만든다. 무기질이 물에 용해되는 순서는 암석중의 염화물이 먼저 용해되고, 다음에 알칼리 금속의 황산염·Ca 및 Mg의 탄산염 그리고 마지막으로 난용성의 규산염의 순이다.

지하수는 그림 3.7과 같이 존재 위치에 따라 **자유면지하수**(自由面地下水)와 **피압면지하수**(被圧面地下水)로 구분할 수 있는데, 지표 오염물에 의한 영향 정도는 각각 다르다. 즉, 자유면지하수는 지표의 영향으로 오염되기 쉽고, 피압면지하수는 대지의 정화작용으로 거의 오염이 제거된 청정수이다.

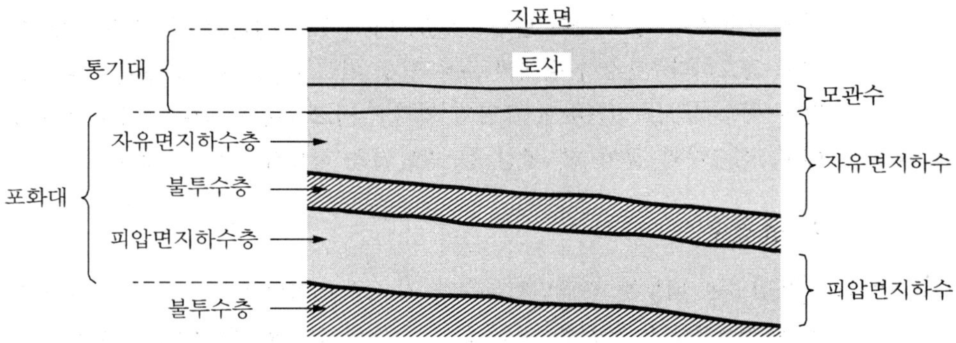

그림 3.7 지하수의 연직분포

한편 지하수를 수원으로 할 경우 지하수는 **얕은 지층수**(천층수; 淺層水)·**깊은 지층수**(심층수; 深層水)·**복류수**(伏流水) 및 **용천수**(湧泉水)로 구분할 수 있는데, 얕은 지층수와 복류수는 자유면지하수에 해당하고, 깊은 지층수와 용천수는 피압면지하수에 해당한다. 각 수원의 특성을 살펴보면 다음과 같다.

1. 얕은 지층수

천층수는 지층이 얕아서 지표의 오염성분이 충분히 제거되지 않은 물이므로 위생상 위험한 경우가 많고, 인위적 오염으로 질소물질이나 대장균이 발견되는 경우도 있다.

2. 깊은 지층수

심층수는 대지의 정화작용으로 무균 또는 거의 이에 가까운 상태의 것이 보통이다. 또 수온은 사철 거의 일정하고 수질성분의 변화도 적어 상수도의 수원으로 적당하다. 다만 심층수는 양수되는 과정에서 오염될 수 있으므로 주의해야 한다.

한편 심층수는 공기의 부족으로 환원작용을 받는 것이 일반적인데, 이때 황산염은 황화수소(H_2S)로, 질소화합물은 암모니아(NH_3)로 환원되며, 또 제2철은 제1철로 환원되어 지하수에 용해된다. 이와 같이 환원상태의 철·망간 등은 지하수에 용해되었다가, 지하수가 지상에 양수되면 다시 산화되어 물을 적색 혹은 흑색으로 변화시켜 수질을 악화시킨다.

3. 복류수

복류수는 하천이나 호수의 바닥 하부 또는 측부의 사력층(砂礫層)에 잔류하는 물이다. 복류수의 수질은 공급원인 하천이나 호소의 수질·지층의 두께나 지질·지하에서의 이동거리 등에 따라 달라지지만, 어느 정도 여과된 것이므로 지표수에 비해 수질이 양호하다. 따라서 대개의 경우 상수 처리 시 침전지를 생략할 수 있다. 또한 적당한 취수지점을 선택하면 오염의 염려도 적고 수량도 심층수에 비해 비교적 안정적이며, 심층수와 같이 철·망간 등 광물질을 함유하는 일도 적다.

4. 용천수

용천수는 대부분 피압면지하수가 지표로 솟아나온 것이므로 그 수질도 심층수와 유사하다. 따라서 별도의 처리 없이 그대로 음용할 수도 있다. 하지만 대량의 물을 지속적으로 얻는 예는 희소하여 제주도와 같이 특수한 지역을 제외하면 용천수를 상수도 수원으로 활용하는 경우는 드물다.

한편 용천수는 대지의 정화작용을 받지 않은, 즉 자유면지하수가 암반 등의 틈으로 흘러나오거나, 피압면지하수가 지표로 솟아나오는 과정에서 지표나 대기 중의 오염물과 접촉하여 세균이나 불순물을 함유할 수 있으므로 주의해야 한다.

3.3.3 빗물 · 해수 · 하수 처리수

1. 빗물

눈 · 비 등을 포함한 강수를 총칭하여 천수라 하며, 이 중 용수로는 주로 빗물을 이용한다. 빗물은 원래 순수에 가까우나, 대기오염으로 인하여 CO_2 · SO_2 · 먼지 · 세균 · 각종의 중금속 및 해수에서 유래한 미량의 염화물을 함유한다. 따라서 빗물은 pH가 낮고, 지중(地中) 물질을 함유하지 않으므로 연수(軟水)이다.

빗물은 수량이 적고 일정하지 못하므로 상수원으로는 부적합하다. 따라서 도시에서는 음용 외 청소용수 등 잡용수로 사용이 일부 실행 · 검토되고 있으며, 도서지역 등 특수한 지역에서만 음용수를 포함한 상수로 사용되고 있다. 관련하여 천수를 상수로 이용하기 위해서는 지붕과 물받이 같은 집수시설과 저수시설이 요구되며, 이때 빗물 저수조에는 모래를 채워 저수와 아울러 정수(浄水)가 가능토록 하는 것이 좋다. 저수조의 크기는 강수의 시간적 변화에 따라 다르나 보통 연간 수요량의 1/2～1/3 정도가 바람직하며, 저수조의 연간 저수량은 다음 식 (3.3)을 이용하여 구할 수 있다.

$$Q = C \cdot A \cdot H \tag{3.3}$$

여기서, Q : 연 저수량
C : 유출계수(0.5～0.7)
A : 집수면적
H : 연 강수량(깊이)이다.

2. 해수

해수는 지구상에 존재하는 물의 약 97%를 차지한다. 따라서 경제적으로 담수화가 가능하다면 수질이나 수량 면에서 매우 양호한 수원이라 할 수 있다. 하지만 해수의 담수화에는 많은 에너지가 소비되므로, 담수를 얻기 어려운 도서지역이나 사막지역 등에서 해수를 수원으로 사용할 뿐이다.

해수를 담수화하는 방법에는 역삼투법이나 전기투석법과 같이 특수한 막을 이용하는 경우와 증발법이나 LNG냉열이용법과 같이 물의 상 변화를 이용하는 방법 또는 이러한 것을 조합한 방법이 있는데, 현재 가장 많이 사용되는 방법은 증발법으로 전체 담수화법의 75% 정도를 차지하고 있다. 자세한 내용은 6.4.10장을 참고하기 바란다.

표 3.2 해수의 담수화 원리 및 특징

방 식	원 리	특 징
증발법	해수를 가열하여 증발시켜 발생한 수증기를 냉각시킴	규모가 클수록 경제적이며, 에너지 소모량이 많다.
역삼투법	반투막을 중심으로 한 쪽에 해수를 넣고 압력을 가하여 담수만을 반대쪽으로 이동시켜 담수를 얻음	타 공법에 비해 전력 소비량이 적다. 특히 염분 농도가 낮은 기수를 담수화하는 데 유리하다.
전기투석법	양이온 교환막과 음이온 교환막에 직류전압을 걸고 그 사이에 해수를 통과시킴으로써 담수를 얻음	염분 농도가 낮은 경우 비용이 절감된다.
LNG 냉열 이용법	LNG(끓는 온도; −162℃)를 이용하여 해수를 동결시킨 후 얼음을 녹여 담수를 얻음	현재 거의 이용하지 않고 있으나, LNG의 냉열을 유용하게 이용하여 담수를 얻을 수 있다. 따라서 적용지역은 LNG기지 주변에 한정된다.
투과기화법	수증기는 통과하고 물은 통과하지 않는 투과기화막을 이용하여 담수를 얻음	에너지화가 충분히 진전되어 있고, 배열의 유효이용이 가능하다.

3. 하수 처리수

현재의 상·하수도 시스템은 사용 후 방류라는 일과형(一過型) 시스템으로 이루어져 있다. 따라서 일과형 시스템은 각 용도에 상관없이 음용 수준의 물을 배수(配水)하는 일원적 급수방법으로 수량만을 고려한 시스템이라 할 수 있다. 하지만 이러한 시스템은 도시의 발달로 용수의 수요가 증가할 경우, 그에 따른 수원의 확보가 지속적으로 요구되고, 상수 사용량의 증가에 따라 하수 발생량 역시 계속 증가하는 악순환이 가속된다. 또한 이러한 시스템에서는 양질의 수원을 확보하는 문제뿐만 아니라, 수질의 오염에 따라 갈수록 수원과 물 수요지 간의 거리가 멀어져 상수의 원거리 수송에 따른 경제적 손실이 발생하며, 물 이용량이 증가할수록 갈수피해(渴水被害)는 더욱 증가하고, 공급지와 수요지가 다를 경우 지자체 간의 갈등도 우려된다.

이와 같이 물 사용량의 증가는 많은 문제점을 발생시키는데, 이러한 문제를 해결하기 위해서는 배수(排水)나 폐수를 재이용하고 용도별 사용을 유도하여 물 사용량을 근본적으로 줄이고 물의 순환경로를 단축시키는 것이 요구된다. 자세한 내용은 2편 6장을 참고하기 바란다. 참고로 표 3.3은 배·폐수의 재이용에 따른 회수수의 이용률·용도 및 요구되는 수질을 나타낸 것이다.

표 3.3 회수수 이용률과 용도 및 처리수준

회수수 이용률	회수대상	수질요건	수질내용			통상의 수처리에 부가할 처리	요구 수질
			SS	DS	TOC		
0% ~ 20%	변소·살수·세차·청소	파이프 급수에 지장을 주지 않는 수질	10	5,000	10	C, F, S	저질
20% ~ 60%	세탁·목욕의 일부	현탁물·용해성분이 다소 있는 물	5	1,000	5	C, F, A, O, S	
60% ~ 80%	세탁·목욕의 전부	제철·제망간·색도 발현 억제·슬라임 발생 억제·방식	2	500	1	C, F, A*, O, S	중질
80% ~ 100%	식기세척·조리·음용·세면	위생적으로 안전한 물·중금속·유기물·합성화학물질·세균·비루스 제거	<1	200		C, F, A, O, R, I, S	상질

C : 응집침전, F : 사여과, A : 활성탄흡착(*는 강화한 프로세스), O : 오존산화, I : 이온교환, R : 역삼투, S : 멸균·살균, SS : 부유물질 농도(mg/L), DS : 용존고형물 농도(mg/L), TOC : 전유기탄소 농도(mg/L)

3.4 수질의 지표 및 수질기준

3.4.1 수질의 지표

1. 물리·화학적 지표

① 용존산소(dissolved oxygen; DO)

산소는 대기나 수중에 존재하며 화학적으로 극히 활발한 물질로 산소의 다소는 자연환경 속에서 일어나는 화학적·생물학적 변화를 크게 좌우한다. 따라서 수중에 존재하는 산소, 즉 용존산소(DO)는 수중의 화학적·생물학적 반응을 추정하는 데 필요한 중요 수질항목이다.

수중의 DO는 대기 중 산소의 자연적 용해(自然曝氣)·조류나 수생식물의 탄소동화작용에 의해 증가하고, 수중 불순물의 산화·동식물의 호흡작용·미생물에 의한 유기물의 분해 등으로 소비된다. 따라서 DO 농도는 유기물질의 오염 정도를 나타내는 지표로 활용될 수 있다. 순수한 물의 경우 20℃, 1기압에서 DO의 포화농도는 9.02 mg/L이다.

② 생화학적 산소요구량 (biochemical oxygen demand; BOD)

하수에는 생물학적으로 쉽게 분해되는 많은 종류의 유기성 오염물질이 존재한다. 하지만 하수의 오염 정도를 파악하기 위해서 각각의 오염물질을 일일이 측정한다는 것은 곤란하고, 측정한다고 해도 그 오염의 정도나 상대적 오염도를 한눈에 파악하기란 곤란하다. 따라서 오염도를 파악하기 위해서는 유기물의 종류에 관계없이 오수 중의 유기물이 화학적 또는 생화학적으로 산화되는 데 소요되는 산소의 양을 측정하면 편리한데, BOD란 유기물이 호기상태에서 미생물에 의해 산화될 때 소비되는 용존산소(dissolved oxygen; DO)의 양을 의미한다. 측정은 대상 시료에 순양된 미생물을 식종한 후 보통 20℃에서 5일 정도 배양했을 때 소비되는 산소의 양(BOD_5)으로 나타내며, 간혹 7일·18일·최종 BOD(ultimate BOD) 등도 사용된다.

한편 탄소성 유기물과 동시에 질소 성분이 존재할 경우 BOD 곡선은 그림 3.8과 같은 2중의 형태를 보인다. 이와 같은 현상은 일반적으로 미생물이 탄소성 유기물을 먼저 산화하고 다음 질소물질을 산화하기 때문이다. 즉, 일부 세균의 기능 겸유(兼有)에 따른 기질선택과 각 기질의 산화를 위한 세균의 효소적 적응과 관련되는데(李, 2016), 이들 각각의 반응은 1차 반응식으로 표시되며, 1단계 탄소성 유기물의 산화는 다음과 같이 나타낼 수 있다.

즉, 임의의 시간 t에서 BOD제거속도는 그때의 BOD 값에 비례한다.

$$\frac{dL_t}{dt} \propto -L_t \tag{3.4}$$

위 식에 반응상수 K_1(day^{-1})을 적용하면,

$$\frac{dL_t}{dt} = -K_1 L_t \tag{3.5}$$

여기서, L_t : 임의의 시간 t에 있어서 수중의 BOD(mg/L)

K_1 : 반응상수로서 탈산소계수(脫酸素係數) 혹은 BOD제거속도상수라 하며, 단위는 day^{-1}이다.

위 식을 적분하면 다음과 같다.

$$\int_{L_o}^{L_t}\frac{dL_t}{L_t} = -K_1\int_{o}^{t}dt, \qquad \ln\frac{L_t}{L_o} = -K_1 t, \qquad \frac{L_t}{L_o} = e^{-K_1 t}$$

$$\therefore\ L_t = L_o e^{-K_1 t} \quad \text{또는} \quad L_t = L_o 10^{-k_1 t} \tag{3.6}$$

위 식에서 L_o : 최초의 BOD(mg/L)

K_1 : 자연대수일 때의 탈산소계수이고

k_1 : 상용대수 때의 계수이다. $K_1 \fallingdotseq 2.3k_1$

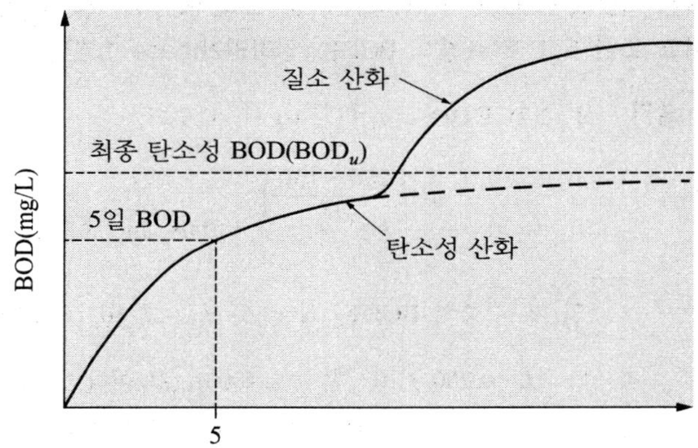

그림 3.8 BOD 반응곡선

따라서 임의의 시간 동안 측정된 $\mathrm{BOD_t}$와 최종 $\mathrm{BOD_u}(=L_o)$의 관계는 다음 식 (3.7)과 같다(Hammer, 1986).

$$\mathrm{BOD_t} = L_o(1-10^{-k_1 t}) \tag{3.7}$$

BOD 측정은 표준온도인 20℃에서 행하며, 다른 온도에서 K_1 값은 다음 식으로부터 구할 수 있다.

$$K_{1(T)} = K_{1(20)} \cdot \theta^{(T-20)} \tag{3.8}$$

여기서, T : 온도(℃)

$K_{1(T)}$: 주어진 온도에서 BOD제거속도상수($\mathrm{day^{-1}}$)

$K_{1(20)}$: 20℃에서 BOD제거속도상수이고

θ : 온도상수이다(표 3.4 참고).

표 3.4 반응상수 θ에 미치는 온도의 영향

Temperature(℃)	θ
10～20	1.110
15～25	1.083
20～30	1.067

Sawyer *et al.*, 1978

예제 3.1

어떤 시료의 BOD_5가 150 mg/L이고, 최종 BOD가 250 mg/L인 경우 탈산소계수는 얼마이고 또한 5일 후 수중의 BOD는 얼마인가(base 10)?

풀이 식 (3.7) $BOD_t = L_o(1-10^{-k_1 t})$로부터,

$$k_1 = \frac{-\log\left(\frac{250-150}{250}\right)}{5} = 0.08\ \text{day}^{-1}$$이고,

5일 후 수중의 BOD는 식 (3.6) $L_t = L_o 10^{-k_1 t}$로부터,

$$L_5 = 250 \times 10^{-0.08\times 5} = 100\ \text{mg/L}$$ 이다.

예제 3.2

20℃에서 탈산소계수 k_1이 0.3 day^{-1}이라면, 15℃에서 탈산소계수는 얼마인가? (단, 반응상수 θ=1.047이다.)

풀이 식 (3.8)에 의하여 $k_{1(15)} = 0.3 \times 1.047^{(15-20)} = 0.238\ \text{day}^{-1}$이다.

③ 화학적 산소요구량(chemical oxygen demand; COD)

BOD를 측정하기 위해서는 최소 5일 이상의 시간이 요구된다. 하지만 과망간산칼륨($KMnO_4$)이나 중크롬산칼륨($K_2Cr_2O_7$)과 같은 산화제를 이용하여 화학적으로 산화할 경우 1시간 정도면 산화가 가능하다. 즉, COD란 화학적으로 유기물을 이산화탄소나 물 그리고 암모니아와 같은 안정된 물질로 산화시키는데 소비되는 산소량을 mg/L로 나타낸 것이다. 한편 COD 값을 변화시키는 화학물질(흔히 COD방해물질이라고 함)이 존재하거나, 생물학적으로 난분해성 물질이 존재할 경우 측정치가 BOD 값과 크게 다를 수 있는데, 일정 시료에 대

해서는 일정한 상관관계를 가지므로 이러한 상관관계를 이용하면 COD 자료를 BOD로 환산·이용하는 것이 가능하다.

④ 질소(nitrogen)

대기 중에 질소는 용적으로 약 73.03%, 중량으로 약 75.51%를 차지하며 지구 표면에는 0.03% 정도가 존재한다. 이들은 주로 생물체 내의 단백질·아미노산·핵산 등의 유기물질과 이온 상태인 NH_4^+ · NO_2^- · NO_3^- 및 분자 상태인 NH_3로 존재하는데, 수중에 존재하는 형태는 대부분 유기질소나 NH_3-N이며, 이들 양 질소의 합을 **킬달(kjeldahl)질소**라 하여 총질소를 대신하여 자주 사용한다. 물에서 질소물질이 확인될 경우에는 일단 분뇨나 축산폐수 등에 의해 오염되었음을 의심할 수 있다.

⑤ 인(phosphorus)

수중의 인(燐, phosphorus)은 주로 인산비료나 생활하수에 기인하며, 그 외에 분뇨나 공장폐수 등도 원인이 된다. 인은 수중에서 유기성 인산염 및 orthophosphates(정인)·polyphosphates(축합인)·metaphosphates 등의 무기성 인산염의 형태로 존재하는데, 유기 형태의 것이 전체의 약 70%를 차지한다.

⑥ 색도

색은 대개 공장폐수 중 유기염료나 광물질에 기인하는데, 색도를 유발하는 대표적인 광물질로는 철과 망간을 들 수 있다. 이들 물질이 산화되면 각각 물을 적색과 흑색으로 착색시키며 심하면 이취미를 발생시키는데, 이들 물질에 의해 착색·오염된 물을 흔히 **적수**(red water)·**흑수**(black water)라 한다. 그 외에도 색도의 자연적인 원인으로는 낙엽이나 식물에 근원하는 휴민산(humic acid) 등이 있으며, 이들 물질은 차와 같이 물을 다갈색으로 물들인다. 이와 같이 색은 자체가 반드시 유해한 것은 아니지만 물의 이용 가치를 크게 저하시킨다. 참고로 휴민산은 토양에 함유되어 있는 부식질 중 용제에 의해 제거되지 않고 남아 있는 암갈색 혹은 흑색 산성 유기물의 일종이다.

⑦ 탁도

하천수에 현탁(懸濁)하는 불용성 물질은 모래와 점토와 같이 무기성일 수도 있고, 조류나 가정하수 혹은 공장폐수에 기인한 유기성 물질일 수도 있다. 이들 물질은 조류의 광합성을 감소시키고 수생식물을 질식시키며, 특히 유기성 물질은 수온이 상승할 경우 부패하여 수중의 산소를 고갈시키고 동시에 악취를 발생시킨다. 또한 조류는 심할 경우 어류를 패사시키거나 상수도 여과지의 여과 성능을 크게 저하시키며, 모래와 같은 무기성 현탁물은 홍수 시 취수 또는 배수용(排水用) 펌프를 마모시키고 수생생물의 생장을 저해한다. 이와 같이 탁도는 수질을 판단하는 대략적 지표가 되지만 물이 탁도를 가지지 않아도 오염되어 있을 수 있으므로 주의를 요한다.

⑧ 이취미(異臭味)

물에서 나는 냄새의 원인은 화합물(암모니아 · 페놀[C_6H_5OH] · 유리염소 · 시안화물 등) · 조류 · 기타 수중에 존재하는 유기물의 부패로 인하여 발생하며, 하천에서 발생하는 가장 흔한 악취의 원인은 황화물이다.

한편 물에 불쾌한 맛을 주는 물질은 철 · 망간 · 유리염소 · 황화수소 · 페놀 및 불포화탄화수소(unsaturated hydrocarbon) 등이 있으며, 이들은 극히 낮은 농도에서도 불쾌한 맛을 주는데, 예를 들어 제1철은 0.1 mg/L, 제2철은 0.2 mg/L, 유리염소는 0.1 mg/L, 석유는 0.000001 mg/L 의 극소량에서도 불쾌한 맛을 준다. 이들 물질은 단순히 수질을 저하시키는 것 외에도 수산물의 가치를 크게 하락시킨다.

⑨ 수소이온 농도(pH; hydrogen ion concentration)

pH는 용액의 수소이온 농도, 즉 산 또는 알칼리 상태의 세기를 나타내는 용어이다. 예를 들어 물은 H^+와 OH^-로 전리(電離)되며, 다음 식들이 성립한다.

$$H_2O \rightleftarrows H^+ + OH^- \tag{3.9}$$

$$[H^+][OH^-]/[H_2O] = K(\text{평형상수}) \tag{3.10}$$

25℃ 순수일 때 각 이온의 積은 다음과 같다.

$$[H^+][OH^-] = 10^{-7} \times 10^{-7} = 10^{-14} = K_w \tag{3.11}$$

위 식에서 $[H^+] \cdot [OH^-] \cdot [H_2O]$는 각각 $H^+ \cdot OH^- \cdot H_2O$의 몰농도(mole/L)를 나타내며, 일반적으로 pH와 pOH는 다음 식 (3.12), (3.13)과 같이 정의된다.

$$pH = -\log[H^+] \tag{3.12}$$

$$pOH = -\log[OH^-] \tag{3.13}$$

따라서 $pH + pOH = 14$ 또는 $pOH = 14 - pH$이다.

하천수의 pH 변화 원인은 주로 생물학적 반응의 최종 산물인 CO_2와 대기 중의 CO_2 및 광산(鑛酸)이나 유기산이다. 이 중 광산은 대개 유황이나 유화철광 광산(鑛山)의 배수나 화산에서 분출한 유황 성분이 유입한 물에서 유황산화 세균의 작용에 따라 나타나며, 유기산은 유기물이 호기성 혹은 혐기성으로 분해되는 과정에서 발생한다. 이러한 pH의 변화는 대개 위생상 영향을 미칠 정도는 아니지만 불쾌한 맛을 주어 수질을 저하시킨다.

예제 3.3

수소이온 농도가 5.4×10^{-9} mole/L 인 용액의 pH와 pOH를 구하라.

풀이 $pH = -\log[5.4\times10^{-9}] = -\log5.4 - \log10^{-9} = -0.73 + 9.0 = 8.27$

$pOH = 14 - 8.27 = 5.73$

예제 3.4

완전히 전리한다고 가정하고 다음 용액의 pH를 구하라.

① 4.9×10^{-4} mole/L의 산 ② 0.0016 mole/L의 염기

풀이 ① 4.9×10^{-4} mole/L 의 산

$pH = -\log[4.9\times10^{-4}] = 3.31$

② 0.0016 mole/L 의 염기

$pOH = -\log[0.0016] \fallingdotseq 2.8$ $\therefore$ $pH = 14 - 2.8 = 11.2$

예제 3.5

pH가 2인 황산용액 10 L를 80%의 가성소다로 중화시키고자 한다. 가성소다 용액의 소비량을 구하라.

풀이 황산용액의 pH가 2이므로 수도이온의 농도는

식 (3.12) $pH = -\log[H^+]$에 의해, $[H^+] = 10^{-2}$ mole/L

따라서 10 L 황산용액 중 수소이온의 양은 10^{-2} mole/L × 10 L = 10^{-1} mole이고 이것을 중화시키기 위해서는 10^{-1} mole의 가성소다가 필요하므로 가성소다 (NaOH, 분자량은 40 g)의 양은 40 g × 10^{-1} mole = 4 g

80% 용액으로 환산하면, 4 g × 100/80 = 5 g이다.

⑩ 알칼리도(alkalinity)

알칼리도란 물의 산 중화능력을 나타내는데, 자연수의 알칼리도는 주로 약산의 염에 기인하지만, 강염기나 약염기도 기여한다. 알칼리도에 기여하는 수중물질을 높은 pH를 나타내는 순서에 따라 열거하면 수산화물(hydroxide)·탄산염(carbanate)·중탄산염(bicarbonate)의 순이며, 이들 물질에 존재하는 알칼리를 산(0.02 N H_2SO_4)으로 적정하여, 이때 소비된 산의 양을 $CaCO_3$로 환산하여 구한다[식 (3.15) 참고]. 자연수에서 이들 물질의 공급원은 주로 지질(석회암 등의 광물)에 의한 것이며, 공장폐수 등의 오염에 기인하는 경우도 있다. 한편 자연수의 알칼리도는 중탄산염의 형이 대부분이며 탄산염이나 수산화물에 의한 것은 적은데, 그것은 다음 식과 같이 수중의 CO_2가 탄산염과 수산화물을 중탄산염으로 변화시키기 때문이다.

$$CO_2 + CaCO_3 + H_2O \rightarrow Ca(HCO_3)_2$$

$$2CO_2 + Ca(OH)_2 \rightarrow Ca(HCO_3)_2 \qquad (3.14)$$

$$\text{알칼리도} = \text{산}(0.02\ N\ H_2SO_4)\text{의 소비량(mL)} \times \frac{1,000}{\text{시료량 (mL)}} \qquad (3.15)$$

알칼리도는 보건위생상 영향을 미치지는 않는다. 하지만 불쾌한 맛을 내는 등 음용수의 질을 저하시킨다. 또한 수처리와 관련하여 알칼리도는 질산화 반응 시 완충작용을 하며, 인의 화학적 처리 시 석회 주입량에 영향을 미치기도 한다. 이와 같이 알칼리도는 여러 측면에서 수질공학과 관련되는데, 몇 가지 관련 내용을 열거하면 다음과 같다.

㈀ 약품응집

물이나 하·폐수 중의 불순물질을 제거하기 위해 사용되는 화학약품은 물과 반응하여 불용성 침전물을 만든다. 이때 방출된 H-ion은 물속의 알칼리도와 반응한다. 그러므로 알칼리도는 응집제가 효력을 발할 수 있는 pH 범위로 물을 완충하는 작용을 하게 된다. 효과적이고 완전한 응집이 일어나기 위해서는 응집제로부터 방출된 산에 의해 소비되는 알칼리도보다 더 많은 알칼리도가 존재해야 한다. 그러나 알칼리도가 너무 높으면 pH가 높아지고 많은 응집제가 소비되어 비경제적이다.

㈏ 연수화

알칼리도는 침전법에 의한 연수화에 있어서 소석회[$Ca(OH)_2$]와 소다회[Na_2CO_3]의 소비량을 계산할 때 고려해야 되는 중요 인자이다. 연수화된 물은 탄산염과 과량의 수산화물을 함유하므로 알칼리도가 허용범위 내에 있는지 검토해야 한다.

㈐ 침식억제

알칼리도가 낮은 물은 부식성이 강하기 때문에 철관 등이 녹슬기 쉽다.

㈑ 폐수처리

pH와 마찬가지로 알칼리도는 폐수를 생물학적으로 처리할 수 있는지를 정하는 중요한 인자이다.

예제 3.6

어떤 시료 100 mL를 0.02 N H_2SO_4 적정액으로 적정하였다. phenolphthalien end point (홍색 → 무색)까지 13.8 mL의 적정액이 소비됐다면, 이 시료의 알칼리도는 얼마인가?

풀이 식 (3.15)를 이용하면 알칼리도는

$$13.8 \times \frac{1,000}{100} = 138 \text{ mg/L}$$ 이다.

[별해] H_2SO_4; 1 N은 49 g, $CaCO_3$; 1 N은 50 g

1 L의 0.02 N H_2SO_4은 0.98 g의 H_2SO_4 함유 즉, 1 mL는 0.98 mg의 H_2SO_4을 함유한다. 13.8 mL의 적정액 중 산의 양을 $CaCO_3$로 환산하면,

$13.8 \times 0.98 \times \frac{50}{49} = 13.8$ mg, 따라서 알칼리도는 $13.8 \times \frac{1,000}{100} = 138$ mg/L이다.

예제 3.7

응집제로 황산알미늄, 알칼리제로 소석회를 사용할 때, 원수 중의 알칼리도를 무시하면 황산알미늄 1 mg/L에 대해서 소석회를 얼마만큼 주입해야 하는가? (단, 각 원소의 원자량은 Al; 27 g, S; 32 g, Ca; 40 g이다.)

풀이 황산알미늄과 소석회의 반응은 다음과 같다.

$$Al_2(SO_4)_3 \cdot 18H_2O + 3Ca(OH)_2 \rightarrow 2Al(OH)_2 + 3CaSO_4 + 18H_2O$$

$$\therefore \text{ 소석회 소비량} = \frac{3 \times 77}{666} = 0.333 \text{ mg/L}$$ 이다.

⑪ 산도(acidity)

산도란 물의 알칼리 중화 능력을 말하며 pH 8.5 이하에서 존재한다. 산도의 근원은 생물학적 반응의 최종산물인 CO_2와 대기 중의 CO_2 및 폐광이나 공장 폐수에서 유래한 광산(鑛酸)이다. 일반적으로 CO_2가 용해된 물의 pH는 8.3 이하이고, 황산 기타 광산을 함유한 물의 pH는 4.4 이하이다.

자연수의 산도는 수중의 CO_2에 의한 것으로 CO_2의 일부가 탄산으로 되기 때문이다. 따라서 산도는 수중의 탄산을 중화시키는 데 필요한 알칼리의 양을 $CaCO_3$로 환산하여 구한다[식 (3.16) 참고].

$$\text{산도} = \text{알칼리}(0.02\ \text{N NaOH})\text{의 소비량(mL)} \times \frac{1{,}000}{\text{시료량 (mL)}} \tag{3.16}$$

산도는 알칼리도와 마찬가지로 위생상 영향을 미치지는 않지만 광산도를 포함한 물은 불쾌한 맛을 내는 등 음용수의 질을 저하시킨다. 이와 같이 산도는 여러 면에서 수질공학적 문제와 관련되는데, 몇 가지 관련 내용을 열거하면 다음과 같다.

㈀ 연수화

CO_2는 소석회[$Ca(OH)_2$]와 소다회(Na_2CO_3)를 이용하는 연화법에 있어 약품 소비량을 계산할 때 고려해야 하는 중요 물질이다.

㈁ 침식작용

물의 침식성은 대개 CO_2이지만 공장폐수의 경우는 광산도이다. 특히 상수도 분야에 있어 CO_2에 의한 침식성은 정수법과 그 시설을 결정하는 데 중요한 인자이다. 즉, 물에 존재하는 CO_2의 제거방법으로 폭기를 택할 것인지, 아니면 단순한 중화법을 택할 것인지, 기타 약품의 소요량과 저장조의 크기, 처리비용 등은 모두 CO_2의 존재량에 따라 결정된다.

㈂ 폐수처리

생물처리를 위해서는 pH가 보통 6～8.5 정도로 유지되어야 한다. 따라서 pH가 생물처리 범위를 벗어날 경우 폐수의 pH를 조정할 필요가 있는데, 이때 필요한 화학약품의 양은 대개 산도에 기초를 두고 계산한다.

예제 3.8

어떤 시료 100 mL를 0.02 N NaOH 적정액으로 적정하였다. phenolphthalien end point (홍색으로 발색)까지 10 mL의 적정액이 소비됐다면, 이 시료의 산도는 얼마인가?

풀이 식 (3.16)을 이용하면 산도는

$10 \times \frac{1,000}{100} = 100\ \text{mg/L}$이다.

[별해] NaOH; 1 N은 40 g, $CaCO_3$; 1 N은 50 g

1 L의 0.02 N NaOH는 0.8 g의 NaOH를 함유한다. 즉, 1 mL 는 0.8 mg의 NaOH을 함유한다. 10 mL 의 적정액 중 NaOH 양을 $CaCO_3$로 환산하면,

$10 \times 0.8 \times \frac{50}{40} = 10\ \text{mg}$이다.

따라서 산도는 $10 \times \frac{1,000}{100} = 100\ \text{mg/L}$이다.

⑫ 경도(hardness)

경도(硬度)란 물의 비누 소비량을 말하며 지하수와 같이 비누의 소비량이 많은 물을 경수 또는 센물이라고 한다. 경도가 높은 물은 각종 열교환장치의 표면에 scale을 형성하여 효율을 감소시키므로 경도는 공업용수의 수질을 판단할 때 중요한 수질항목이 된다.

물의 경도는 보통 표면수보다 지하수가 센데, 그것은 물이 지각(地殼)을 유하하는 동안, 경도 유발물질을 함유하기 때문이다. 경도는 2가의 양이온에 기인하는데, 자연수에서 경도의 대부분은 Ca^{2+}와 Mg^{2+}에 의한 것으로, 이들 물질은 빗방울이 공기 중을 통하여 떨어질 때 CO_2가 용해되거나, 토양 내의 미생물 활동으로 발생한 CO_2가 지하수에 용해되고, 이때 형성된 탄산수가 지층 내의 Ca나 Mg 등의 광물을 녹이기 때문에 발생한다. 이와 같이 Ca와 Mg은 경도의 대부분을 차지하므로 이들 두 가지 ion만으로 경도를 측정하는 경우도 있다. 그 외에 경도를 유발하는 양이온은 $Sr^{2+} \cdot Fe^{2+} \cdot Mn^{2+}$ 등이 있으며, 이들 양이온과 결합하는 중요한 음이온을 자연계에 존재하는 양에 따라 순서대로 나타내면 표 3.5와 같다.

표 3.5 경도의 원인이 되는 양이온과 중요 음이온

양 이 온	Ca^{2+}, Mg^{2+}, Sr^{2+}, Fe^{2+}, Mn^{2+}
음 이 온	HCO_3^-, SO_4^{2-}, Cl^-, NO_3^-, SiO_3^{2-}

경도의 측정은 경도 유발물질의 양을 $CaCO_3$의 양으로 환산하여 나타내며, 그 결과에 따라 다음과 같이 구분하기도 한다.

0～75 mg/L	약하다.	75～150 mg/L	약간 강하다.
150～300 mg/L	강하다.	300 이상 mg/L	아주 강하다.

한편 표 3.5의 양이온이 OH^- · CO_3^{2-} · HCO_3^- 등과 결합할 경우 이것을 탄산경도라고 하는데, 탄산경도는 오래 가열하면 다음 식 (3.17)과 같이 침전하여 경도를 상실하므로 탄산경도를 일시경도라고 말하기도 한다.

$$Ca^{2+} + 2HCO_3^- \rightarrow CaCO_3 \downarrow + CO_2 + H_2O \tag{3.17}$$

탄산경도는 알칼리도와 마찬가지로 $CaCO_3$로 환산하여 구하므로 탄산경도는 다음과 같이 구할 수 있다.

알칼리도 < 총경도일 때, 탄산경도 = 알칼리도

알칼리도 ≥ 총경도일 때, 탄산경도 = 총경도

총경도에서 탄산경도를 뺀 값을 비탄산경도라 하는데, 이것은 끓여서 제거할 수 없다. 따라서 비탄산경도를 영구경도라고 말하기도 한다.

예제 3.9

어떤 물의 수질 분석 결과는 다음과 같다. 이 물의 총경도·탄산경도 및 비탄산경도를 구하라(원소의 원자량은 Ca : 40 g, Mg : 24.3 g, Na : 23 g, S : 32 g, Cl : 35.5 g, C : 12 g, O : 16 g이다).

표 3.6 경도 계산을 위한 수질분석 결과

구분	mg/L	구분	mg/L	구분	mg/L
Ca^{2+}	60	HCO_3^-	30.5	Cl^-	2.5
Mg^{2+}	24.5	SO_4^{2-}	120	CO_3^{2-}	30
Na^+	12				

풀이 총경도는 Ca^{2+} : 60 mg/L $\rightarrow 60 \times \frac{50}{20} = 150$ mg/L

Mg^{2+} : 24.5 mg/L $\rightarrow 24.5 \times \frac{50}{12.15} = 100.8$ mg/L

∴ 총경도 $= 150 + 100.8 = 250.8$ mg/L

탄산경도는 CO_3^{2-} : 30 mg/L $\rightarrow 30 \times \frac{50}{30} = 50$ mg/L

$$HCO_3^- \ : 30.5 \text{ mg/L} \quad \rightarrow 30.5 \times \frac{50}{61} = 25 \text{ mg/L}$$

∴ 탄산경도 = 50 + 25 = 75 mg/L
한편 총경도 = 탄산경도 + 비탄산경도이므로,
비탄산경도 = 250.8 − 75 = 175.8 mg/L이다.

⑬ 유독성 무기화합물

가장 일반적인 유독성 무기물은 유리염소 · chloramine · 암모니아 · 황화수소 · 가용성 황화물 및 구리(Cu) · 아연(Zn) · 납(Pb) · 니켈(Ni) · 크롬(Cr) · 카드뮴(Cd) · 수은(Hg) · 은(Ag) · 우라늄(U) · 바나듐(V) · 토륨(Th) 등의 유해 중금속으로 이들은 주로 공장폐수나 광산폐수 및 제철소 등으로부터 배출되며, 이들 물질의 수중 농도가 일정치 이상이 되면 이들 물질은 미생물의 활동을 억제하여 하천의 자정작용을 저해하고 수생생물의 생장을 억제한다.

이 밖에도 황산동($CuSO_4$) · 불소(F) 등도 수생생물에 대해 유해한데, 황산동의 경우 그 독성을 이용하여 조류를 억제하기 위한 수단으로 사용되기도 한다. 불소의 경우 충치 예방에 이용될 수 있다. 하지만 그 농도가 1.5 mg/L 이상인 경우에는 치아의 표면을 부식시키는 **반상치**(斑狀齒; mottled teeth)의 원인이 된다.

한편 카드뮴 등의 중금속과 유기수은 · 비소 · 유기인 등 축적성 물질은 그 농도가 극히 낮아도 생물농축으로 인하여 인체 내에 축적되어 만성중독을 일으킬 수 있다. 대표적인 만성중독 현상으로 수은(Hg)에 의한 **미나마타병**과 카드뮴(Cd)에 의한 **이따이이따이병**을 들 수 있다.

$$\text{농축계수} = \frac{\text{대상생물 체내 유독물질 농도}}{\text{환경수 중의 유독물질 농도} } \tag{3.18}$$

⑭ 페놀류(phenols)

벤젠의 수소원자가 수산기(OH^-)로 치환된 화합물을 페놀(C_6H_5OH)이라고 하며, 페놀에 여러 가지 치환기(置換基)가 결합된 물질을 총칭하여 페놀류라 한다. 이 물질은 주로 공장폐수의 유입에 기인하며, 수중에서 특유의 냄새를 나타내고 인축(人畜)과 어류에 유해하다. 특히 상수 원수에 페놀이 존재할 경우 염소소독 과정에서 클로로페놀(C_6H_5ClO)이 형성되어 한층 더 강한 취기를 발생한다.

⑮ 음이온 계면활성제(ABS)

세제는 음이온(陰 ion)·양이온(陽 ion)·양이온(兩 ion) 및 비이온(非 ion) 계면활성제가 있으며, 이 중 음이온 계면활성제가 가장 흔히 사용되고 있다. 음이온 계면활성제에는 경성세제(硬性洗劑)로 알려진 ABS(alkyl benzene sulfonate)가 있는데, 이 물질은 생분해가 어렵고, 상수에 비린 맛을 제공하여 수질을 저하시킨다. 또한 이 물질은 수면에 수막이나 거품을 형성하고 산소 공급을 저해하여 하천의 자정작용을 저해하고 미관을 해친다. 따라서 수질오염의 지표로 활용되며, 주로 가정하수나 공장폐수에 기인한다.

⑯ 염화물(chlorides)

염화물은 모든 자연수 중에 서로 다른 농도로 존재하는데, 해수의 영향을 받는 지역에서는 더욱 높게 나타난다. 인위적인 오염원은 제염업(製鹽業), 이온교환법을 사용하는 경수공장(硬水工場) 등 공장폐수와 생활하수이며, 이들 오염원으로부터 배출된 염분은 하천의 염분 농도를 증가시켜 담수어나 수생생물에 해를 끼친다. 담수어의 염분 농도에 대한 내성은 종류에 따라 다르지만 일반적으로 1,000～9,000 mg/L의 Cl^-에서 대부분 또는 일부가 죽는다. 참고로 해수의 Cl^- 농도는 20,000 mg/L이다. 한편 과도한 용해염을 함유하는 폐수는 철이나 콘크리트 구조물을 부식시키는데, 황산염은 특히 좋지 않은 영향을 준다.

⑰ 유류

각종 공장에서 사고 또는 고의로 배출되는 유분은 하천 표면을 유하하면서 확산되어 산소의 수중 용입(溶入)을 막고 생태계를 교란한다. 또한 유화(乳化)한 유분은 수중에 분산하여 수생 동식물의 생육을 저해하고 상수원수나 수생생물에 특유의 이취미를 갖게 하여 그 가치를 하락시킨다.

유류에 의한 오염은 해양에서 자주 발생하는데, 주된 오염원은 임해공장으로부터 배출되는 함유배수(含油排水), 항해 중의 선박이 배출하는 ballast water (유조선의 바닥에 싣는 물)나 bilge water(배의 바닥에 고이는 油水)와 대형 해난사고로 유출되는 원유나 연료유 등이며, 이러한 해양오염은 피해 범위가 크고 처리에 어려움을 준다.

⑱ 방사능

하천의 방사능 물질 농도는 평상시 수 10 μc/L로 문제되지 않는다. 하지만 원전사고 등에 의한 방사성 폐수의 방출은 하천이나 해양생태계를 크게 위협하는데, 이러한 사고는 자주 발생하지 않으나 한 번 발생하면 그 피해가 광범

위하고 피해기간이 상당히 지속되는 특성을 가진다.

한편 방사능 물질에 따라서는 생물이나 슬러지에 잘 흡수되는 물질과 그렇지 않은 물질이 있는데, Ce^{144} · Au^{193} · Pu^{239} 등은 잘 흡수되는 반면 Sr^{90} · Na^{24} · Cs^{137} · P^{32} · Br^{82} · I^{131} 등은 잘 흡수되지 않는다. 따라서 Ce^{144} 등과 같이 잘 흡수되는 방사능 물질이 하천에 방류될 경우 흡수된 방사성 물질은 식물연쇄에 의해 수중 농도의 수 천 내지 수 만 배까지 농축되어 농축된 물고기 등을 섭취하는 인간에게 큰 피해를 줄 수 있다.

2. 미생물학적 지표

① 일반세균

수인성 전염병을 억제하기 위해 상·하수도에서는 일반세균수와 대장균군수를 검사한다. 일반세균수는 검수 1 cc 중에 포함된 균의 수로 나타내며 보통 한천배지에 배양한 후 형성된 집락(colony)의 총 수로 검정한다. 일반적으로 상수의 기준은 검수 1 cc를 한천배지 15 cc에 가하고 35～37℃에서 22～26시간 배양한 후 집락의 수로 하며, 음용수 중 수도수의 기준은 1 cc에 100 이하로 정하고 있다.

② 대장균군

대장균군(coliform group)은 상수와 하수의 분원성 오염의 지표로 사용되는데, 그것은 대장균이 대부분 온혈동물의 장 내에 기생하는 세균으로, 자체가 맹독성을 나타내는 것은 아니지만, 이것이 수중에서 발견되면 물이 분뇨에 의해 오염되어 수인성 전염병의 전파 가능성을 암시하기 때문이다. 또한 대장균은 일반병원성 세균이나 바이러스 등에 비해 검출이 용이하고 시간과 경비가 절약되어 일반세균이나 바이러스의 간접적 오염지표로 활용될 수 있다. 대장균군을 검정하기 위한 가장 일반적 방법은 MPN법(most proba- ble numbers)인데, MPN으로 우리나라의 음용수 중 수도수의 기준은 100 cc 중 불검출되어야 한다.

참고로 MPN은 시료 100 mL당 이론상으로 존재 가능한 대장균의 수를 나타내는 것으로, 시료수 100 mL 중 검수의 양을 10 mL · 1 mL · 0.1 mL 등으로 연속해서 희석배율을 다르게 한 시료를 5개씩 LB(lactose-broth) 발효관에 접종한 다음 배양기에서 37±1℃로 24±1시간 배양한 후 양성률을 조사하여 검수에 포함된 대장균군의 수를 확률논적으로 추정하는 방법이다.

여기서 양성이란 배양 과정에서 gas가 발생하는 것을 의미하며, 상기 배양시간에서도 가스가 발생하지 않을 경우 계속하여 48±1시간 배양하고, 그래도 gas가 발생하지 않을 경우 음성으로 판정한다.

MPN은 양성관에 대해 다시 확정시험을 거친 후 양성관과 음성관의 수에 따라 다음의 Thomas식을 이용하여 구할 수 있다.

$$\text{MPN/100 mL} = \frac{100 \times \text{양성관의 수}}{[\text{음성시료의 총량(mL)} \times \text{전체시료의 총량(mL)}]^{1/2}} \tag{3.19}$$

예제 3.10

어떤 하천수에 대한 대장균군시험을 실시하였다. 각 5개의 10 mL · 1 mL · 0.1 mL 희석시료수에서, 시험결과 10 mL 시료수 중 3개, 1 mL 시료수 중 2개, 0.1 mL 시료수 중 1개가 양성반응을 나타냈다. 이 하천수의 대장균군에 대한 MPN을 구하라.

풀이 양성관의 수 $= 3 + 2 + 1 = 6$개

전체시료의 총량 $= 5 \times 10 + 5 \times 1 + 5 \times 0.1 = 55.5$ mL

음성시료의 총량 $= 2 \times 10 + 3 \times 1 + 4 \times 0.1 = 23.4$ mL

$$\therefore \ \text{MPN/100 mL} = \frac{100 \times 6}{(23.4 \times 55.5)^{1/2}} = 17/100 \text{ mL}$$

3.4.2 수질기준

각 수역의 수질환경기준은 기본적으로 쾌적한 생활환경을 보전하고 환경오염으로부터 사람의 건강을 보호하기 위해 설정되어야 하며, 그 외에 수역의 이용상황(상수원 · 공업용 · 농업용 · 기타) · 수역별 상호영향 · 목표수질의 달성 가능성 등을 총체적으로 고려하여 결정해야 할 것이다. 즉, 수질환경기준의 설정은 구체적으로 상수원의 보전과 물의 이용가치를 향상시켜 쾌적하고 편리한 생활환경을 제공하기 위한 것이며, 이러한 목적으로 생활환경기준 10개 항목과 사람의 건강보호기준으로 17개 항목이 정해져 있다. 수역별 수질환경기준은 표 3.7과 같다.

한편 환경기준을 달성하기 위해서는 오염물의 배출을 규제해야 하는데, 이러한 규제수단으로 배출허용기준과 방류수수질기준이 정해져 있다.

표 3.7 수질의 환경기준

(a) 하천

구분	등급		기준: 수소이온농도	생물화학적 산소요구량 (mg/L)	화학적 산소요구량 (mg/L)	부유물질량 (mg/L)	용존산소량 (mg/L)	총인 (mg/L)	대장균군수 (MPN/100mL) 총대장균군	분원성 대장균군
생활환경	매우좋음	Ⅰa	6.5~8.5	1 이하	2 이하	25 이하	7.5이상	0.02이하	50 이하	10 이하
	좋음	Ⅰb	6.5~8.5	2 이하	4 이하	25 이하	5 이상	0.04이하	500 이하	100 이하
	약간좋음	Ⅱ	6.5~8.5	3 이하	5 이하	25 이하	5 이상	0.1 이하	1,000 이하	200 이하
	보통	Ⅲ	6.5~8.5	5 이하	7 이하	25 이하	5 이상	0.2 이하	5,000 이하	1,000 이하
	약간나쁨	Ⅳ	6.0~8.5	8 이하	9 이하	100 이하	2 이상	0.3 이하	-	-
	나쁨	Ⅴ	6.0~8.5	10 이하	11 이하	쓰레기 등이 떠있지 않을 것	2 이상	0.5 이하	-	-
	매우나쁨	Ⅵ	-	10 초과	11 초과		2 미만	0.5 초과	-	-
사람의 건강보호	카드뮴(Cd) : 0.005 mg/L 이하, 음이온 계면활성제(ABS) : 0.5 mg/L 이하, 1,2-디클로로에탄 ; 0.03 mg/L 이하, 디클로로메탄 ; 0.03 mg/L 이하, 클로로포름 ; 0.08 mg/L 이하, 비소(As) : 0.05 mg/L 이하, 납(Pb) : 0.05 mg/L 이하, 6가크롬 : 0.05 mg/L 이하, 사염화탄소 ; 0.004 mg/L 이하, 테트라클로로에틸렌(PCE) ; 0.04 mg/L 이하, 벤젠 : 0.01 mg/L 이하, 디에틸렉실프랄레이트 : 0.008 mg/L 이하, 안티몬 : 0.02 mg/L 이하 기타, 시안(CN) ; 검출되어서는 안됨(검출한계 0.01), 수은(Hg) ; 검출되어서는 안됨(검출한계 0.001), 유기인 ; 검출되어서는 안됨(검출한계 0.0005), polychlorobiphenyl(PCB) ; 검출되어서는 안됨(검출한계 0.0005)									

(b) 호소

구분	등급		기준: 수소이온농도	화학적 산소요구량 (mg/L)	부유물질량 (mg/L)	용존산소량 (mg/L)	총인 (mg/L)	총질소 (mg/L)	클로로필-a (mg/m^3)	대장균군수 (MPN/100mL) 총대장균군	분원성 대장균군
생활환경	매우좋음	Ⅰa	6.5~8.5	2 이하	1 이하	7.5 이상	0.01 이하	0.2 이하	5 이하	50 이하	10 이하
	좋음	Ⅰb	6.5~8.5	3 이하	5 이하	5 이상	0.02 이하	0.3 이하	9 이하	500 이하	100 이하
	약간좋음	Ⅱ	6.5~8.5	4 이하	5 이하	5 이상	0.03 이하	0.4 이하	14 이하	1,000 이하	200 이하
	보통	Ⅲ	6.5~8.5	5 이하	15 이하	5 이상	0.05 이하	0.6 이하	20 이하	5,000 이하	1,000 이하
	약간나쁨	Ⅳ	6.0~8.5	8 이하	15 이하	2 이상	0.10 이하	1.0 이하	35 이하	-	-
	나쁨	Ⅴ	6.0~8.5	10 이하	쓰레기 등이 떠있지 않을 것	2 이상	0.15 이하	1.5 이하	70 이하	-	-
	매우나쁨	Ⅵ	-	10 초과		2 이상	0.15 초과	1.5 초과	70 초과	-	-
사람의 건강보호	하천의 기준과 동일										

주) 총인, 총질소의 경우 총인에 대한 총질소의 농도 비율이 7 미만일 경우에는 총인의 기준을 적용하지 아니하며, 그 비율이 16 이상일 경우에는 총질소의 기준을 적용하지 않는다.

(c) 지하수

항 목	이용목적별	생활용수	농업, 어업용수	공업용수
일반오염물질 (4개)	수소이온농도(pH)	5.8 ~ 8.5	6.0 ~ 8.5	5.0 ~ 9.0
	총 대장균군	5,000 이하 (MPN/100mL)	-	-
	질산성질소	20 이하	20 이하	40 이하
	염소이온	250 이하	250 이하	500 이하
특정유해물질 (15개)	카드뮴	0.01 이하	0.01 이하	0.02 이하
	비소	0.05 이하	0.05 이하	0.1 이하
	시안	0.01 이하	0.01 이하	0.2 이하
	수은	0.001 이하	0.001 이하	0.001 이하
	유기인	0.005 이하	0.005 이하	0.0005 이하
	페놀	0.005 이하	0.005 이하	0.01 이하
	납	0.1 이하	0.1 이하	0.2 이하
	6가 크롬	0.05 이하	0.05 이하	0.1 이하
	트리클로로에틸렌	0.03 이하	0.03 이하	0.06 이하
	테트라클로로에틸렌	0.01 이하	0.01 이하	0.02 이하
	1.1.1-트리클로로에탄	0.15 이하	0.3 이하	0.5 이하
	벤젠	0.015 이하	-	-
	톨루엔	1 이하	-	-
	에틸벤젠	0.45 이하	-	-
	크실렌	0.75 이하	-	-

비고) 1. 생활용수 ; 가정용 및 가정용에 준하는 목적으로 이용되는 경우로서 음용수·농업용수·어업용수·공업용수 이외의 모든 용수를 포함한다.
2. 농업용수·어업용수·농업농촌기본법시행령 제2조의 규정에 의한 농업 및 농어촌발전특별조치법시행령 제2조 제3호의 규정에 의한 어업의 목적으로 이용되는 경우를 말한다.
3. 공업용수 ; 수질환경보전법 제2조 제5항의 규정에 의한 폐수배출시설을 설치한 사업장에서 사업활동 목적으로 이용되는 경우를 말한다.
4. 어업용수 및 지하수의 이용 목적상 염소이온의 농도가 인체에 해가 되지 아니하는 것으로 환경부장관이 인정하는 용도로 지하수를 이용하는 경우 염소이온의 기준을 적용하지 이니한다.
* 공통사항 ; 농업용수·어업용수·공업용수일지라도 생활용수의 목적으로도 함께 이용되는 경우에는 생활용수의 수질기준을 적용한다.

3.5 용도별 수질특성

3.5.1 가정용수

1. 먹는 물의 수질기준

중수도의 사용이 현실화되지 않은 상황에서 가정용수란 음료·조리·청소·목욕 등 가정에서 사용하는 모든 용수를 포함하며 공급되는 물은 음용을 전제로 해야 한다.

따라서 가정용수는 인체에 유해한 물질은 물론 정서적으로 영향을 미칠 수 있는 물질이 기준치를 초과해서는 안 된다. 다음 표 3.8은 우리나라의 먹는 물 수질기준을 나타낸 것이다.

표 3.8 먹는 물 수질기준

구분		수질 항목		
미생물		일반세균수		100 CFU/1 mL
		총 대장균군		ND/100 mL
		대장균·분원성 대장균군		ND/100 mL
		분원성연쇄상구균·녹농균·살모넬라 및 쉬겔라		ND/25 mL
		아황산환원혐기성포자형성균		ND/50 mL
		여시니아균		ND/2 L
유해영향무기물질		납	Pb	0.05 mg/L
		불소	F	1.5 mg/L
		비소	As	0.01 mg/L
		세레늄	Se	0.01 mg/L
영향무기물질		수은	Hg	0.001 mg/L
		시안(화합물)	CN	0.01 mg/L
		크롬6가	Cr^{6+}	0.05 mg/L
		암모니아성 질소	NH_3-N	0.5 mg/L
		질산성 질소	NO_3-N	10 mg/L
		카드뮴	Cd	0.005 mg/L
		브롬	Br	1.0 mg/L
		브론산염		10.01 mg/L
유해영향유기물질	휘발성유기물질	페놀		0.005 mg/L
		1.1.1-트리클로로에탄		0.1 mg/L
		테트라클로로에틸렌		0.01 mg/L
		디클로로메탄		0.02 mg/L
		벤젠		0.01 mg/L
		톨루엔		0.7 mg/L
		에틸벤젠		0.3 mg/L
		1.1-디클로로에틸렌		0.03 mg/L
		사염화탄소		0.002 mg/L
		다이아지논		0.02 mg/L
		파라티온		0.06 mg/L
		페니트로티온		0.04 mg/L
		카바닐		0.07 mg/L
		1.2-디브로모-3-클로로프로판		0.003 mg/L
		1,4-다이옥산		10.05 mg/L
소독부산물		잔류염소		4.0 mg/L
		총 트리할로메탄		0.1 mg/L
		클로로포름		0.08 mg/L
		클로랄하이드레이트		0.03 mg/L
		디브로모아세토니트릴		0.1 mg/L
		디클로로아세토니트릴		0.09 mg/L
		트리클로로아세토니트릴		0.004 mg/L
		할로아세틱에시드		0.1 mg/L
		디브로모 클로로메탄		0.03 mg/L
심미적영향물질		경도		300
		과망간산칼륨 소비량		10
		냄새(소독 외의 냄새)		ND
		맛(소독 외의 맛)		ND
		동	Cu	1 mg/L
		색도		5도
		세제(ABS)		0.5 mg/L
		수소이온 농도(pH)		5.8～8.5
		아연	Zn	3 mg/L
		염소이온	Cl^-	250 mg/L
		증발잔여물		500 mg/L
		철	Fe	0.3 mg/L
		망간	Mn	0.3 / 수돗물 0.05
		탁도		1 NTU / 수돗물 0.5 NTU
		황산이온	SO_4^{2-}	200 mg/L
		알루미늄	Al	0.2 mg/L

* 정수처리장 기준 : 수돗물은 바이러스·지아디아 등 병원성미생물이 함유되지 않도록 정수처리기준 준수

2. 수질 검사와 검사 주기

수질검사의 대상이나 검사의 주기는 수도법에 의해 정해지지만 검사의 원래 목적은 정수의 수질뿐 아니라 원수의 수질관리·정수처리 시 용도에 따른 원수의 적합성·정화방법이나 경제성 등을 파악하기 위해 실시하므로 법이 정한 시설이나 항목에

구애 받지 않고 관리자의 필요나 소비자의 요구에 따라 보다 세부적으로 실시하는 것이 요구된다. 수질검사에 사용되는 방법은 물리적·화학적·생물학적·세균학적 검사로 분류할 수 있는데, 수질의 안전성을 확보하기 위해서는 한 가지 방법에 의존하기 보다는 보다 다양한 방법으로 검사를 실시하고 필요시에는 재검사도 실시하며, 얻어진 결과는 단순히 수질의 적합성 여부 외에 그 변화 양상을 예의 주시하여 수질관리 등 상기에 기술한 목적을 달성할 수 있도록 해야 한다. 대상시설별 검사항목 및 검사주기는 표 3.9와 같다.

표 3.9 대상시설별 검사항목 및 주기

<table>
<tr><th colspan="2">대상시설</th><th>검사항목</th><th>검사주기</th><th>검사의무</th></tr>
<tr><td rowspan="4">광역 및 지방상수도</td><td rowspan="3">정수장</td><td>냄새·맛·색도·pH·탁도·잔류염소</td><td>일1회</td><td rowspan="5">일반수도 사업자 및 전용상수도사업자</td></tr>
<tr><td>일반세균·총 대장균군·대장균 또는 분원성 대장균군·암모니아성 질소·질산성 질소·과망간산칼륨 소비량·증발잔류물</td><td>주1회</td></tr>
<tr><td>전 항목</td><td>월1회</td></tr>
<tr><td>수도전</td><td>일반세균·총 대장균군·대장균 또는 분원성 대장균군·잔류염소</td><td>월1회</td></tr>
<tr><td colspan="2">마을 및 전용상수도</td><td>냄새·맛·색도·탁도·일반세균·대장균군·암모니아성 질소·질산성 질소</td><td>분기1회</td></tr>
<tr><td colspan="2" rowspan="2">먹는 물 공동시설</td><td>일반세균·대장균군·암모니아성 질소·질산성 질소·과망간산칼륨 소비량·증발잔류물</td><td>분기1회</td><td rowspan="2">시·도지사</td></tr>
<tr><td>전 항목(다만, 염소소독을 하지 아니하는 경우에는 총트리할로메탄 검사를 제외)</td><td>년1회</td></tr>
</table>

3.5.2 공업용수

공업용수는 공업의 종류·공정 등에 따라 수질의 요구도가 매우 다양하다. 따라서 공업용수를 선택할 경우에는 각 용도에 적합한지 검토하고 그렇지 않을 경우 용도에 맞게 처리한 후 사용해야 하는데, 대별한 용도별 용수의 질을 살펴보면 다음과 같다.

1. 원료용수

공업용수 중 원료용수·제품처리용수 등은 일반적으로 음용수와 동일한 수질을 요한다. 특히 원료용수는 공업용수의 전체 사용량 중 수 %에 불과하지만, 제품의 품질을 좌우할 수도 있어 요구되는 수질조건은 매우 엄격하다.

2. 보일러용수

보일러용수는 순환 사용되므로 소비수량은 보충수 정도로 그리 많지 않다. 하지만 수질 요구도는 매우 높다. 즉, scale(관석, 고착된 부착물)의 발생과 부식을 방지하기 위해 경도가 낮고 유리탄산이나 산·알칼리의 함량이 적어야 하며, 냉각용수는 저온이어야 하고, 또 열교환 시설에 slime(부유물질과 생물 등의 번식 및 부착으로 생기는 물질)이나 scale 및 부식의 발생이 적은 물이어야 한다. 그 외에 나트륨염이나 일반 용해성물질과 부유물질이 다량 존재할 경우, carry over 현상, 즉 기수병발(priming; 증발 수면의 물이 끓어올라 증기에 혼합되는 현상)이나 포립현상(foaming; 증발면에 거품이 일어나 증기의 증발을 방해하는 현상)이 발생할 수 있다.

3. 제품 처리 및 세정용수

공업의 종류에 따라 다르나, 식품·종이·펄프·화학공업·전자공업 등에서는 요구수질의 기준이 상당히 엄격하다. 예를 들면 염색공업에 있어서는 용수가 탁도·경도·염소이온·철·망간·인산이온·유기물·부유물질 등으로 오탁될 경우 품질 저하의 원인이 된다. 그 밖에 색·취기·미생물은 식품공업에, 철·망간은 종이·펄프공업에 매우 큰 영향을 준다. 이러한 용도의 용수는 냉각수에 비해 대량을 요구하고, 더욱이 수질이 품질에 직접 영향을 미치므로 수처리 비용을 제품의 원가에 반영하지 않을 수 없다. 이미 많은 공업에 있어서 원수의 수질 악화로 응집·침전 후 여과와 같은 공정의 전처리로 입상 활성탄이나 이온교환·전기투석·역삼투 등의 처리설비를 도입하고 있는 실정이다.

4. 냉각용수

철·망간 등 경도성분, 부유물·미생물·염소이온 등의 농도가 높을 경우 slime과 scale의 발생으로 송수능력과 냉각효율이 저하하고, 기계나 배관 등에 부식이 발생하는데, 이러한 현상은 열교환에 의해 수온이 상승함에 따라 촉진된다. 암모니아성 질소는 구리나 구리합금에 대한 부식성이 강하다.

한편 냉각용수는 해수에 의존하는 비율이 큰데, 원자력발전소나 임해공업지대의 수역에서는 수온의 상승과 부영양화로 인한 생태계의 변화가 우려된다.

Chapter 3 연습문제

1. 상하수도공학의 의의는 무엇인가?

2. 수계의 환경용량에 대해 설명하라.

3. 가용수원의 확보 방안에 대해 기술하라.

4. 생물농축과 먹이사슬과의 관계를 설명하라.

5. 대장균군이 상수와 하수의 분원성 오염의 지표로 사용되는 이유는 무엇인가?

6. 어떤 하수의 BOD_5가 150 mg/L 이고, 최종 BOD가 250 mg/L 인 경우 BOD제거 속도상수(k_1)는 얼마이고, 또한 5일 후 수중의 BOD는 얼마인가(base 10)?

   Answer $k_1 = 0.08\ day^{-1}$, $BOD_5 = 100$ mg/L

7. COD 측정을 위해 현장에서 채수한 시료를 COD고정하고자 한다. COD 고정방법과 고정의 의미에 대해 기술하라.

8. 자정작용에 대해 약술하라. 또한 자정계수란 무엇인가?

9. 부영양화 현상에 대해 약술하라.

10. 수원의 종류와 수원별 수질특성에 대해 기술하라.

11. 호수의 성층현상과 취수와의 관련성을 설명하라.

12. 현재의 일과형 상수도 시스템의 문제점과 개선대책에 대해 기술하라.

Chapter 4 집수와 취수

상수도의 수원은 크게 지표수(하천 · 호소 · 저수지)와 지하수(우물물 · 용천수 · 복류수)로 대별되는데, 이들 수원이 갖추어야 할 조건은 먼저 수량이 풍부하고 수질이 양호해야 한다. 우리나라의 경우 이러한 요구조건에 따라 상수도의 수원으로 하천수가 주로 이용되는데, 하천의 경우 그림 4.1과 같이 계절적으로 유량의 변동이 심하다. 따라서 갈수기에 있어서도 충분한 양의 상수를 공급하기 위해서는 홍수기에 물을 저수할 수 있는 저수시설을 축조해야 하는데, 이러한 목적의 시설을 **집수시설**(集水施設)이라고 한다. 집수시설은 가능한 한 고지에 위치하여 도·송수 및 배수가 자연유하식이 되도록 하는 것이 바람직하며, 아울러 상수 소비지와 근접하여 관로의 연장을 줄일 수 있어야 유리하다.

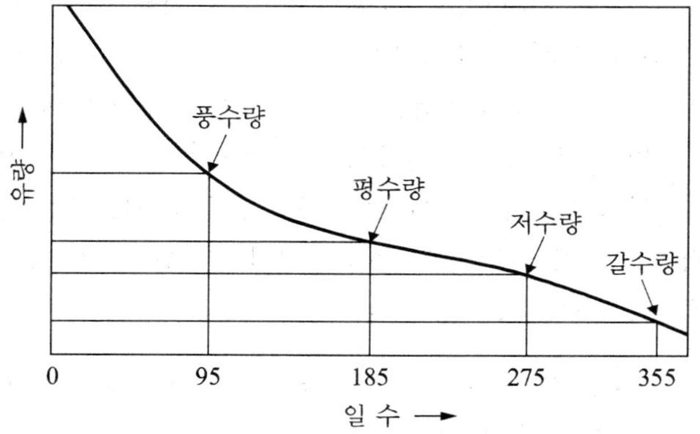

그림 4.1 하천유황곡선

한편 수량이나 수질의 변화에도 집수지로부터 오염 없이 충분한 수량을 취할 수 있도록 설치한 시설을 **취수시설**(取水施設)이라 한다. 취수시설의 계획취수량은 계획

1일 최대급수량을 기준으로 하는데, 정수장에서의 작업용수 및 도·송수 및 배수과정에서의 손실 등을 고려하여 여유를 둘 필요가 있다. 따라서 계획취수량은 계획1일 최대급수량에 약 10% 정도의 여유를 두는 것이 보통이다.

4.1 지표수의 집수

4.1.1 저수지

저수지를 축조하는 목적은 하천의 유량이 풍부할 때 잉여 유량을 저수하였다가 하천의 유량이 감소할 경우 저수된 물을 이용하므로써 하천의 이용률을 높이기 위한 것이다. 따라서 저수지가 없을 경우 안전하게 취수할 수 있는 수량은 하천의 갈수기 유량이지만, 저수지를 축조할 경우 가능한 취수량은 하천의 연평균 유량에 근접하게 된다.

저수지는 위치에 따라 하천을 막아서 그 상류를 저수지로 이용하는 경우, 하천의 물을 도수하여 다른 장소에 저수하는 경우 또는 하천과 관계없이 단순히 요형(凹形)으로 된 지형을 막아 저수지로 이용하는 경우도 있으며, 위치·수질·규모 등 그 특성에 따라 개개의 용도를 가질 수 있다. 하지만 규모가 커짐에 따라 저수지는 대개 다목적(용수공급·수력발전·홍수 방지·관광·위락 등)으로 축조되는 경우가 많은데, 이것은 단일 목적의 저수지에 비해 물의 용도를 다양화하여 경제성을 향상시키기 위한 것이다. 반면 특정의 목적만으로 저수지를 축조할 경우에는 일반적으로 경제성은 떨어지지만 건설비용이나 건설 후 수질관리 차원에서는 매우 유리하다. 따라서 저수지는 그 목적에 따라 규모나 위치 등이 결정되는데, 저수시설을 계획할 경우에는 주변지역의 수문·물이용 상황 등을 충분히 검토한 후 가능한 한 다음과 같은 조건이 충족되도록 한다. 즉,

① 가능한 한 작은 규모로 필요 저수량을 확보할 수 있으며 취수가 용이 할 것
② 지질이 양호할 것
③ 집수면적이 넓고, 장래 오염의 우려가 적으며, 수원 보호가 쉬울 것
④ 댐의 건설재료를 얻기 쉬울 것
⑤ 수심이 비교적 깊고, 퇴사가 적을 것
⑥ 건설 전후 환경영향이 적고, 보상비용이 적을 것

⑦ 수요지로부터 가까울 것 등.

한편 하천수가 저수지에 저수될 때는 현탁입자의 침전에 의해 일시적으로 수질이 좋아질 수도 있지만, 장기적으로 이들 침전입자는 저수지의 부영양화 등 수질 악화의 원인이 될 수 있으며, 수질 또한 계절에 따라 수심이나 위치에 따라 달라질 수 있으므로 저수지를 수원으로 택할 경우에는 수질관리와 아울러 취수위치의 선정 등에 특히 주의해야 한다. 저수지의 주요 구조물은 댐과 여수로(餘水路; spillway)·취수시설 등이다.

4.1.2 필요 저수용량의 산정

저수지 유효용량의 결정은 하천의 유출량·계획취수량·댐 하류의 기득 수리권의 수요량·저수지 자체의 증발과 침투에 의한 손실량 등을 고려하고 아울러 유지용수를 확보하여 하천이 원래의 정상적 기능을 유지할 수 있어야 한다. 한편 추운 지방에서는 담수면의 결빙으로 인한 저수용량의 감소 또한 염두에 두어야 한다. 이때 하천의 유출량은 과거 기록 중 최대 갈수년을 기준으로 하는 것이 이상적이다. 하지만 이것은 저수지 용량을 너무 크게 하므로 비경제적이다. 따라서 일반적으로는 10년 빈도의 갈수년을 기준으로 하는 것이 보통인데, 경험적으로는 강우량이 많은 지방은 급수량의 120일분, 적은 지방은 200일분 정도로 한다. 계산에 의할 경우에는 다음과 같은 식들이 있다.

1. 가정법(假定法)

$$C = \frac{5,000}{\sqrt{0.8R}} \tag{4.1}$$

여기서, C : 저수용량[1일 계획급수량의 배수(倍數)]
R : 연평균강우량(mm)이다.

예를 들어 연평균 강우량이 1,135 mm라면,

$$C = \frac{5,000}{\sqrt{0.8 \times 1135}} = 167(\text{일})$$

즉, 167일분의 저수용량이 필요하다.

2. 이론법(理論法)

이것은 하천의 유출량 누적곡선(runoff mass curve)을 그려 저수지 용량을 결정하는 방법으로 이론법 또는 ripple's method라고 한다. 이 방법에 의해 저수지의 용량을 결정하기 위해서는, 먼저 수년간에 걸친 강우량과 매월의 증발량이나 삼투량 등을 조사한 후 매월의 평균 유출량을 누가하여 그림 4.2와 같은 누가곡선 OA를 그린다. 다음 매월의 소요수량을 누가하여 소요수량 누가곡선 OB를 그린다. 이때 소요수량의 변화는 극히 적으므로 OB 선은 대개 직선으로 간주한다. 그림에서 OA 곡선과 OB 직선이 접근하는 구간, 즉 EG와 LP 구간은 유출량이 소요수량보다 적은 시기이며, 두 선의 간격이 커지는 구간, 즉 GF와 PM 구간은 유출량이 소요수량을 초과하여 저수량을 증가시킬 수 있는 시기이다. 그림에서 가뭄기간 EG나 LP 구간에 있어 부족수량을 구하기 위해서는 E 또는 L점에서 OB 직선에 평행선을 긋고, 세로 길이를 구하면 되는데, 이 중 최대 길이가 이상적인 소요저수지용량이다.

그림에서 IG가 소요저수지용량이라고 하면, 저수를 시작하는 때는 G점에서 OB에 평행선을 그어 OA 곡선과 만나는 H에 해당하는 날, 즉 K이다. 이때 저수를 시작하면 저수지는 E점에서 만수가 되었다가, 그 후 저수량이 점차 감소하여 G점에서 저수위가 되고, 다시 F점에서 만수위가 된다.

이상은 이론적 방법에 의한 용량 산정법으로, 실제로는 여기에 20～30%의 여유를 주는 것이 보통이다.

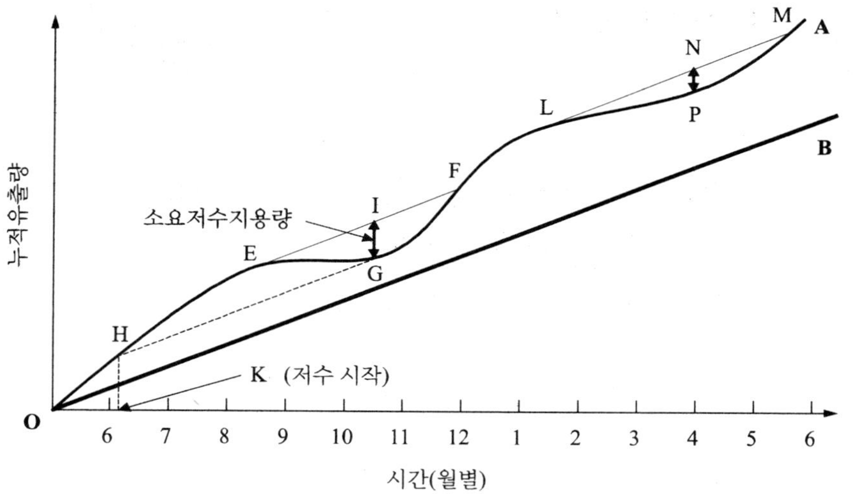

그림 4.2 유출량 누가곡선(Ripple's method)

예제 4.1

표 4.1은 어떤 하천의 월평균 유출량과 그 하천에서의 월별 계획소요취수량을 나타낸 것이다. 이 하천에 대한 수리기득권은 없다고 가정하고 저수지 축조의 필요 여부와 필요시 저수지의 최소 유효용량 및 저수 개시시기를 구하라.

표 4.1 월평균 유출량과 월별 소요취수량

월	6	7	8	9	10	11	12	1	2	3	4	5
유량 Q(만 m^3/月)	99	113	92	29	12	10	13	11	17	34	48	58
소요취수량 D(만 m^3/月)	45	48	46	42	40	40	40	39	41	41	42	44
$Q-D$(만 m^3/月)	+54	+65	+46	−13	−28	−30	−27	−28	−24	−7	+6	+14
$\Sigma(Q-D)$ (만 m^3/月)	54	119	165	152	124	94	67	39	15	8	14	28
ΣQ(만 m^3/月)	99	212	304	333	345	355	368	379	396	430	478	536
ΣD(만 m^3/月)	45	93	139	181	221	261	301	340	381	422	464	508

풀이 표의 3행에 나타난 바와 같이 9월에서 3월 사이에는 취수량이 유출량을 초과하여 저수지의 축조가 필요하다. 저수지의 최소 유효용량 및 저수 개시시기를 구하기 위해 표 4.1을 도식하면 그림 4.3과 같다. 그림에서 유효저수용량은 $V=$ 5,950,000 − 4,300,000 = 1,650,000 m^3이며, 실제 설계 시에는 여기에 20~30%의 여유를 준다. 또 저수는 5월 중순부터 개시해야 함을 알 수 있다.

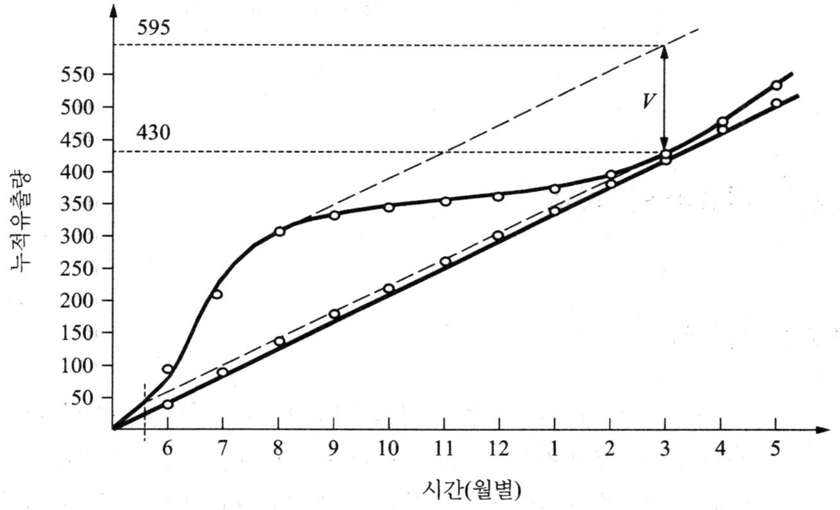

그림 4.3 누가유출량과 누가소요수량

3. 유량도법

이 방법은 이론법과 달리 매월의 하천 유출량과 계획취수량을 누적하지 않고 그림 4.4와 같이 매월의 하천 유출량과 계획취수량을 도식한 후 이 중 가장 면적이 큰 것을 최소 유효저수용량으로 정하는 방법이다. 이 방법 역시 산정결과에 20~30%의 여유를 주는 것이 보통이다.

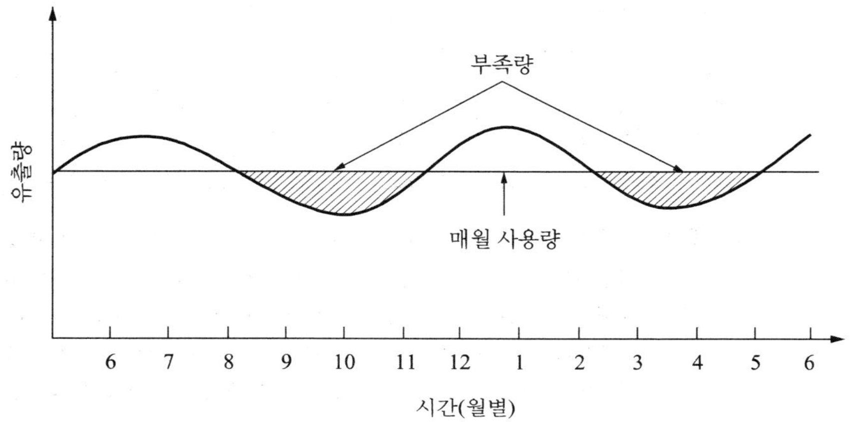

그림 4.4 유량도법

4.2 지표수의 취수

4.2.1 개 설

취수시설은 수원의 종류에 따라 취수지점의 상황·취수량의 대소 등을 고려하여 정하며, 취수량에 따라서는 대량취수(10만 m^3/day 이상)·중량취수(수만 m^3/day 정도)·소량취수(1만 m^3/day 이하) 시설로 구분하는데, 어느 경우든 최대 홍수시나 최대 갈수시에 있어서도 계획취수량을 확실히 취수할 수 있는 구조이어야 한다. 또한 취수 위치는 수량 확보가 유리하고, 장래에 있어서도 수질이 오염될 우려가 적으며, 유지관리가 쉽고 확장도 유리한 곳을 선정해야 한다. 계획취수량은 계획1일 최대급수량을 기준으로 하고 여기에 정수장의 작업용수 및 도수·송수 및 배수과정에서의 손실량 등을 고려하여 계획한다.

한편 취수시설에는 수위 및 수량측정장비를 설치하고 필요에 따라서는 수질감시장치도 설치하는 것이 바람직하며, 그 외에 방호책(防護柵) 등을 설치하여 위험 및 오염에 대비해야 한다.

지표수의 취수시설에는 취수보(取水洑)·취수탑(取水塔)·취수문(取水門)·취수관거(取水管渠)·취수틀 등이 있으며, 취수조건에 따라 각 시설의 특징을 고려하여 선정한다. 각 시설의 특징은 다음과 같다.

1. 취수관거(intake conduit)

취수관거는 그림 4.5와 같이 복단면 하천의 호안 바닥에 취수구를 설치하고, 직접 관거 내에 표류수를 취수하여 자연유하로 제내지에 도수하는 시설이다. 취수관거는 일반적으로 대하천이나 중규모 하천으로 유황(流況)이 안정되고, 갈수위가 일정 이상인 하천에 설치하는데, 이것은 중규모 이하의 취수에 적용하며 비교적 유지관리가 쉽고, 취수구 하류부에 취수용 고정언(固定堰)을 설치하면 보다 대량의 물을 안정되게 취수하는 것이 가능하다.

시설의 구조는 그림 4.6과 같이 스크린의 전면에 수위조절용 각락(角落; stopper log)을 설치하여 수량의 조절과 동시에 하안으로부터 토사의 유입을 방지하는 구조로 되어 있으며, 각락의 배후에는 조대물질을 제거하기 위한 스크린을 설치한다. 스크린은 평강(平鋼) 혹은 환강(丸鋼)을 보통 5~10 cm 간격으로 설치하며, 필요시 유입부 내에는 깊이 30~50 cm의 사류부(砂留部)를 설치하고, 이때 배사작업을 위해 맨홀로 설치한다. 관로는 사고 등에 대비하여 2조 부설함이 바람직하며, 관로 내의 유속은 침전과 침식을 방지하기 위해 0.6~1.5 m/sec가 되게 한다. 또한 관로를 고수부지에 부설하는 경우에는 계획 고수부지에서 2 m 이상 깊게 매설한다. 하지만 바닥에 세굴방지공이나 보호공을 실시할 경우 그 이하로 할 수 있다. 기타 부대시설로는 흡수정·저양정 pump 및 흡입관 등이 있다.

상기 흡수정(吸水井)의 체류시간은 20분 이상으로 하고, 들어가서 작업할 수 있는 크기로 한다. 또한 바닥은 하저의 1 m 이하 또는 저수위(LWL)의 1.5 m 이하 정도로 하고, 펌프의 foot valve 높이는 바닥에서 0.6 m 이상이어야 한다. 흡수정 역시 2정 이상이 바람직하다.

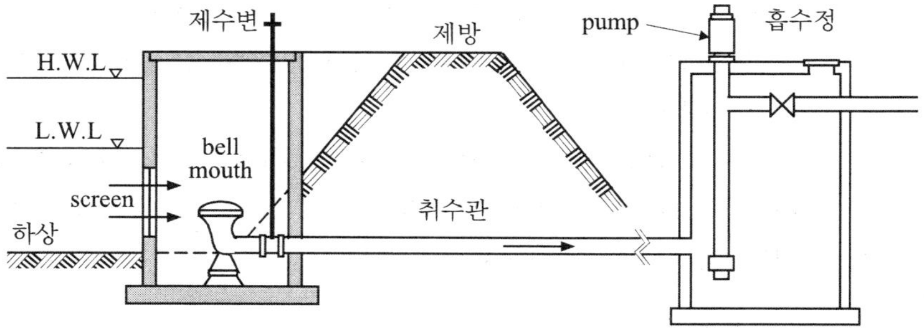

그림 4.5 취수관거의 설치 예

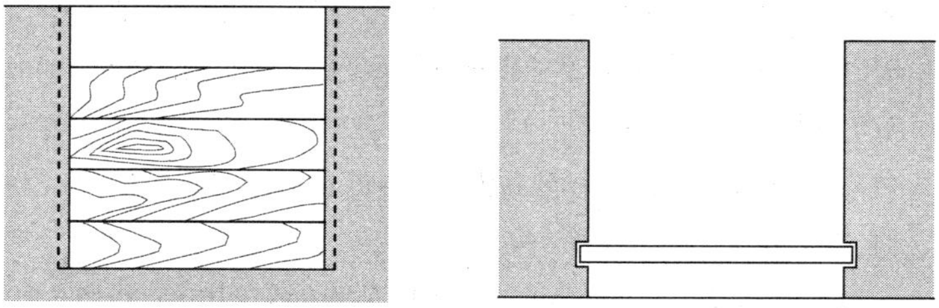

(a) 정면도 (b) 평면도

그림 4.6 각락의 한 예

2. 취수틀(intake crib)

취수틀은 비교적 소량의 취수를 목적으로 하안이나 호소 저부의 수중에 설치한 상자형 또는 원통형의 취수설비로, 전술한 취수관거의 취수구를 변형시킨 것이다. 즉, 취수구를 보호하고 보다 양질의 물을 취수하기 위해 그림 4.7과 같이 취수구 주위에 각목 또는 콘크리트 블록으로 틀을 설치하고, 이 틀의 외부에 다시 각목 또는 콘크리트의 틀을 설치하며, 이 틀의 내외부에는 사석을 채워 취수틀을 방호한다.

취수틀을 하천에 설치할 경우에는 유실 및 매몰의 위험이 적은 곳을 선정해야 하며, 호소에 있어 부득이 항로에 근접하여 설치할 경우에는 수심이 최소 3 m 이상이 되도록 하는 것이 바람직하다. 취수구의 크기는 취수틀 내의 유입유속이 하천의 경우 15～30 cm/sec, 저수지의 경우에는 1～2 m/sec 정도가 되도록 한다.

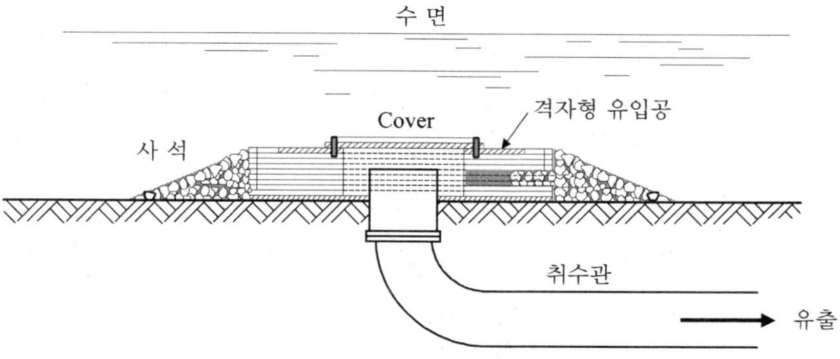

그림 4.7 취수틀의 구조

3. 취수보

취수보는 대량 취수를 목적으로 대하천에 계획 취수위를 확보하기 위해 설치하는 시설로 취수구의 직하류부의 지반이 견고한 지점을 선정하여 설치한다. 이때 설치 방향은 물 흐름 방향에 직각이 되도록 하며, 시설은 보통 고정언(固定堰)과 가동언(可動堰)으로 구성된다. 하지만 고정언만을 설치하는 경우도 있는데, 이럴 경우에는 홍수시 취수구 주위의 수위가 상승할 우려가 있으므로 가급적 하폭이 넓고 배수(back water)의 영향이 적은 지점을 선택한다.

고정언은 본체 · 하안보호공 · 배사문(排砂門) 등으로 구성되어 있는데, 갈수기에도 취수구의 수위를 유지할 수 있어야 하고, 홍수기에도 취수구나 하류의 하천공작물에 영향을 주지 않는 월류수심이 유지될 수 있도록 언의 길이가 충분히 확보되어야 한다. 하지만 홍수량이 큰 하천에서는 홍수시 고정언만으로는 월류수심이 지나치게 커질 수 있으므로 배사문을 겸하는 가동언을 부설하는 것이 바람직하다. 가동언에는 sluice gate · tainter gate · roller gate 등이 있다. 이 외에도 필요에 따라 관리교나 어도(魚道) · 갑문(閘門) 등을 설치한다.

관련시설의 일반적인 배치는 그림 4.8과 같다. 그림에서 알 수 있듯이 취수구에는 토사나 부유물의 유입을 막고 계획취수량을 취수하기 위해 스크린 · 제수문 · 문주(門柱) · 취수정(取水庭) 등을 설치하며, 도수로가 긴 경우에는 취수 직후부에 침사시설을 부설하는 것이 보통이다. 유입속도는 0.4～0.8 m/sec를 표준으로 한다.

한편 그림에서 **취수정**(取水庭)이란 취수구에 유입한 수류를 도수로에 원활하게 유도하기 위해 설치한 점축(漸縮)한 부분을 말하는데, 이것의 길이는 점축에 무리가 없는 길이로 하고 점축부의 유적(流積)이 같도록 설계해야 한다.

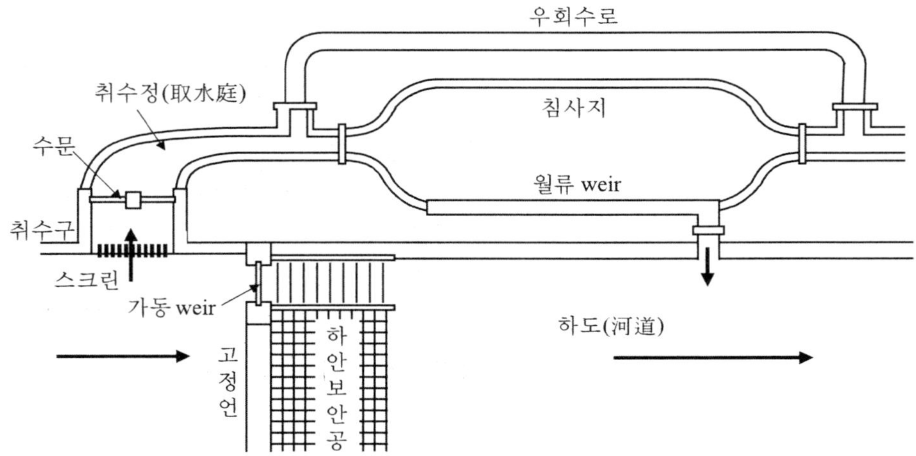

그림 4.8 취수보에 의한 취수 예

4. 취수문(intake gate)

취수문은 하천이나 호소의 표층수를 취수하기 위해 수원의 물가에 설치하는 시설 중의 하나이다. 취수문은 수위나 하안이 비교적 안정된 지점에서 중·소량의 취수에 적합한 시설로 평상시 유지관리도 비교적 쉽다. 이 시설은 계획취수량을 비교적 안정적으로 취수할 수 있으나, 한냉지에서는 결빙으로 취수가 불가능할 수도 있으므로 충분한 검토가 요구되며, 유황변화(流況變化)가 큰 경우에는 취수문 하류에 간이언(簡易堰)을 만들어 취수량의 안정을 꾀할 필요가 있다. 일반적으로 구조는 사각형 또는 마제형의 철근콘크리트 유입구와 취수량을 조절하기 위한 취수문과 각락 및 스크린으로 이루어진다.

그림 4.9는 취수문의 한 예를 보인 것으로 홍수시에 토사의 유입을 방지하고 취수문의 수리 및 응급시를 대비하여 취수문의 전면에 각락을 설치한 경우이다. 하지만 간단한 것으로는 취수문을 달지 않고 각락만으로 취수량을 조절하기도 한다. 취수문은 일반적으로 sluice gate를 채용하며, 개폐시 소규모의 것은 수동으로 작동이 가능하지만, 대규모의 것은 동력을 사용한다. 이때 대중(對重 ; counter weight)을 설치하면 동력을 절감할 수 있다. 스크린은 취수문이나 각락의 전면에 한 겹 또는 두 겹으로 설치하여 부유물의 유입을 방지하는데, 보통 5 cm 간격의 봉상 스크린을 사용하지만, 이중으로 설치할 경우에는 외측에 조목(粗目), 내측에 세목(細目) 스크린을 설치한다. 수문에서 유입속도는 1 m/sec 이하가 되도록 한다.

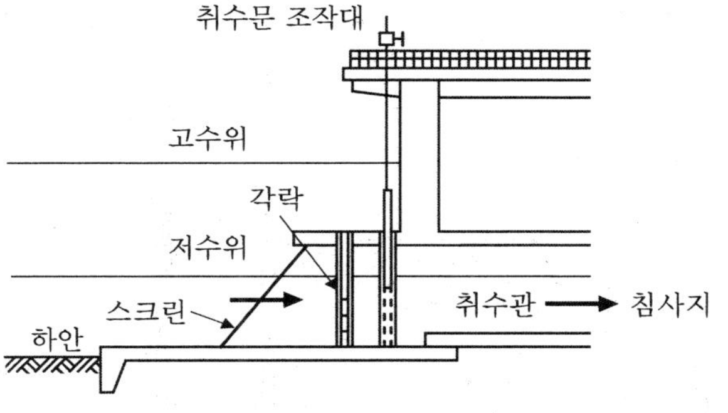

그림 4.9 취수문의 예

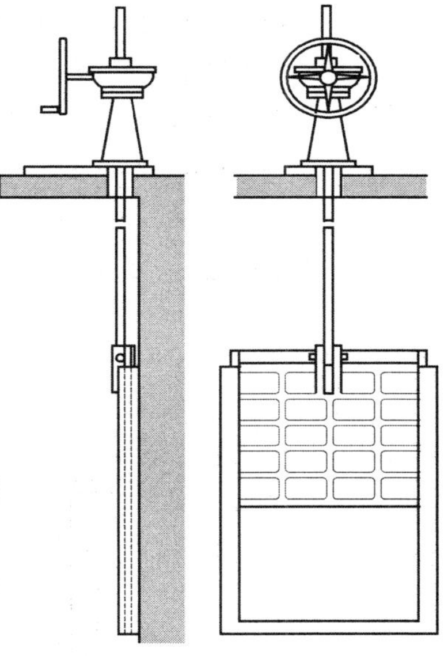

그림 4.10 주철제 sluice gate의 예

5. 취수탑(intake tower)

취수탑은 하천이나 호소 내에 설치하는 탑형의 구조물로, 그 측벽에 설치한 취수구로부터 직접 취수하는 시설이다. 일반적으로 다단의 취수구를 설치한 철근콘크리트 구조이지만, 수심이 깊고 시공상 부적당한 경우에는 철골구조의 부유형(浮遊形) 취수탑이 채용되기도 한다. 이 시설은 유황이 안정되고 갈수기에 있어서도 일정 이상의 수심이 있으면, 연간의 수위 변화가 큰 하천이나 호소에도 적합하고, 평상시 유지관리도 비교적 쉽다. 또한 대량 취수와 수질상의 선택취수가 가능하며, 제내지로의 도수는 자연유하나 pump 압송이 가능하므로 제내의 지형적 영향을 받지 않는다.

취수탑의 위치는 연간을 통하여 취수수심이 2 m 이상이고, 하천에 설치할 경우에는 유심이 되도록 제방에 가까운 지점이 좋고, 한냉지로 수면이 결빙할 우려가 있는 곳은 취수에 지장을 주지 않는 수심이여야 한다. 탑의 형상은 원형이나 타원형으로 하고 하천에 설치할 경우에는 유향을 고려하여 저항이 적도록 한다. 탑의 내경은 소요 취수구를 적당히 설치할 수 있는 크기여야 하고, 외경은 구조상 벽체의 안전을 고려하여 정한다. 취수구의 설치위치는 계획최저수위에서도 취수가 가능토록 배치하고 수위의 변동에도 취수가 가능하도록 여러 개 설치하며, 취수구 전면에는 3～5 cm 간격의 스크린을 설치한다. 취수구의 형상은 gate의 모양과 관련되므로 장방형 또는 원형으로 하며, 그 크기는 하천의 경우에는 유입유속이 15～30 cm/sec, 호소나 저수지의 경우에는 1～2 m/sec를 표준으로 한다.

한편 gate를 포함한 각종의 밸브는 탑의 내측 또는 외측에 설치하는데, 하천의 경우 손상을 피하기 위해 내측에 설치하는 것이 보통이며, 호소나 저수지에서는 외측에 설치하는 경우가 많다. 그 밖에 부대시설로 관리교·조명시설·수위표·피뢰침 등을 설치한다. 이상 기술한 각 취수시설의 특징과 선정 시 유의사항을 요약하면 표 4.2 및 4.3과 같다.

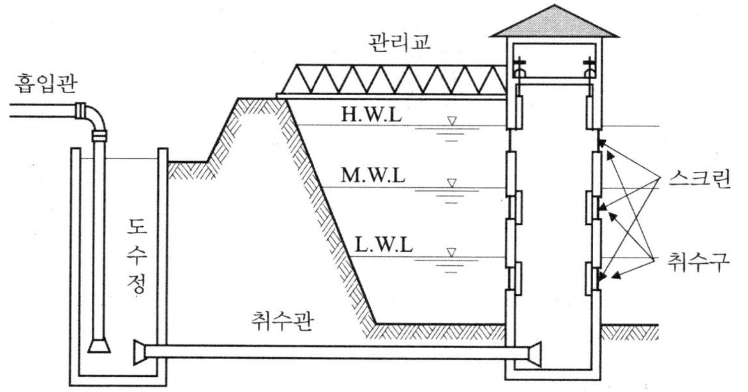

그림 4.11 취수탑의 한 예

표 4.2 취수시설의 특징과 선정(하천이 수원인 경우)

구분	기능 및 목적	특 징	취수량과 안정성
취수관거	취수구를 복단면 하천의 저수호안(低水護岸)에 설치하여 표류수를 취수관으로 제내지에 도수한다.	유황이 안정하여 수위 변동이 적은 하천에 적합하다. 시설은 지반 이하에 축조하므로 주운(舟運) 등에 지장이 없다.	일반적으로 중·소량의 취수에 이용된다. 비교적 안정된 취수가 가능하나, 유황 변화가 큰 경우 취수에 지장을 줄 수 있다.
취수틀	가장 간단한 취수시설로 목틀 등으로 만들며, 주로 양질의 중·소 하천수를 취수하는 데 이용된다.	시공기간이 짧고, 비교적 안정된 취수가 가능하지만 유실이나 매몰의 우려가 있다.	소량 취수에 사용되며, 비교적 안정한 취수가 가능하다.
취수언	안정한 취수를 목적으로 하천에 언을 설치하여 계획취수위를 확보할 수 있다. 언·취수구·침사지 등이 일체가 되어 기능한다.	안정한 취수와 침사효과가 크다. 대량 취수가 필요한 경우나 하천의 유황이 불안정한 경우 적합하다.	일반적으로 대량 취수에 적합하나, 중·소량의 취수도 가능하고, 취수의 안정성이 크다.

구분	기능 및 목적	특 징	취수량과 안정성
취수문	취수구에 스크린과 문 등을 설치하고, 침사지와 함께 기능을 발휘한다.	유황(流況)·하상·취수위가 안정되어 있으면, 공사 및 유지관리가 비교적 쉽고, 안정된 취수가 가능하나, 갈수시·홍수시·결빙시에는 취수량의 확보 및 조정이 필요하다.	일반적으로 소량 취수에 적합하다. 단, 유황이 안정된 하천이나 간이언을 병용하여 중량 취수에 사용되는 수도 있다. 취수는 불안정한 편이나 하천유황이 안정된 경우나 소규모 시설인 경우 안정성이 증가한다.
취수탑	하천의 수심이 일정 이상인 곳에 취수구를 상하에 수 단 설치하여 좋은 수질의 물을 안정적으로 취수할 수 있다.	대량 취수의 경우 경제적이다. 특히 유황이 안정된 하천에서 대량 취수할 때 우수하며, 취수보보다 일반적으로 경제적이다.	일반적으로 대·중량 취수에 사용되며, 특히 대량 취수에 적합하고, 연간의 수위 변화가 커도 안정한 취수가 가능하다.

표 4.3 취수시설의 특징과 선정(호소나 저수지가 수원인 경우)

구분	기능 및 목적	특 징	취수량과 안정성
취수틀	호소의 중소 취수시설로 많이 사용된다. 구조가 간단하고, 시공도 비교적 쉽다. 수중에 잠겨있으므로 호소 상층의 물을 취수할 수 없다.	시공기간이 짧고, 안정된 취수가 가능하다.	비교적 소량 취수에 사용되며, 비교적 안정된 취수가 가능하다.
취수문	취수구에 스크린·문 등을 설치하고, 침사지와 일체가 되어 기능을 발휘한다.	호안·취수위가 안정되어 있으면 공사와 유지관리가 쉽고, 안정된 취수가 가능하나, 갈수시·홍수시·결빙시에는 취수량의 확보 및 조정이 필요하다.	일반적으로 중·소량의 취수에 사용된다. 계획취수량이 갈수기에 호소에 유입하는 수량 이하이면 안정된 취수가 가능하다.
취수탑	호소 및 저수지의 대량 취수시설로 많이 사용된다. 다단의 취수구를 설치하여 선택 취수가 가능하다.	수위 변화가 큰 저수지 등에서도 계획취수량을 안정되게 취수할 수 있다.	대량 취수에 적합하며, 안정된 취수가 가능하다.

4.2.2 상수도의 침사지

침사지는 하천 표류수를 취수할 경우 원수와 함께 유입되는 모래(입경 0.1～0.2 mm)를 제거하여 도수과정에서 발생할 수 있는 펌프의 손상, 관로 내 모래의 퇴적, 정수장 내 침전지의 모래 퇴적 등 제반의 문제를 해결하기 위해 설치한다. 일반적으로 침사지는 지 내 유수의 흐름을 층류로 유도하기 위해 유입부와 유출부의 형상을 점차로 확대 또는 축소시킨 장방형의 철근콘크리크 구조물로, 부력에 안전해야 하며 가능한 한 취수구와 가까운 제내지에 설치한다. 지의 설치 개수는 청소나 고장 등에 대비하여 2지 이상 설치함을 원칙으로 하며, 부득이 1지로 할 경우에는 격벽(隔壁)을 설치하든지 아니면 우회수로를 설치한다(그림 4.8 참고).

침사지의 길이는 폭의 3～8배로 하고, 수리학적 체류시간은 10～20 min 정도, 표면부하는 300～700 m^3/m^2 · day를 표준으로 한다. 지 내 평균유속은 2～7 cm/sec, 지의 유효수심은 3～4 m, 퇴사심(堆砂深)은 0.5～1 m 정도로 한다. 또한 지저는 중앙부에 배수구(排水溝)를 설치하고, 횡방향으로 배수구(排水溝)를 향하여 1/50 정도, 종방향으로는 배수구(排水口)를 향하여 1/100 정도의 구배를 붙인다. 침사지의 고수위는 계획취수량이 자연유하로 유입될 수 있도록 하천의 최저수위 이하로 정하고, 지의 여유고는 월류설비가 없을 경우에는 60～100 cm, 월류설비가 있을 경우에는 30 cm 정도로 족하다. 침전지의 부대시설로는 유입구 및 유출구의 제수변과 sluice gate를 설치하고, 기타 필요에 따라 스크린 · 제사기 및 보온용 지붕 등을 설치한다.

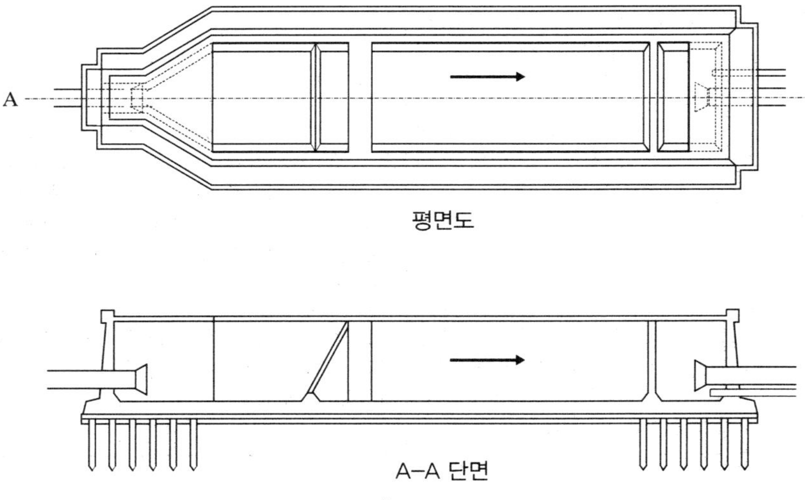

그림 4.12 침사지의 한 예

4.3 지하수의 취수

4.3.1 개 설

지하수의 수질·수량·취수 가능량 등은 지하구조·강우량·일대 토양의 투수계수·취수 방법 등에 따라 달라지므로, 지하수의 취수 계획을 세울 때에는 예비조사로 여러 가지 수문 관계 자료를 기초로 하여 지형지질분류도·지질주상도·지하수면도·수질·강우량 및 하천유황 등의 자료를 수집하고 평가해야 한다. 또 취수지점 부근의 기존 정호를 이용하여 양수량·정수위·풍수기와 갈수기 수위의 고저·양수량과 수위의 관계·동수구배·대수층의 위치와 토양의 투수계수 등을 조사하여, 그 지역의 지하수 물수지를 검토해야 한다. 위의 조사가 불충분할 경우에는 지표지질조사·전기탐사·탄성파탐사·boring 등을 실시하고, 적당한 장소로 판단되는 곳에 대해서는 보다 확실한 양수 가능량과 수질을 확인하기 위해 양수시험을 실시해야 한다. 양수시험 후 수원으로 최종 선정하기 위해서는 기존 우물이나 집수매거에 영향을 주지 않도록 영향원 반경을 고려해야 하는데, 일반적으로 자유면지하수는 300 m, 피압면지하수는 500～1,000 m 정도이다. 또한 선정된 우물이 얕은 우물이나 복류수일 경우에는 오염원으로부터 최소 15 m 이상 이격시켜야 하고, 연해부에 위치할 경우에는 해수의 영향을 고려해야 한다.

4.3.2 양수 시험

우물에서 지하수를 양수하면 시간의 경과에 따라 양수한 만큼의 지하수가 우물 내로 다시 유입한다. 이때 지하수의 유입속도는 대수층의 투수계수나 동수구배(h/ℓ)에 따라 결정되는데, 양수량이 일정치 이하로 지하수의 흐름이 층류로 유지된다면 유입속도는 Darcy의 법칙을 따른다.

$$V = k\frac{h}{\ell} \tag{4.2}$$

여기서, V : 유속

k : 투수계수

h : 손실수두

ℓ : 거리이며, 각종 토사의 투수계수는 표 4.4와 같다.

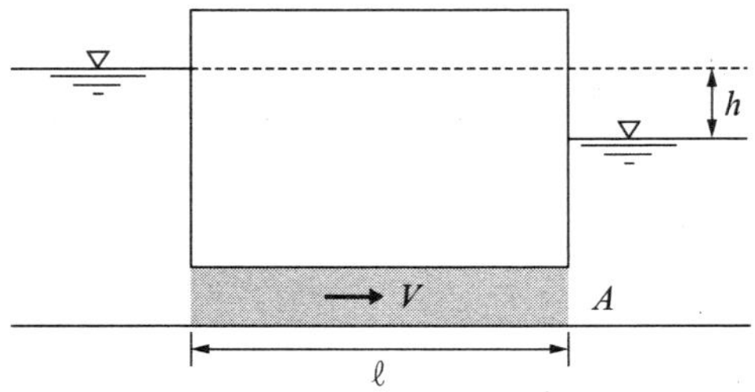

그림 4.13 투수실험

표 4.4 각종 토사의 투수계수

구분	粘土	silt	微細砂	砂	中砂	粗砂	小砂利
d(mm)	0.00～0.01	0.01～0.05	0.05～0.10	0.10～0.25	0.25～0.50	0.50～1.0	1.0～5.0
k(cm/sec)	3×10^{-6}	4.5×10^{-4}	3.5×10^{-3}	1.6×10^{-2}	0.8×10^{-1}	3.4×10^{-1}	2.8

하지만 양수량이 일정치 이상이 되면, 유속은 현저히 빨라져 지하수의 흐름은 난류상태가 되고, 유입속도는 Darcy의 법칙을 따르지 않는다. 이와 같이 Darcy의 법칙을 적용할 수 있는 최대의 양수량을 한계량이라 하고, 이 양은 지하수의 적정 양수량을 결정하는 데 중요한 인자이다. Darcy의 법칙을 이용하여 양수량과 수위 강하와의 관계를 나타내면 다음과 같다.

$$\frac{Q_1}{Q_2} = \frac{h_1}{h_2} \tag{4.3}$$

여기서, $h_1 \cdot h_2$는 양수량이 각각 $Q_1 \cdot Q_2$일 때의 수위 강하량이다.

위 식에서 양수량과 수위 강하량과는 비례관계를 나타내는데, 한계량 이상으로 양수시험을 실시하여 양수량과 수위 강하량과의 관계를 대수지에 나타내면 그림 4.14와 같다. 그림과 같이 O점에서 양수를 시작하여 양수량을 점차적으로 증가시키면, 수위 강하량 역시 증가하는데, OA 구간에서 이들 간의 관계는 직선을 나타낸다. 이 구간은 Darcy의 법칙이 적용되는, 즉 지하수의 흐름이 층류인 구간에 해당하며, A에서의 양수량을 **한계양수량**이라 한다. 하지만 그 이상으로 양수량을 증가시키면 지하수의 흐름은 난류가 되어, AB 구간처럼 양수량의 증가에 비해 수위 강하량이 큰 폭으로 증가한다. B점에 이른 후 역으로 양수량을 감소시키면 양수량과 수위 강하량과의 관계는 BA경로를 거치지 않고, BC 경로를 따르며, C점 이하에서는 OA 직선을 따라 감소한다. 이러한 현상은 지하수가 원래의 흐름 형태를 유지하려고 하는 경향 때문에 나타나는 현상이며, 난류에서 층류로 전환되는 점, 즉 C점에 해당하는 양수량을 **적정양수량**이라 한다. 하지만 실제 C점을 구하는 것은 매우 어려우므로, 일반적으로 적정양수량은 한계양수량의 80% 정도로 하며, 한계양수량의 70%를 **경제양수량**이라 한다. 한편 다수의 우물을 수원으로 이용할 경우 이들 우물이 위치하는 대수역에서 적정한 물수지로 양수할 수 있는 양을 **안전양수량**이라 한다.

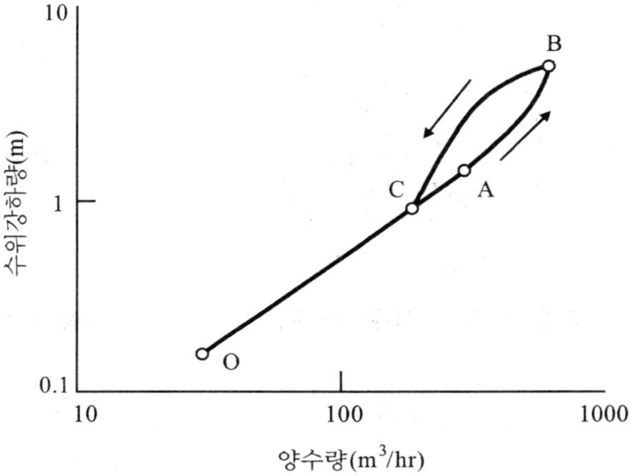

그림 4.14 양수량과 수위 강하량과의 관계

4.3.3 양수 시험의 해석

양수시험의 해석에는 **평형식**(양수량과 주변의 대수층에서 우물로 유입되는 수량이 평형상태를 이루어 우물의 수위가 일정하다는 전제하에 성립하는 공식, 예 Thiem 공식)과 **비평형식**(양수량과 유입수량이 평형상태를 이루지 않고, 시간에 따라 변화하는 비정상상태에 적용되는 공식, 예 Theis 공식)이 있는데, 이들 공식은 모두 Darcy 법칙에 근거하고 있다. 평형상태라는 전제하에서 유도된 공식은 다음과 같다.

1. 자유수면 우물

그림 4.15와 같이 유량 Q를 양수하는 우물에서 처음 지하수위가 $n-n'$이고, 양수를 계속하여 정상상태에 이르러 우물의 수위가 h_o까지 내려갔다고 하면 우물 중심에서 r만큼 떨어진 지점의 유속은 다음과 같다.

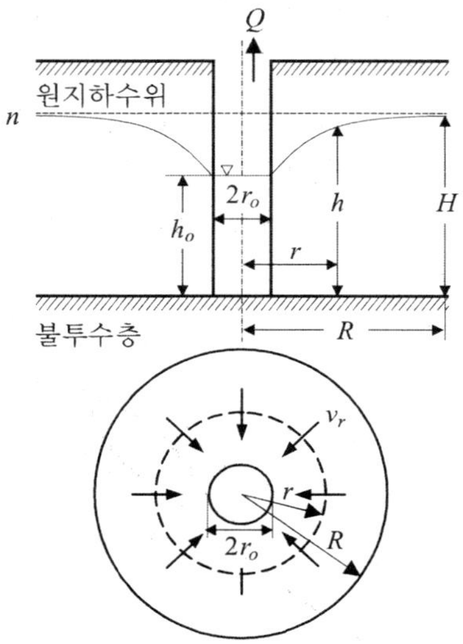

그림 4.15 자유수면 우물

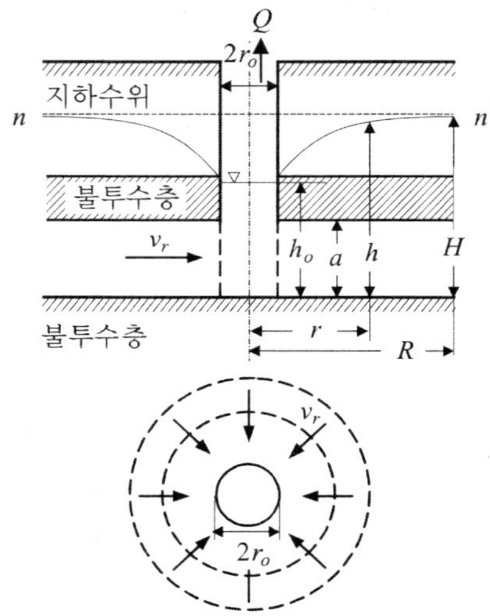

그림 4.16 피압수 우물

$$v_r = -k\frac{dh}{dr} \tag{4.4}$$

이때의 유량은 다음과 같다.

$$\left\{\begin{aligned} & Q = -2\pi rhv_r = 2\pi rhk\frac{dh}{dr} \\ & \therefore\ hdh = \frac{Q}{2\pi k}\frac{dr}{r} \end{aligned}\right. \tag{4.5}$$

위 식을 $r = r_o$, $h = h_o$의 조건으로 적분하면 우물에 유입하는 유량을 구할 수 있다.

$$\left\{\begin{aligned} & \int_{h_o}^{h} hdh = \frac{Q}{2\pi k}\int_{r_o}^{r}\frac{dr}{r} \\ & \therefore\ h^2 - h_o^2 = \frac{Q}{\pi k}\ln\frac{r}{r_o} \end{aligned}\right. \tag{4.6}$$

위 식에서 $r = R$일 때 $h = H$라고 하면, 유량은 다음과 같다.

$$\left\{\begin{aligned} & H^2 - h_o^2 = \frac{Q}{\pi k}\ln\frac{R}{r_o} \\ & \therefore\ Q = \frac{\pi k(H^2 - h_o^2)}{\ln(R/r_o)} = \frac{\pi k(H^2 - h_o^2)}{2.3\log(R/r_o)} \end{aligned}\right. \tag{4.7}$$

여기서, Q : 양수량(m^3/sec), h_o : 양수 중 정호의 수심(m),
r_o : 정호의 반지름(m), H : 원 지하수의 수심(m),
R : 영향원 반경(m), k : 투수계수(m/sec)이다.

상기에서 R은 경험적으로 150～500 m로 가정한다.

2. 피압 우물

그림 4.16과 같이 불투수층 사이에 우물을 팔 경우, 우물의 수위는 함수층의 압력수두 H에 해당하는 높이로 상승한다. 그러나 우물에서 일정 유량을 계속 양수하면 수위는 h_o까지 하강하고 함수층의 물은 우물을 향해 흐르게 된다. 이와 같은 우물을 피압우물(artesian well)이라고 하며, 이때 우물의 중심으로부터 r만큼 떨어진 지점에서의 압력수두를 h, 함수층의 두께를 a라고 하면, 유속은 다음과 같다.

$$v_r = -k\frac{dh}{dr} \tag{4.8}$$

이때의 유량은

$$\begin{cases} Q = -2\pi r a v_r = 2\pi r a k\dfrac{dh}{dr} \\ \therefore\ dh = \dfrac{Q}{2\pi a k}\dfrac{dr}{r} \end{cases} \tag{4.9}$$

위 식을 $r = r_o$, $h = h_o$의 조건으로 적분하면 우물에 유입하는 유량을 구할 수 있다.

$$\begin{cases} \displaystyle\int_{h_o}^{h} dh = \frac{Q}{2\pi a k}\int_{r_o}^{r}\frac{dr}{r} \\ \therefore\ h - h_o = \dfrac{Q}{2\pi a k}\ln\dfrac{r}{r_o} \end{cases} \tag{4.10}$$

위 식에서 $r = R$일 때 $h = H$라고 하면, 유량은 다음과 같다.

$$\begin{cases} H - h_o = \dfrac{Q}{2\pi a k}\ln\dfrac{R}{r_o} \\ \therefore\ Q = \dfrac{2\pi a k(H - h_o)}{\ln(R/r_o)} = \dfrac{2\pi a k(H - h_o)}{2.3\log(R/r_o)} \end{cases} \tag{4.11}$$

여기서, a : 피압 대수층의 두께(m)이다.

3. 우물 바닥이 불투수층이 아닌 경우

이것은 우물 벽이 불투수질로 되어 있고 지하수는 평평한 바닥면에서만 유입하는 경우와, 우물 벽이 불투수질로 되어 있고 지하수가 반구상의 다공성 바닥면으로부터 유입하는 경우로 나눌 수 있는데, Forchheimer는 각각의 경우에 대해 다음과 같은 식을 제안하였다.

① 바닥이 평평한 경우 ; $Q = 4kr_o(H - h_o)$ (4.12)

② 바닥이 둥근 경우 ; $Q = 2\pi kr_o(H - h_o)$ (4.13)

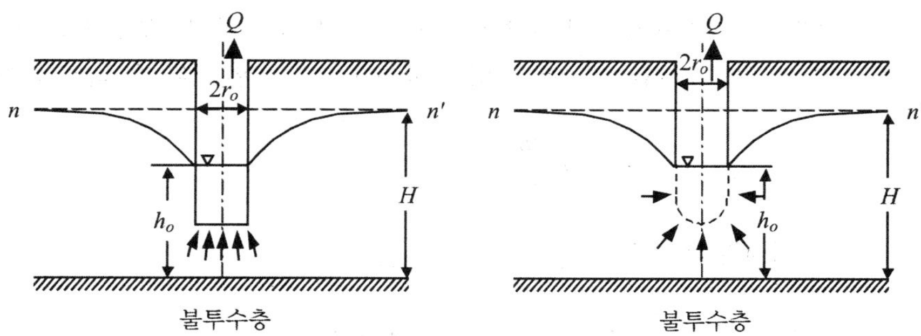

그림 4.17 천정호의 취수

예제 4.2

불투수층이 지하 15 m 지점에 있고, 지하수위는 지하 5 m 지점에 있다. 지름 1 m의 우물을 파서 물을 10 L/sec의 속도로 장시간 양수하였더니 지하수위가 7 m로 강하하였다. 투수계수는 얼마인가? 단, 영향원의 반경은 500 m이다.

풀이 식 (4.7)에서 k는

$$k = \frac{2.3Q\log(R/r_o)}{\pi(H^2 - h_o^2)}$$ 이고, 이 식에서

$Q = 0.01\ m^3/sec$, $R = 500\ m$, $r_o = 0.5\ m$, $H = 15 - 5 = 10\ m$, $h_o = 15 - 7 = 8\ m$이다(그림 4.18 참고).

따라서 $$k = \frac{2.3 \times 0.01 \log(500/0.5)}{\pi(10^2 - 8^2)} = 0.0006\ m/sec$$

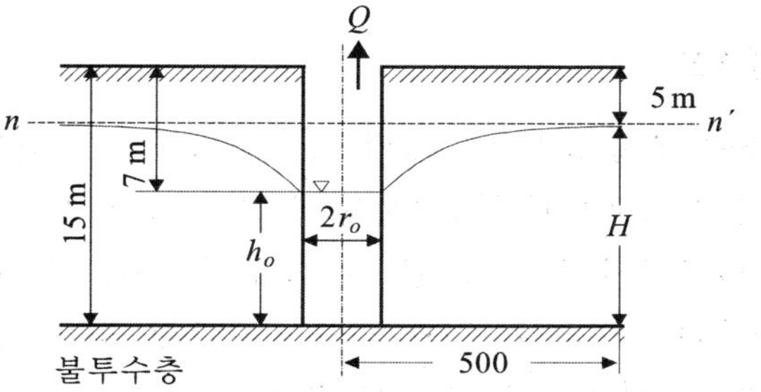

그림 4.18

예제 4.3

지름 2 m의 피압우물에서 장시간 양수하였더니 우물의 수위가 1.5 m 하강하였다. 피압대수층의 두께가 6 m이고, 투수계수가 0.06 cm/sec인 경우 양수량을 계산하라. 단, 영향원의 반경은 500 m이다.

풀이 식 (4.11)에서

$$Q = \frac{2\pi ak(H-h_o)}{2.3\log(R/r_o)} \text{이고,}$$

이 식에서 $a=6$ m, $k=0.6$ cm/sec, $H-h_o=1.5$ m, $R=500$ m, $r_o=1$ m이다.

따라서 $Q = \dfrac{2\pi \times 600 \times 0.06 \times 150}{2.3\log(500/1)} = 5,465.7\ \text{cm}^3/\text{sec} = 5.47\ \text{L/sec}$

4.3.4 얕은 우물의 취수

얕은 우물이란 천정호(淺井戶; shallow well), 즉 깊이의 대소에 관계없이 우물의 바닥이 불투수층 사이까지 도달하지 않는, 다시 말하면 자유면지하수를 취수하기 위한 우물로 보통 철근콘크리트의 정통(井筒)을 설치하고, 그 측면 혹은 바닥면의 집수공으로부터 집수하는 시설이며, 대수층에 수평방사상으로 집수관을 삽입하여 집수하는 방사상집수정도 있다. [수리공식은 식 (4-7) 참고]

이 시설은 수질과 수량이 양호한 대수층이 있으면, 비교적 쉽게 안정된 취수가 가능하며, 정호의 설치는 8～20 m 정도로 비교적 얕은 정호의 경우에는 **굴정호**(掘井戶; dug well)로 하고, 그 이상 깊은 경우에는 **관정호**(管井戶; tubular well)로 한다.

1. 굴정호

정통은 원형 또는 타원형의 철근콘크리트조가 일반적이며, 정호의 바닥으로부터 집수할 경우, 바닥과 불투수층의 간격은 정호 외경의 1/4 이상으로 유지하고, 바닥에는 그림 4.19와 같이 자갈을 하부로부터 小砂利(입경 2～3 cm)·中砂利(입경 3～4 cm)·大砂利(입경 4～5 cm)의 순서로 각각 30 cm 정도 깔아 놓는다. 측벽으로부터 집수할 경우에는 집수공이 정호의 최저 수위 이하가 되도록 하며, 밑바닥에서의 유입유속은 모래의 소류속도 이하로 해야 한다. 그 외에 오염을 방지하기 위해서 정호의 주변에 보호공을 실시하고, 정통은 지표면보다 최소 30 cm 이상 높게 하며, 뚜껑·통기공·맨홀 등을 설치한다.

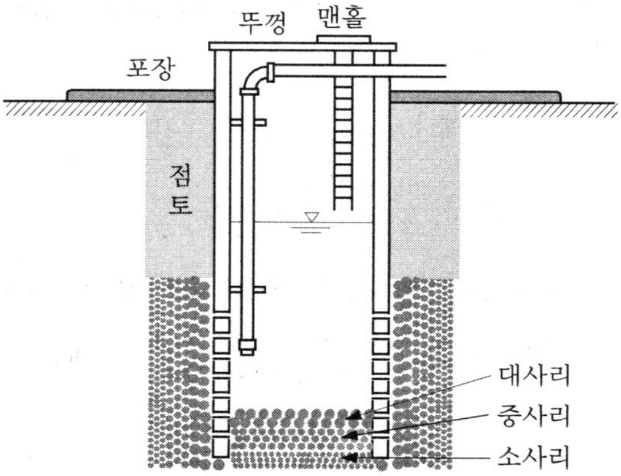

그림 4.19 굴정호의 구조

2. 관정호

관정호(管井戶)는 굴정호에 비해 상대적으로 작은 관을 지하의 상당한 깊이에 존재하는 대수층까지 삽입하여 취수하는 시설이다. 관정호의 주요부는 casing(측관)·strainer(收水管) 및 casing 내에 매달은 양수관과 펌프 등이다.

관정호는 좁은 용지에서 비교적 다량의 양질수를 얻을 수 있으나, 안정된 취수를 위해서는 양호한 대수층을 찾아내고, 그에 적합한 strainer의 설치와 알맞은 능력의 펌프를 선정해야 한다.

관정호의 굴착방법에는 충격식(percussion boring)과 회전식(rotary boring) 방법이 있는데, 토질이나 깊이 등에 따라 시공방법이 결정된다. 충격식은 선단에 strainer와 첨단(尖端; driving point) 혹은 cutting edge가 있는 직경 50～150 mm 정도의 강관

(casing)을 대수층까지 타입하는 것이다. Driving point나 cutting edge의 직경은 타입 시 strainer의 폐쇄를 막기 위해 casing의 직경보다 약간 커야 한다. 이 공법은 토질이 연토(軟土) 또는 사질토이어야 하고, 함수층의 깊이가 20 m 내외인 경우에 적합하다.

한편 회전식은 굴진속도가 크고 상당히 깊은 심도까지 굴착할 수 있으며, 굴착 시 굴착부스러기를 배제하기 위한 고압의 공기와 부스러기와 흙먼지의 비산을 방지하기 위한 소량의 물이 필요하다. 이 물은 용수가 부족할 경우 별도의 침전조에서 토사를 분리한 후 재사용이 가능하다. 소정의 깊이까지 굴진하면 굴진공 내에 casing을 삽입하고, 취수지점에는 strainer 또는 screen을 삽입하여 취수 시 모래의 유입을 방지한다.

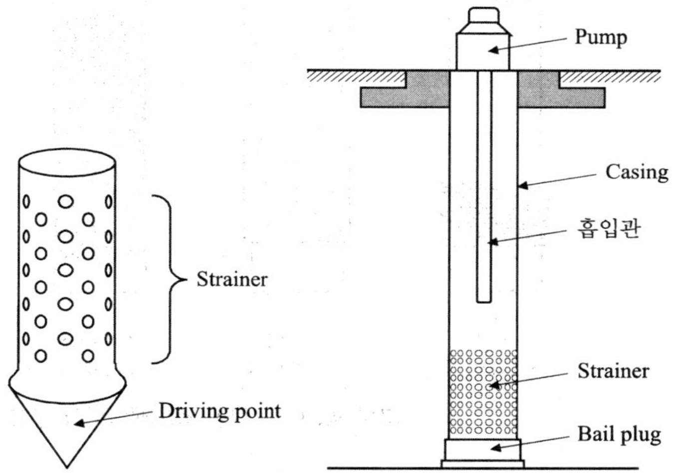

그림 4.20 관정호의 구조

일반적으로 casing은 두께 6 mm 이상의 원형관을 이용하며, 관경이 250 mm 이상인 강관을 이용하되 용접이나 나사이음으로 하여 수밀성을 유지해야 한다. Casing의 직경은 양수량에 따라 적절히 선택해야 하는데, 이때 표 4.5를 참고함이 가하다.

한편 strainer, 즉 스크린의 구조는 채수층을 구성하는 토사의 크기 등에 따라 결정되는데, 토사의 입자가 크고 자갈층으로 이루어진 경우 casing관에 원형 또는 직선형의 슬롯(slot)형 스크린이나 환공권선형 스크린을 직접 제작·사용할 수 있으나, 일반적으로 모래층에서는 철선이나 V형 철선을 이용한 권선형 스크린을 사용하며, 그 외도 권선형 스크린을 보강한 것이나 다판식 혹은 FRP 슬롯형 스크린 등이 사용된다. Strainer의 몇 가지 예를 그림 4.21에 나타내었다.

표 4.5 양수량과 casing의 관경

양수량	Casing 관경	양수관의 관경
1,500 m^3/day 미만	250 mm	100 mm
1,500～2,500 m^3/day	300 mm	125～175 mm
2,500 m^3/day 이상	350 mm 이상	175 mm 이상

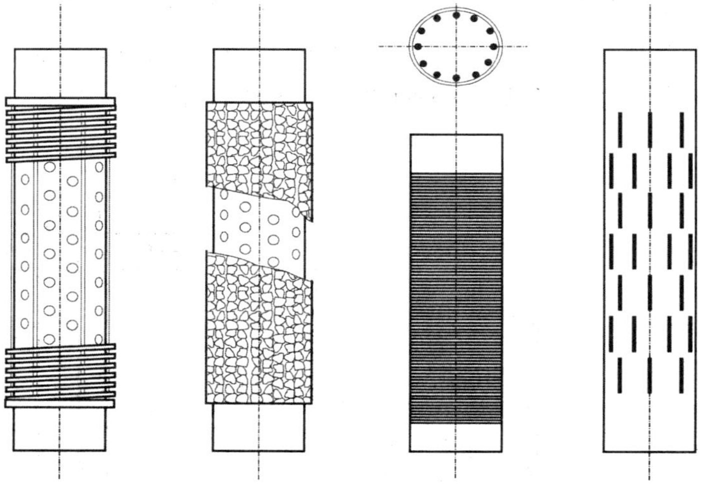

그림 4.21 각종 스트레이너의 구조

4.3.5 심정호의 취수

심정호(深井戸; deep well)는 피압면지하수를 취수하기 위한 시설로 심정호에 의한 지하수의 취수는 수량을 정확하게 예측하기가 곤란하여 안정감이 떨어진다. 수질은 철·망간 등 광물질을 함유하는 경우가 많지만, 지표의 충분한 자연정화작용으로 매우 양호하고, 수온도 거의 일정하다. 굴착은 일반적으로 회전과 충격이 동시에 가능한 비트가 부착된 에어함마를 이용하며, 이때 굴착부스러기를 배제하기 위한 고압의 공기와 부스러기와 흙먼지의 비산을 방지하기 위한 소량의 물이 필요하다.

심정호의 일반적 구조를 그림 4.22에 나타내었다. 그림에서 사류관은 유입하는 모래의 체류를 위한 것으로 strainer의 하부에 5～10 m 정도의 길이로 설치하며, casing은 지반이 암반으로 양호한 경우 표층 일부에만 설치하는 것이 보통이다. 양수량의 산정은 식 (4.11)을 이용한다.

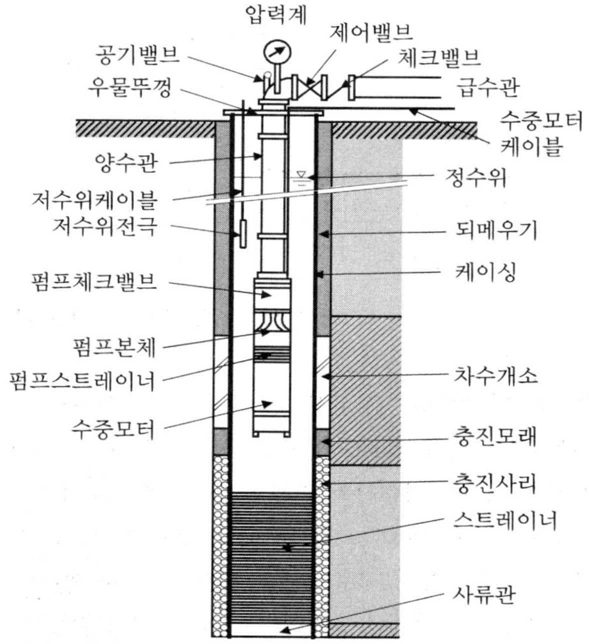

그림 4.22 심정호의 구조

4.3.6 집수매거와 복류수의 취수

집수매거(集水埋渠)는 하안이나 그 부근의 지중에 매설한 유공(有孔)의 철근콘크리트 관거 또는 권선형 스크린관을 이용하여 복류수나 자유면지하수를 취수하기 위한 시설이다. 이 시설은 모래·자갈 등 투수성이 좋은 대수층에 설치할 경우 비교적 양질의 물을 안정하게 취수할 수 있는 장점이 있다.

1. 집수매거의 설치

집수매거는 복류수의 흐름방향에 대하여 수직으로 설치하는 것이 취수상 유리하지만, 수량이 풍부한 곳에서는 흐름방향에 대해 수평으로 설치하는 경우도 있다. 또한 취수량을 증가시키기 위해서는 집수매거의 본관에 지관을 분지시키는 것이 일반적이다.

그림 4.23은 집수매거에 의한 취수시설의 한 예를 보인 것이다. 그림과 같이 집수매거를 제외지에 설치할 경우에는 노출이나 유실의 우려가 없도록 충분한 깊이(표준 매설심 5 m)에 매설해야 하며, 저수로의 하상에서 최소 2 m 이상으로 하고, 필요에 따라 목 틀 또는 철근콘크리트 틀로 집수매거를 보호함과 동시에 하안공을 한다. 기초지반이 나쁜 곳에서는 기초공을 하여 부등침하를 막아야 한다.

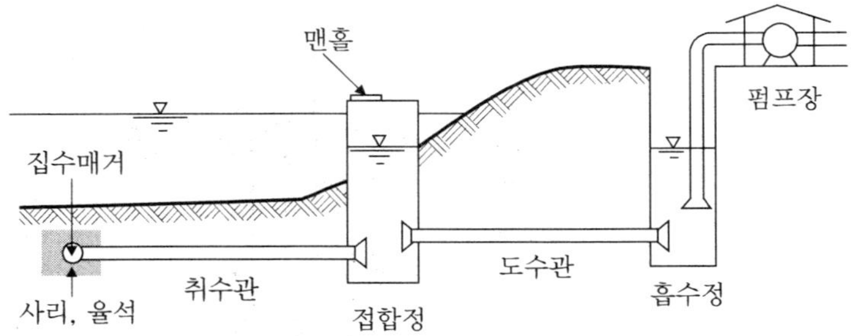

그림 4.23 집수매거에 의한 취수 예

집수매거의 연장은 시험정 등에 의한 양수시험의 결과를 참고로 하고, 양수량은 집수매거의 조건에 적합한 수리공식을 사용하여 정한다. 이때 집수공에서 유입속도는 토사의 침입을 방지하기 위해 3 cm/sec 이하로 하며, 집수공의 크기는 유입유속과 폐색(閉塞)을 고려하여 직경을 10～20 mm로 하고, 그 수는 관거 표면적 1 m^2당 20～30개 정도로 한다. 집수매거의 경사는 1/500 이하의 완구배가 되도록 하며, 매거 내의 유속은 유출단에서 유속이 1 m/sec 이하가 되도록 함이 좋다. 매거의 이음은 이음부분을 밀폐하지 않는 소켓이음 또는 칼라이음으로 하여 이음부분을 통해서도 복류수가 유입되도록 하고, 관거 주위에는 굵은 자갈·잔자갈·굵은 모래를 각각 50 cm 이상 채운 다음 되메우기를 한다.

집수매거의 점검과 수리 등 관리를 위해서는 집수매거의 종점·분기점·굴곡점·중간의 적당한 지점에 그림 4.24와 같은 접합정을 설치하는데, 접합정은 작업이 용이한 크기의 수밀성 철근콘크리트 구조로 한다.

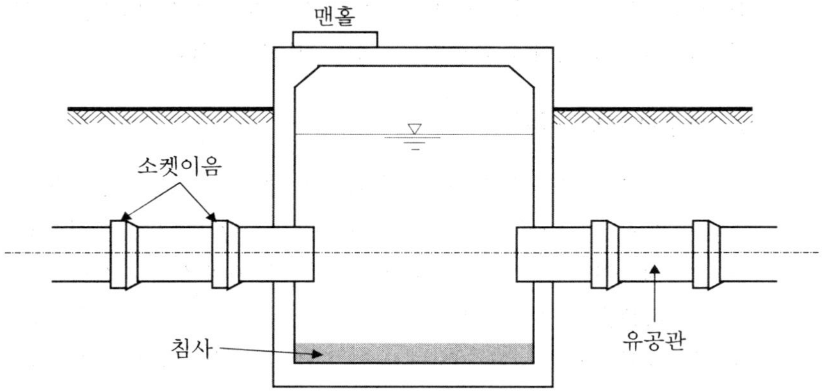

그림 4.24 접합정

2. 집수매거의 취수량

집수매거에 의한 취수량을 산정하기 위한 수리공식은 많으나 실제와 잘 맞지 않는 경우가 많다. 따라서 공식의 적용에 있어서는 각각의 조건을 충분히 검토해야 하는데, 각각의 조건과 적용 가능한 공식은 다음과 같다.

① 자유수면을 갖는 지하수

그림 4.25는 매거의 바닥이 불투수층에 도달하지 않고 불투수층까지의 거리가 그다지 깊지 아니한 경우로, 불투수층까지의 깊이 h가 매거 직경의 5～6배가 되는 경우이다. 취수량의 산정은 다음 식 (4.14)를 이용한다.

$$Q = \frac{kL(H^2 - h^2)}{R}\left(\frac{t+0.5r}{h}\right)^{1/2}\left(\frac{2h-t}{h}\right)^{1/4} \tag{4.14}$$

여기서, h : 매거의 수면에서 불투수층까지의 깊이(m),
t : 매거의 수심(m)이다.

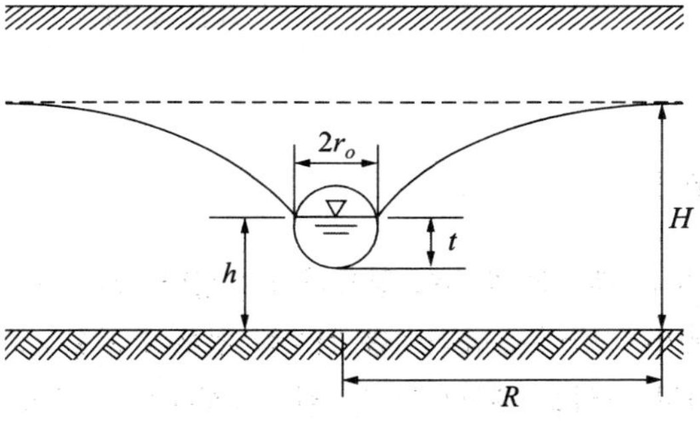

그림 4.25

② 하안 중의 매거

$$Q_{vD} = \frac{2\pi k\{H_o + d - (p_c/\omega)\}\cdot l}{2.3\log\left\{\dfrac{\sin N\alpha + \sin N(d-r)}{\sin N\alpha - \sin N(d-r)}\right\}} \tag{4.15}$$

$$N = (\pi/2)/I$$

$$\alpha = \frac{2I}{\pi}\sin^{-1}\sqrt{\sin N(d-r)\sin(d-r)} \fallingdotseq d$$

여기서, Q_{vD} : 매거 단위 길이당 유입량(m^3/sec)

H_o : 하천의 수심(m)

d : 하천 바닥에서 매거 중심까지의 깊이(m)

α : 유입점의 위치(m)

p_c : 매거 내의 수압(t/m^2)

ω : 물의 단위중량(t/m^3)

I : 투수층의 두께(m)

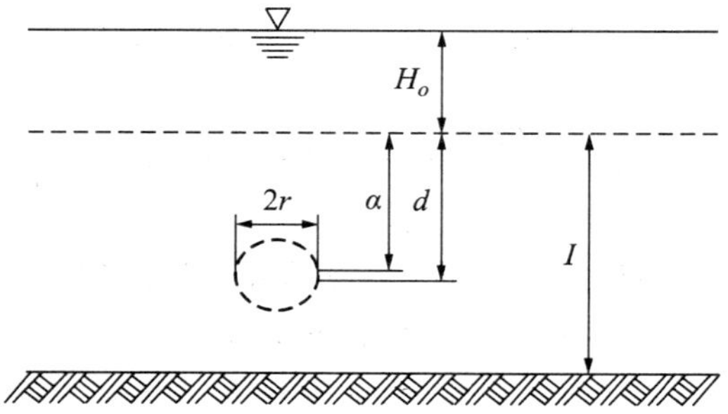

그림 4.26

4.3.7 용천수

용천수는 대부분 수질이 양호하여 수량만 풍부하다면 원수를 그대로 음용할 수 있는 수원이다. 따라서 용천수를 취수할 경우 유의할 사항은 맨홀뚜껑의 형태는 돌출형으로 하고 출입을 제한하는 등 취수과정에서 오염이 발생하지 않도록 하는 것이다.

용천수의 취수는 용출상태에 따라, 즉 용출수가 한 지점에서 집중적으로 용출하는 경우와 산비탈이나 산기슭을 따라 용출하는 경우로 나눌 수 있는데, 한 지점에서 집중적으로 용출하는 경우에는 용출부를 적당히 파고 평평하게 정리하여 집수정을 축조한다. 이 집수정은 저수조를 겸하도록 하는 것이 좋다. 집수정은 철근콘크리트나 석재로 만들며, 오염을 방지하기 위해 슬래브 복개를 실시하고, 복개 위에 0.5～0.6 m 정도로 성토하여 외기(外氣)의 영향을 받지 않도록 한다. 기타 부대설비로는 도수관의 조절밸브·맨홀·월류관·배수관·환기공·계량장치 등을 설치하며, 필요에 따라 침사지를 설치한다.

한편 용출수가 산비탈이나 산기슭을 따라 여러 지점에서 용출하는 경우의 취수방법은 집수매거에 준한다. 즉, 등고선을 따라 유공벽의 콘크리트나 석재 구조물을 매설하고, 지형에 따라 일단(一端) 또는 중간에 집수정을 설치하고 이곳에 모인 물을 도수한다. 이때 매거는 외기의 영향을 받지 않도록 지중에 매설하는 것이 바람직하며, 매거의 규모가 클 경우에는 적당한 간격으로 맨홀을 설치하여 관리한다.

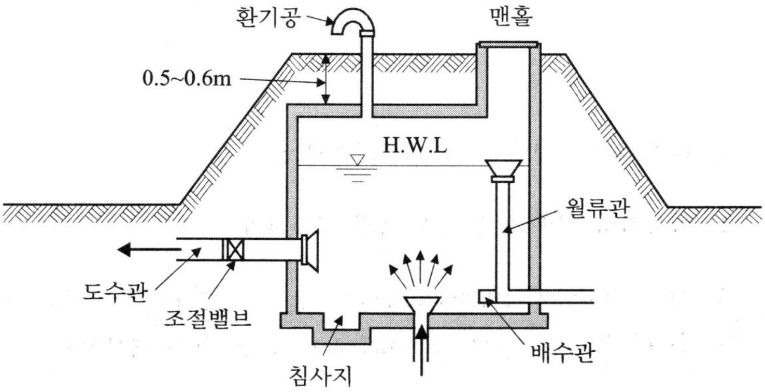

그림 4.27 용천수의 취수를 위한 집수정의 예

Chapter 4 연습문제

1. 각종 취수시설의 장단점을 기술하라.

2. 침사지의 일반적 구조에 대해 기술하라.

3. 계획 취수량이 10,000 m^3/day인 상수도 침사지를 설계하라(단, 유효수심은 3 m, 수리학적 체류시간은 15 min, 퇴사심 및 상부 여유고는 각각 0.5 m로 한다).

Answer 침사지의 부피는 $V/Q = HRT$로부터 $V = Q/(24 \times 60) \times 15 = 1{,}042\ m^3$

유효수심이 3 m이므로 침사지의 표면적은 $1{,}042/3 = 347\ m^2$이다.

여유지 1지를 포함하여 총 6개 지로 설계한다면 침사지 표면적은 $347 \times 6 \div 5 = 416\ m^2$이다. 전체 침사지의 형상을 정사각형에 가깝게 만든다고 하면 한 변의 길이는 대략 20 m이고 각 지의 폭은 20÷6=3.5 m 정도이다. 따라서 침사지의 길이는 $416\ m^2 \div (3.5\ m \times 6) = 19.8 \fallingdotseq 20$ m이다(침사지 길이와 폭의 비는 20/3.5 = 5.7이므로 설계기준 3~8을 만족시키며, 지내 평균유속은 20 m÷15 min = 2.2 cm/sec이므로 설계기준 2~7 cm/sec를 만족시킨다).

상기 산정결과에 퇴사심 및 상부 여유고를 가산하면 침사지의 폭×길이×수심은 (3.5 m×6)×20 m×4 m이다.

4. 양수시험으로 다음과 같은 결과를 얻었다. 적정양수량과 한계양수량을 구하라.

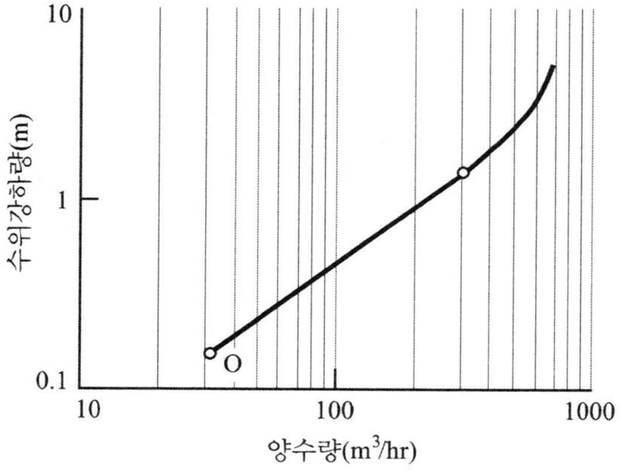

그림 4.28

Answer 적정양수량 : 240 m^3/hr, 경제양수량 : 210 m^3/hr

5. 피압우물에서 100 L/min으로 장시간 양수한 결과 그림 4.29와 같은 결과를 얻었다. 이 지층의 투수계수를 구하라.

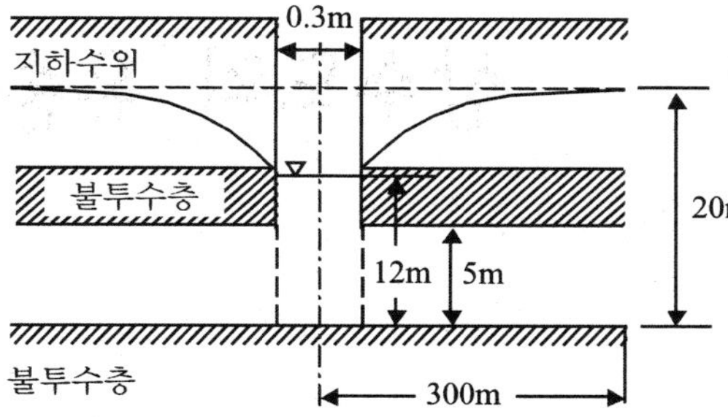

그림 4.29

Answer 4.6×10^{-6} m/sec

6. 자유수면 우물에서 투수층의 수두 H가 10 m, 반경이 0.5 m인 우물을 파고 30 L/sec의 물을 양수한다면 지하수의 수면은 어느 정도 강하하는가? (단, 투수계수 k는 8.3×10^{-4} m/sec이고, 영향원의 반경 R은 500 m이다.)

Answer 4.65 m

7. 집수매거의 설치요령을 기술하라.

Chapter 5 상수도의 유송

상·하수도 계통에 있어서는 원수·정수 또는 하수를 해당 시설까지 유송하는 과정이 필히 요구된다. 즉, 상수의 경우 원수는 도수관로에 의해 정수장까지 유송되고, 정수장에서 처리된 물은 송수관로에 의해 배수지 또는 배수탑 등으로 송수되며, 배수지의 물은 다시 배수관과 급수관망에 의해 급수된다. 한편, 우수나 하수는 하수관로에 의해 하수처리장으로 유송되거나 하천 또는 바다에 방류한다. 이와 같은 유송과정은 모두 수로에 의해 이루어지므로, 수로의 설계나 관리는 상·하수도 분야에 있어서 매우 중요한 부분이다.

수로는 수리학적 측면에서 크게 관수로와 개수로로 구분되며, 유송방식에 따라 자연유하식과 펌프압송식으로 분류된다. 이와 같은 분류는 단지 수리학적 측면에서 물리적 현상만을 고려한 것이다. 하지만 상·하수도공학에서 관로의 설계는 오염가능성 여부·경제성·관리의 난이도 등 상기 수리학적 현상 외에도 많은 점을 동시에 고려해야 한다.

5.1 수로의 수리

수로는 물 흐름의 원동력에 따라 크게 개수로와 관수로로 구분하는데, 개수로란 자유수면을 갖고 중력의 작용에 따라 흐르는 수로를 말하며, 관수로란 자유수면이 없고 수로 양단의 압력 차에 따라 흐르는 수로를 말한다.

5.1.1 관수로

관수로는 개수로와 달리 펌프압송이 가능하므로 지형의 고저에 영향을 받지 않는다. 따라서 수원이나 급수구역을 자유롭게 선정할 수 있고, 송·도수관로의 연장을 단축할 수 있어 건설비가 절감되며, 송·도수과정에서 오염의 우려가 적고 수량의 조절도 쉽다. 반면 관수로는 동력이 요구되므로 개수로에 비해 상대적으로 많은 유지비가 요구되며, 높은 수압으로 누수율이 높고 정전 시 송·도수의 안정성이 저하하는 등의 단점이 있다.

1. 평균유속공식

수로는 최소동수구배 시에도 계획수량을 유송할 수 있도록 설계되어야 한다. 최소동수구배는 유입점의 최저수위(L.W.L)와 유출점의 최고수위(H.W.L)의 차를 수로의 길이로 나눈 값이다. 따라서 단면형과 최소동수구배만 결정되면 여러 공식을 이용하여 평균유속과 유량을 구할 수 있는데, 상하수도에서 주로 사용되는 공식으로는 Manning 공식과 Hazen-Willams 공식이 있고, 상수도에서는 이 중 관의 노후도를 고려한 고려할 수 있는 Hazen-Willams 공식의 사용이 일반적이다.

① Manning 공식

$$V = \frac{1}{n} \cdot R^{2/3} \cdot I^{1/2} \tag{5.1}$$

여기서, V : 평균유속(m/sec) n : 조도계수
R : 경심(A/S) A : 수로의 단면적(m^2)
S : 윤변(m) I : 동수경사이다.

② Hazen-Willams 공식

$$V = 0.35464 \cdot C \cdot D^{0.63} \cdot I^{0.54} \tag{5.2}$$

$$Q = 0.27853 \cdot C \cdot D^{2.65} \cdot I^{0.54} \tag{5.3}$$

$$D = 1.6258 \cdot C^{-0.38} \cdot Q^{0.38} \cdot I^{-0.205} \tag{5.4}$$

$$I = 10.666 \cdot C^{-1.85} \cdot D^{-4.87} \cdot Q^{1.85} \tag{5.5}$$

여기서, V : 평균유속(m/sec) Q : 유량(m^3/sec)
C : 유속계수 D : 관의 내경(m)
I : 동수경사이다.

표 5.1 Manning 공식의 조도계수 *n* 값

구 분	단 면	*n*
암거	아스팔트-시멘트관	0.011～0.015
	벽돌	0.013～0.017
	주철관(시멘트라이닝 및 실코팅)	0.011～0.015
	콘크리트(일체형)	
	매끄러운 표면	0.012～0.014
	거친 표면	0.015～0.017
	콘크리트관	0.011～0.015
	주름형의 금속관	
	보통관	0.022～0.026
	포장된 인버트	0.018～0.022
	아스팔트 라이닝	0.011～0.015
	플라스틱관(매끄러운 표면)	0.011～0.015
	점토	
	도관	0.011～0.015
	깔판	0.013～0.017
개거 (인공수로)	아스팔트	0.013～0.017
	벽돌	0.012～0.018
	콘크리트관	0.011～0.020
	자갈	0.020～0.035
	식물	0.030～0.040

WEF,MOP FD-20

표 5.2 Hazen-Willams 공식의 *C* 값

관 종	*C*
주철관	
신관	130
5년 경과	120
10년 경과	110
20년 경과	90～100
30년 경과	75～90
강관(부설 후 20년)	100
도장강관	130
원심력 철근 콘크리트관	130
경질염화비닐관, 폴리에틸렌관	130
유리섬유강화 플라스틱관	150
흄관(ø100 mm 이하)	120～140
흄관(ø100～600 mm)	150

자료; Weter Supply &Sewerage, McGraw-Hill 6th ed,1991 and AWWA M 45 3th ed, 2014

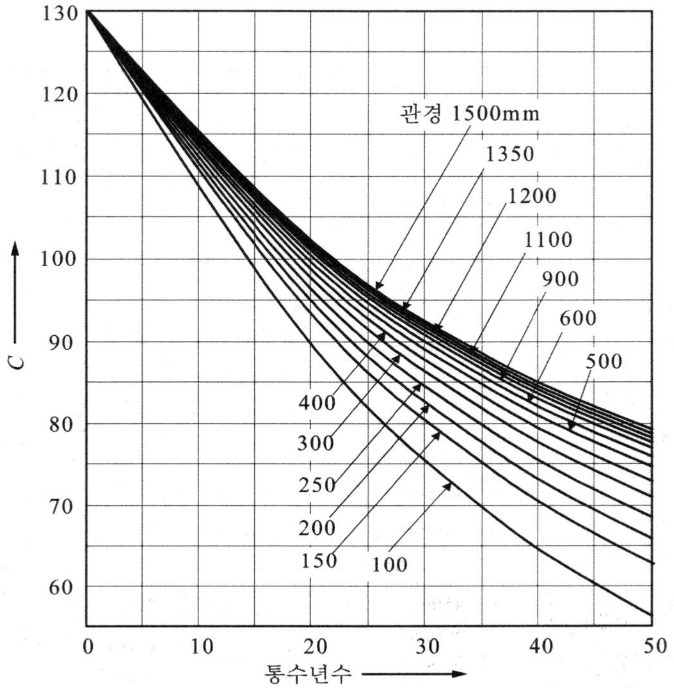

그림 5.1 주철관의 통수년수와 유속계수 C의 관계

Hazen-Willams 공식에서 특히 유속계수 $C=100$에 대한 $V \cdot Q \cdot D \cdot I$의 상호관계는 그림 5.2와 같다. 이 그림을 이용하면 $V \cdot Q \cdot D \cdot I$ 중 2개를 결정하면 나머지 2개를 구할 수 있는데, 만약 C 값이 100이 아니라면 그림에서 구한 값을 다음과 같이 환산하면 된다.

즉, $C=100$일 때 $V \cdot Q \cdot D \cdot I$이고, $C=C_1$일 때 $V_1 \cdot Q_1 \cdot D_1 \cdot I_1$이라고 하면, 식 (5.2)에서,

$$\left\{ \begin{array}{l} \dfrac{V_1}{V} = \dfrac{0.35464 C_1 D^{0.63} I^{0.54}}{0.35464 C D^{0.63} I^{0.54}} = \dfrac{C_1}{C} = \dfrac{C_1}{100} \\ \therefore \; V_1 = 0.01 C_1 \cdot V \end{array} \right. \tag{5.6}$$

동일한 요령으로 $Q_1 \cdot D_1 \cdot I_1$을 구하면 다음과 같다.

$$Q_1 = 0.01 C_1 \cdot Q \tag{5.7}$$

$$D_1 = 5.7544 C_1^{-0.38} D \tag{5.8}$$

$$I_1 = 5011.9 C_1^{-1.85} I \tag{5.9}$$

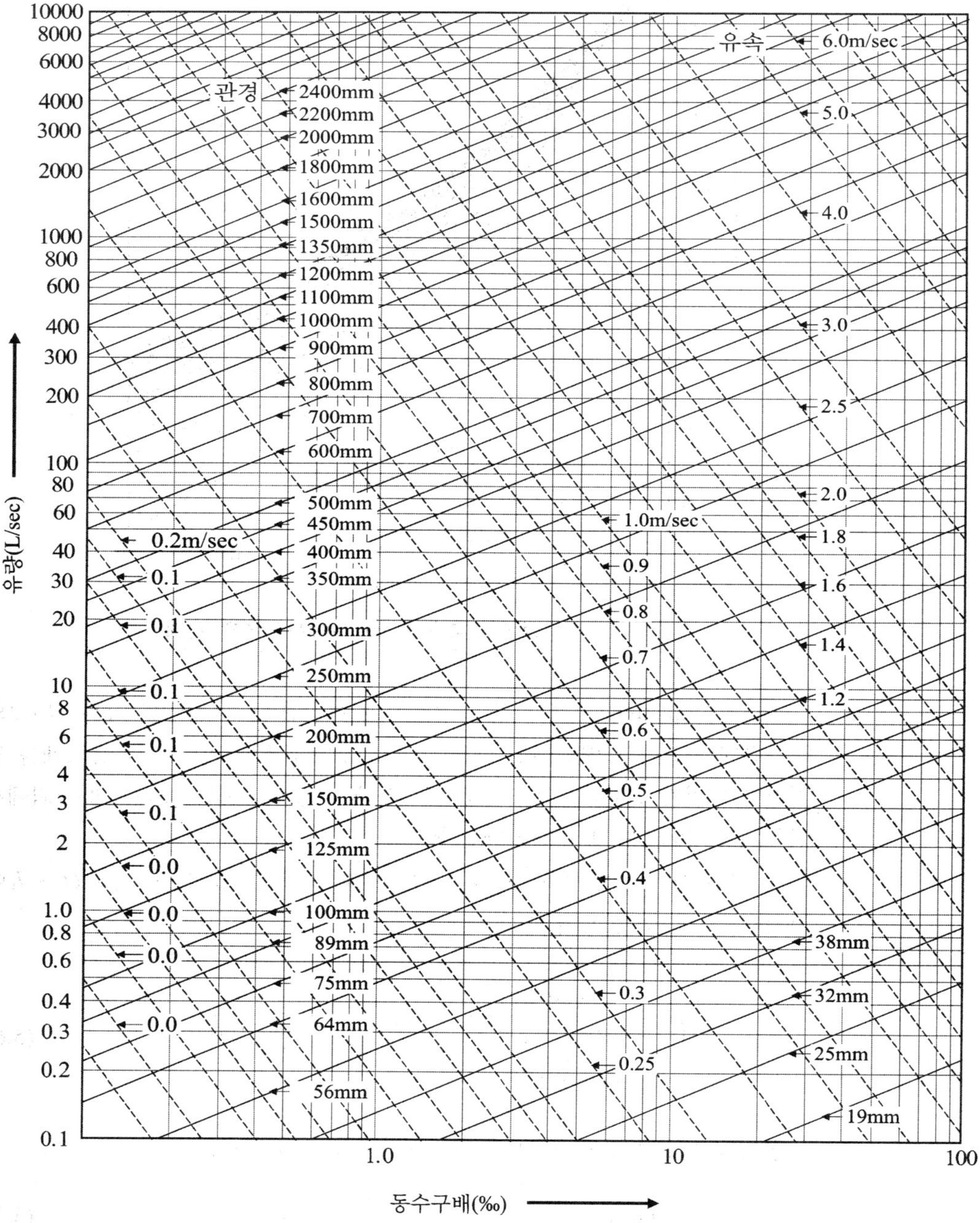

그림 5.2 C=100일 때 $Q \cdot I \cdot D \cdot V$의 관계

2. 손실수두

물은 점성을 가지고 있다. 따라서 물이 수로 내를 흐를 때 물 분자 상호간에 또는 물과 수로의 벽면 간에는 마찰에 의한 에너지의 손실이 발생하는데, 물이 수로 내를 원만하게 흐르게 하기 위해서는 이 손실량을 보상해 주어야 한다. 이러한 에너지 손실은 일반적으로 수두로 나타내는데, 크게 마찰손실수두와 기타의 원인에 의한 국부적 손실수두로 대별할 수 있으며, 마찰에 의한 손실수두는 다음과 같다.

$$h_L = f\frac{l}{D}\frac{V^2}{2g} \tag{5.10}$$

여기서, f : 마찰손실계수, l : 관의 길이(m)

D : 관경(m), V : 평균유속(m/sec)

g : 중력가속도(m/sec^2)이다.

한편 위 식에서 f 값은 Manning 공식에 의해 다음과 같이 나타낼 수 있고,

$$f = \frac{124.6n^2}{\sqrt[3]{D}} \tag{5.11}$$

Hazen-Willams 공식에 의해서는 다음 식과 같다.

$$f = \frac{98.784}{D^{0.167}C^{1.85}V^{0.15}} \tag{5.12}$$

기타 국부적 손실은 관의 확대나 축소부·굴곡부·유출 및 유입구·각종의 밸브 등에서 발생하며, 일반적으로 다음과 같이 나타낸다.

$$h = f'\frac{V^2}{2g} \tag{5.13}$$

여기서, f' : 관의 확대나 축소부·굴곡부·유출 및 유입구·각종의 밸브 등에 의한 각각의 손실계수이다.

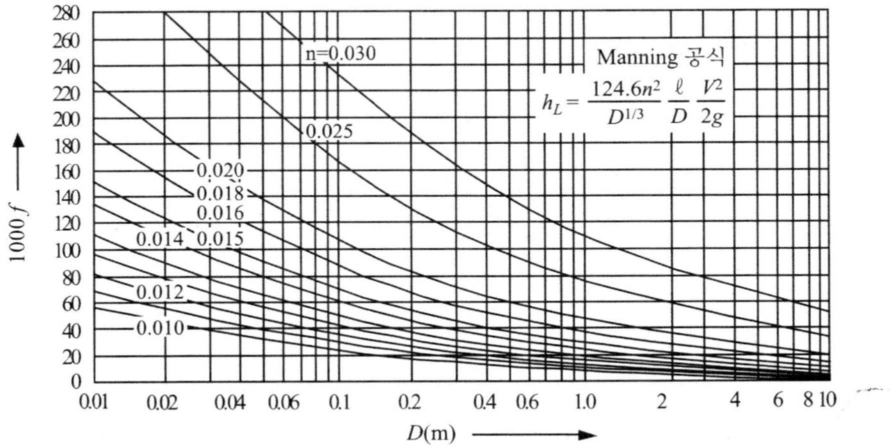

그림 5.3 Manning 공식의 마찰손실계수

예제 5.1

그림 5.4와 같이 저수지 A에서 정수장 B까지, 내경 250 mm의 주철관을 이용하여 도수하고자 한다. 유량을 구하라(단, 관의 연장은 900 m이고, 도중에는 60° 곡관 4개, 1/5 열린 sluice 밸브가 1개 설치되어 있다. 관의 마찰손실계수가 0.03이고, A, B간의 수위 차는 2 m이다).

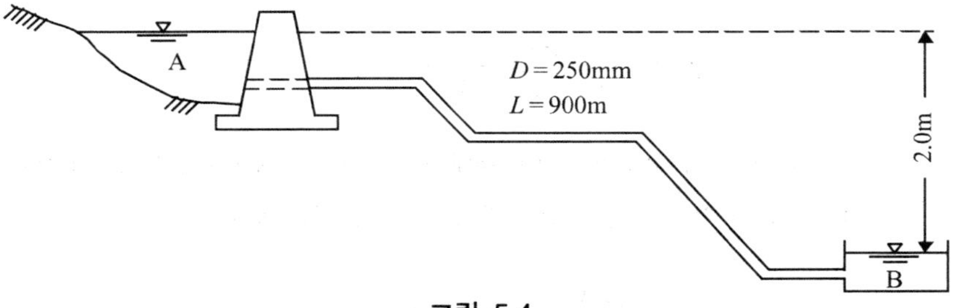

그림 5.4

풀이 유입 및 유출손실계수를 각각 0.5, 1.0이라 하고, 곡관에 의한 손실계수를 0.5, 1/5 열린 밸브에 의한 손실계수는 Weisbach의 실험치를 참고로 하여 30이라고 하면, 각각의 손실수두는 다음과 같다.

$$\text{마찰손실수두} = 0.03 \times \frac{900}{0.25}\frac{V^2}{2g} = 108\frac{V^2}{2g}$$

$$\text{유입 및 유출손실수두} = (0.5+1)\frac{V^2}{2g} = 1.5\frac{V^2}{2g}$$

$$\text{곡관에 의한 손실수두} = 0.5 \times 4\frac{V^2}{2g} = 2.0\frac{V^2}{2g}$$

$$\text{밸브에 의한 손실수두} = 30\frac{V^2}{2g}$$

따라서 총 손실수두$(H) = (108+1.5+2.0+30)\dfrac{V^2}{2g} = 141.5\dfrac{V^2}{2g}$이고, 이 값은 2.0 m와 같다.

$$\therefore\ V = 0.526\ \text{m/sec}\text{이고},\ Q = AV = \frac{\pi 0.25^2}{4} \times 0.526 = 0.026\ \text{m}^3/\text{sec}\text{이다.}$$

예제 5.2

그림 5.5와 같은 관계에 있는 도수정에서 착수정까지 도수관을 설계하고자 한다. 계획1일 최대급수량은 5,500 m^3/day이고 관은 보통주철관을 이용한다.

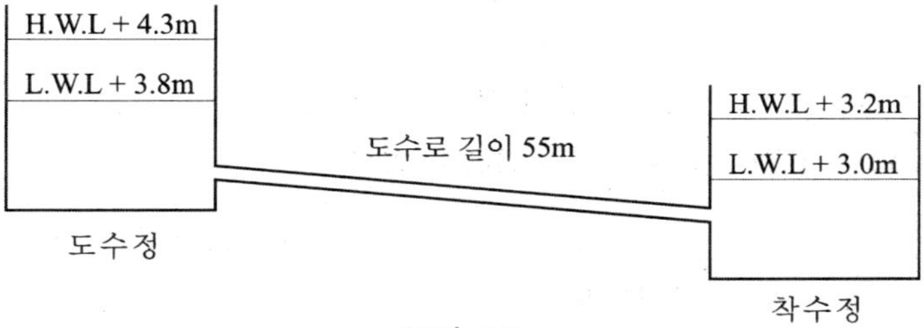

그림 5.5

풀이 Williams-Hazen 공식에 의해 관경을 구하면 다음과 같다. 단, 유속계수 $C = 100$을 이용한다.

$$\begin{aligned} D &= 1.6258 C^{-0.38} Q^{0.38} I^{-0.205} \\ &= 1.6258 \times 100^{-0.38} \times 0.064^{0.38} \times 0.011^{-0.205} = 0.2505 = 0.25\ \text{m} \end{aligned}$$

위 식에서 $Q = \dfrac{5{,}500}{24 \times 60 \times 60} = 0.064\ \text{m}^3/\text{sec}$, $I = \dfrac{3.8 - 3.2}{55} = 0.011$이다.

한편 관경이 0.25 m일 경우 유속은

$$\begin{aligned} V &= 0.35464 C D^{0.63} I^{0.54} = 0.35464 \times 100 \times 0.25^{0.63} \times 0.011^{0.54} = 1.297 \\ &\fallingdotseq 1.3\ \text{m/sec} \end{aligned}$$

위와 같이 관 내 유속은 허용유속(0.3 ~ 6 m/sec; 5.2.3항 참고) 범위 내에 있으므로 도수관으로 관경 250 mm의 주철관을 이용한다.

3. 관 두께의 결정

그림 5.6과 같이 반지름이 r인 원관 내의 압력은 관의 최상부에서 p일 경우, 관의 최하부는 $p+2\omega r$이다. 하지만 p가 $2\omega r$보다 상당히 크다고 생각하면, 전체적으로 균일한 압력 p가 작용한다고 생각할 수 있다. 따라서 관의 길이가 l이라고 하면 관의 반쪽에 작용하는 전수압은 $2rlp$이다.

한편 그림에서 관 단면의 인장력을 T라고 하면,

$$2T = 2rlp \tag{5.14}$$

관의 두께를 t, 인장응력을 σ라고 하면,

$$T = t\sigma l \qquad \therefore \sigma = \frac{pr}{t} \tag{5.15}$$

하지만 일반적으로 관의 설계 시 허용률을 고려해야 하므로 σ 대신 허용응력(σ_{ta})을 이용하며, 허용응력은 다음과 같다.

$$\sigma_{ta} = \frac{pr}{t} \tag{5.16}$$

이 공식을 **주장력공식**이라고 하며, 관 두께를 결정하는 데 이용된다.

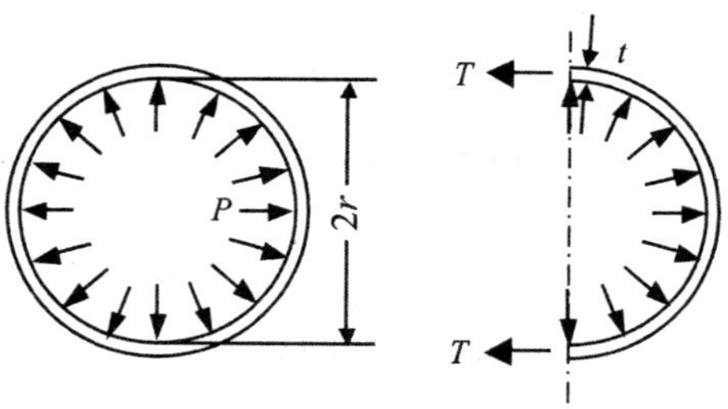

그림 5.6 원관에 작용하는 수압

한편 관 내부의 압력보다 외부의 압력이 큰 경우 허용압축응력은 $\sigma_{ta} = p'r/t$이고 여기서, p'는 외부압력이다. 외부압력의 발생 원인은 주로 토압과 통과차량에 의한 것으로, 지나친 외부압력은 도장을 손상시켜 관의 내구성을 감소시키므로, 강관의 매설 후 외부압력으로 인한 관의 변형은 콜타르 도복장 강관의 경우 관경의 3~5% 미만이어야 하고, 시멘트 모르타르인 경우 2% 이내이어야 한다.

예제 5.3

내경 2 m인 강관 내에 10 kg/cm² 의 압력이 작용할 경우 강관의 두께는 얼마로 하면 좋은가? (단, 허용응력은 1,400 kg/cm² 이다.)

풀이 식 (5.16)에서

$$t = \frac{pr}{\sigma_{ta}} = \frac{10 \times 2/2}{1{,}400} = 0.00714\ \text{m} = 7.14\ \text{mm}$$

5.1.2 개수로

개수로란 자유수면을 갖고 중력의 작용에 따라 흐르는 수로를 말하며, 수면의 가시(可視) 여부, 즉 덮개의 여부에 따라 개거(開渠)와 암거(暗渠)로 분류된다.

1. 평균유속공식

개수로의 평균유속공식에는 Ganguillet-Kutter공식, Bazin공식 또는 Manning공식이 있는데, 보통은 Manning공식을 사용한다.

2. 수리특성곡선

상·하수관 내에서 물의 흐름은 경우에 따라 전 단면을 가득 차서 흐를 때도 있고, 일부분을 흐르는 때로 있다. 전 단면을 차서 흐를 경우 관수로의 흐름으로 취급하고, 일부만 흐를 경우에는 개수로의 흐름으로 취급한다.

이와 같이 수로의 형태에 따라 전 단면을 차서 흐를 경우의 유속·유량 등과 일부 단면만을 흐를 경우의 유속과 유량의 비를 미리 계산하여 도표로 작성해 놓으면 편리한데, 이를 **수리특성곡선**이라 한다.

그림 5.7은 원형관의 수리특성곡선을 나타낸 것으로 $Q_o \cdot V_o \cdot A_o \cdot R_o \cdot S_o$는 전 단면을 차서 흐를 경우, 즉 수심이 h_o인 경우의 유량·유속·단면적·경심·윤변이며, $Q \cdot V \cdot A \cdot R \cdot S$는 임의의 수심 h에 대한 유량·유속·단면적·경심·윤변이다. 그림에서 유속과 유량은 만수 시보다 수심이 약간 작은 경우에 최대가 됨을 알 수 있다.

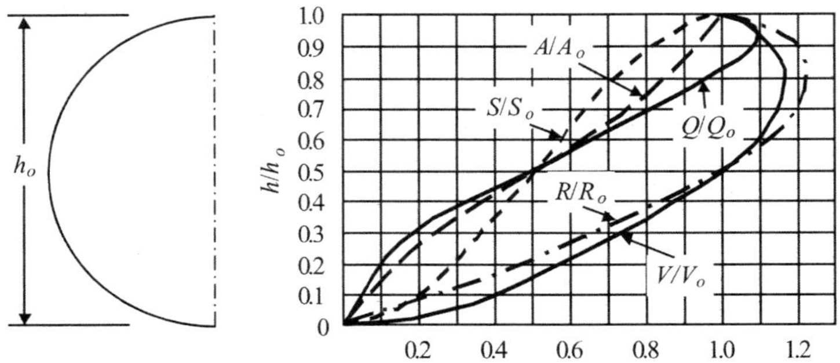

그림 5.7 원형 단면의 수리특성곡선

예제 5.4

지름 1 m의 콘크리트 원관에 물이 흐를 경우, 이 수로에 흐를 수 있는 최대유량을 Manning 식으로 구하라(단, 동수경사 I는 1/1000, 조도계수는 0.013이다).

풀이 그림 5.7에서 원관의 최대유량이 흐르는 수심은 $h/h_o = 0.92$이다. 따라서

$$h = 0.92 \times h_o = 0.92\ \mathrm{m}$$

그림 5.8에서 $\theta = \cos^{-1}\dfrac{\overline{Oc}}{\overline{Ob}} = \cos^{-1}\dfrac{0.42}{0.5} = 32.86°$

$$\therefore\ A = \frac{\pi d^2}{4}\frac{360-2\theta}{360} + r^2 \sin\theta\cos\theta$$

$$= \frac{\pi}{4}\frac{360-2\times 32.86}{360} + 0.5^2 \sin 32.86 \cos 32.86 = 0.76\ \mathrm{m}^2$$

$$S = \pi d \frac{360-2\theta}{360} = \pi \frac{360-2\times 32.86}{360} = 2.57\ \mathrm{m}$$

Manning의 평균유속공식은

$V = \dfrac{1}{n} \cdot R^{2/3} \cdot I^{1/2}$이고, 여기서 $R = A/S$이다.

$$\therefore\ V = \frac{1}{0.013} \cdot \left(\frac{0.76}{2.57}\right)^{2/3} \cdot 0.001^{1/2} = 1.08\ \mathrm{m/sec}$$

따라서 유량 $Q = AV = \dfrac{\pi d^2}{4} V = \dfrac{\pi}{4} \times 1.08 = 0.85\ \mathrm{m^3/sec}$이다.

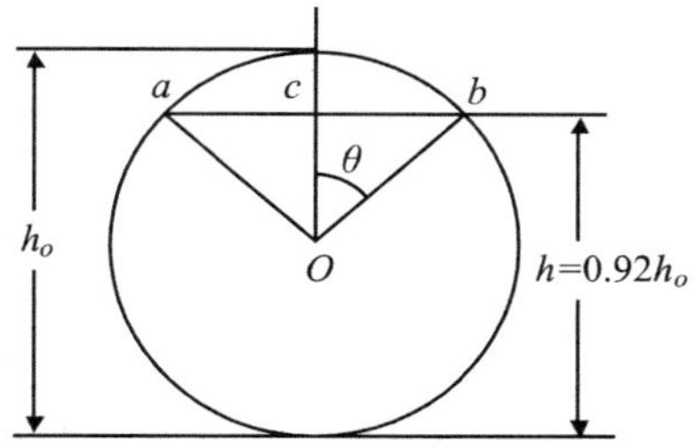

그림 5.8

3. 개수로의 단면 형상과 최대통수단면

개수로의 단면 형상은 작은 수로나 암거의 경우 일반적으로 직사각형이 사용되고, 큰 수로인 경우에는 제형(梯形; 사다리꼴)을 사용하며, 터널 부분에서는 원형이나 마제형(馬蹄形)으로 하여 압력에 견딜 수 있도록 한다.

개수로의 단면형은 일정한 단면적으로 최대 유량이 흐를 수 있도록 단면의 형상을 결정해야 하는데, 이러한 단면을 **수리적 최량단면**이라고 한다. 이러한 단면이 되기 위해서는 경심 R이 최대가 되거나 윤변 S가 최소가 되어야 하는데, 그림 5.9는 제형·원형·직사각형 수로에서 단위면적당 최대 통수량을 갖는 단면조건, 즉 수리적 최량단면을 나타낸 것이다.

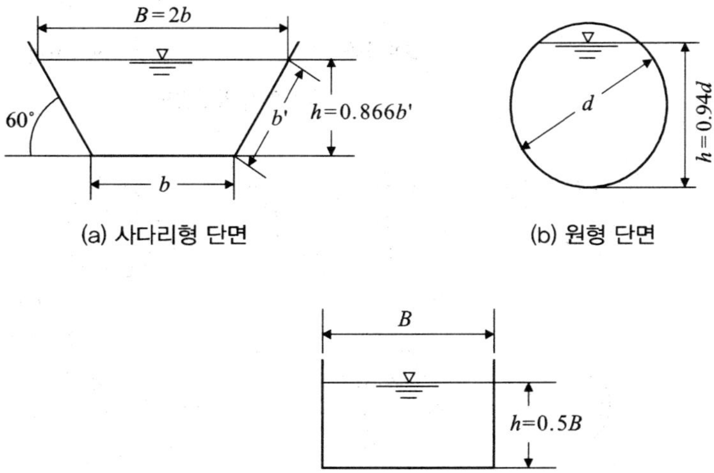

(a) 사다리형 단면

(b) 원형 단면

(c) 직사각형 단면

그림 5.9 최대통수단면

5.2 도수와 송수

5.2.1 개 설

송·도수 시설 중 도수(導水)시설은 취수한 물을 정수장까지 유송하는 시설이고, 송수(送水)시설은 정수된 물을 배수지(配水池)까지 유송하는 시설로 수로와 펌프 등으로 이루어진다. 이와 같이 이들 시설의 차이점은 물의 정화 여부와 그에 따른 적용관로 및 제한유속이 다르다는 점이다.

도·송수 방식은 수로의 시·종점 간의 수위 차나 수로 도중의 지형 등에 따라 **자연유하식**과 **펌프가압식**으로, 수리학 또는 수질공학적으로 개수로와 관수로로, 지표면과의 관계에 따라 **지하식**(관로·터널 등)과 **지표식**(개거·암거 등)으로 나누어진다. 일반적으로 자연유하식을 채용함이 유지·관리상 안전하나, 시점의 수위가 종점의 수위보다 낮을 경우에는 펌프압송식에 의할 수밖에 없다.

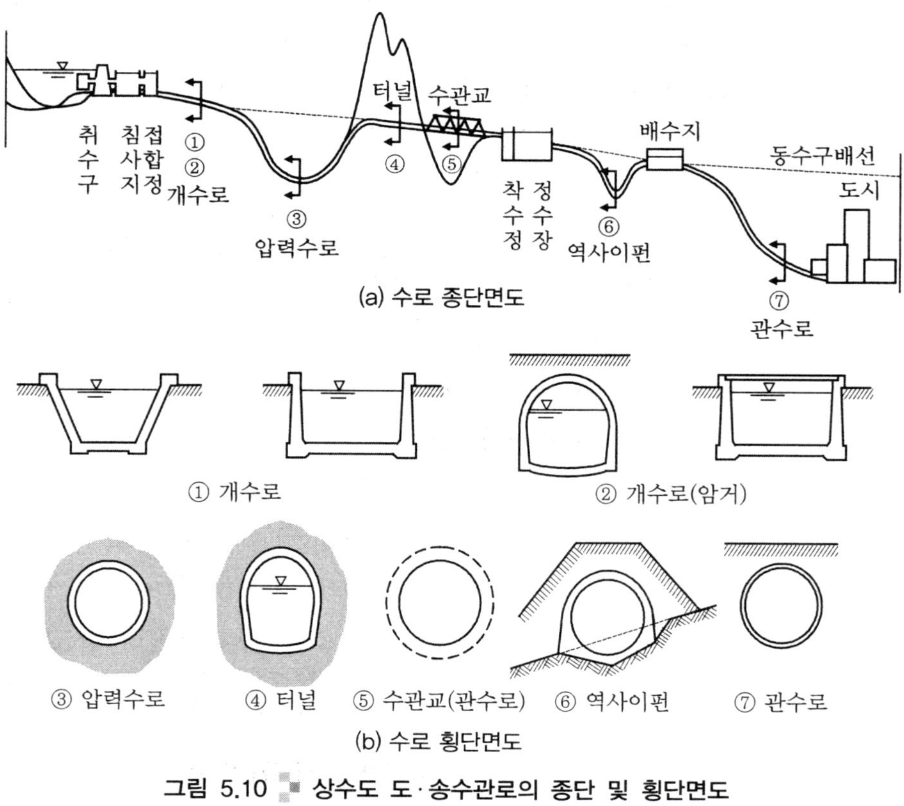

그림 5.10 상수도 도·송수관로의 종단 및 횡단면도

한편 관수로와 개수로 중 어느 것을 택할 것인가 하는 것은 설정 수로의 동수구배와 경제성·정수 여부 등에 따라 결정된다. 즉, 개수로의 경우 수면구배는 1/1000~1/3000 정도가 요구되는데, 산이나 계곡 등으로 계획수로가 동수구배선 이상에 설치되거나, 수로구배가 지나치게 급할 경우에는 펌프가압이나 역siphon을 포함한 관수로로 설계하며, 개수로로 설계할 경우에는 등고선을 따라 우회수로를 만들거나 수로교·터널 등을 설치한다. 또한 관거·개거·암거·터널 등 수로의 선정은 증발·식물의 번성·수질오염·시공의 난이성·수로의 연장 및 경제성 등을 고려하여 정하는데, 송수관의 경우 수질오염을 방지하기 위해 관수로로 해야 한다.

그림 5.10은 지형에 따른 여러 가지 도·송수 방법을 예시한 것이다.

5.2.2 노선의 선정

노선을 선정하기 위해서는 먼저 도면에서 몇 개의 노선을 결정하고, 답사한 후 건설비·경제성·유지관리의 난이도 등과 함께 다음 사항을 고려하여 정한다.

① 노선 연장은 가능한 한 짧게 한다.

② 수평이나 수직방향의 급격한 굴곡은 피하고 어떤 경우라고 관의 포설 위치가 최소동수구배선 이하가 되도록 한다.

③ 관로의 포설이 용이하고, 수리학적으로 유리한 지점을 선택한다. 즉, 지반이 안정되고 가급적 자연유하가 가능한 지점을 선택하며, 성토지역이나 산마루·사면 등은 피한다.

④ 사이펀을 설치할 경우 관의 위치는 가급적 동수구배선 이하가 되도록 하며, 역사이펀의 경우에는 관 내면에 작용하는 최대 정수두가 관의 최대허용정수두 이하가 되도록 한다.

⑤ 가능한 한 노선은 도로 등 공공용지나 수도용지를 이용하며, 이때 장래의 도시계획·교통상황 등을 관계당국과 긴밀히 협의하여 정한다.

⑥ 하천·도로·철도 등의 횡단은 가급적 피하되, 부득이한 경우 노선의 연장·시공성·관리의 용이성·수리적 특성 등을 고려하여 정한다.

5.2.3 단면의 결정

수로의 크기는 수로의 종류·동수구배·유량·단면의 형상 등이 결정되면 공식을 이용하여 산정할 수 있다. 이때 동수구배는 시점의 최저수위(LWL; low water level)와 종점의 최고수위(HWL; high water level)의 차로부터 구하며, 유량은 도수의 경우 계획취수량과 같아야 하고, 송수의 경우 계획1일 최대급수량을 표준으로 한다. 이러한 조건에서 수로 내 평균유속의 최대한도는 원수의 경우 미사(微砂)로 인한 관로의 손상을 억제하기 위해 개수로의 경우 3 m/sec로 하고, 관수로의 경우는 표 5.3과 같다. 또한 최소한도는 정수에 대해서는 별도로 정하지 않지만, 원수의 경우에는 부유물과 미사의 수로 내 침전을 억제하기 위해 0.3 m/sec 이상으로 하고 펌프가압식인 경우에는 경제적 유속으로 한다.

표 5.3 도·송수관의 최대유속

관 내면의 상태	평균유속의 최대한도(m/sec)
모르타르 또는 콘크리트관	3.0
모르타르 라이닝 실드도장	5.0
강철·주철·경질염화비닐관	6.0

5.2.4 관의 종류

상수도용 관은 재료·제조방법·규격·강도 및 내외면 도장 등이 다르기 때문에 관종을 선택하기 위해서는 관의 위생성·호환성·내구성·유지관리의 용이성 등을 고려하여 정하는데 상수도 시설에서 도·송수용으로 주철관·강관·원심력 철근콘크리트관·석면 시멘트관·경질염화비닐관(PVC관) 등이 사용되며, 형태에 따라서는 직관·120°·90°·60°·45° 등의 곡관, T자나 Y자관 같은 이형관(異形管)이 있다.

1. 원심력 철근콘크리트관

이 관은 관의 제법을 발명한 사람의 이름을 따서 흔히 Hume관이라고 한다. 이 관은 콘크리트의 밀도를 높이기 위해 고속으로 회전하는 몰드에 노즐을 이용하여 모르타르를 일정 두께까지 분사시켜 만드는데, 관의 구조나 재질상 외압에는 강하지만 내압에 약하므로 개수로 외에는 거의 사용하지 않는다. 따라서 상수관으로는 그다지 사용하지 않으나 자연유하식으로 지반이 견고하고 부등침하 등의 우려가 적은 경우에는 사용이 가하다. 관의 접속에는 철근콘크리트제의 칼라(collar) 이음매를 이용한다(그림 5.11 참고).

2. 프리스트레스트 콘크리트관(prestressed concrete pipe)

이 관은 미리 제작된 철근콘크리트관 등의 표면에 강선을 설계수압에 대응하는 장력으로 감고, 여기에 다시 모르타르를 피복하여 강선을 고정한 관으로, PS관·PS 콘크리트관 또는 PC관이라고도 한다. 이 관은 압축응력이 이미 가해져 있으므로 통수시 수압에 의한 인장응력과 압축응력이 상쇄되어 관에는 인장응력이 발생하지 않는다. 따라서 지반이 견고하고 부등침하 등의 우려가 적은 경우에는 대형의 고압관용으로 주로 현장제작되며, 이음은 원심력 철근콘크리트관과 같다.

3. 주철관

주철관은 강도가 크고 내부식성이 강하므로 상수도관에 많이 사용된다. 하지만 주철은 충격에 약하므로 관의 두께를 두껍게 해야 하고, 이 때문에 중량이 크고 시공성이 떨어진다. 따라서 대구경 직관의 경우 주철관은 거의 사용되지 않고 대부분 강관이 사용되고 있다.

주철관은 제법에 따라 **입형 주철관**과 **원심력 사형** 또는 **금형 주철관**으로 구분할 수 있는데, 입형 주철관은 용융된 선철과 모래주형을 이용하여 주조(鑄造)한 것으로 충격에 약한 재질적 결함을 가진다. 따라서 현재에는 사용되지 않으며 **보통주철관**이라고도 한다. 원심력 사형 또는 금형 주철관은 고속으로 회전하는 주형에 노즐을 이용하여 용융된 선철을 분사하여 제작하는데, 입형주철관에 비해 재질이 치밀하고 튼튼하다. 따라서 **고급주철관**이라고도 하며, 현재 사용되는 주철관은 모두 이 방법에 의해 제작된다.

한편 현재에는 주철의 재질을 개선한 **닥타일(ductile) 주철관**이 주로 사용되는데, 이것은 주철의 조직 중 흑연의 형상과 분포를 개선하여 주철의 기계적 성질을 향상시키기 위해 선철의 용융과정에서 소량의 마그네슘을 첨가하여 흑연을 구상화(球狀化)시킨 것으로 **구상흑연 주철관**이라고도 한다. 이 관은 주철의 전성과 부식성이 개선되어 관의 두께와 중량을 감소시킬 수 있는 장점이 있다.

또한 주철관의 내부식성을 강화하기 위해 관의 내부에 원심력을 이용하여 몰타르를 분사·도포하는 경우가 있는데, 이러한 관을 **시멘트 라이닝 주철관**이라 한다.

주철관의 이음은 보통 기계적 이음이나 플랜지(flange) 이음을 이용한다(그림 5.12, 5.13 참고).

4. 주철 이형관

이것은 관의 연결·분기·합류 또는 각종 valve의 설치를 목적으로 제작된 것으로, 주된 것으로는 90°곡관·45°곡관·22½ 곡관·11¼ 곡관, 분기나 합류를 위한 T자관, 양단의 구경이 다른 편락관, 한쪽 끝은 plunge로 되어 있고 다른 쪽은 소켓이나 콘센트로 되어 있는 단관, 그 외에 신축관·공기밸브용 T자관 등이 있다. 이음은 기계적 이음이나 플랜지 이음에 의한다(그림 5.12, 5.13 참고).

5. 강 관

강관은 인장강도가 매우 크고 충격에 강하며 전성이 크다. 따라서 관의 두께를 얇게 할 수 있고, 가공성도 뛰어나 상수도관으로 널리 사용되고 있다. 하지만 관의 두께가 얇아 처짐이 발생할 수 있으며, 부식에 약하므로 관의 외부는 충분히 도장해야 한다. 도장재로는 아스팔트·콜타르에나멜·합성수지·시멘트몰타르 등이 있다. 관의 접속은 대부분 용접에 의한다.

6. 석면시멘트관

석면(石綿)시멘트관은 외압과 충격에 약하지만, 재질이 치밀하고 내압에 강하며 부식되지 않는다. 따라서 과거에 상수도관으로 많이 사용되었지만, 현재에는 사용되지 않는다. 이 관의 제조법은 석면섬유와 시멘트 및 물을 적당한 비율로 혼합·제작한 판을 회전하는 관에 필요 두께가 될 때까지 감은 후 중심관을 뽑아서 양생한 것이다. 관의 이음에는 기볼트 이음매(gibault joint)가 이용된다(그림 5.14 참고).

7. 경질염화비닐관

경질염화비닐관(PVC관)은 내화학성이 강하고, 유독물의 용출이나 스케일의 발생이 적으며 가볍고 가공이 쉽다. 하지만 PVC관은 충격이나 열에 약한 단점을 가지는데, 최근에는 강도가 강화된 제품이 다수 개발되어 소구경관으로 사용빈도가 크게 증가하고 있다. 이 관은 연결 등 시공성이 우수하고, 접속은 소켓이음이 이용된다(그림 5.15, 5.16, 5.17 참고).

이상 기술한 관 종은 관경·사용압력·내부식성·시공성 등에 따라 적절히 선택하면 되는데, 일반적으로 소형관의 경우 PVC관이나 복합관이 사용되며, 중대형관의 경우 정수압을 기준으로 관을 고압관(10 kg/cm^2)·보통압관(7.5 kg/cm^2)·저압관(4.5 kg/cm^2)으로 구분하고, 저압관으로는 주로 고무 또는 염화비닐 등으로 라이닝한 고분자재료나 탄소강관을 사용하며, 고압관으로는 스테인리스강이 주로 사용된다.

5.2.5 관의 접합

관의 누수나 오수의 유입은 단지 수자원의 손실뿐만 아니라, 관의 통수능력 감소와 특히 위생상 견지에서 매우 중요한 문제를 일으키므로 유의해야 한다. 누수나 오수의 유입은 관과 관·관과 기구의 접합부 결함·관 자체의 부식이나 파열 등에 의해 발생하는데, 그 대부분은 접합부에서 발생한다. 따라서 관의 접합은 유송단계나 관

종 등을 고려하여 신중하게 시공해야 하며, 대구경관의 경우 접합부에는 맨홀 등을 설치하여 추후 수시로 관리·감시해야 한다. 도·송수관 및 급·배수관의 이음에는 다음과 같은 방법이 있다.

1. 칼라 이음(collar joint)

칼라는 콘크리트관 등의 접합에 이용되는 이음쇠로, 이전에는 관과 칼라 사이에 천과 모르타르 등을 충전하여 접합하였으나, 최근에는 그림 5.11과 같이 홈이 파여진 칼라에 고무링을 끼워 수밀성과 시공성을 높인 개선된 방법이 사용된다.

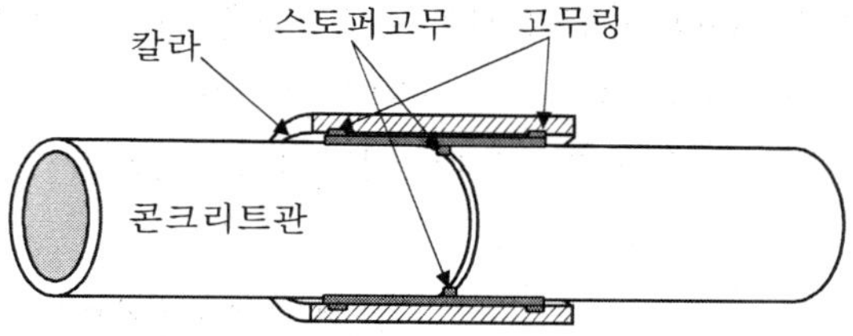

그림 5.11 칼라 이음

2. 기계적 이음(mechanical joint)

이 방법은 소켓이음을 개량한 것으로 수구(受口)에 볼트와 너트로 연결된 주철링을 조임으로써 고무링을 삽구(插口)와 밀착시켜 관의 이탈을 방지하고 동시에 수밀성을 높일 수 있다.

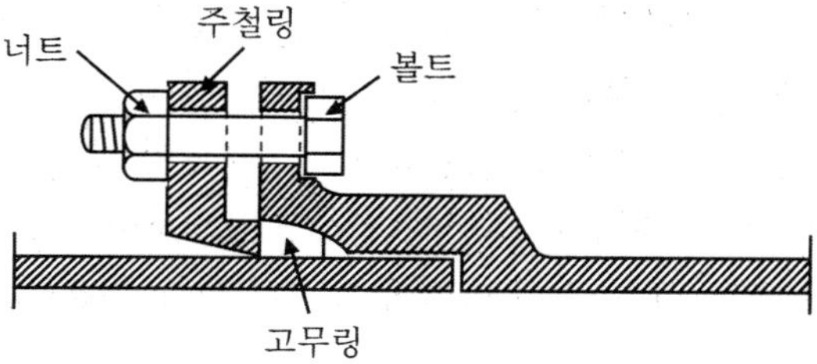

그림 5.12 기계적 이음

3. 플랜지 접합(flange joint)

플랜지 접합은 플랜지 면 사이에 패킹을 끼우고 볼트와 너트로 죄어 접합하는 방법이다. 강관의 접합에 주로 이용되며, 기타 gate밸브·공기밸브 등 기구의 장착에 주로 사용되는 방법이다.

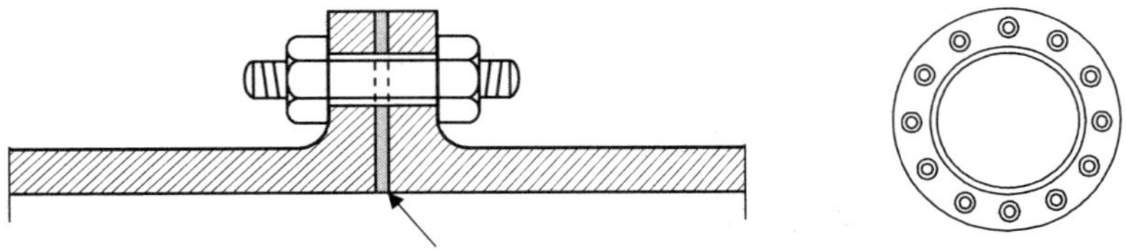

그림 5.13 Flange 접합

4. 기볼트 이음(gibault joint)

이 방법은 slip과 플랜지 사이에 고무링을 끼우고 플랜지에 장착된 볼트를 조여서 연결하는 방법이다. 다소의 탄력성이 있고 어느 정도 굴곡도 허용하므로 진동을 수반하는 지점에 유리하며, 충격에 약한 석면시멘트관의 접합에 주로 이용된다.

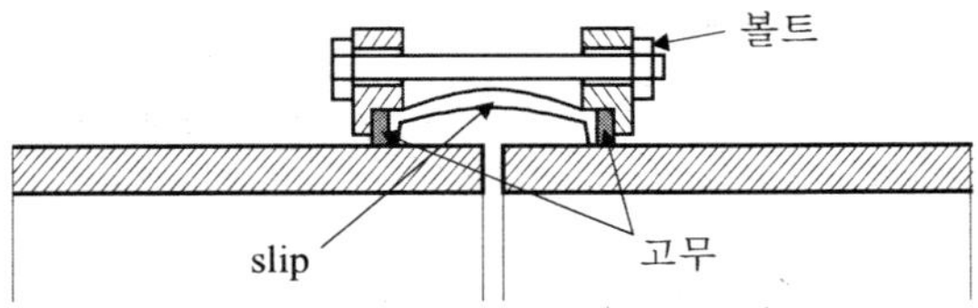

그림 5.14 기볼트 이음매

5. 소켓 이음(socket joint)

수구에 삽구를 넣어 연결하는 이음을 말하며, 주철관·콘크리트관·경질염화비닐관 등의 접합에 쓰인다. 그림 5.15는 주철관의 경우를 나타낸 것으로 접합재로 모르타르나 고무링 등이 사용된 소켓이음의 일종이다.

경질염화비닐관의 경우 접합재로 고무링이 주로 사용되며, 그 밖에 그림 5.16과 같이 수구를 가열한 후 삽구에 접착재를 도포하고 삽입하는 종전의 **열간공법**(熱間工法)이나 기성(旣成)의 TS연결구와 접착재를 이용하는 **냉간공법**(冷間工法) 등이 흔히 사용된다.

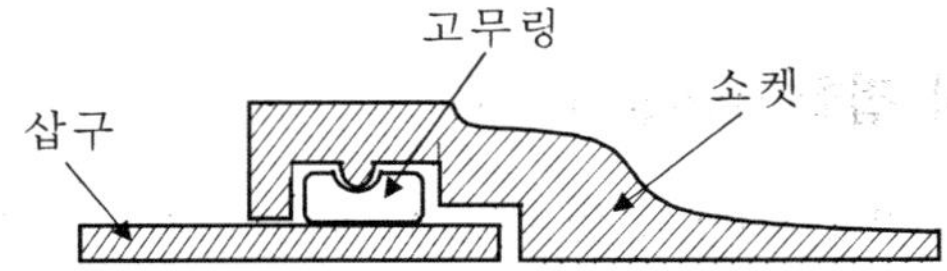

그림 5.15 타이튼 접합 구조

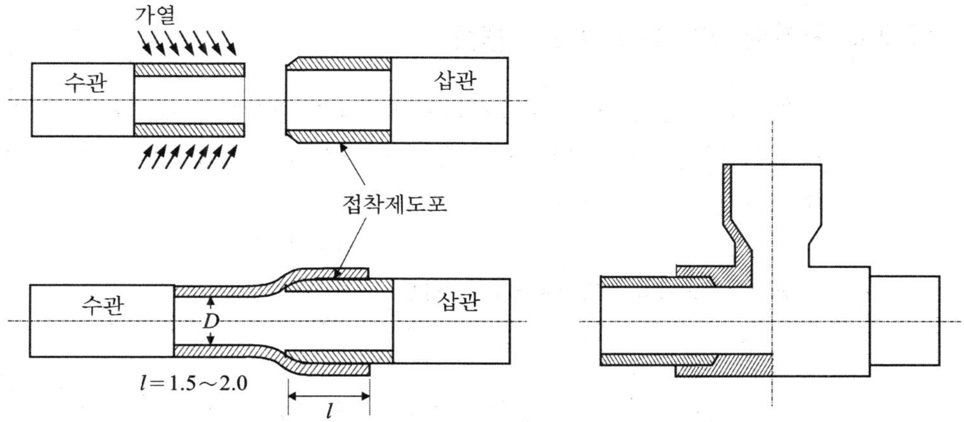

(a) 삽입접합(열간공법)　　(b) TS식 삽입접합(냉간공법)

그림 5.16 에스론관의 이음법

6. 기타

최근에는 강관의 무용접 배관방식으로 **홈조인트**(grooved joint)나 **링조인트**(ring joint) 등이 사용되기도 하는데, 홈조인트는 홈 가공기로 파이프 끝단에 홈을 만들고 고무링이 삽입된 링형의 조인트로 조여 수밀성을 확보하고 동시에 이탈을 방지하는 방법이다. 한편 링조인트는 관 표면에 링을 가공하거나 또는 링을 용접하여 홈조인트와 같은 원리로 연결하는 방법이다. 이들 방법은 모두 시공성이 우수하고 어느 정도의 휨이 가능하므로 내진설계에 유리하다.

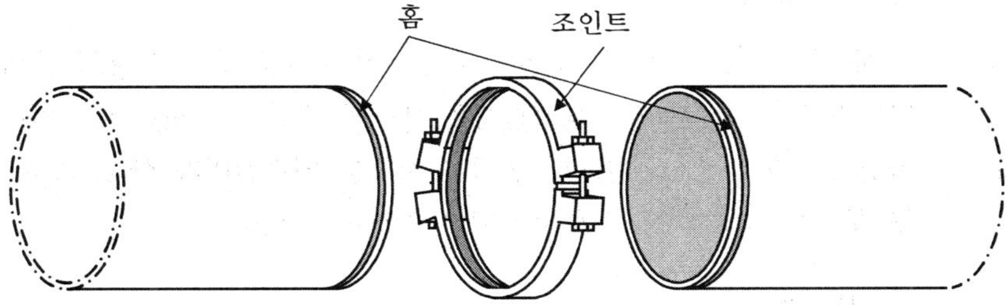

그림 5.17 홈조인트

5.2.6 관거의 단면형에 따른 장단점

관은 단면의 형상에 따라 수리학적 특성이나 역학적 특성이 다르고 단면의 크기에 따라 제작의 용이성도 다르다. 주요 관의 단면 형상별 특성을 나타내면 다음 표 5.4와 같다.

표 5.4 관거의 단면형에 따른 장단점

구 분	장 점	단 점
원 형	수리학적으로나 구조역학적으로 유리하고 계산이 쉽다. 일반적으로 내경 3,000 mm 이하의 관은 공장제작된다.	모래기초 외에 별도의 기초공이 필요한 경우가 있다. 공장제품이므로 연결부가 많아진다.
직사각형	소형인 경우 공장제품을 사용할 수도 있지만, 대형 수로의 현장타설 시 시공성이 매우 유리하다. 역학계산이 쉽다.	수리학적으로 불리하다. 개거인 경우 구조역학적으로 불리하다.
마제형	대형 수로에 적합하며, 직사각형 수로에 비해 수리학 및 구조역학적으로 유리하다.	단면의 형상이 복잡하므로 시공성이 떨어진다.

5.2.7 부대설비

1. 배수설비

개수로의 경우 원수의 오염이나 정수장의 사고 등으로 때로 물의 유송을 급히 차단하거나 공기밸브나 이토밸브실의 배수를 방류해야 하는데, 이때 인접한 하수도나 하천까지 배수할 수 있도록 설치한 시설을 배수설비라 한다. 이때 배수설비의 토출구 부근은 방류수로 인해 손상되지 않도록 유의한다.

2. 침사지

4.2.2장 참고.

3. 원수조정지

원수조정지는 도시에 따라 갈수기 시 취수가 제한되거나 수원의 수질사고 등에 대비하여 도수로의 도중에 설치하는 시설로 지의 용량은 가능한 상기 목적에 부합하는 크기로 하며 필요에 따라 펌프 등 부속설비를 설치하고 기타 오염이나 위험을 방지하는 구조로 한다.

4. 접합정(接合井)

도수관의 접합정(junction well)은 수로의 분지·합류·관수로로 변하는 지점 또는 수로의 수압이나 유속을 감소시킬 목적으로 설치한다. 접합정에는 필요에 따라 이토관(泥土管)과 월류관을 설치하고, 유출관과 이토관에는 제어변을 붙인다.

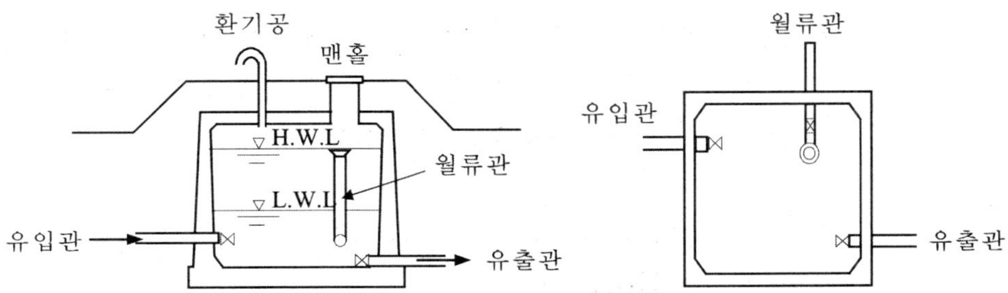

그림 5.18 접합정

접합정을 설치하는 경우 다음과 같은 점에 유의한다.

① 원형 또는 각형의 콘크리트 또는 철근콘크리트로 하며, 오염을 방지하기 위해 상부 덮개를 설치하고, 접합정 내의 압력 조절이나 환기를 위해 환기공을 설치한다. 용량은 계획도수량의 1.5분 이상으로 한다.

② 유입속도가 큰 경우에는 정 내에 월류벽을 설치하여 유속을 저감시키며, 수압이 높은 경우에는 필요에 따라 수압제어용 밸브를 설치한다.

③ 유출관의 유출구 중심 높이는 원칙적으로 저수위에서 관경의 2배 이상 낮게 한다.

④ 압력수로에 접합정을 설치하는 경우에는 수로가 동수구배선에 가까워져 압력이 작아지는 지점에 설치한다.

⑤ 관로는 반드시 최소동수구배선 밑으로 매설해야 하는데, 관로가 동수구배선 위로 올라가면 관의 내압이 대기압보다 작아져 공기가 석출되고 석출된 공기는 관로의 상부에 모여 통수를 방해한다. 이때 접합정을 설치하여 동수구배를 상승시킬 수도 있으나(그림 5.19 참고), 접합정을 설치하지 않고 상류 측의 관경을 하류 측에 비해 크게 하여 동수구배를 올리는 것이 경제적이고 유지관리도 쉽다(그림 5.20 참고).

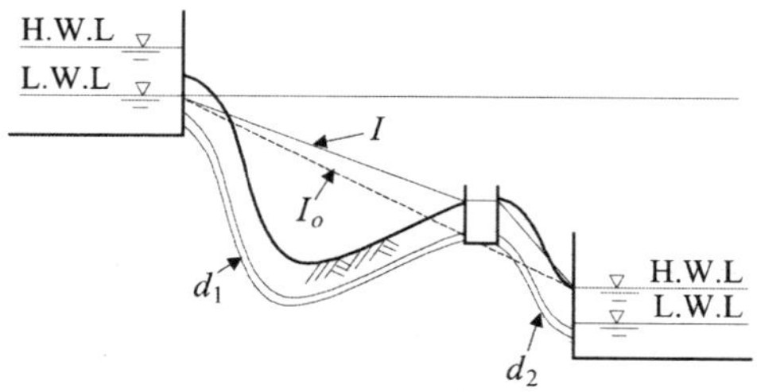

그림 5.19

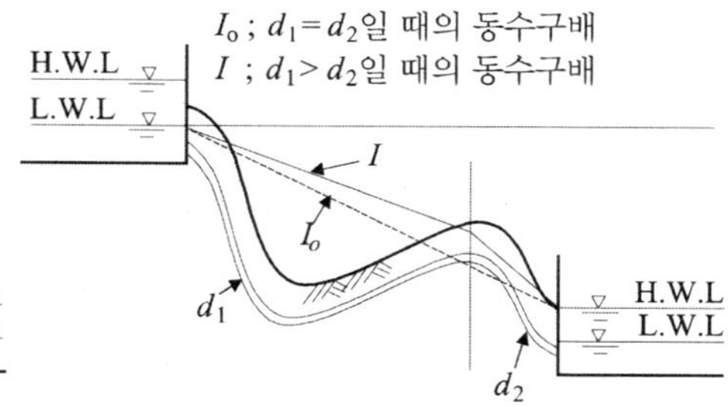

그림 5.20

⑥ 관로는 관 종별로 적용 압력별로 최대사용정수두가 정해져 있는데, 최대사용정수두를 초과하는 부득이한 경우에는 상류 측에 접합정을 설치하여 최대정수두를 감소시키도록 한다(그림 5.21 참고).

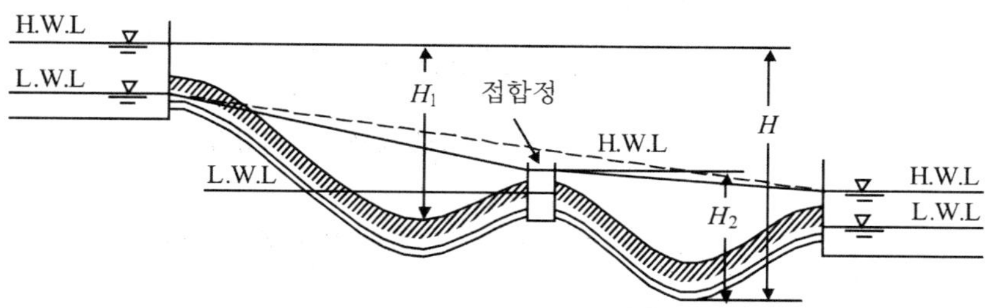

그림 5.21 접합정에 의한 수압 감소의 예

5. 맨홀

관경 800 mm 이상의 관로에는 관로 내부의 점검 및 수리를 위하여 공기밸브·제수밸브 등 필요한 장소에 맨홀을 설치한다. 그 외에 맨홀은 사고의 가능성이 높은 수로교·역사이펀·제어변·지형이나 지질이 변화하는 장소·복토심이 큰 곳 등에 설치하며, 관로의 연장에 따라서도 적당한 간격으로 설치한다. 이때 공기밸브실 등 물이 고이기 쉬운 맨홀은 배수가 용이한 구조로 하며 지하수위가 높은 경우에는 지하수가 유입되지 않도록 유의한다.

6. 각종 밸브

제수밸브(requlating valve)는 사고나 보수를 위해 유수를 차단할 목적으로 설치하는 sluice valve나 gate valve 등을 말하며, 그림 5.22와 같이 상하로 움직여 수류를 완전히 개폐하거나 일부를 차단하는 기능을 갖는다.

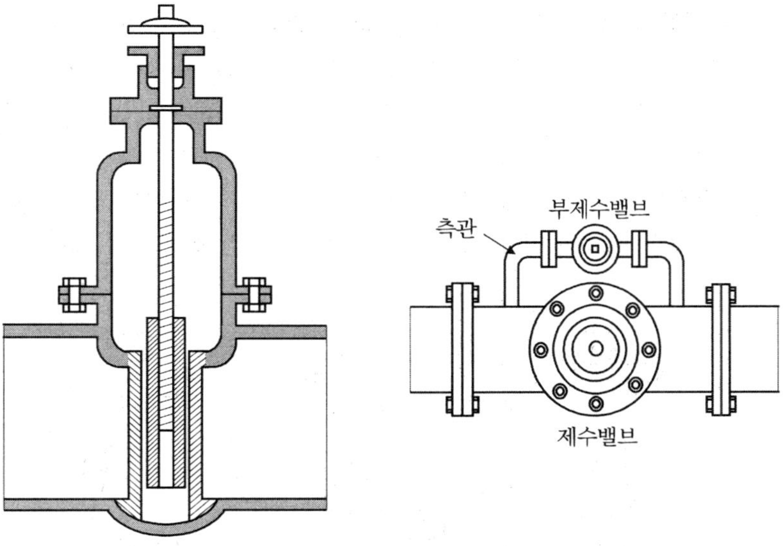

그림 5.22 게이트 밸브

제수밸브는 관로의 시점·종점·분지장소 및 기타 사이펀·수로교·축도횡단 등 사고 발생 시 복구가 곤란한 곳의 전후에 설치하며, 그 외의 부분에는 1~3 km 간격(배수관로에는 500~1,000 m 간격)으로 설치한다.

한편 수압이 높고(수두 40 m 이상) 관경이 400 mm 이상인 제수밸브가 사용되는 경우에는 편수압(偏水壓)으로 밸브의 개폐가 곤란하므로 측관에 부제수밸브를 부착한다. 이것은 수격작용(水擊作用)을 경감시키며 동시에 작은 수량 조절에도 편리하다.

공기밸브(air valve)는 그림 5.23과 같이 수면의 변화에 따라 움직이는 부구(浮球)와 이것에 연결된 float밸브를 갖춘 것으로, 관로의 철(凸)부에 설치하여 유리된 공기를 배출하기 위해 설치하는데, 철부가 없는 경우에는 높은 쪽의 제수밸브 바로 밑에 공기밸브를 설치한다. 관경이 400 mm 이상인 경우에는 공기밸브에 유입하는 공기량이 많을 때가 있으므로 반드시 급속공기밸브 또는 쌍구공기밸브를 설치하며, 필요에 따라 공기밸브에 보수용의 제수밸브를 부착한다. 매설관에 설치하는 공기밸브는 밸브실을 설치하고, 이때 지하수 수위가 높아 지하수의 유입이 우려될 경우에는 밸브실의 측벽을 높여 지하수가 유입되지 않도록 하며, 한랭지에서는 적절한 동결방지대책을 강구한다.

이토밸브(blow-off valve)는 관로의 퇴적물을 배출하거나 유지관리를 위해 관 내의 청소 및 정체수를 배재하기 위한 것으로 관로의 요(凹)부에 설치하며, 제수밸브 사이에 한 개 이상 설치한다. 이토관의 관경은 보통 도수관 관경의 1/2~1/4 정도의 것이 사용되며, 이때 이토관의 배수를 수용할 수 있는 별도로 배수로를 설치해야 한다.

역지밸브(check valve · no return valve · reflux valve)는 사고 등으로 대량의 물이 역류할 가능성이 있는 곳에 설치한다. 즉, 고지의 배수지에 연결된 송수관의 말단·수두 차가 큰 상향 수로의 시점·펌프 유출관의 시점 등에 설치하여 역류를 방지하는 시설이다. 대구경(약 600 mm 이상) 관에 설치할 경우에는 급폐로 인한 수격작용을 방지하기 위해 여러 개의 작은 밸브가 점차로 닫히는 부제수밸브 구조로 한다.

그림 5.25는 이상 기술한 각 밸브의 설치 예를 보인 것이다.

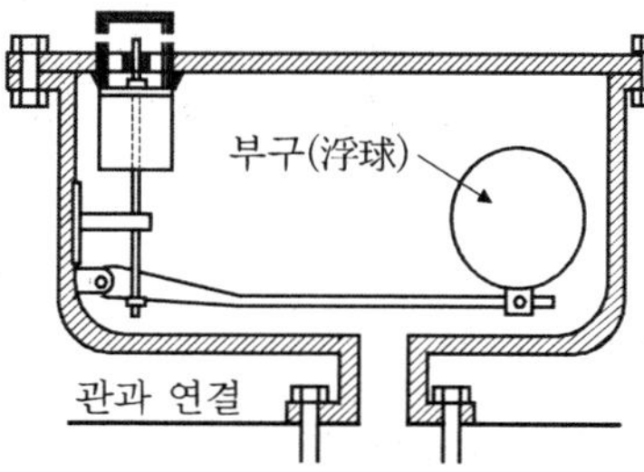

그림 5.23 공기밸브

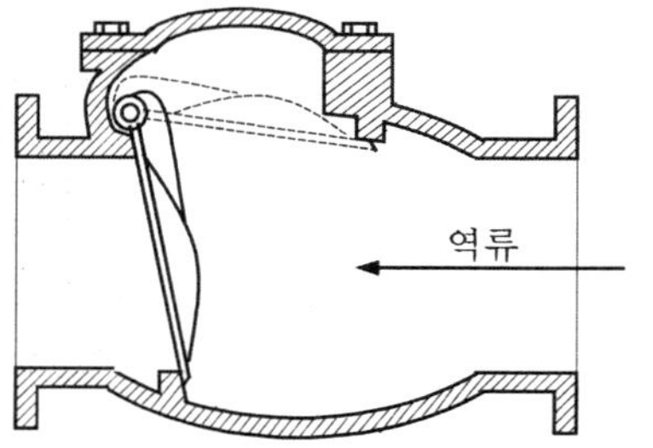

그림 5.24 역지(逆止)밸브

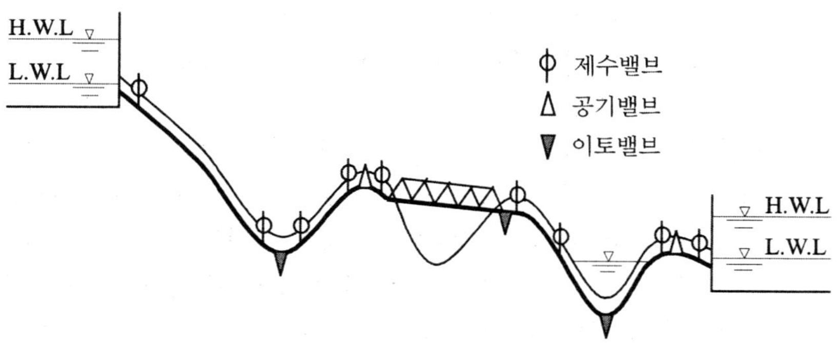

그림 5.25 각종 밸브의 설치위치

7. 펌프

9장 참고

8. 수로의 신축이음

신축(伸縮)이음은 온도 변화에 의한 관로의 신축에 대응하기 위해 설치한다. 따라서 설치 위치나 간격은 중요 부대시설의 유무·관로의 재질·관로의 매설 깊이 또는 기후 변화 양상 등을 고려하여 정하는데, 통상적으로 신축자제가 아닌 노출되는 관로에는 20~30 m 간격으로 신축이음관을 설치하고, 연약지반이나 구조물과 접합부 등 부등침하가 우려되는 장소는 휨성이 큰 신축이음관을 설치한다. 한편 매설되는 수도용 강관의 관로부에는 별도의 신축이음을 설치하지 않으나, 이 경우에도 수로교나 제수변 또는 펌프 등의 전후에는 반드시 신축이음을 설치해야 하며, 곡관이나 T자관의 경우에도 필요에 따라 신축이음을 설치한다. 그림 5.26의 (a)·(b)·(c)는 강관 신축이음의 몇 가지 예를 보인 것이다.

한편 TS이음을 사용한 경질염화비닐관을 매설할 경우에는 보통 40~50 m 간격으로 신축이음을 설치하는 것이 바람직하며, 지반침하가 큰 경우에는 TS이음을 사용하지 않고, 가요(可撓)이음을 사용하는 것이 좋다(그림 5.26의 d 참고).

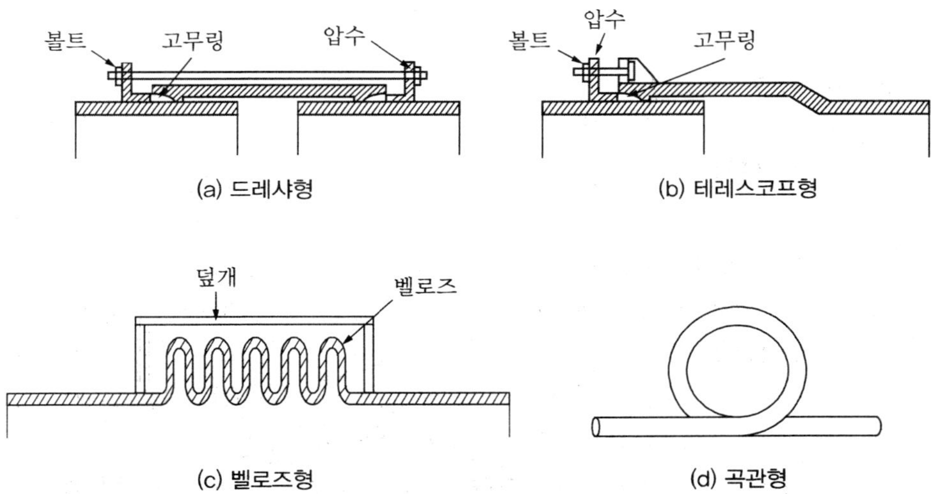

그림 5.26 여러 형태의 신축이음

9. 전용도로

사고나 오염이 발생할 경우 조기 발견과 신속한 수리를 위해 수로는 정기적으로 순찰해야 하며, 이를 위해 수로를 따라 유지관리용 장비가 원활하게 통행할 수 있도록 4~5m 폭의 순찰도로를 확보해야 한다. 이 도로는 가급적 기존도로를 이용하되 그렇지 못할 경우에는 별도의 전용도로를 개설하며, 필요시 도로의 시·종점부에는 통행차량의 하중을 제한하는 팻말을 설치하고 중요 시설의 설치 위치마다 시설을 표시하는 표지판 등을 설치한다.

10. 기타

개수로의 경우 낙엽·나무조각 등이 유입될 수 있으므로 필요에 따라 수로의 도중에 스크린을 설치하고, 사람이나 동물의 접근이 쉬운 장소에는 방책을 설치한다. 특히 암거의 유입구에는 스크린과 방책을 설치해야 한다.

또한 송수 시 동수구배선 이상에 위치하는 상향 수로의 연장이 길어질 경우 유수의 원활한 유송을 위해서는 가압펌프가 요구되는데, 이때 펌프의 유지·관리를 위해 펌프장을 설치할 필요가 있다. 펌프장 간의 거리나 위치는 현지의 상황이나 펌프의 양정능력에 따라 결정되는데, 통상적으로 사용되는 가압펌프의 토출양정은 30～60 m 정도가 보통이다.

5.2.8 특수 구조물

1. 터널

관로가 산악이나 언덕을 통과해야 하는 경우에는 터널 시공이 가능하나, 터널 시공은 공사비가 많이 소요되므로, 이 점을 미리 고려해야 한다.

터널은 대부분 개수로로 이용되는데, 이때 터널의 단면형은 통상 마제형이나 TBM 공법으로 시공된 원형단면이 이용된다. 터널 시공을 할 수 있는 상치토피(上置土被)의 두께는 토질에 따라 다르지만 암반을 제외하면 대략 5 m 이상이 필요하다.

한편 터널의 최소 단면은 터널의 연장이나 공사 시 제약요소 등을 감안하여 결정하는데, 시공이나 관리를 고려하여 내경은 최소 1.5 m 이상으로 하는 것이 좋다. 하지만 단면을 약간 증가시켜도 공사비는 거의 비슷하므로 장래 확장 등을 고려하여 여유를 두는 것이 바람직하다. 공사 시 터널 내벽은 누수를 방지하기 위해 지반이 양질의 암반인 경우에도 콘크리트로 라이닝 해야 하며, 계획도수량에 대한 터널의 수심은 수리특성과 흐름상태의 안정성을 고려하여 터널 높이의 약 80% 이하로 결정하는 것이 안전하다. 터널은 일반적으로 개수로로 이용하지만 압력수로로 사용하는 경우에는 내외부의 수압에 견딜 수 있도록 철근콘크리트로 라이닝 하는 것이 좋으며, 이때 수로와 터널의 연결부, 즉 입·출구부와 암질이 불량한 구간에 대해서는 30 m 이상 강관 또는 덕타일주철관을 삽입한다.

2. 수로교와 수관교

수로가 하천이나 계곡을 횡단하기 위해 상부구조를 수로로 한 다리를 **수로교**(水路橋)라고 한다. 수로교는 일반적으로 그 구조가 교량과 같은데, 대개 개수로용으로 축조되므로 적당한 구배를 가져야 한다. 또한 수로교는 자중과 물의 하중이 장기간에 걸쳐 작용하고 기타 지진이나 풍압의 영향을 받으므로 일반의 교량에 비해 경간을 짧게 하는 것이 안전한데, 단경간이고 교각이 낮을 때에는 철근콘크리트 구조도 가하나 교각이 높을 경우에는 강재로 하는 것이 좋다. 또한 수로교는 노출된 시설이므로 유효한 신축이음을 설치해야 하고, 설계 시 주변 경관과의 조화도 고려하며, 관리를 위해 필히 접근통로를 설치한다.

한편 그림 5.27과 같이 수도전용의 다리에 관을 가설하거나 그림 5.28과 같이 관 자체를 주축으로 하는 다리를 **수관교**(水管橋)라 하며, 일반교량의 하부에 가설하는 것을 **교량 첨가관**이라 한다. 수관교는 일반적으로 관수로 형식을 채택하는데, 중량을 감소시키기 위해 관은 용접이음한 강관을 사용한다. 이때 교대(橋臺) 매립부분의 상부에는 관의 주위에 간격을 두어 지진이나 교대 침하에 대비해야 하며, 첨가관의 경우 다리의 가동단에 맞추어 신축이음매를 설치하고, 관을 주축으로 하는 경우에는 지관 연결부 가까이 가요성의 신축관을 삽입한다.

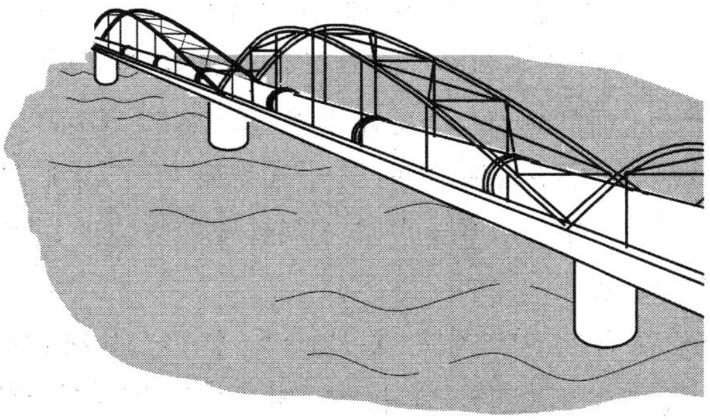

그림 5.27 수관교의 예

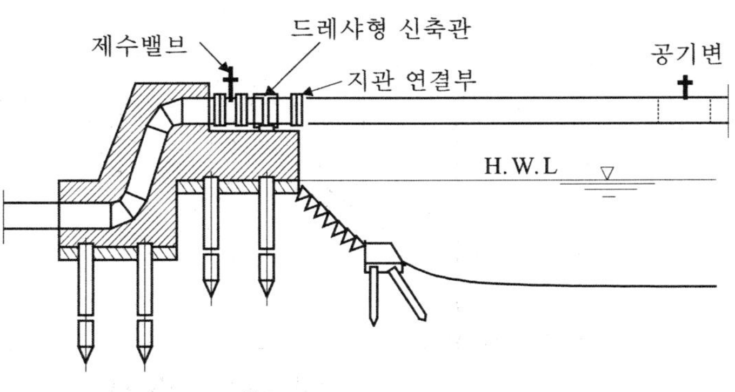

그림 5.28 강철관을 주축으로 한 수관교

다리 연결부의 관 구배는 45° 이하로 하고 굴곡부는 교대 또는 콘크리트 지대(支臺)를 이용하여 적절한 방호공을 실시한다. 또한 경간의 최고부에는 공기변을 설치하고 상류부 입상관(stand pipe)의 하부에는 이토밸브를 설치하며, 적당한 방한설비와 관리를 위한 통로를 확보한다.

3. 사이펀(syphon)

사이펀은 관수로의 일부가 동수경사선 위에 있어 관 내에 부압이 형성되는 수로를 말한다. 이 시설은 관에 균열이나 이완이 생길 경우 부압으로 인하여 오수가 유입할 수 있으며, 부압으로 인해 정상부에 공기밸브를 설치할 수 없으므로 이 시설의 설치는 가급적 피하고, 접합정의 설치나 관경 조절을 통하여 동수구배를 조절하거나 터널시공 또는 가압펌프를 이용하여 압송하는 것이 바람직하다.

한편 역사이펀은 하천이나 수로 등을 횡단하는 방법 중의 하나로 중·소구경관의 경우 수로교나 수관교 등에 비해 경제적이고 공사기간도 단축되는 경우가 많다. 관의 설치방법은 **물막이공법**, 수중 굴착 후 미리 제작한 관을 가라앉히는 **침설공법**(沈設工法), **추진공법** 등이 있는데, 이 시설이 하천 등을 횡단하는 경우 시공 후 사고의 발견이나 수리가 곤란하므로 충분한 기초와 내구성이 풍부한 구조로 해야 하며, 공사 후에는 매설위치나 매설심 등을 표시하는 표지판을 세워야 한다.

역사이펀 내 유속은 이토 등의 침전을 막기 위해 상류부에 비해 커야 하며, 2조 이상을 어느 정도 간격을 두고 설치하여 사고 등으로 전 수로가 동시에 단수되는 일이 없도록 한다.

또한 각 조의 양단에는 제수밸브를 설치하고 제수변 사이의 적당한 지점에 깊이 0.5 m 정도의 이토실을 설치한다. 역사이펀 전후 연결관은 가급적 완경사로 하고 상하 굴곡부를 콘크리트 지대 등에 정착시켜 접합부의 이탈을 방지하며 그 근처에 유연성이 큰 신축이음관을 삽입한다.

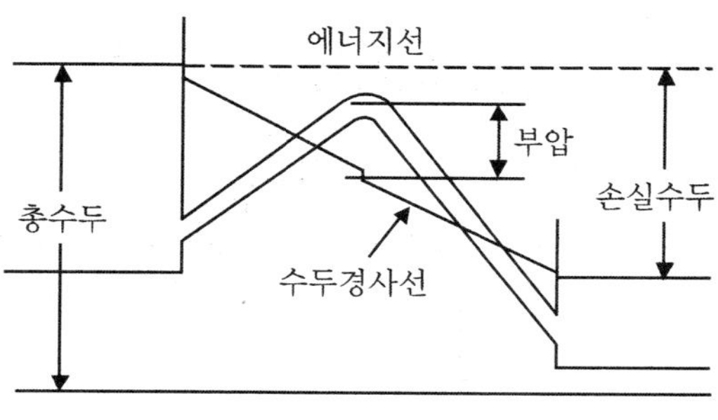

그림 5.29 사이펀

4. 궤도횡단

수로가 궤도(軌道)나 간선도로를 횡단하는 방법에는 이미 기술한 바와 같이 수관교나 교량첨가(橋梁添加)와 같이 궤도 등의 상부를 입체교차하는 것과 개착공법(開鑿工法; open cut) 또는 비개착공법에 의하여 궤도나 도로의 하부에 관을 매설하는 방법이 있다.

횡단방법을 계획함에 있어서는 계획지역의 지형·지질·시공의 안전성·건설비의 다소 등을 종합적으로 검토한 후 결정해야 하지만 일반적으로 시공이 간편하고 저렴한 개착공법이 주로 시행된다. 그러나 지하매설물의 상태·굴착의 깊이 또는 교통사정 등으로 개착이 곤란한 경우에는 추진공법이나 Shield 공법 등 비개착공법을 채택해야 하는데, 어느 경우든 수로가 상부의 이동하중과 진동에 직접 영향을 받지 않도록 해야 한다. 이러한 방법으로 그림 5.30과 같이 암거나 협관(夾管) 등이 이용되며, 이들 시설의 양단에는 매설위치 등을 표시하는 표지판을 세워야 한다.

한편 개착공법에 의한 암거의 설치 시에는 보수나 점검의 편리를 고려하여 암거는 가급적 사람이 출입할 수 있는 크기로 하고, 상부 슬래브는 가능한 분리가 용이한 구조로 하며, 그것이 불가능한 경우에는 이음부에서 누수의 우려가 없는 구조로 한다. 협관 또한 이러한 점을 고려하여 내경은 최소 600 mm 이상이 되도록 한다. 비개착공법에 사용되는 협관으로는 보통 원심력 철근콘크리트관이 이용되지만 강관의 추진도 많이 이용되는데, 강관을 사용할 경우에는 전식(electrolytic corrosion)에 특히 유의해야 한다.

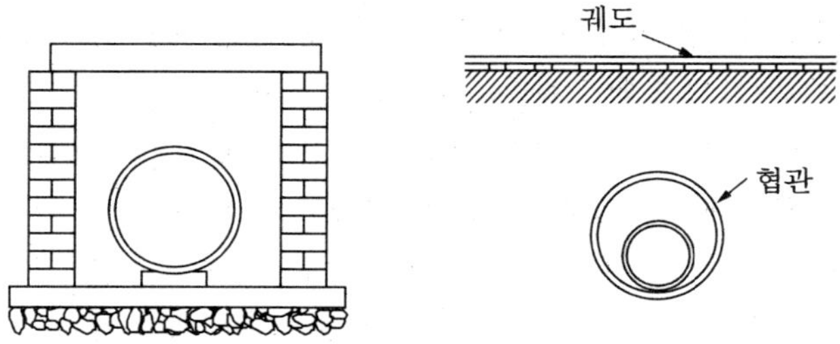

(a) 암거 (b) 협관

그림 5.30 궤도횡단 방호공의 예

5.2.9 도·송수관의 매설

관로는 전용노선이나 공도 하에 매설하는데, 이때 노면하중이나 동결심·노선의 지형이나 지질·토지이용의 상황 등을 충분히 검토하고, 이에 따라 매설공법·관 종 등을 신중히 선정하고 동시에 기초공·이형관의 방호공 등을 시행해야 한다.

1. 매설깊이

공공도로에 관을 매설할 경우에 행위자는 도로법에 의해 도로관리자에게 점용원을 제출하고 허가를 받아야 한다. 도로관리자와 상수도·하수도·지하철·가스·전력·전화 등 지하매설물 시설 관계자는 점용료 등 기본적인 사전협의를 제외하면, 매설물의 위치나 깊이 등 구체적인 시설계획을 필요에 따라 별도로 협의하여 정하는 것이 보통인데, 이때 매설관의 깊이는 토압과 노면의 동하중에 대해 관이 안전하도록 정하는 것이므로 토질·노면상태·도로의 등급에 따라 다르고, 또한 관의 재질·구조·관경에 따라서도 다르나 대규모관을 매설할 경우 매설깊이는 관경보다 작지 않아야 한다. 도로관리자와 별도의 협정이 없을 경우나 공공도로 이외의 지역에 관을 매설하는 경우에는 일반적으로 노면하중을 고려하여 관경이 900 mm 이하인 경우에는 1.2 m 이상, 관경이 1,000 mm 이상인 경우에는 1.5 m 이상의 깊이에 매설한다. 하지만 도로의 보도 밑이나 중차량의 통행을 불허하는 수도용지 내에 매설할 경우에는 보다 얕게 해도 된다.

한편 제방을 횡단하는 수관교의 연결부나 다른 매설물과의 교차 또는 지반이 암반 등으로 관을 깊게 매설하지 못할 경우에는 흙덮기를 60 cm까지 감소시킬 수 있는데, 이때에는 관의 윗부분 노면에 콘크리트나 철근콘크리트 슬래브 또는 라아멘(rahmen)으로 관을 보호해야 한다.

또한 한냉지에서는 동결심도보다 깊게 매설해야 하며, 매설위치는 지진이나 홍수 등 자연재해에도 관로의 구조에 영향이 최소화될 수 있는 곳으로 한다. 그 외에도 상수도관이 하수도관과 접근하거나 지하수위보다 낮은 위치에 매설될 경우에는 단수시 오수의 유입이 우려됨으로 별도의 차수대책이 요구된다.

2. 매설공법

관로의 매설을 위한 시공법은 크게 **개착공법**(open cut)과 **비개착공법**이 있는데, 이 중 개착공법은 시공이 간편하고 소요비용이 비교적 저렴하므로 널리 시행된다. 하지만 교통사정·지하매설물의 상태·토질·굴착 깊이 등으로 개착이 곤란할 경우에는 추진공법·Shield 공법 등 비개착공법을 이용할 수밖에 없다.

① **개착공법**

이 공법은 흙막이공·굴착공·배수공·관 기초공 및 관 부설공 등으로 구성된다. 흙막이공으로는 나무널말뚝(wooden sheet pile)·강널말뚝(sheet pile)·강관 sheet pile·H-pile 공법 등이 있다. 시가지에서 도로 폭이 협소하고, 널말뚝의 타설에 의한 진동, 물 퍼내기로 인한 지반침하 등으로 널말뚝으로 시공할 수 없는 경우에는 지하연속벽(slurry wall) 공법을 채택할 수도 있다. 굴착공이 끝나면 관로의 계획구배에 맞게 기초시공을 한 후 관을 설치하는데, 이때 지하수나 빗물이 유입되면 수중펌프나 진공펌프를 이용하여 배수한다.

② **비개착공법**

비개착공법은 추진공법과 Shield 공법으로 대별된다. 추진공법은 구경 600～1,200 mm의 암거에 사용하는데, 비교적 연장이 짧은 하천·궤도·간선도로의 횡단에 적용하며, Shield 공법은 단면이 크고 연장이 긴 경우에 채용한다.

3. 관의 기초 및 이형관의 방호

연약지반이나 지형·지질이 급변하는 곳 또는 급경사지나 곡관의 연결부 등은 관로의 안전에 영향이 있으므로 관 종을 교체하거나 보강한 기초공 또는 방호공 등을 실시해야 한다.

① **관의 기초**

관을 포설할 때에는 지반의 상태·관의 종류나 중량·관 내의 수량·상치토압 등을 고려하여 충분한 안전대책을 강구해야 한다. 일반적으로 닥타일 주철관이나 강관의 경우 통상의 토질이나 토피라면 별도의 기초를 필요로 하지 않지만 암반이나 자갈 등을 포함한 지반의 경우에는 변형을 완화하기 위해 모래채움(sand bed)을 하며, 수도용 경질염화비닐관이나 폴리에틸렌관은 바닥에 10 cm 이상의 모래나 양질토를 채운다. 한편 극히 연약한 지반일 경우에는 흙의 치환·sand drain이나 paper drain 또는 고결법(固結法) 등을 이용한 근본적인 지반 개량이 요구되며, 보통의 연약지반에 대해서는 다음과 같은 기초공이 가하다.

㈀ 토사치환기초(土砂置換基礎) : 관 하부의 토사를 관경의 1/3～1배 정도 두께까지 모래와 자갈로 치환하고 관 주위도 모래 등으로 되메운다.

㈁ 벼개동목기초(벼개胴木基礎) : 관 하부의 토사를 양질의 모래로 치환하고, 그 위에 그림 5.31(a)와 같이 침목(枕木)을 설치한 후, 그 위에 관을 설치·고정한다.

㈐ 콘크리트기초 : 그림 5.31(b)와 같이 기초말뚝과 콘크리트 타설에 의해 관을 지지한다.

한편 견고한 지반과 연약지반이 연속되거나 관의 한쪽이 구조물 등으로 고정되어 있는 경우는 부등침하를 일으키기 쉬우므로, 이때는 신축가요성(伸縮可撓性)을 가진 특수이음과 동시에 상술한 기초공을 실시한다.

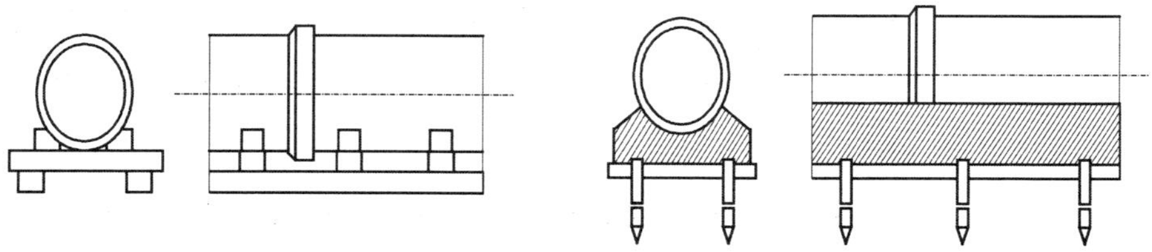

(a) 벼개동목기초 (b) 콘크리트기초

그림 5.31 관의 기초공

② 이형관의 방호

곡관·T자관 등 이형관은 관 내의 수압과 유속에 의해 수평 또는 수직방향의 힘을 받는데, 이때 이형관이 외측으로 이동하거나 이음이 탈출할 우려가 있으므로 적절히 방호해야 한다. 방호공으로는 콘크리트 지지대·말뚝·이탈방지압륜 등이 있는데, 일반적으로 기계적이음의 닥타일 주철관 및 염화비닐관은 콘크리트 지지대에 의하며, 필요에 따라 말뚝박기나 이탈방지압륜을 병용한다. 하지만 아아크용접이나 이탈방지이음 등으로 견고하게 연결된 경우나 관 주변 흙의 구속력을 충분히 기대할 수 있는 경우에는 보호공을 하지 않아도 된다.

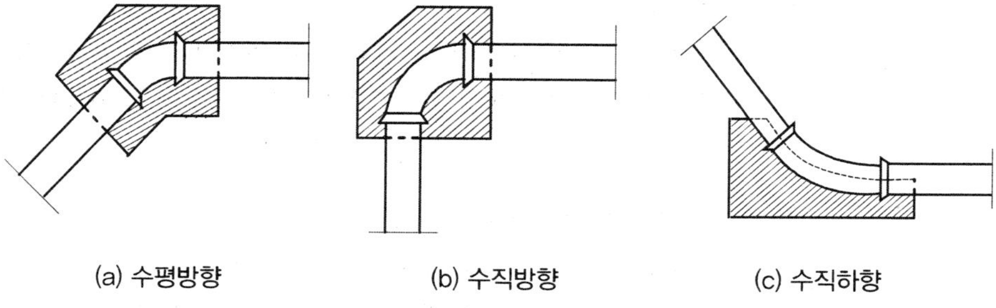

(a) 수평방향 (b) 수직방향 (c) 수직하향

그림 5.32 이형관(곡관)의 콘크리트 보호공

이형관에 작용하는 외향의 합력은 수압·유속·관경 및 휨각도가 클수록 크며, 식 (5.17)과 (5.18)을 이용하여 구할 수 있다.

$$P_1 = 2pa\sin\frac{\alpha}{2}(\mathrm{kg}) \tag{5.17}$$

여기서, P_1 : 정수압에 의해 곡관부에 작용하는 합력(kg)

p : 관에 주는 최대 정수압($\mathrm{kg/cm^2}$)

a : 관의 단면적($\mathrm{cm^2}$)

α : 곡관의 구부러진 각도이다.

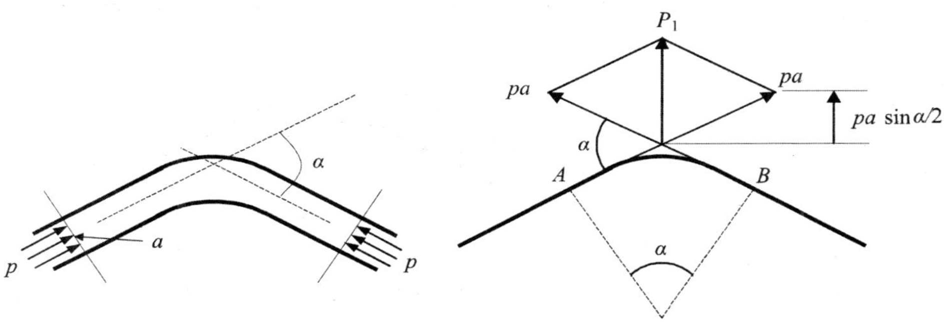

그림 5.33 정수압에 의해 곡관에 작용하는 힘

그림 5.34에서 관 내의 유속이 v인 경우 동수압에 의해 관에 작용하는 합력은 다음과 같다.

$P_2 = \dfrac{\omega}{g}Q(v_1 - v_2)$이고, $Q = av$, $v_1 = v \cdot \sin\alpha/2$, $v_2 = -v \cdot \sin\alpha/2$

이므로,

$$P_2 = 2\frac{a\omega v^2}{g}\sin\frac{\alpha}{2}(\mathrm{kg}) \tag{5.18}$$

여기서, P_2 : 동수압에 의해 곡관부에 작용하는 합력(kg)

ω : 물의 단위중량($\mathrm{kg/m^3}$)

v : 관 내의 평균유속(m/sec)

g : 중력가속도($9.8\ \mathrm{m/sec^2}$)이다.

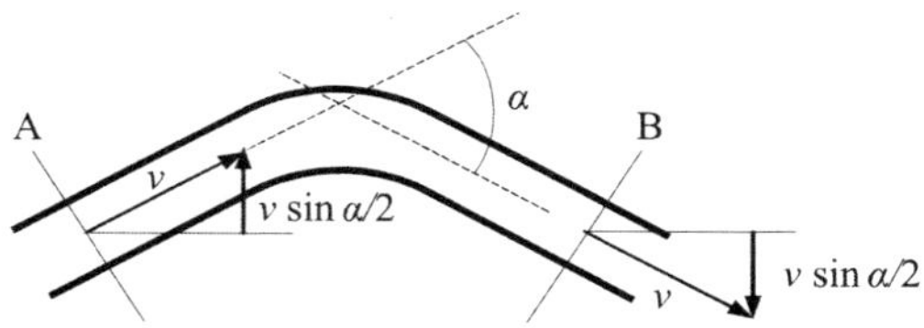

그림 5.34 동수압에 의해 곡관에 작용하는 힘

예제 5.5

그림 5.35와 같이 내경이 250 mm인 60° 곡관의 관 내에 0.15 m³/sec의 물이 흐르고 있다. 관 내의 수압이 0.8 kg/cm²인 경우 곡관에 작용하는 합력을 구하라.

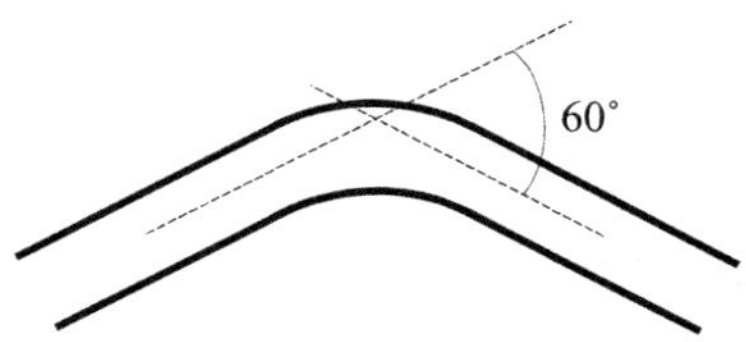

그림 5.35

풀이 먼저 정수압에 의해 작용하는 힘은 식 (5.17)에 의해,

$$P_1 = 2pa\sin\frac{\alpha}{2} = 2\times 0.8\times 490.9\times \sin\frac{60}{2} = 392.72\ \text{kg}$$

위 식에서 단면적 $a = 25\times 25\times \pi \div 4 \fallingdotseq 490.9\ \text{cm}^2$

한편 동수압에 의해 작용하는 힘은 식 (5.18)에 의해,

$$P_2 = 2\frac{a\omega v^2}{g}\sin\frac{\alpha}{2} = 2\times 490.9\times 10^{-3}\times 3.056^2\times \sin\frac{60}{2} = 9.17\ \text{kg}$$

위 식에서 유속 $v = \dfrac{Q}{a} = \dfrac{0.15}{(\pi\times 0.25^2)/4} \fallingdotseq 3.056\ \text{m/sec}$

따라서 총 합력은 $392.72 + 9.17 = 401.89\ \text{kg}$

[참고] 이상의 결과와 같이 곡관에 가해지는 힘은 동수압에 비해 정수압의 영향이 매우 크므로 일반적으로 동수압에 의한 영향은 무시할 수 있다.

4. 전식 및 부식 방지

관은 전식, 즉 전류에 의해 부식하거나 부식성이 강한 토양이나 기타 원인에 노출될 경우 자연부식된다. 이러한 현상은 닥타일 주철관에 비해 강관에서 현저하게 나타나는데, 관의 수명과 수질에 커다란 영향을 미치므로 적절한 방지대책을 세워야 한다. 부식은 국부적 또는 전면적으로 나타나는데, 국부적 부식(micro cell corrosion)은 금속관 표면상의 미시적인 국부전지작용에 의하여 생기고, 전면적 부식(macro cell corrosion)은 관의 콘크리트 관통부·이종 토양 간의 부설부·이종 금속 간의 접속부와 같이 환경의 차나 재질의 차에 의하여 금속관 표면의 일부는 양극부가 되고 다른 부분은 음극부가 되어 양자가 거대한 부식전지를 구성하므로써 발생한다.

① 전식방지

전철과 지하철은 철로의 레일이 전류의 귀로로 이용되는데, 이때 변전소로 귀류해야 할 전류의 일부가 누전되어 지중에 매설된 상수도관 등 금속제 시설물을 따라 흐르게 되면, 전류가 유출하는 곳에서 심한 부식이 일어나는데, 이러한 현상을 전식(電蝕; electrolytic corrosion)이라 한다.

이러한 현상을 방지하기 위해서는 관련기관과 협의하여 누설전류를 경감시키거나 부득이한 경우에는 다음과 같은 전식방지대책을 취해야 한다.

㈀ 레일의 용접 등

전류를 방출하는 부분에서 레일을 전기적으로 접속하고 있는 이음부의 용접 또는 본드(bond)의 접속을 견고히 하거나, 레일과 변전소 간의 연결전선 강화, 레일과 대지 간의 절연을 위한 침목 및 노상의 개량 등을 관련자와 협의하여 협력과 개선을 요구한다.

㈁ 외부전원법

상수관 인근에 불용성전극(자성산화철흑연 등)을 매설하고 여기에 직류전원을 공급하여, 즉 유입전류를 공급하여 유출되는 전류를 없애도록 한다.

㈂ 관의 피복과 절연

관의 주위를 아스팔트 또는 코올타르계의 도료로 피복하거나 관로에 전기적 절연이음을 삽입하여 전기적 저항을 증가시킨다.

㈃ 선택배류법(직접배류법)

관이 레일에 대해 정(+)전위를 가질 때 관과 변전소의 음극전원 또는 레일을 저항이 작은 도선으로 접속하거나, 그 사이에 선택배류기를 삽입하여 관을 흐르는 전류가 대지로 유출되는 것을 방지하고 레일에 일괄적으로 귀류되도록 한다.

㈄ 강제배류법

그림 5.37과 같이 관과 양극접지체 사이에 직류전원를 설치하여 “전원 → 배

류선 → 양극접지체 → 대지 → 관 → 배류선 → 전원"의 전기회로를 형성시켜 관에서 유출하는 전류를 막고 관을 항상 음극으로 유지시킨다.

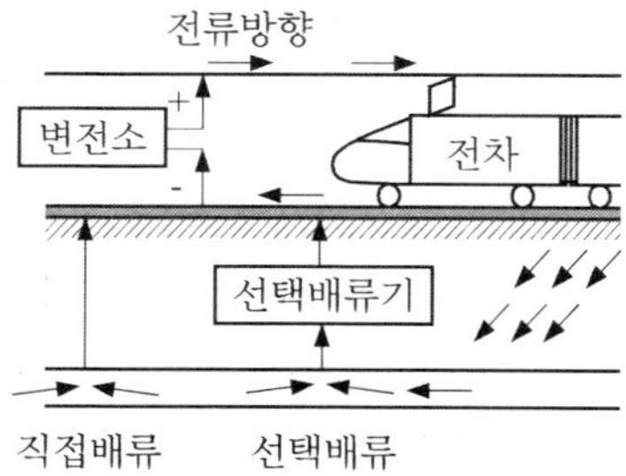

그림 5.36 선택배류법

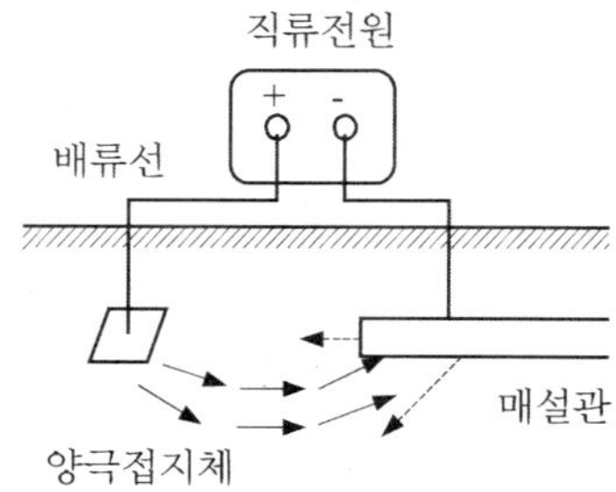

그림 5.37 강제배류법

② 부식방지

관이 부식성이 강한 토양, 즉 산성의 공장폐수 등이 지하에 침투한 곳·지하수에 다량의 염분이 함유된 곳·유황분을 함유한 석탄재로 성토한 곳·기타 이탄 지대와 폐기물 매립지 등에 포설될 경우에는 상황을 미리 검토하여 충분한 방식대책을 강구해야 한다. 이때 관 종의 선택은 매우 중요하며 이와 아울러 concrete 둘러싸기·부식방지용 테이프 감기 또는 아스팔트계 도장·epoxy계 도장·plastic계 피복 등으로 관의 외면방식(外面防蝕)을 해야 한다. 그리고 이음부분의 볼트와 너트는 스테인리스 강제를 사용하는 것이 바람직하며, 그렇지 못할 경우 볼트나 너트 역시 상기와 같은 방법으로 방식처리해야 한다.

또한 관의 concrete 관통부·이종 토양 간의 포설부 및 이종 금속 간의 접속부에는 macro cell 부식이 발생하기 쉬우므로 미리 방식을 위한 적절한 처치를 해두어야 하며, 경질염화비닐관을 포설할 경우에는 자외선이나 유기용제의 영향을 받는 곳 또는 고온이거나 온도 저하가 심한 곳은 피해야 한다.

5. 관의 개량과 갱생

① 관의 개량

관을 포설한 후 통수년수가 길어지면 관에 녹이 슬어 통수를 방해하고 적수를 발생시켜 수질을 악화시킨다. 따라서 통수능력을 회복하고 적수를 방지하기 위해서는 관을 개량 또는 교체해야 하는데, 이러한 방법으로 기존관내 삽입공법·기존관내 라이닝공법·기존관 파쇄추진공법 등이 있다.

공법을 선정하기 위해서는 교통상황·지하매설물의 유무 등 현장조건이나 기존 관로의 상황을 고려하고 관 종은 수밀성·내구성·시공성과 아울러 소요 관경을 확보할 수 있어야 한다. 각 공법의 장단점은 다음과 같다.

㈀ 기존관내 삽입공법((pipe in pipe)

이 공법은 기존 관을 청소한 후 기존 관에 새로운 관을 삽입하고 간극에 모르타르를 주입하는 방법으로 기존 관의 관경이 400 mm 이상이면 모든 관 종에 적용이 가능하다.

㈁ 기존관내 라이닝공법

이 공법은 삽입공법과 마찬가지로 기존 관을 청소한 후 기존 관 안에 길이 방향으로 절단하여 관경을 축소시킨 강관을 삽입한 후 확관·용접하고 간극에 모르타르를 주입하는 방법으로 기존 관의 관경이 800 mm 이상이면 모든 관 종에 적용이 가능하다. 이 공법은 기존 관의 관경을 최대한 확보할 수 있으며 시공성도 좋고 구부러짐에 대해서도 대응이 쉽다.

㈂ 기존관 파쇄추진공법

이 공법은 파쇄날이나 에어해머 등 파쇄기구를 갖춘 선도관이 기존 관을 파쇄하면서 기존 관과 동일한 또는 그 이상의 관경을 확보하면서 추진하는 방법이다. 이 방법은 작업구간의 토질이나 기존 관의 재질에 따라 다르지만 직선부에서 50～80 m 정도의 시공이 가능하다. 적용범위는 기존 관의 관경이 75～350 mm 정도이며, 석면시멘트관이나 주철관에 주로 사용한다.

② 관의 갱생

갱생은 관의 침적(deposition)·결절(knotting)·관석(녹혹; tubercle) 등을 제거하여 통수능력을 회복하고 녹물을 방지하기 위해 사용하는 방법으로 주로 주철관이나 강관을 대상으로 cleaning과 relining을 시행하므로써 이루어진다. 갱생공법을 선정하기 위해서는 관 종·관경·이형관이나 부속설비의 위치·내용년수 등을 고려하여 정하는데, 일반적으로 스크레이퍼 공법·젯트 공법·폴리픽 공법·AS 공법 등이 있다.

스크레이퍼 공법은 cleaning을 위해 관 내에 scraper 또는 rotary auger 등의 청소기를 넣고, 수압·동력·인력 등에 의해 관 내에 청소기를 이동시킴으로써 녹과 이물질을 제거하는 방법이며(그림 5.38 참고), 그 외에 특수 고압펌프 및 특수 노즐을 이용하는 **젯트 공법**, 폴리우레탄 재질의 포탄상 물질인 polly-pig과 특수 가압장치를 이용하는 **폴리픽 공법**, air sand를 이용하는 **AS 공법** 등이 주로 사용된다.

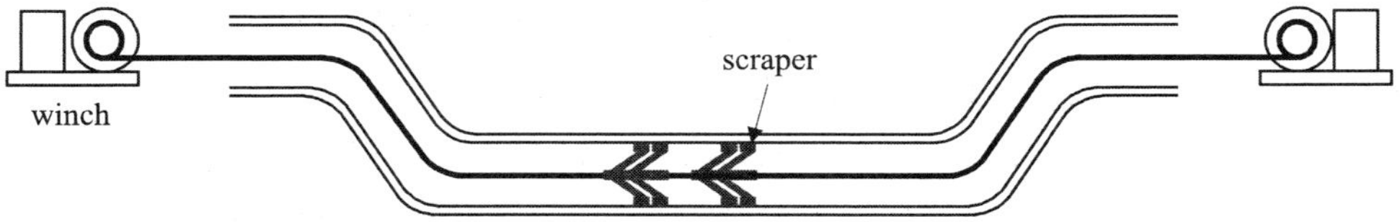

그림 5.38 Scraper를 이용한 세관

한편 relining은 cleaning 후 관 내면에 epoxy 수지 등으로 재도장하거나 별도의 내관을 삽입(pipe in pipe 공법 또는 hose lining 공법)하는 것을 말한다. Relining을 마친 후 관을 재사용하고자 할 경우에는, 충분히 세관(洗管)·배수를 행한 다음 염소 또는 차아염소산 나트륨 등의 소독제를 1시간 이상 봉입(封入)하여 관 내를 소독하고, 소독이 끝나면 봉입수를 완전히 배수한 뒤 통수해야 한다.

Chapter 5 연습문제

1. 상수의 유송 과정에 대해 약술하라.

2. 직경이 600 mm인 관수로로 강관을 이용하여 물을 유송하고자 한다. 수로의 구배가 1/1,000인 경우 평균유량을 Manning 공식과 Hazen-Willams 공식으로 구하라(단, Hazen-Willams 공식의 유속계수 C는 110으로 한다).

Answer Manning 공식 : 0.21 m^3/sec, Hazen-Willams 공식 : 0.19 m^3/sec

3. 그림 5.39의 수조로부터 100 m 떨어진 지점까지 0.02 m^3/sec의 물을 도수하고자 한다. 요구되는 관경을 구하라(단, 유입손실계수 및 마찰손실계수는 각각 0.5 및 0.03이며, 수로구배는 0이다).

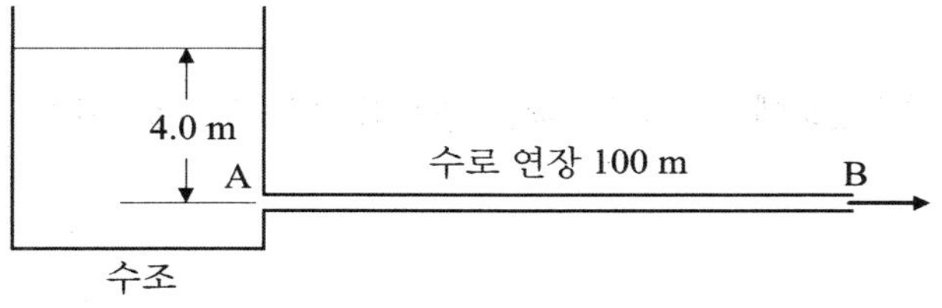

그림 5.39

[참고] A점과 B점간에 Bernoulli의 정리를 적용하면 $4 = \frac{v^2}{2g} + h_L$이고,

$h_L = h_e + h_\ell$이므로, $4 = \left(1 + 0.5 + 0.03\frac{100}{D}\right)\frac{v^2}{2g}$ 이다.

한편 연속방정식에 의해 $0.02 = Av = \frac{\pi D^2}{4}v$ 이므로 이들 두 식을 연립한 후 반복시산하여 구한다.

Answer 122 mm

4. 직사각형 단면의 개수로 폭이 b, 수심이 h인 경우 수리적 최량 단면을 구하라.

Answer 동일 단면적을 가진 수로가 가능한 많은 유량이 흐르기 위해서는 경심 R이 최대값이 되거나 혹은 윤변 S가 최소값을 나타내야 한다.

$S=2h+b$, $A=bh$이므로, 양 식을 연립하면, $S=2h+\frac{A}{h}$이고, 이 식을 h로 미분한 값을 0으로 하면, $\frac{dS}{dh}=\frac{d}{dh}\left(2h+\frac{A}{h}\right)=0$이다.

따라서 $2-Ah^{-2}=0$이고, $A=bh$이므로 $h=\frac{b}{2}$인 경우 최대 유량이 되고 이러한 관계를 가진 수로를 수리상 유리한 단면이라 한다.

5. 상수관로의 노선 선정 시 유의사항에 대해 약술하라.

6. 상수관으로 자주 사용되는 관의 종류와 각 관의 특성에 대해 기술하라.

7. 상수관의 이음방법과 각 이음방법의 특징을 기술하라.

8. 상수관로에 부설되는 각종 밸브의 기능에 대해 써라.

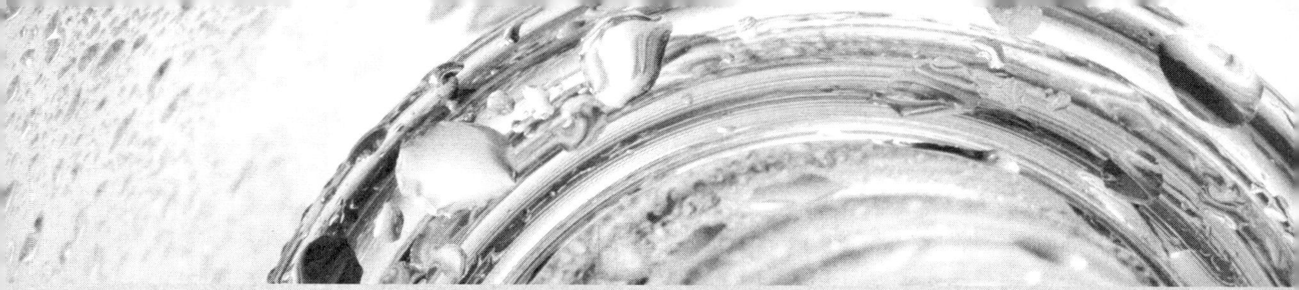

Chapter 6 정 수

6.1 정수의 목적과 시설용량

자연수에 함유된 물질은 수원에 따라 크게 다르고, 이들 물질 중에는 용도에 맞지 않는 물질이 포함되기 마련이다. 따라서 자연수를 가정이나 공장 등의 용수로 이용하기 위해서는 사용용도에 맞도록 인위적인 처리를 가할 필요가 있는데, 이러한 목적의 수처리를 정수(water purification)라 한다. 용도별 요구수질은 3.4항을 참고하기 바란다. 한편 정수장의 계획정수량은 계획1일 최대급수량을 기준으로하고 여기에 정수장내 작업용수 등을 포함하여 정하는데, 사고나 유지보수 시 공급의 안정성을 확보하기 위해 시설의 가동율은 일반적으로 75% 정도가 적정하다.

6.2 정수방법과 대상물질

6.2.1 정수방법

정수과정에서 처리대상이 되는 물질은 크게 부유물질과 용해물질로 구분할 수 있는데, 전자에는 여하의 조작에 의해 침전 또는 여과로 제거 가능한 물질들, 즉 조대한 부유물·미세한 유무기성 콜로이드·세균·미생물 등이 포함되고, 후자에는 이취미·색도 그리고 철·망간·유기인 등 용해상태의 유무기물질 등이 포함된다.

이들 물질을 제거하기 위한 정수방법이나 원수의 처리정도는 표 6.1과 같이 처리대상물질의 특성이나 처리수의 사용용도에 따라 결정된다. 따라서 처리공정은 원수의 사용용도에 따라 소독만 실시하는 경우, 완속여과·급속여과·막여과 등 처리법을 선정하고 필요시 여기에 고도처리방법을 조합하는, 즉 여러 개의 단위공정을 조합하여 이용하는 것이 보통이다. 이러한 단위공정은 침전·여과와 같은 **분리공정**(分離工程)과 분리에 앞서 분리를 가능토록 하기 위한 응집 등의 **성장공정**(成長工程), 그리고 소독과 같은 **무해화공정**(無害化工程)으로 구분할 수 있다. 각 공정에 이용 가능한 대표적 단위조작을 들면 다음 표 6.2와 같다.

표 6.1 정수방법의 선정기준

정수방법	원수의 수질 및 선정기준
염소소독	대장균군 50 MPN(100 mL) 이하 일반세균 500 CFU(1 mL) 이하 타 항목은 먹는물 수질기준에 적합
완속모래여과	대장균군 1,000 MPN(100 mL) 이하 BOD 2 mg/L 이하 최고 탁도 10 NTU 이하
급속모래여과	상기 이외
막여과	현탁물질이나 콜로이드를 제거하기 위해 사용
고도정수처리	이상의 정수방법으로 제거되지 않는 용해성 물질의 제거

표 6.2 정수를 위한 단위조작

구 분	비 고
분리 공정	o 고액분리; 침전, 여과, 부상, 마이크로스트레이닝(microstraining) 등 o 상간이동(相間移動) ; 고액상간 - 활성탄흡착, 이온교환, 생물화학적 흡착 등 ; 기고상간 - 폭기 등 o 막분리; 역삼투, 전기투석 등 o 상 변화(相變化); 증발, 동결 등
성장 공정	약품혼화, 교반, 응집, 응결 등
무해화 공정	살균, 중화 등

6.2.2 처리대상물질과 제거법

처리대상이 되는 물질의 종류나 크기는 원수의 종류에 따라 다르고, 대상물질의 크기나 종류에 따라 정수법도 다르기 마련이다. 즉, 정수법을 결정하기 위해서는 다음 3가지 사항을 고려해야 한다.

i. 대상물질의 크기
ii. 대상물질의 화학반응특성
iii. 대상물질의 농도

그림 6.1은 수중 물질의 크기를 나타낸 것이다. 그림에서 알 수 있듯이 수중 물질은 보통의 침전법으로 제거 가능한 물질에서 용해상태의 것까지 매우 다양한데, 이들 물질은 크기나 제거법과 관련지여 4종류 즉, 부유물질·용해성 물질·세균·미생물로 구분할 수 있다.

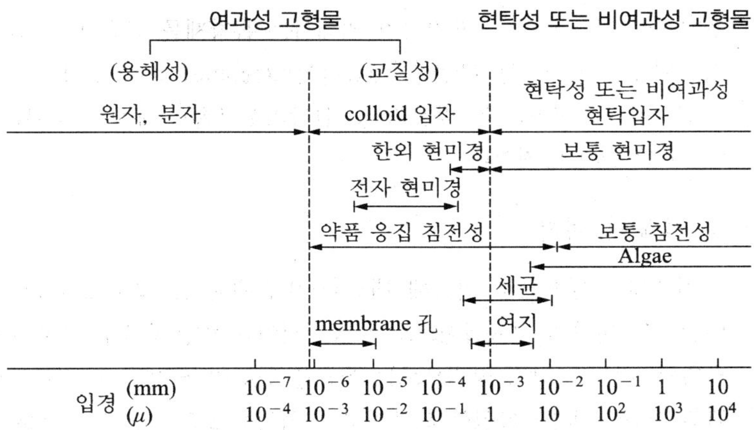

그림 6.1 수중 물질의 입자 크기

1. 부유물질의 제거

원수에는 많은 종류의 부유물이 있는데, 이 중 정수과정에서 특히 문제가 되는 것은 보통침전법으로 제거되지 않는 10 μm 이하의 미세물질이다. 이들 물질은 주로 silt, 콜로이드 입자 및 세균 등이며 그 상태로는 침전하지 않는다. 따라서 이들 물질을 침전·제거시키기 위해서는 이들 물질을 응집시켜 보다 큰 입자의 floc으로 형성시켜야 하는데, 이러한 목적으로 투입하는 약품을 응집제(凝集劑)라 하며, 응집제로는 알루미늄과 철의 염류(塩類)가 주로 사용된다.

한편 부유물질을 보다 정도 높게 제거하기 위해서는 침전 후 여과과정을 거치는데 이때 사여과가 유효하다. 이와 같이 부유물질을 제거하기 위한 과정은 주로 침전과 여과과정으로 이루어지며, 이 과정의 조합은 약품의 사용여부와 여과속도에 따라 다

음과 같이 크게 두 가지 방법으로 나눌 수 있다

① 보통침전 → 완속모래여과

② 약품침전 → 급속모래여과

2. 용해성 물질의 제거

원수에는 칼슘·마그네슘·철·망간·염소이온·황산이온·질소화합물·계면활성제·색도 및 취기 등 용해성 물질이 존재하는데, 이들 물질은 일반적으로 침전이나 여과로는 잘 제거되지 않는다. 이 중 취기 등은 침전이나 여과 전에 폭기에 의해 어느 정도 제거할 수 있으며, 그 외에 화학반응에 의해 용해질을 불용해질로 변화시킨 후 부유물질과 동일한 방법으로 제거할 수도 있다. 하지만 극히 소량이거나 화학반응을 일으키지 않는 물질을 제거하기 위해서는 흡착제를 이용하는 것이 바람직한데, 자주 사용되는 흡착제로는 활성탄·제올라이트(zeolite) 등이 있다.

참고로 제올라이트는 알칼리 및 알칼리토금속의 규산알루미늄 수화물인 아종광물(亞種鉱物)의 총칭이다.

3. 세균의 제거

원수에는 병원균을 비롯해 대장균·일반세균 등 많은 종류의 세균이 존재하는데, 이것들은 일종의 부유물이므로 보통침전이나 약품침전에 의해 어느 정도 제거가 가능하다. 하지만 상기 방법으로는 세균을 완전히 제거할 수 없다. 따라서 여과지를 통과한 세균을 보다 확실하게 제거하여 위생적으로 안전한 용수를 생산하기 위해서는 살균을 실시해야 하는데, 살균제로는 흔히 염소가 사용된다.

4. 생물의 제거

세균 외에 정수과정에서 문제가 되는 생물은 조류인데, 이것은 세균에 비해 대형이므로 소량일 경우 여과지에서 잘 제거된다. 하지만 다량이 유입될 경우에는 여과지를 폐색시키거나, 여과지의 사면이나 벽면에 번식하여 미관을 해치는 동시에 특유한 이취미를 줄 수 있다. 따라서 조류가 대량 발생할 경우에는 취수를 잠시 중단하는 것이 바람직하다. 하지만 부득이한 경우에는 살조(殺藻)를 실시하거나 여과 전에 미리 제거해야 하는데, 살조를 위해서는 황산동($CuSO_4$)을 투입하거나, 전염소처리(前塩素處理; 착수정에 염소 투입) 등을 실시하며, 여과 전에 미리 제거하기 위해서는 microstrainer라고 하는 미세 스크린을 이용하여 여과하는 방법이 있다.

6.3 일반 정수시스템과 각 공정의 특성

정수시스템은 완속여과공정(보통침전 → 완속모래여과)과 급속여과공정(약품침전 → 급속모래여과)으로 구분할 수 있는데, 완속여과공정은 원수의 수질이 양호하고 정수요구량이 비교적 적을 경우에 주로 채용된다. 일반적으로 그림 6.2(a)와 같이 보통침전과 완속여과 및 소독과정으로 이루어지며, 여기에 원수의 이상상태(탁도 30NTU 이상)를 대비해 응집용 약품주입시설을 부가한다.

급속여과공정은 원수의 수질이 상대적으로 불량하고 정수요구량이 대량인 경우에 주로 채용되는 방법으로 그림 6.2(b)와 같이 혼화지 · 응집지 · 약품침전지 · 급속여과지 및 소독과정으로 이루어진다.

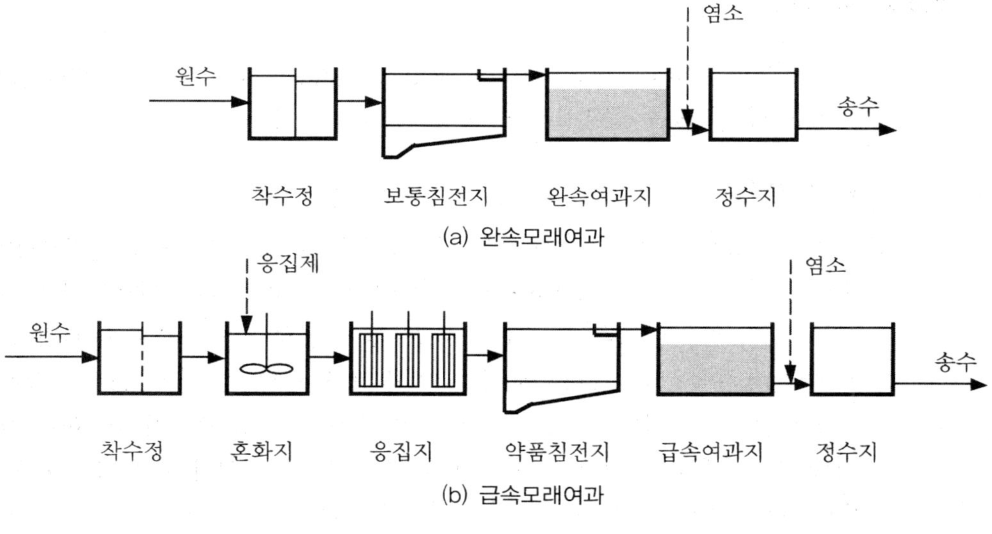

그림 6.2 정수처리의 일반적 계통

6.3.1 착수정

착수정은 도수시설을 통해 유입된 원수가 정수장 시설 중 가장 처음 도착하는 곳으로, 이후 연결되는 약품주입 · 침전 · 여과 등 일련의 정수작업이 정확하고 쉽게 이루어질 수 있도록 수류를 안정시키고 동시에 수량을 조절할 목적으로 설치한다. 그 외에 착수정은 여러 곳의 수원으로부터 취수할 때 원수를 혼합하고, 보통침전지나 약품혼화지에 원수를 균등하게 분배하는 기능을 가진다. 또한 원수의 수질이 이상상태를 보일 때, 착수정은 전염소처리(6.4.1장 참고)를 위한 염소의 투입·분말활성탄 투입·pH 조정·알칼리제 및 응집보조제의 투입 등 전처리공정에 이용되며, 반송되는 역세정 배출수도 여기로 유입된다. 따라서 착수정을 설치하지 않고도 정수장의 목적과 기능에 문제가 없을 경우에는 생략할 수 있다.

착수정의 형태는 일반적으로 직사각형 또는 원형으로 2지 이상으로 하며 그렇지 못할 경우 우회수로와 배수설비를 설치한다. 용량은 체류시간을 1.5분 이상으로 하고 유효수심은 3～5 m 정도로 하며 여기에 60 cm 이상의 여유고를 둔다. 부대시설로는 유입구의 제수밸브·월류관이나 원류언·수위계·유량측정장치·수질측정용 채수설비·분말활성탄 주입시설 등이 있으며, 그 외에 부유물이나 조류 등을 제거할 목적으로 스크린을 설치하기도 한다.

6.3.2 응집지

응집지란 혼화지와 floc 형성지의 총칭이며, 침전하지 않는 작은 현탁물질을 조대화시켜 침전 가능한 물질로 전환시키는 역할을 한다.

1. 혼화지

이미 기술하였듯이 콜로이드 이하의 작은 현탁물질은 그 상태로 침전하지 않는다. 따라서 원수의 수질이 양호하여 현탁물질의 양이 적고, 처리수량이 적은 경우에는 보통침전과 완속여과만으로 양호한 처리수를 얻을 수 있지만, 원수가 다량의 콜로이드 물질과 현탁물질(박테리아나 바이러스를 포함)을 함유할 경우, 보통의 침전법으로는 이들 물질을 충분히 제거할 수 없다. 이때 현탁물질을 충분히 제거하여 이어지는 여과지에서 폐색을 억제하고, 동시에 다량의 처리수를 얻기 위해서는, 이들 물질을 floc화하여 침전지에서 미리 제거할 필요가 있다.

이러한 목적으로 투입되는 물질을 응집제라고 하며, 응집제는 콜로이드 물질의 표면전하를 중화시키거나 입자 간에 가교(架橋)역할을 하여 floc 형성을 돕는데, 이때 투여된 응집제가 제 기능을 발휘하기 위해서는, 응집제의 투여와 동시에 원수를 가능한 한 급속하게 교반하여 수중의 콜로이드 물질과 응집제를 고루 접촉시켜 충분하고 빠르게 반응시켜야 한다. 즉, 혼화지는 응집제를 원수에 골고루 확산시키기 위한 시설로, 혼화방식에는 수류식·기계식·인라인 혼화방식 또는 펌프확산에 의한 방법 등이 있다.

기계식 혼화는 대형 처리장에서 가장 많이 채용하는 방식으로 혼화조 또는 수로에 1개 혹은 그 이상 설치하는데, 이때 혼화시간은 10～30초 정도로 한다. 하지만 기계식 혼화는 순간혼화가 어렵고 단락류와 소음이 발생하며, 다른 혼화방식에 비해 운전과 유지관리비가 상대적으로 비싸 최근에는 선호도가 떨어지는 추세이다.

수류식 혼화는 유입관로에 설치된 유량계, 즉 파샬플륨·벤추리미터·웨어 등에서 발생하는 와류를 이용하는 방법으로 유지관리비가 저렴하나 처리수량에 따라 혼화정도가 달라 혼화강도를 조절하기 어렵다는 단점이 있다.

확산펌프를 이용한 가압수 확산 방식의 혼화는 손실수두가 없고 혼화효과가 뛰어나며 혼화강도를 조절하기 쉽고 기계식에 비해 소비전력이 적어 자주 채택되는 방법이다. 하지만 이 방법은 펌프로 유입하는 부유물이 있을 경우 노즐이 폐색될 수 있고 직경 2,500 mm 이상의 대형관이나 수로에는 사용하기 어려운 단점이 있다.

한편 인라인 혼화는 원수의 유입관로 도중에 유입관과 동일한 규격의 급속혼화장치를 부착하여 응집제 등의 약품을 급속히 혼화하는 방법이다. 이 방법의 장점은 가동부가 없으며 약품 주입에 외부동력이 필요 없다는 점이다. 하지만 혼화정도와 혼화시간이 유량에 따라 변동하는 것이 단점이다. 이 장치를 설치할 경우에는 부유물의 유입을 억제하기 위해 상류부에 취수 스크린의 설치가 요구된다.

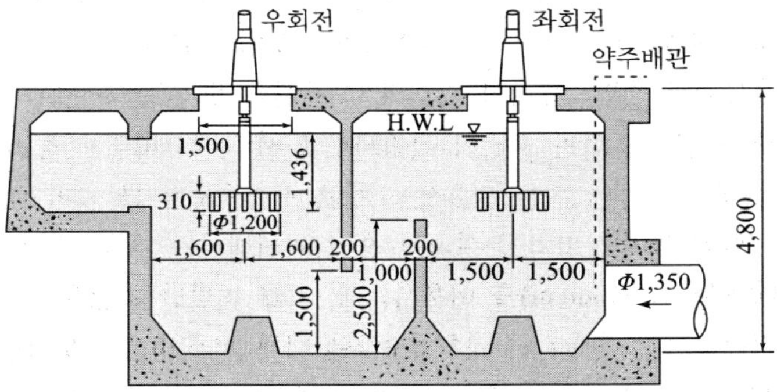

그림 6.3 기계교반식 혼화지의 예

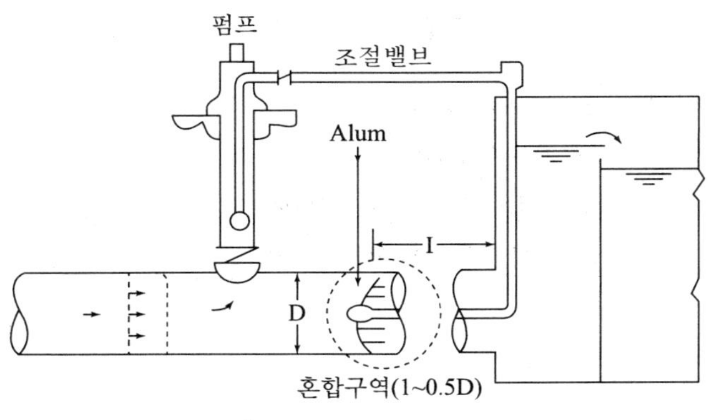

그림 6.4 확산펌프에 의한 혼화의 예

2. Floc 형성지

혼화지에서 생성된 floc의 크기는 미소하다. 따라서 그것을 후속 단계인 침전과 여과과정에서 효과적으로 제거하기 위해서는 생성된 미세 플록을 보다 크고 균일하게 성장시켜야 하는데, 이러한 목적으로 혼화지에 접속시켜 설치한 장방형의 지를 floc 형성지(flocculation tank)라 한다.

급속여과방식의 정수처리 효과는 floc 형성의 양부(良否)에 따라 크게 좌우된다. 따라서 floc 형성지는 단락류나 정체류가 발생하지 않고, 발생하는 슬러지나 scum을 쉽게 제거할 수 있는 구조로 한다. 또한 플록 형성은 항상 확실하게 감시할 필요가 있으므로 야간감시를 위해 조명설비를 설치하는 등의 조치가 필요하다.

Floc 형성 방법으로는 기계식과 우류식이 있는데, 그림 6.5와 같이 패들을 이용한 기계식이 주로 사용된다. 패들에는 연직축을 중심으로 회전하는 것과 수평축을 중심으로 회전하는 것이 있으며, 이때 회전날개의 주변속도는 0.15～0.8 m/sec 정도로 하고, 회전날개의 단면적은 수로 단면적의 10% 정도로 한다. 기계식을 채택할 경우, 양호한 floc를 형성시키기 위해서는 적어도 2단 이상의 flocculator를 설치하고, 하류로 갈수록 그 회전속도를 감소시키는 것이 유효하다. 우류식은 그림 6.6과 같이 상하유류식과 수평우류식이 있으며, 우류식의 평균유속은 0.15～0.3 m/sec 정도로 하고 하류로 감에 따라 유속이 감소되도록 한다. 이 방법은 동력비가 들지 않으나 수량·수질의 변동에 대한 대응성이 적고 손실수두가 큰 것이 단점이다.

한편 floc 형성지의 설계와 운전을 위해서는 다음 식 (6.1)로 표시되는 속도경사 G(velocity gradient)를 이용하는데, 이때 적당한 G값은 20～75 sec^{-1} 정도이며, 수리학적 체류시간(t)이 계획정수량에 대해 20～40분 정도임을 감안하면 t와의 積, 즉 $G \cdot t$값은 10^4～10^5 정도가 되어야 한다.

$$G = \sqrt{\frac{P}{\mu V}} \tag{6.1}$$

여기서, G : 속도경사(sec^{-1})

P : 동력(Watt)

V : floc 형성지의 부피(m^3)

μ : 점성계수(kg/m · sec)이다.

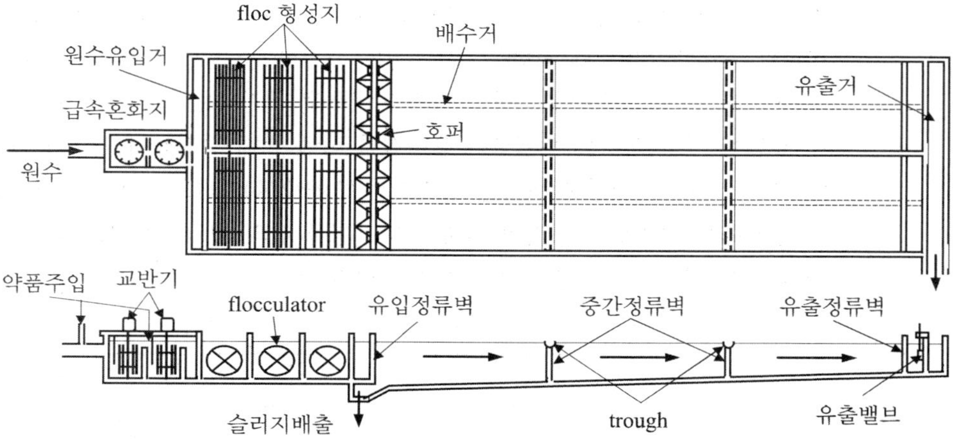

그림 6.5 혼화조, floc 형성지, 약품침전지

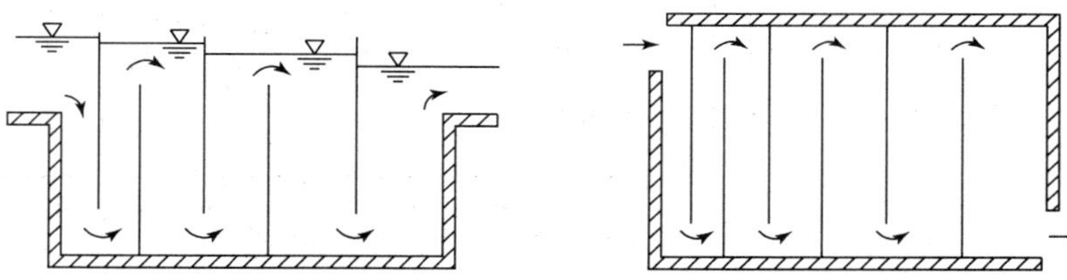

(a) 상하우류식(단면도) (b) 수평우류식(평면도)

그림 6.6 우류식 floc 형성지의 예

6.3.3 침전지

모래여과가 개발되기 전까지 침전은 유일한 정수방법이었다. 원수의 탁도가 매우 낮고 수질이 안정된 경우 침전을 실시하지 않고 여과하는 직접여과법도 있으나 보통은 침전을 실시한다. 침전은 후속하는 여과지의 부하를 경감시키기 위한 것으로, 현재 정수에 사용되는 침전법은 보통침전과 약품침전으로 구분할 수 있다.

1. 침전의 유형

입자의 침전은 현탁액의 농도나 입자의 응집성에 따라 다른데, 단독침전(discrete settling)·응집침전(flocculent settling)·지역침전(zone settling) 및 압축침전(compression)으로 구분된다. 단독침전(單獨沈澱)은 독립침전(獨立沈澱)이라고도 하며, 입자가 침강하는 동안 그 크기나 형태 변화 없이 단입자로 침강하는 것을 말한다. 응집침전(凝

集沈澱)은 입자가 침강하는 동안 타 입자와 응집하여 그 형태·크기·침강속도 등이 변화하는 경우이며, 지역침전(地域沈澱)은 층침전(層沈澱)이라고도 하며, 이것은 상징액(上澄液)과 고형물이 분명한 경계를 이루고 침전하는 경우이다. 이때 상부의 슬러지 층은 필터 역할을 수행하여 응집침전 시에 비해 상징액의 탁도가 크게 감소한다. 한편 압축침전(壓縮沈澱)은 압밀침전(壓密沈澱)이라고도 하며 어느 정도 침전한 상태에서 상층부 슬러지의 압축으로 고형물 간의 간극수가 서서히 상승·분리되면서 고형물의 농도가 증가하는 것을 말한다.

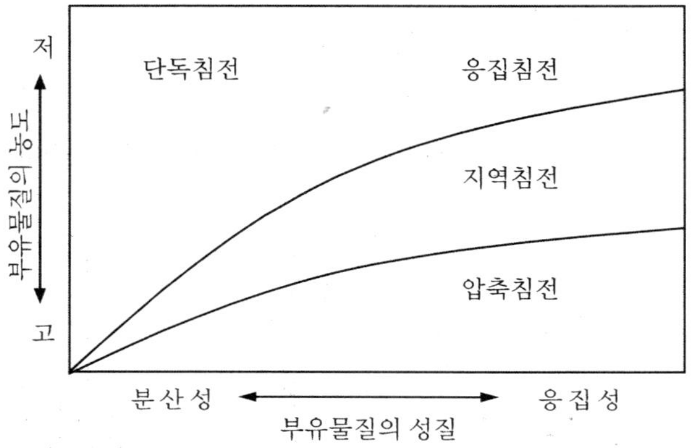

그림 6.7 침전의 유형

표 6.3 침전의 유형과 그 특징 및 적용

구 분	특 성	비 고
단독침전	단독입자로 침강하며, 입자 간의 간섭이 없다.	극히 낮은 농도의 현탁입자 침강, 침사지에서 모래의 침강 및 상수도의 보통침전지
응집침전	침강하면서 응집하여 입자의 형태·크기·침강속도가 변화한다.	상수도의 약품침전지, 하수도의 최초침전지 및 최종침전지의 상층부
지역침전	뚜렷한 경계층을 이루며 침전한다.	하수도의 최종침전지 및 농축조의 상부
압축침전	슬러지가 어느 정도 침전한 상태에서 상층부 슬러지의 압축으로 슬러지 내 간극수가 상승·분리되면서 침전한다.	하수도의 최종침전지 하부 및 농축조

① 단독침전

단독침전은 상·하수도의 침사지 및 상수도의 보통침전지에서 관찰되는 현상으로 비교적 비중이 큰 무기입자의 침강 형식인데, 입자의 침강속도는 Newton과 Stokes가 제안한 고전적 침강이론으로 설명된다.

Newton의 법칙에 따르면, 입자에 작용하는 중력과 수중에서 입자의 침강에 따른 마찰저항력은 같다. 따라서 입자의 최종침강속도는 이들 관련 식을 연립하여 구할 수 있는데, 먼저 중력에 의한 힘 F는 질량 × 중력가속도($F = mg$)이고, 질량 m은 밀도 × 부피($m = \rho V$)이므로,

$$\text{중력에 의한 힘 } F_{(g)} = (\rho_s - \rho_w) g V \tag{6.2}$$

여기서, ρ_s : 입자의 밀도(g(질량)/cm^3)

ρ_w : 물의 밀도(g(질량)/cm^3)

g : 중력가속도(980 cm/sec^2)

V : 입자의 부피(cm^3)이다.

한편 입자의 침강에 따른 마찰력은 입자의 침강속도·유체의 밀도 및 입자의 단면적에 비례한다. 즉, 다음 식과 같이 흐름의 동력 $\rho v^2/2$과 단면적 A에 비례한다.

$$\text{마찰저항력 } F_{(f)} = C_D \cdot A \frac{\rho v^2}{2} \tag{6.3}$$

여기서, C_D : 항력계수

v : 입자의 속도(cm/sec)

A : 속도 v에 직각인 입자의 투영면적(cm^2)이다.

입자의 형태가 구형이라고 가정하면 입자의 부피 $V = \pi d^3/6$이므로, 입자의 최종침강속도 v_s는 다음과 같다.

$$v_s = \left[\frac{4}{3} \frac{g(\rho_s - \rho_w) d)}{C_D \rho} \right]^{1/2} \tag{6.4}$$

여기서, v_s : 입자의 최종침강속도(cm/sec)

d : 입자의 직경(cm)이다.

한편 상기 식 (6.4)에서 항력계수 C_D는 흐름의 형태나 입자의 형태에 따라 다른데, Reynolds 수(R_e)가 104보다 작고 입자가 구형일 경우, 실험적 결과를 이용하여 다음과 같이 나타낼 수 있다.

$$C_D = \frac{24}{R_e} + \frac{3}{\sqrt{R_e}} + 0.34 \tag{6.5}$$

상기 식에서 레이놀즈(Reynolds)수가 0.3 이하일 때 식의 2항 이하를 무시하고, 식 (6.4)에 대입하면 입자의 최종침강속도 v_s는 다음 식 (6.6)과 같고, 이 식을 Stockes 법칙이라고 한다. 이 식은 일반적으로 레이놀즈(Reynolds)수가 0.5 이하일 때 적용된다.

$$v_s = \frac{g(\rho_s - \rho_w)d^2}{18\mu} \tag{6.6}$$

여기서, μ : 물의 점성계수(g(질량)/cm · sec)이다.

한편 레이놀즈(Reynolds)수는 다음과 같이 표현된다.

$$R_e = \frac{\rho dv}{\mu} \tag{6.7}$$

여기서, R_e : 레이놀즈수, v : 유속(cm/sec)이다.

그림 6.8과 같이 유입수가 층류일 경우 이상적인 장방형 침전지에서 침강속도가 v_o인 입자가 이론적으로 100% 제거되기 위해서는 유입수의 체류시간과 입자가 바닥까지 침강하는 시간이 같아야 한다. 즉,

$$t = \frac{V}{Q} = \frac{H}{v_o} \tag{6.8}$$

여기서, t : 침전지 체류시간(sec)
V : 침전지 용적(m^3)
Q : 유입유량(m^3/sec)
H : 유효깊이(m)
v_o : 입자의 침강속도(m/sec)이다.

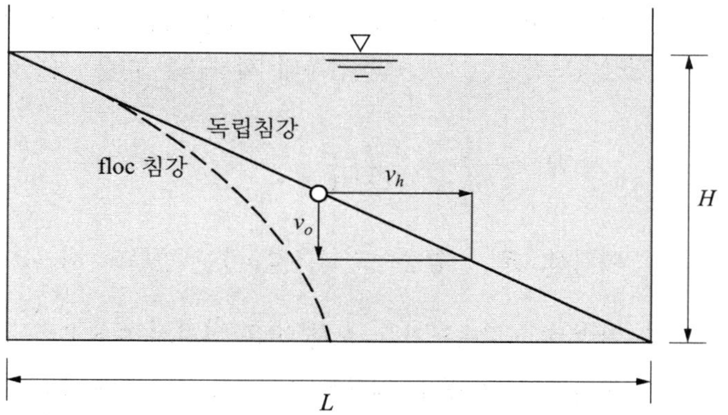

그림 6.8 입자의 침강경로

한편 식 (6.8)에서, $\dfrac{V}{Q}=\dfrac{B\times H\times L}{B\times H\times v_h}$이므로, 다음 관계가 성립한다.

$$\frac{L}{v_h}=\frac{H}{v_o} \quad \text{즉,} \quad L : H = v_h : v_o \tag{6.9}$$

여기서, B : 침전지의 폭(m)

H : 유효깊이(m)

L : 침전지의 길이(m)

v_h : 수류의 수평유속(m/sec)이다.

또한 식 (6.8)에서, 다음 관계식이 성립한다.

$$v_o=\frac{Q\times H}{V}=\frac{Q}{B\times L}=\frac{Q}{A} \tag{6.10}$$

여기서, A : 침전지의 표면적(m^2)이다.

위 식에서 Q/A는 표면부하율(surface loading)로 수면적에 대한 유입유량의 비로 단위는 $m^3/m^2\cdot day$이며, 침전지의 중요 설계인자이다. 또한 유출언의 길이당 유입유량의 비는 월류언부하(overflow loading) 또는 월류율(overflow rate)이라고 하며, 단위는 $m^3/m\cdot day$이고, 다음 식으로 나타낸다.

$$\text{월류언부하}=\frac{Q}{L} \tag{6.11}$$

여기서, L : 유출언의 길이(m)이다.

한편 유입 위치에 따라 설계치보다 작은 크기의 입자도 제거될 수 있는데, 침강속도가 $v_s(<v_o)$인 입자의 제거율은 다음 식으로 표시된다.

$$R_s = \frac{v_s}{v_o} = \frac{v_s}{Q/A} \tag{6.12}$$

여기서, R_s : 침강속도 $v_s(<v_o)$인 입자의 제거율이다.

따라서 침강속도가 v_o보다 작은 입자의 함유율이 x_o라고 하면, 침강속도가 v_o보다 큰 입자의 제거율은 $1-x_o$이고, v_o보다 작은 입자의 제거율은 $\int_0^{x_o} R_s dx$이다. 따라서 전체 제거율(R)은 다음 식과 같다.

$$R = (1-x_o) + \frac{1}{v_o}\int_0^{x_o} v_s \, dx \tag{6.13}$$

그림 6.9는 입자별 침강속도와 함유율과의 관계를 나타낸 것으로 **침강속도 분석곡선**이라고 하는데, 식 (6.13)의 2항은 그림의 사선부분에 해당한다. 침강속도 분석곡선은 침강실험을 이용하여 구하는데 침강실험은 그림 6.10과 같은 침강관을 이용한다. 일반적으로 침강관은 내경 80～100 mm, 높이 1.5～2.0 m이고 5개 정도의 시료채취구를 장착한 것으로, 실험은 먼저 침강관에 시료를 채우고 충분히 교반한 후 각 시료채취구를 열어 시료를 취하여 각각의 현탁입자 농도를 측정한다. 이후 적당한 시간 간격으로 채취구 수심·경과시간·현탁

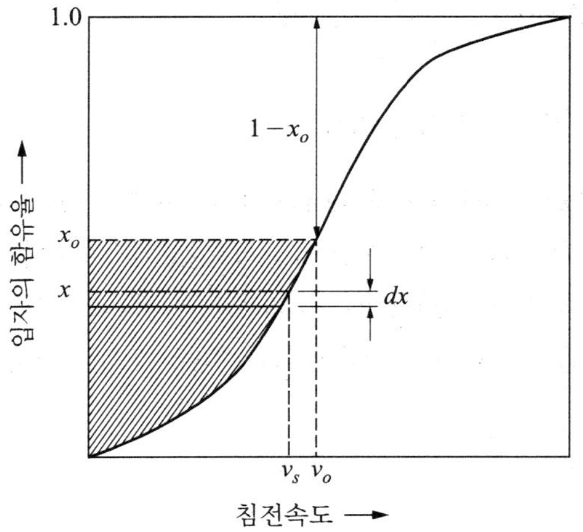

그림 6.9 침강속도 분석곡선

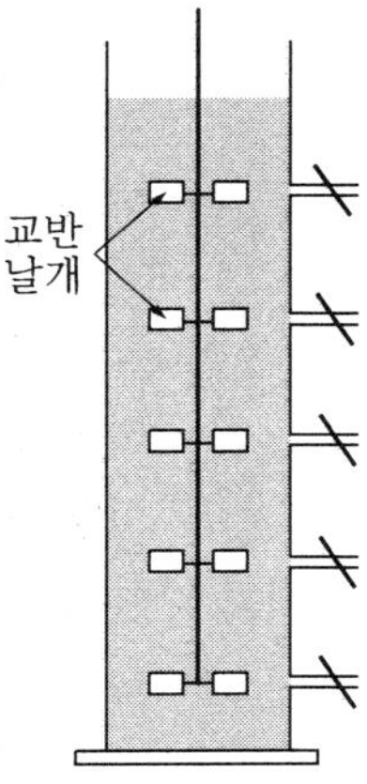

그림 6.10 침강관

액의 농도를 측정하면, 각 채취구에 있어서 침강속도 v_o보다 작은 입자의 함유율을 구할 수 있고, 각 침강속도와 그에 해당하는 함유율(x)을 나타내는 점들을 연결하면 침강속도 분석곡선을 얻을 수 있다.

한편 정수장 혹은 3차 처리에 있어서 침전효율을 증대시키기 위해 침전지 내에 판을 삽입하는 **다층침전지**나 경사판 또는 경사관을 삽입하는 **경사판침전지**가 있는데, 이 방법은 침전지의 부유물 제거효율이 체류시간과 관계없이 침전지의 깊이와 부유물의 침강속도에 관계됨을 이용한 것이다. 즉, 그림 6.11과 같이 침전지에 경사판을 설치할 경우 침전 깊이가 감소하여 부유물은 빠른 시간 내에 경사판이나 침전지의 바닥에 도달할 수 있다. 이때 경사판 설치 각도는 65° 정도가 가하다. 하지만 이 방법은 때로 침전물이 판의 표면에 부착하여 하부로 이동하지 않거나 관을 폐색시키는 단점이 있다.

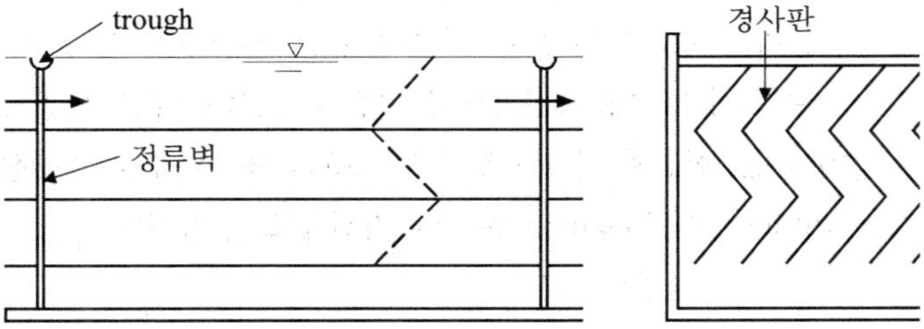

그림 6.11 경사판의 설치

침전지를 설계함에 있어 또 다른 중요 설계인자는 지 내의 평균 수평유속인데 이 속도가 너무 작으면 미세한 유기물까지 침전하여 침전물의 처리에 곤란을 주며, 반대로 지나치게 커서 침전입자의 소류속도(掃流速度)를 상회하면 침전물이 재차 부상한다. 따라서 수평유속은 소류속도 이하가 되도록 설계해야 하며, 이때 각 입자의 소류속도는 다음과 같다.

$$v_c = \left[\frac{8\beta}{f} g d(\rho_s - 1)\right]^{1/2} \tag{6.14}$$

여기서, v_c : 소류속도(cm/sec)

d : 입자의 직경(cm)

β : 상수(입자의 입도가 균일한 경우 0.04, 불균일한 경우 0.06)

f : Darcy-Weisbach의 마찰계수(0.02～0.03 정도)

ρ_s : 입자의 비중이다.

② 응집침전

단독입자는 그 크기에 따라 침강속도가 다르다. 만약 이들 입자가 응집성을 가질 경우 입자는 서로 다른 침강속도로 인하여 침전과정에서 서로 충돌하고 결합하여 보다 큰 응집입자를 형성하고 그로 인하여 입자는 보다 빠르게 침강한다. 이러한 형태의 침전을 **응집침전**(flocculent settling)이라 한다.

응집침전은 상수도의 약품침전지, 하수도의 최초침전지 및 최종침전지의 상층부와 같이 낮은 농도의 응집성 입자가 존재할 경우 발생하는데, 이들 응집입자가 침강하는 양상을 수학적으로 나타내기는 곤란하다. 따라서 응집입자의 평균 침전속도를 파악하기 위해서는 그림 6.10의 침강관 실험을 실시해야 하는데, 실험은 분석용 시료를 침강관에 넣은 후 충분히 교반한 다음 일정 시간 간격에 따라 시료채취구로부터 시료를 채취하여 농도를 측정한다. 그런 다음 측정 농도와 초기 농도로부터 제거율을 구하고, 이 자료를 채취구의 높이와 시간에 따라 정리하면 그림 6.12와 같은 등농도선이 그려지는데, 이 곡선으로부터 응집입자의 평균침전속도를 구할 수 있다. 예를 들면 그림 6.12에서 입자들의 60%는 침강관 수면으로부터 130 cm의 깊이에 도달했을 때 평균적으로 3.7 cm/min(= 130 cm/35 min)의 침전속도를 가진다.

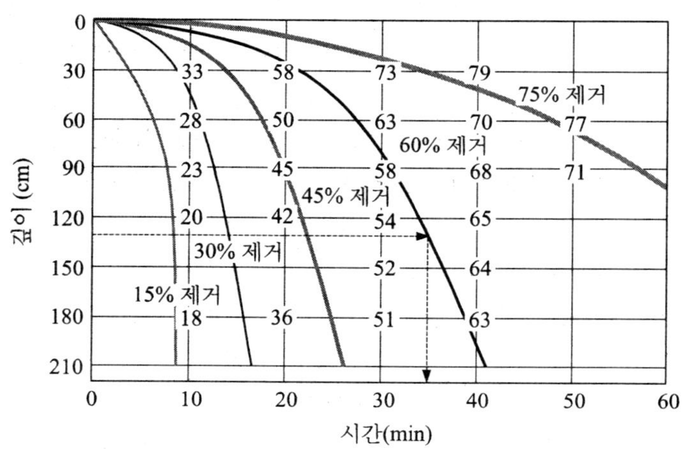

그림 6.12 침전통 실험의 한 예

③ 지역침전

응집한 입자들이 침전하는 동안 부유물의 농도가 농후해지면 상부의 슬러지층은 필터 역할을 수행하여 상징액의 탁도는 감소하고, 이때 침전층과 상징액간에 분명한 경계면을 보이며 침전하는데, 이러한 침전을 **지역침전**(地域沈澱) 또는 **층침전**(層沈澱)이라 한다. 그림 6.13은 이러한 경계면의 위치와 시간과의 관계를 나타낸 것이다. 이 그림은 슬러지는 유입 초기의 단독침전에서 압축침전에 이르는 다양한 관계를 보이는데, 이러한 회분식 침전실험을 통하여 침전지를 설계할 수도 있다. 그림에서 원하는 부유물의 농도에 도달하는 시간이 t_u이고 유량이 Q일 때, 요구되는 침전지의 표면적은 다음 식 (6.15)를 이용하여 구할 수 있다.

$$A = \frac{Q \cdot t_u}{H_o} \tag{6.15}$$

여기서, Q : 유량(L^3T^{-1})

H_o : 침전지의 유효높이(L)

t_u : 요구되는 부유물 농도에 도달하는 시간(t)이다.

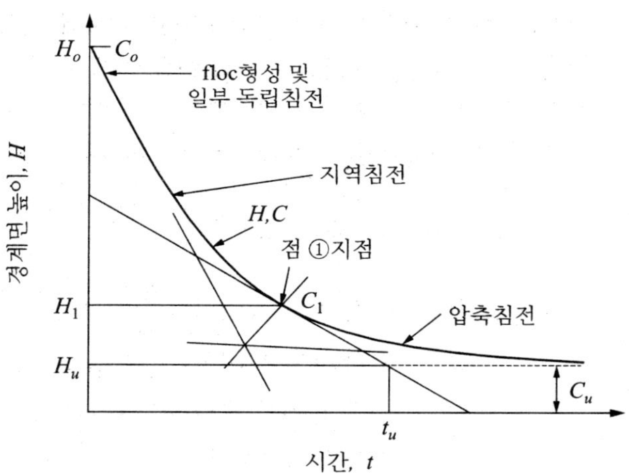

그림 6.13 회분식 침전곡선의 분석

한편 t_u는 다음과 같은 절차에 의해 구할 수 있다.

(ㄱ) 지역침전과 압축침전 영역의 기울기를 구한 후 양 직선을 연장하여 교점을 구하고, 이 교점에서 교각을 이등분하여 점 ①을 구한다. 이 점에서의 슬러지 농도를 **임계농도**라 하며 이것은 슬러지의 취급능력을 지배하는 농도이다.

(ㄴ) 점 ①에서 침전곡선에 대한 접선을 그린다.

(ㄷ) 계획 인출슬러지의 농도 C_u를 결정한 후 최초 슬러지 농도 C_o와 최초 높이 H_o로부터 경계면의 높이 H_u를 구한다. 즉, $C_oH_o = C_uH_u$이므로 H_u는 다음과 같다.

$$H_u = \frac{C_oH_o}{C_u} \tag{6.16}$$

(ㄹ) H_u에서 수평선을 그어 접선과의 교점을 구하면, 시간 t_u를 구할 수 있다. 이 시간 t_u는 인출슬러지 농도가 C_u로 되는 데 걸리는 개략적 시간이다.

④ 압축침전

침전이 계속됨에 따라 입자와 입자 간에 물리적인 접촉과 압력이 작용하게 되는데, 이때 침전층의 하부는 상층부의 슬러지에 의해 압축을 받게 되고 슬러지 사이의 간극수가 배출되면서 농축된다. 이와 같은 과정의 침전을 **압축침전**(compression settling)이라 하며, 이러한 침전은 하·폐수처리장의 최종침전지 하부나 슬러지 농축조에서 일어나는데, 이때 슬러지를 서서히 교반하면 floc이 파괴되고 간극수가 빠져나감에 따라 농축효율을 다소 증가시킬 수 있다.

압축침전 시 슬러지의 압축률은 다음 식을 이용하여 구할 수 있다.

$$H_{t_1} - H_\infty = (H_{t_2} - H_\infty)e^{i(t_1 - t_2)} \tag{6.17}$$

여기서, H_{t1} : 시간 t_1에서 슬러지층의 높이
H_∞ : 장시간(통상 24시간) 후 슬러지층의 높이
H_{t2} : 시간 t_2에서 슬러지층의 높이
i : 시료별 계수이다.

2. 보통침전지

① 침전대상물질과 침전지의 설계

침전법의 결정은 원수의 수질에 따라 결정되는데, 보통침전의 경우 처리대상물질은 입경 0.01 mm 이상, 비중 2.65 정도인 무기물질로 이들 물질의 침전속도·침전효율·침전시간 등은 Stokes의 법칙 등을 이용하여 이론적으로 구할 수 있다[식 (6.6) 및 (6.8) 참고].

보통침전지는 장방형의 수평류식과 원형의 방사류식이 있는데, 주로 전자가 사용된다. 장방형 침전지를 이용할 경우 단락류나 정체류가 발생하지 않도록 폭과 길이를 정하는데, 이때 폭과 길이의 비는 1 : 3~8 정도를 표준으로 하며 유출구와 유입구 및 필요시 중간에 정류벽을 설치한다. 중간에 정류벽을 설치하는 경우에는 상기의 비를 다소 줄여 3~5 정도로 해도 무방하다. 지의 유효수심은 3~5.5 m 정도(너무 깊으면 건설비가 증가하고 너무 얕으면 바람이나 기온의 영향을 받는다)로 하고, 여기에 여유고 30 cm 이상과 침전물 퇴적고 30 cm 이상을 가산한다.

체류시간은 침전물의 침전속도와 유효수심에 따라 결정되는데, 보통 12시간을 표준으로 한다. 이 시간은 침전지의 유효수심이 3 m 정도이고, 침전물의 침강속도가 6.9×10^{-3} cm/sec(예제 6.1 참고)일 경우에 해당한다. 따라서 고탁도 시나 침전효율이 저하하는 동기에 응집제를 사용하여 입자의 침강속도가 증가할 경우에는 침전시간을 8시간 정도로 단축시킬 수도 있다.

침전지 용적은 체류시간과 유량으로부터 다음과 같이 구할 수 있다.

$$V = \frac{Q}{24}t \tag{6.18}$$

여기서, Q : 계획 1일 최대급수량(m^3/day)
V : 침전지 용량(m^3)
t : 체류시간(침전시간; hr)이다.

따라서 침전지 표면적은 다음과 같다.

$$A = \frac{V}{H} = \frac{Q \cdot t}{24H} \tag{6.19}$$

여기서, A : 지의 표면적(m^2)
H : 지의 유효수심(m)이다.

한편 이미 기술하였듯이 수평유속(v_h)은 장방형 침전지를 설계함에 있어 중요한 설계인자로, 침전 대상 입자의 소류속도(掃流速度) 이하로, 즉 0.3 m/min 이하로 설계되어야 하며, 이때 표면부하는 7~15 $m^3/m^2\cdot$day 정도가 된다.

침전지는 고장이나 수리를 위해 최소 2지 이상으로 분할하는 것이 바람직하나 원수의 탁도가 10도를 상회하는 일수가 적은 경우에는 우회로를 설치하고 1지로 해도 무방하다. 침전지의 바닥은 침전물을 효과적으로 제거하기 위해 배수구 쪽으로 1/200~1/300 정도의 경사를 두며, 슬러지 수집기 등 슬러지 배출장치를 설치할 경우에는 1/500～1/1000 정도의 완경사로 한다. 일반적으로 경사는 유입구를 향하도록 한다.

② 부대시설

㈀ 월류관

월류관은 지 내에 과잉 유입한 물이나 부유물 또는 유분 등을 배수시키기 위한 시설로 최근에는 월류관을 착수정 부근에 설치하고 침전지에는 설치하지 않는 경우가 많다. 본 시설의 설치 시 관의 유입구 높이는 지의 고수위와 동일하게 하고, 배수량은 지 유입량의 20% 정도를 기준으로 한다.

㈁ 배수관

배수관(排水管)은 청소나 수리 시 지의 물을 배제하기 위해 설치한 관으로 이 관은 침전슬러지도 배제해야 하므로 관경은 최소 150 mm 이상으로 하여 슬러지 배출에도 지장이 없도록 해야 하며 가능한 한 자연유하가 되도록 한다.

㈂ Trough와 세척배출수거

이 시설은 수류 방향의 직각 혹은 수평으로 설치하며, 표면부의 상징수(上澄水)를 배출시킴으로써 침전지의 표면부하율 및 월류언부하를 감소시켜 침전지의 효율을 증대시키며, 역세정 시 최대 배출수를 배출시킬 수 있어야 한다. 따라서 최대 배출수량에 대해 20% 정도의 여유를 두며 이 정도의 수량이 완전월류되도록 한다. Trough는 역세정 시 여재가 유출되지 않도록 상단의 간격은 1.5 m 이하로 하고 여재의 표면으로부터 40～70 cm 위에 설치한다.

㈃ 정류벽 및 월류언

정류벽은 지 내에 편류나 밀도류가 발생하지 않도록 설치한 유공의 벽으로 위치는 유입구로부터 1.5 m 이상 떨어져야 하고, 필요에 따라 중간에도 정류벽을 설치할 수 있다. 정류공의 총면적은 유입단면적의 6% 정도를 표준으로 하며 공경은 10 cm 정도가 좋다. 유출부에는 V-notch나 orifice를 설치하여 편류나 단락류를 방지해야 하며, 이때 월류언부하는 500 m^3/m · day 이하로 함이 바람직하다.

③ 침전효과

이미 기술하였듯이 보통침전지는 단독침전하는 비교적 비중이 큰 무기입자의 침강을 주목적으로 한다. 표 6.4는 보통침전지에 의한 처리의 한 예를 보인 것인데, 표에 따르면 보통침전지에서도 탁도나 세균과 같은 응집침전 대상물질이 상당히 많이 제거되는 것을 알 수 있다. 이러한 현상은 침강입자에 탁질이나 세균이 부착되기 때문이며, 그 외에 일광에 의한 살균작용이나 미생물 간의 피·포식(被·捕食)관계에 기인한다.

한편 보통침전 후 완속여과가 정상적 기능을 발휘하기 위해서는 침전수의 탁도가 약 15도 이하가 되어야 한다. 따라서 이 수치는 침전지의 설계나 유지관리의 기준이 된다.

표 6.4 보통침전에 의한 처리의 한 예

구 분	탁도 (도)	색도 (도)	pH	COD_{Mn} (mg/L)	증 발 잔유물 (mg/L)	철 (mg/L)	대장균 군 수 (MPN/100mL)	일반세균 37℃, 24hr, (/cc)
원수 평균농도	37.1	31.2	6.8	13.53	118	0.68	460,000	190,000
침전수 평균농도	1.9	4.9	6.5	4.97	87	0.13	330	1,800

④ 침전슬러지의 제거

침전효율을 유지하기 위해서는 적정의 유효수심을 유지해야 한다. 따라서 퇴적 슬러지가 어느 한도 이상이 되면 제거해야 하는데, 제거방법에는 주행식 메타형·링 벨트식·수중 견인식 등 기계식 방법과 배수 후 인력으로 제거하고 고압수를 이용하여 세척하는 인력식이 있다. 일반적으로 보통침전의 경우 퇴적슬러지의 양이 비교적 적고, 제거 횟수 또한 연 1~2회 정도이므로, 통상 후자가 자주 채용된다. 한편 기계식 슬러지 수집기를 이용할 경우에 수집속도는 퇴적 슬러지의 부상을 억제하기 위해 12 m/hr 이하가 되도록 해야 한다.

예제 6.1

제거 대상 입자의 직경이 0.01 mm, 비중이 2.65인 경우 입자의 침강속도를 구하라. (단, 수온은 10℃이고, 이때 물의 점성계수(μ)는 0.013 g/cm·sec이다.)

풀이 Stokes의 법칙을 이용하면, 입자의 침강속도

$$v_s = \frac{g(\rho_s - \rho_w)d^2}{18\mu} = \frac{980(2.65-1)0.001^2}{18 \times 0.013} = 6.9 \times 10^{-3}\ \mathrm{cm/sec}$$

예제 6.2

예제 6.1과 같이 제거 대상 입자의 직경이 0.01 mm이고 계획1일 최대급수량이 5000 t인 정수장의 장방형 침전지의 크기를 결정하라(단, 침전지의 유효수심은 3.5 m로 하고, 유입 및 유출시설은 제외한다).

풀이 침전지 체류시간 ; $t = \dfrac{350\ \text{cm}}{6.9 \times 10^{-3}\ \text{cm/sec}} = 14.1\ \text{hr}$

침전지 용량 ; $V = \dfrac{5{,}000}{24} \times 14.1 = 2937.5\ \text{m}^3$

따라서 침전지의 표면적; $A = \dfrac{2937.5}{3.5} = 839.3 \fallingdotseq 840\ \text{m}^2$이고, 전체 침전지의 형상을 정사각형의 형태로 할 경우 한 변의 길이는 $840^{1/2} \fallingdotseq 30\ \text{m}$이다. 폭과 길이의 비를 1 : 5로 할 경우, 1개 지의 폭은 6 m이다. 따라서 침전지의 수심 × 폭 × 길이 × 지수는 $(3.5 + 2 \times 0.3)\ \text{m} \times 6\ \text{m} \times 30\ \text{m} \times 6$지(여유지 1지 포함)이다.

3. 약품침전지

원수의 탁도가 높거나 원수에 함유되어 있는 부유물의 크기가 작고 비중이 작을 경우 보통침전지로는 소기의 목적을 달성할 수 없다. 이럴 경우 약품을 투입하여 부유물의 응집·침전을 행해야 하는데, 이러한 침전지를 **약품침전지**라고 하며 이때 응집을 목적으로 투여하는 약품을 응집제라 한다.

① 응집

응집제는 응집 대상 물질인 콜로이드의 하전(荷電)을 중화시키거나 상호 결합시키는 가교(架橋)역할을 하는 물질을 말한다. 이 중 응집제에 의한 중화반응은 식 (6.20) 및 (6.21)과 같이 응집제와 수중의 알칼리 성분이 반응하여 생성되는 (+)배전의 금속 수산화물, 즉 수산화 알루미늄이나 수산화 제2철에 의한 것으로, 이들 물질은 (−)하전의 콜로이드를 중화시켜 전기적 반발력을 감소시켜 응집을 유도한다. 알칼리 성분과 알루미늄염 또는 철염과의 반응은 다음과 같다.

$$Al_2(SO_4)_3 + 3Ca(HCO_3)_2 = 2Al(OH)_3 + 3CaSO_4 + 6CO_2 \quad (6.20)$$

$$FeSO_4 + 2Ca(OH)_2 + 2Ca(HCO_3)_2 \\ = Fe(OH)_2 + CaSO_4 + 2CaCO_3 + 2H_2O$$

$$4Fe(OH)_2 + O_2 + 2H_2O = 4Fe(OH)_3 \quad (6.21)$$

응집제의 응집성능은 응집제의 주입량·pH·알칼리도·탁질의 농도·용존유기물의 농도·용액 내의 음이온이나 양이온·수온 등의 영향을 받는다.

표 6.5는 자주 사용되는 무기 응집제의 일반적 특성을 나타낸 것이며, 표 6.6은 알루미늄계 응집제의 특성을 비교한 것이다.

표 6.5 무기 응집제의 특성

구 분	장 점	단 점	적정 pH
황산알루미늄 (황산반토)	여러 가지 원수 및 폐수에 적용된다. 결정은 부식성이나 자극성이 없고 취급이 용이하다. 철염과 같이 시설을 더럽히지 않는다. 값이 싸며 무독성이므로 취급이 용이하고 대량 첨가가 가능하다.	응집 pH 범위가 좁다. Floc이 가볍다.	5.5～8.5
폴리염화알루미늄 (PAC)	Floc 형성 속도가 빠르다. 성능이 좋다(표 6.6 참고). 저온에서 열화(劣化)하지 않는다.	고가이다.	
황산 제1철	Floc이 무겁고 침강이 빠르다. 값이 싸다. pH가 높아도 용해되지 않는다.	산화할 필요가 있다. 철이온이 잔류한다. 부식성이 강하다.	9～11
염화 제2철	응집 pH 범위가 넓다(pH 3.5 이상). Floc이 무겁고 침강이 빠르다.	부식성이 강하다.	4～12

표 6.6 알루미늄계 응집제의 종류와 특징

구 분	Alum	PAC	PSO	PASS	PACS
화합물의 종류	황산알루미늄 (Aluminium Sulfate)	폴리염화 알루미늄 (Poly Aluminium Chloride)	황산알루미늄 + 유기응집제 (Poly Sulfate Organic)	폴리황산규산 알루미늄 (Poly Aluminium Silicate Sulfate)	폴리염화규산 알루미늄 (Poly Aluminium Chloride Silicate)
성 상	액상 : Al_2O_3 8% 고상 : Al_2O_3 16%	액상 : Al_2O_3 10%	액상 : Al_2O_3 4～7%	액상 : Al_2O_3 3～10%	액상 : Al_2O_3 17%
약품 투입량	액상 : 20～60 μL/L	Alum의 70～80%	Alum과 동량	Alum의 50～55%	Alum의 30% PAC의 50%

구 분		Alum	PAC	PSO	PASS	PACS
특성	일반적 특성	가장 일반적으로 사용되었음 (단분자)	Alum을 고분자화하여 성능 보완	유기고분자응집제 첨가제품	활성규산첨가로 고분자화 촉진	활성규산첨가로 응집성을 극대화시킴
	응집성	저온 및 고탁도 시 응집성 저하	저온·고탁도 시에도 우수	Alum 단점 보완	저온·고탁도 시에도 PAC보다 우수	
	응집 후 pH 변화	pH의 하락 폭이 큼	pH의 하락 폭이 적음	Alum과 유사	pH 하강 폭이 가장 적음	
	중화제 사용량	다량	약간	다량	미량	
	처리수의 Al 이온 농도	Al 제거효율이 낮음	Al 제거율 보통	Alum과 유사	Al 제거효율이 가장 양호	
	응집 후 슬러지 발생량	다량	보통	다량	PSO나 PAC 사용 시보다 20～30% 감소	

② 응집에 미치는 영향

㈀ 응집제 주입량

혼화지 내에서 응집제가 제 기능을 발휘하기 위해서는 원수의 수질과 처리수량에 맞는 적정량의 응집제가 주입되어야 한다. 그림 6.14는 응집제의 주입량에 따른 상징수의 탁도 변화를 나타낸 것으로, 이때 적정 주입량은 응집제의 종류와 기타 조건에 따라 달라지는데, 현장에서는 최적 응집제 주입량을 결정하기 위해 **자아 테스트**(Jar test)를 유용하고 있다. 자아 테스트는 그림 6.15와 같이 응집제 주입량을 달리한 몇 개의 비이커에 원수를 응집·침전시켜 그 결과를 비교할 수 있는 장치이다. 실험은 응집제와 응집보조제를 첨가한 후 교반날개의 주변속도 40 cm/sec 정도에서 1분간 급속교반한 후 주변속도를 15 cm/sec로 하여 약 10분간 완속교반한다. 그리고 이후 10분간 정치한 후 상징액의 수질을 측정하는 것이 일반적인 방법이다. 그러나 자테스트는 연속공정에 대해서는 운전자에게 정확한 응집제의 주입량을 제공할 수 없는 단점이 있다. 그 외에 최적 주입량을 결정하는 방법으로는 유리관의 파이로트 필터법이나 제타전위 측정법도 있으나 그다지 성공적으로 사용되고 있지 않다. 하지만 최근에는 제타전위 측정법을 개량한 SCD(streaming current detector)가 개발되어 응집공정의 조절에 성공적으로 사용되고 있다.

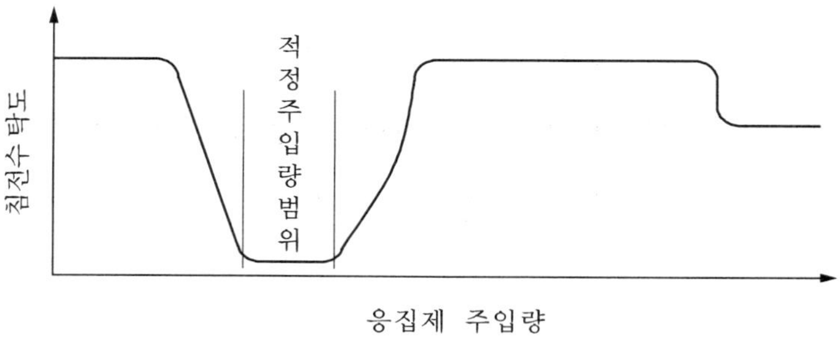

그림 6.14 주입량에 따른 침전수의 탁도 변화

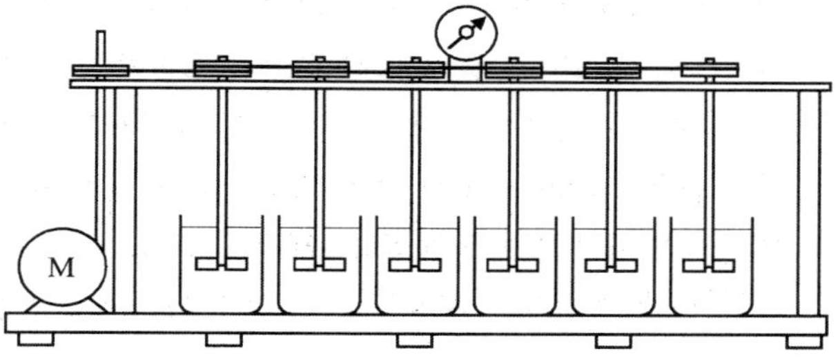

그림 6.15 Jar tester

예제 6.3

Jar test 결과 시료 250 mL에 대해 최적의 응집제 투여량은 0.1% 황산알루미늄 [$Al_2(SO_4)_3$] 10 mL였다. 원수에 대한 주입 농도를 구하라.

풀이 시료 250 mL에 대한 주입량 = 1 g/mL × 0.001 × 10 mL = 0.01 g
따라서 0.01 g/250 mL = 0.04 g/L = 40 mg/L

예제 6.4

10,000 m^3/day의 물을 처리하는 정수장이 있다. 고형 황산알루미늄[$Al_2(SO_4)_3 \cdot 18H_2O$]의 평균주입량이 30 mg/L인 경우 일당 필요 응집제의 양을 구하라. 또한 황산알루미늄과 알칼리의 반응이 다음 식과 같을 경우 일당 필요한 $Ca(HCO_3)_2$의 양을 구하라.

$$Al_2(SO_4)_3 + 3Ca(HCO_3)_2 = 2Al(OH)_3 + 3CaSO_4 + 6CO_2$$

풀이 평균주입량이 30 mg/L인 경우 일당 필요 응집제량은

$$30\ \text{mg/L} \times 10{,}000\ \text{m}^3\text{/day} = 3 \times 10^8\ \text{mg} = 300\ \text{kg}$$

$Al_2(SO_4)_3 \cdot 18H_2O$(분자량 666 g) 300 kg에 대한 $Al_2(SO_4)_3$의 양은

$$300 \times \frac{342}{666} = 154.1\ \text{kg}이고,$$

따라서, 필요한 $Ca(HCO_3)_2$(분자량 162 g)의 양은

$$342 : 154.1 = 3 \times 162 : x \qquad x = 219\ \text{kg}이다.$$

(ㄴ) 응집보조제

알루미늄염이나 철염과 같은 금속염을 응집제로 사용할 경우 이들 응집제는 원수의 pH에 따라 그 성능이 크게 달라지는데, 이때 pH를 조절하거나 완충할 목적으로 산이나 알칼리를 투여한다. 또한 floc의 침강성이나 강도를 증가시키기 위해서는 무기계의 점토나 소석회, 유기계의 천연물질인 한천·전분·젤라틴 또는 poly-electrolytes와 같은 합성고분자 물질 등도 첨가하는데, 이러한 목적으로 투입하는 약품을 **응집보조제**라고 한다. 즉, 응집보조제는 응집을 촉진시키고 동시에 응집제의 사용량을 절감할 목적으로 사용된다.

(ㄷ) pH

응집제가 최적의 효율을 발휘하기 위해서는 적정 범위의 pH가 요구되는데, 표 6.5에 나타난 바와 같이 알루미늄염의 경우 6～8 정도가 적당하며, 철염은 비교적 pH의 영향이 적다.

(ㄹ) 알칼리도

원수에 알칼리도가 지나치게 높으면 응집제의 주입량을 증가시키므로 비경제적이다. 반면 원수에 알칼리도가 지나치게 부족하면 콜로이드를 중화시키기 위한 (+)배전의 금속수산화물을 충분히 얻을 수 없다. 이럴 경우 원수에 미리 소석회나 소다회(탄산나트륨)와 같은 알칼리제를 가해 알칼리 성분을 보충해야 하는데, 이때 황산알루미늄과의 반응은 다음과 같다.

소석회를 사용할 경우,

$$Al_2(SO_4)_3 + 3Ca(OH)_2 = 2Al(OH)_3 + 3CaSO_4 \tag{6.22}$$

소다회를 사용할 경우에는 다음과 같다.

$$Al_2(SO_4)_3 + 3Na_2CO_3 + 3H_2O = 2Al(OH)_3 + 3Na_2SO_4 + 3CO_2 \tag{6.23}$$

(ㅁ) 수온

응집제의 효율은 수온이 낮을 경우 저하하는데, 이때 응집효과를 증대시키기

위해서는 활성수산염·알긴산소다·고분자 응집보조제 등의 응집보조제를 병용한다.

㈥ 교반

수중에서 응집제와 알칼리 성분과의 화학적 반응 또는 반응 생성물인 금속 수산화물과 현탁물질 간의 전기적 중화는 극히 짧은 시간에 일어나며 대체로 수 초 내에 완료된다. 따라서 효과적인 반응을 위해서는 응집제와 물을 가능한 한 빨리 섞어서 응집제를 신속하게 수중에 분산시킬 필요가 있는데, 이러한 목적의 교반을 **급속교반**이라 한다. 급속교반 시에는 육안으로 관찰할 수 없는 아주 작은 크기의 floc이 생성되는데, 이것은 견고하고 잘 깨어지지 않는다. 전체 응집단계에서 이상과 같은 과정을 흔히 **혼화**라고 한다.

한편 형성된 미소 floc이 쉽게 침전하기 위해서는 적당한 크기로 성장해야 하는데, 이러한 목적으로 물을 천천히 휘저어 입자 간의 충돌과 합체를 유도하는 과정을 흔히 협의로 **응집**이라 하며, 이 과정에서 floc의 크기나 강도 등 floc의 특성은 교반강도에 따라 결정된다. 이상과 같이 양호한 floc을 형성시키기 위해서는 단계별로 적당한 교반속도를 유지하는 것이 매우 중요하다.

③ 약품침전지의 설계

Floc형성지에서 형성된 floc을 침전시키기 위해서는 원형 또는 장방형의 약품침전지(chemical sedimentation tank)가 필요하다. 이때 침전지의 효율은 침전지 내 수류의 흐름에 크게 좌우되므로, 침전지는 무엇보다 층류의 흐름을 유도·유지할 수 있어야 하므로 상수도의 침전지는 일반적으로 정류를 얻기 쉬운 장방형 철근콘크리트조가 주로 이용된다.

장방형 지로 설계함에 있어 지의 장·단변의 비는 1 : 3～8 정도로 하는 것이 요구되며, 특히 지의 유입부나 유출부의 구조는 난류 및 편류를 방지하기 위해 점차적 확대 또는 축소되는 구조로 시공하거나 유·출입부에 수류방향의 직각으로 그림 6.16과 같은 정류벽을 설치하는데, 필요에 따라 그림 6.5와 같이 중간에 1～3개소의 정류벽을 설치하면 더욱 효과적이다. 이때 정류공의 총 단면적은 유입단면적의 6% 정도로 하면 좋다. 유출부의 구조로 월류언(weir)을 두어 표면부의 상징수를 월류시킬 때에는 월류언부하를 충분히 작게 해야 하며, 이때 월류언부하는 500 m^3/m · day 이하로 한다.

한편 침전지는 그림 6.5와 같이 floc 형성지와 일체로 축조하는 것이 일반적이며 양자는 단순히 정류벽으로 분리시키는 정도가 좋다. 지의 수는 수리나 슬러지의 제거 등을 고려하여 2지 이상으로 한다.

약품침전지의 체류시간은 floc의 침전성이 양호하므로 계획정수량에 대해 3~5시간 정도로 보통침전지보다 짧게 설계해도 무방하며, 침전지 내의 평균 유속은 보통침전보다 약간 빠르게 해도 좋으나 40 cm/min 이하를 표준으로 하고, 표면부하율은 20~40 $m^3/m^2 \cdot day$ 정도로 한다.

지의 유효심은 3~5.5 m 정도로 하고, 저부에는 침전물의 퇴적을 위해 30 cm 이상의 여유고를 둔다. 단, 슬러지 수집기를 이용할 경우에는 여유고를 두지 않아도 된다. 침전지의 저부는 침전된 슬러지의 배제를 고려하여 배수구 쪽으로 1/200~1/300 정도의 경사를 두며, 슬러지 수집기가 있을 경우에는 1/500~1/1000 정도의 구배를 둔다. 그 밖에 침전지에는 보통침전지에 준하는 월류관·배수관 등의 부속시설이 필요하며, 필요에 따라 수류방향에 평행 또는 직각인 trough를 설치하면 더욱 효과적이다.

측면도

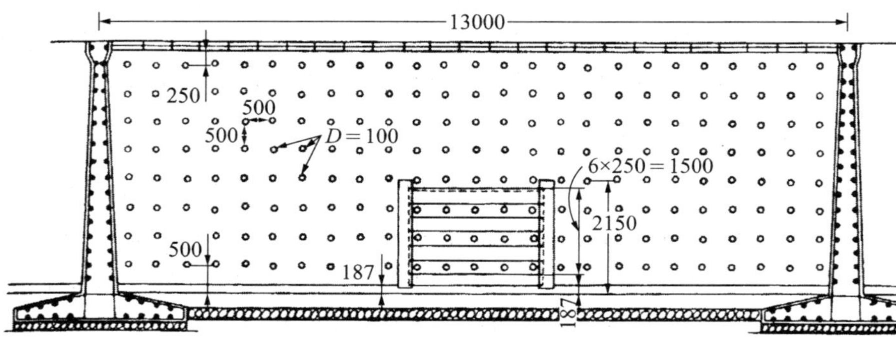

그림 6.16 유공직각정류벽

이상과 같이 약품침전지는 그림 6.5와 같은 장방형의 수평류식이 주로 채용되는데, 그 외에 2단식 침전지나 중간인출식 경사저침전지도 간혹 쓰이고 있다. 2단식 침전지(2段式 沈澱池)는 그림 6.17과 같이 원수를 상단에서 하단으로 유입시키는 방법과 상하류가 동시에 동일 방향으로 흐르게 하는 방법이 있으며, 전자의 방법에도 전량 하단으로 유입시키는 방법과 상단의 상징수를 인출하여 하단의 통수량을 줄이는 방법도 있다. 2단식 침전지는 지의 깊이가 깊어지고 건설비가 많아지지만 용지를 크게 줄일 수 있는 장점이 있다. 한편 중간인출식 경사저침전지(中間引出式 傾斜底沈澱池; nuiflow 침전지)는 그림 6.18과 같이 도중에 상징수를 trough로 월류시켜 통수량을 감소시키므로 통수단면적이 점차 작아도 되는 장점이 있다.

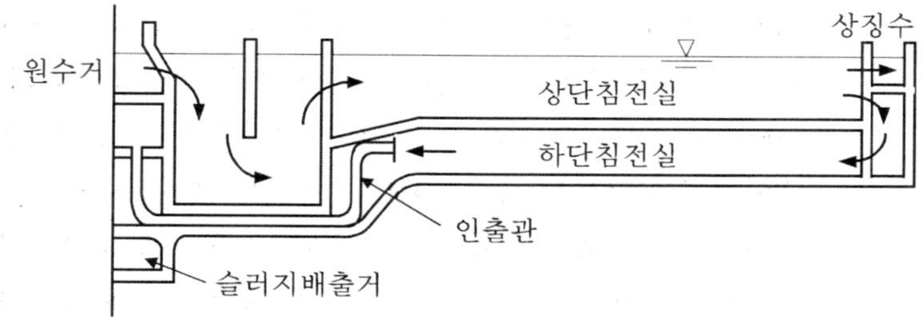

그림 6.17 2단식 침전지

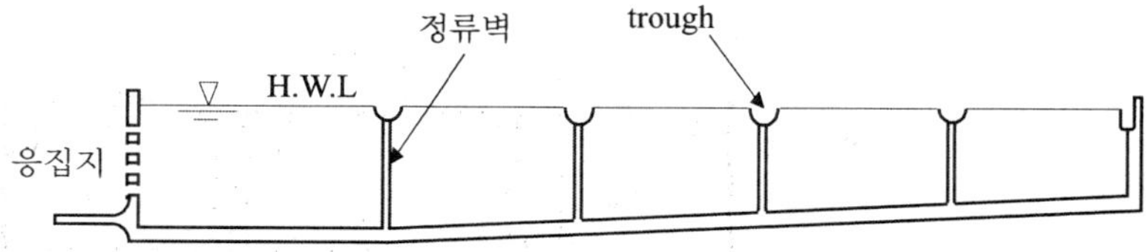

그림 6.18 중간인출식 경사저침전지

④ 고속응집침전지

고속응집침전지는 약품침전지의 일종으로 혼화 그리고 floc의 형성 및 침전을 하나의 조에서 행하는 장치이다. 이 장치에서 혼화와 floc의 형성은 기존 floc의 존재 하에서 이루어지므로 floc 형성에 요하는 시간이 짧고, 원수의 탁도가 낮은 경우에도 커다란 floc을 형성시킬 수 있으므로 침전효율을 크게 향상시킬 수 있다. 따라서 침전지의 용량을 줄여 체류시간을 계획정수량의 1.5～2시간 정도, 즉 약품침전지의 1/2 정도로 줄일 수 있어 용지의 확보가 곤란한 도시지역에서 매우 유리한 시설이다. 적정 표면부하율은 60～90 $m^3/m^2 \cdot day$ 정도로 한다.

그러나 이것은 장치가 복잡하고 원수의 수질 및 수량 변화에 매우 민감하여 운전관리에 고도의 기술이 요구되는 단점이 있다. 또한 처리 상태를 양호하게 유지하기 위해서는 항상 조 내의 floc 농도를 적정범위로 유지해야 하는데, 이를 위해 과잉의 슬러지를 수시로 충분히 배출시킬 수 있는 시설을 갖추어야 한다. 따라서 이 장치를 선택하기 위해서는 원수의 탁도나 수온 및 수량의 변화가 적어야 하며 일반적으로 적용 가능한 탁도는 10～1,000 NTU 정도이며, 운전방법에 따라 다음 3가지로 구분할 수 있다.

㈀ 슬러리 순환형

이 방법은 그림 6.19에 보인 바와 같이 응집제와 원수를 1차 교반부에 유입시키고 이것을 슬러지 침전부에서 유입하는 고농도 floc slurry와 함께 급속교반한 후 2차 교반부로 유입시켜 완속교반한다. 이러한 과정은 급속모래여과의 floc 형성과정, 즉 혼화－급속교반－완속교반의 과정과 동일한 것으로, 이 과정에서 양호한 침전성의 floc이 형성되며 형성된 floc은 분리부에서 침강하고 상징수는 수면에 설치된 트랩이나 notch를 통해 유출된다.

한편 침강한 floc은 분리부 저부의 sleet를 통해 다시 1차 교반부로 들어가고, 과잉의 슬러지는 저부의 슬러지 배출구를 통해 지 외로 배출된다.

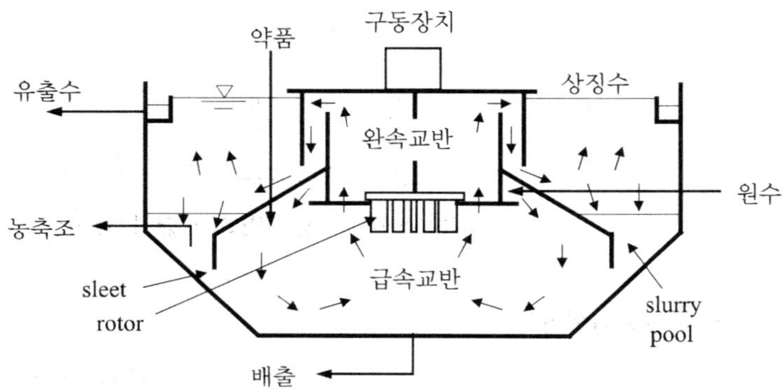

그림 6.19 Slurry 순환형

㈁ 슬러리 블랑켓트형

이 방법은 그림 6.20에 보인 바와 같이 원수와 응집제를 기존 floc이 없는 조의 중앙 상층부에 유입시킨 후 다시 하부의 교반부로 유입시켜 급속교반한다. 이 과정에서 미세한 floc이 형성되는데, 이 미세 floc은 분리부의 slurry blanket를 통과하면서 기존의 floc과 접촉하고, 점차 대형 floc으로 형성된다. Floc이 성장하여 일정 크기가 되면 수류의 상승속도와 floc의 침강속도가 균형을 이루는데, 이때 floc은 더 이상 상승하지 않고 blanket를 형성하며, blanket를 통과한 처리수는 그대로 상승하여 수면에 설치된 트랩이나 notch를 통해 유출된다. 한편 slurry blanket 내부에서 일정 크기 이상으로 성장한 floc은 침강하여 분리부 하부의 sleet를 통해 다시 교반부로 들어가고, 과잉의 슬러지는 저부의 슬러지 배출구를 통해 지 외로 배출된다. 이 장치는 일반적으로 순환류가 없고 효율을 좌우하는 blanket의 부유(浮游)는 전적으로 분리부의 상승류에 좌우되므로, 즉 너무 빠르면 blanket을 형성하는 floc이 지 외로 월류하고 너무 느리면 지저에 침강하므로, 상승유속은 중요한 운전인자이다. 상승유속은 경험상 4～6 cm/min을 표준으로 한다.

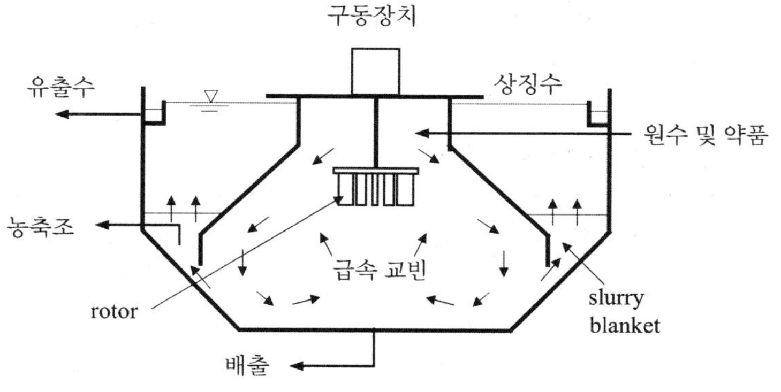

그림 6.20 슬러리 블랑켓트형

㈃ 복합형

이 방법은 그림 6.21과 같이 조의 하부에서 유입하는 기존의 floc과 응집제 및 원수가 rotor에 의해 혼화·교반된 후 혼화수가 분리부로 이동하는 동안 미세 floc를 형성한다. 이 미세 floc은 분리부의 blanket를 상향으로 통과하면서 기존의 floc과 접촉하여 분리된다. 즉, 이 장치는 혼화단계는 슬러리 순환형을, 분리단계는 슬러리 블랑켓트형을 이용하는 방식이다.

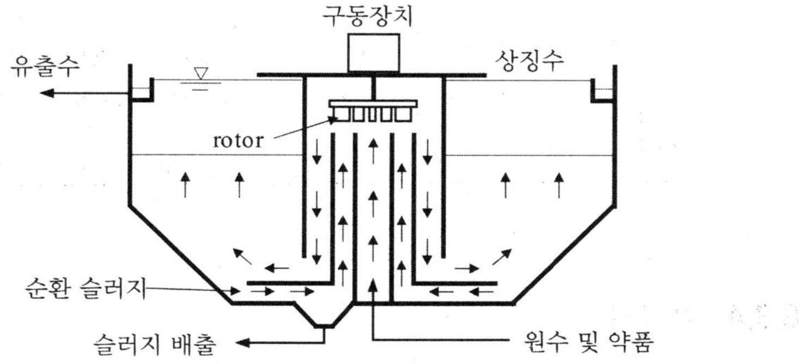

그림 6.21 복합형

⑤ 약품침전의 효과

약품침전의 효과는 원수의 수질, 특히 색도·탁도·수온·사용하는 약품의 종류와 양·침전시간과 침전지의 구조 등에 따라 다르며, 응집과 floc 형성의 양부는 침전효과와 밀접한 관계가 있다.

일반적으로 약품침전의 효과는 현탁성 물질의 경우 매우 양호한 결과를 나타내지만 알칼리도·경도·철이나 망간·암모니아성 질소 등과 같이 용해성 물질의 처리효율은 크게 떨어진다. 표 6.7은 약품침전에 의한 처리의 한 예를 나타낸 것이다.

■ 표 6.7 약품침전의 효과

구 분		5월		8월		11월		2월	
		원수	침전수	원수	침전수	원수	침전수	원수	침전수
탁도 (도)	최고	400	8	500	11	130	15	32	7
	최저	12	1	5	1	9	4	5	1
	평균	45	2	44	4	24	7	11	4
색도 (도)	최고	7	3	6	3	6	4	6	3
	최저	4	1	3	2	3	1	2	1
	평균	5	2	5	2	4	2	4	2
총알칼리도 (mg/L)	최고	54	43	60	51	50	44	54	47
	최저	34	24	31	26	34	20	43	37
	평균	46	35	51	41	45	37	50	43
암모니아성 질소 (mg/L)	최고	0.23	0.35	0.09	0.08	0.06	0.06	0.20	0.14
	최저	0.03	0.01	0.02	0.02	0.02	0.01	0.02	0.02
	평균	0.09	0.08	0.06	0.04	0.03	0.02	0.07	0.06
COD_{Mn} (mg/L)	최고	14.22	3.48	16.25	2.39	3.71	2.21	3.27	2.47
	최저	2.85	1.34	2.77	1.19	2.53	1.34	2.82	1.47
	평균	5.92	2.20	5.10	1.87	2.85	1.78	3.04	1.90
일반세균 (수/cc)	최고	4200	–	5900	710	12000	690	6100	630
	최저	90	–	5130	130	1200	200	380	180
	평균	990	–	1500	400	3900	420	1700	300
대장균군수 (MPN/100 mL)	최고	24000	–	15000	2400	13000	1100	2400	430
	최저	430	–	750	91	330	93	130	110
	평균	5300	–	4500	520	4200	350	780	260

6.3.4 여과지

여과(filtration)란 여재(filter media)에 원수를 통과시켜 현탁물질을 제거하는 것을 말하며, 상수처리에 있어서는 보통 여재로 모래를 이용한다. 한편 여과지를 통과하는 물의 유향(流向)에 따라 하향류식의 **표면여과**와 상향류식의 **내부여과**로 구분하는데, 상수도의 경우는 일반적으로 하향류인 **표면여과**를 채용하며, 여과속도(식 6.24)에 따라 **완속여과**와 **급속여과**로 구분한다.

$$V = \frac{Q}{A} \tag{6.24}$$

여기서, V : 여과속도(m/day)

Q : 계획여과수량(m^3/day)

A : 여과지 면적(m^2)이다.

1. 완속모래여과

완속모래여과의 여과속도는 보통 4～5 m/day 정도를 표준으로 하는데, 원수의 수질이 매우 양호하거나 전처리(예를 들어 초벌여과·micro straining 등) 등을 행할 경우에는 그 이상의 속도로 해도 무방하다. 하지만 여과지속시간이나 유지관리를 고려하면 최대 8 m/day 이하로 하는 것이 좋다. 또한 상수원이 크립토스포리디움 등의 병원성 미생물로 오염이 우려될 경우 여과속도는 5 m/day를 넘지 않도록 한다. 완속여과를 적용할 수 있는 원수의 수질은 표 6.1과 같다.

① 완속모래여과지의 기능

완속모래여과지에서는 부유물질이나 세균의 제거뿐 아니라 색·철·망간·암모니아 등 용해성분도 어느 정도 제거되는데, 이러한 기능은 여과지의 다음과 같은 작용에 따른 것이다.

㈀ 여별효과(straining effect)

여별효과란 여재에 의한 일종의 체거름 현상으로 여과의 가장 기본적 원리이며 하향류인 모래여과 시 여층의 표면에서 일어난다. 여별효과는 여과시간이 경과함에 따라 증가하는데, 그것은 최초 여과 개시 시에는 모래의 공극보다 큰 입자만이 사면에 억류되지만 여과가 진행되면서 이미 억류된 입자들에 의해 보다 작은 입자들이 억류되기 때문이다.

한편 완속여과 시 여층의 표면에는 이들 입자 외에 미생물이 번식하여 집락을 이루는데, 이들 미생물이 분비하는 점액질은 미생물과 억류된 입자를 gel 상태의 교질막(膠質膜)으로 변화시켜 여별효과를 더욱 강화한다. 따라서 처리수의 수질은 시간이 경과함에 따라 양호해지나 일정 기간이 경과한 후에는 이들 교질막으로 인한 여과저항이 증가하여 결국 통수(通水)가 어려워진다.

㈁ 흡착과 침전(adsorption & sedimentation)

여층의 표면을 통과한 미세 물질들은 모래층을 천천히 통과하는 동안 일부가 floc을 형성하여 공극 내에 침전하며, 또 일부는 모래 표면에 흡착되어 여층 내에 억류된다. 이러한 현상은 수온의 영향을 받는데, 수온이 낮아지면 물의 점성이 증가하여 floc화가 어려워지고 일단 흡착된 입자도 물의 전단력으로 인하여 탈리되어 하층으로 이동하며 일부는 유출되어 여과효과는 저하한다.

㈐ 생물학적 작용(biological activity)

이 작용은 급속여과에서는 기대하기 어려운 현상으로, 완속여과 시 여과층 내부의 모래 표면에는 미생물이 배출하는 세포외 고분자물질에 의해 교질(膠質)상태의 생물막이 형성되는데, 이 막은 점성을 나타내는 활성막으로 콜로이드나 세균과 같은 미세한 물질을 물리적으로 흡착·제거하고, 아울러 여과층 내의 미생물은 용해성 유기물을 제거하거나 암모니아성 질소를 질산성 질소로 산화시킨다.

㈑ 산화작용(oxidation)

이 작용 역시 급속여과에서는 기대하기 어려운 현상으로, 사면 위의 수중에는 광합성을 하는 플랑크톤이 있으며, 이들은 물에 풍부한 산소를 공급함으로써 철·망간 등을 불용성 물질로 산화시켜 여과과정에서 제거가 가능케 한다.

② 완속여과지의 설계

㈎ 여과지의 면적과 지의 수

식 (6.24)에서 여과지 면적(A)은 다음과 같다.

$$A = Q/V \tag{6.25}$$

위 식에서 여과수량(Q)은 정수장 내의 작업용 수량 및 송수과정의 누수량을 고려해야 하지만 일반적으로 계획1일 최대정수량을 기준으로 하며, 여과지 면적은 계산 결과에 여과지의 소제나 사고 시를 대비하여 설치하는 예비지의 면적을 가산한다. 여과지의 수는 예비비를 포함하여 2지 이상으로 하고 10지마다 1지 비율로 예비지를 두는데, 이때 1지의 크기는 정수장의 규모·건설비·유지관리비 등을 고려하여 정하며, 일반적으로 큰 것은 4,000 ~ 5,000 m^2, 작은 것은 50 ~ 100 m^2 정도로 한다.

㈏ 구조

구조는 철근콘크리트 조로 수밀성이어야 하며 신축이음과 시공이음에 특히 유의해야 한다. 그 외에 일반적 구조는 다음과 같다(그림 6.22 참고).

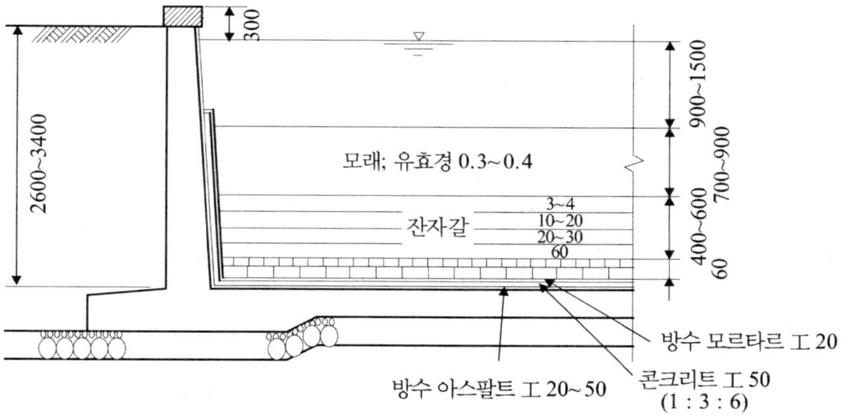

그림 6.22 완속여과지의 단면도 예(단위; mm)

ⓐ 여과지의 깊이는 2.5~3.5 m를 표준으로 한다.

ⓑ 모래층의 두께는 70~90 cm를 표준으로 한다.

ⓒ 모래의 유효경은 0.3~0.45 mm, 균등계수는 2.0 이하, 최대경은 2 mm 이내로 최소경은 0.18 mm로 한다(유효경 및 균등계수는 예제 6.5 참고).

ⓓ 자갈층의 두께는 40~60 cm, 자갈의 최대경은 60 mm, 최소경은 3 mm로 하며, 층수는 4층 정도가 일반적이다.

ⓔ 여과지 모래면 위의 수심은 90~120 cm를 표준으로 하며, 수면 위의 여유고는 30 cm 정도로 한다.

ⓕ 여과속도는 4~5 m/day를 표준으로 하며, 최대 8 m/day를 초과치 않도록 한다.

㈐ 부속시설

ⓐ 유입시설

원수를 여과지에 유입시키는 유입관은 주관을 설치하고 여기에 유량을 조절할 수 있는 제수문이나 제수밸브를 설치한다. 유입지관은 여과지의 크기에 따라 1~2개 설치하는데, 이때 관경은 여과사가 교란되지 않도록 가능한 크게 하여 평균유속이 50 cm/sec 정도가 되도록 한다. 한편 사면을 보호하기 위해서는 유입구를 하향의 벨마우스형으로 하고, 기타 유입부를 월류위어식으로 하거나 유입부에 반원형의 유공정류벽을 설치하면 좋다. 또한 유입부에는 월류위어를, 유입설비에 접한 선형(扇形)의 사면에는 폭 1 m 정도에 콘크리트 판을 설치한다.

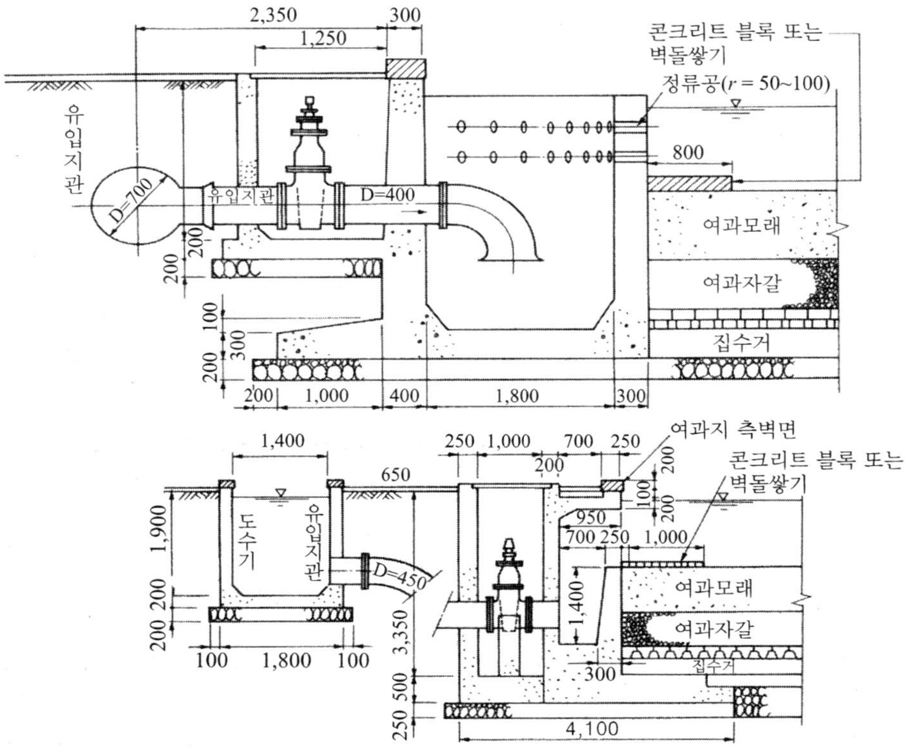

그림 6.23 완속여과지 유입설비의 예(단위; mm)

ⓑ **하부집수장치**

하부집수장치는 모래층과 자갈층을 지지하며, 여과수를 집수할 수 있도록 지의 바닥에 설치한 시설로 완속여과에서 집수시설은 급속여과와 같이 역세정을 하지 않고 단순히 여과수가 전체 여과면에서 고르게 집수되도록 설계하면 되므로 집수주거(集水主渠) 및 지거(支渠) 위에 콘크리트 블록을 세우는 정도의 간단한 구조로 충분하다. 설계 시 주의사항은 다음과 같다.

- 유속은 지거에서 15 cm/sec 이하, 주거에서 20 cm/sec 이하로 한다.
- 집수장치 바닥의 경사는 주거 1/200, 지거 1/150 정도로 한다.
- 여과지 저부의 어느 지점에서도 지거까지의 수평거리는 4 m 이하로 한다.

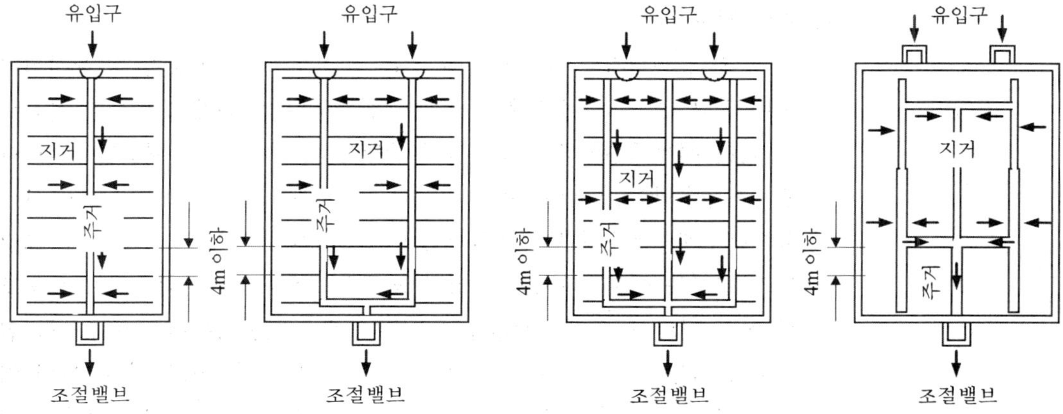

그림 6.24 하부집수장치의 배치 예

ⓒ 조절정

조절정은 여과수량을 조절하기 위해 설치하는데, 이 시설에는 유량조절장치·여과손실수두계·여과수량 지시계 등을 부설한다. 한편 여과가 진행됨에 따라 여과저항이 증가하여 여과속도가 저하하는데, 여과속도를 일정하게 유지하기 위해서는 원수와 여과수의 수위 차, 즉 여과수두(그림 6.25의 Δh)를 조절하는 방법이 흔히 사용된다. 그림 6.25는 가동언을 이용하여 여과수두를 조절하는 가동언식 조절정의 예를 보인 것이다. 그 외에 여과수량을 조절하는 방법은 인출관에 설치된 제수밸브를 이용하는 방법, 벤추리관의 차압(差壓)에 따라 자동으로 조절되는 방법 등이 있다.

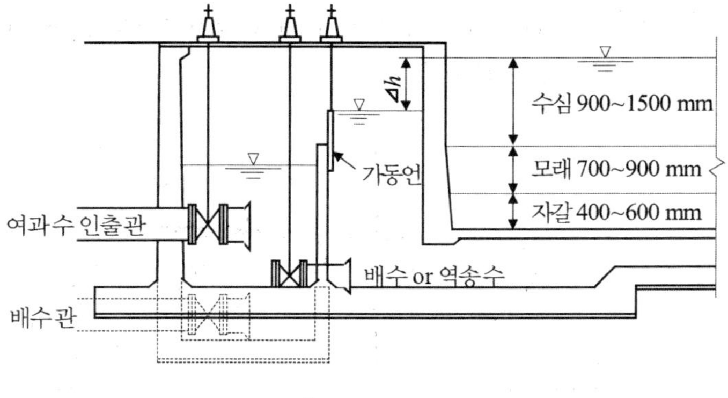

그림 6.25 여과조절정(가동언식)

ⓓ 기타 장치

그 외에 여과지의 부속설비에는 배수관·여과수 역송장치 및 세사설비 등이 있다. 이 중 배수관은 조절정에 설치하여 지 전체의 배수를 목적으로 하는 하부배수관과 모래의 삭취(削取) 시 사면 위의 배수를 위한 사면 위 배수관이 있는데, 관경은 사면 위 배수관의 경우 배출시간이 3～4.5시간, 하부배수관은 배출시간이 1～1.5시간 정도가 되도록 하며, 그것의 토출구는 상시 배수할 수 있고 오염수가 역류되지 않는 장소나 구조로 해야 한다. 구조상 pump를 이용하여 배수하는 경우에는 배수조를 설치해야 하는데, 그 크기는 배수량의 4분간 분량 이상으로 한다. 한편 역송장치는 오사 삭취 후 원수를 유입시키기 전에 여재 공극을 채우기 위한 장치로 이때 다른 여과지의 여과수를 조절정을 경유하여 역송한다. 그 외에 시설로는 오사를 세사하기 위한 관련 시설, 즉 세척수압관·세척배출수 침전조 등과 세사의 저장조 등이 있다.

③ 유지관리

㈀ 여과막의 손상방지

여과 중에 여과막이 손상되면 그 부위의 유속이 빨라져 국부여과 현상이 발생하고 여과수질이 크게 악화된다. 따라서 여과막이 손상되지 않도록 주의해야 하는데, 여과막의 손상에 가장 주된 원인은 부압에 의한 것으로 부압의 발생 원인은 여과수두의 증가에 따른 것이다. 즉, 여과의 진행으로 여과막이 두꺼워지면 저항이 커지므로 손실수두가 커져 소요의 여과수량을 얻을 수 없다. 따라서 소요의 여과수량을 얻기 위해서는 조절정의 여과수 인출수위를 여과 진행에 따라 차차로 저하시켜야 하는데, 이때 인출 수위가 사면의 높이 이하로 저하하면 여과막 하부에 부압이 생겨 공기가 석출되고 이 공기가 부상하여 여과막을 손상시킨다.

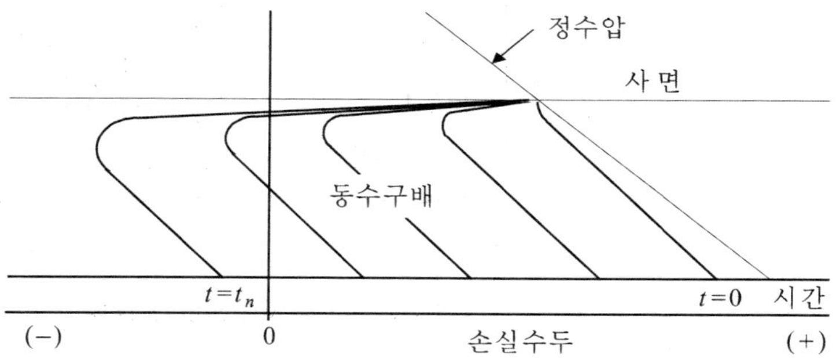

(a) 표면여과형(완속여과)

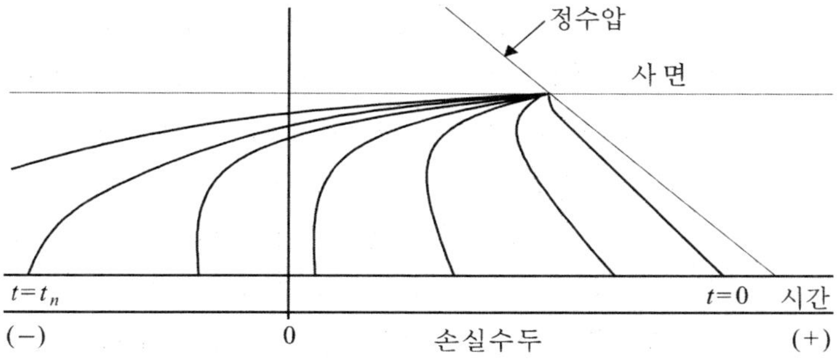

(b) 내부여과형(급속여과)

그림 6.26 모래층 내 수압의 경시변화

㈁ 소제작업

이상과 같이 여과저항이 증가하면 여과를 중지하고, 폐색된 여과지의 여과막을 삭취(削取)하여 여과기능을 회복시켜야 하는데, 이러한 작업을 **소제(掃除)작업** 또는 **삭취(削取)작업**이라 한다. 소제를 위해서는 먼저 사면 상부에 설치된 배수관을 이용하여 사면 위의 물을 배수하고, 다음으로 조절정의 배수구를 열어 수위를 사면 아래 20 cm 정도가 되도록 저하시키는데, 이것은 지나치게 수위를 저하시킬 경우 배수와 역송 시 시간이 낭비되기 때문이다. 배수가 완료되면 오염된 사면을 평균 1～2 cm 깎아 낸다. 삭취는 오사 삭취용 로봇이나 샌드스크레이퍼 또는 인력으로 행하는데, 인력에 의할 경우 완료된 사면은 밟지 않도록 주의해야 한다. 이때 사면에는 적당한 지점에 발판을 깔아 작업로 및 오사(汚砂)의 운반로로 이용한다. 오사의 반출이 끝난 사면은 목제봉 등으로 평평하게 고른 후 사층 내 공기의 배제와 사면의 보호를 위해 조절정에서 정수를 사면 위 10～20 cm까지 2 m/day 이하의 느린 속도로 서서히 역송시킨다. 다음 원수의 유입구를 열어 사층 면이 흐트러지지 않도록 서서히 원수를 규정 수위까지 주입한 후 여과수의 탁도가 0.1 NTU 이하가 될 때까지 일정 시간 낮은 속도로부터 서서히 증가시키는데, 이것은 여과 초기에 탁질이 여층 내에 침입하여 사층 내를 오염시켜 하층부의 손실수두가 증가하는 것을 방지하기 위한 것이다. 여과 기능이 회복되기까지 소요되는 기간은 원수의 수질과 수온에 따라 다르지만 하절기에 1일, 동절기에는 7일 정도이다. 이 시간 동안의 여과수는 버리는 것이 바람직하지만 염소소독을 실시하여 이용하는 경우가 많다.

㈂ 여과지속시간 및 보사

소제와 소제 간의 시간 간격을 **여과지속시간**이라 하는데, 이 시간은 원수의 수질과 여과속도에 따라 다르나 대체로 30～60일이다. 또한 소제의 반복으로 사층의 두께가 감소하면 **보사작업**(補砂作業)을 실시하는데 그 한계는 경험상 40 cm 정도이다. 보사 시 여과지의 배수는 집수거 저부까지로 하고 오사(汚砂)는 표면 및 상층부의 5～10 cm 정도를 삭취한다. 다음에 깨끗한 모래를 보사하고 보사층 밑 오래된 모래를 파내여 새로운 모래와 위치를 바꾸어 준다. 이것은 오래된 모래가 항상 하층에 깔려 있으면 손실수두가 증가하기 때문이다. 보사 후에는 소정의 수질이 될 때까지 1～2 m/day의 속도로 초기여과를 실시하며, 수질을 확인한 후 규정속도까지 서서히 여과속도를 증가시킨다.

예제 6.5

여과사를 체분석하여 다음 표 6.8과 같은 결과를 얻었다. 이 여과사의 유효경(有效徑)과 균등(均等)계수를 구하라.

표 6.8 모래의 체분석 결과

체눈(mm)	0.105	0.149	0.210	0.297	0.42	0.59	0.84	1.19	1.68	2.38	3.00
누적통과율(%)	1.2	2.0	3.0	4.6	8.0	17.5	56.0	71.5	84.5	95.0	100.0

풀이 표 6.8을 이용하여 입경가적곡선을 그리면 다음 그림과 같다.

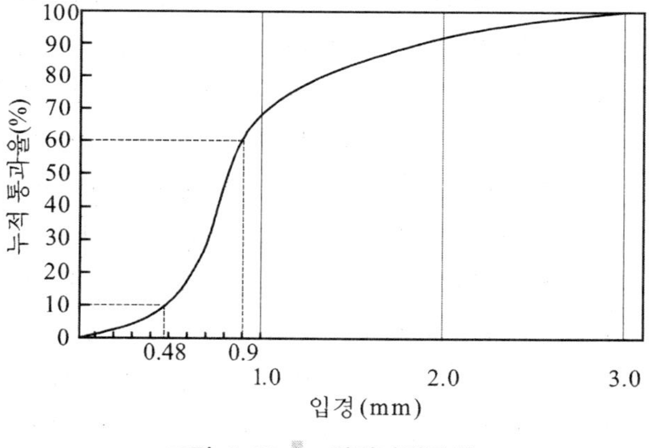

그림 6.27 입경가적곡선

유효경(effective size)은 누적통과율 10%에 해당하는 입경으로 0.48 mm이다. 한편 균등계수(uniformite coefficient; 누적통과율 60%에 해당하는 입경/유효경) $= \dfrac{0.9}{0.48} = 1.88$이다.

예제 6.6

여과지 면적 20 m^2, 여과층 두께 0.8 m, 투수계수(k) 0.015 cm/sec인 모래여과지를 이용하여 50 m^3/day의 물을 여과하려면 여과지와 조절정 간의 수위 차를 얼마로 유지해야 하는가?

풀이 연속방정식을 이용하여 지 내 유속을 구하면,

$$V = \frac{Q}{A} = \frac{0.00058}{20} = 2.9 \times 10^{-5}\ \mathrm{m/sec}$$

Darcy의 법칙에 의해 $V = kI$, I=수위 차(h)/여과층의 두께(l)이므로, $V = k\frac{h}{l}$

$$\therefore\ h = \frac{Vl}{k} = \frac{2.9 \times 10^{-5} \times 0.8}{0.00015} = 0.155\ \mathrm{m} \fallingdotseq 15.5\ \mathrm{cm}$$

2. 급속모래여과

① 급속모래여과지의 기능

급속모래여과는 2차 대전 후 급속히 보급되었다. 본 법은 원수에 함유된 현탁물질을 응집한 후 미여과수를 사층에 비교적 빠른 속도로 통과시켜 여재에 부착시키거나 여층의 체거름 작용에 의해 탁질을 제거하는 방법으로 단층식과 다층식, 압력식과 중력식이 있는데, 단층식은 일반적으로 모래만을 여재로 하고, 다층식은 모래와 안트라사이트 등을 여재로 이용한다. 한편 압력식은 밀폐된 조 내에서 일정 압력을 가하여 여과를 시행하는 방법으로 규모에 제한을 받는다. 따라서 이 방법은 소규모 시설에 한하며 도시수도와 같이 대규모 시설은 중력식을 이용하며, 이하에서는 주로 중력식에 대해 기술하였다.

본 법은 전처리로 약품처리를 이용하므로 크립토스포리디움을 포함한 콜로이드·현탁물질은 물론 상당히 오탁된 원수도 빠른 속도로 정화가 가능하며, 필요한 여과면적도 완속여과에 비해 매우 작다. 따라서 침전은 필수가 아니고 여과지속시간에만 관련된다. 여과속도는 단층인 경우 120~150 m/day, 다층인 경우 120~240 m/day을 표준으로 하며, 탁질의 제거는 완속여과에 비해 우수하고 세균도 상당량이 제거된다.

급속여과지에서 현탁물의 제거현상은 다음과 같다. 유입된 미여과수 중의 부유물 floc은 크기에 따라 모래입자 간격보다 큰 것은 우선 사면 위에 퇴적하고, 모래입자 간격보다 작은 floc은 하층부로 내려가지 않고 floc의 흡착력에 의해

표층부의 모래에 흡착·억류된다. 여과가 진행됨에 따라 억류량이 증가하면 수류의 전단작용에 의해 floc은 깨어져 하층부로 내려가 억류층은 점차 하층부로 이동한다. 이와 같이 급속여과에서는 표면뿐 아니라 내부에서도 여과가 이루어지는데, 이때 표면의 여과막은 완속여과와 달리 생물학적 작용이 없으므로 별도의 공정을 추가하지 않으면 용해상태의 유기물·철·망간·암모니아 등은 거의 제거되지 않는다.

② 급속여과지의 설계

㈀ 여과지의 면적과 수

총 여과지 면적(A)은 식 (6.25)를 이용하여 구하고 예비지를 포함하여 최소 2지 이상으로 한다. 그 이상의 경우는 10지마다 1지의 비율로 예비지를 설치한다. 이때 1지의 여과면적은 균등한 여과와 역세정을 위해 150 m^2 이하로 한다.

㈁ 구조

그림 6.28은 일반적인 구조를 나타낸 것으로 여과지의 형상은 직사각형을 표준으로 하며 길이와 폭의 비는 5 : 1 이하로 하는 것이 일반적이나 하부집수장치·through나 표면세정장치 등을 고려하여 정한다. 모래의 유효경은 0.45~1.0 mm, 균등계수는 1.7 이하, 최대경은 2 mm 이하로 하고, 모래층의 두께는 60~120 cm 정도로 하는데, 일반적으로 유효경은 0.45~0.7 mm로, 이때 모래층의 두께는 60~70 cm를 표준으로 한다. 유효경이 그 이상일 경우 실험이나 다음 식 (6.26)을 이용하여 합리적으로 모래층의 두께를 증가시킨다. 하부집수장치의 자갈층 두께는 장치의 형태에 따라 다르나 일반적으로 50~150 cm이고, 자갈의 최대경은 40 mm, 최소경은 2 mm 이상으로 한다. 참고로 하부집수장치의 몇몇 설치 예를 표 6.9에 나타내었다.

$$\frac{L}{D} \geq 800 \tag{6.26}$$

여기서, L : 여층의 두께(mm)
D : 여재의 유효경(mm)

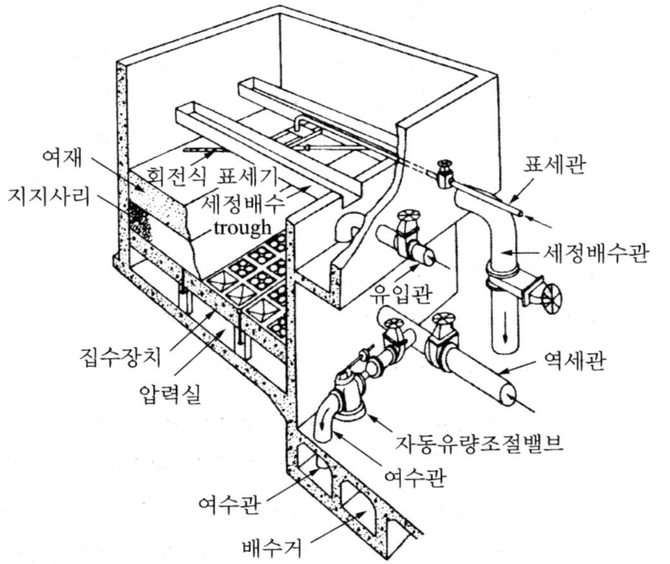

그림 6.28 중력식 급속여과지의 구조

표 6.9 하부집수장치별 자갈층의 구성

하부집수장치	세척방법	규격(mm)	두께(mm)	전체 층두께
휠러브럭형	물	2～5	100	400～500
		5～10	100	
		10～15	100～150	
		15～30	100～150	
스트레이너형	물	2～5	80～100	250～300
		5～10	80～100	
		10～20	90～100	
	물+공기	2～5	50～100	50～100
유공블럭형	물	2～5	80～100	250～300
		5～10	80～100	
		10～20	90～100	
	물+공기	2～5	80～100	250～300
		5～10	80～100	
		10～20	90～100	

㉢ 여과수량의 조절

여과수량의 조절은 무엇보다 유입 및 유출의 평형을 유지하여 여층이 드러나거나 혹은 물이 넘쳐흐르지 않도록 하기 위한 것이며, 아울러 수요에 대응한 유량을 생산하고, 특히 여과속도의 급격한 변화로 탁질이 누출하여 수질이 악화되는 것을 막기 위한 것이다. 이와 같이 여과지의 유량조절은 여과지 관리에 있어 매우 중요한 관리사항으로 그 방법은 크게 유입량을 조절하는 방법과 유출량을 조절하는 방법이 있는데, 인출관에 유출밸브와 유량조절기(automatic flow rate controller)를 설치하여 유출량을 조절하는 방법이 주로 채용되며, 구체적으로 다음과 같은 방법이 있다.

ⓐ **정속(정률)여과**(constant rate filtration)

정속여과는 유량제어형·수위제어형·자연평형형의 3가지 방식이 있으며 일반적으로 유량제어형이 자주 사용되는데, 이것은 여과지의 유출구에 유량계와 조절밸브를 설치하여 유출량을 일정하게 유지시키는 방법이다.

ⓑ **정압(정수위)여과**(constant pressure filtration)

여과지의 수위가 일정하도록 유출밸브를 조절하는 방법이다.

ⓒ **감쇠여과**(declining rate filtration)

유출밸브를 처음 적당한 여과속도로 설정한 다음 이후에는 유출유량을 조절을 하지 않는 방법이다.

다음 그림 6.29는 여과시간의 경과에 따른 위의 3가지 여과방식별 여과수량의 변화를 나타낸 것이다.

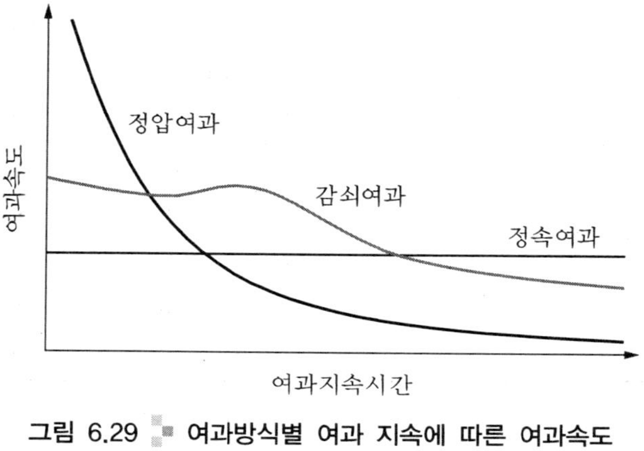

그림 6.29 여과방식별 여과 지속에 따른 여과속도

㉣ 하부집수장치

하부집수장치는 여과가 균등히 행하여지도록 여과수를 인출하고, 역세정 시 세정수와 공기를 여층에 균등히 유출시켜 여재의 세정을 원활히 하기 위해 설치하는 장치이다. 이 장치에서 분산과 집수의 균일성을 유지하기 위해서는 일정 이상의 손실수두가 요구되지만, 그 이상의 손실수두가 발생하지 않도록 해야 한다. 즉 지나치게 손실수두를 크게 하거나 작게 하는 것은 피해야 한다. 그 외에 이 장치는 여재를 지지하며 유실을 방지할 수 있는 구조여야 하며, 기타 scale 등에 의해 폐색되지 않고, 내구성 및 시공성이 좋아야 한다. 관련하여 표 6.10은 대표적인 하부집수장치의 종별 손실수두를 나타낸 것이다.

표 6.10 각종 집수장치의 손실수두

집수장치	유량계수 α	開口比×10^{-2} β	$2g\alpha^2\beta^2$	손실수두(mm)		
				역세속도 0.5 m/min	역세속도 0.6 m/min	역세속도 0.7 m/min
strainer형	0.65	0.15	5.37×10^4	3,720	5,360	7,310
wheeler형	0.65	0.3	1.34×10^4	930	1,340	1,830
유(다)공관형	0.67	0.2	2.84×10^4	1,970	2,840	3,880
유공block형	0.75	0.7	1.85×10^3	130	190	250

ⓐ Strainer형

Strainer형 집수장치는 그림 6.30과 같이 주철관이나 경질염화비닐관으로 된 집수관을 콘크리트 상판(床版)에 배열하고 견고하게 고정한 구조이다. 집수관의 간격은 10～20 cm로 하고 여기에 동일한 간격으로 청동이나 합성수지제의 strainer을 붙인다. 이때 strainer를 고정하는 단관의 총 단면적은 여과면적의 0.25～1.0%로 하는데, 이보다 작으면 역세 시 균등한 손실수두를 얻을 수는 있으나 세정수압이 커야 하므로 비경제적이고, 이보다 크면 역세 시 균등한 손실수두를 얻을 수 없어 세정이 고르게 되지 않는다.

ⓑ Wheeler형

콘크리트 상판 전면에 그림 6.31과 같은 구조의 개구부를 가지는 것을 wheeler형 집수장치라 한다. 개구부의 중심 간격은 20～30 cm 정도이며, 개구부의 총 단면적은 여과면적의 0.25～0.4%로 strainer형과 비슷하다. 역세 시 콘크리트 상판의 하부는 압력수실(壓力水室)이 되므로 상판이 뜨지 않도록 고정해야 한다. 또한 시공 시 압력수실에 역세관을 배열할 때에는 역세수의 압력이 압력수실 내에 균등히 분포되도록 유의해야 한다. 이 형은 개구부의 콘크리트 타설과 압력수실의 시공이 번거로운 것이 단점이다.

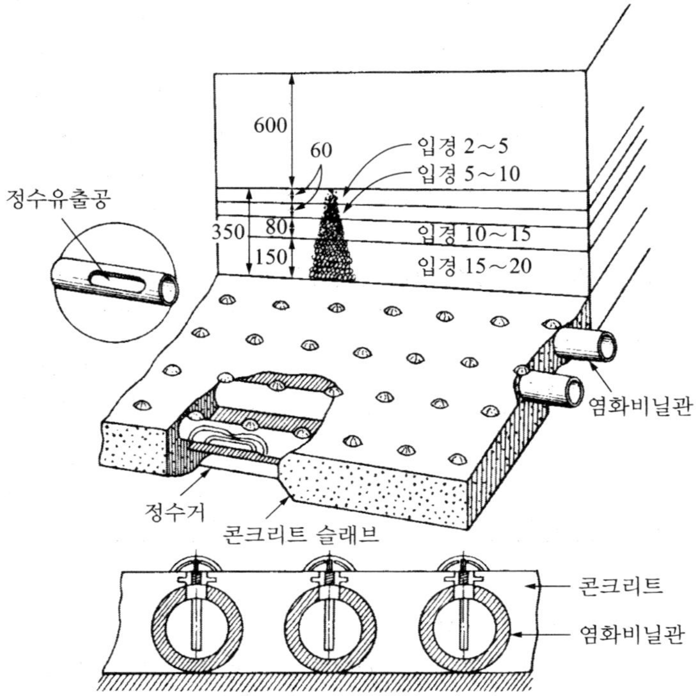

그림 6.30 Strainer형 하부집수장치

ⓒ 유공관형

유공관형은 그림 6.32와 같이 구조가 간단하고 시공도 용이하다. 집수본관에 직각으로 집수지관을 30 cm 이하의 간격으로 설치하고, 그 길이는 직경의 60배 이하로 하여 상판에 견고히 연결한다. 이때 각 지관의 말단은 관 내의 압력분포를 균일하게 하기 위해 상호 연결한다. 지관은 일반적으로 주철관·경질염화비닐관 등이 사용되며, 집수나 역세는 이들 관의 하부에 7.5～20 cm 간격으로 뚫은 지름 6～12 mm의 소공을 이용한다. 소공의 여과면적은 지관 총 단면적의 20～50%, 여과면적의 0.2% 정도로 하며, 본관의 단면적은 지관 총 단면적의 1.75～2배 정도로 한다.

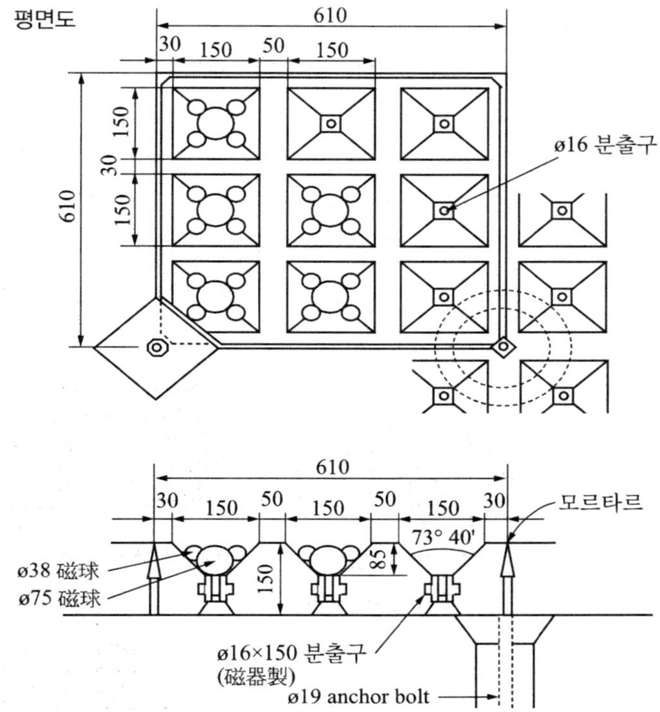

그림 6.31 Wheeler형 하부집수장치의 예(단위; mm)

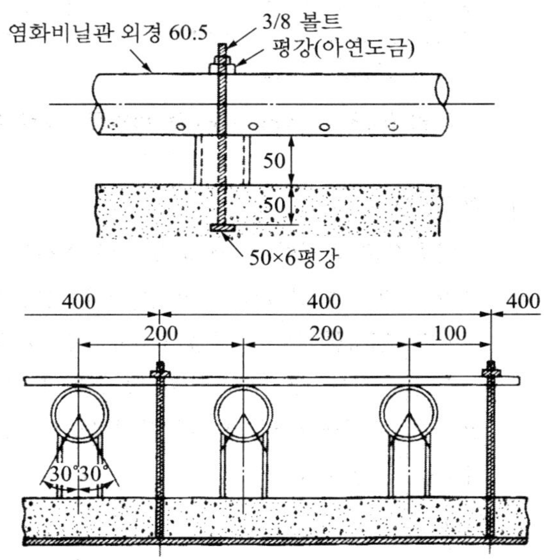

그림 6.32 유공관형 하부집수장치의 예(단위; mm)

ⓓ **유공 block형**

유공 block형은 여과지의 바닥에 그림 6.33과 같은 구조로 분산실과 송수실을 갖는 도제 유공블록을 규칙적으로 나란히 깔고 그 사이를 모르타르로 충전한 구조이다. 집수공은 지름이 4 mm 정도이며 총 단면적은 여과면적의 0.65% 이상 되어야 한다. 이 형은 블록의 가격이 고가이긴 하지만, 역세정 시 손실수두가 타 방법에 비해 작고, 지지 자갈층을 생략하거나 감소시킬 수 있어 구조물의 깊이를 줄일 수 있고 시공도 매우 쉽다.

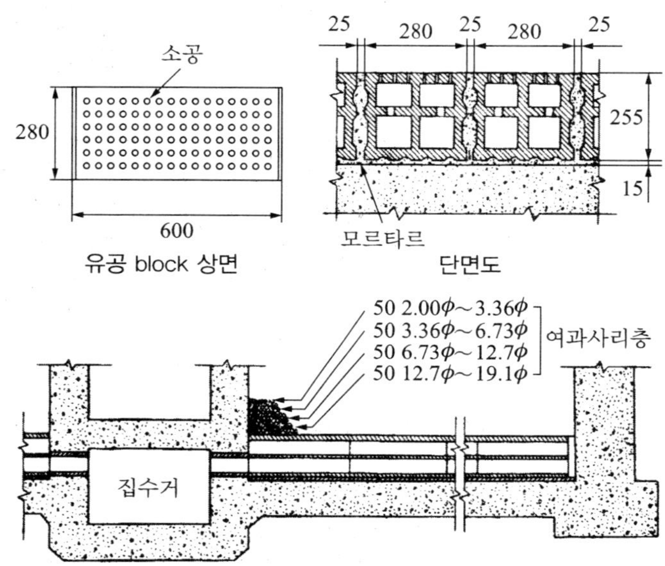

그림 6.33 유공 block형 하부집수장치의 예(단위; mm)

ⓔ **다공판형**

다공판은 직경이 수 mm 정도의 입상물질을 판상으로 성형한 것으로 그것을 바닥에 일정간격으로 배치한 지지벽 위에 설치하여 집수하는 장치이다. 입상물질로는 장경 3 mm 정도의 용융 알미나를 사용하는데, 본 장치는 지지사리를 생략할 수 있어 여과지의 깊이를 얕게 할 수 있는 장점이 있는 반면 판의 가격이 상대적으로 고가이고 수질에 따라서는 판이 막히는 단점이 있다.

ⓕ **기타 장치**

기타 급속여과지의 주요 시설로는 역세 시 발생하는 오수를 지 외로 배출하기 위한 세정배수통(洗淨排水桶; trough)과 사층에 발생하는 mud ball(泥球; 여재와 점착성 물질로 된 작은 덩어리)을 억제하기 위해 설치하는 **표면세정장치**가 있으며, 그 외에 월류관·공기관(공기와 물로 역세시)을 포함한 각종의 관과 변 등이 있다.

표면세정장치는 회전식·이동식 및 고정식이 있으며 장치의 선택은 여과지의 형상이나 크기 등에 따라 결정한다. 또한 세정수는 염소가 잔류하는 정수를 사용해야 하며, 필요 분사압력을 유지하기 위해서는 세정펌프나 세정탱크를 이용하는데, 역세정을 위한 세정수의 수압은 하부집수장치의 분출구에서 2.5～5.0 m가 요구되고, 표면세정을 위해서는 노즐수두가 고정식의 경우 15～20 m, 회전식의 경우 30～40 m 정도이며, 필요 총수두는 여기에 배관·밸브 등의 장치와 자갈·여재 등 하부집수장치로 인한 손실분, 즉 1～2 m을 가산하여 정한다. 한편 탱크의 용량은 적어도 1지를 세정할 수 있는 크기이어야 하며 여과지의 지수가 20지 이상인 경우에는 2지를 동시에 세척할 수 있는 크기로 하고, 가급적 수압의 변화가 적도록 수심을 얕게 해야 한다. 또한 탱크의 양수펌프는 0.5～1시간 정도에 탱크를 채울 수 있어야 하며 사고 등을 대비하여 예비기를 설치해야 한다.

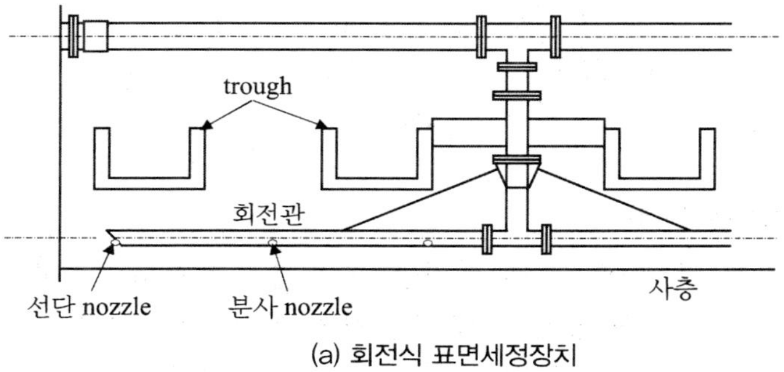

(a) 회전식 표면세정장치

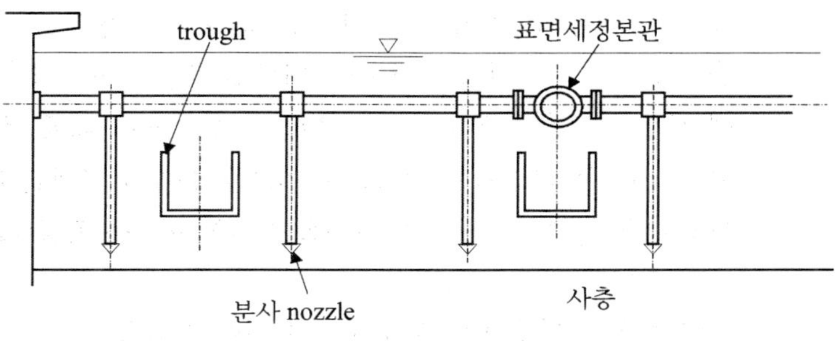

(b) 고정식 표면세정장치

그림 6.34 표면세정장치

참고로 mud ball은 조류 등의 유기물을 함유하는 원수를 여과할 때나 세립의 여재를 사용할 경우에 발생하기 쉬운데, 이것이 표층에 있을 때는 그 피해가 심하지 않으나 성장하면 역세 시 여층의 내부로 이동하여 여과수의 수질을 악화시킨다. 따라서 표면세정은 역세정에 앞서 물을 여과층 표면에 분사하여 이상층(泥狀層)을 파쇄하고 역세정 중에는 표면세정장치의 분수노즐이 사층에 묻히도록 하여 모래입자의 세척효율을 증대시켜야 한다. 그림 6.34는 표면세정장치의 예를 보인 것이다.

예제 6.7

다음과 같은 조건에서 급속여과지의 크기를 결정하라.

처리수량 50,000 m^3/day, 여과속도 180 m/day, 지수 8(예비지 1개 포함)

풀이 각 지의 면적 $= \dfrac{50{,}000}{(8-1)} \Big/ 180 = 39.68\ \mathrm{m}^2$

따라서 총 여과지 면적은 $39.68\ \mathrm{m}^2 \times 8 = 318\ \mathrm{m}^2$ 정도이며, 각 지의 크기는 6.3 m×6.3 m 또는 4.5 m×9.0 m 중 부지 사정을 고려하여 정한다.

[주] 고정식 세정장치를 채택하는 경우 여과지의 종·횡의 길이 비는 자유롭게 정할 수 있다. 그러나 회전식 세정기를 채택할 경우 장치의 설치를 쉽게 하기 위해서는 여과지 종·횡의 길이 비를 1 : 1, 1 : 2, 1 : 3, 또는 2 : 3과 같이 정수 비로 해야 한다.

③ 유지관리

급속여과는 여과가 진행됨에 따라 그림 6.26과 같이 사층 내에 부압이 생기고 이러한 상태가 지속되면 결국 전 사층에 부압이 걸려 이로 인한 장애가 발생한다. 즉, 부압이 발생하면 수중에 용존한 공기가 석출되어 모래 입자 사이에 남게 되는 **공기장애**(air binding) 현상이 발생하는데, 이 현상이 발생하면 사층의 공극이 축소되고 이때 사층 내를 흐르는 물의 유속이 증가하여 모래 입자에 흡착되어 있던 탁질이 세류(洗流)되고, 여과층 내에 억류되었던 floc이 파괴되며, 이러한 과정에서 형성된 단회로를 통하여 파괴된 floc이 여과수와 함께 유출되어 수질이 크게 악화되는데, 이러한 현상을 **탁질누출현상**(break through)이라 한다.

이 현상이 발생하면 그림 6.35와 같이 여과를 중지하고 여과수를 고속으로 역류시켜 오염된 모래를 세정하야 하는데, 이를 **역세정**(back washing) 또는 역세척이라 한다. 역세정의 방법은 팽창방식과 비팽창방식이 있는데, 일반적으로 팽창방식이 사용되며 이 방법을 다시 세분하면 표면세정 후 물로 역류세정하는 방법·공기로 사층을 교반한 후 역류세정하는 방법·물만으로 역류세정하는 방법이 있다. 역세정의 주기, 즉 여과지속시간은 원수의 수질·응집제의 종류·모래의 입도나 두께 등에 따라 다르지만 일반적으로 24~48시간 정도이며, 역세정 시 소요시간은 보통 5~15분 정도이다. 참고로 여과지속시간을 증가시키고 탁질누출현상을 완화시키기 위해서는 폴리염화알미늄(PAC)과 같이 효율이 높은 고분자 응집제를 사용하는 것이 유리하다. 표 6.11은 일반적으로 채용되는 세정수량·수압 및 소요시간과의 관계를 나타낸 것이다.

표 6.11 세정수량·수압·시간과의 일반적 관계

사항 \ 세정 방식		역세정	표면세정	
			고정식	회전식
표면분사수압	(m)		15~20	30~40
수 량	$(m^3/min \cdot m^2)(m^3)$		0.15~0.20	0.05~0.10
시 간			4~6	4~6
역세정수압	(m)	1.6~3.0	1.6~3.0	1.6~3.0
수 량	$(m^3/min \cdot m^2)$	0.6~0.9	0.4~0.6	0.4~0.6
시 간	(min)	4~6	4~6	4~6

주) 표면분사수압은 분출구의 동수두이며, 역세정 수압은 하부집수장치 분출구의 동수두이며, 이것은 여과층과 자갈층의 손실수두 0.4~0.8 m와 하부집수장치의 상단에서 세척트로프의 월류수면까지 표준수심 1.2~1.6 m에 여유를 가산한 것이다. 수량은 분당 여과면적 1 m^2당 여과량이다.

한편 역세정 시 중요한 운전지표로 식 (6.27)과 같이 표시되는 모래의 팽창비가 있는데, **적정 팽창비**는 20~30% 정도이며, 팽창비가 이보다 지나치게 크거나 작으면 모래 입자들 간의 마찰이 작아져 원활한 세척이 이루어지지 않는다.

$$\text{팽창비} = \frac{\text{역세정 시 모래층의 두께} - \text{비세척 시 모래층의 두께}}{\text{비세척 시 모래층의 두께}} \times 100(\%) \qquad (6.27)$$

역세정 효율을 향상시키기 위해 하부집수장치로부터 물 외에 압축공기를 분출시키는 경우, 즉 **공기수 세정**(back washing by air and water)의 경우 공기의 분출 시기는 물 분사 직전에 실시하는 경우와 물과 동시에 실시하는 방법이 있는데, 이때 공기는 사층을 느슨하게 하여 모래의 유동을 증진시키고 그 결과 세정수량을 줄일 수 있다.

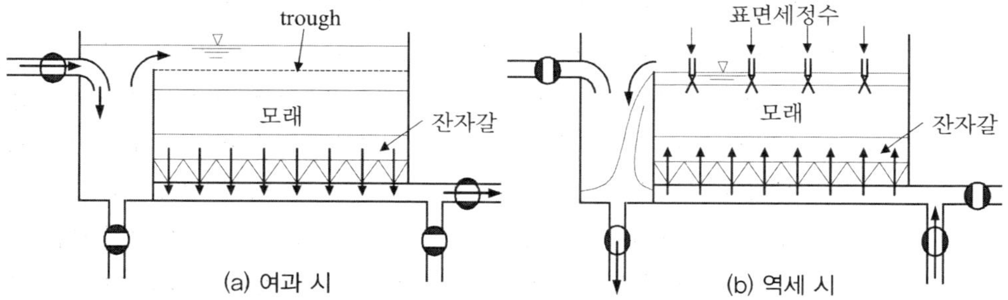

그림 6.35 여과 및 역세정 시 수류의 흐름

예제 6.8

예제 6.6에서 여과지의 크기를 6.3 m×6.3 m로 했을 경우 역세유량 및 표면세정유량을 구하라. (단, 역세속도는 0.60 m/min, 표세속도는 0.05 m/min이다.) 또 모든 지를 1일 1회씩 세정하면 세정에 요하는 수량은 얼마인가? (세정시간은 10 min으로 한다.)

풀이 역세유량 = 6.3 × 6.3 × 0.6 = 23.8 m^3/min,

표세유량 = 6.3 × 6.3 × 0.05 = 1.98 ≒ 2.0 m^3/min이다.

따라서 총 세정수량 = (23.8 + 2.0) m^3/min × 8지 × 10 min = 2,064 m^3, 1일 1회 실시하므로 소요수량은 2,064 m^3/day이고, 이것은 여과수량 50,000 m^3/day의 4.1%에 해당한다.

④ 급속여과의 변법

㈀ 역입도구성여과(reverse-graded filtration)

그림 6.36은 각종 여과장치의 입자 크기별 배열에 따른 공극의 변화를 나타낸 것이다. 일반적으로 단일 여재를 사용하는 급속모래여과에서 역세정을 행한 후 모래의 입자별 배열은 그림 6.36(a)와 같이 표층에 가장 작은 입경의 모래가 위치하고 깊이에 따라 점차 입경이 굵은 모래가 위치하게 된다. 따라서 하향 통수가 시행되는 일반적 여과에서 미여과수는 공극이 작은 쪽에서 큰 쪽으로 흐르게 되므로 체분석의 원리에 어긋나는데, 이러한 문제를 해결하기 위해 다음과 같은 여과법들이 이용되기도 한다.

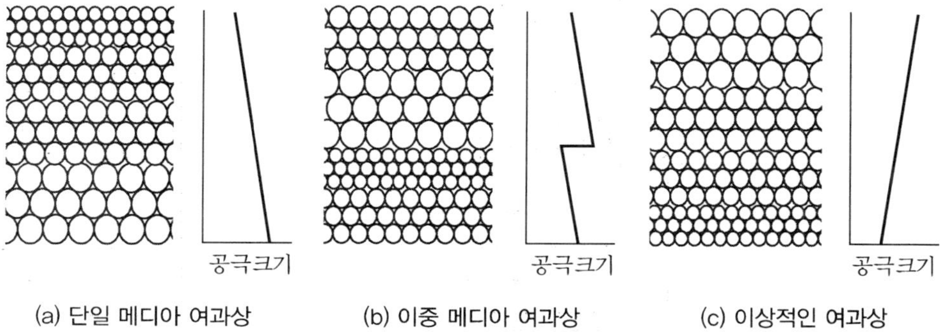

그림 6.36 각종 여과장치의 입자 크기별 배열에 따른 공극의 변화

ⓓ **상향여과(upflow filtration)와 다층여과(multilayer filtration)**

과거에 여과지의 구성은 하향류식 단층여과(유효경 0.45～1.0 mm, 균등계수 1.7 이하)가 대부분이었으나, 현재에는 현탁물의 제거효율이나 여과지속시간을 증가시키기 위해 **상향류식 여과**나 **다층여과**가 이용되기도 한다. 상향류 여과는 가압식 또는 중력식이 있으며, 그림 6.37은 그 개요도를 나타낸 것이다. 이 방법은 여과속도에 한계가 있는데, 그것은 여과속도를 지나치게 상승시킬 경우 사층이 부상하여 효율이 저하하기 때문이다. 참고로 그림 6.37에서 격자의 역할은 역세정 시 상 전체가 유동하여 세척효과가 떨어지는 것을 방지하기 위한 것이다.

한편 다층여과는 비중과 입경이 다른 여재를 2층 혹은 그 이상의 혼합층으로 깔아 체거름 효과를 증대시킨 것으로, 이때 미여과수의 흐름은 하향류이며 혼합여재로는 anthracite(비중; 1.35～1.75)·인공경량사(비중; 1.75～1.82)·모래(비중; 2.65)·석류석(garnet; 비중, 4.0～4.5) 등이 자주 사용되는데, 이들 여재는 비중 차로 인하여 역세정 후에도 그림 6.36(b)와 같은 여재의 배열을 나타낸다. 이 방법을 이용하기 위해서는 역세정 시 여재 간의 분리와 팽창이 적절히 이루어져야 하며 하층의 입경이 작은 여재가 누출되지 않도록 유의해야 한다. 여과층의 총 두께는 60～80 cm를 표준으로 하고, 지지층의 구성은 급속여과에 준하며, 여과속도는 240 $m^3/m^2 \cdot day$ 이하를 표준으로 하는데, 여재의 구성만 적당하면 500 $m^3/m^2 \cdot day$ 이상의 여과속도에서도 운전이 가능하다. 표 6.12는 다층여과 시 사용 여재의 예를 보인 것이다.

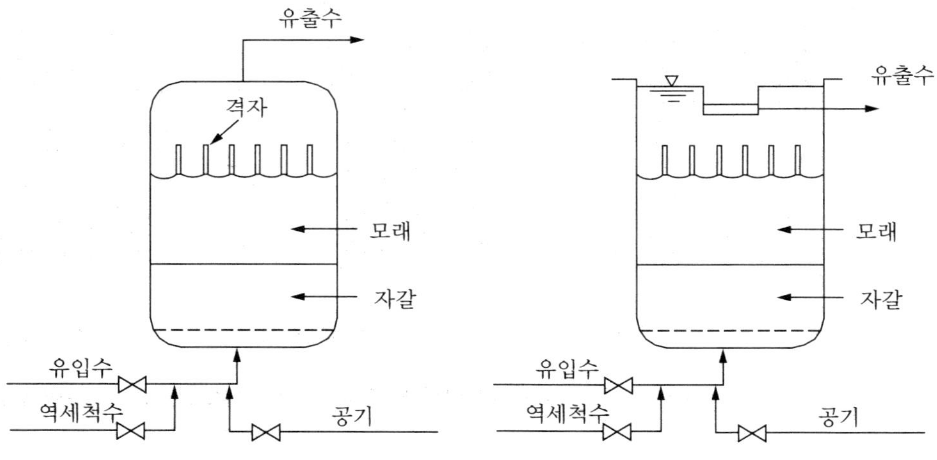

(a) 가압식 상향류 여과　　　(b) 중력식 상향류 여과

그림 6.37 상향류 여과상의 개요도

표 6.12 표준적인 여과층의 구성 예(2층 여과) (단위; mm)

구 분	안트라사이트		모 래		총 여과층 두께
	여과층 두께	유효경	여과층 두께	유효경	
구성 1	200～300	0.9～1.4	300～400	0.45～0.6	600
구성 2	200～400		300～500		700
구성 3	300～500		300～500		800

ⓑ 2방향여과(biflow filtration)

2방향여과(biflow filtration 또는 stereo filtration)는 상향류 여과 시 사층의 부상 및 팽창을 방지하기 위해 고안된 것으로 상하향류여과라고도 한다. 즉, 여층 내에 집수용 strainer을 설치하고 상하 양 방향에서 원수를 유입시켜 여과하는 방식으로 보통 유입수의 20%는 하향으로 80%는 상향으로 유입시킨다. 이렇게 할 경우 하향류로 인하여 여층의 팽창이 방지되고 동시에 여과면적은 2배로 증가한다. 따라서 이 방식을 이용하면 매우 빠른 여과속도를 적용할 수 있는데, 보통 상·하향류를 합하여 1,000 $m^3/m^2 \cdot day$ 정도의 여과가 가능하다. 한편 여재로는 모래만을 사용할 수도 있으나 그림 6.38과 같이 무연탄과 모래 등을 혼합층으로 이용할 수도 있으며, 이 경우 보다 효율적인 결과를 얻을 수 있다.

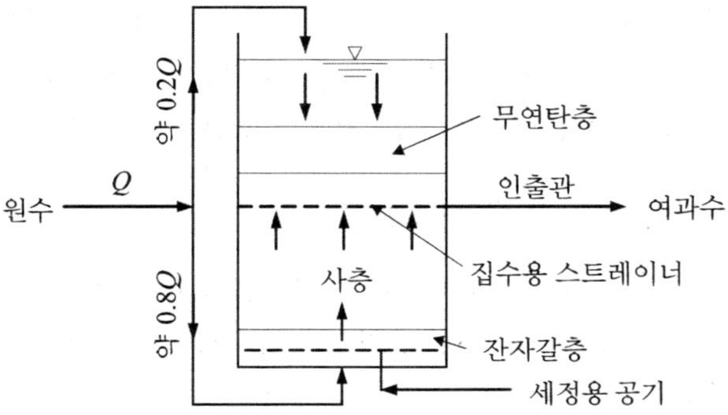

그림 6.38 2방향여과의 개요도

(ㄴ) 마이크로 플록법(micro-floc process)

원수에 응집제를 주입한 후 응집침전을 행하지 않고 바로 급속여과를 행하는 방법으로 원수의 탁도가 100도 이하일 경우 유효한데, 탁도가 그 이상일 경우에 이 방법을 이용하기 위해서는 미리 침전지에서 탁질을 어느 정도 제거할 필요가 있다. 사용 응집제는 고분자 응집제이며, 응집제는 일반적으로 펌프의 흡입관에 주입한다. 따라서 혼합은 임펠러의 회전력에 의하며 응집침전을 행하지 않고 바로 여과를 행하므로 floc의 형성은 주로 여과층 내에서 이루어진다. 고분자 응집제의 사용으로 인하여 강한 floc이 형성되므로 탁질누출현상은 발생하지 않으며, 여과층은 무연탄·천연규사·석류석의 3층여과를 사용하므로 여과속도를 230～290 m/day 정도로 빠르게 할 수 있다.

6.3.5 소독

소독(消毒, disinfection)은 바이러스·세균·원생동물 등 인간에게 감염을 일으킬 수 있는 병원성 미생물을 사멸시키기 위한 것으로, 비병원성 혹은 포자 상태의 병원성균의 사멸까지를 의미하지는 않는다. 포자 상태의 병원균까지 사멸시키는 개념으로는 멸균(滅菌, sterilization)이란 용어가 사용된다.

소독은 1900년대 초 상수에 대해 염소(Cl_2)소독이 실시된 이후 오존(O_3)·이산화염소(ClO_2) 등 여러 종류의 소독기술이 개발되어 왔으나, 이 중 저렴한 염소가 주로 사용되고 있다. 하지만 상수의 염소소독은 일부 병원균이나 기생충이 소독에 저항성을 가지고 있으며, 전형적으로 시행되던 지표생물에 의한 소독효과의 측정방법이 의문시 되고, 또한 소독 시 발생하는 발암성 물질인 trihalomethane(THM)으로 인하여 최근 새로운 소독제나 소독방법에 대한 연구가 활발히 진행되고 있다.

따라서 상수에서는 염소 외에 오존·이산화염소·자외선·할로겐 원소(Br_2, I_2 등)·은화합물 등이, 하수에서는 오존·이산화염소·차아염소산나트륨(NaClO)·자외선·방사선 등이 사용되거나 또는 사용이 검토되고 있다.

1. 소독제의 농도와 접촉시간

소독효과는 소독제의 농도나 접촉시간에 따라 좌우되는데, 접촉시간과 생존 미생물의 감소율은 식 (6.28)과 같다(Chick, 1908). 즉, 생존 미생물의 감소율은 접촉시간에 비례한다.

$$-\frac{dN}{N_t} = kdt \tag{6.28}$$

$$\therefore \ \frac{N_t}{N_o} = e^{-kt} \tag{6.29}$$

여기서, N_o : 소독 전($t=0$) 미생물의 수

N_t : t시간 소독 후 생존 미생물의 수

t : 접촉시간(time)

k : 감소율 상수(time^{-1})

위 식(6.28)에서 k는 소독제의 농도·미생물의 종류·온도·pH 등에 따라 달라진다. 한편 식 (6.28)을 현장에서 실측한 결과와 비교하면 그림 6.39의 곡선 C와 같이 1차 반응을 따르지 않는 경우가 나타나는데(Hoff, 1986), 이러한 현상은 소독제에 대한 세균의 내성이 각각 다르기 때문이며, 그 외에 미생물들이 소독제에 노출될 경우 응집체를 만들어 부분적으로 스스로를 보호하기 때문이다(Rubin, 1983).

한편 소독제의 농도와 접촉시간과의 관계는 다음과 같다.

$$C^n t_c = K \tag{6.30}$$

여기서, C : 투입 초기 소독제의 농도

t_c : 목표 살균율에 소요되는 접촉시간

n : 희석상수

K : 소독제의 종류나 온도 등 주어진 조건에 따른 상수

식 (6.30)에서 n값은 소독제의 종류나 성질에 따라 달라지는데, n값이 1보다 크면 소독작용은 농도에 좌우되며, 1보다 작으면 접촉시간에 좌우됨을 알 수 있다.

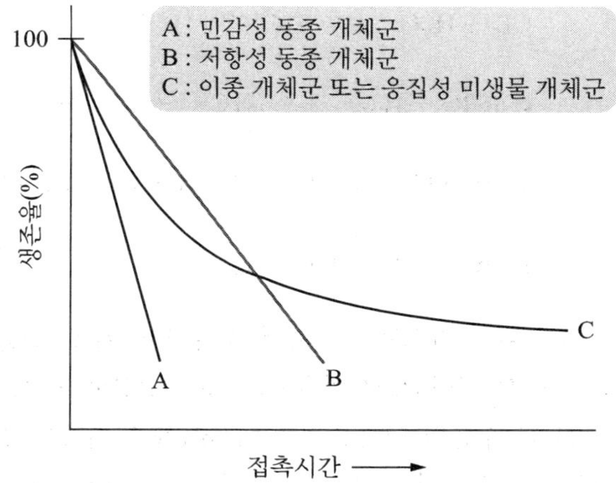

그림 6.39 소독 경과시간에 따른 미생물의 불활성화 곡선

2. 염소소독

염소는 상수 처리과정에서 소독제뿐 아니라 산화제로도 사용되는데, 그 사용 목적에 따라 전염소처리·중염소처리 및 후염소처리로 구분되며, 그 때 염소의 투여 위치도 그림 6.40과 같이 각각 다르다. 본 항에서는 소독과 관련된 후염소처리에 대해서만 기술하고 기타 염소처리에 대해서는 6.4.1항에 기술하였다.

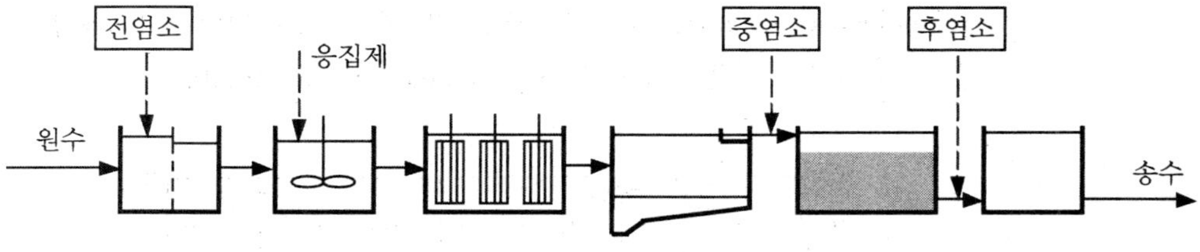

그림 6.40 사용 목적에 따른 염소의 투여 위치

① 염소의 수중반응 및 소독 원리

흔히 염소처리라 함은 후염소처리를 이르는 것으로 이것은 소독을 목적으로 여과 후 정수에 염소를 주입하는 것을 말한다. 염소는 가장 널리 사용되는 소독제의 하나로 주로 액체염소나 차아염소산염[차아염소산나트륨(NaClO)·차아염소산칼슘<표백분, $Ca(ClO)_2$> 등]의 형태로 사용되며, 이때 염소의 소독효과는 미생물 효소의 산화에 따른 것이다.

액체염소나 차아염소산염은 수중에서 다음과 같이 반응한다.

$$Cl_2 + H_2O \rightleftarrows HClO + HCl \quad (6.31)$$

$$NaClO + H_2O \rightleftarrows HClO + NaOH \quad (6.32)$$

$$Ca(ClO)_2 + 2H_2O \rightleftarrows 2HClO + Ca(OH)_2 \quad (6.33)$$

$$HOCl \rightleftarrows OCl^- + H^+ \quad (6.34)$$

위와 같이 염소는 수중에서 차아염소산(HClO)을 생성하고, 생성된 차아염소산은 다시 차아염소산이온(ClO^-)을 생성한다. 이때 이들 물질 간의 평형상태는 pH와 수온의 영향을 받는데, pH가 3 이상인 경우 식 (6.31)과 같이 차아염소산이 형성되며, 형성된 차아염소산은 pH의 상승에 따라 식 (6.34) 및 그림 6.41과 같이 ClO^-로 이온화한다. 이와 같이 염소를 포함하여 수중에 염소를 가할 때 발생하는 HClO과 ClO^-을 **유리염소**(free chlorite)라 하며, 이들 물질은 소독효과를 나타내는데 소독효과는 HClO이 ClO^-에 비해 약 100배 정도 강하다(그림 6.42 참고).

한편 HClO은 수중의 무기물질 및 유기물질과 반응하는데, 이 중 중요한 반응은 암모니아와의 반응인데, 그것은 반응 결과물이 유리염소와 마찬가지로 소독효과를 나타내기 때문이다. 즉, 수중에 암모니아가 존재할 경우 HOCl은 암모니아와 반응하여 **클로라민**(chloramine)을 형성하는데, 이들 물질을 **결합염소**(combined chlorine)라 하며 소독력을 가진다. 클로라민의 형성 과정과 형성되는 클로라민은 다음과 같다(Snoeyink and Jenkins, 1980).

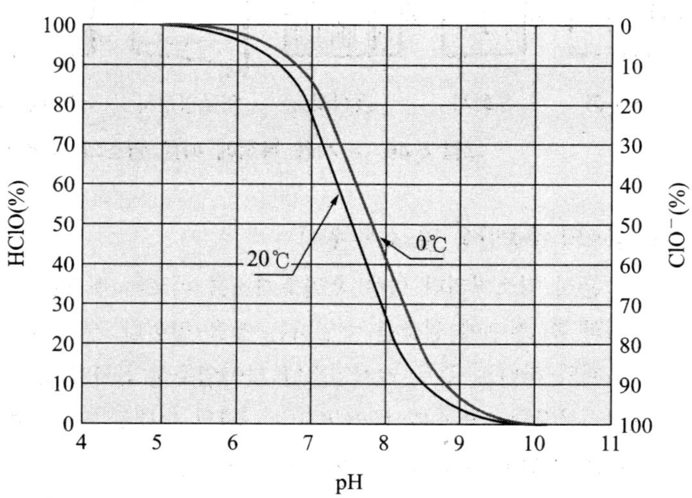

그림 6.41 pH에 따른 HClO과 ClO−의 양적 변화

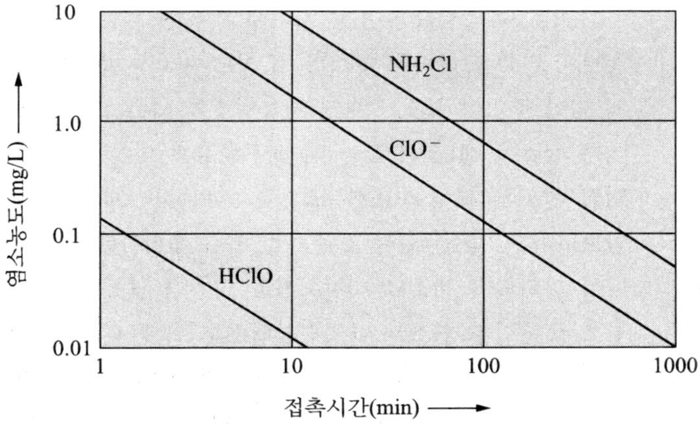

그림 6.42 99% 대장균 살균에 필요한 여러 형태의 염소 농도와 접촉시간과의 관계

모노클로라민 $NH_3 + HClO \rightarrow NH_2Cl(\text{monochloramine}) + H_2O$ (6.35)

디클로라민 $NH_2Cl + 2HClO \rightarrow NHCl_2(\text{dichloramine}) + H_2O$ (6.36)

트리클로라민 $NHCl_2 + 3HClO \rightarrow NCl_3(\text{trichloramine}) + H_2O$ (6.37)

형성되는 클로라민의 형태는 HOCl의 농도와 pH의 함수인데, 대략 pH 6 이상에서는 monochloramine이, pH 5 정도에서는 dichloramine이 지배적이다(그림 6.43 참고).

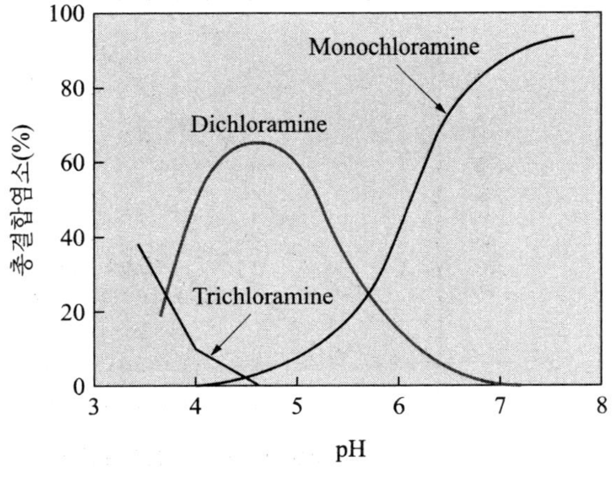

그림 6.43 pH의 변화에 따른 클로라민의 형태분포(Wolfe *et al.* 1984)

그림 6.44는 물에 염소를 서서히 주입할 경우 물의 성질에 따른 총 잔류염소 농도의 변화를 나타낸 것이다. Ⅰ형의 경우는 수중에 염소와 반응할 물질이 전혀 없어 주입된 염소가 모두 잔류염소로 나타나는 경우이고, Ⅱ형의 경우는 염소가 수중의 제1철염 또는 아질산염 등과 반응하여 계속 소비되고 그 이상 주입된 염소는 모두 **유리잔류염소**로 나타나는 경우이며, Ⅲ형의 경우는 수중에 암모니아가 염소주입량의 증가에 따라 **결합잔류염소**인 클로라민을 형성하다가 다시 파괴되어 질소나 이산화질소 가스로 분해되어 감소되고 이후 임계점 이상으로 주입된 염소는 유리잔류염소로 남게 되는 경우이다.

상기의 임계점을 **불연속점** 또는 파괴점(break point)이라 하며, 불연속점까지 주입된 염소량을 **염소요구량**이라 한다. 또한 상수 소독 시에는 불연속점 이상으로 염소를 주입하여 살균하는데, 이것을 **불연속점 염소처리**(break point chlorination)라 한다. 따라서 **잔류염소량 = 염소주입량 − 염소요구량**이다.

참고로 상수 소독 시 불연속점 염소처리를 실시하는 이유는 정수가 소비지까지 유송되는 과정에서 발생할 수 있는 오염을 방지하여 상수의 안전성을 확보하기 위한 것으로, 정수 중의 상한기준은 4 mg/L이지만 이 경우 불쾌한 이취미를 발생시키므로 과잉 주입이 되지 않아야 한다. 따라서 말단 급수전에서 유리잔류염소의 농도 기준치는 정상 시 0.1 mg/L(결합잔류염소로 0.4 mg/L) 이상, 수인성 전염병이 유행하거나 단수 후 급수를 개시할 경우 또는 원수의 수질 악화나 정수작업의 이상 등 비상시에는 유리잔류염소의 농도를 0.4 mg/L (결합잔류염소로 1.8 mg/L) 이상으로 유지하도록 정하고 있다.

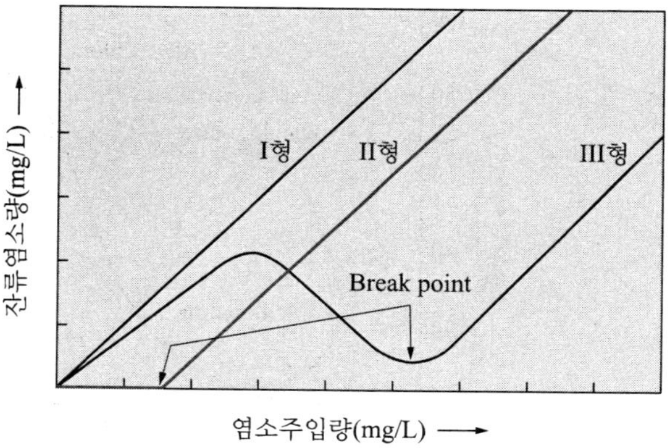

그림 6.44 잔류염소곡선

② 염소제의 종류

㈀ 액화염소(Cl_2)

염소가스는 공기보다 약 2.5배 무겁고 상온(18℃)에서 16.5기압이면 비교적 쉽게 액화된다. 염소는 활성과 부식성이 매우 강하고 질식성의 자극적 냄새와 독성을 가진 황록색의 기체로 생체에 극히 유해하므로 취급과 저장에 특히 유의해야 한다. 액화염소의 저장은 보통용기(5~10기압)를 이용하며, 액화염소 중 염소의 함량은 거의 100%이므로 다른 염소제와 비교하여 저장량이 적어도 되며 품질이 안정되어 있다

ⓐ **소독설비**

액체염소 소독설비는 그림 6.45와 같이 크게 저장·주입시설 및 혼화시설로 구성된다.

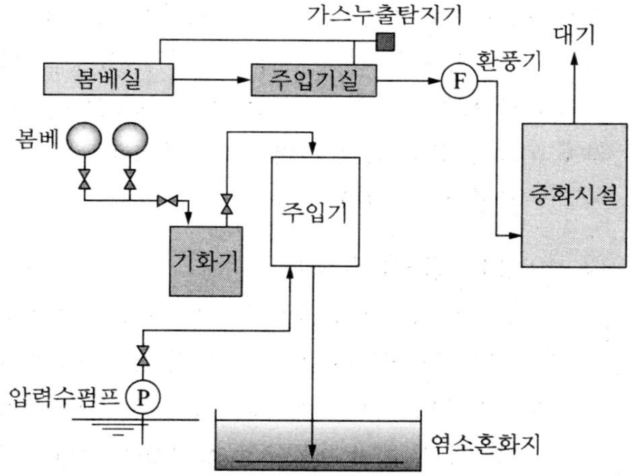

그림 6.45 액체염소 소독설비의 개요

ⓑ **저장**

액체염소의 저장은 계획 처리수량과 평균 주입률로 산출되며 보통 10일분 이상으로 한다. 저장은 평균 주입량이 1 t/day 정도로 적을 경우에는 용기를 이용하지만, 대규모일 경우에는 저장탱크로 하고 이때 탱크의 용량은 10~30 t 정도로 2기 이상 설치한다. 저장실은 저장능력이 1 t 이상인 경우 주입기실과 분리하고 염소가스의 누출에 대비한 중화실 및 탐기기를 설치한다.

ⓒ 주입기

주입기는 기화된 염소가스를 수중에 주입하는 장치로 건식과 습식이 있다. 건식은 기화된 염소가스를 수중에 직접 주입하는 방법이고, 습식은 물과 염소가스를 혼합하여 일단 염소수를 만든 다음 수중에 주입하는 방법으로 현재 널리 이용되고 있다. 한편 주입량의 제어는 수동으로 일정량 주입하는 방법, 유입수량에 따른 자동제어 방법 및 잔류염소 측정에 의한 주입량 제어 방법 등이 있다.

㈏ 차아염소산나트륨(NaClO)

차아염소산은 유효염소가 4～20%인 수용액으로 담황색의 액체이다. 일반적으로 가성소다 용액에 염소가스를 흡수시켜 제조하며, 강알칼리로 산화작용과 부식성이 강하다, 소독효과는 식 (6.32)와 같이 수중에서 생성되는 HOCl과 OCl^-에 의하며, 액체염소에 비해 가격은 비싸지만 가스 누출의 위험이 없고, 소독설비가 비교적 간단하므로 유지비가 비교적 저렴하다. 또한 색도와 탁도 제거에 효과적이며 소독효과가 비교적 높다. 한편 하수 처리 시 사용되는 차아염소산나트륨의 유효염소 농도는 12% 정도로 높은데, 이때 차아염소산은 빛과 열에 노출될 경우 쉽게 분해되므로 주의해야 한다. 본 시설은 탈염시설 등이 별도로 요구되는 단점이 있다.

㈐ 차아염소산칼슘[$Ca(ClO)_2$]

예부터 소독제로 흔히 사용되어 온 차아염소산칼슘(표백분)은 소석회에 염소가스를 흡입시켜 만든다. 이 소독제의 유효염소량은 보통 35～38% 정도이지만 고농도인 경우 70～90% 정도로 같은 양의 액체염소와 거의 같은 정도의 효력을 갖는다. 하지만 이것은 액체염소에 비해 작용이 완만하고, 식 (6.38)과 같이 불필요한 침전물이 발생하며, 주입량을 정확하게 조절하기 어렵다. 따라서 대규모 처리장보다는 소규모 처리장에서 사용빈도가 높지만, 최근에는 이러한 단점을 보완하기 위해 과립·테블릿(tablet) 또는 펠릿(pellet) 형태의 것이 개발되어 주입량을 비교적 손쉽게 조절할 수 있다.

$$Ca(OCl)_2 + 2H_2 \rightarrow Ca(OH)_2 \downarrow + HClO \qquad (6.38)$$

㈑ 이산화염소(ClO_2)

이산화염소는 보통 진공상태에서 $NaClO_2$ 용액에 염소가스를 주입하여 발생시키는데[식 (6.39) 참고], 이것은 온도·압력 및 빛에 불안정한 물질로 대기 중에 4% 이상 존재하면 폭발하며, 고농도의 가스 상태에서 압축가스로 저장되지 않기 때문에 현장에서 직접 제조해야 한다. 이산화염소의 살균력은 중성 부근에서 염소와 비슷한 살균력을 나타내지만 pH 8.5 이상에서는 강력한 살균력을 나타내며, THM을 생성하지 않고 암모니아와 반응하여 클로라민을 형성하지 않는다.

$$NaClO_2 + Cl_2 \rightarrow 2ClO_2 + 2NaCl \tag{6.39}$$

예제 6.9

100,000 m^3/day의 상수를 소독하는 데 30 kg/day의 염소가 사용되고 있다. 잔류염소의 농도가 0.2 mg/L 라면 염소요구량은 얼마인가?

풀이 염소요구량 = 염소주입량 − 잔류염소량이고,

염소주입량 = 30,000 g/day ÷ 100,000 m^3/day = 0.3 g/m^3 = 0.3 mg/L이다.

따라서 염소요구량 = (0.3 − 0.2) mg/L × 100,000 m^3/day = 10 kg/day

3. 기타 소독법

① 오존처리

오존은 자극적인 청색의 불안정한 가스로, 20℃의 증류수에서 반감기가 20~30분 정도이고, 용액 속에 산화제를 요구하는 물질이 존재하면 반감기는 더욱더 짧아진다(Rice *et al.*, 1979).

오존은 공기 또는 산소만 있으면 언제 어디서나 필요량을 생산할 수 있으므로 현장에서 제조·사용하는 것이 매우 유리하다. 따라서 운송·저장이 필요 없는 장점이 있다. 오존은 3개의 산소원자로 되어 있으며, 제3원자는 결합력이 약해 쉽게 분리되어 발생기산소(nascent oxygen)로 되는 성질이 있으며, 순수 중에서 다음과 같이 분해된다.

$$O_3 + H_2O \rightarrow HO_3^+ + OH^- \tag{6.40}$$

$$HO_3^+ + OH^- \rightarrow 2HO_2 \tag{6.41}$$

$$O_3 + HO_2 \rightarrow HO + 2O_2 \tag{6.42}$$

$$HO + HO_2 \rightarrow H_2O + O_2 \tag{6.43}$$

오존의 산화력은 주로 HO_2와 HO에 의한 것으로, 오존은 불소 다음으로 강

력한 산화력을 가지고 있으며, 살균·탈색·탈취·탈미·제철·제망간·시안화합물과 페놀류의 분해제거·ABS 등의 제포(除泡) 및 BOD와 COD 등의 제거에 있어 타 산화제보다 효과가 크다.

그 외의 장점으로는 물에 THM이나 클로라민과 같은 잔류물이 남지 않아 방류수역의 생태계 보존에 유익하고, 이취미를 남기지 않으며, 수중에서 단시간에 분해되어 산소를 방출하므로 과잉첨가에 따른 2차 오염이 없다. 또한 오존의 발생량은 전력 조절에 의해 쉽게 조절되므로 관리의 자동화가 쉽고 에너지의 절약화가 쉽다. 반면 오존은 고가의 오존발생장치가 필요하며, 수온이 상승하면 오존 소비량이 증가하여 운전비를 증가시키는 단점을 가진다. 또한 잔류성이 없기 때문에 상수 처리 시 후염소처리를 실시해야 한다.

참고로 오존의 물에 대한 용해도는 20℃ 때 570 mg/L 정도이며, 이는 염소 용해도의 1/12에 지나지 않는다.

② 자외선 방사법

자외선(ultraviolet light; UV) 방사법은 파장이 2537 Å (Å = 10^{-8} cm) 정도인 자외선의 살균력을 이용하여 소독하는 방법으로, 이때 자외선은 석영튜브(quartz tube) 내의 저압 수은램프를 이용하여 발생시킨다. 본 법은 화학적 부작용이 적어 안전하며, 설치가 용이하고 접촉시간이 짧은 장점을 가진다. 하지만 자외선 조사(照射) 시 탁도나 색도가 높을 경우 소독효과가 떨어지며, 유지비용(램프 교체)이 크고, 램프의 주기적 세척이 요구된다. 또한 잔류성이 없어 상수나 중수도에 사용할 경우에는 후염소처리가 요구된다.

자외선에 의한 미생물의 불활성화는 자외선의 강도(μW/cm^2)와 노출시간(sec)에 비례하며, 다음 식 (6.44)와 같이 나타낼 수 있다(Luckiesh and Holladay, 1944; Severin, 1980).

$$\begin{cases} -\dfrac{dN}{N_t} = K \cdot P_d\, dt \\ \therefore\ \dfrac{N_t}{N_o} = e^{-KP_d t} \end{cases} \tag{6.44}$$

여기서, N_o : 초기 미생물의 수(#/mL)

N_t : t시간 소독 후 생존 미생물의 수(#/mL)

P_d : 자외선의 강도(μW/cm^2)

t : 노출시간(sec)

K : 불활성화 계수(cm^2/μW · sec)

표 6.13 각 소독법의 장단점 비교

구 분	장 점	단 점
염소	약품비가 싸다. 액화하기가 쉽고, 저장이 용이하다. 주입이 용이하다.	사용 후 잔류물이 있고 특유의 냄새가 있다. 가스 누출의 위험이 있다. 타 소독제에 비해 소독효과가 떨어진다.
이산화염소	악취 및 색도 제거에 효율적이며, 소독력이 강하다. 바이러스 살균에 효과적이다. 중수도에 이용이 가능하다.	약품비가 높고, 취급 시 폭발의 위험성이 있다. 현장제조가 요구되며, 제조 후 시간 경과에 따라 소독효율이 크게 저하한다. 탈이산화염소 시설이 요구된다.
차아염소산 나트륨	유지비가 비교적 저렴하다. 색도와 탁도 제거에 효과적이며, 소독효과가 비교적 높다. 중수도에 이용이 가능하다.	탈염시설이 요구된다.
오존	강력한 산화력을 가지고 있으며, 적용범위가 크다. 잔류물이 남지 않고, 이취미를 남기지 않는다. 과잉 첨가에 따른 2차오염이 없다.	가격이 고가이고 복잡한 오존발생장치가 필요하다.
UV	화학적 부적용이 적어 안전하며, 잔류독성이 없다. 설치가 용이하고 접촉시간이 짧다.	유지비용(램프 교체)이 높고, 램프의 주기적 세척이 요구된다. 중수도 사용 시 재염소처리시설이 필요하다. 색도나 탁도가 높으면 소독력이 현저히 저하한다.

6.3.6 정수지

평상시 정수량과 송수량은 일정하며 송수량과 수요량과의 시간적 변화에 대한 불균형은 배수지를 이용하여 대처하는 것이 보통이다. 하지만 정전 등의 원인으로 요구량이 급변하여 배수지만으로 충분하지 못할 경우가 있는데, 이럴 때 일시에 정수량을 수요량에 맞추는 것은 불가능하다. 따라서 정수지는 여과수량과 송수량 사이의 불균형을 조절하고 동시에 정수장 내의 사고나 고장, 수원이나 수질의 이상 시, 시설의 점검 및 작업 시 정수 중단에 대비하여 정수를 저류시키는 곳으로 정수시설의 최종단계 시설이며, 정수장에 배수지가 있을 경우에는 보통 생략한다. 또한 정수지는 염소혼화지가 없을 경우에 주입한 염소를 균일하게 혼화하는 기능도 겸하고 있다.

정수지의 구조 및 설계요령은 다음과 같다.

① 구조적으로나 위생적으로 안전하고 수밀성이어야 하며, 한랭이나 혹서에 대비하여 상부 슬래브는 60 cm 정도 복토한다.

② 지하수위가 높은 지역은 부력에 의한 부상방지대책을 강구한다.

③ 정수지의 고수위는 여과지의 수위와 충분한 차이가 있어 여과지에 영향을 주지 않아야 한다.

④ 정수지의 유효용량은 최소한 첨두수요대처용량과 소독접촉시간용량으로 하며 최소 2시간분 이상을 표준으로 한다.

⑤ 원칙적으로 2지 이상으로 하고 부득이 1지로 할 경우 격벽(隔壁)으로 2등분한다.

⑥ 유효수심은 3～6 m를 표준으로 한다.

⑦ 상부 슬래브는 고수위로부터 30 cm 이상의 여유를 두며, 지저는 저수위로부터 15 cm 이상 낮게 한다.

⑧ 저수위 이하에 배출구를 설치하며, 배출구를 향하여 1/100～1/500 정도의 지저 구배를 둔다.

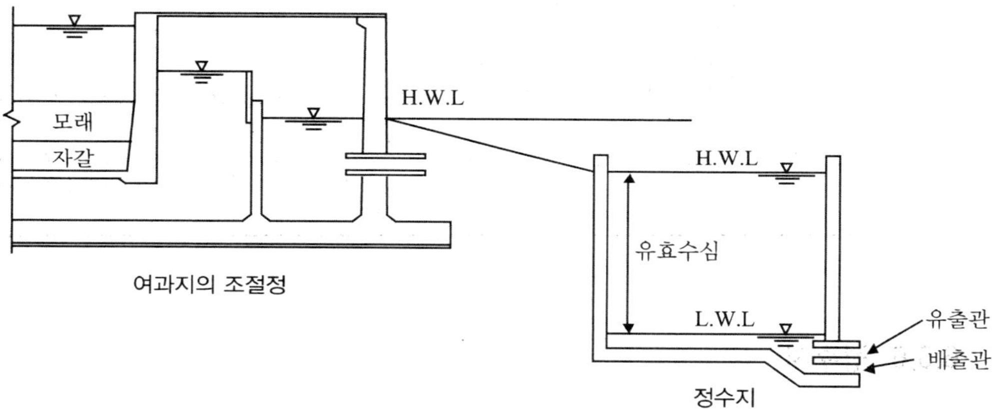

그림 6.46 여과지와 정수지의 수위관계

6.3.7 배출수 처리

정수장에서 발생하는 배출수는 침전지로부터 배출되는 침전슬러지와 여과지의 세정배수이며, 배출수에는 원수에 함유된 부유물과 일부 용해성 물질 및 수처리 과정에서 기인한 응집제 등이 포함되는데, 이들 물질은 고액분리를 통한 감량화로 운반 및 취급이 용이하도록 처리되어야 한다. 배출수의 구체적 처리방법은 조정·농축·탈수 및 처분의 4가지 공정 또는 그 일부로 구성되는데, 그림 6.47은 배출수의 일반적 처리과정을 나타낸 것이다.

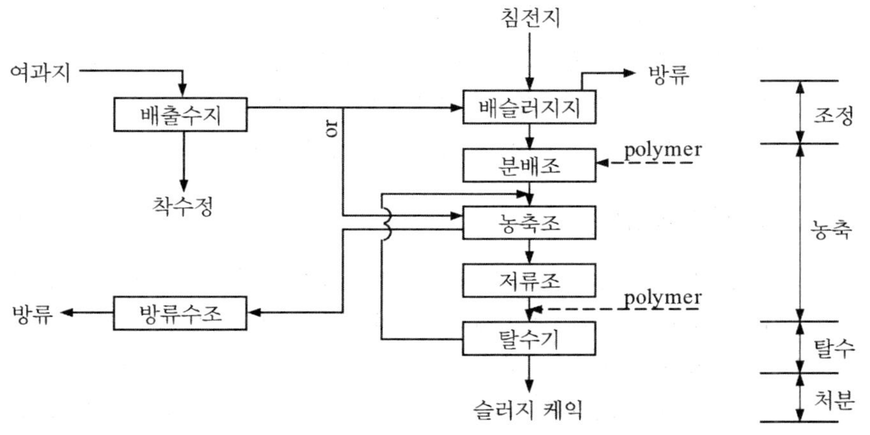

그림 6.47 배출수 처리 계통도

일반적으로 침전지의 침전슬러지와 세정배수는 분리·처리하는 것이 바람직한데, 이것은 과거처럼 혼합 처리할 경우 방류수의 탁도가 증가하고, 침전슬러지에서 기인한 불쾌한 맛과 냄새가 처리수로 옮겨질 가능성이 있기 때문이다.

1. 조정

통상 세척배출수와 침전슬러지는 양과 질적 측면에서 일정하지 않고, 또한 이들 배수는 간헐적으로 배출된다. 따라서 이후 과정인 농축과 탈수공정의 연속운전을 위해서는 슬러지의 질적·양적 조절이 필히 요구되는데, 여과지의 세정배수가 유입하는 **배출수지**와 침전슬러지가 유입하는 **배슬러지지**가 이러한 목적의 시설이다.

여과지 세척배출수의 고형물 농도는 보통 0.01～0.04% 정도로 침전슬러지(일반적으로 고형물 농도는 0.5～1.5% 정도)에 비해 훨씬 낮다. 따라서 세척배출수는 배출수지에 일시 저류하여 슬러지와 상징액으로 분리한 다음 슬러지는 배슬러지지 또는 농축조에 투입하고 상징수는 원수로 재이용하거나 처리 후 방류한다. 반면 배슬러지는 고액분리가 어렵고 맛·냄새·크립토스포리디움과 같은 병원생물에 의한 오염이 우려되므로 상징수를 정수공정에 반송해서는 안 된다.

2. 농축

농축은 탈수공정에 앞서 슬러지의 농도를 높이기 위한 공정인데, 일반적으로 기계탈수 시 슬러지 농도가 높을수록 탈수속도가 증가하고 함수율이 낮아지며, 자연 건조 시에는 건조상의 면적이나 건조일수를 줄일 수 있는 등의 장점이 있다.

한편 슬러지의 농축은 자연농축이나 전처리 등을 실시하는 경우로 나눌 수 있는데, 일반적으로 응집에 사용되는 수산화알루미늄의 영향으로 슬러지는 친수성이고 함수율이 높아 자연침강으로는 잘 농축되지 않는다. 따라서 농축률을 향상시키기 위해서는 자연침강보다 분배조에 산이나 응집제 등을 투입하여 전처리를 실시한 후 농축하는 것이 통상적이다. 상기 농축과정에서 발생하는 상징수는 방류한다.

3. 탈수와 건조

탈수와 건조는 슬러지의 수분과 용량을 감소시켜 처리 및 처분을 용이하게 하고자 함에 있다. 탈수방법은 모래건조상과 같은 자연건조와 진공탈수·가압탈수·원심탈수·조립탈수(造粒脫水) 등과 같은 기계적 탈수가 있다. 기계적 탈수는 석회나 응집제를 가하거나 동결·융해와 같은 전처리를 실시하여 탈수성을 높일 수 있으나 가급적이면 이러한 전처리 없이 탈수하는 것이 보다 이상적이다.

일반적으로 기계탈수 후 탈수케익은 그대로 처분하는 것이 보통이지만 함수율과 용적을 더욱 감소시키기 위해서는 열건조·소성 또는 천일건조를 실시하는 경우도 있다. 기타 관련 내용은 2편의 5장을 참고하기 바란다.

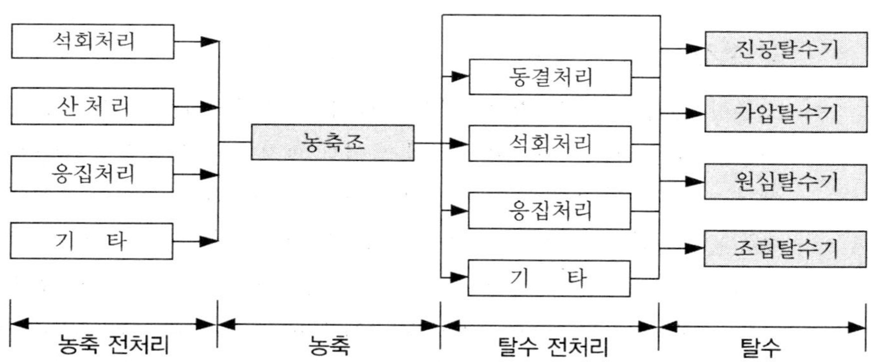

그림 6.48 농축 및 탈수 전처리

4. 처분

탈수케익의 처분은 해양투기가 불가능해짐에 따라 일반적으로 매립이나 재활용에 의존할 수밖에 없다. 매립의 경우 수분이 85% 이하이면 이 방법으로 처분할 수 있으나 소요부지의 확보, 케익의 함수율에 따른 운송비와 처분 후 토질의 강도 저하, 케익에 함유된 중금속이나 유기물에 의한 토양 오염의 문제 등이 발생할 수 있고, 재활용의 경우 시멘트의 원료·성토재·재생벽돌 등으로 사용할 수 있으나 정서상 사용자의 인식은 다소 회의적이다. 그 외에 발생량에 따라서는 하수처리장에서 처리하는 경우 또는 위탁처분하는 방법이 있다.

6.4 고도 정수처리

원수에 따라서는 일반적으로 흔하지 않는 물질을 포함한다거나 또는 일반적인 처리법으로는 처리하기 곤란한 물질을 함유하는 경우가 있는데, 이러한 현상은 수질오염과 더불어 더욱 증가하고 있다. 이들 물질, 즉 취기물질·색도·암모니아성 질소·THM 전구물질·음이온 계면활성제 등은 통상의 정수방법으로는 충분히 제거할 수 없는데 이것을 처리할 목적으로 도입하는 활성탄 처리·오존처리 및 생물처리시설 등을 고도처리라 정의할 수 있다(표 6.14 참고). 하지만 일반 정수법에서 가장 흔히 사용되는 방법, 즉 침전·여과·소독공정 외에 특수목적으로 도입되는 연수화·제철·제망간·전염소처리·이온교환·고급산화법(advanced oxidation process; AOP)·용존공기부상법(dissolved air flotation; DAF) 등 특수처리법도 사용방법에 따라서는 고도처리로 간주할 수 있는데, 본 항에서는 이들 처리법을 일반처리법과 구분하여 일괄 기술하고자 하며, 그 내용은 보다 전문적인 것이므로 각 항목별로 필요에 따라 참고하기 바란다.

표 6.14 고도정수처리법과 주요 제거대상물질

처리법	주요 처리대상물질	비 고
오존	난분해성 유기물·맛·냄새·색·철·망간 등의 제거	오존의 강력한 산화력을 이용, THM의 생성 감소
입상활성탄(GAC)*	각종 용존물질	활성탄의 흡착력 이용
생물활성탄(BAC)**	유기물질 및 각종 용존물질	활성탄의 흡착력 및 미생물의 유기물 분해능력을 이용
고급산화법(AOP)	유기물질	오존과 기타 산화제를 동시에 반응시켜 HO기(基)의 생성을 가속시켜 유기물 분해
용존공기부상법(DAP)	미세 부유물질·맛·냄새·조류·합성세제·철·마그네슘·휘발성 유기물질 등	고압의 공기를 물에 주입하고 이때 발생하는 기포의 부착력을 이용함
생물학적 처리	유기물질·암모니아성 질소	고정 메디아에 미생물을 부착·성장시킴

주) * GAC; granular activated carbon,
** BAC; biological activated carbon

6.4.1 염소처리

1. 염소처리의 목적

상수도에 있어서 염소는 소독을 목적으로 여과 후에 주입하는 것이 보통이나 여과 전에 산화를 목적으로 염소를 주입하는 것을 **전염소처리**(prechlorination)라 한다. 이것은 원수가 세균·유기물·암모니아성 질소·grease 등으로 심하게 오염되어 침전·여과만으로 충분하지 않을 경우나 악취·침식성·부패·철·망간의 제거 및 침전지나 여과지의 조류 번식을 억제할 목적으로 실시하는 특수처리법의 하나이다.

염소의 주입장소는 취수시설·도수관로·착수정·혼화지 입구 등 혼화가 잘 되는 장소를 선택하며, 주입률은 다음 사항을 참고하여 정한다.

① 일반세균 수가 1리터 중 5000 CFU 이상 또는 대장균군(MPN)이 100 mL 중 2500 이상인 경우 여과 이전에 세균을 감소시켜 안전성을 높이고, 침전지나 여과지 내부를 위생적으로 유지해야 한다.

② 조류·소형동물·철박테리아 등이 많이 번식하는 경우 그것을 없애거나 억제해야 하며, 특히 응집하기 어려운 일부 규조류(Melosira·Synedra 등)는 살조 후 응집침전시키는 것이 좋다.

③ 철·망간이 용존하여 염소소독으로 탁도나 색도가 증가하는 경우, 이들을 미리 불용해성의 산화물로 만들어 제거한다.

④ 암모니아성 질소·아질산성 질소·질산성 질소·황화수소·페놀류·유기물 등을 산화한다.

⑤ H_2S·하수나 조류 등의 냄새 등을 제거할 수 있다. 다만 종류에 따라서는 염소에 의해 맛과 냄새가 가중될 수 있으므로 유의해야 한다.

이상과 같은 목적으로 전염소처리를 행하지만 원수의 수질상태에 따라서는 충분한 효과를 얻을 수 없을 뿐 아니라 원수 중에 부식질(humic substance)이 존재하면 오히려 THM이 형성되기도 한다. 따라서 전처리로 염소를 채용할 경우에는 신중한 검토가 요구된다.

2. 염소의 주입률

염소의 주입률은 원수의 수질·직사광선의 강도·처리 목적 등에 따라 다른데, 이론적으로 철이온 1 mg/L를 산화하기 위해 필요한 염소량은 0.63 mg/L, 망간이온에 대해서는 1.29 mg/L, 암모니아성 질소에 대해서는 7.6 mg/L가 필요하다. 한편 여과수가 유지해야 할 유리잔류염소는 세균의 경우 0.1～0.2 mg/L, 망간 처리의 경우에는 0.5 ~ 1.0 mg/L 정도이다.

또한 H_2S를 황으로 제거하기 위해서는 H_2S 1 mg/L에 대하여 2.2 mg/L의 염소가 필요하며[식 (6.46) 참고], 황산염으로 산화시키는 데는 이론상 8.87 mg/L의 염소가 요구된다[식 (6.47) 참고]. 하지만 실제에 있어서는 부수반응으로 그 이상이 요구되며 정확한 필요량은 실험에 의해 정하는 것이 관례이다.

$$Cl_2 + H_2O \rightleftarrows HClO + H^+ + Cl^- \tag{6.45}$$

$$HOCl + H_2S \rightarrow S\downarrow + HCl + H_2O \tag{6.46}$$

$$S^{2-} + 4Cl_2 + 8OH^- \rightleftarrows SO_4^{2-} + 8Cl^- + 4H_2O \tag{6.47}$$

3. THM의 생성과 대책

전처리 시 염소의 주입량은 임계점을 넘지 않도록 하는 것이 좋은데, 그것은 유리염소 중 HOCl이 수중의 humic acid나 fulvic acid과 같은 전구물질과 반응하여 발암물질인 THM을 생성하기 때문인데, 이 중 대표적인 물질은 chloroform(trichloromethane, $CHCl_3$), bromodichloromethane($CHCl_2Br$), dibromodichloromethane($CHCl_2Br_2$), bromoform($CHCl_2Br_3$) 등이 있다.

THM의 생성을 억제하기 위해서는 전구물질을 제거한 다음 응집침전지와 여과지의 중간에 염소를 주입하는 중염소처리도 하나의 수단이 될 수 있는데, 그것보다는 전염소처리 대신 전오존처리를 하고, chloramine으로 후염소처리하는 것이 보다 안전하며, 전오존처리를 실시하기 어려운 경우에는 염소제로 이산화염소를 사용하여 전염소처리하고 chloramine으로 후염소처리하는 것도 바람직하다. 그 밖에 전염소처리를 약품응집과 침전 및 활성탄 흡착으로 대체하는 것도 차선책이 될 수 있다.

한편 **중염소처리**는 전염소처리만으로는 철과 망간의 제거가 충분하지 않을 경우 이들 물질을 보다 충분히 제거하기 위해, 또는 THM이나 곰팡이 냄새를 최소화하기 위해 채택하며, 그림 6.40과 같이 응집침전지와 여과지의 중간에 염소를 주입하는 것을 말한다.

참고로 humic acid과 fulvic acid은 토양에 포함되어 있는 부식질 중 용제에 의해 제거되지 않고 남아있는 암갈색 혹은 흑색 산성유기물의 일종이다.

6.4.2 용존공기부상법

정수장의 유입수에는 조류 등 부유물질이 포함되는데, 이들 물질을 제거하기 위한 방법으로 용존공기부상법(dissolved air flotation; DAF)이 있다. 이 방법은 하폐수처리 방법으로 사용되던 것을 수처리에 응용한 것으로 유입수에 응집제를 가한 후 약품침전지의 급속교반에 비해 강하게 교반하여 상대적으로 작고 가벼운 floc을 형성시킨 다음 이 floc을 그림 6.49와 같은 일련의 조작을 통해 석출되는 미세 기포에 부착시켜 부상·분리하는 방법이다.

이 공정에서 floc 형성지는 2지 이상으로 하고 수심은 3.6～4.5 m, G값은 30～120 sec^{-1}, 체류시간은 15～20분 정도로 한다. 한편 부상지는 수심 1.0～3.2 m, 체류시간은 표면부하율 10～15 m/hr에서 15～20분 정도로 하며, 바닥면적은 일반 침전지 바닥면적의 10% 정도로 한다. 부상한 슬러지는 수류·수집기·흡입 등의 방법을 이용하여 제거하며, 그 외에 이 방법을 이용하는 정수장에서는 고탁도(100 NTU 이상)의 원수에 대비하여 전처리시설로 예비침전지를 설치하여야 한다.

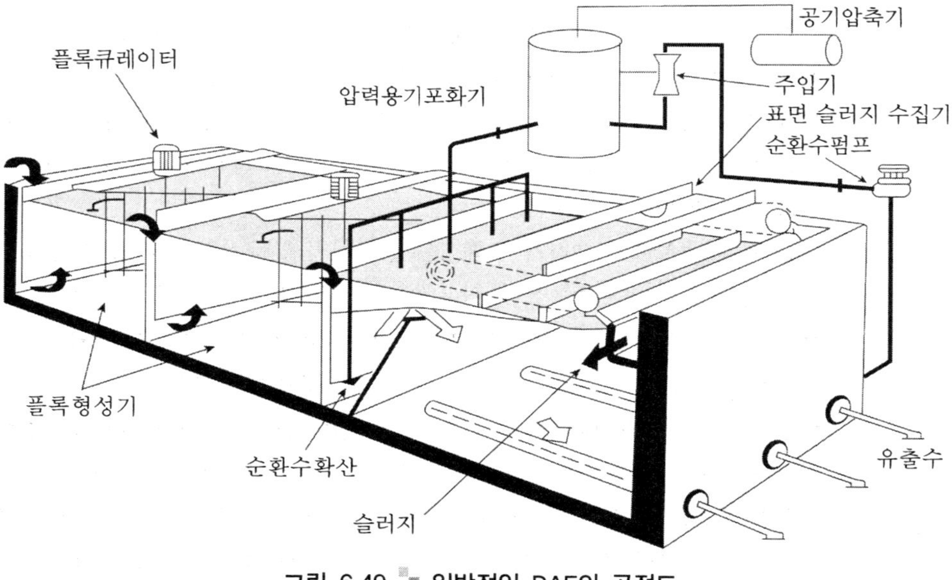

그림 6.49 일반적인 DAF의 공정도

6.4.3 다층여과

다층여과는 입경과 비중이 다른 여재를 다층으로 배열하여 대량의 부유물을 제거하고, 동시에 여과속도의 증가에도 여과지속시간을 충분히 확보할 수 있는 장점을 가진다. 자세한 내용은 6.3.4 2. ④항을 참고하기 바란다.

6.4.4 흡착 처리

액상(液相)이나 기상(氣相)으로부터 용질(溶質)이나 기체분자가 고체 표면에 축적되는 현상을 **흡착**(吸着, adsorption)이라 하고, 고체나 액체 내부에 침투하여 축적되는 현상을 **흡수**(吸收, absorption)라 한다. 그리고 이들 두 가지 현상이 동시에 일어나는 경우 이를 **수착**(收着, sorption)이라 하고, 수착된 물질이 액상 또는 기상으로 다시 흘러나오는 현상을 **탈착**(脫着) 또는 **탈리**(脫離, desorption)라 한다. 또한 이때 흡착되는 물질을 **흡착질**(吸着質), 흡착하는 물질을 **흡착제**(吸着劑) 또는 **흡착매**(吸着媒)라 한다.

흡착제의 흡착질에 대한 흡착능력은 일정한 온도에서 흡착량과 평형상태에서 잔류농도와의 관계로 나타내는 등온흡착식이 흔히 사용되는데, 대표적인 공식은 Freundlich식과 Langmuir식이 있다.

① Freundlich형

Freundlich식은 경험적으로 구해진 실험식이며 다음과 같다.

$$\frac{X}{M} = kC^{1/n} \tag{6.48}$$

여기서, X : 흡착된 흡착질의 질량,
M : 흡착제의 질량,
C : 흡착평형상태에서 용액 중 흡착질의 잔류농도,
k, n : 온도·흡착제 및 흡착질에 따라 결정되는 상수이다.

위 식은 다음과 같이 1차식으로 나타낼 수 있다.

$$\log(X/M) = \frac{1}{n}\log C + \log k \tag{6.49}$$

② Langmuir형

Langmuir는 흡착의 결합력은 흡착제 표면과 흡착되는 gas 분자 사이에 작용하는 결합력이 약한 화학흡착에 의한 것이며 단분자층의 두께에 한정된다고 판단하고, 흡착질의 양과 gas 압력과의 평형에 기초를 두어 다음과 같은 이론식을 유도하였다.

$$\frac{X}{M} = \frac{abC}{1+aC} \tag{6.50}$$

여기서, a : 최대 흡착량에 대한 상수,

b : 흡착에너지에 관한 상수이다.

위 식은 다음과 같이 1차식으로 나타낼 수 있다.

$$\frac{1}{X/M} = \frac{1}{b} + \frac{1}{ab} \cdot \frac{1}{C} \tag{6.51}$$

한편 수처리에 가장 많이 사용되는 흡착제 중 하나는 **활성탄**인데, 활성탄은 생물학적으로 처리가 어려운 저농도의 유해물질, 즉 취기를 야기하는 유기물·ABS·phenol·중금속·각종 농약성분 등을 처리하는 데 매우 유용하다.

활성탄은 사용방법에 따라 분말과 입상의 두 종류가 있는데, 분말의 경우는 응집제 첨가 전의 원수에 첨가하고, 입상의 경우에는 활성탄 여과층으로 이용한다. 분말은 취급이 어렵고 회수가 불가능하며 효과를 보기 위해서는 상당한 양을 첨가해야 한다. 반면 입상은 취급이 용이하고 재생이 가능하다.

예제 6.10

ABS를 제거하기 위해 분말활성탄을 이용하였다. 원수의 ABS 농도가 56 mg/L일 때, 활성탄 20 mg/L를 주입하였더니 유출수의 ABS 농도는 16 mg/L였고, 활성탄 주입량을 52 mg/L로 증가시켰더니 유출수의 ABS 농도는 4 mg/L로 감소하였다. 원수의 ABS 농도가 56 mg/L일 때, 유출수의 ABS 농도를 9 mg/L로 처리하고자 한다면, 이때 요구되는 활성탄의 농도는 얼마인가?

풀이 식 (6.47)에 대수를 취하면 $\log(X/M) = \frac{1}{n}\log C + \log k$이므로

$\log(X/M)$와 $\log C$를 plot하면 그림 6.50과 같이 기울기가 $1/n$, 절편이 $\log k$인 직선을 구할 수 있다.

그림에서 $\frac{1}{n} = \frac{0.3-0}{1.2-0.6} = 0.5, \quad \therefore\ n=2$

$\log k = -0.3, \quad \therefore\ k \fallingdotseq 0.5$

따라서 식 (6.48)에서 $M = X/kC^{1/n} = (56-9)/(0.5 \times 9^{1/2}) = 31.3\ \text{mg/L}$

■ 표 6.15

X	M	C	X/M	log C	log X/M
40	20	16	2	1.2	0.3
20	52	4	1	0.6	0

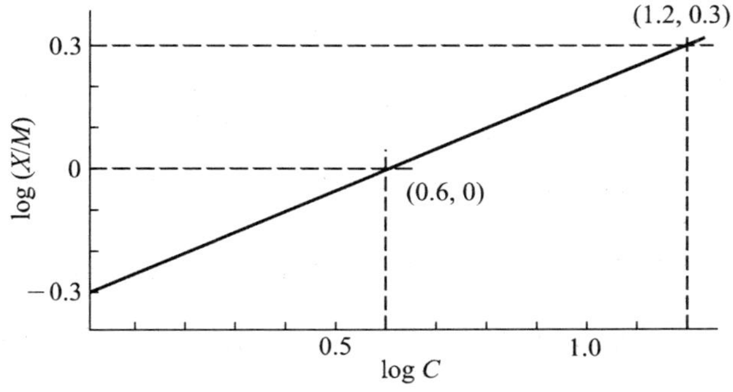

그림 6.50

6.4.5 오존처리

자세한 내용은 6.3.5 3. ①항을 참고하기 바란다.

6.4.6 연수화

가정에서 목욕수 등으로 경수를 사용할 경우 비누가 완전히 제거되지 않는 등 약간의 문제를 제외하면 경수는 일반 상수용으로 별다른 문제가 없다. 그러나 경수를 보일러용수나 공업용수로 사용하고자 할 경우에는 scale의 생성을 방지하기 위해 반드시 일정 수준 이하로 경도를 낮추어 주어야 한다. 경수의 연수화법에는 석회소다회를 이용한 침전연화법이나 착염법·이온교환법 등이 있으며 보통 석회소다회법이나 zeolite를 여재로 이용하는 이온교환법이 주로 사용된다.

1. 석회소다회법

연화에는 보통 소석회[$Ca(OH)_2$]·소다회[Na_2CO_3]가 주로 사용되나 때론 가성소다[NaOH]를 사용하기도 한다.

먼저 HCO_3^- · CO_3^{2-}을 포함한 탄산경도는 다음과 같이 소석회를 가하면 제거되고,

$$Ca(HCO_3)_2 + Ca(OH)_2 = 2CaCO_3 \downarrow + 2H_2O \tag{6.52}$$

$$Mg(HCO_3)_2 + Ca(OH)_2 = MgCO_3(\text{용액}) + CaCO_3 \downarrow + 2H_2O \tag{6.53}$$

소석회 대신 가성소다를 가하면,

$$Ca(HCO_3)_2 + 2NaOH = CaCO_3\downarrow + Na_2CO_3(\text{용액}) + 2H_2O \tag{6.54}$$

$$Mg(HCO_3)_2 + 2NaOH = MgCO_3(\text{용액}) + Na_2CO_3(\text{용액}) + 2H_2O \tag{6.55}$$

다시 식 (6.53)의 반응에 필요 이상의 소석회를 가하면,

$$MgCO_3 + Ca(OH)_2 = Mg(OH)_2\downarrow + CaCO_3\downarrow \tag{6.56}$$

또, 식 (6.55)에서 가성소다를 더 가하면,

$$MgCO_3 + 2NaOH = Mg(OH)_2\downarrow + Na_2CO_3(\text{용액}) \tag{6.57}$$

이상과 같이 소석회나 가성소다를 가함으로써 탄산경도를 제거할 수 있다.
한편 $CaSO_4$나 $CaCl_2$와 같은 비탄산경도는 다음과 같이 소다회를 가하면 제거되고,

$$CaSO_4 + Na_2CO_3 = CaCO_3\downarrow + Na_2SO_4(\text{용액}) \tag{6.58}$$

$$CaCl_2 + Na_2CO_3 = CaCO_3\downarrow + 2NaCl(\text{용액}) \tag{6.59}$$

$MgCO_3$나 $MgCl_2$는 소다회와 소석회를 주입하여 2단처리로 제거한다.

$$MgSO_4 + Ca(OH)_2 = Mg(OH)_2\downarrow + CaSO_4(\text{용액}) \tag{6.60}$$

$$\rightarrow CaSO_4 + Na_2CO_3 = CaCO_3\downarrow + Na_2SO_4(\text{용액}) \tag{6.61}$$

$$MgCl_2 + Ca(OH)_2 = Mg(OH)_2\downarrow + CaCl_2(\text{용액}) \tag{6.62}$$

$$\rightarrow CaCl_2 + Na_2CO_3 = CaCO_3\downarrow + 2NaCl(\text{용액}) \tag{6.63}$$

경도를 유발시키는 $Mg^{2+} \cdot Ca^{2+}$ 이온의 황산염은 위와 같은 반응에 의해 제거되며 염화물이나 초산염도 같은 방식으로 제거할 수 있다. 위의 반응에서 생성된 $CaCO_3$는 침전이 불완전하여 배수관 내로 유입하면 관 벽에 scale을 생성하는데, 이를 막기 위해서는 물속에 이산화탄소를 주입하여 $CaCO_3$를 용해성인 $Ca(HCO_3)_2$로 전환시키는 재탄화법(recarbonation)이나 scale 분산제가 사용된다.

한편 위의 화학반응에 의해 용해도적(K_{sp}) 이하로 경도를 낮추는 것은 불가능한데, 그 이하로 경도를 제거하기 위해서는 이온교환법을 사용해야 한다.

예제 6.11

석회소다회법에 의해 도달할 수 있는 평형상태의 경도를 구하라. (단, $K_{s1}=[Ca^{2+}][CO_3^{\ 2-}]$ $=4.82\times10^{-9}$(25℃), $K_{s2}=[Mg^{2+}][OH^-]^2=9.0\times10^{-12}$(25℃)이다.)

풀이 먼저 $[Ca^{2+}]=x$(mole/L)라면, $K_{s1}=[Ca^{2+}][CO_3^{2-}]=x^2=4.82\times10^{-9}$

$\therefore\ [Ca^{2+}]=0.694\times10^{-4}$(mole/L)이다.

따라서 Ca의 양을 $CaCO_3$로 환산하면, 즉

Ca경도는 $0.694\times10^{-4}\times100\times10^3=6.94CaCO_3^-$ mg/L이다.

한편 $Mg(OH)_2 \rightleftarrows Mg^{2+}+2OH^-$이고, $[Mg^{2+}]=y$(mole/L)라면,

$[OH^-]=2y$(mole/L)이므로, $K_{s2}=[Mg^{2+}][OH^-]^2=y(2y)^2=4y^3=9.0\times10^{-12}$

$\therefore\ [Mg^{2+}]=1.31\times10^{-4}$(mole/L)이다.

따라서 Mg의 양을 $CaCO_3$로 환산하면, 즉

Mg경도는 $1.31\times10^{-4}\times100\times10^3=13.1CaCO_3^-$ mg/L이다.

이미 기술한 바와 같이 용해도적 이하로 경도를 낮출 수 없으므로 석회소다회법에 의해 도달 가능한 최저 경도는 다음과 같다.

$6.94+13.1=20.04 \fallingdotseq 20CaCO_3^-$ mg/L이다.

2. Zeolite법

Zeolite법은 천연의 zeolite를 여재로 사용하여 수중의 Ca나 Mg를 이온교환하여 제거하는 방법이다. Zeolite에 의한 반응의 예는 다음과 같다.

$$Ca(HCO_3)_2+Na_2O\cdot Z \rightarrow CaO\cdot Z+2NaHCO_3 \tag{6.64}$$

$$CaSO_4+Na_2O\cdot Z \rightarrow CaO\cdot Z+Na_2SO_4 \tag{6.65}$$

한편 zeolite는 다음과 같이 식염수나 황산으로 세정하여 재생한다.

$$CaO\cdot Z+2NaCl \rightarrow Na_2O\cdot Z+CaCl_2 \tag{6.66}$$

참고로 zeolite는 천연의 흡착제로, 알칼리 및 알칼리토금속의 규산알루미늄 수화물인 아종광물(亜種鉱物)의 총칭이며, 그 조성은 $2SiO_2\cdot Al_2O_3\cdot Na_2O\cdot 6H_2O$으로 보통 $Na_2O\cdot Z$로 나타내는데, 이 중 클리놉틸로라이트[Clinoptilolite; $(CaNaK_4)(AlSi_5O_{12})24H_2O$]와 모더나이트[Mordenite; $(CaNa_2K_4)(AlSi_5O_{12})24H_2O$]를 주성분으로 하는 zeolite는 양이온 교환능력이 특히 우수하다.

6.4.7 이온교환

근래에 양질의 순수를 다량 필요로 하는 공업이 현저하게 증가하였다. 이들 공업에서 요구되는 수처리 방식은 종래 처리방식의 단순한 조합만으로는 불충분하며 이온교환처리를 중심으로 한 고도의 처리수를 요구하는 경우가 허다하다.

이온교환이란 이온결합의 강약에 따라 원수 중의 이온과 이온교환제(ion exchanger) 내의 이온이 가역적으로 교환되는 현상을 말한다. 이온교환제에는 양이온(陽ion) 교환제·음이온(陰ion) 교환제 및 양이온(兩ion) 교환제가 있는데, 양이온 교환제는 물의 연화, 철·망간·불소·암모니아 등 양이온을 제거하는 능력이 있으며, 음이온 교환제는 황산·염산·규산 등 음이온을 제거하는 능력이 있다.

1. 양이온 교환제의 교환기구(R은 교환제의 교환되지 않는 부분이다.)

① Na-형 교환체를 이용(물의 연수화, 재생제는 식염)

$$Na_2R + \left\{\begin{array}{l} CaCl_2 \\ Mg(HCO_3)_2 \end{array}\right. \rightleftarrows \left.\begin{array}{c} Ca \\ Mg \end{array}\right\} R + \begin{array}{l} 2NaCl \\ 2NaHCO_3 \end{array} \quad \text{(경도에 무관)} \qquad (6.67)$$

$$\text{재생} \quad \left.\begin{array}{c} Ca \\ Mg \end{array}\right\} R + NaCl \rightarrow Na_2R + \begin{array}{l} MgCl_2 \\ CaCl_2 \end{array} \quad \text{(세정으로 유출)} \qquad (6.68)$$

② H-형 교환체를 이용(경도와 동시에 Na^+ · K^+ 도 제거, 재생제는 황산과 같은 산)

$$H_2R + \left\{\begin{array}{l} CaCl_2 \\ MgSO_4 \\ 2NaCl \\ 2KCl \end{array}\right. \rightleftarrows \left.\begin{array}{l} Ca \\ Mg \\ Na_2 \\ K_2 \end{array}\right\} R + \begin{array}{l} HCl \\ H_2SO_4 \end{array} \qquad (6.69)$$

$$\text{재생} \quad \left.\begin{array}{l} Ca \\ Mg \\ Na_2 \\ K_2 \end{array}\right\} R + (H_2SO_4 \text{ 또는 } HCl) \rightarrow H_2R + \left.\begin{array}{l} Ca \\ Mg \\ Na_2 \\ K_2 \end{array}\right\} \begin{array}{l} (SO_4 \text{ 또는 } Cl_2) \\ \text{(세정으로 유출)} \end{array} \qquad (6.70)$$

③ 음이온 교환제의 교환기구(R_3N은 교환제의 교환되지 않는 부분이다.)

$$(R_3N)+\begin{cases}H_2SO_4\\2HCl\end{cases}\rightarrow (R_3N)_2\begin{cases}SO_4\\Cl_2\end{cases}+H_2 \tag{6.71}$$

$$\text{재생}\quad (R_3N)_2\begin{cases}SO_4\\Cl_2\end{cases}+Na_2CO_3 \rightarrow 2(R_3N)_2+Na_2\begin{cases}SO_4\\Cl_2\end{cases}+CO_3 \tag{6.72}$$

현재 이온교환법의 약 70%는 용수처리에 쓰이고 있으며, 그 외에도 물질의 정제·유출·촉매 및 폐수처리분야에 쓰이고 있다. 이 중 특히 폐수처리분야에서는 이온교환을 필요로 하는 경우가 많아지고 있으며, 이온교환에 의해 유용물을 회수하여 처리비를 보상하는 경우도 있다.

6.4.8 제철 · 제망간법

Fe과 Mn은 거의 모든 흙 속에 상당량이 비용해 상태로 존재하는데, 환원조건 하에서 용해되어 지표로 유출되며, 유출 후 다시 산화되는 과정에서 상수도에 적수와 흑수 등의 심각한 문제를 일으킨다. 이들 물질은 산화법·응집법·접촉여과법 등의 단독 또는 조합공정을 거친 후 여과처리 된다. 그 외에 철bacteria를 이용하는 방법도 있다.

1. 산화법

중탄산제1철[$Fe(HCO_3)_2$]은 가용성으로 알칼리도가 높은 수중에서 유리탄산과 공존하여 평형상태를 유지한다. 즉,

$$Fe(HCO_3)_2 \rightleftarrows FeCO_3+CO_2+H_2O \tag{6.73}$$

여기서 만일 CO_2가 감소되어 평형이 깨지면, 다음 식 (6.74)와 같이 탄산철이 가수분해되어 수산화제1철이 생긴다.

$$FeCO_3+H_2O \rightarrow Fe(OH)_2+CO_2 \tag{6.74}$$

생성된 수산화제1철은 물에 쉽게 용해되고, 이것이 산화되면 난용성의 수산화제2철이 생긴다.

$$4Fe(OH)_2+O_2+2H_2O \rightarrow Fe(OH)_3\downarrow \tag{6.75}$$

중탄산제1철은 수중에서 유리탄산이 없어도 Fe로 31 mg/L나 용해되며, 또 pH를 올리면 수산화제1철로 되고, 이것도 수 mg/L의 용해도를 갖는다. 그러나 이들 물질이 산화되면 수산화제2철이 되고 그 용해도는 0.01 mg/L 이하로 크게 저하한다. 이때 산화된 철의 침전물이 발생하는데, 이 물질은 약품침전이나 여과에 의해 제거된다. Mn의 화학적 성질도 Fe와 유사하다.

① 폭기법

중탄산제1철을 함유한 물을 폭기하면 식 (6.73)과 (6.74) 중의 CO_2가 제거되고 식 (6.75)의 반응이 일어나 불용성의 수산화제2철이 생긴다.

위의 과정을 이온방정식으로 나타내면 다음과 같다.

$$4Fe^{2+} + O_2 + H_2O \rightarrow 4Fe(OH)_3 \downarrow + 8H^+ \tag{6.76}$$

② 염소법

산화제로 염소를 이용하는 방법으로, 원수에 함유량이 적은 경우에 한하며, 특히 망간의 제거에 유효하다.

염소 주입률은 철 1 mg/L에 대해 0.64 mg/L, 망간 1 mg/L에 대해 0.65 mg/L이며, 수중에 철·망간 외에 피산화물이 있을 경우에는 그 이상의 염소가 요구된다.

$$2Fe^{2+} + Cl_2 + 6H_2O \rightarrow 2Fe(OH)_3 \downarrow + 2Cl^- + 6H^+ \tag{6.77}$$

③ 과망간산칼륨법

$KMnO_4$의 산화력을 이용하여 2가의 가용성 망간을 4가의 불용성 망간, 즉 MnO_2로 만들어 제거하는 방법이다. 이 방법은 철보다는 망간의 제거에 유효하며, 망간 1 mg/L에 대하여 1.92 mg/L의 $KMnO_4$이 필요하다. 이때 철이온이나 유기물이 공존하면 철이온 양의 0.943배를 가해야 하며, 유기물에 의해 소비되는 양도 고려해야 한다.

발생한 MnO_2은 미소입자로 침전이 어려우므로 황산반토를 가하여 응집·침전시켜야 한다. 참고로 $KMnO_4$은 위생상 유해하므로 처리수 내에는 유리의 $KMnO_4$가 잔류하지 않도록 주의해야 한다.

④ 접촉산화법

모래 표면에 망간산화물 $MnO_2 \cdot H_2O$이 피복된 망간사나 MnO_2를 함유한 pyrolusite 광석을 여과사로 이용하고 여기에 전염소처리를 병용하는 방법이다. 즉, 염소에 의한 산화력과 모래에 부착된 MnO_2의 촉매작용을 이용한 복식산화법(複式酸化法)으로, 염소와 같은 산화제의 존재 하에서 망간이온은 여재 표면에 산화물로 고정된다. 염소 주입률은 이론적으로 망간의 1.29배이지만 보통 여과수에 유리잔류염소가 0.5～1.0 mg/L 되도록 가한다.

$$MnO_2 + MnO_2 \cdot H_2O + H_2O = MnO_2 \cdot MnO \cdot H_2O + 2H^+$$

$$MnO_2 \cdot MnO \cdot H_2O + Cl_2 + H_2O = 2MnO_2 \cdot H_2O + 2HCl \text{(망간사 재생)} \quad (6.78)$$

이상과 같이 철과 망간을 제거하기 위해서는 여러 가지 산화제를 이용할 수 있는데, 이들 산화제가 효과적으로 작용하기 위해서는 적정의 pH가 요구된다. 즉, 폭기에 의한 산화를 촉진하기 위해서는 pH를 8.5 정도로 해야 하며, 산화제로 염소를 사용하는 경우에는 낮은 pH에서도 제1철 ion은 쉽게 산화되어 제2철이 된다. 또한 중탄산제1철 이외의 철은 pH 값을 9 이상으로 높이면 수중의 산소에 의해 수산화제2철로 산화된다.

한편 염소로 망간을 산화시킬 때에는 알칼리제로 pH를 9 이상으로 높인 후에 염소처리를 하는 것이 가능하나 수중에 망간의 산화물이 있으면 그것이 촉매가 되어 pH가 그다지 높지 않아도 산화가 촉진된다. 즉, 염소를 산화제로 하는 재망간처리를 계속하면 여과사는 점차로 망간 산화물로 덮여 10일 정도면 검게 되며, 이렇게 되면 pH를 조정하지 않아도 망간이 제거된다.

2. 응집법

① 응집제에 의한 방법

보통 지하수에 많이 존재하는 이온형의 제1철은 폭기와 여과로 제거되나, 유기철이나 콜로이드철 등은 폭기나 염소 첨가 등에 의하여 쉽게 산화되지 않는다. 그것은 humic acid 등의 유기물이 철이온과 결합되든지 아니면 생성된 $Fe(OH)_3 \cdot nH_2O$의 미립자 표면에 흡착되어 있기 때문인데, 이 경우에는 약품응집침전과 급속여과로 쉽게 제거할 수 있다.

② 전해법

이 방법은 기존의 응집제를 쓰지 않고 전해에 의해 생성되는 수산화알미늄 sol을 응집제로 이용하여 수중의 음이온 물질을 흡착·제거하는 방법으로 상술한 유기물도 거의 완전히 제거된다. 원수 중에 Al 극판을 병렬로 놓고, 그것에 직류전류를 걸면 극판으로부터 용출하는 Al^{3+}가 가수분해하여 $Al(OH)_3 \cdot nH_2O$

의 sol을 생성하는데, 이것은 응집제로 매우 높은 활성을 가지고 있다.

이 방법은 이온교환처리의 전처리로도 매우 적합하다. 하지만 Al 판에 scale이 발생하여 전압을 높여야 하는 단점이 있다.

3. 접촉여과법(망간 zeolite법)

이 방법에서는 여재인 망간 zeolite가 촉매작용을 함과 동시에 용해철의 산화에 소요되는 산소를 공급한다. 망간 zeolite는 green sand 또는 합성 zeolite를 연화망간 또는 황산망간과 $KMnO_4$로 번갈아 처리해서 zeolite 표면에 망간의 고급산화물을 부착시킨 흑갈색의 고체분이다.

참고로 망간 zeolite는 $Na_2O \cdot Z \cdot MnO \cdot Mn_2O_7$ 또는 $K_2Z \cdot MnO \cdot Mn_2O_7$으로 표시하며(Z; Zeolite基), 망간 zeolite에 의한 용해망간의 제거반응은 다음 식과 같다.

$$\begin{aligned} &Na_2O \cdot Z \cdot MnO \cdot Mn_2O_7 + 2Mn(HCO_3)_2 \\ &\quad = Na_2O \cdot Z + 5MnO_2 + 4CO_2 + 2H_2O \end{aligned} \tag{6.79}$$

위 식에서 MnO_2은 역세정으로 제거하며, 망간 zeolite의 기능이 약해지면, 다음 식(6.80)와 같이 $MnCl_2$와 $NaMnO_4$(또는 $KMnO_4$) 용액으로 재생한다.

$$\begin{aligned} &Na_2O \cdot Z + MnCl_2 + 2NaMnO_4 \\ &\quad \rightarrow Na_2OZ \cdot MnO \cdot Mn_2O_7 + 2NaCl \end{aligned} \tag{6.80}$$

망간 zeolite에 의한 용해철의 제거반응은 다음과 같다.

$$\begin{aligned} &Na_2O \cdot Z \cdot MnO \cdot Mn_2O_7 + 4Fe(HCO_3)_2 \\ &\quad = Na_2O \cdot Z + 3MnO_2 + 2Fe_2O_3 + 8CO_2 + 4H_2O \end{aligned} \tag{6.81}$$

다음 그림 6.51은 실제로 채용되는 처리시설의 예를 나타낸 것으로, 이 외에 별도의 재생장치가 필요하다.

이 system에서 원수 중의 철이나 망간성분은 $KMnO_4$ 용액으로 산화되고 비용해성의 산화물은 여과기 내의 anthracite와 망간 zeolite에 의해 처리되며, 이때 망간 zeolite는 비축 산화제와 여재의 역할을 한다. 한편 상기 처리과정에서 만약 $KMnO_4$ 용액의 첨가가 철이나 망간 농도에 비해 부족하면 망간 zeolite는 미산화된 부분을 산화·제거하고, $KMnO_4$ 용액이 과잉 첨가되면 이때 망간 zeolite는 재생된다. 반응식은 다음과 같다.

$$(\text{산화})\ K_2Z \cdot MnO \cdot Mn_2O_7 + 4Fe(HCO_3)_2 \rightarrow K_2Z + 3MnO_2 + 2Fe_2O_3 \downarrow + 8CO_2 + 4H_2O \quad (6.82)$$

$$(\text{재생})\ K_2Z + 2KMnO_4 \rightarrow K_2Z \cdot MnO \cdot Mn_2O_7 \quad (6.83)$$

한편 $KMnO_4$ 용액의 주입량은 여액에 엷은 pink색이 나타나도록 함으로써 적정수준으로 조정·유지할 수 있다. 또한 이 system에서는 경우에 따라 예비적인 포기를 시행할 수 있으며, 상층의 anthracite는 비용해성 고형물을 제거한다.

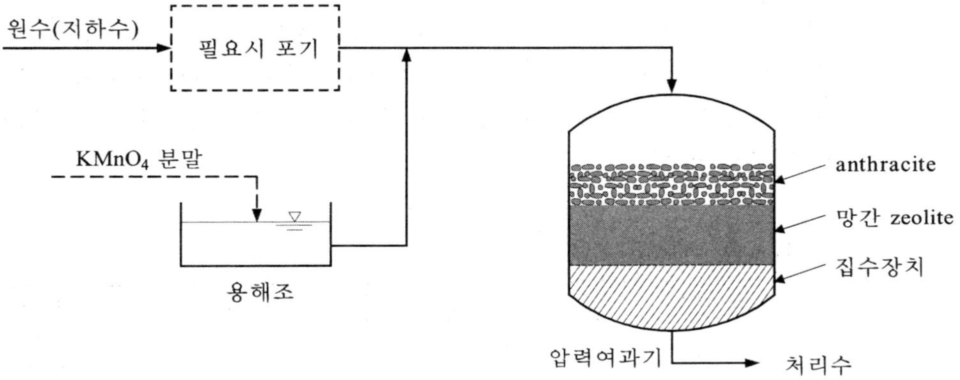

그림 6.51 망간 zeolite에 의한 철·망간 제거시설의 예

4. 철bacteria 이용법

철bacteria는 수중에 녹아 있는 철이나 망간을 불용성의 철·망간 화합물로 산화시켜 몸 표면이나 체내에 침착시키는 능력을 가지고 있다. 따라서 원수를 철bacteria와 접촉시켜 철과 망간을 산화·흡착시킨 후 사여과를 실시하면 원수로부터 철이나 망간을 쉽게 제거할 수 있다. 이 방법은 유지관리가 쉬우며, 특히 현탁물이 적은 지하수 등을 원수로 하는 소규모 수원에 적합하다.

이 방법을 이용하기 위해서는 원수 중에 철bacteria가 생존하는지의 여부를 확인해야 하며, 여과속도는 $10 \sim 30\ m^3/m^2 \cdot day$를 표준으로 한다. 여과지의 구성은 1단 혹은 2단으로 하는데, 2단으로 할 경우 제1단에서는 산화속도가 빠른 철을 제거하고, 제2단에서는 망간을 제거한다.

6.4.9 폭 기

수중에 녹아 있는 암모니아·황화수소·메탄가스·탄산가스 등 불필요한 기체나 취기를 발하는 물질은 폭기(aeration)에 의해 어느 정도 제거가 가능하다. 또한 이미 기술한 바와 같이 폭기 시 용해된 산소는 수중의 용해성 철과 망간을 산화시켜 불용성 물질로 변화시킨다. 표 6.18 및 6.4.8절 참고.

6.4.10 막처리(membrane process)

막처리(膜處理)에 이용되는 막은 염이나 기타 용해성 성분에 대하여 선택성을 가지고 있으며, 이 막을 통해 역학적·전기적·화학적인 에너지가 발생한다. 막처리는 최근 급속히 이용도가 증가하고 있는 기술로 표 6.16과 그림 6.52는 막처리의 여러 가지 방법과 원리 및 처리대상물질의 크기를 나타낸 것이다. 이 중 수처리에 자주 이용되는 공정은 이하에 기술하는 전기투석(電氣透析)·한외여과(限外濾過)·역삼투(逆滲透) 등이다.

표 6.16 막분리 공정

분 류	공 정	추진력	분리대상
여 과	한외여과 역 삼 투	압 력	미소 분자(이온) 대형 분자
전기이동	전기투석 전기영동	전 위	미소 이온 대하전 분자
투 석	투 석	농도차	소분자

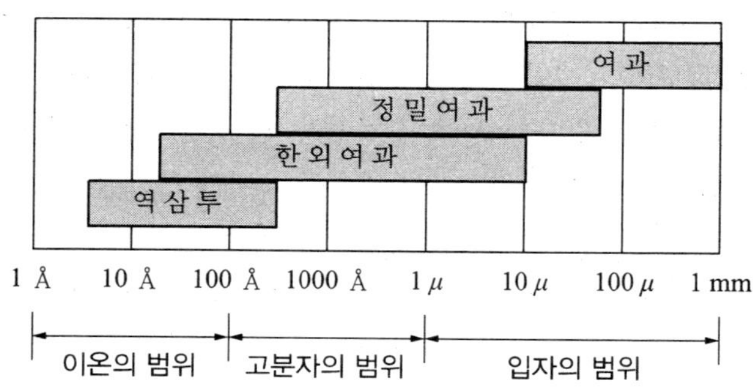

그림 6.52 입자의 크기와 여과 방법

1. 전기투석(electrodialysis)

이 방법은 물은 통과시키지 않고 이온만을 선택적으로 투과하는 이온투과막을 이용한다. 전기투석실에는 그림 6.53과 같이 양이온 교환막과 음이온 교환막을 교대로 장치하고 양끝의 전극판에 직류전압을 걸어준다. 이때 수중의 이온은 선택적 이온투과막을 통과하여 양끝의 전극판으로 이동하는데, 이러한 과정에서 막과 막 사이에는 농축되는 부분과 희석되는 부분이 생기고, 희석되는 부분으로부터 처리수, 즉 탈염수를 얻을 수 있다. 이와 같이 이 방법은 해수에서 식염을 제조하거나 순수를 제조할 때, 방사성 폐액이나 하·폐수 중 무기염류를 제거할 목적으로 이용되는데, 효율적인 처리를 위해서는 여과나 활성탄 흡착과 같은 전처리 공정이 필요하다. 전기투석 시 소요 에너지는 매우 커서 역삼투의 10배 이상으로 증발법과 거의 같은 정도이다. 따라서 염 농도가 낮은 기수(汽水; brackish water)의 처리에는 유리하지만, 해수의 담수화에는 동력 요구가 너무 크기 때문에 비경제적이다. 그 외에 이 방법은 처리수량과 거의 같은 정도의 농축 염수가 발생하며, 처리수의 염 농도를 500 mg/L 이하로 낮추기 어렵다는 단점이 있다.

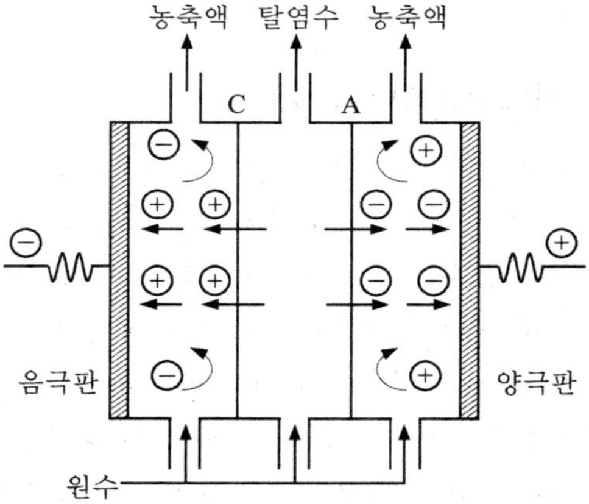

그림 6.53 전기투석의 원리

2. 역삼투(reverse osmosis)

물은 자유롭게 통과하나 용질(염류 등)은 통과시키지 않는 반투막(semipermeable membrane)을 그림 6.54와 같이 장치하면 물의 일부가 수용액 중으로 삼투하여 그림의 (Ⅱ)와 같이 수두 차가 발생한다. 이 수두 차에 해당하는 압력을 삼투압(osmotic pressure)이라 하는데, 이 압력보다 높은 압력(해수의 경우 50～100 kg/cm^2)을 반대편 수용액에 가하면 수용액 중의 물이 순수한 물 쪽으로 이동한다. 이러한 현상을 **역삼투현상**이라 한다.

이 장치는 설비나 조작이 간단하고 유기물이나 무기물에 관계없이 적용할 수 있으며, 소요 에너지는 전기투석보다 적다. 현재 사용되고 있는 장치의 압력범위는 약 20 ~100 kg/cm^2 정도이며, 실용되는 반투막의 종류로는 셀룰로오스 아세테이트(cellulose acetate)·방향족 폴리아미드(polyamid)·나일론(nylon) 등이 있다.

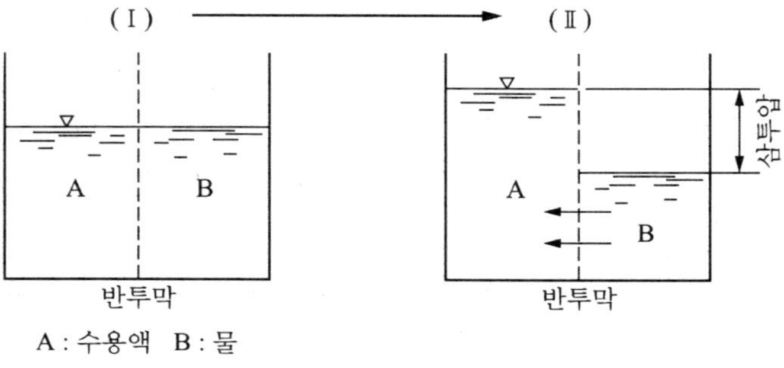

그림 6.54 역삼투의 원리

3. 한외여과(ultra filtration)

막분리는 원수를 가압 또는 감압의 상태에서 여과막에 통과시켜 막의 공경보다 큰 성분을 분리·제거하는 원리로 현탁질의 농도가 낮고 제거대상입자의 크기가 통상 0.1 μm 이상인 경우에 많이 쓰인다. 그러나 막의 크기가 0.1 μm 이하가 되면 통수저항이 커져 여과에 높은 압력이 필요하게 되는데, 이와 같이 크기가 0.1 μm 이하인 현탁물을 제거하기 위해 고압(1.5 kg/cm^2 이상) 하에서 작은 공경의 여과막을 이용하는 여과법을 **한외여과**(限外濾過)라 한다. 이 방법은 주로 콜로이드 입자나 분자량이 수천에 이르는 고분자 물질의 분리에 이용된다(그림 6.1 참고). 따라서 막은 폐색

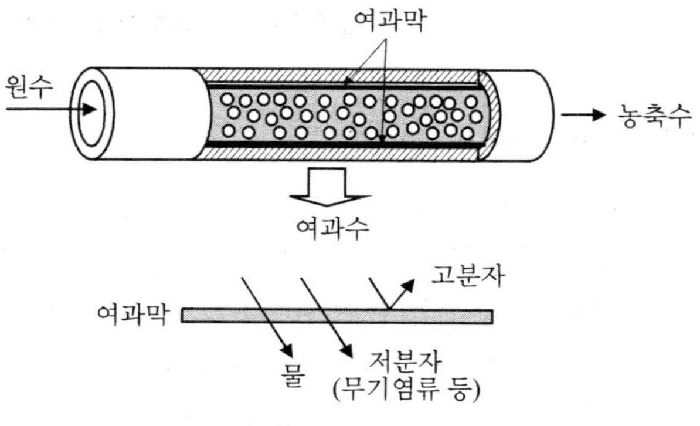

그림 6.55 한외 여과법의 원리

(閉塞)이 빨리 일어나므로 쉽게 세정 가능한 구조를 갖고 있어야 한다. 여과막의 구조는 투수성이 좋은 다공질 위에 구멍이 작고 얇은 여과막을 배치한 것으로 실제로 분리에 이용되는 표층의 두께는 1~5 μm 정도이며 하부 지지층은 25~50 μm이다. 이 방법은 재생·세정법의 개발에 따라 이용도가 더욱 확대될 것으로 기대되며, 역삼투나 전기투석 등의 전처리에 유용하게 사용될 수 있다.

6.4.11 기 타

1. 증발법(evaporation)

증류(distillation)는 오래전부터 해수의 담수화를 위해 사용된 정수법의 하나로, 현재 해수로부터 담수를 생산해 내는 것은 대부분 이 방법에 의한다. 이 방법은 원수의 전부 또는 일부를 증발시킨 다음 냉축(冷縮)시키는 방법으로, 소요에너지는 크지만 막법에 비해 양질의 담수를 얻을 수 있다. 그림 6.56은 증발법의 기본 원리를 도식한 것이다.

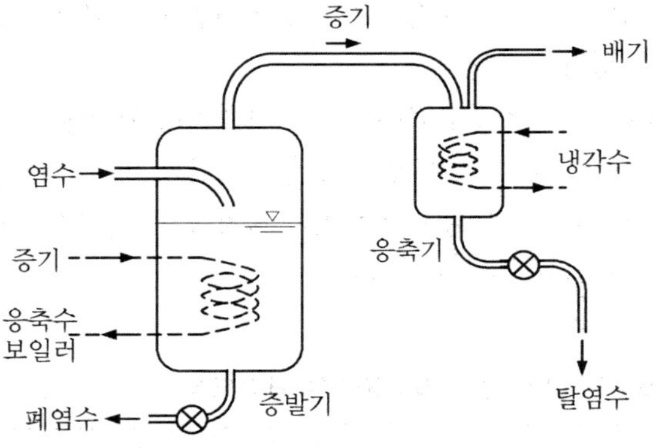

그림 6.56 증발법의 기본 원리

2. 동결법(freezing process)

해수를 냉각시키면 순수한 물로 된 얼음과 염의 농도가 더 높아진 물로 나누어진다. 해수의 냉각 시 얼음 결정체가 생기는 온도는 해수의 염 농도에 의해 결정되는데, 염의 농도가 높을수록 더 낮은 온도가 요구된다. 그림 6.57은 결빙온도와 염 농도 간의 관계를 나타낸 것이다.

한편 동결법은 −8.3℃ 이상의 온도에서 실시되어야 하는데, 이것은 수온이 −8.3℃

이하가 되면 $Na_2SO_4 \cdot 10H_2O$의 결정체가 생기고, 약 -23℃가 되면 $NaCl \cdot 2H_2O$가 분리되기 때문이다.

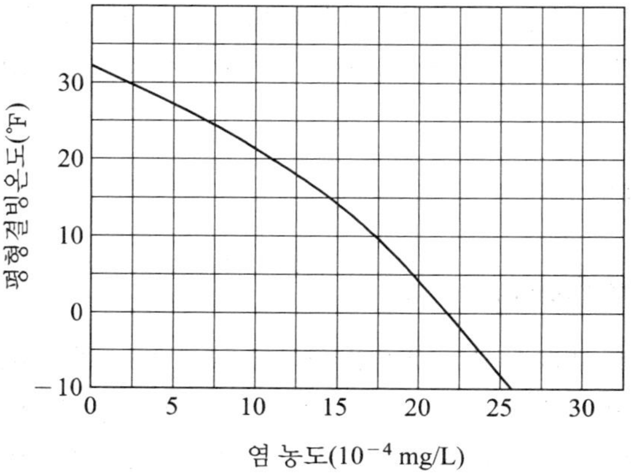

그림 6.57 해수의 평형결빙곡선

표 6.17과 6.18은 이상 기술한 각 처리법의 특성을 나타낸 것인데, 이들 처리법을 단독 혹은 조합하여 이용하면 일반처리법으로 제거되지 않는 물질을 효율적으로 제거할 수 있다.

참고로 표 6.18에서 금속의 부식성은 염소처리에 의해 0이 되지만, 실제는 증가하는 것이 보통이며, 철과 망간도 염소처리로 0으로 되어 있지만, 전염소처리로 철은 산화되어 수산화제2철[Fe(OH)]로 제거되고, 망간은 이산화망간(MnO_2)으로 산화된 후 여과사에 부착·제거된다.

표 6.17 각종 정수법의 불순물 제거특성

구 분	유기물				무기물			
	부유성	콜로이드성	용해성		부유성	콜로이드성	용해성	
			생물 분리성	생물난 분리성			응석성	이온성
응집침전, 여과	◎	◎	×	×	◎	◎	○	×
활성탄흡착	×	×	△	◎	×	×	×	×
이온교환	×	×	×	×	×	×	×	◎
역삼투	×	×	○	◎	×	×	×	○
증 류			△	△			○	◎

주) 응석성(凝析性)이란 약품에 의해 침전이 형성되어 불용성이 될 수 있는 것을 말함.
◎ : 양호한 제거 가능, ○ : 어느 정도 제거 가능, △ : 약간 제거 가능, × : 제거 불가능

표 6.18 각종 정수방법의 제거효과

효 과	폭 기	약품침전	석회소오다법에 의한 軟化와 침전	완속여과	약품침전 +급속여과	염소처리
세 균	0	++	+ + +(1,2)	+ + + +	+ + + +	+ + + +
색 도	0	+ + +	0	+ +	+ + + +	0
탁 도	0	+ + +	+ +(2)	+ + + +(3)	+ + + +	0
취 미	+ +(4)	+	+ +(2)	+ +	+ +	+ + + +(5)
경 도	+	− −(7)	+ + +	0	− −(7)	− −(6)
금속의	− − − − −(8)	− −(10)	(11)	0	− −(10)	0
부식성	+ + +(9)					
철·망간	+ + +	+(12)	+ +	+ + + +(12)	+ + + +(12)	0

주) + 은 4개가 최대를 표시한다.

(1) 과잉의 석회처리로 pH가 매우 높을 때
(2) 세균이 floc 중에 포함됨.
(3) 그러나 탁도가 크면 여과지가 급속히 폐색된다.
(4) Chlorophenol은 포함하지 않는다.
(5) 과염소처리를 할 때
(6) 강한 취미가 있을 때 (5)의 방법을 쓰지 않는 경우
(7) 어떤 종류의 응집제(황산반토)는 회산염(灰酸鹽)을 황산염으로 변화시킨다.
(8) 용존산소가 적어 이를 보충했을 때
(9) 유리탄산의 제거에 따라
(10) 어떤 응집제는 CO_2를 발생시키므로
(11) 어떤 금속은 높은 pH에서 부식됨.
(12) 폭기를 실시한 후

Chapter 6 연습문제

1. 완속여과공정을 도식하고 각 단위 공정의 기능에 대해 간략히 기술하라.

2. 급속여과공정을 도식하고 각 단위 공정의 기능에 대해 간략히 기술하라.

3. 완속여과와 급속여과의 차이점을 열거하라.

4. 침전의 4가지 형식과 그 특징 및 적용에 대해 기술하라.

5. 침전지 유입부의 중요성과 유입구의 구비조건을 기술하라

6. 일당 100,000 m^3/day의 물을 처리하는 처리장의 보통침전지를 설계하고자 한다. 월류언부하를 400 m^3/m · day으로 할 경우 월류언의 길이를 구하라.

   Answer 250 m

7. 보통침전지의 설계요령에 대해 기술하라.

8. 일 최대 오수량 40,000 m^3/day를 처리하는 장방형 침전지의 유효면적이 1,200 m^2, 길이 40 m, 폭 30 m, 깊이 3 m일 때 표면부하율과 체류시간을 구하라.

   Answer 표면부하율 : 33.33 m^3/m^2 · day, 체류시간 : 2.16 hr

9. 침사지의 처리유량이 5.0 m^3/sec이고, 모래 입경이 0.5 mm(침강속도는 53 mm/sec)라면 침사지의 유효면적은 얼마인가?

Answer 93.34 m^2, [식 (6.10) 참고]

10. 동일 입경의 모래가 침사지에 유입할 때, 그 입자의 60%를 침사지에서 제거한다면 그 때 침사지의 표면부하율는 얼마인가? (단, 입자의 침강속도는 53 mm/sec이다.)

Answer 72 $m^3/m^2 \cdot$ day

11. 고속응집침전지의 3형식, 즉 slurry형 · slurry blanket형 · 복합형의 특징을 기술하라.

12. 급속여과의 집수장치에 대하여 기술하라.

13. 다음 각 시설에 대해 설명하라.

① 정류벽 ② 표면부하 ③ 경사판 ④ trough

14. 처리수량 40,000 m^3/day, 여과속도 160 m/sec, 지 수 9(예비 1지 포함)일 때 1지당 여과지 면적을 구하라.

Answer 31.25 m^2

15. 다음 용어를 설명하라.

① 여재 ② 여과지속시간 ③ 탁질누출현상
④ mud ball ⑤ air binding

16. 역세정공정을 기술하라.

17. 비중이 2.65이고 직경이 0.0045 cm인 구형 입자가 10℃의 수중에서 침강하는 속도와 소류속도를 구하라. (단, 수온 10℃ 때 물의 점성계수는 1.31×10^{-2} g/cm · sec, 마찰계수는 0.03, 물의 밀도는 1 g/cm^{3}이다.)

Answer 침강속도 : 0.14 cm/sec, 소류속도 : 8.8 cm/sec

18. 어떤 물질에 대한 등온흡착실험결과 $q=0.8C^{0.5}$인 관계가 있음을 알았다. 이 오염물질의 농도 20 mg/L를 5 mg/L로 감소하기 위해서는 활성탄을 얼마나 첨가해야 하는가?

Answer 8.39 g

19. 활성탄 흡착실험에서 흡착평형에 도달했을 때의 단위질량당 평형흡착량 $q(X/M)$와 흡착질 농도 C의 관계는 다음 표와 같다. 이 결과를 이용하여 Langmuir식을 결정하라.

표 6.19

C(mg/L)	10	20	30
q(g/g)	0.133	0.187	0.220

Answer $q=\dfrac{0.024C}{1+0.077C}$

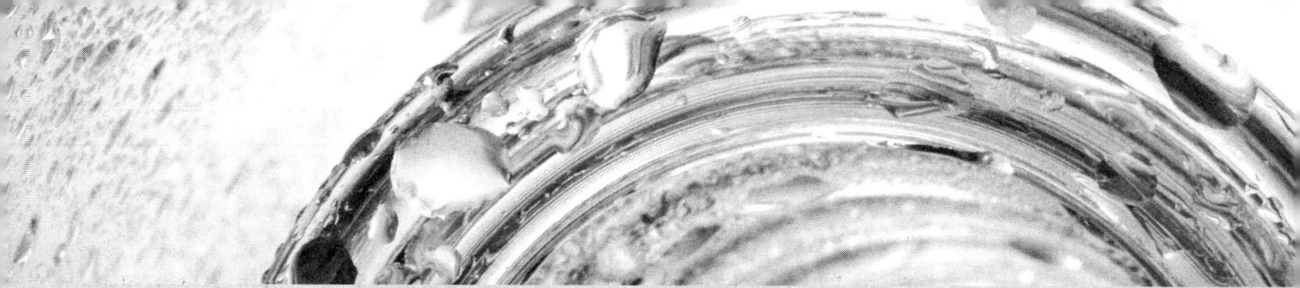

Chapter 7 배수와 급수시설

7.1 배수의 목적

배수설비(配水設備)는 정수를 급수구역 내의 모든 수요자에게 충분한 수압으로 필요한 수량만큼 공급하기 위해 설치한 시설로 배수지·배수관망 및 펌프시설 등으로 구성된다. 이 시설은 전체 수도 건설비의 반 이상을 차지하고 항상 유지관리비가 소요되는 시설이다. 따라서 이 시설의 계획 및 설계는 단순히 수질·수량 및 수압의 안정성과 같은 시설의 목적뿐만 아니라 시설의 교체·개량 및 유지관리 등 경제성을 충분히 고려하여 매우 신중히 검토되어야 한다.

7.2 배수방식 및 배수지의 위치

배수방식에는 **배수지식**(配水池式)과 **펌프직송식**이 있다. 배수지식은 배수관의 수압을 유지하기 위해 고지에 배수지를 설치하고 송수된 물을 이곳에 일단 저류하였다가 자연유하로 공급하는 방법으로, 이 방식은 수요량의 시간적 변동이나 화재 시와 같이 단시간에 대량의 수요에도 비교적 대처하기 쉽고, 상류부의 갑작스런 사고 시에도 일정 시간 단수를 피할 수 있는 장점이 있다.

펌프직송식은 배수지를 경유하지 않고 펌프를 이용하여 배수관의 수압을 유지하는 방법으로 사용량의 변동, 즉 수량의 변동에 대처하기 곤란하고 수격작용이 발생하며 정전 시 단수를 피할 수 없다. 따라서 부득이한 경우를 제외하면 배수지식을 채용하는 것이 바람직하다.

이와 같이 배수는 자연유하식으로 하는 것이 바람직하므로 배수지는 적당한 고지에 설치하고, 관로의 연장이나 손실수두 등을 고려하여 배수구역 내 중앙 부근에 위치시키는 것이 이상적이다. 하지만 대부분 중앙 부근에 부지를 확보하는 것이 어렵기 때문에 배수구역에 인접한 장소에 설치하는 것이 일반적이다.

배수관 내의 **최소동수압**은 2층 건물에 직결급수를 고려할 경우 배수지의 저수위를 기준으로 1.5~2.0 kg/cm^2(15~20 m 수두)을 표준으로 하고, 고수위 시의 최대정수두가 7.0 kg/cm^{2}을 넘지 않아야 한다. 즉, 급수구역과의 표고 차는 손실수두를 고려하여 30~50 m 정도가 이상적이다. 하지만 이러한 높이의 장소가 없다면 펌프직송식이나 배수탑과 같은 시설에 의할 수밖에 없다.

한편 배수지를 설치할 때에는 배수구역의 특성을 고려해야 하는데, 일반적으로 배수구역이 넓고 지반의 고저가 현저할 경우에는 고도별로 구역을 나누어 배수지를 따로 따로 설치하는 것이 바람직하다. 하지만 구역의 범위가 작을 경우에는 여러 개의 배수지를 설치하기 보다는 증압펌프나 감압밸브에 의해 수압을 조절하는 것이 오히려 경제적이다.

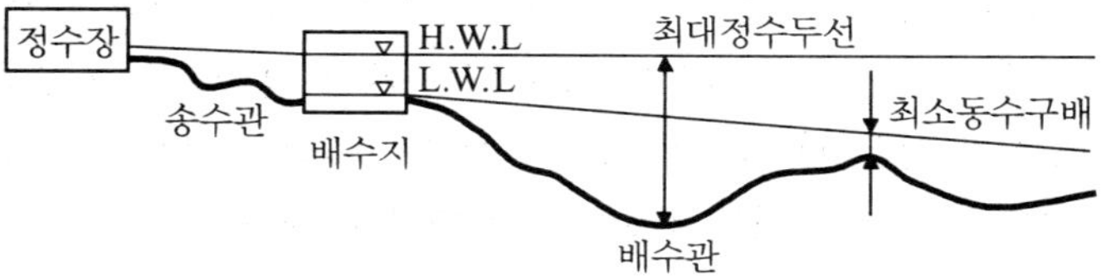

그림 7.1 최대정수두 및 최소동수두

7.3 배수지

7.3.1 배수지의 유효용량

배수지의 설치목적은 24시간 일정한 송수량과 시간적으로 변화하는 배수량과의 차이를 조정하기 위한 것이다. 따라서 배수지의 용량은 일중 배수량이 송수량을 초과하는 시간 동안 부족 송수량, 즉 **시간변동조정용량**과 여기에 소화용수와 기타 사고 시를 대비한 **비상대처용량**을 합하여 정한다.

그림 7.2는 배수량의 시간적 변화를 나타낸 것으로 그림에서 사선부는 계획1일 최대급수량의 시간 평균치, 즉 송수량을 초과하는 배수량을 나타내는데, 이 양은 시간당 송수량의 6시간분에 해당한다. 따라서 배수지의 유효용량은 시간변동조정용량으로 계획1일 최대급수량의 6～12시간분과 여기에 비상대처용량을 더하여 계획1일 최대급수량의 12시간분 이상을 표준으로 한다. 저수시간이 정해지면 배수지의 용량은 식 (7.1)을 이용하여 구할 수 있다.

$$C = D \times \frac{t}{24} \tag{7.1}$$

여기서, C : 배수지의 용량(m^3) D : 계획1일 최대급수량(m^3/day)
t : 배수지 저수시간(hr)이다.

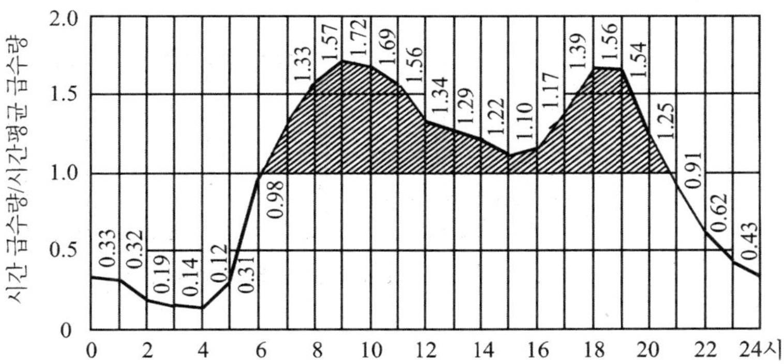

그림 7.2 배수량의 시간적 변화

한편 인구수에 따라 소화용수가 차지하는 비율은 달라지는데, 인구가 적을수록 그 비율은 크게 증가한다. 따라서 인구가 50,000인 이하인 경우에는 상기 유효용량 외에 통상적으로 다음 표 7.1의 소화용수량을 가산한다.

표 7.1 배수지 용량에 가산해야 할 소화용수량

인 구(인)	소화용수량(m^3)
5,000 미만	50
5,000～10,000 미만	100
10,000～20,000 미만	200
20,000～30,000 미만	300
30,000～40,000 미만	350
40,000～50,000	400

7.3.2 배수지의 구조

그림 7.3은 배수지의 일반적 구조를 나타낸 것으로 형상은 주로 장방형 철근콘크리트조를 지하 또는 반지하로 한 구조가 가장 많이 사용된다. 하지만 소규모인 경우에는 강철제의 지상 구조가 경제적이다. 그 외의 자세한 배수지의 구조는 정수지에 준한다.

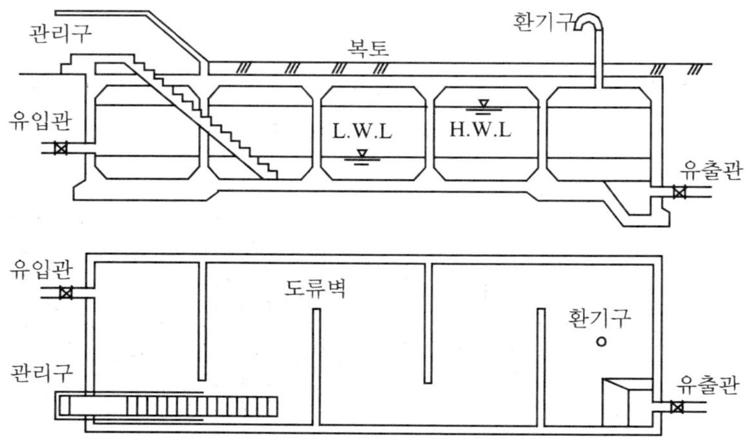

그림 7.3 배수지의 구조

7.3.3 배수지의 부대시설

배수지의 중요 부대시설에는 **배수관·월류관·우회관** 등이 있으며, 그 밖에 **환기장치·인공·수위계·추가염소소독설비** 등이 있다.

이 중 배수관은 지를 비울 경우 저수위 이하의 물을 배제하기 위한 것으로 관경은 유입관의 1/3～1/2 정도로 한다. 저수위까지의 수량은 유출관을 이용한다.

월류관은 지 내의 수위가 고수위를 초과할 경우 초과수를 배제하기 위한 것으로 유입구는 고수위에 설치하며 유출구는 배수관의 제수밸브 하류에 연결한다. 월류관의 크기는 지의 면적·여유고·유입량 등을 고려하여 정한다.

우회관은 사고·청소 및 점검 등으로 배수지를 휴지해야 할 경우 배수지를 경유하지 않고 정수를 직접 유출관으로 배수하기 위해 유입관과 유출관 사이를 연결한 관으로 크기는 유·출입관과 같고 반드시 제수밸브를 설치한다. 환기장치와 인공은 먼지·우수·벌레 등이 들어갈 수 없는 구조로 하고, 수위계는 수위를 수시로 확인할 수 있도록 관찰이 용이한 지점에 설치한다. 배수지의 용량이나 배수관의 연장 또는 소독설비와 급수전까지의 거리 등으로 잔류염소의 부족이 우려될 경우에는 배수지 혹은 배수관 도중에 추가염소소독시설을 설치한다.

7.4 배수탑 및 고가수조

배수탑이나 고가수조의 설치목적은, 첫째 배수량을 조절할 목적으로 만드는 경우와 둘째 펌프가압지역의 수압조절 또는 상기 목적을 겸용하기 위해 만드는데, 배수량 조절용으로 만들 경우 유효용량은 배수지의 용량에 준한다. 하지만 이 시설은 대용량이고 단위 용적당 건설비가 높아 최근에는 거의 채택하지 않는다. 따라서 별도로 수압을 조정하기 위해 배수탑이나 고가수조와 연동시켜 펌프를 제어하는 방법이 자주 사용되는데, 이 경우 조의 용량을 작게 할 수 있고, 도시의 규모가 작다면 이 조의 유효용량은 계획시간 최대배수량의 30분 정도를 표준으로 한다. 하지만 보다 작은 규모라면 이 시설은 압력탱크로 대치할 수 있으며, 이때 압력탱크의 유효용량은 계획시간 최대배수량의 10분간 용량을 표준으로 한다. 한편 겸용으로 할 경우 유효용량은 수도의 규모·지역의 상황·유지관리의 난의·경제성 등을 고려하여 정하는데 일반적으로는 계획1일 최대급수량의 1~3시간분 정도로 한다.

이들 시설의 설치장소는 배수지와 같이 배수구역의 중앙부가 바람직하며 가급적 지반이 조금이라도 높은 것이 유리하다. 그리고 이 시설의 기초와 지반은 조가 비었을 때의 풍압과 만수 시 하중에도 충분한 지지력을 가지도록 설계되어야 한다. 구조는 일반적으로 원형의 철근콘크리트조·프리스트레스 콘크리트조 또는 강철제의 밀폐구조로 하며, 추운 지방에서는 동결을 방지하기 위해 방한설비(防寒設備)가 필요하다. 또한 이들 시설은 대부분 배수구역 내에 설치하는 구조물이므로 주변과 어울리는 미적 형태와 색채를 고려함이 바람직하다.

배수탑의 총 수심은 구조·공사비·시공성 등을 고려할 때 20 m 정도를 한계로 하는데, 배수관의 소요수두와의 관계로 총수두의 1/2~1/3은 사용하지 못하므로 설치 시 사용수두를 최대화시킬 수 있도록 설치위치 등에 유의해야 한다. 고가수조의 유효수심은 배수지에 준하여 3~6 m를 표준으로 하나 4~8 m 정도가 일반적이며, 배수탑의 경우 10~15 m 정도도 가하다.

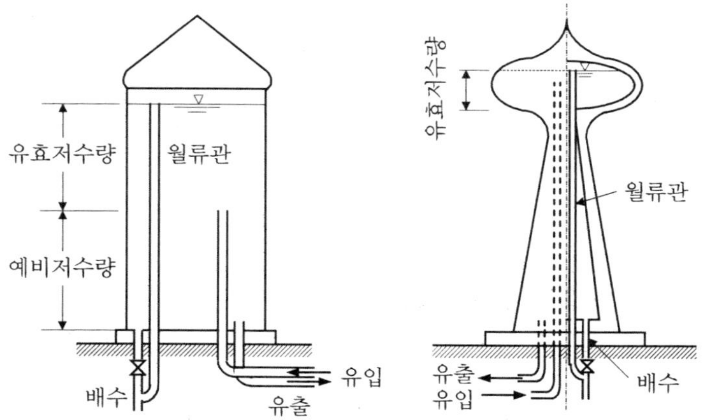

(a) 배수탑 (b) 고가수조(철근콘크리트조)

그림 7.4 배수탑과 고가수조

7.5 배수관망(pipe network)

7.5.1 배수관의 배치방식

배수관의 배치방식은 망목식(gridiron system)과 수지상식(branching system)이 있다. 망목식은 그림 7.5(a)와 같이 관이 서로 연결되어 있다. 따라서 설계 시 ① 수리계산은 다소 복잡하고 ② 관 포설에 많은 비용이 드는 것이 단점이지만 ③ 물은 정체하지 않고 ④ 수압은 구역 내에서 거의 일정하다. 또한 ⑤ 사고 시 단수 구간을 최소화할 수 있으며, ⑥ 화제 등으로 사용수량이 크게 증가하는 경우에도 대처하기 쉬운 장점이 있다.

반면 수지상식은 그림 7.5(b)와 같이 관이 서로 연결되어 있지 않고 나무 가지 모양으로 배치되는 방식이다. 따라서 ① 수리계산은 쉽고 ② 제어밸브의 설치 수를 감소시킬 수 있는 장점이 있다. 하지만 ③ 수량을 서로 보충할 수 없고 ④ 관 말단으로 갈수록 수압은 현저하게 저하하며 ⑤ 사고 시 단수구역이 커지는 단점이 있다. 또한 ⑥ 물이 정체하기 쉽고 ⑦ 물의 정체는 이취미나 적수 등의 원인이 되므로 ⑧ 이를 방지하기 위해서는 수시로 소화전을 열어 물을 배수해야 한다.

따라서 수요자가 밀집되어 있지 않은 농촌이나 지형상 부득이한 경우를 제외하고는 가능한 한 망목식을 채택하는 것이 바람직하다.

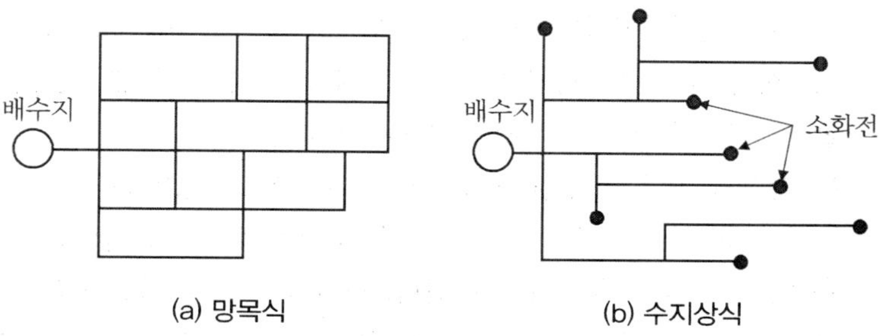

그림 7.5 배수관의 배치방식

7.5.2 계획배수량과 관의 매설

1. 배수관의 계획배수량

평상시 배수량의 설계에 사용되는 수량은 계획시간 최대급수량을 기준으로 하지만 화재 시에는 계획1일 최대급수량과 소화용수량을 합한 수량으로 한다. 표 7.2는 계획급수인구가 10만 명 미만인 배수관망의 계획 시 계획1일 최대급수량에 가산해야 할 소화용수량을 나타낸 것이다. 참고로 급수인구가 10만 명 이상일 경우에는 따로 소화용수를 고려하지 않아도 된다.

표 7.2 계획1일 최대급수량에 가산해야 할 소화용수량

급수인구(만명)	소화용수량(m^3/min)	급수인구(만명)	소화용수량(m^3/min)
0.5 미만	1 이상	6 미만	8 이상
1 〃	2 〃	7 〃	8 〃
2 〃	4 〃	8 〃	9 〃
3 〃	5 〃	9 〃	9 〃
4 〃	6 〃	10 〃	10 〃
5 〃	7 〃		

2. 배수관의 매설

배수관의 매설깊이는 노면하중·동결심도·공사비 및 유지관리비 등을 고려하여 정하는데, 일반적으로 노면하중만을 고려한 배수관의 매설깊이는 표 7.3과 같다. 배수 본관의 매설위치는 도로의 중앙에 배수 지관은 보도 또는 차도의 편도 측으로 한다.

표 7.3 배수관의 매설깊이

관 경	매설 깊이
350 mm 이하	1.0 m
400 ~ 900 mm	1.2 m
1,000 mm 이상	1.5 m

한편 한랭지에서는 동결심도 이하로 매설하는 것이 필요하나 너무 깊이 매설할 경우 공사비나 유지·관리비가 증가하는 단점이 있다. 배수관을 매설할 경우에 관을 하수관과 접근하여 매설한다거나 하수관과 교차 시 상수관이 하수관의 하부에 위치하지 않도록 유의하며, 부득이한 경우에는 콘크리트 등으로 차수한다. 또한 다른 지하매설물과 교차 또는 인접하여 부설할 경우에 구조물의 침하 등에 따라 관이 파손될 우려가 있으므로 이때에는 적어도 30 cm 이상의 간격을 유지하는 것이 바람직하다.

3. 밸브 및 소화전

배수관에는 적당한 장소에 제어밸브·공기밸브·안전밸브 및 감압밸브 등을 설치해야 하는데, 이 중 **안전밸브**(safty valve)는 관로 내에 이상수압이 발생할 경우, 물을 자동으로 배출하여 관의 파열을 방지하기 위한 것으로 관로 내에 이상수압이 발생할 우려가 있는 곳에 설치한다.

또한 **감압밸브**(압력조절밸브; pressure reducing valve)란 가변 스프링에 의해 높은 유입 압력을 미리 설정한 유출 압력으로 감소시킬 수 있는 기능을 가진 밸브로 관로의 연장이 길고 급경사인 경우 하류부의 압력을 감소시키기 위해 설치한다. 기타 제수밸브·공기밸브는 5.2.7 6.항을 참고하기 바란다.

한편 소화용수의 원활한 공급을 위해 소화전은 소화활동이 편리한 지점, 즉 도로의 교차점이나 분기점 부근에 설치하고 각 소방대상물과의 이격거리(離隔距離)는 공업지역·상업지역 및 주거지역은 100 m 이내, 그 밖의 지역은 140 m 이내가 되어야 한다. 원칙적으로 단구소화전은 관경 150 mm 이상의 배수관에 쌍구소화전은 300 mm 이상의 배수관에 설치하며, 소화전의 토출구경은 65 mm를 원칙으로 한다. 그 외에 소화전에는 보수용 밸브를 설치하며, 한랭지나 적설지에서는 부동식의 지상소화전을 사용하며, 지하식 소화전은 동결방지대책을 강구해야 한다.

Chapter 7 연습문제

1. 인구가 40,000명인 어떤 지역에 배수지를 설치하고자 한다. 계획1인1일 최대급수량을 300 L로 할 경우 배수지의 최소유효용량을 구하라.

Answer 3,400 m^3

2. 배수관의 배치방식에는 망목식과 수지상식이 있다. 각 배수방식의 장단점에 대해 기술하라.

3. 배수탑의 설치 및 설계요령을 기술하라.

Chapter 8

급 수

8.1 급수장치

8.1.1 개 설

급수장치란 수도사업자가 일반의 수요자에게 원수 또는 정수를 공급하기 위해 설치한 배수관으로부터 분지하여 설치된 급수관·계량기·저수조·수도전 및 기타 급수에 관련된 기구를 말한다. 즉, 그림 8.1에 나타낸 바와 같이 공공도로 하에 매설된 배수관에 연결된 시설에서부터 급수전에 이르기까지의 시설을 말한다.

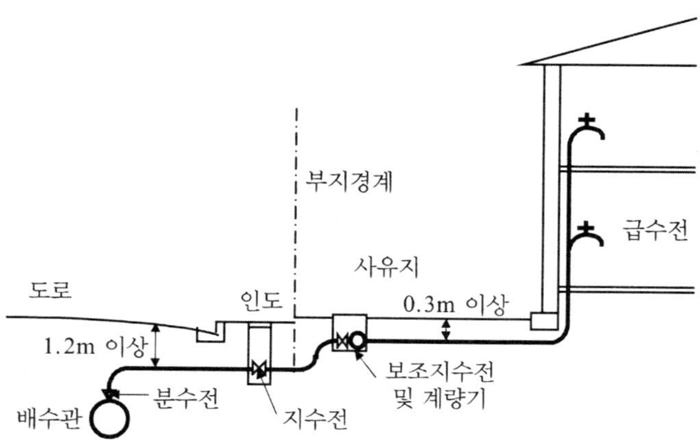

그림 8.1 급수장치의 설치 예

이 시설은 다른 수도시설과 다르게 설치비용을 수요자가 부담하며, 관리는 부지경계를 중심으로 공공부지에 매설된 연결관은 수도사업자의 몫이며, 공공부지 외에 설치된 장치는 수도사업자가 별도로 정한 규정이 없는 한 수요자가 부담하는 것이 원칙이다.

8.1.2 급수 관련 기구

1. 분수전과 지수전

배수관으로부터 급수관을 분지하기 위해 배수관의 천단에 분수전(分水栓)을 설치하는 방법으로는 급수관의 관경에 따라 부단수(不斷水) 천공(穿孔)하거나 배수관을 자른 후 T자관으로 연결하는 방법이 있는데, 급수관의 관경이 50 mm 이하인 경우는 천공기를 사용하여 새들붙이분수전으로 분기하고, 급수관이 80 mm 이상인 경우에는 절단 후 T자관으로 연결한다.

새들붙이분수전으로 분기할 경우 관 종에 따라 외경과 두께가 다르므로 각 관에 적합한 새들붙이를 사용하고, 여러 개의 새들붙이를 설치할 경우에는 시공 시 작업여건이나 상호간의 유량에 영향이 없도록 30 cm 이상 이격시킨다. 또한 이형관에는 새들붙이분수전을 설치해서는 안 되며, 접합부 부근에서 분기할 경우 접합부로 부터 30 cm 이상 이격시켜야 한다. 한편 계량기 앞에는 급수관의 공사나 보수 시 단수할 수 있도록 지수전(止水栓)을 설치한다.

2. 계량기

계량기(수도미터)는 사용수량을 계량하기 위한 시설로 동파(冬破) 등을 고려하여 보호함 내에 설치하며, 설치장소는 접근과 점검이 용이하고 안전한 장소이어야 한다. 계량기에는 임펠러의 회전속도·초음파·관단면 축소에 따른 수두차를 이용하는 유속식(추측식)과 됫박(box)으로 물의 부피를 측정하는 용적식(실측식)이 있는데, 일반적으로 임펠러를 이용한 유속식이 주로 사용되며, 이 방식에는 접선류식과 축류식이 있다. 설치 시 계량기의 관경은 원칙적으로 급수관의 관경과 같아야 하고, 급수전보다 낮은 위치에 수평으로 설치한다.

3. 급수전

급수전은 급수관의 말단에 설치한 수도꼭지인데 그 형태로 인하여 흔히 사구(蛇口)라고도 한다. 사용목적에 따라 여러 가지 종류의 급수전이 사용되고 있는데, 보통 나사식 또는 코크식의 것이 주로 사용되며, 기타 수세식 변소의 세정탱크나 수수탱크에 사용하는 볼탭(ball tap or ball cock tap; 부자의 작용으로 밸브를 개폐)이나 수세식 화장실의 플래시 밸브(flash valve) 등도 흔히 사용되는 급수전의 일종이다. 한랭지에 노출된 급수관은 동파의 위험이 있으므로 부동급수전 등을 설치하여 관리에 유의토록 한다.

8.1.3 급수방식

급수방식은 수압·사용수량·수요지의 형편 등에 따라 결정되는데, **직결식**(direct connection service)과 **저수조식**(tank style service) 및 이들 양 방식을 병용한 **저수조 병용식**이 있으며, 자주 이용되지는 않지만 수수조와 펌프만을 이용하는 경우도 있다.

1. 직결식 급수

직결식 급수란 급수전에 물을 공급하는 위한 수단으로 배수관의 압력을 이용하는 **직결직압식**과 급수관 도중에 급수용 가압펌프를 설치하여 급수하는 **직결가압식**이 있다. 우리 수도에서 배수관의 최소동수압의 표준은 1.5 kg/cm^{2}으로 이것은 2층 정도의 건물에 급수가 가능하다. 따라서 그간 그 이상의 건물에 급수를 하기 위해서는 저수조식을 채택해 왔으나, 소규모 저수조의 위생문제 등을 고려하여 최근에는 직결직압식의 대상범위를 확대하는 추세인데, 3층 이상의 건물에 직결직압식으로 급수하기 위해 요구되는 배수관의 최소동수압은 3층 2.0 kg/cm^2, 4층 2.5 kg/cm^2, 5층은 3.0 kg/cm^2 정도이다. 그림 8.1은 직결직압식 급수의 한 예이다.

한편 저수조의 위생문제를 해결하고 직결식의 대상범위를 확대하기 위해서는 직결가압식을 이용할 수도 있는데, 이것은 저수조의 설치공간이 필요치 않고 에너지를 절약할 수 있는 장점이 있으나, 역류의 우려가 있고, 저류기능이 없으며 가압급수시설을 유지·관리해야 하는 등의 단점이 있다.

2. 저수조식 급수

저수조식 급수는 그림 8.2와 같이 지하 등에 설치한 수수조(receiving tank)에 물을 일단 저장한 후, 이 물을 펌프로 옥상 또는 건물의 중간에 설치한 수조에 퍼 올린 다음 자연유하로 급수하는 **고가수조식**과 **다단고가수조식**, 그림 8.3과 같이 수수조의 물을 펌프로 압력수조에 보내고 동시에 수조에 공기를 주입·가압하여 그 압력으로 물을 급수하는 **압력수조식**이 있다.

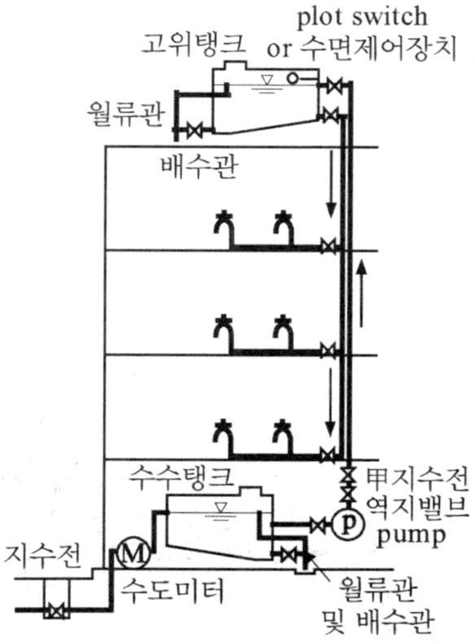

그림 8.2 고가수조식 급수

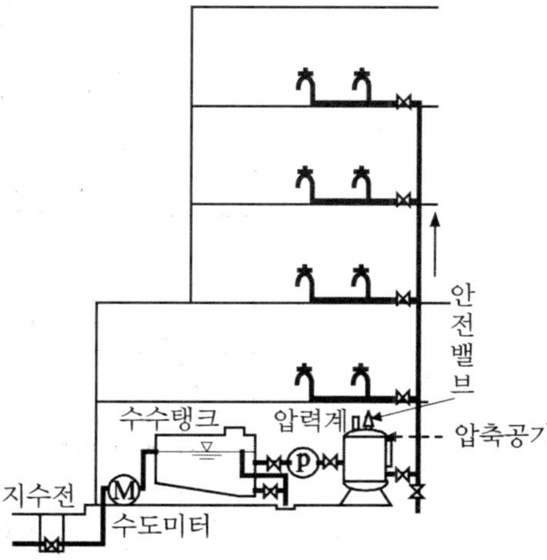

그림 8.3 압력수조식 급수

이들 양 방식은 건물의 층수가 높아 배수관의 직압으로 급수가 곤란한 경우나 일시에 다량의 물을 필요로 하는 경우에 설치하는데, 단수 시에도 일정량의 급수를 확보할 수 있고 배수관의 수압에 관계없이 항시 일정 수압으로 물을 공급할 수 있는 장점이 있다. 하지만 물이 항시 조 내에 잔류하므로 수질오염이 우려되는 단점이 있다. 한편 압력수조식은 국부적으로 고압을 필요로 하는 경우, 즉 수압이 부족한 경우나 설치위치에 제한을 받을 경우에 매우 유리하며, 고위수조식에 비해 급수압이 일정치 않은 단점이 있다.

3. 저수조 병용식 및 기타

병용식은 그림 8.4와 같이 2~3층은 직결식으로 하고 고층은 저수조식으로 급수하는 방법이다. 한편 그림 8.5와 같이 수수조와 급수펌프만으로 급수하는 방식도 있는데, 이 방법은 수량 조절을 위해 펌프의 수나 회전수를 조절하는 방식으로 급수압의 변화가 크고 정전 시 급수가 불가능하며 에너지 소비가 큰 단점 등으로 구미 등 일부지역을 제외하면 거의 사용되지 않는다.

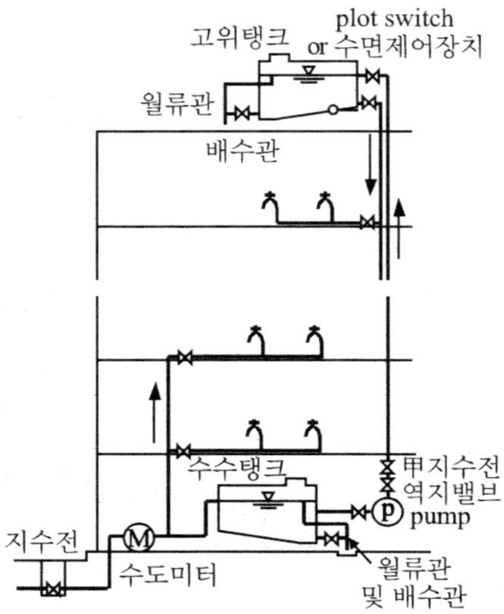

그림 8.4 저수조 병용식

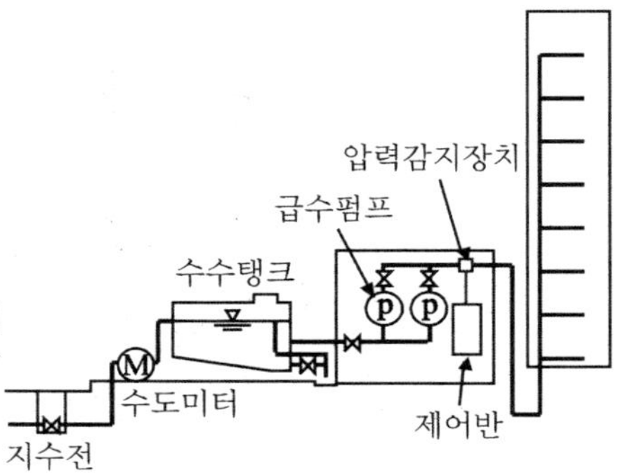

그림 8.5 수수조와 펌프를 이용한 급수

8.1.4 급수관의 설계

1. 급수관의 종류

급수관은 대부분 직경 50 mm 이하의 것이 사용되며, 강도가 크고 가공이 용이하며 항상 위생적인 물을 공급할 수 있는 재질이어야 한다. 주로 사용되는 급수관에는 경질염화비닐관·폴리에틸렌관·동관·시멘트라이닝 닥타일주철관·강관·스테인리스강관 등이 있으며 각각의 특징은 다음과 같다.

① 강관

강관은 수도 급수용 외에도 다양하게 사용되는데, 외압·내압·동결 등에 강하지만 가공이 번잡하고 관 내에 스케일이 발생하기 쉬우며, 산이나 해수에 쉽게 부식되어 적수를 발생시키므로 내외 면을 경질염화비닐·폴리에틸렌 등으로 라이닝 하거나 아연으로 도금한 것 또는 스테인리스관을 사용한다. 이 중 아연으로 도금한 것을 백관(白管)이라고도 하는데 최근에는 거의 사용되지 않는다. 관의 접합은 주로 조인트방식을 이용한다.

② 동관

동관은 가볍고 만곡성(彎曲性)도 크며 인장강도가 크다. 또한 시멘트에 침식되지 않으며 스케일의 발생도 적다. 하지만 관의 두께가 얇아 찌그러지기 쉽고 유리탄소가 많은 수도에서는 청녹(青緑)이 발생하여 청수(青水)의 원인이 되기도 한다. 접합은 용접을 이용한다.

③ 경질염화비닐관

이 관은 무게가 가볍고 가격이 싸며, 외력에 강하고 내구성과 산·알칼리에 대한 내식성이 풍부하며 관 내에 스케일이 발생하지 않는다. 하지만 충격 및 열에 매우 약하며 온도에 의한 신축도 강관에 비해 6～7배 정도로 매우 크다. 가공은 매우 쉽고 접합은 접착제를 사용한 TS접합이나 고무링을 이용한 소켓이음을 주로 이용한다. 자세한 내용은 5.2.4항을 참고하기 바란다.

④ 폴리에틸렌관

흔히 PE관이라고 하는 폴리에틸렌관은 경질염화비닐관에 비해 가볍고 만곡성 및 내열성이 크며 특히 내충격성이 뛰어나다. 가공은 매우 쉽고 접합은 고무링을 이용한 소켓이음을 사용하며, 이때 수구(受口)의 제작을 위해 특수한 가열기를 사용한다.

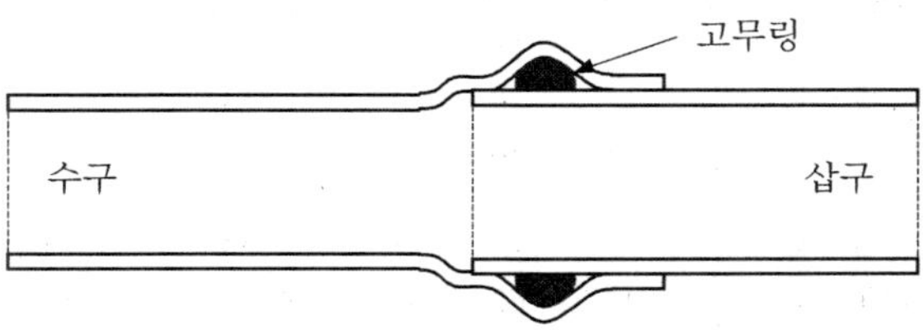

그림 8.6 폴리에틸렌관의 소켓이음

⑤ 기타

그 외에 자주 사용되는 관에는 가교폴리에틸렌관·폴리부틸렌관과 강관의 연결을 위한 닥타일 주철관이 있다.

2. 급수량

각종 급수장치의 설계수량은 업태별 사용수량·용도별 사용수량·동시사용률 등을 고려하여 정하는데, ① 사용자 수를 알 수 있는 경우, 표 8.1의 건물별 1인1일당 평균사용수량에 사용자 수를 곱하여 구할 수 있고, ② 표 8.2의 용도별 사용수량과 표 8.3의 동시사용률을 고려한 급수전의 수를 곱하여 구할 수도 있다. 학교나 역의 화장실 등 동시사용률이 높은 곳에서는 실정에 따라 증가시킨다.

표 8.1 건물별 1인1일당 평균사용수량

업 종	1인1일당 평균 사용수량(L)	비 고	업 종	1인1일당 평균 사용수량(L)	비 고
일반 주택	180～260		백화점	20～ 30	외래자 포함
영업겸용주택	250～380		극 장	30～ 40	〃
아파트	180～260		관공서	40～ 80	〃
요리업	70～140	내객 포함	은 행	100～160	〃
레스토랑	40～ 80	〃	회사·사무실	100～160	〃
여 관	200～300	〃	병 원	200～500	환자 1인당
호 텔	300～500	〃	학 교	50～ 80	

표 8.2 용도별 사용수량과 이에 대응하는 급수전의 크기

용도별	사용수량(L/min)	급수전의 구경(mm)	비 고
부엌용	12～ 40	13～20	
세탁용	12～ 40	13～20	
세면기	8～ 15	13	
목욕탕(재래식)	20～ 40	13～20	
목욕탕(서양식)	30～ 60	20～25	
샤 워	8～ 15	13	
소변기(세척수조)	12～ 20	13	
소변기(세척밸브)	15～ 30	13	1회(4～6초) 사출량 2～3 L
대변기(세척수조)	12～ 20	13	
대변기(세척밸브)	70～130	25	1회(8～12초) 사출량 13.5～16.5 L
소화전(소형)	130～260	40～50	
살 수	15～ 40	13～20	
자동차세척	35～ 65	20～25	업무용

표 8.3 동시사용률을 고려한 급수전 수

급수전 수(개)	동시사용률을 고려한 급수전 수(개)
1	1
2～4	2
5～10	3
11～15	4
16～20	5
21～30	6

3. 관경의 결정

급수관의 관경은 배수관의 수압이 예상 최저치에 있을 경우에도 소요수량을 충분히 공급할 수 있는 크기여야 한다. 즉, 유효수두가 각종의 손실수두(급수전 토출수두 포함)를 합한 총 손실수두보다 커야 한다.

한편 총 손실수두 계산 시 주된 손실 요인은 관의 연장·수도미터·수전·관의 이음 및 분기 등이고, 이들 기구에 의한 수두손실은 직관의 길이로 환산된 표 8.4를 이용하거나 제조자의 자료를 참고하여 정하며, 그 외의 손실은 무시해도 좋다.

상기에서 구한 총 환산연장을 이용하여 구경 50 mm 이하의 급수관에서 총 마찰손실수두는 다음 Weston 공식으로부터 구할 수 있으며, 이 공식에 의한 급수관의 유량곡선도(flow curve of service pipe)는 그림 8.7과 같다.

$$h = \left(0.0126 + \frac{0.01739 - 0.1087d}{\sqrt{v}}\right)\frac{l}{d} \cdot \frac{v^2}{2g} \tag{8.1}$$

여기서, h : 마찰손실수두(m)

v : 관 내 평균유속(m/sec)

d : 관 내경(m)

l : 관의 길이(m)

g : 중력가속도(9.8 m/sec^2)이다.

표 8.4 기구류 손실수두의 직관환산장 (단위; m)

종별 / 구경(mm)	지수전 갑	지수전 을	급수전	분기장소	계량기 (접선류 Impeller식)	접합 (異徑접합)
10		1.0	3.0	0.5~1.0		0.5
13	3.0	1.5	3.0	0.5~1.0	3.0~4.0	0.5~1.0
20	8.0	2.0	8.0	0.5~1.0	8.0~11.0	0.5~1.0
25	8.0~10.0	3.0	8.0	0.5~1.0	12.0~15.0	0.5~1.0
30	15.0~20.0			1.0	19.0~24.0	1.0
40	17.0~25.0			1.0	20.0~26.0	1.0
50	20.0~30.0			1.0	25.0~35.0	1.0

주) 분수전(갑, 을)의 손실수두 직관환산장은 지수전(을)에 준한다.

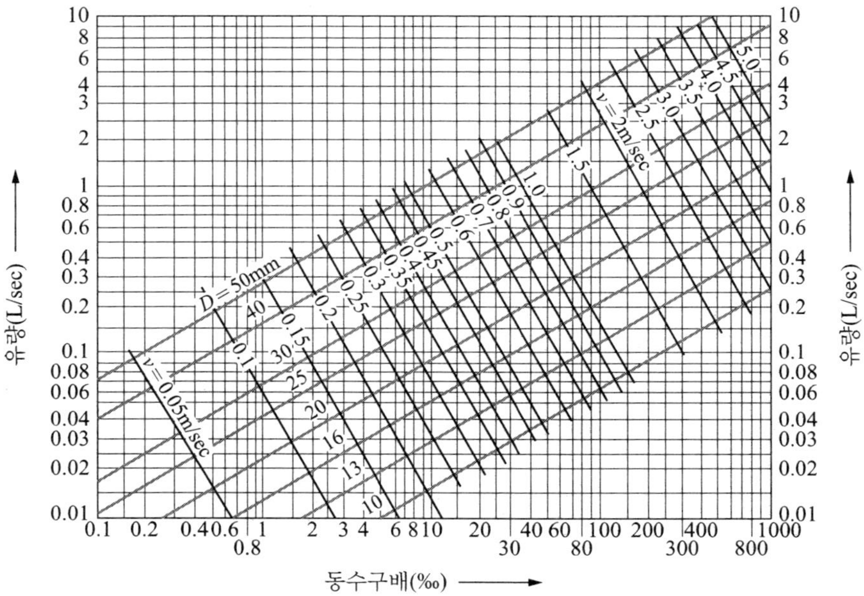

그림 8.7 Weston 공식에 의한 급수관의 유량곡선도

예제 8.1

배수관에서 분수전·지수전(갑형) 및 계량기를 거쳐 2층의 세정밸브에 급수하고자 한다. 배수관에 대한 세정밸브의 수직고는 6 m이고, 세정밸브까지의 급수관 연장은 15 m이다. 급수관의 내경이 25 mm이고 세정유량이 50 L/min인 경우 배수관의 수압은 최소 몇 kg/cm^2 이 필요한가? (단, 세정밸브의 최소 토출수압은 0.5 kg/cm^2이다.)

풀이 배수관의 총 소요수두는

(① 각 수전 및 관 연장에 따른 손실수두) + (② 세정밸브의 수직고) + (③ 세정밸브의 최소 토출수두)이다.

상기에서 ①을 계산하기 위한 총 직관환산장은 40.5 m[15 m(관 연장) + 3.0 m(분수전) + 9.0 m(지수전) + 13.5 m(계량기)]이며,

유속 $v = \dfrac{Q}{A} = \dfrac{50\ \mathrm{L/min}}{\pi 0.025^2/4\ \mathrm{m}^2} = 1.7\ \mathrm{m/sec}$이다.

따라서 $h = \left(0.0126 + \dfrac{0.01739 - 0.1087 \times 0.025}{\sqrt{1.7}}\right)\dfrac{40.5}{0.025} \cdot \dfrac{1.7^2}{2 \times 9.8} = 5.7\ \mathrm{m}$ 이고,

배수관의 총 소요수두 = 5.7 m(①) + 6 m(②) + 5 m(③) = 16.7 m

∴ 최소 1.67 kg/cm^2이 요구된다.

[별해] 그림 8.7에서 유량이 50 L/min이고 관경이 25 mm인 경우 1 m당의 마찰손실수두는 150 mm(0.15 m)이다. 따라서 총 환산연장 40.5 m에 대한 손실수두는 6.075 m이므로,

배수관의 총소요수두 = 6.075 m + 6 m + 5 m = 17.08 m

∴ 최소 1.708 kg/cm^2이 요구된다.

[참고] 급수관 내의 유속은 2 m/sec 이하가 되도록 하는 것이 바람직하다. 그것은 유속이 지나치게 클 경우 수격작용으로 급수전의 손상이나 누수의 원인이 되기 때문이다.

Chapter 8 연습문제

1. 급수장치란 무엇이며, 구체적으로 어떤 시설로 이루어지는가?

2. 배수관으로부터 급수관을 분지하는 방법에 대해 기술하라.

3. 급수방법에는 어떤 것이 있으며, 이들 각 방법의 장단점을 기술하라.

4. 급수관의 종류와 각 관의 장단점을 기술하라.

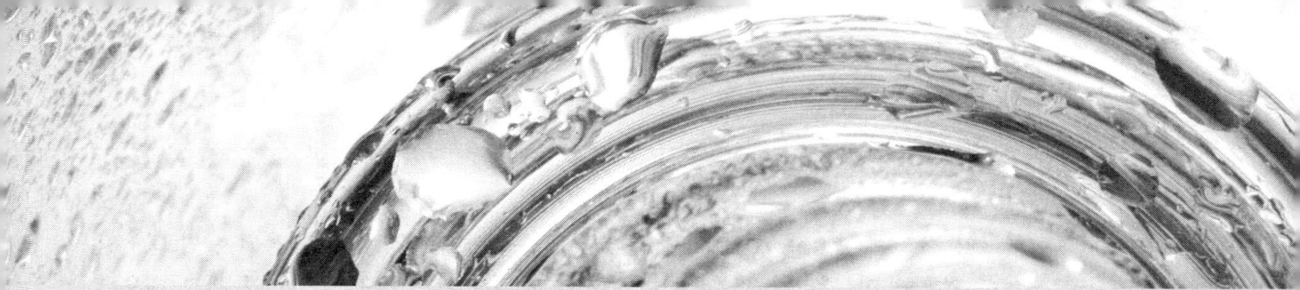

Chapter 9 펌프시설

9.1 펌프의 분류와 선정

상·하수도시설에서는 물의 유송과 처리를 위해 각종의 펌프가 사용되는데, 이들 펌프는 작동 원리에 따라 **터보형 펌프**(turbo pump)·**용적형 펌프** 및 기타 **특수 펌프**로 분류할 수 있다.

이 중 **터보형 펌프**는 회전차(impeller)의 회전력을 이용하는 펌프로 **원심력 펌프**(centrifugal pump)·**축류 펌프**(axial flow pump) 및 **사류 펌프**(mixed flow pump)로 분류되며, 용적형 펌프는 피스톤·plunger 또는 압축 슈(sliding shoe) 등의 작용으로 정량·압송하는 펌프다. 그 외에 특수 펌프로는 기포 펌프·분사 펌프·전자 펌프 등

표 9.1 Pump의 분류

터보형 펌프 (turbo)	원심력 펌프 (centrifugal)	volute pump diffuser pump
	사류 펌프(mixed flow) 축류 펌프(axial flow)	
용적형 펌프 (positive displacement)	왕복 펌프 (reciprocating)	piston pump plunger pump diaphragm pump
	회전식 펌프 (rotary)	gear pump screw Pump vane pump
특수 펌프	분사 펌프(jet pump) 기포 펌프(air lift pump) 전자 펌프	

특수한 기능의 것들이 있는데, 이 중 상수도 분야에서 가장 자주 사용되는 펌프는 원심력 펌프로 이하의 기술에서는 이 펌프를 중심으로 기술하였다. 기타 관련 내용은 2편의 3.4장을 참고하기 바란다.

9.1.1 원심력 펌프

상·하수도 분야에서 가장 흔히 사용되는 펌프로 임펠라의 회전에 의해 발생하는 원심력을 물의 토출력으로 전환시키는 펌프이다. 이 펌프는 그림 9.4와 같이 안내날개가 있는 **터빈(turbine) 펌프**와 안내날개가 없는 **벌류트(volute) 펌프**로 구분되는데, 벌류트 펌프는 토출효율을 높이기 위해 달팽이 모양의 volute casing을 갖추고 있어 **와권 펌프**라고도 한다. 일반적으로 안내날개가 없는 벌류트 펌프가 주로 사용되는데, 이 펌프는 가격이 싸고 효율이 높다. 또한 임펠라의 형태에 따라 특성이 크게 변화하므로 적용범위가 넓고 운전과 수리가 용이하며, 일반적으로 흡입양정이 크고 고양정에 적합하며, 공동현상(cavitation)은 잘 발생하지 않는다.

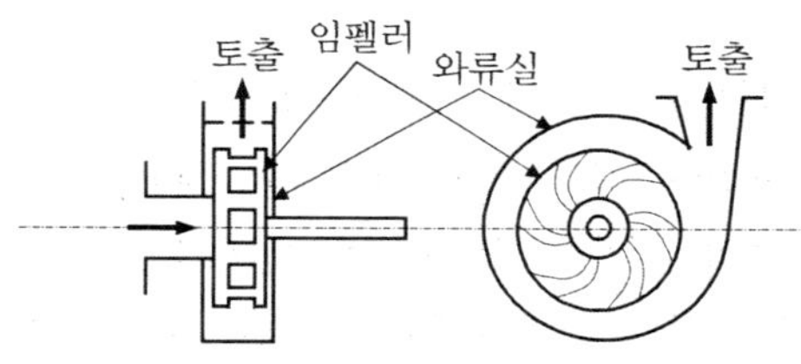

그림 9.1 ▪ 원심력 펌프

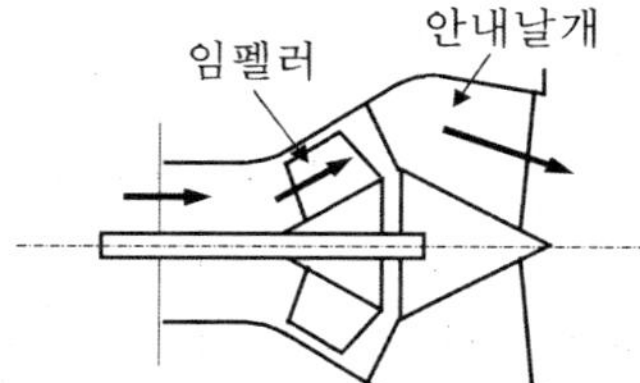

그림 9.2 ▪ 사류 펌프

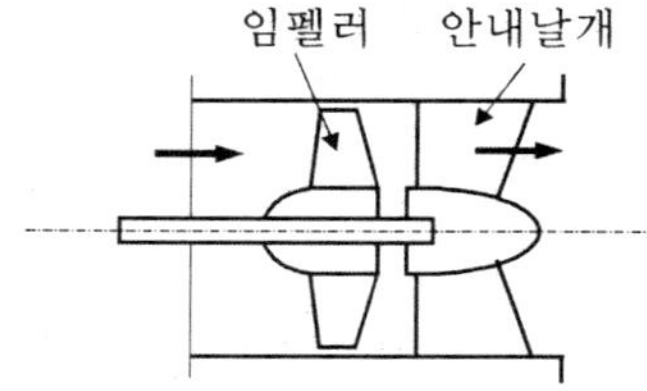

그림 9.3 ▪ 축류 펌프

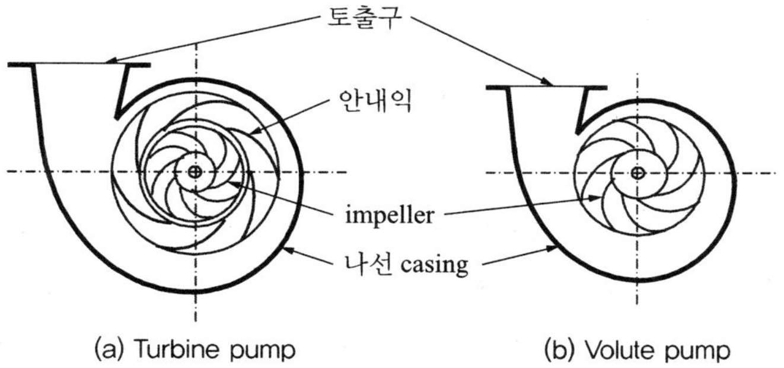

그림 9.4 원심력 펌프의 구별

9.1.2 사류 펌프

사류(斜流) 펌프는 임펠러의 원심력과 압출력에 의해 축 방향으로 유입한 물을 사(斜) 방향으로 토출한다. 이 펌프는 원심력 펌프와 축류 펌프의 중간형으로 양정 변화에 대하여 수량의 변동이 적고 수량 변동에 대해 동력의 변화도 적다. 따라서 우수용 펌프 등 수위 변동이 큰 곳에 적합하며, 적정 양정고는 3～12 m 정도로 중·저양정에 적합하다. 크기는 원심력 펌프보다 소형이며, 축류 펌프에 비해 공동현상이 적고 흡입양정도 크게 할 수 있다.

9.1.3 축류 펌프

축류(軸流) 펌프는 원심력이 아닌 임펠러의 압출력에 의해 물을 축 방향으로 토출한다. 이 펌프는 구조적으로 축 방향으로 길지만 일반적으로 원심력 펌프보다 소형이며 4 m 이하의 저양정에 적합하다.

9.2 비속도

비속도(specific speed)란 펌프나 송풍기 등의 형식을 나타내는 지표로 펌프의 경우 1 m^3/min의 유량을 1 m 양수하는 데 필요한 회전수(N_s)를 말한다. 즉, 펌프나 송풍기의 크기에 관계없이 그것의 형식(임펠러의 형식)에 따라 변하는 값으로 다음 식

(9.1)과 같이 나타낸다.

$$N_s = N \cdot \frac{Q^{1/2}}{H^{3/4}} \tag{9.1}$$

위 식에서 $Q = AV$, $V = C\sqrt{2gH} \propto H^{1/2}$, $Q \propto d^2 \cdot H^{1/2}$, $\therefore\ d \propto Q^{1/2}/H^{1/4}$

한편 $V \propto d \cdot N \propto H^{1/2}$, $\therefore\ H^{1/2} \propto NQ^{1/2}/H^{1/4}$이다.

즉, $N \propto H^{1/2} \times H^{1/4}/Q^{1/2} = H^{3/4}/Q^{1/2}$이므로, $N = kH^{3/4}/Q^{1/2}$이다.

여기서, $Q = 1\ \text{m}^3/\text{min}$, $H = 1\ \text{m}$인 경우 회전수를 비속도(N_s)라고 하므로, $k = N_s$이고 식 (9.1)과 같이 나타낼 수 있다.

여기서, N_s : 비속도　　　　N : 펌프의 회전속도(rpm)

Q : 규정 토출량(m^3/min)　　H : 규정 양정(m)이다.

위 식 (9.1)에서 다단 펌프의 양정고는 1단당의 H값을, 양흡입형 펌프의 토출량은 $Q/2$를 사용한다.

이미 기술하였듯이 N_s는 펌프의 형식을 나타내는 지표로 N_s가 작으면 수량이 적고 높은 양정의 펌프이고, N_s가 크면 수량이 많고 낮은 양정의 펌프이다. 또한 N_s가 클수록 흡입 성능은 나빠지고 공동현상이 발생하기 쉽다. 그림 9.5와 표 9.2는 펌프의 형식에 따른 비속도·양정 등을 나타낸 것이다.

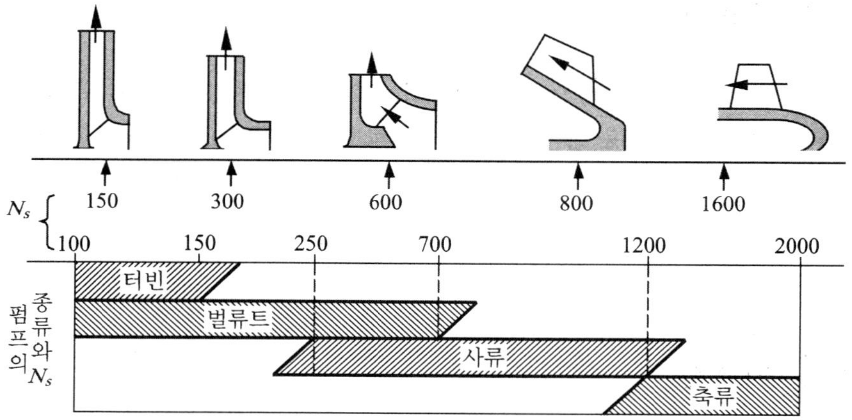

그림 9.5 임펠러의 형식과 비속도의 관계

표 9.2 펌프의 형식에 따른 적정 양정

전양정(m)	형 식	펌프의 구경(mm)
4 이상	원심력 펌프	100 이상
3～12	사류 펌프	200 이상
4 이하	축류 펌프	300 이상

9.3 펌프의 양정·소요동력 및 구경

펌프의 전양정(H)은 실양정과 각종의 손실수두 및 토출수두, 즉 관 말단의 잔류속도수두의 합과 같아야 한다[식 (9.2) 및 그림 9.6 참고].

$$H = h_a + \sum h_f + h_o \tag{9.2}$$

여기서, H : 전양정(m)

h_a : 실양정(m)

$\sum h_f$: 각종 손실수두의 합(m)

h_o : 관 말단의 잔류속도수두(m)이다.

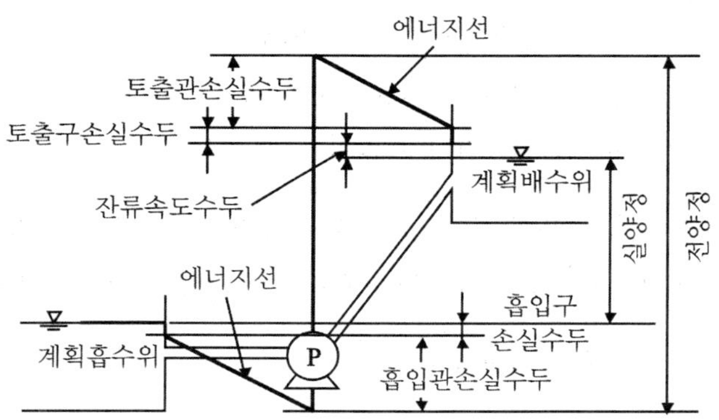

그림 9.6 펌프의 전양정

한편 Q(m^3/sec)의 유량을 전양정 H(m)까지 양수하는 데 요하는 펌프의 소요동력(P_s)은 다음과 같다.

$$P_s = \frac{9.8QH}{\eta_p} \text{ [kW]} \tag{9.3}$$

여기서, P_s : 소요동력(kW) Q : 유량(m^3/sec)

H : 전양정(m) η_p : 펌프의 효율이다.

위 식에서 유량 Q가 가지는 질량은 물의 단위질량을 m이라 할 경우, $mQ(m')$이므로 소요동력 $P_s = m'gH = mQgH$

즉, $P_s = 1{,}000(\text{kg/m}^3) \times Q(\text{m}^3/\text{sec}) \times 9.8(\text{m/sec}^2) \times H(\text{m})$

$= 9.8 \times 1{,}000QH(\text{kg}-\text{m/sec}^2)(\text{m/sec}) = 9.8 \times 1{,}000\,QH(\text{N}-\text{m/sec})$

$= 9.8 \times 1{,}000QH(\text{J/sec}) = 9.8 \times 1000QH(\text{W}) = 9.8QH(\text{kW})$이다.

따라서 펌프의 효율을 η_p라 하면 소요동력은 식 (9.3)과 같고, 이 식에서 η_p는 펌프의 형식이나 토출량 등에 따라 달라지는데 보통 0.4~0.8이다.

또한 펌프를 구동하는 원동기의 소요동력은 원동기 출력에 대한 여유 α와 원동기의 효율 η_m을 고려하면 다음 식 (9.4)와 같이 나타낼 수 있다.

$$P_m = \frac{P(1+\alpha)}{\eta_m} \text{ [kW]} \tag{9.4}$$

여기서, P_m : 원동기의 소요동력(kW)

α : 원동기 출력에 대한 여유

η_m : 원동기의 효율이다.

한편 펌프의 흡입구경은 토출량과 흡입구의 유속에 따라 연속방정식($Q = AV$)에 의해 쉽게 계산할 수 있으나, 상용 단위를 고려하여 흔히 다음 식으로 나타낸다.

$$D = 146\sqrt{Q/V} \tag{9.5}$$

여기서, D : 펌프의 흡입구경(mm)

Q : 펌프의 토출량(m^3/min)

V : 흡입구의 유속(m/sec)이며, 1.5~3.0 m/sec를 표준으로 한다.

예제 9.1

길이 120 m의 주철관으로 아래 수조에서 20 m 위의 수조에 100 L/sec의 물을 양수하고자 한다.

① 펌프의 소요동력 및 원동기의 출력을 구하라. (단, 마찰손실계수는 0.03, 마찰손실 외 손실계수의 합은 2.3, 토출유속은 2.2 m/sec, η_p는 0.75, η_m는 0.8, α는 0.1이다.)

② 또한 펌프의 회전수가 1,750 rpm일 경우 비속도를 구하고, 사용할 펌프의 종류를 정하라.

풀이 ① 펌프의 소요동력 및 원동기의 출력

전양정(H)은 실양정과 각종 손실수두의 합 및 관 말단의 잔류속도수두(m)이므로,

$$H = 20 + \left(f \frac{l}{D} \frac{v^2}{2g} + 2.3 \times \frac{v^2}{2g} \right) + \frac{v^2}{2g} \text{ 이다.}$$

여기서 f는 0.03, l은 120 m, v는 2.2 m/sec, $D = \sqrt{\frac{4Q}{\pi v}} = \sqrt{\frac{4 \times 0.1}{\pi \times 2.2}} = 0.06$ m이므로,

$$H = 20 + \left(0.03 \times \frac{120}{0.6} \times \frac{2.2^2}{2 \times 9.8} + 2.3 \times \frac{2.2^2}{2 \times 9.8} \right) + \frac{2.2^2}{2 \times 9.8} = 22.3 \text{ m이다.}$$

따라서 펌프의 소요동력은

$$P_s = \frac{9.8QH}{\eta_p} = \frac{9.8 \times 0.1 \times 22.3}{0.75} = 29.14 \text{ kW이고,}$$

원동기의 축동력은

$$P_m = \frac{P(1+\alpha)}{\eta_m} = \frac{29.14(1+0.1)}{0.8} = 40.1 \text{ kW이다.}$$

② 비속도

$$N_s = N \cdot \frac{Q^{1/2}}{H^{3/4}} \quad (N;\ \text{rpm},\ Q;\ \text{m}^3/\text{min},\ H;\ \text{m})$$

$$= 1{,}750 \cdot \frac{6^{1/2}}{22.3^{3/4}} = 417.7 \text{이고,}$$

사용할 펌프는 볼류트형 원심력 펌프가 적합하다.

9.4 펌프의 특성곡선

펌프의 특성곡선(characteristic curve)이란 펌프의 회전속도를 일정하게 고정하고 토출관의 밸브를 조절하여 토출량을 변화시킬 때 토출량의 변화에 따른 양정·효율·축동력의 변화를 각기 최대 효율점에 대한 비율로 나타낸 것으로, 펌프의 형식에 따라 다르며 펌프의 선정 시 이용된다. 그림 9.7은 원심력 펌프에 해당하는 특성곡선의 한 예를 나타낸 것이다.

한편 펌프를 운전하다 보면 양수량만을 또는 양정고만을 크게 변화시켜야 하는 경우가 있는데, 이런 경우 펌프를 직렬 또는 병렬로 연결하여 사용할 수 있다. 그림 9.8은 동일 특성을 가진 펌프 2대를 직렬 혹은 병렬로 연결한 경우의 특성곡선을 나타낸 것이다. 그림에서 펌프를 직렬로 연결할 경우 양수량은 거의 변화하지 않으나 양정은 약 2배 증가시킬 수 있음을 알 수 있다. 그 외에 양수량을 조절하는 방법으로는 펌프의 회전수를 바꾸거나 토출밸브를 조절하는 방법이 있다.

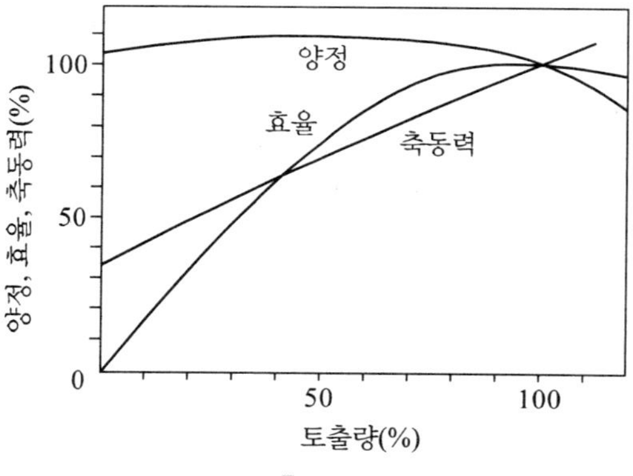

그림 9.7 펌프의 특성곡선

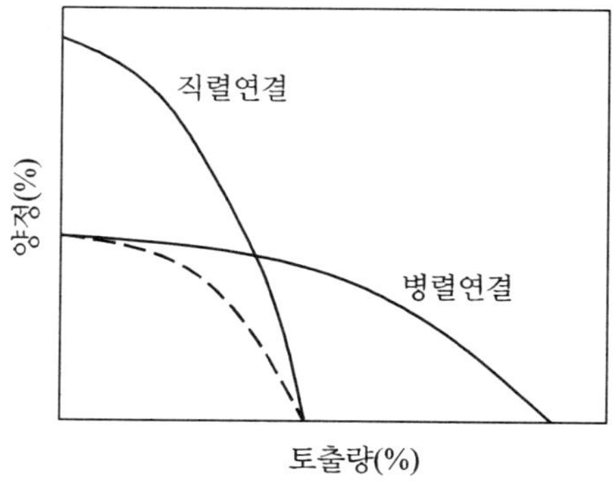

그림 9.8 동일 특성 펌프의 직렬 및 병렬연결

9.5 펌프의 설치 및 설치 시 유의사항

펌프의 설치 시 펌프는 최대 효율점에서 운전되도록 용량과 대수를 결정해야 한다. 제어방식은 원격제어방식이나 자동제어방식을 채택하며, 원격지의 펌프는 무인화를 원칙으로 한다. 또한 펌프의 효율은 대용량일수록 크고 운전경비도 저감되므로 가급적 대용량의 것을 채용하여 대수를 줄이는 것이 유지·관리상 바람직하다. 용량은 가급적 동일한 것을 설치하는 것이 바람직하지만, 수량의 변화가 현저한 경우에는 용량이 다른 펌프를 설치하거나 용량이 동일할 경우에는 펌프의 회전수를 제어하는 것이 경제적이다.

9.5.1 펌프의 계획 수량과 대수

취수펌프·도수펌프·송수펌프의 수량은 계절이나 시간적 변동이 크지 않기 때문에 계획1일 최대수량의 24시간 평균수량으로 하며, 용량은 가능한 한 고효율이 되도록 정한다. 한편 배수펌프는 수량의 시간적 변화가 크므로 이에 대응하는 용량으로 한다. 즉, 계획시간수량은 계획시간최대배수량으로 하고, 야간의 최소배수량과 도시규모에 따른 소화용수량 등을 고려하여 정한다. 설치 대수는 고장이나 수리 등을 고려하여 예비펌프를 포함하여 최소 2대 이상으로 하는데, 통상 3～5대로 정하는 경우가 많다. 하지만 펌프 정지 시에도 급수에 지장이 없다면 예비기를 두지 않는다.

예제 9.2

다음 그림 9.9와 같은 경우 취수관 및 취수펌프(소요동력·설치 대수 등)를 설계하라. 단, 계획1일 최대취수량은 4 m^3/min이다.

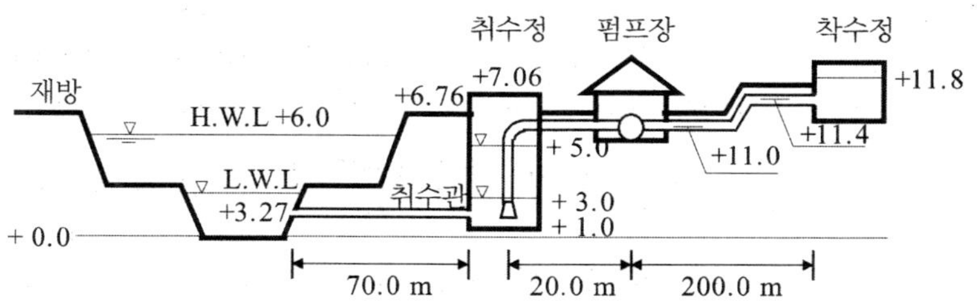

그림 9.9

풀이 ① 취수관경을 구하기 위해 Williams-Hazen 공식을 이용하면,

$$D = 1.6258C^{-0.38}Q^{0.38}I^{-0.205}$$
$$= 1.6258 \times 100^{-0.38} \times 0.067^{0.38} \times 0.004^{-0.205} = 0.32 \text{ m}$$

위 식에서 $Q = \dfrac{4}{60} = 0.067 \text{ m}^3/\text{sec}$, $I = \dfrac{3.27 - 3.0}{70} = 0.004$, $C = 100$을 적용하였다.

② 한편 펌프의 흡입구경은 유속을 2 m/sec(표준 1.5～3.0 m/sec)로 하면, 식 (9.5)에 의해

$$D = 146\sqrt{Q/V} = 146\sqrt{4/2} = 206.5 \fallingdotseq 210 \text{ mm}$$이고,

이때 유속은 $\dfrac{Q}{\pi D^2/4} = \dfrac{4}{\pi \times 0.21^2/4} = 115.5 \text{ m/min} = 1.93 \text{ m/sec}$로 펌프의 유속범위를 만족시킨다.

③ 펌프의 소요동력 및 구동기의 소요동력을 구하기 위해 펌프의 총양정을 구하면, 펌프의 실양정은 (11.8 − 3.0) m,

손실수두는

㉠ 마찰손실수두 $h_r = f_r \dfrac{L}{D}\dfrac{v^2}{2g} = 0.03 \times \dfrac{228.4}{0.32}\dfrac{0.83^2}{2 \times 9.8} = 0.75 \text{ m}$

위 식에서 관 길이 $L = (11.4 - 3) + 20 + 200 = 228.4 \text{ m}$,

관경 $D = 0.32 \text{ m}$,

유속 $v = \dfrac{Q}{\pi D^2/4} = \dfrac{4}{\pi \times 0.32^2/4} = 49.7 \text{ m/min} = 0.83 \text{ m/sec}$

㉡ 관 굴곡손실은 굴곡부가 3개소이므로,

$$h_b = f_b \frac{v^2}{2g} \times 3 = 0.25 \frac{0.83^2}{2 \times 9.8} \times 3 = 0.026 \text{ m}$$

㉢ 변손실(foot valve 1개, 역지밸브 1개, 제어밸브 1개)

$$h_v = (f_{v_1} + f_{v_2} + f_{v_3})\frac{v^2}{2g} = (1.5 + 1.0 + 0.6)\frac{0.83^2}{2 \times 9.8} = 0.11 \text{ m}$$

㉣ 유입 및 유출손실수두

$$h_f = (f_i + f_o)\frac{v^2}{2g} = (0.5 + 1.0)\frac{0.83^2}{2 \times 9.8} = 0.05 \text{ m}$$

따라서 총양정은 $(11.8 - 3.0) + 0.75 + 0.026 + 0.11 + 0.05 = 9.74 \fallingdotseq 10 \text{ m}$

④ 펌프의 소요동력은 펌프의 효율을 80%로 가정할 경우,

$$P_s = \frac{9.8QH}{\eta_p} = \frac{9.8 \times 0.067 \times 10}{0.8} = 8.21 \rightarrow 8.5 \text{ kW}$$이다.

한편 계획1일 최대취수량은 $4 \times 60 \times 24 = 5{,}760 \text{ m}^3/\text{day}$이다. 펌프의 설치대수를 2대 로 하면, 펌프 1대의 소요동력은 $8.5/2 = 4.25 \fallingdotseq 4.5$ kW이고, 설치대수는 예비기 1대를 포함하여 총 3대로 한다.

또한 각 구동기의 소요동력은 원동기 출력에 대한 여유를 0.1, 원동기의 효율을 80%라고 가정하면,

$$P_m = \frac{P(1+\alpha)}{\eta_m} = \frac{4.5(1+0.1)}{0.8} = 6.18 \rightarrow 6.5 \text{ kW}$$이다.

9.5.2 펌프 설치 시 유의사항

1. 공동현상

물속의 압력이 포화증기압보다 작아질 때 수중에 녹아 있던 공기가 유리되어 저압의 공기덩어리가 생기는데, 이러한 현상을 공동(cavitation)현상이라 한다. 이러한 현상은 주로 속도가 빠른 회전체나 노즐 또는 싸이폰 등에서 발생하며 소음·진동을 일으키고 심할 경우 기기를 파손시킬 수도 있다.

펌프에서 압력이 가장 저하하는 부분은 임펠러의 입구이며, 이 지점에서 cavitation 현상을 방지하기 위해서는 다음과 같은 관계가 성립해야 한다.

$$H_p \leqq H_a - H_t \tag{9.6}$$

여기서, H_p : 포화증기압수두(m)

H_a : 대기압수두(m)

H_t : 흡입구에서 임펠러에 이르기까지의 총손실수두(m)이다.

즉, cavitation 현상을 방지하기 위해서는 흡입수두를 작게 하거나, 아예 임펠러가 수중에 잠기는 수중펌프를 이용하는 방법, 흡입관경을 크게 하여 흡입관 내의 손실수두를 작게 하는 방법, 임펠러의 회전수를 감소시켜 임펠러 전부(前部)에서의 급격한 압력 저하를 방지하는 방법, 양흡입 펌프를 사용하는 방법 등이 유효하다.

2. 수격작용

수격작용(water hammering)이란 관로 내 유속의 급격한 변화로 관 내의 수압이 급상승 또는 급강하하는 현상을 말한다. 이러한 현상은 주로 플레쉬밸브(flash valve)·제수밸브 등의 급격한 차단 또는 정전 등으로 인한 펌프의 급정지 등으로 발생하며, 펌프·밸브·관로 등의 파손이나 누수의 원인이 된다.

수격작용을 방지하기 위해서는 다음과 같은 방법이 유효하다.

① 펌프의 급정지를 피할 것
② 관로 도중에 설치한 제수밸브의 경우 측관을 설치(그림 5.22 참고)
③ 정부(頂部)의 압력 변화에 대응하기 위한 압력조정수조를 설치(그림 9.10 참고)
④ 펌프의 토출구 부근에 공기밸브 설치
⑤ 관 내 유속을 줄일 것 등이다.

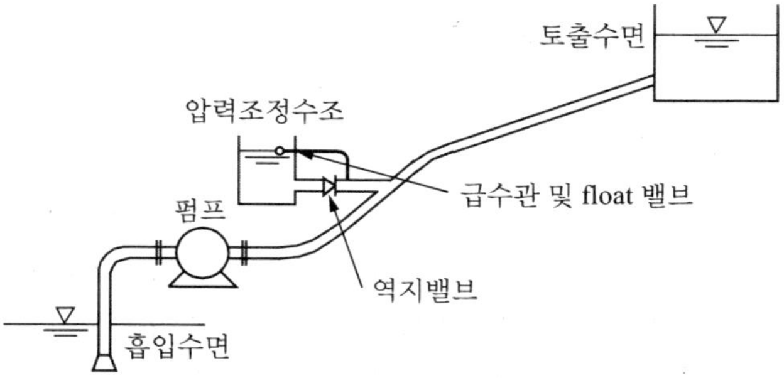

그림 9.10 1방향 압력조정수조를 설치한 펌프계

Chapter 9 연습문제

1. 펌프를 작동원리에 따라 분류하라. 또 이 중 원심력 펌프의 특성에 대해 기술하라.

2. 펌프의 비속도란 무엇인가?

3. 토출량이 400 m^3/day, 양정고 5 m, 펌프의 회전속도가 1,200 rpm인 경우 비속도는 얼마인가? 또한 이 펌프는 어떤 형식의 펌프인가?

Answer N_s; 189, 볼류트형 원심력 펌프

4. 다음 그림 9.11과 같이 옥상에 고위탱크를 설치하여 급수하고자 한다. 수조의 유효용량은 20 m^3이고, 펌프의 양수능력은 1시간에 수조를 만수시킬 수 있는 것으로 한다. 또한 양수관의 관경은 50 mm, 1 m당 마찰손실수두는 200 mm로 하고, 각종 기기류의 직관환산장은 관 연장의 40%로 한다. 토출구의 수압을 0.5 kg/cm^2로 할 경우 다음 물음에 답하라.

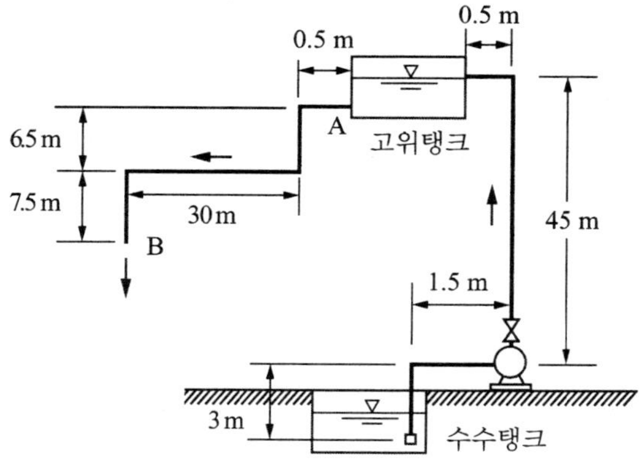

그림 9.11

① 양수펌프의 분당 양수량

② 양수펌프의 전양정

③ 양수펌프의 소요동력

④ 급수관 AB의 1 m당 허용마찰손실수두

Answer

① 양수펌프의 분당 양수량

Q = 20 m^3/60 min = 333 ≒ 334 L/min

② 양수펌프의 전양정

펌프의 전양정(H)은 흡입양정(H_s) + 토출양정(H_d) + 배관의 손실수두(H_L)이다.

이 중 흡입양정(H_s)은 3 m, 토출양정(H_d)은 40 m, 배관의 총 환산연장은 45 × 1.4 = 63 m이고, 배관의 손실수두는 63 × 0.2 = 12.6 m이므로, 펌프의 전양정(H) = (3 + 40 + 12.6) m = 55.6 m이다.

③ 양수펌프의 소요동력

펌프의 효율을 80%라고 하면,

$$P_s = \frac{9.8QH}{\eta_p} = \frac{9.8 \times 0.0056 \times 55.6}{0.8} = 3.81 \rightarrow 4 \text{ kW}$$이다.

④ 급수관 AB의 1 m당 허용마찰손실수두

AB 간의 관 연장은 0.5 + 6.5 + 30 + 7.5 = 44.5 m이고, 총 환산관장은 44.5 × 1.4 = 62.3 m, B점의 소요수압이 0.5 kg/cm^2(수두로 5 m)이므로,

AB 간의 1 m당 허용마찰손실수두 $= \frac{(6.5+7.5)-5}{62.3} = 0.144$ m이다.

Part 02

하수도

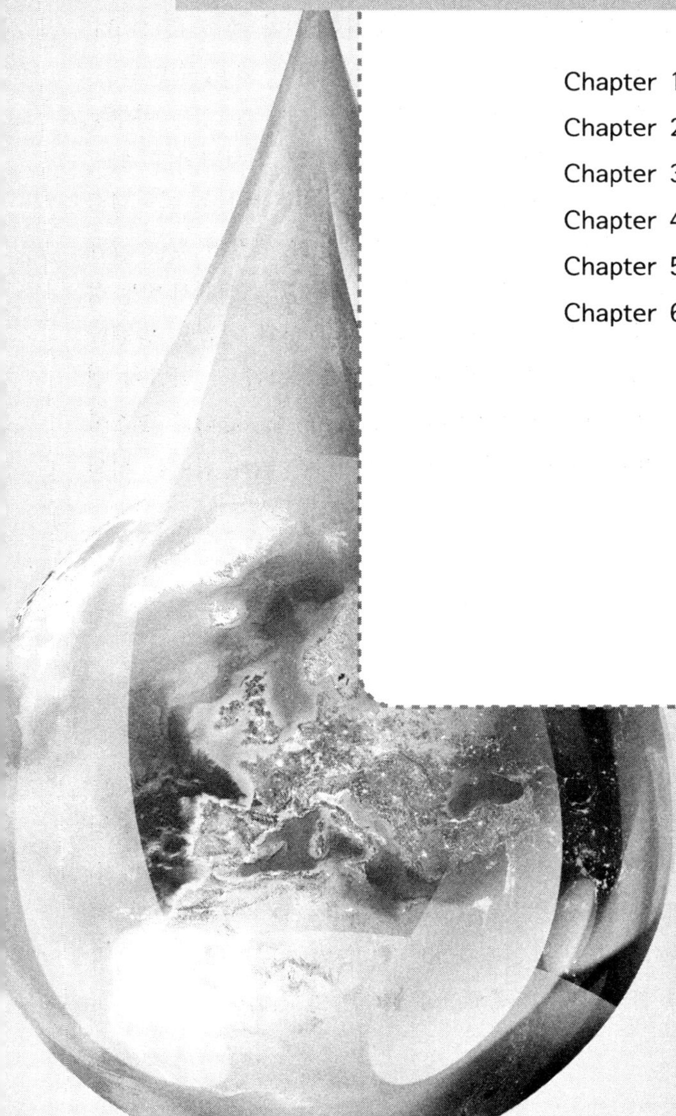

Chapter 1 총 론

물은 생명체가 삶을 영위하기 위해 요구되는 가장 필수적인 인자 중의 하나이다. 따라서 인간은 물의 취득이 용이한 지역에 집단 거주지를 형성하게 되고, 집단의 인명과 재산의 안전을 기하기 위해서는 강우 시 우수를 신속히 배제할 수 있는 하수도가 요구되었을 것이다. 즉, 하수도는 원래 우수를 배제할 목적으로 건설되었다. 하지만 집단이 거대화된 도시의 발생과 성장 그리고 그에 따른 물 사용량의 증가는 필연적으로 다량의 오수를 발생시키고, 아울러 도시는 미관 및 위생상 생활의 질이 크게 하락한다. 따라서 오수는 거주지로부터 보다 빨리 그리고 보다 멀리 배제시켜야 하는데 하수도는 우수뿐 아니라 오수를 배제하는 데도 매우 효과적인 기능을 발휘할 수 있다. 즉, 하수(sewage)란 각 가정·사업장·사무소·공장·축산시설 등 인간의 생활과 생산활동으로 배출되는 오수(sanitary sewage)와 우수(storm sewage)를 총칭하며, 하수도(sewerage, sewer system)란 하수를 배제 또는 처리하기 위해 설치한 시설을 총칭한다.

1.1 하수도의 역사

하수도에 관한 최고의 기록은 기원전 7세기경 바빌론·앗시리아·예루살렘 등의 유적에서 발견되며, 가장 유명한 것은 변소에 수세장치를 완비한 로마의 하수도이다.

한편 근대식 하수도는 영국에서 시작되었다. 런던은 16세기경까지 국부적으로 하수도가 보급되어 있었는데, 이때까지 분뇨의 하수도 방류는 금지되고 있었다. 그러나 19세기 초에 근대식 수세변소가 발명되고, 수세변소와 하수도의 접속이 허가되면서 분뇨는 하수와 함께 템스 강에 방류되었다. 19세기 중엽 콜레라와 같은 수인성 전염병이 만연할 때, 하수도가 있는 지역은 환자의 발생이 적었는데, 이러한 사실을 깨닫고 공중위생 차원에서 하수도의 보급이 촉진되었다. 하지만 처리되지 않은 생하수의 유입량이 증가함에 따라 템스 강은 크게 오염되었고, 그로 인해 하수처리의 필요성이 대두되었다. 이에 따라 19세기 말엽에 템스 강 오염방지위원회를 설립하고 생하수의 방류를 규제하였지만, 실질적인 하수처리는 20세기 초나 되어 시작되었다.

우리나라의 경우 재래적으로 분뇨는 비료로 사용되었기 때문에 수세식 변소가 보급되기 시작한 70년대 이전에 하수도는 우수와 오수를 인근의 하천으로 배제하기 위한 수로로 이용되었으며, 오수를 차집하여 처리장으로 이송할 목적으로 사용되지는 않았다. 하지만 이후 산업화와 수세식 변소가 보급되면서 하천의 오염이 심화되었고, 이에 따라 70년대에 들어서야 비로소 수질오염방지를 위한 법규가 제정되었으며, 방지시설의 확충이 시작되었다. 그러나 이때에는 주로 분뇨처리장의 설치나 폐수배출업소에 대한 수질규제 차원의 폐수처리시설에 그쳤으며, 본격적인 도시하수의 처리는 서울시의 청계천하수처리장을 시작으로 80년대에 들어서 본격화되었으며, 2016년 기준 전국에는 약 600개소의 도시하수처리장이 가동되고 있다.

1.2 하수도의 구성

하수도는 오수와 우수를 배제 또는 처리할 목적으로 설치된 시설로 그림 1.1과 같이 하수배제를 위한 관로, 하수처리를 위한 처리시설 및 이들 시설에 포함된 펌프 등 부속시설을 일컫는다. 단, 관개배수시설과 분뇨정화조는 하수도에 포함되지 않는다.

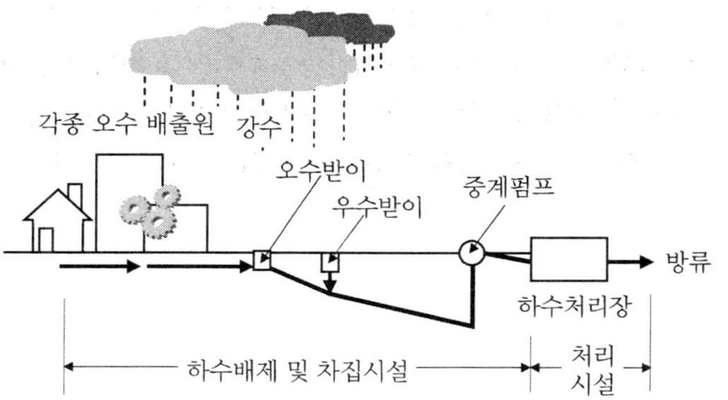

그림 1.1 하수도의 구성

1.3 하수도의 역할

하수도는 오수와 우수를 효과적으로 배제하여 재래의 습지나 침수지역을 개선하고, 도시의 생활환경을 위생적이고 쾌적하게 유지시켜 삶의 질을 높이는데, 하수도의 설치에 따른 보다 구체적인 효과는 다음과 같다.

1. 생활환경의 개선

하수도는 각종 질병과 악취 등 비위생적 문제를 발생시키는 오수를 빠르게 배제하여 도시의 건전한 발전에 기여한다. 즉, 수인성 질병의 발생 방지, 파리·모기 등 해충 및 악취의 발생 방지 등으로 공중위생을 향상시키고 동시에 도시의 미관을 개선하여 도시의 생활환경과 가치를 향상시킨다.

2. 침수피해의 방지

하수도는 강우 시 우수를 배제하기 위한 관로나 펌프장 및 국지성 호우에 대비한 하수저류시설과 지하배수시설·침투시설 등을 조합하여 지하수의 확충 및 시가지의 침수를 방지하고 동시에 재산의 손실 및 교통의 정체 등을 방지한다.

3. 하천의 수질보전

오수와 폐수를 차집 → 처리 → 방류하여 오폐수의 처리과정이나 처리비용을 감소시키고, 아울러 방류수역의 수질 및 수자원 확보와 깨끗한 수변환경을 제공하여 생태계 보전 및 건전한 물 순환에 기여한다.

4. 토지 효용성의 증대 및 도시 발전

하수도는 우수의 빠른 배제로 인하여 저습지나 침수지를 개선하고 지하수위를 저하시켜 토지의 효용성을 증대시키며, 그 외에도 처리장의 지하화 또는 상부 복개 등을 통해 확보되는 공간을 시민의 편의시설로 제공하고, 처리과정에서 발생하는 슬러지의 자원화 및 에너지화를 통해 도시의 지속적 발전에 기여한다.

1.4 하수도 시설의 종류 및 관련 용어

① 하수도(sewerage) : 하수도란 하수의 배제에서부터 유송을 거쳐 최종처리 후 방류에 이르기까지 관련된 모든 시설과 그 부속시설의 총체이다.

② 하수(sewage) : 하수란 일반가정·사무소·사업장·공장 등에서 생활·영업·생산활동 등으로 발생하는 오수(sanitary sewage)와 우수(storm sewage)의 총칭이다.

③ 공공하수도(public sewerage) : 하수를 배제하거나 차집·처리하기 위해 지방공공단체가 관리하는 하수도로, 이것은 종말처리장을 가지고 있거나 또는 유역하수도에 접속시켜야 한다.

④ 유역하수도(catchment sewerage 또는 regional sewerage treatment system) : 유역하수도란 둘 이상의 지방공공단체가 관리하는 각각의 하수도에서 배출되는 하수를 배제·처리하기 위해 도가 관리하는 하수도로, 이것은 종말처리장을 가지고 있어야 한다.

⑤ 도시하수도(city sewerage) : 공공하수도나 유역하수도 외에 시읍면이 관리하고 있는 하수도로, 종말처리장은 없고 주로 우수배제를 목적으로 한다.

⑥ 유역관련 공공하수도 : 유역하수도에 하수를 배제하고 있는 공공하수도를 말한다.

⑦ 종말처리장(sewerage treatment plant) : 하수를 처리하여 하천이나 기타 공공수역에 방류하기 위해 설치한 하수처리시설을 말한다.

⑧ 배수구역 : 관로가 설치되어 있어 하수 배제가 가능한 지역을 말한다.

⑨ 처리구역 : 배수구역 중 배제된 하수를 종말처리장에서 처리하는 것이 가능한 지역을 말한다.

Chapter 1 연습문제

1. 하수도의 역할에 대해 기술하라.

2. 우리나라의 하수처리 역사 및 현황에 대해 기술하라.

3. 다음 용어를 설명하라.
   ① 하수도 ② 하수 ③ 공공하수도
   ④ 유역하수도 ⑤ 배수구역 ⑥ 처리구역

Chapter 2 하수도 시설의 계획

2.1 계획년차 및 계획구역

하수도는 하수의 신속한 배제로 도시의 기능을 유지하고 동시에 하수를 차집·처리 가능케 함으로써 침수방지와 주변 수역의 수질을 보전하는 것 외에도 재이용을 포함한 물관리 계획 및 에너지 생산과 자원화와 관련지여 장기적으로 계획해야 한다. 이러한 목적을 달성하기 위한 하수도의 건설에는 상당한 기간과 비용이 소요되므로 계획 시에는 하수도가 계획년도까지 상기의 목적과 기능을 충분히 발휘할 수 있도록 대상지역의 하수발생현황이나 강수현황뿐 아니라 장래의 하수발생량과 방류수역의 수질변화 및 재이용이나 자원화 등을 세심히 예측하여, 하수도가 계획기간 내내 시설의 규모나 처리방법에 있어 최적의 상태와 효율을 유지할 수 있도록 해야 한다.

관련하여 하수의 처리 또는 배제방법을 결정하기 위해서는 대상지역의 인구현황·강우현황·지형·지질·도로망·도로폭·지하매설물의 현황·재래 수로의 상태·도시계획 등이 종합적으로 검토해야 하며, 이러한 조사를 기초로 하수도의 건설은 계획구역을 적절한 크기의 소구역으로 분할하여 진행한다. 이때 계획구역의 분할이나 범위는 행정구역에 의존하기 보다는 지형을 고려한 유역별 계획이 되도록 해야 하며, 계획구역이 설정되면 목표년도를 정한다. 목표년도는 도시의 사정에 따라 다를 수 있으므로 일률적으로 논할 수는 없지만, 각 시설의 내용년수(耐用年數), 시설의 단계적 정비계획이나 투자효율 등을 고려하여 정하는데, 일반적으로 20년 후를 기준으로 한다.

■ 표 2.1 하수도 시설물의 계획년도(미국의 예)

시 설	특 성	계획기간(年)
내경 400 mm 이하의 지관 및 준간선	수요 예측이 어렵고 변동폭이 크다.	포화인구
간선·토구·차집관로	증설에 비용이 많이 들고 공사가 어렵다.	40~50
하수펌프장	증설이 비교적 쉽다.	10년 이상
처리장	인구증가율 및 금리가 낮을 경우(3% 이하) 인구증가율 및 금리가 높을 경우(3% 이상)	20~25 10~15

2.2 계획인구

계획인구란 계획년도에 있어 계획구역 내의 인구를 말하는데, 국토계획 및 도시계획을 기초로 정하며 그렇지 못할 경우 인구추정법에 의한다. 계획인구는 계획오수량 산정의 기초가 되는데, 여기서 인구라 함은 상주인구를 의미하며, 주간 유입인구 등은 포함하지 않는다. 하지만 주간에 인구 유입이 현저한 대도시나 공업도시 또는 관광도시 등에서는 유입인구가 오수량의 변화에 커다란 영향을 미치므로, 이러한 경우에는 계획인구 추정 시 주간 유입인구를 고려해야 한다. 계획인구의 추정법은 1편 2.5절을 참고하기 바란다.

2.3 수질오염원 및 하수량

2.3.1 수질오염원

수질오염원은 크게 **점오염원**과 **비점오염원**으로 구분되는데, 점오염원(point source)은 주로 일반가정이나 영업지역에서 발생하는 생활하수·공장에서 배출되는 산업폐수·대단위 축산시설에서 발생하는 축산폐수 등과 같이 발생지역과 발생량의 추적이 용이한 것으로, 처리의 주요 대상이 된다. 반면 비점오염원(non-point source)은 농업

배수·광산폐수·소규모 축산시설의 축산폐수·하수도가 보급되지 않은 농촌지역의 생활하수나 임야 등에서 발생하는 배수를 말하며, 이들 오염원은 추적이 어렵고 비교적 오염 기여도가 적어 자연처리에 의존하고 있다.

2.3.2 하수량

이미 기술한 바와 같이 하수란 오수와 우수 모두를 의미하지만 하수도 계획 시 하수량이란 하수도 시스템에 따라 다르게 산정되어야 한다. 즉, 하수도를 합류식으로 계획할 경우 하수량은 계획년도의 오수와 우수의 합으로 산정하면 되지만, 분류식으로 계획할 경우에 오수관로는 계획시간 최대오수량으로, 우수관로는 계획우수량으로 산정한다.

1. 오수량

오수의 주요 발생원은 점오염원인 생활하수와 공장폐수이며, 오수량은 보통 여기에 지하수량과 필요시 관광오수를 가한 양으로 산정한다. 하지만 실제 오수량 산정에 있어 상기 오수량을 각각 산정하지 않고 상수도 급수량이나 계획급수량을 그대로 오수량으로 간주하는 경우가 많은데, 그것은 상수 급수량이 모두 오수로 전환되지는 않지만 우물 등 자가수도에서 발생하는 오수량이 상수의 오수 전환 시 손실분을 상쇄한다고 가정할 수 있기 때문이다. 각 오수의 발생량 및 특징은 다음과 같다.

① 생활하수(domestic sewage)

생활하수는 가정오수와 영업오수로 구분되며 오수량의 대부분을 차지한다. 가정오수는 주로 화장실 세정수·세탁·목욕·조리 등의 결과로 발생하며, 각 지역의 기후조건이나 생활수준에 따라 약간의 차이를 나타내는데, 일반적으로 생활수준이나 기후가 높을수록 발생량이 증가한다. 1인1일 최대오수량은 계획지역의 목표년도 상수도 계획상 1인1일 최대급수량을 참고한다.

한편 사무소·상가·학교·병원 등에서 발생하는 영업오수는 가정오수와 달리 토지의 이용 형태에 따라 큰 차이를 보이는데, 그 양의 추정은 토지이용 형태에 따른 가정오수/영업오수의 비율(영업용수율)을 곱하여 구하는 것이 일반적이다. 토지용도별 영업용수율은 표 2.2와 같다.

표 2.2 용도지역별 영업용수율

용도지역	영업용수율	영업오수량(L/인·일)
상가지역	0.6 ~ 0.8	180 ~ 280
주거지역	0.3	90 ~ 105
준공업지역	0.5	150 ~ 175
공업지역	0.2	60 ~ 70

주) 1. 영업용수율은 도시의 규모에 따라 다소 변동이 있음
2. 영업오수량은 가정오수량을 300 ~ 350 L/인·일로 할 때의 값임

이들 오수의 특성은 하수 차집 system, 즉 합류식 하수도와 분류식 하수도의 보급률에 따라 표 2.3과 같이 농도의 차이를 나타내지만, 오수에 포함된 물질의 대부분은 유기물이고 이 중 용존상태의 유기물은 이분해성(易分解性)으로 생물학적 처리가 비교적 용이하며, 입자상의 유기물 역시 침전에 의해 잘 제거된다. 하지만 생활하수는 표에서 알 수 있듯이 질소와 인의 농도가 높아 일반적으로 2차처리 이상의 고도처리가 요구된다.

표 2.3 생활하수의 특성

구 분	농 도(mg/L)		
	상	중	하
BOD_5	400	220	110
COD	1,000	500	250
유기질소	35	15	8
암모니아성 질소	50	25	12
총질소	85	40	20
총인	15	8	4
총고형물질	1,200	720	350
부유고형물질	350	220	100

Metcalf and Eddy, Inc(1991)

② 공장폐수(industrial wastewater)

공업용수는 재이용량이 많아 생활하수와 같이 사용량을 그대로 폐수 발생량으로 간주하기 곤란하다. 또한 공장폐수는 공장의 종류·특성·규모 또는 경제 상황에 따라 상당한 차이가 있으며, 같은 업종이라도 공정의 차에 따라서도 크게 달라질 수 있다. 따라서 폐수량을 산정하기 위해서는 개개의 공장에 대해 실태조사를 실시하고 여기에 공장의 신설이나 장래의 확장계획 등을 고려해야 한다. 신설이나 장래 확장이 예상될 경우 장래 폐수량을 추정하기 위해서는 업종별 종업원당·제조품 출하액당 또는 부지면적당 원단위를 이용하는 것이 일반

적인데, 표 2.4는 업종별 부지면적당 적용 원단위를 나타낸 것이다. 그러나 이 표는 용수의 재이용이 고려되지 않아 폐수 발생량이 과장될 수 있다. 따라서 보다 정확한 결과를 도출하기 위해서는 업종별 공업용수 재이용률을 감안해야 하는데, 표 2.5는 일본의 업종별 공업용수 재이용률을 참고로 나타낸 것이다.

표 2.4 업종별 부지면적당 적용 원단위

업종별	부지면적당 공업용수 원단위	
	일평균(m^3/천m^2/일)	연평균(m^3/m^2/년)
음·식료품 제조업	21.1	6.33
섬유·의복 및 가죽산업	31.9	9.56
목재·나무제품·제조업·가구 포함	6.0	1.80
종이·종이제품·인쇄 및 출판업	35.9	10.76
화합물·석유·고무·플라스틱 제품	17.2	5.16
비금속 광물제품 제조업	8.4	2.52
제1차 금속산업	11.0	3.29
조립금속·기계 및 장비 제조업	7.7	2.32
기타 제조업	8.3	2.50
전체 제조업	16.83	5.05

건설교통부(1996)

표 2.5 업종별 공업용수의 재이용 추이(일본의 예)

연 도	1965	1970	1975	1980	1985	1989
제조업	36.3	51.7	67.0	73.6	74.6	75.6
음·식료품	9.0	16.9	24.1	37.9	37.0	36.1
섬유·의복 및 가죽	4.8	5.6	15.0	21.8	20.4	20.8
목제·가구제조업	3.0	13.0	4.6	13.9	11.6	13.1
종이·인쇄 및 출판	24.2	27.4	29.8	41.2	41.9	42.4
화학·고무·플라스틱	46.9	64.5	77.9	81.7	80.8	81.9
비금속광물	51.5	48.3	60.6	63.3	71.5	72.3
제1차금속	55.1	72.2	83.1	87.1	88.1	88.5
조립금속·기계장비	33.3	33.4	65.4	77.0	80.1	81.6
기타 제조업	7.8	16.3	35.2	54.2	59.7	60.6

한국수자원공사(1997, 12)

한편 공장폐수는 식품공장이나 모피공장 등을 제외하면 유기물이나 질소·인의 농도가 지나치게 낮고, 산업체마다 폐수의 성상이 매우 다르며, 업체에 따라서는 생물처리에 유독한 독성물질을 배출시켜 대단위 통합처리에 어려움을 준다. 예를 들어 제지공정의 경우 생물학적으로 난분해성인 리그닌 등의 물질을 배출하며, 석탄공정의 경우 페놀류·암모니아·시안화물 등, 석유화학의 경우 기름·석유화학물질·계면활성제 등, 살충제·제약·전기도금업 등은 카드뮴·구리·니켈·아연 등의 유독물질을 배출한다.

이와 같은 각종의 공장폐수를 통합처리하거나 도시하수와 병합처리하기 위해서는 폐수를 처리장에 유입시키기 전에 각 공장별로 통합처리에 문제가 되는 특정의 오염물을 사전처리하는 것이 요구되는데, 이를 관리·감독하는 데에는 많은 어려움이 따른다.

③ 지하수

하수관로가 지하수면 아래 매설될 경우에는 관의 이음매나 파손부로부터 지하수가 유입되는데, 경우에 따라서는 유입량이 계획오수량에 큰 영향을 주기도 한다. 이때 특히 소구경관에 미치는 영향은 더욱 크다. 하지만 실제 지하수 유입량을 구하는 것은 매우 어려운 일인데, 이 양을 추정하기 위해서는 관로 연장당, 인구당 또는 배수면적당 유입수량을 고려하여 정하는 방법 등이 응용되지만, 대부분 정확한 결과를 득하기 어렵다. 그러므로 경험적 결과를 이용하는 것이 보통인데, 경험적으로 지하수량은 1인1일 최대오수량의 20% 이하로 하되, 여기에 지역실태나 관로의 노후도를 감안하여 정한다.

한편 하수 처리 시 지하수의 성상으로 인한 특별한 영향은 없다. 하지만 하수도가 충분히 정비되지 않은 지역에서는 유입 지하수가 오수량에 큰 영향을 줄 수 있는데, 이런 경우 하수의 농도가 크게 저하하여 처리장의 운전에 영향을 미칠 수 있다. 자세한 내용은 4.4.3 5. ①,②항에 기술하였다.

④ 기타 오수량

기타 오수량으로는 온천지대의 온천배수와 대단위 축산시설의 축산폐수 등이 있으며 그 외에도 하수의 양과 질적 측면에서 영향을 줄 수 있는 오수가 있다면 하수량 산정 시 고려해야 한다.

이 중 특히 질적 측면에서 축산폐수는 농도가 매우 높아 처리하지 않고 방류할 경우 해당 수역의 수질에 미치는 영향이 매우 크다. 또한 이 폐수는 농도가 지나치게 높아 일반적인 활성슬러지법으로는 처리하기 곤란하므로 타 하수와 병합처리를 꾀하는 등 처리나 처분에 특히 유의하여야 한다(예제 4.9 참고).

⑤ 계획오수량

오수량은 이상 기술한 각각의 오수량의 합으로 계산되는데, 이때 이 값은 각 지역의 상수 사용량·강우특성·배수구역의 크기나 형상 등 많은 요인에 따라 지역별로 특정의 변화 양상을 나타낸다. 이러한 오수의 양적 변화는 하수도 시설의 크기나 용량을 결정하는 데 매우 중요한 기초자료가 되며, 설계에 사용되는 중요 계획오수량은 다음과 같다.

㈀ **계획1일 최대오수량**

연중 오수량이 최대가 되는 날의 오수량을 1일 **최대오수량**(daily maximum flow)이라 하며, 계획년도 내의 1일 최대오수량을 **계획1일 최대오수량**이라 한다. 계획1일 최대오수량은 계획1인1일 최대오수량에 계획인구를 곱하고, 필요에 따라 공장폐수·지하수량 및 기타 오수량을 가산하여 구한다. 이 양은 하수처리시설의 용량을 결정하는 기초가 된다.

㈁ **계획1일 평균오수량**

연중 총 발생오수량을 365로 나눈 값이 **1일 평균오수량**(daily mean flow)이며, 계획년도에 있어 1일 평균오수량을 **계획1일 평균오수량**이라 한다. 이 양은 하수처리장 유입하수의 수질을 추정하는 데 사용되며, 계획1일 최대오수량의 70～80%를 표준으로 한다.

㈂ **계획시간 최대오수량**

일중 최대의 오수가 배출되는 시간대의 오수량을 **시간최대오수량**(hourly maximum flow)이라 하고, 계획년도에 있어서의 시간최대오수량을 **계획시간 최대오수량**이라 한다. 이 양은 계획1일 최대오수량의 1시간당 유량의 1.3～1.8배 정도를 나타내며, 관로 및 펌프장의 용량을 결정하는 기초가 된다. 참고로 오수량의 시간적 변동은 하수의 관 내 유입시간 및 하수관 내 유하시간과 관계가 큰데, 일반적으로 소도시보다는 대도시일수록, 지선보다는 관경이 큰 간선관로일수록 작아진다.

예제 2.1

계획인구가 1,000명인 어떤 지역의 계획1일 평균오수량·계획1일 및 계획시간 최대오수량을 구하라. 단, 평균 가정오수 발생량은 250 L/인·일이고 영업오수율은 0.3이며, 상기 오수 외에 공장폐수나 지하수는 고려하지 않는다.

풀이

① 계획1일 평균오수량 = 계획인구 × 1인1일 평균오수량(1 + 영업오수율)
$= 1{,}000 \times 250 \times (1 + 0.3) = 325{,}000\ \text{L/day} = 325\ \text{m}^3/\text{day}$

② 계획1일 최대오수량 = 계획1일 평균오수량/(0.7～0.8)
$= 325/(0.7 \sim 0.8) = 406.3 \sim 464.3\ \text{m}^3/\text{day}$

③ 계획시간 최대오수량 = 계획1일 최대오수량/24×(1.3～1.8)
$= (406.3 \sim 464.3)/24 \times (1.3 \sim 1.8) = 22.0 \sim 34.8\ \text{m}^3/\text{hr}$

2. 우수량

강우 시 우수는 침투·증발 등으로 인하여 하수관로에 모두 유입하지는 않는다. 또한 우수량은 시간적 변화가 크고 순간 유입량도 오수량에 비해 매우 크다. 따라서 분류식 하수도는 물론 합류식 하수도를 설계하는 데 있어 관거의 크기는 거의 계획 우수량에 의해 결정되며, 결정된 우수량의 과소에 따라 하수도의 시설비용과 안전성이 크게 달라진다. 즉, 계획 우수량이 과대하면 범람의 우려가 크게 감소하지만 상대적으로 건설비용은 크게 증가한다. 이와 같이 계획 우수량의 결정은 하수도 계획상 매우 중요한 사항인데, 계획 우수량을 결정하기 위해서는 강우강도·강우빈도 및 유출특성 등을 충분히 검토한 후 일반적으로 합리식을 이용하여 구하며, 그 외의 실험식을 이용하기도 한다.

① 강우

㈀ 강우강도

우수관 또는 합류식 하수도는 일시에 내리는 우수를 충분히 배제해야 하므로 하수관경을 결정하기 위해서는 단위 시간당 강우량, 즉 **강우강도**(intensity of rainfall) 또는 강우의 지속시간 등을 파악하는 것이 중요하다.

여기서 강우강도란 식 (2.1)과 같이 일정 시간(5분, 10분……) 동안 내린 강우량을 통상 1시간당으로 환산하여 나타낸다.

$$I_t = R_t \times \frac{60}{t} \tag{2.1}$$

여기서, I_t : 평균 강우강도(mm/hr)

R_t : t분간의 강우량(mm)

t : 강우지속시간(min)

즉, 1시간 동안 50 mm의 비가 왔다면 이때 강우강도는 50 mm/hr이며, 만약 5분간 10 mm의 비가 왔다면 이때 강우강도는 120 mm/hr[10×(60/5)]이다.

㈁ 강우빈도와 재현기간

하수도를 설계하기 위해서는 강우강도와 더불어 일정 강도의 강우가 발생할 확률을 파악하는 것이 중요하다. 일정 지속시간에 대한 어떤 강도의 강우가 발생할 확률을 **강우빈도**(降雨頻度)라 하고, 이 강도의 강우가 발생할 수 있는 연수를 **재현기간**(再現期間) 또는 **확률년**(確率年)이라 하는데, 확률년이 길수록 범람의 위험성은 줄어들지만 관거의 크기가 커져 건설비용이 증가한다. 예를 들어 그림 2.2에서 강우지속시간 20분, 강우강도 80 mm/hr인 강우는 확률적으로 20년에 한 번 발생하는데, 이때 확률년은 20년이고, 강우빈도는 확률년의 역수로 5%[(1/20)×100%]이다.

이상과 같이 하수도 시설에서는 경제성·안전성 및 시설의 내구성 등을 고려하여 각 시설마다 각기 다른 확률년을 적용하는데, 하수도 관로는 10~30년, 빗물펌프장은 30~50년 정도를 원칙으로 한다.

㈐ 강우강도 공식

강우를 관측하면 그림 2.1과 같이 강우강도가 큰 경우 지속시간이 짧고, 강우강도가 작은 강우는 지속시간이 길어지는 경향이 있다. 이와 같이 강우강도와 강우지속시간과의 관계곡선을 **강우강도곡선**이라 하고, 수식으로 나타낸 것을 **강우강도공식**이라 한다. 한편 강우강도와 지속시간과의 관계는 확률년마다 다른데, 이들 관계의 한 예를 도시하면 그림 2.2와 같고, 수식으로 나타내면 식 (2.2)와 같다. 이 식은 지역특성에 맞게 여러 유형으로 변형·사용되는데, 우리나라에서는 주로 Talbot형을 사용하고 있다.

$$I = \frac{aT^m}{(t+b)^n} \tag{2.2}$$

여기서, I : 강우강도(mm/hr)
T : 확률년(년)
t : 강우지속시간(min or hr)
a, b, m 및 n : 계수

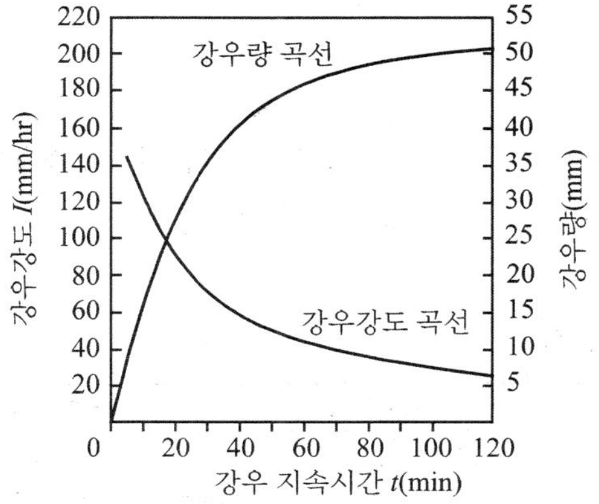

그림 2.1 강우강도 곡선 및 강우량 곡선

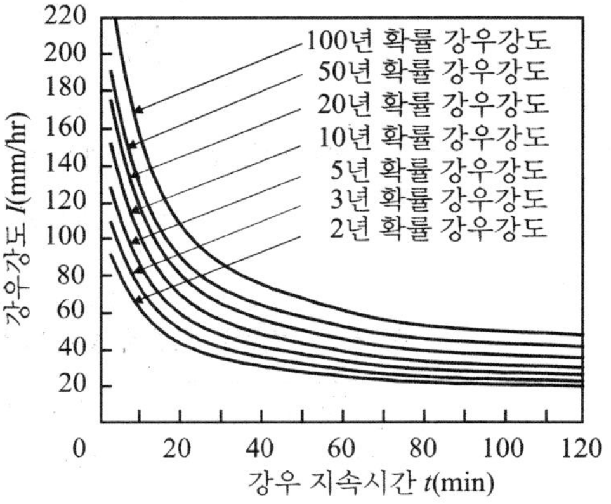

그림 2.2 확률 강우강도 곡선의 예

$$\text{Talbot 형} \quad : I = \frac{a}{t+b} \tag{2.3}$$

$$\text{Sherman 형} : I = \frac{a}{t^n} \tag{2.4}$$

$$\text{Japanese 형} : I = \frac{a}{\sqrt{t \pm b}} \tag{2.5}$$

위 식들에서, I : 확률강우강도(mm/hr)

t : 강우지속시간(min)

a, b 및 n : 계수

② 유출 및 유달

㈀ 유출계수

지표에 내린 강우는 일부가 침투·증발·저류되어 모두 유출되지 않는다. 이와 같이 강우량에 대한 최대 우수유출량의 비를 유출계수(runoff coefficient)라 하는데, 유출계수는 지형·지질·기후·강우강도·강우지속시간 등에 따라 다르며, 또한 지표의 상황, 즉 포장·비포장·지붕·임야 등 이용 상황에 따라서도 따르다. 따라서 유출계수를 정확하게 구하는 것은 거의 불가능하므로 하수도에 있어서는 표 2.6과 같이 지표면의 상황을 세분하고 과거의 실적을 참고로 각 공종별 기초유출계수를 구하고, 이 값과 식 (2.6)을 이용하여 일정 지역의 총괄유출계수를 구한다. 표 2.7은 용도별 총괄유출계수의 표준치를 나타낸 것이다.

$$C = \frac{\sum_{i=1}^{n} C_i A_i}{\sum_{i=1}^{n} A_i} \tag{2.6}$$

여기서, C : 총괄유출계수 C_i : i 공종의 기초유출계수

A_i : i 공종의 총면적 n : 공종의 수

표 2.6 공종별 기초유출계수의 표준치

공종별	유출계수	공종별	유출계수
지붕	0.85～0.95	간지(間地)	0.10～0.30
도로	0.80～0.90	풀·수목이 많은 공원	0.05～0.25
기타 불투수면	0.75～0.85	구배가 완만한 산지	0.20～0.40
수면	1.0	구배가 급한 산지	0.40～0.60

표 2.7 용도별 총괄유출계수의 표준치

용도별	유출계수
부지 내에 간지가 매우 작은 상업지역이나 유사한 주거지역	0.80
침투면에 야외작업장 등의 간지를 약간 가진 공장지역이나 정원이 있는 주거지역	0.65
주거나 공단단지 등의 중급 주거단지나 독립주택이 많은 지역	0.50
정원이 많은 고급 주택지역이나 밭 등이 남아 있는 교외지역	0.35

㈁ 유달시간

어떤 단위 배수구의 최원격 지점에 내린 우수가 하수관로에 유입하는 데 요하는 시간을 유입시간(流入時間, time of inlet)이라 하고, 유입한 우수가 하수관을 따라 목표지점에 이르는 데 요하는 시간을 유하시간(流下時間, time of flow)이라 한다. 따라서 강우 시 우수가 목표지점에 도달하는 데는 유입시간+유하시간이 요구되며, 이 시간을 유달시간(流達時間, time of concentration)이라 한다.

유입시간은 이론식을 이용하여 산정하는 것이 원칙이지만 이론적으로 정확한 유입시간을 구하는 것이 쉽지 않다. 따라서 경험적 결과를 이용하는 것이 보통인데, 우리나라의 경우 간선인 경우 통상 5분, 지선인 경우에는 7~10분 정도로 하며, 기타의 경우 표준 값은 표 2.8과 같다.

표 2.8 우리나라에서 사용되고 있는 유입시간의 표준 값

구 분	유입시간(분)
인구밀도가 큰 지역	5
인구밀도가 작은 지역	10
평균	7
간선 하수관로	5
지선 하수관로	7~10

한편 유하시간은 관로의 연장과 관로 내 평균유속을 이용하여 식 (2.7)로부터 구할 수 있다. 따라서 유달시간은 식 (2.8)과 같다.

$$t_f = \frac{L}{60 \times v} \tag{2.7}$$

$$t_c = t_i + t_f = t_i + \frac{L}{60 \times v} \tag{2.8}$$

여기서, t_c : 유달시간(min)　　　t_i : 유입시간(min)
t_f : 유하시간(min)　　　L : 하수관로의 연장(m)
v : 하수관 내의 유속(m/sec)

③ 우수량의 산정

강우에 따라 유출되는 우수량은 강우지속시간(t)과 유달시간(t_c)의 상대적 크기에 따라 최대치를 나타내기도 하고 그렇지 않을 경우도 있다. 즉, 강우지속시간이 유달시간보다 짧을 경우($t_c > t$)에는 먼 지역에 내린 비가 목표지점을 통과하기 전에 비가 그쳐 목표지점에서는 최대 유출량이 발생하지 않는다. 이러한 현상을 유출의 지체라고 하고, vt/L을 **지체계수**라 하는데, **지체현상**은 이 계수 값이 1보다 작을 경우에 발생한다. 반면 강우지속시간이 유달시간과 같거나 긴 경우($t_c \leq t$), 즉 지체현상이 나타나지 않을 경우 강우지속시간 이후에 내린 비는 일시에 목표지점을 통과하여 최대 유출량을 나타내는데, 이때의 유량은 합리식을 이용하여 구할 수 있다.

㈀ 합리식

합리식(rational formula)은 확률강우강도 공식과 배수면적 및 유출계수를 이용하여 매 초의 유출량을 구하는 방법으로 다음 식 (2.9)와 같다.

$$Q = \frac{1}{360} CIA \tag{2.9}$$

여기서, Q : 최대 우수유출량(m^3/sec)　　　C : 유출계수
I : 확률강우강도(mm/hr)　　　A : 배수면적(ha)

위 식에서 확률강우강도를 구할 때는 강우지속시간 대신 유달시간을 이용하는데, 그것은 이미 기술한 바와 같이 최대 유출량은 강우지속시간이 유달시간과 같거나 긴 경우에 나타나기 때문이다.

예제 2.2

유입시간 5분, 유출계수 0.55, 배수면적 1 km^2, 관로의 길이 2.5 km인 경우 합리식을 이용하여 최대 우수우출량을 구하라(단, 강우강도 공식 $I = \frac{10{,}069}{t+56}$이고, 관 내 유속은 1.0 m/sec이다).

풀이 먼저 유하시간 $t_f = \frac{2{,}500\ \text{m}}{60\ \text{m/min}} = 41.7$분이고, 유입시간은 5분이므로, 유달시간

$t_c = 46.7$분이다.

따라서 확률강우강도 $I = \dfrac{10,069}{46.7+56} \fallingdotseq 98.0$ mm/hr이고, 배수면적 $1\ \text{km}^2 = 100$ ha 이므로,

최대 우수유출량 $Q = \dfrac{1}{360}CIA = \dfrac{1}{360} \times 0.55 \times 98 \times 100 = 14.97\ \text{m}^3/\text{sec}$이다.

예제 2.3

합리식을 이용하여 그림에서 Q_{I}, Q_{II}를 구하라(단, 지체현상을 고려하지 않으며, 관 내 유속은 1.2 m/sec, 강우강도 공식은 $I = 3500/(t+40)$로 한다).

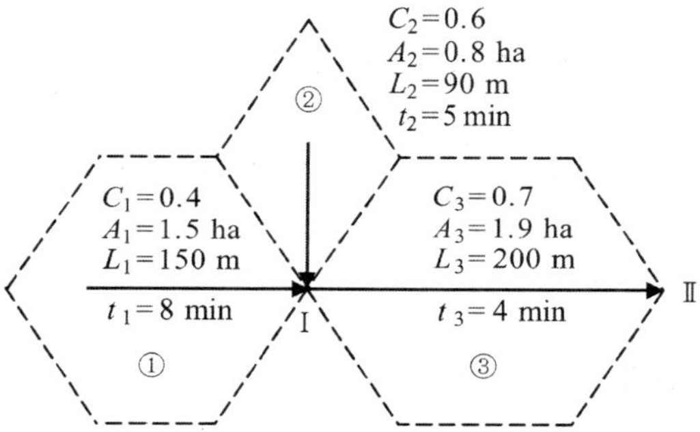

그림 2.3 배수구역과 관로의 종류

풀이 ① Q_{I}의 유량

최장 유달시간 t_{I}은 L_1관에서 발생하므로,

$$t_{\text{I}} = 8 + \frac{150}{60 \times 1.2} = 10.08 \text{ min}$$

$$I_{\text{I}} = 3500/(10.08+40) \fallingdotseq 69.9 \text{ mm/hr}$$

총괄유출계수

$$C = \frac{\sum_{i=1}^{2} C_i A_i}{\sum_{i=1}^{2} A_i} = (0.4 \times 1.5 + 0.6 \times 0.8)/(1.5+0.8) \fallingdotseq 0.47$$

$$A = \sum_{i=1}^{2} A_i = 2.3 \text{ ha}$$

$$Q_{\text{I}} = \frac{1}{360} \times 0.47 \times 69.9 \times 2.3 \fallingdotseq 0.21 \text{ m}^3/\text{sec}$$

② Q_{II}의 유량

Ⅱ점에서의 최장 유달시간 t_{II}는 $L_1 + L_3$관에서 발생하므로,

$$t_{\mathrm{II}} = 10.08 + \frac{200}{60 \times 1.2} \fallingdotseq 12.86 \text{ min}$$

$$I_{\mathrm{II}} = 3500/(12.86 + 40) \fallingdotseq 66.2 \text{ mm/hr}$$

총괄유출계수

$$C = \frac{\sum_{i=1}^{3} C_i A_i}{\sum_{i=1}^{3} A_i} = (0.4 \times 1.5 + 0.6 \times 0.8 + 0.7 \times 1.9)/(1.5 + 0.8 + 1.9) \fallingdotseq 0.57$$

$$A = \sum_{i=1}^{2} A_i = 4.2 \text{ ha}$$

$$Q_{\mathrm{II}} = \frac{1}{360} \times 0.57 \times 66.2 \times 4.2 \fallingdotseq 0.44 \text{ m}^3/\text{sec}$$

(ㄴ) 실험식

이 식은 배수면적의 크기에 관계없이 강우강도가 일정하다고 가정하여 가능한 한 간단하게 우수유출량을 산정하기 위한 경험식이다. 유출량은 배수면적이 아주 작은 경우를 제외하면 일반적으로 합리식에 비해 적게 산출된다.

$$Q = CrA^n \sqrt{\frac{S}{A}} \tag{2.10}$$

여기서, Q : 최대 우수유출량(m^3/sec)　　r : 강우량(m^3/ha · sec)
A : 배수면적(ha)　　S : 지표평균구배(‰)
n : 정수(4 ~ 6)

위 식에서 n값은 각 지역마다 다르게 적용해야 하는데 $n = 4$(Bürkli–Ziegler 공식)인 경우는 스위스 취리히 지방의 우수유출량을 근거로 한 식이며, 실험식 중 우리나라의 우수유출량을 산정하는 데 가장 적합한 것으로 알려져 있다.

예제 2.4

배수면적이 5 ha, 유입시간 5분, 유하시간 10분, 유출계수 0.4, 평균지표구배 7‰, 강우강도 $I = 3500/(t + 40)$인 경우, 합리식과 실험식(Bürkli–Ziegler 공식)을 이용하여 우수유출

량을 구하라.

풀이 ① 합리식

유달시간 $t_c = t_i + t_f = 5 + 10 = 15\ \text{min}$

$$I = 3500/(15+40) \fallingdotseq 63.64\ \text{mm/hr}$$

$$Q = \frac{1}{360} CIA = \frac{1}{360} \times 0.4 \times 63.64 \times 5 = 0.36\ \text{m}^3/\text{sec}$$

② 실험식

$$r = \frac{63.64}{60 \times 60} \times \frac{1}{1{,}000} \times 10{,}000 \fallingdotseq 0.177\ \text{m}^3/\text{ha} \cdot \text{sec}$$

$$Q = CrA \sqrt[4]{\frac{S}{A}} = 0.4 \times 0.177 \times 5 \times \sqrt[4]{\frac{7}{5}} \fallingdotseq 0.39\ \text{m}^3/\text{sec}$$

Chapter 2 연습문제

1. 수질오염원을 점오염원과 비점오염원으로 구분하여 설명하라.

2. 계획인구가 10만 명인 어떤 도시의 계획1일 최대오수량이 계획1일 최대급수량과 같다면 이 도시의 계획1일 평균오수량과 계획시간 최대오수량의 최대치는 각각 얼마인가? (단, 1인1일 최대급수량은 400 L/人 · 日이고, 계획급수보급률은 90%이다.)

Answer 계획1일 평균오수량 : 28,800 m^3/day, 계획시간 최대오수량 : 2,160 m^3/hr

3. 연중 120 mm/hr의 강우강도로 비가 10분간 내릴 확률은 얼마인가? 또한 확률년은 몇 년인가?

Answer 연중 확률 : 5%, 확률년 : 20년

4. 다음 그림 2.4와 같은 지역에 10분간 비가 내렸다. 그림에서 간선하수관 AD의 연장은 700 m이며, 유역 내 최원점 E에서 간선하수관 입구 D까지 우수가 유입하는데 요하는 시간은 5분이다. 간선하수관 내의 유속은 1 m/sec라면 지체현상은 발생하는가?

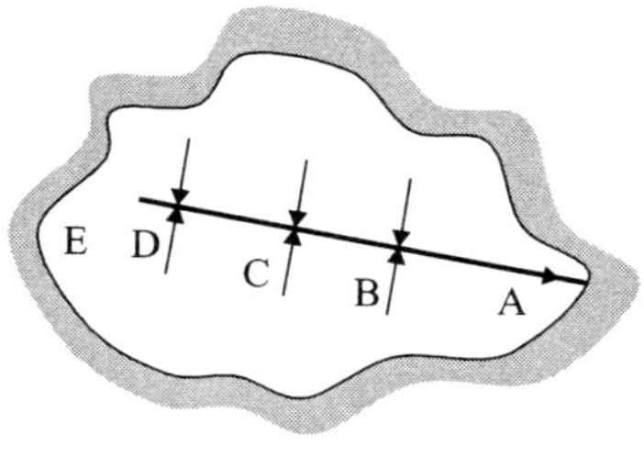

그림 2.4

5. 상기 문제에서 유역면적이 280,000 m^2이고 유출계수가 0.8, 강우강도 $I = \dfrac{300}{t+15}$ 인 경우, 합리식을 이용하여 최대유량을 구하라.

Answer 0.59 m^3/sec

Chapter 3 하수배제

3.1 하수의 배제방식

하수의 배제방식에는 **합류식(合流式)**과 **분류식(分流式)**이 있는데, 합류식이란 오수와 우수를 동일 관로로 배제하는 방식을 말하며, 분류식이란 오수와 우수를 각각 다른 관로로, 즉 오수관과 우수관으로 분리하여 배제하는 방식을 말한다.

3.1.1 합류식

합류식은 우수와 오수를 동일 관로로 배제하는 방식이다. 따라서 합류식 하수도의 계획유량은 계획우수량과 계획오수량의 합으로 한다. 하지만 일반적으로 강우 시 우수량은 오수량에 비해 대단히 많기 때문에 하수관로의 크기는 거의 우수량에 의해 좌우된다. 우리나라의 경우 합류식 하수도의 최대계획하수량은 보통 계획최대오수량의 3배를 취하는데, 그것은 우천 시 유출하수를 모두 차집·유송할 경우 하류 쪽의 하수도 시설이 지나치게 커져야 하는 부담을 덜기 위한 것이다. 이를 위해 일정량 이상의 하수를 관로 도중에 설치된 여러 개의 우수토실(雨水吐室)을 통해 공공수역에 방류시키는데, 이것은 기본적으로 우수량이 오수량에 비해 몇 배 이상 많아질 경우, 오수는 우수에 의해 희석되어 하수의 수질이 개선되며, 이러한 하수가 방류되더라도 방류수역에 미치는 영향이 적고, 동시에 하수가 방류수역의 희석·자정작용으로 처리된다는 것을 전제로 한 것이다. 따라서 계획하수량을 결정함에 있어 오수량에 대한 우수량의 비는 오수의 질이나 방류하천의 상황에 따라 결정되어야 하는데, 우리나라의 경우 이미 기술한 바와 같이 통상 약 3배를 취하며, 일본의 경우는 2~3배, 미국이나 캐나다는 1.5～5배를 채택하고 있다.

이상과 같이 오수가 우수로 충분히 희석될 경우 오수를 수역에 방류하여도 큰 문제는 없지만, 호우 초기에는 하수관 내의 퇴적물이 일시에 쓸려 나와 하수의 질이 악화되므로 계획우수량 이상의 하수라 하더라도 그대로 방류하는 것은 바람직하지 않다. 따라서 합류식 하수도를 채용할 경우에는 강우 초기의 오수가 직접 하천이나 바다에 방류되지 않도록 저류지를 설치하여 초기 강우에 의한 하수를 일시 저류하였다가 이후 처리·방류함으로써 수역의 수질오염을 방지해야 한다. 참고로 우천 시 하수처리장에서는 청천 시 오수량(Q)의 3배를 받아들여 이 중 $2Q$는 1차침전처리만을 실시한 후 방류하고, $1Q$는 통상적 처리를 실시한다.

한편 합류식 하수도는 분류식 하수도와 비교하여 여러 가지 장단점을 가지는데, 합류식 하수도의 장점은 시공이 편리하고, 건설비가 적게 들며, 관경이 커서 관리나 청소가 용이하고, 오접합(cross connection)의 우려가 없다는 점 등이다. 반면 단점은 각종 하수시설의 용량이 커지고, 하수처리장에 유입하는 하수의 수질이 크게 변화하며, 청천 시 오물의 침전과 악취의 발생 등으로 비위생적이다. 특히 처리와 관련하여 합류식 하수도는 하수의 질적·양적 변화로 분류식에 비해 매우 불리하다. 자세한 내용은 4.4.4장을 참고하기 바란다.

3.1.2 분류식

분류식은 두 개의 관 계통으로 이루어지므로 합류식에 비해 시공이 복잡하고, 건설비가 많이 든다. 하지만 우수관은 우수를 구간 구간 방류하기 때문에 합류식 하수도에 비해 관경이 크게 작아지고, 오수관은 유량 변화가 거의 없고 유속은 빠르며, 퇴적물이 적게 발생하는 장점을 가진다.

이와 같이 분류식은 적은 양의 고농도 하수를 큰 양적 변화 없이 하수처리장으로 보낼 수 있으므로 처리장의 규모가 작아질 뿐 아니라 운전·관리도 매우 용이해진다. 따라서 하수도의 건설은 원칙상 분류식을 채용하는 것이 바람직할 것이다. 하지만 도로 폭이 좁거나 가스관·수도관 및 각종 케이블 등 지하 매설물이 많은 경우에는 시공이 복잡하고 건설비도 증가하므로, 이럴 경우 작은 구간에서는 오수관만을 매설하고 우수는 측구 등을 이용하는 경우도 있다.

오수관은 소구경관이 많기 때문에 유지·관리에 문제가 발생할 수 있으며, 합류관에 비해 보다 큰 수로경사가 요구되어 매설깊이가 깊어질 수 있다. 또한 계획 오수량과 실제 발생하수량 간에 차이가 발생할 수 있으므로 오수관의 크기는 지역 여건에 따라 여유를 둘 수 있는데, 이때 소구경 관로(200～600 mm)는 100%, 중구경(700～

1500 mm)은 50 ~ 100%, 대구경(1,650 ~ 3,000 mm)은 25 ~ 50% 정도로 한다.

한편 우수관은 강수 초기 시 노면의 오탁물이 유입하여 관 내에 퇴적하거나 그대로 공공수역에 방류되어 수질을 오염시킬 수 있으므로 초기 우수 유출수와 가로 세정배수는 우수관에 유입하기 전 또는 방류 전에 적절히 처리할 필요가 있다. 자세한 내용은 이후 관련 장을 참고하기 바란다.

3.2 관로시설

관로시설이란 관거·맨홀·배출구 등 하수의 유송과정에 포함된 모든 시설을 총칭하며 주로 관거로 구성된다.

3.2.1 관거의 형태 및 종류

1. 관거의 형태

① 단면 형상

하수관로는 크게 개거(開渠)와 암거(暗渠)로 구분되며, 형태에 따라 원형·사각형·난형(卵形)·마제형(馬蹄形) 등이 있다. 개거는 주로 우수관이나 배수관(排水管)으로 사용되며 암거는 우수관이나 오수관으로 사용된다. 특히 오수관은 암거를 사용하는 것이 원칙이다. 단면의 형태를 결정하기 위해서는 수리학적 특성 외에 역학적 특성, 제작이나 시공의 용이성 등을 종합적으로 검토해야 하는데, 일반적으로 관거의 소요 단면적이 작은 경우에는 수리학적으로 유리하고 구입이 용이하며 제작이 쉬운 원형관을 흔히 사용하고, 단면이 클 경우에는 직사각형 또는 사다리꼴 형태로 현장에서 직접 타설하는 것이 보통이다.

② 단면 결정

하수관의 단면 크기를 결정하기 위한 계획유량은 오수관의 경우 계획시간 최대오수량, 우수관의 경우 계획우수량으로 하고 합류식의 경우는 이들 수량의 합으로 한다.

단면의 크기는 연속방정식($Q = A\,V$)을 이용하여 구하는데, 이때 유량 계산 시 관로의 경사는 관저 경사를 사용하되 자연유하식의 경우 Manning 공식이나 Ganguillet-Kutter 공식을 주로 이용하며, 조도계수는 철근콘크리트관의 경우 0.013, 경질염화비닐관이나 강화플라스틱복합관의 경우 0.011을 표준으로 한다. 압송의 경우에는 Hazen-Williams의 공식을 주로 이용하는데, 이때 유량계수 C값은 110을 표준으로 하고 직선부는 130정도로 한다. 관로의 수심은 원형의 경우 만류로 직사각형의 경우 90% 마제형의 경우 80%로 한다. 기타 자세한 내용은 1편 5.1.1장을 참고하기 바란다.

하수관 내의 유속은 일정 범위를 유지해야 하는데, 그것은 하수 중 부유물의 침전을 억제하고 동시에 하수관의 손모(損耗)를 방지하기 위한 것이다. 일반적으로 오수관의 경우 평균유속은 0.6～3.0 m/sec, 우수관이나 합류관의 경우 0.8～3.0 m/sec로 하며, 가장 이상적인 유속은 1.0～1.8 m/sec이다. 따라서 상기의 유속조건을 만족시킬 수 있도록 관로는 적당한 구배로 설치되어야 하는데, 구배가 지나치게 크거나 작은 경우에는 적절한 조치를 취해야 한다. 그림 3.1은 지표구배가 지나치게 급한 경우 유속을 감소시키기 위한 관접합 공법을 보인 것으로 자세한 내용은 이후 3.2.2항을 참고하기 바란다.

한편 오수받이나 우수받이와 하수관로를 연결하는 관을 **연결관**이라 하는데, 연결관은 최소 ø150 mm 이상의 관을 이용하므로 오수관이나 우수관 또는 합류관의 관경은 시공상 최소 구경이 정해져 있다. 즉, 오수관의 최소 구경은 장래 하수량의 증가가 기대되지 않을 경우 국지적으로 ø150 mm를 제한적으로

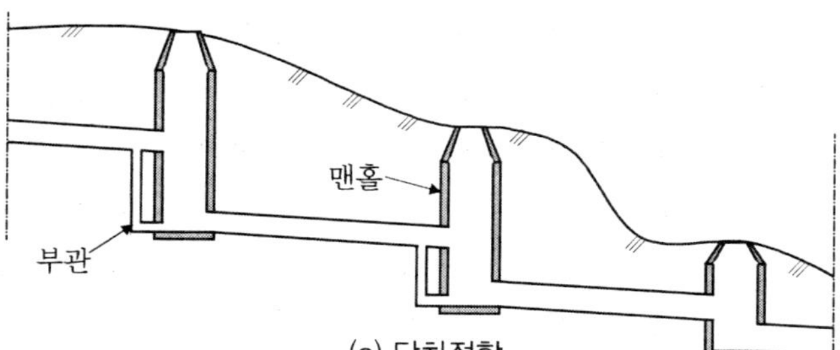

(a) 단차접합

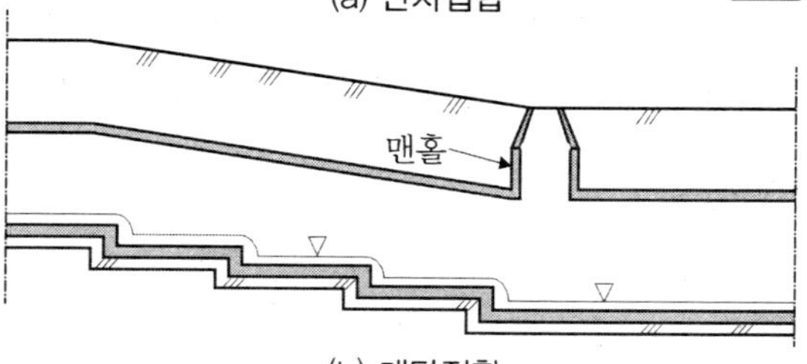

(b) 계단접합

그림 3.1 지표 구배가 급한 경우 관의 접합

사용할 수 있으나 그 외의 경우 ø200 mm 이상으로 하고, 우수관이나 합류관의 최소 구경은 ø250 mm 이상이 되어야 한다.

2. 관의 종류

하수도 시설에 사용되는 관은 휨의 정도에 따라 강성관과 연성관으로 대별하며, 강성관에는 흄관·레진콘크리트관·VR관·복합관 등이 있고, 연성관에는 PE관·PVC관·주철관·수지파형강관·철판 매입관 등이 있다. 또한 형태에 따라서는 유공관이나 각종의 이형관이 있는데, 유공관은 집·배수 또는 지하수 보충을 위해 유송 도중의 우수를 인위적으로 누출시키기 위해서 사용된다. 그 외에 공장 제작이 불가능하거나 특수 단면이 필요한 경우에는 현장타설 철근콘크리트를 채택한다. 표 3.1은 주로 사용되는 기성 하수관의 종류와 그 재질을 나타낸 것이다.

표 3.1 하수관의 분류

구 분	관 종	재 질	비 고
강성관	흄관·VR관·레진콘크리트관	철근+(콘크리트 or 불포화 폴리에스테르 수지)	
	PC관	PC강선+콘크리트	
	복합관	폴리머+규사+유리섬유+탄산칼슘	
연성관	PE관	폴리에틸렌	이중벽·삼중벽·적층관
	PVC관	PVC	내충격관·이중벽관
	주철관	주철	
	수지파형강관	(열간압연 or 아연도강관)+폴리에틸렌	
	철판 매입관	폴리에틸렌+아연도강판	

① 원심력 철근콘크리트관(reinforced spun concrete pipe)

하수관거로 가장 많이 사용되는 관으로 자세한 내용은 1편의 5.2.4장을 참고하기 바란다.

② 진동 및 전압 철근콘크리트관(vibrated and rolled reinforced concrete pipe)

원통형 몰드에 철근과 건식콘크리트를 주입하고 진동과 전압(転圧)을 가하여 성형한 관으로 단위중량은 무겁지만 수밀성과 내식성이 양호하고 외압강도도 크다. 용도에 따라 보통관과 압력관이 있으며, 이음은 주로 고무링과 압축조인트를 이용한 소켓이음에 의한다.

③ 프리스트레스트 콘크리트관(prestressed concrete pipe)

콘크리트관 중 물리적 특성이 가장 우수하며 고가이다. 기타 자세한 내용은 1편의 5.2.4장을 참고하기 바란다.

④ 레진(resin)콘크리트관

레진콘크리트관은 불포화 폴리에스테르 수지와 골재를 회전몰드에 주입하여 성형한 것이다. 이 관은 수지의 특성상 내화학성이 양호하고 중량이 비교적 가볍다. 관의 이음은 고무링을 이용한 소켓이음이나 칼라이음매를 이용한다.

⑤ 복합관

복합관은 폴리머·골재·불포화 폴리에스테르 수지 등의 복합재료에 유리섬유를 보강하여 인성과 내압성을 향상시킨 관으로 원심력에 의한 적층성형(積層成形) 또는 와인딩(winding)에 의해 성형한다. 수밀성 및 내식성이 양호하며 중량은 강성관 중 가장 가볍다. 이음은 소켓이음·수밀밴드식 또는 커플링 등이 이용된다.

⑥ 폴리에틸렌관

이 관은 흔히 PE관이라고 하며 관 벽 내부에 공간을 두어 외압강도를 높인 것으로 내·외면이 평활(平滑)하거나 외면이 요철인 **이중벽 PE관**, 내·외면이 평활한 **삼중벽 PE관**이 있으며, 그 외에 이중벽 PE관의 공간에 합성수지를 충전한 **적층관** 등이 있다. 이 관들은 가볍고 시공성이 우수하며 내화학성이 뛰어나다. 접합은 칼라식·플랜지(flange)식·전기융착식 등에 의한다.

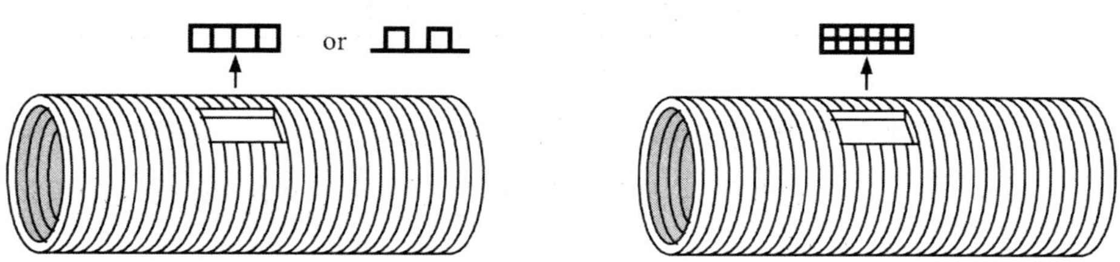

그림 3.2 이중벽 PE관 및 삼중벽 PE관

⑦ 경질염화비닐관

경질염화비닐관(PVC관)은 내면이 매끄러워 통수능력이 우수하며 침전이 적다. 최근에는 화학열반응 첨가제 및 내충격제를 첨가하고 압축성형하여 내화학성이 강하고 내충격성도 크게 개선되었다. 직경은 최대 600 mm 정도이고, 접속은 연결구나 소켓이음 등이 이용된다. 기타 관련 내용은 1편의 5.2.4장을 참고하기 바란다.

⑧ 닥타일 주철관(ductile cast iron pipe)

구상흑연주철을 주원료로 원심주조한 닥타일 주철관은 보통의 주철관에 비해 전성이 좋고 내부식성이며 강도가 크다. 이 관의 내면은 몰타르나 에폭시 수지로 분사 도포하고 외면은 합성수지 등을 이용하여 도장한다. 이음은 보통 기계적이음·타이튼조인트이음·플랜지이음 등을 이용한다. 기타 자세한 내용은 1편의 5.2.4장을 참고하기 바란다.

⑨ 수지파형강관

수지파형강관은 파형의 아연도금강관에 폴리에틸렌 수지나 PVC 등을 피복한 것으로 내식성과 외압강도가 강하고 부등침하에도 강하다. 관의 직경은 ø300～3,200 mm 범위이고 본당 길이는 6 m 정도이며, 이음은 플렌지 또는 커플링 등이 이용된다.

⑩ 철판 매입관

철판 매입관은 그림 3.3과 같이 이중벽 PE관의 관 벽 내부의 공간에 아연도금강판을 삽입하여 PE관의 강도를 강화한 것으로 내마모성 및 내식성이 양호하다. 관의 직경은 ø250～1,000 mm 범위이고 본당 길이는 4 m 정도이다. 관의 이음은 열수축 소켓이음 등을 이용한다.

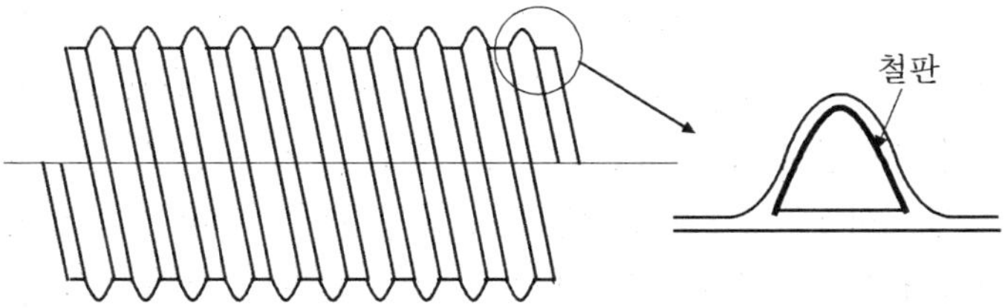

그림 3.3 철판 매입관의 예

⑪ 도관(clay pipe)

도관(陶管)에는 보통관과 두꺼운 관이 있으며 하수관으로는 두꺼운 관을 사용하는 것이 원칙이다. 도관은 제작이 쉽고 특히 이형관의 제작도 용이하며 가격도 비교적 싸다. 또한 내화학성이나 내마모성이 강하다. 하지만 충격에 약하므로 취급과 시공에 유의해야 하며 구경이 커질수록 도관의 내충격력은 더욱 약해져 대구경관으로는 적합하지 않으므로 보통 ø400 mm 이하의 소구경관에 사용된다. 이 관은 과거에 국내에서도 자주 사용되었지만 현재에는 거의 사용되지 않고 있으며 연결법은 압축조인트 접합이나 현장 시멘트 모르타르 접합이 사용된다.

3.2.2 관거의 설치

1. 부설위치 및 깊이

관로는 공로 하에 설치하는 것이 원칙인데, 이때 자세한 부설위치를 정하기 위해서는 1편의 5.2.2항과 마찬가지로 먼저 도면에서 지형·지물을 고려하여 몇 개의 노선을 결정한 다음, 각 노선에 대해 개략적 토질조사·지하매설물의 유무·주변환경·장래의 도시계획 등을 조사한 후 결정한다.

토질조사는 시공방법, 관 기초 및 공사기간 등을 결정하는 데 있어 매우 중요한 요소이므로 연약지반의 유무·크기 및 토양의 지지력 등을 면밀히 조사해야 한다. 또한 상수관·전화선·가스관 등 지하매설물은 매설물 대장 등을 통해 사전에 파악하여 공사 계획에 반영해야 한다. 그 외에 사람이나 차량의 통행량 등을 조사하여 가급적 공사로 인한 영향이 최소화되도록 노선을 결정해야 하며, 공사 시 소음·진동·분진 등에 의한 영향도 미리 검토해야 한다. 이러한 조사·검토 및 장래 도시계획을 근거로 노선은 가급적 짧고, 수리적으로 유리하며, 지반이 양호한 지점을 선택하여 설계 표준도를 작성하고 이러한 내용을 도로관리자 등 관련자와 충분히 협의한다.

그림 3.4는 공도 하에 하수도를 매설할 경우 도로 폭에 따른 일반적 예를 보인 것이다. 즉, 도로의 폭이 넓지 않은 경우 연결관의 경사나 연장을 고려하여 그림 3.4와 같이 관로를 도로의 중앙부에 설치하는 것이 일반적이며, 폭이 매우 넓은 도로에서는 일반적으로 도로 양측에 관로를 설치하는 것이 유리하다.

관거의 매설깊이는 하수본관의 경우 토압·노면의 동하중 등을 고려하여 원칙상 최소 1 m로 하고 있으나, 여기에 연결관의 구배를 고려하여 3 m 정도로 하는 것이 바람직하며, 그 외의 관은 차도의 포장면에서 최소 0.6 m 이상으로 하고, 보도의 경우는 토피가 최소 0.5 m 이상이 되도록 한다.

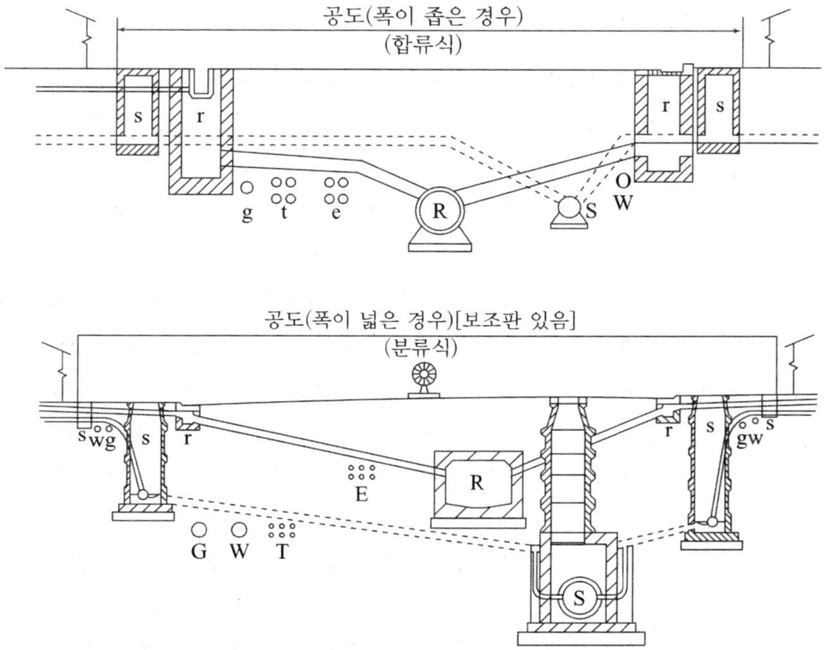

(a) 계획표준도(분류식)

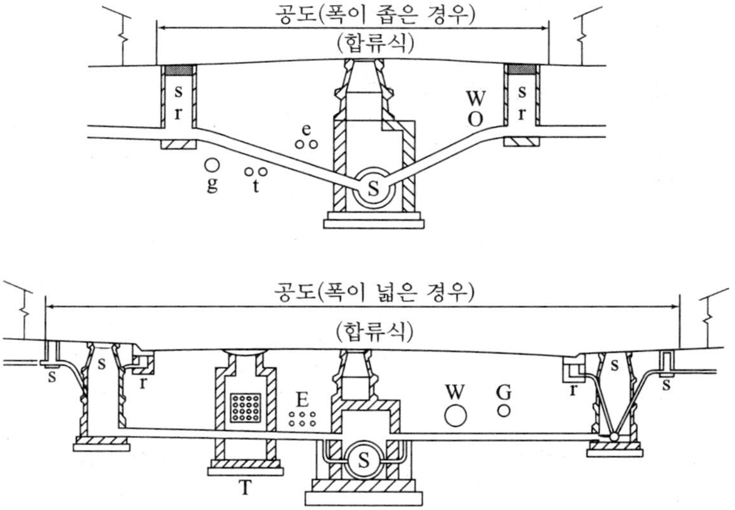

(b) 계획표준도(합류식)

T : 통신케이블, t : 통신케이블 지선, E : 전기케이블(고압·저압 포함), e : 전기케이블, W : 상수관, w : 상수관 지선, S : 하수관로(합류관 or 오수관), s : 하수관로 지선(합류관, 오수관 or 오수받이), R : 하수 관로(우수관로), r : 하수 관로(우수관로, 빗물받이), G : 가스관, g : 가스관 지선

그림 3.4 하수도 시설의 예

2. 매설공법 및 기초

관거의 매설공법은 크게 개착공법(open cut)과 비개착공법으로 구분되며, 기초공은 관거의 종류·토질·시공법·상부 하중·경제성 등을 고려하여 정한다. 관 종에 따른 기초는 강성관의 경우 모래나 쇄석기초·벼개동목기초·콘크리트 or 철근콘크리트 기초·말뚝기초 등이 있으며, 필요에 따라 조합한다. 연성관의 경우 모래·벼개동목·포(布)·배드시트 소일시멘트 기초로 한다.

강성관을 모래기초로 할 경우 기초 두께는 최소 100~200 mm 또는 관거 외경의 0.2~0.25배로 하고 지반이 암반인 경우 다소 두껍게 한다. 연성관의 경우 모래 두께는 최소 100~300 mm으로 하며, 관 상부는 200 mm 이상 모래나 양질의 토사를 이용 다짐·시공한다. 다음 표 3.2는 관 종에 따른 적정 기초공을, 그림 3.5는 강성관의 기초공을 나타낸 것으로 그림에서 벼개동목기초의 경우 동목의 수는 관 1개당 2~3개로 한다.

한편 관로의 매설 시에는 관로의 중요도에 따라 지하매설물 굴착에 따른 사고를 방지하기 위해 관로에 경고테이프 등을 부착하고, 시공 완료 시에는 관로매설정보가 관로 관리시스템에 반영되도록 조치한다. 또한 하수관이 철도를 횡단하거나 하천에 부설될 경우 관 보호를 위한 적절히 조치를 강구한다. 기타 관련된 내용은 1편의 5.2.9장을 참고하기 바란다.

표 3.2 관 종에 따른 기초

관종 \ 지반		경질토 보통토	연약토	극연약토
강성관	철근콘크리트관	벼개동목 쇄석기초 모래기초	콘크리트기초	말뚝기초 철근콘크리트기초
	도관	벼개동목 쇄석기초 모래기초	쇄석기초 콘크리트기초	철근콘크리트기초
연성관	경질염화비닐관	모래기초	모래기초 베드토목섬유기초 소일시멘트기초	베드토목섬유기초 소일시멘트기초 벼개동목, 말뚝기초 콘크리트+모래기초
	닥타일주철관, 강관	모래기초	모래기초	모래기초 벼개동목 콘크리트+모래기초

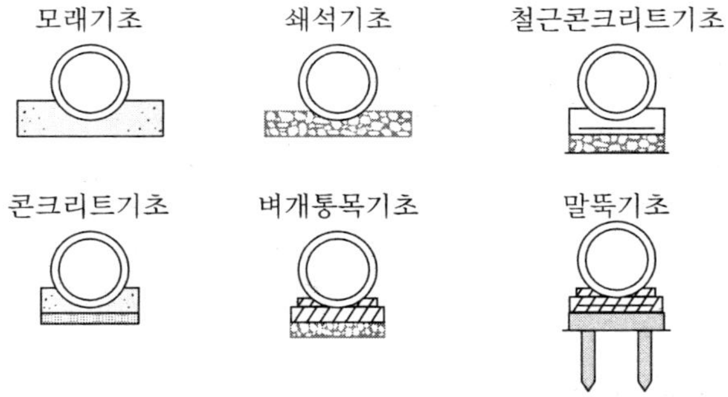

그림 3.5 강성관의 기초공 종류

3. 관거의 접합

관의 구경·경사 또는 방향 등이 변화하거나 합류하는 곳에는 맨홀을 이용하여 접합하는 것이 바람직하다. 관과 관의 접합방법에는 수면접합·관정접합·관중심접합 및 관저접합 등이 있으며, 각각은 그림 3.6～9와 같다. 접합방법의 선정은 배수구역의 지형·지하매설물 및 장애물·방류하천의 수위·관로의 매설깊이 등을 충분히 고려하여 수리학적으로 유리하고 가급적 토공량이 적은 방법을 선택하면 되는데, 원칙적으로는 수면접합이나 관정접합을 채용한다. 각 접합방법의 장단점은 다음과 같다.

① 수면(수위)접합

접합점에서 상·하류의 수위가 일치하도록 접속시키는 방법이다. 이 방법은 수리학적으로 가장 유리하지만 수위 계산이 복잡하다.

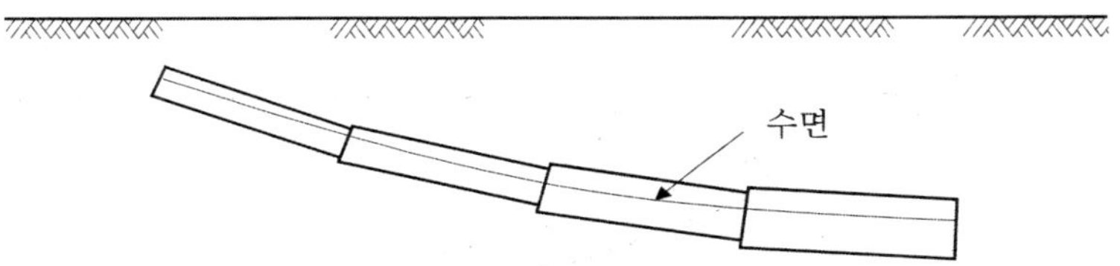

그림 3.6 수면접합

② 관정접합

관정이 일치하도록 접속시키는 방법으로, 이 방법은 만류 시에도 단면을 최대한 이용할 수 있으며, 수리학적으로도 비교적 유리하다. 하지만 하류로 갈수록 관로의 매설깊이가 점증(漸增)하여 토공량이 증가하고, 펌프 배수 시에는 양정이 증가하는 단점이 있다.

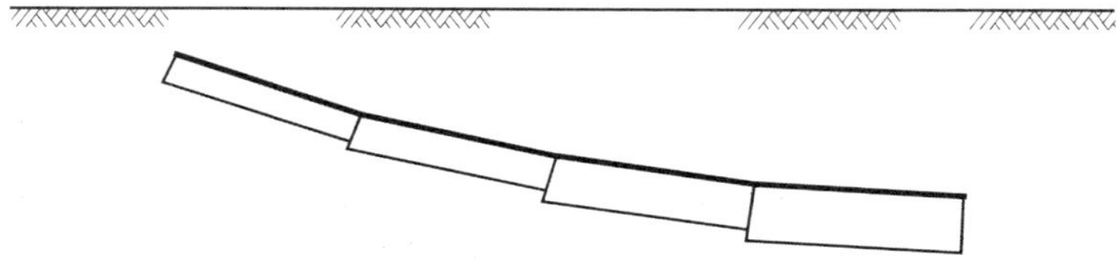

그림 3.7 관정접합

③ 관중심접합

관거의 중심이 일치하도록 접속시키는 방법으로 수위접합과 관정접합의 중간적인 방법이다. 시공이 비교적 쉽고 수위 계산은 필요 없다.

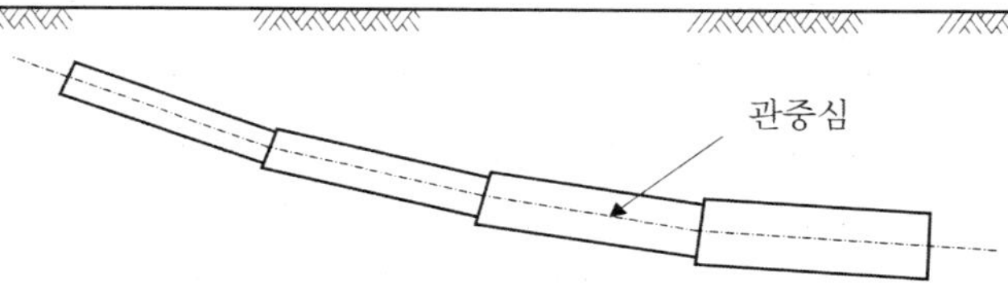

그림 3.8 관중심접합

④ 관저접합

관저가 일치하도록 접속시키는 방법으로 토공량이 줄어드는 장점이 있다. 하지만 수리학적으로 불리하며 경우에 따라, 즉 홍수 시 상류 관로에서 동수구배선이 관정보다 높아지는 경우도 있다.

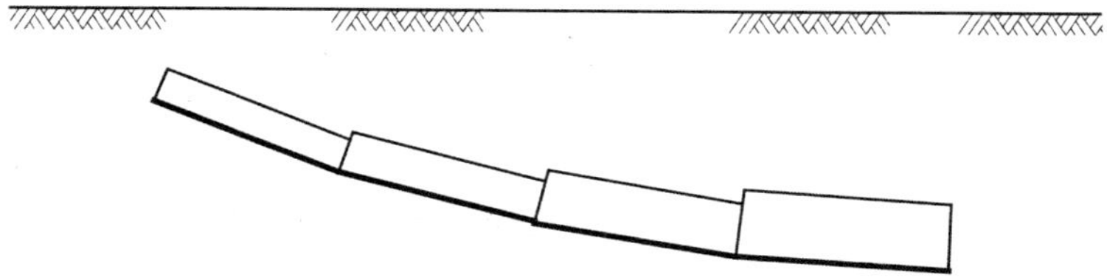

그림 3.9 관저접합

한편 지표의 구배가 아주 급한 경우에는 관로의 기울기와 토공량을 줄이기 위해 그림 3.1과 같이 **단차접합**이나 **계단접합**을 이용하는데, 단차접합 시에는 지표의 경사에 따라 적당한 간격으로 맨홀을 설치하고, 맨홀 1개당 단차는 1.5 m 이내로 하는 것이 바람직하다. 이때 단차가 0.6 m 이상인 경우에는 **부관**을 설치해야 한다[3.2.3 1.항 참고]. 또한 대구경이나 현장타설 관거에 있어서는 계단접합을 이용할 수 있으며, 이때 계단접합 시 계단의 높이나 단수는 지표의 경사에 따라 변화시키면 되는데, 1단당 계단의 높이는 0.3 m 이내로 하는 것이 바람직하다. 하지만 상기 시설의 설치가 곤란할 경우에는 유속 억제를 위해 감세공과 같은 시설의 설치를 검토한다.

반면 관로를 합류시키는 경우에는 대부분 곡률을 대신하거나 곡률을 가진 맨홀이나 현장타설 관거를 이용하지만 맨홀을 이용하지 않고 관거를 접합시키는 경우에는 유수의 흐름이 원활하게 되도록 다음 사항을 고려해야 한다. 먼저 동일 크기의 관거를 합류시킬 경우에는 유속이 동일하게 되도록 해야 한다. 다음 관경이 다른 경우에는 작은 관거의 유수 흐름이 큰 관거의 유수에 의해 지장을 받을 수 있으므로 중심교각은 가능한 한 작아야 한다. 이때 이상적인 교각은 30~45°인데, 도로의 폭이 좁거나 기타 부득이한 경우에는 60°를 최대 한계로 한다(그림 3.10 참고). 그러나 작은 관거의 관경을 큰 관거의 1/2 이상으로 하고, 수면접합·관정접합을 이용하여 접합할 경우에는 교각을 90°까지 해도 무방하다. 한편 현장타설 콘크리트와 같이 곡선으로 접합이 가능한 경우에는 곡률반경이 내경의 5배 이상이 되도록 해야 하며, 관로가 단순히 곡절하는 경우 또는 흐름방향이 반대인 관거가 합류하거나 예각으로 합류하는 경우 역시 연결부는 그림과 같이 원활한 흐름이 되도록 고려한다.

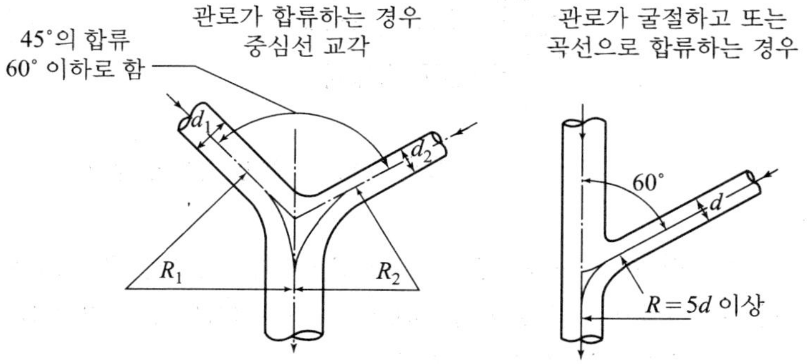

그림 3.10 관로접합 평면도

3.2.3 관로의 부속시설

1. 맨홀과 등공

맨홀(manhole)은 하수관의 청소·보수·점검·환기 등을 목적으로 사람과 기계가 출입할 수 있도록 한 시설이다. 따라서 건설비를 고려하지 않는다면 맨홀은 가능한 한 많이 설치하는 것이 바람직하지만 최소한 관의 기점·굴곡부·관경이 변화하는 곳·단차가 발생하는 장소·관 종이 달라지는 곳·합류부 등에는 반드시 설치하여야 하며, 직선부에서도 내경의 120배 이하의 간격으로 맨홀을 설치하는데, 이때 관경별 최대 설치간격은 표 3.3과 같다. 맨홀의 일반적 형태는 그림 3.11과 같다.

표 3.3 관경별 맨홀의 최대간격

관 경(mm)	600 이하	1,000 이하	1,500 이하	1,650 이상
최대간격(m)	75	100	150	200

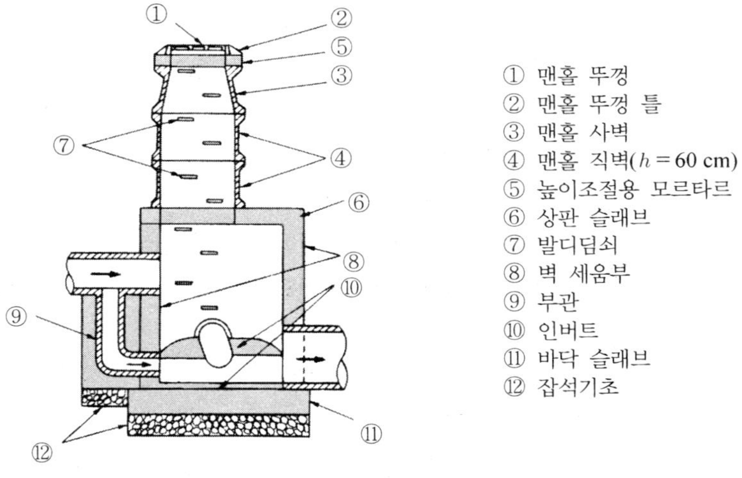

그림 3.11 맨홀 각부의 명칭

한편 맨홀에는 **표준맨홀**과 **특수맨홀**의 2종류가 있는데, 표준맨홀은 접속 관경에 따라 표 3.4와 같이 구분되며, 지형이나 지하매설물 또는 관거의 구조 등에 따라 적용되는 특수맨홀은 표 3.5와 같다.

맨홀의 시공은 구조물 전체를 현장타설 콘크리트에 의해 축조하거나 일부 하부 구조는 현장타설하고 그 상부는 프리캐스트 제품을 이용하는 방법, 또는 바닥 슬래브를 제외한 전체 구조물을 프리캐스트 제품으로 현장조립하는 방법 등이 있는데, 공사기간이나 공사비 면에서 프리케스트 제품을 이용하는 것이 보다 유리하다. 하지만 프리케스트 제품의 사용이 많을수록 침입수의 발생이 우려되므로 이때에는 연결부의 시공에 특히 유의해야 한다. 특히 하천변에 부설하는 맨홀은 현장타설이나 상하부

일체형으로 해야 하며 내외부가 방수기능을 갖도록 하고 뚜껑의 높이는 강우 시 하천수위를 고려하여 정한다.

맨홀의 부속시설로는 인버트(invert) · 부관(backdrop) · 발디딤쇠 · 맨홀 뚜껑 등이 있는데, 이 중 **인버트**는 하수의 흐름을 원활히 하고, 퇴적물 제거 시 작업원의 작업 편리를 위해 설치하는 것으로 하류 관거의 관경 및 경사와 같게 하고, 상류 관거와 단차는 3～10 cm 정도로 한다(그림 3.12 참고). **부관**은 수류의 낙하에 의해 맨홀의 바닥부가 손상되는 것을 방지하기 위해 설치하는데, 단차가 60 cm 이상인 경우에는 필히 설치해야 한다. **맨홀 뚜껑**은 노면의 이동하중뿐 아니라 미관을 고려하여 탄소강

표 3.4 표준맨홀의 규격별 용도

명 칭	규 격 (단위 : mm)	용 도
1호 맨홀	ø900	관로의 기점 및 600 mm 이하인 관로의 중간지점 및 내경 400 mm까지의 관의 합류점
2호 맨홀	ø1,200	내경 900 mm 이하인 관로의 중간지점 및 내경 600 mm 이하인 관거의 합류점
3호 맨홀	ø1,500	내경 1,200 mm 이하인 관로의 중간지점 및 내경 800 mm 이하인 관거의 합류점
4호 맨홀	ø1,800	내경 1,500 mm 이하인 관로의 중간지점 및 내경 900 mm 이하인 관거의 합류점
5호 맨홀	ø2,100	내경 1,800 mm 이하인 관로의 중간지점

표 3.5 특수맨홀의 형상별 용도

명 칭	형상치수(mm)	용 도
특1호 맨홀	600×900	흙두께가 특히 적은 경우, 또는 다른 매설물 때문에 1호 맨홀을 설치할 수 없는 경우
특2호 맨홀	1,200×1,200	내경 1,000 mm 이하인 관의 중간지점에서 원형 맨홀이 설치되지 않는 경우
특3호 맨홀	1,400×1,200	내경 1,200 mm 이하인 관의 중간지점에서 원형 맨홀이 설치되지 않는 경우
특4호 맨홀	1,800×1,200	내경 1,500 mm 이하인 관의 중간지점에서 원형 맨홀이 설치되지 않는 경우
특5호 맨홀	1,200×D (D는 내경＋인버트 폭)	현장 여건상 표준맨홀 및 특1～4호 맨홀의 적용이 어려운 경우에 600 mm 이상의 흄관에 적용
암거용 맨홀	ø900, ø1,200	직사각형 관거, 마제형 관거 및 Shield 공법에 의한 하수관로의 중간지점
부관 맨홀		관거의 단차가 0.6 m 이상인 경우

이나 주철제를 사용하며, 이때 오수관의 맨홀뚜껑은 밀폐식으로 하되 필요한 곳은 환기용 구멍을 두어 악취나 폭발성 기체가 방출되는 구조로 하고, 이때 악취 등 2차 오염이 발생하지 않도록 유의해야 한다. 또한 위치는 상부 슬래브에서 도로 외측으로 설치하여 진출입 시 안전을 도모하고, 발디딤쇠는 진출입이 편리하도록 폭과 높이를 고려하며 부식에 강한 재질을 사용한다.

한편 등공(lamp hole)은 관로 도중에 도관을 이용하여 노면으로 연결한 구멍으로 관로의 점검이나 오수관의 통기를 목적으로 설치한 시설이다.

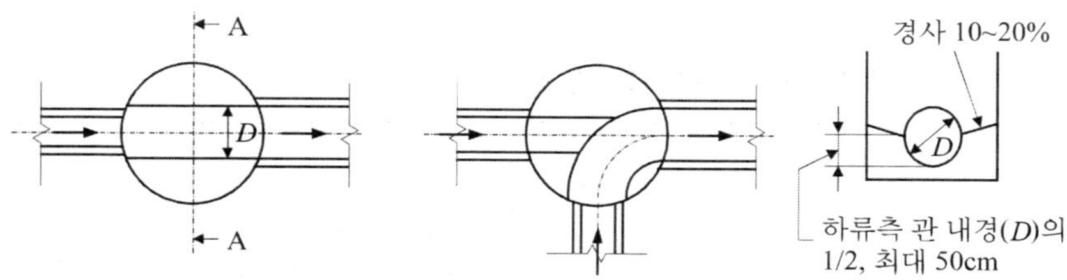

그림 3.12 인버트 상세도의 예(우수관)

2. 측구

측구(側溝, gutter, street drain)는 노면의 우수를 우수받이로 유도하는 시설로, 그 형태에 따라 L형·U형·V형 등이 있다. 보·차도의 구별이 있는 도로에서는 그 경계에 설치하고, 구별이 없는 경우에는 도로와 사유지의 경계에 설치한다. 형태에 따라 미리 제작된 여러 규격의 공장제품이 있는데, 이것을 사용할 경우 시공이 간편하고 공기가 크게 단축된다. 연결은 모르타르를 이용한 소켓이음으로 한다. 그림 3.13은 U형 또는 L형 측구와 관련 시설의 설치 예를 보인 것이다.

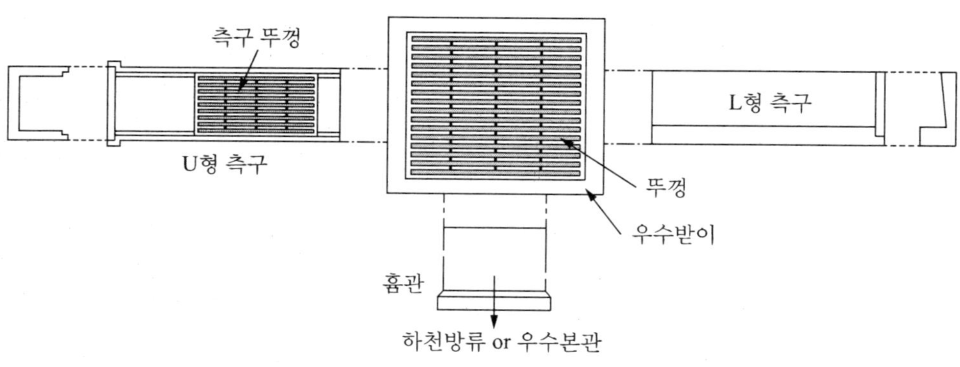

그림 3.13 측구와 관련시설의 설치 예

3. 받이 및 연결관

받이와 연결관은 오수 및 우수를 하수본관에 배제하기 위한 중개시설이다. 그림 3.4는 이들 시설 간의 연결을 나타낸 것으로 그림에서 우수는 측구를 따라 우수받이로 들어가고 여기서 다시 연결관을 따라 하수관로로 유입한다. 받이는 오수받이·우수받이 및 집수받이 등이 있으며, 여기서 집수받이는 개거와 암거의 접합부에 설치하는 일종의 우수받이를 말한다.

① 받이

우수받이(street inlet)는 공공도로에 설치하는 것이 원칙인데, 이때 보·차도의 구별이 있는 경우에는 그 경계에, 구별이 없는 경우에는 도로와 사유지의 경계에 설치한다. 노면배수를 위한 우수받이는 도로 폭이나 경사 등을 고려하여 적당한 간격으로 설치하는데, 보통 측구를 따라 20～30 m 간격으로 설치한다. 한편 사유지 내 우수는 노면배수와 따로 분리하여 배수하는 것이 좋다.

오수받이(house drainage inspection chamber)는 도로와 사유지의 경계에 설치하는 것이 원칙이다. 합류식인 경우 오수와 사유지 내의 우수는 모두 오수받이에 유입시켜 배제하며, 이때 오수받이의 설치 간격은 유지·관리상 1필지당 1개 정도가 가하다.

우수받이나 오수받이는 원형 또는 사각형의 콘크리트 또는 철근콘크리트 제품이 사용되는데, 일반적으로 오수받이는 원형, 우수받이는 직사각형의 것이 사용되는데, 우수받이의 경우 토사 침전을 위해 깊이 15 cm 이상의 이토부(泥土部)를 두어야 하며, 오수받이의 경우에는 침전물이 퇴적하지 않도록 저부에 반드시 인버트를 붙여야 한다. 받이의 규격이나 용도는 표 3.6 및 3.7과 같다. 받이의 뚜껑은 주철·강 또는 철근콘크리트 제품이 사용되는데, 우수받이의 경우 원활한 우수의 유입을 위해 강제 격자형(steel grating)이 주로 사용되며, 특히 차도 쪽에 받이를 설치할 경우에는 노면의 이동하중에도 견딜 수 있도록 견고한 재질로 해야 한다. 하지만 오수받이의 경우에는 악취 방지를 위해 주철이나 철근콘크리트의 밀폐뚜껑으로 한다.

표 3.6 오수받이의 형상별 용도

명 칭	내부치수 (단위 : mm)	용 도
1호 오수받이	ø300	붙임관 내경 150 mm, 깊이 0.7 m 미만의 경우에 사용
2호 오수받이	ø500	붙임관 내경 150 mm, 깊이 0.7 m 이상의 경우에 사용
3호 오수받이	ø700	붙임관 내경 200 mm 이상을 사용하는 곳에 사용

■ 표 3.7 우수받이의 형상별 용도

명 칭	내부치수 (단위 : mm)	용 도
차도쪽 1호 우수받이	300×400	L형 측구의 폭이 50 cm 이하의 경우에 사용
차도쪽 2호 우수받이	300×800	L형 측구의 폭이 50 cm 이하의 경우에 사용 교차로나 도로의 종단구배가 큰 곳에 사용
보도쪽 우수받이	500×600	도로의 종단구배가 급하지 않는 곳에 사용 차도쪽 1·2호 우수받이 적용이 곤란한 곳에 사용

② 연결관

연결관(collecting sewer)은 받이와 하수본관을 연결하는 관으로, 과거에는 주로 도기관을 사용하였다. 하지만 근래에는 거의 사용하지 않고 관경에 따라 PE관이나 철근콘크리트관을 사용한다. 관경은 최소 150 mm 이상으로 하는데, 철근콘크리트관은 유지·관리상 300 mm 이상을 채용하는 것이 최근의 일반적 추세이다. 한편 연결관의 구배는 관 내 유속이 적어도 소류속도 이상이 되도록 해야 하며, 최대 유속은 3.0 m/sec를 초과하지 않도록 한다.

연결관은 연장을 짧게 하기 위해 본관과 직각으로 설치하는데, 연결부는 관 내의 유수를 좋게 하기 위해 원칙상 60도의 각도로 합류시킨다. 단, 연결관의 관경이 200 mm 이하이고 본관의 구경이 그 두 배 이상 매우 큰 경우에는 직각으로 접속시켜도 무방하며, 이때 연결부는 본관의 중심선 위쪽에 위치토록 해야 한다. 그렇지 않을 경우 본관의 유수 저항으로 배수가 원활하지 못하고 심하면 연결관의 말단에 슬러지가 침적(沈積)하여 관을 폐색할 수 있다. 한편 연결관의 관경이 200 mm 이상인 경우에는 본관의 강도 저하를 막기 위해 맨홀을 이용하여 접속한다.

4. 우수토실

우수토실(雨水吐室, storm outfall sewer)은 우천 시 계획하수량 이상의 하수를 방류시킴으로써, 하류부 관로의 단면을 줄이고 빗물펌프장이나 하수처리장의 부담을 경감시키기 위해 관로 도중에 설치하는 월류시설이다. 따라서 우수토실의 설치 위치는 가능한 한 방류수역에 가깝고 방류수역이 고수위일 때에도 충분히 자연배수가 가능한 곳이어야 하며, 그 외에 수도의 취수·레크에이션·어업 등 수역의 이용에 영향을 주지 않는 장소를 선택해야 한다. 또한 우수토실은 비교적 큰 구조물이므로 도로·교대·호안 등 주변시설에 영향을 주지 않는 장소에 가급적 설치 개소를 줄이고 방류량을 대량으로 하는 편이 유지관리상 유리하다. 그림 3.14는 우수토실의 한 예를 보인 것이다.

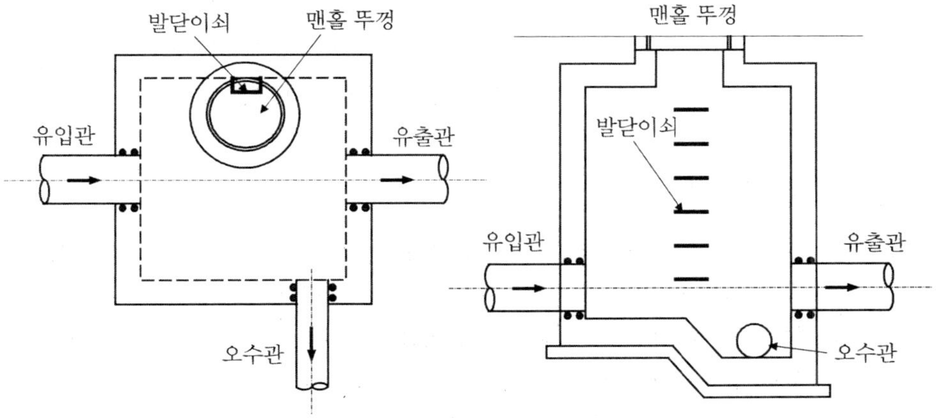

그림 3.14 우수토실

우수토실에서 우수월류량은 그 지점의 우천 시 하수량에서 오수로 취급하는 계획하수량을 뺀 유량인데, 우수토실은 정해진 유량, 즉 방류해야 할 유량과 처리장으로 보내야 할 하수량을 쉽고 정확하게 분할할 수 있어야 한다. 이러한 목적으로 고정식의 오리피스·횡월류웨어를 주로 채용하며, 그 외에 고정식의 볼텍스(vortex)밸브, 수동수문이나 부표연동식과 같은 기계식 및 중앙집중제어식과 같은 자동식을 채용하기도 하는데, 이때 웨어는 완전월류방식을 채용하는 것이 원칙이지만 유입관로와 유출관로의 수위 차에 따라서는 불완전 월류나 수중웨어로 시공할 수도 있다. 웨어 길이의 산정식은 다음 식과 같다.

식 (3.1)은 완전월류 시 웨어의 길이 산정식을 나타낸 것이며, 그림 3.15는 완전월류의 한 예를 도시한 것이다.

$$L = Q/1.8H^{3/2} \tag{3.1}$$

여기서, L : 웨어의 길이(m)

Q : 월류량(m^3/sec)

H : 평균 월류수심(m), "웨어 길이간의 평균값"

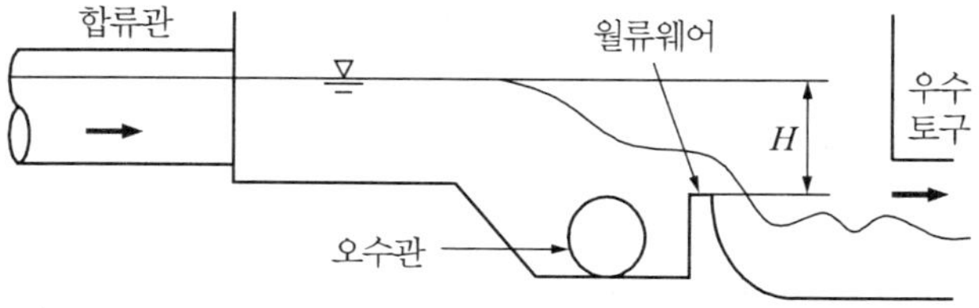

그림 3.15 완전월류하는 경우

5. 배출구

우수·월류 하수 또는 처리수 등을 공공수역에 방류하기 위해 설치한 각 관로의 말단 시설을 **배출구·방류구** 또는 **토구**(吐口)라 한다. 배출구의 위치나 구조는 방류수역의 관리자와 사전에 충분히 협의하여야 하는데, 가급적 방류수역과 가깝고 자연유하로 유수를 배출할 수 있는 곳으로 한다. 또한 배출구의 유속은 주항(舟航)·세굴(洗掘) 등 주위에 영향을 미칠 수 있으므로 이러한 장소는 피해야 하며, 배출구의 전면 및 측면에는 apron을 설치하든가 concrete 또는 concrete block 등으로 보호공을 실시한다. 배출구는 방류에 지장이 없는 높이를 갖고 있어야 하나 너무 높으면 배출구 전면이 세굴되고 미관상 좋지 않으며 악취와 거품이 발생하는 등 각종의 피해가 발생할 수 있으므로, 배출구의 저면 높이는 하천이나 바다의 고수위 및 저수위의 중간에 있도록 한다.

또한 방류하수는 방류수역에서 빠르고 원만하게 혼합·확산되어 수질오염과 침전물의 퇴적이 일어나지 않도록 배출구의 위치와 방향을 잘 정해야 한다. 하천의 감조부에서는 조수에 의한 하수의 역류를 막기 위하여 방조수문을 설치해야 하는데, 이때 반드시 자동 개폐식 수문을 설치하며 동시에 고장을 고려하여 수동식 개폐 문비(門扉)도 예비로 설치하는 것이 좋다.

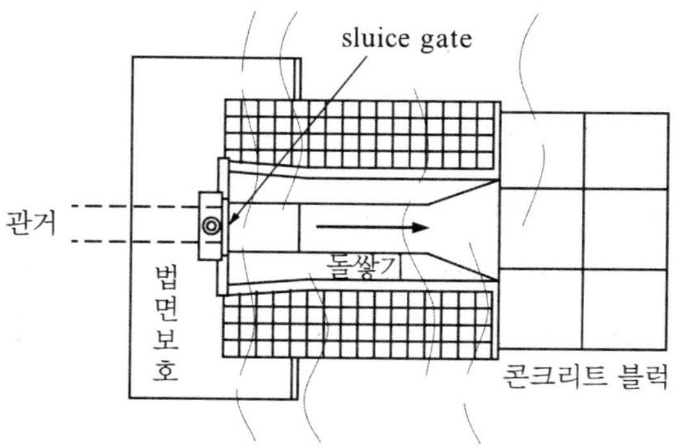

그림 3.16 배출구의 한 예(평면도)

6. 역사이펀

관로가 일정 구배로 궤도·하천·지하철·수도관 및 기타 이설이 곤란한 지하매설물을 평면으로 횡단하는 것이 어려운 경우 부득이 그 밑을 통과해야 하는데, 이러한 관수로를 역사이펀(inverted siphon) 또는 복월관(伏越管)이라 한다.

역사이펀은 시공이 곤란할 뿐 아니라 압력관이 되고 매설깊이가 크기 때문에 상부하중에 의해 균열·파손이 생길 수 있으므로 콘크리트를 둘러싸는 등 보호공을 실시해야 한다. 또한 침전물이 생겼을 때 청소가 곤란하며 내부검사나 보수가 어려우므로 역사이펀을 설계할 경우에는 다음 사항에 준하여 시공해야 한다.

① 형상은 그림 3.17과 같이 장해물 양쪽에 수직으로 복월실을 만들고 복월실 간을 수평 또는 다소간의 하향배로 연결한다. 관거는 지반의 강약에 따라 철근콘크리트 둘러쌓기 등으로 철저히 보호해야 하며 말뚝기초 등 충분한 기초공사를 실시해야 한다.

② 복월실 내에는 수류의 유입과 유출을 제어할 수 있는 제어용 gate나 valve를 설치하고, 상·하류 복월실에는 깊이 0.5 m 이상의 모래받이를 두며, 복월실의 깊이가 5 m 이상인 경우에는 복월실 내에 배수펌프 설치대를 둔다.

③ 역사이펀은 고장이나 청소 시를 대비하여 일반적으로 2개 이상의 복수관으로 하며, 유량변동이 큰 경우 관경과 설치 높이를 다르게 하여 유량 변동에도 일정 유속을 유지할 수 있도록 하며, 호안·교각 등 인근 시설의 부등침하로 영향을 받지 않도록 위치를 정한다.

④ 역사이펀의 입구나 출구는 손실수두를 작게 하기 위해 bell mouth형으로 하고, 시설 내에 토사가 침전되지 않도록 관 내 유속은 상류 측보다 20~30% 증가시킨다.

⑤ 역사이펀 관로의 상치토피는 계획준설면 또는 현재의 하저 최심부로부터 중요도에 따라 1 m 이상으로 하며, 하천관리자와 협의한다.

⑥ 하천·철도·가스·통시케이블 등의 매설관 밑을 통과하는 경우 관리자와 협의한 후 필요한 방호시설을 한다.

⑦ 하저를 횡단할 경우 상류에 우수토실이 없으면 역사이펀의 상류 측에 비상 방류관로를 설치하는 것이 좋다.

⑧ 호안이나 기타 잘 보이는 곳에 매설위치·관거의 크기·매설깊이 등을 표시하는 표지판을 세워두어야 한다.

⑨ 역사이펀은 지속적인 유지관리가 필요한 시설이므로 소규모인 경우 인력으로 유지관리가 가능해야 하며, 중대형인 경우 장비나 차량이 접근할 수 있는 접근로를 확보해야 한다.

설치공사는 개착(open)공법 · 추진공법 · Shield공법 등이 이용되는데, 개착공법이나 추진공법은 비교적 연장이 짧은 하천 · 궤도 · 간선도로의 횡단에 적용하며, Shield공법은 단면이 크고 연장이 긴 경우에 주로 채용한다. 자세한 내용은 1편의 5.2.9장을 참고하기 바란다.

한편 역사이펀 내의 수류가 소정의 유속을 유지하기 위해서는 충분한 수두가 확보되어야 하는데, 이때 수두(손실수두) 계산은 다음 식에 의한다.

$$H = \left(1 + f_i + f\frac{l}{d} + f_x\right)\frac{v^2}{2g} + \alpha$$

$$= 1.5\frac{v^2}{2g} + f\frac{l}{d}\frac{v^2}{2g} + f_x\frac{v^2}{2g} + \alpha \fallingdotseq 1.5\frac{v^2}{2g} + i \cdot l + \alpha \tag{3.2}$$

여기서, H : 손실수두(m)　　f : 마찰손실계수

f_e : 유출손실계수(≒1.0)　　f_i : 유입손실계수(≒0.5)

l : 역사이펀의 연장(m)　　d : 관경(m)

v : 유속(m/sec)　　g : 중력가속도(9.8 m/sec^2)

f_x : 기타 손실계수(보통 무시)

α : 손실수두에 관한 여유(0.03～0.05 m)

i : 역사이펀 관로 내의 유속에 대한 동수경사

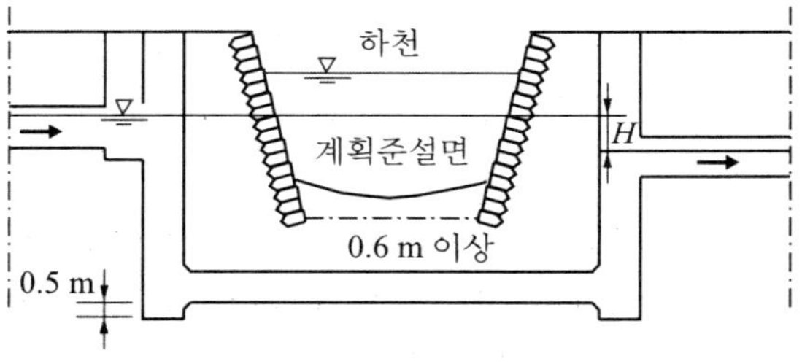

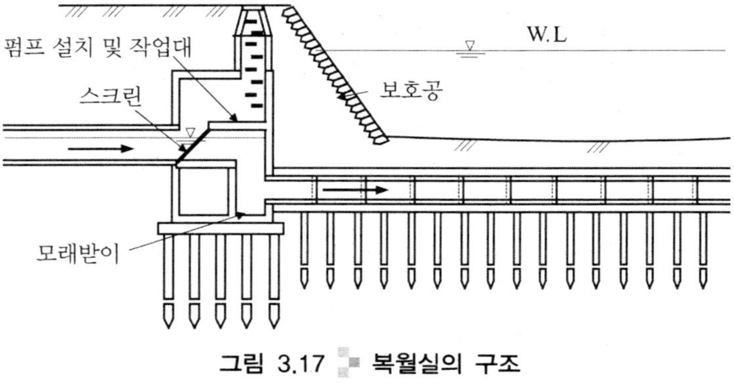

그림 3.17 복월실의 구조

예제 3.1

계획최대유량 $Q = 2.5\ m^3/sec$이고, 관로연장 $l = 50\ m$, 관로구배 $i = 0.003$일 때 역사이펀을 설계하라(단, 관은 2조로 하고, 관 내 유속 $v = 2.0\ m/sec$ 이상으로 한다).

풀이 관 1조당의 유량은 $2.5/2 = 1.25\ m^3/sec$이다.

따라서 관경(내경) $d = \sqrt{\frac{4}{\pi}\frac{Q/2}{v}} = \sqrt{\frac{4}{\pi}\frac{1.25}{2}} = 0.892\ m$이고,

ø800 mm 관을 채용하면 실제 유속은

$$v = \frac{Q/2}{A} = \frac{1.25}{\pi \times 0.8^2/4} \fallingdotseq 2.5 > 2.0\ m/sec$$이다.

관경 800 mm, 유속 2.5 m/sec, 관로연장 50 m인 경우 총손실수두는

$$H = 1.5\frac{v^2}{2g} + i \cdot l + \alpha = 1.5\frac{2.5^2}{2 \times 9.8} + 0.003 \times 50 + 0.05 = 0.678 < 0.7\ m$$이다.

실제에 있어서는 0.7 m를 채택한다.

7. 배수설비

배수설비(排水設備)는 가정이나 공장 등 점오염원에서 발생하는 하수를 공공하수도에 유입시키기 위한 시설로 옥내설비와 옥외설비로 나눌 수 있는데, 암거로 하며 우수만을 배수하는 경우에는 개거로 할 수 있다. 암거로는 도관·철근콘트리트관·경질염화비닐관 등이 사용되며 관로 내 유속은 0.6~1.5 m/sec가 되도록 하며, 최소 토피는 건물 부지내의 경우 20 cm 이상으로 한다.

오수관의 크기는 다음 표 3.8~3.10과 같이 배수인구·배수면적 또는 배수량에 따라 정하는데, 최소 100 mm 이상으로 하며 배수량이 특히 많은 곳에서는 표 3.10을 준용한다. 하지만 일부 오수를 배제하기 위한 지관으로 연장이 3 m 미만인 경우 관경 75 mm의 것도 가하다.

표 3.8 배수인구별 오수관의 크기

배수인구(인)	150 이하	300 이하	600 이하	1,000 이하
관경(mm)	100 이상	150 이상	200 이상	250 이상

표 3.9 배수면적별 우수관 및 합류관의 크기

배수면적(m^2)	200 미만	600 미만	1,200 미만	1,200 이상
관경(mm)	100 이상	150 이상	200 이상	왼쪽과 같은 율로 관경 또는 관의 수를 증가시킨다.

■ 표 3.10 배수량에 의한 관의 크기

배수량(m^3/day)	1,000 미만	2,000 미만	4,000 미만	6,000 미만	6,000 이상
관경(mm)	150 이상	200 이상	250 이상	300 이상	왼쪽과 같은 율로 관경 또는 관의 수를 증가시킨다.

관의 유지·관리를 위해 필요한 장소에는 물받이를 설치해야 하며, 그렇지 못할 경우에는 반드시 청소구라도 설치해야 한다. 한편 배수설비는 그 관리의 책임이 공공기관 또는 개인에게 있는데, 그 책임소재에 따라 쓰레기 차단장치·방취장치·유지차단장치·모래받이·통기장치·배수펌프 등을 갖추고 점검·관리해야 한다. 쓰레기를 차단하기 위해서는 유입구에 유효간격 10 mm 이하의 스크린 또는 스트레이너를 설치하며, 악취를 방지하기 위해서는 악취방지용 트랩을 설치하고 악취 배출을 위한 통기장치를 설치해야 한다. 또한 유지류의 유입을 방지하기 위해서는 유지차단장치를 설치해야 하며, 토사유입이나 관의 폐색에 대비해 물받이를 관로의 기점·종점·합류부·굴곡점·관거의 종류 및 관경의 변화점 등에 설치하며 직선부에 있어서도 관경 120배 이하의 간격으로 물받이를 설치한다. 또한 저지대에서는 배수펌프를 설치해야 하는데, 이때 관리의 편리를 위해 오수받이와 펌프의 수는 가급적 최소가 되도록 계획한다.

한편 처리장을 포함한 공공하수도의 관리나 기능 및 최종 방류하천에 영향을 미칠 수 있는 물질을 포함하는 폐수는 그것이 공공하수도에 배제되기 전에 적절히 처리되어야 하는데, 이러한 목적의 처리시설을 **제해시설**이라고 한다. 일반적으로 온도가 지나치게 높은 경우, 산·알칼리 폐수, BOD·유지류·대형부유물·침전성 물질을 다량 함유한 폐수, 페놀·시안 등의 독극물 및 중금속류를 함유한 폐수, 기타 사람이나 가축 및 방류하천의 생태계에 영향을 미칠 우려가 있는 폐수 등은 제해시설을 설치해야 한다.

3.3 우수의 조정

일시에 많은 비가 내릴 경우에는 도시가 침수되거나 하수도 내 침전물이 일시에 유출하여 수역을 오염시키거나 하수처리장의 운전에 지장을 줄 수 있는데, 이러한 문제를 해결하기 위해서는 우수저류형 또는 우수침투형 시설을 설치하여 호우로 인한 피해를 막고 동시에 지하수의 함양에 도움이 되도록 한다. 이러한 시설에는 하수저류시설과 CSO저류시설이 있다.

3.3.1 하수저류시설

합류식이든 분류식이든 하수관로는 유출 우수를 신속하게 배출시킬 수 있도록 설계되어야 한다. 하지만 일시적 호우나 도시지역의 확대로 기존 관로의 용량이 부족하거나 관로의 능력 저하에도 불구하고 하류의 시설 및 관로의 능력을 높이기 곤란한 경우에는 **하수저류시설**을 설치하여 강우 시 관로의 유송능력 이상의 우수를 일시 저장한 후 청천 시 유출시키는 방법이 유효하다. 이 시설은 동시에 강수의 지하침투·저류의 기능 또는 하수 재이용의 목적을 가져야 하는데, 이와 같은 시설의 설치가 요구되는 지역은 하수관로의 유하능력이나 하류지역의 펌프장 능력이 부족한 곳, 해안지역으로 간만의 차가 심해 하수의 유출이 시간적으로 영향을 받는 지역, 잦은 침수피해가 있는 저지대 등이며, 구조는 지하에 공간을 설치하거나 굴착식의 연못 또는 댐 등을 설치·이용할 수 있다.

3.3.2 CSO저류시설

합류식 하수도의 경우 우천 시 초기 우수는 하수관 내의 침전물을 다량 함유하여 처리장의 운전에 영향을 주거나 우수토실을 월류하여 수역을 오염시킬 수 있다. 따라서 일시강우 시 초기우수, 즉 합류식 하수도 월류수(CSO; Combined Sewer Overflow)는 처리를 위해 일시 저류할 필요가 있는데, 이러한 목적으로 설치한 시설을 **CSO저류시설**이라 한다. 이 시설에 저류된 하수는 강우 종료 후 처리장으로 유송시켜 처리하는데, 이때 이 시설은 침전 등 물리적 작용에 의해 하수의 오염부하량을 감소시키고 동시에 처리장으로 유입하는 하수량을 조정하는 기능을 갖도록 설계한다.

3.4 펌프장 및 펌프

하수는 자연유하로 배제하는 것이 원칙이나 자연유하가 곤란한 경우에는 관로의 말단이나 중간에 펌프장을 설치하여 하수를 강제로 배제하거나 중계해야 하는데, 펌프장은 보통 유수지나 강우 시 침수피해를 막기 위해 설치하는 우수배제용의 **빗물펌프장**과 오수중계용의 **중계펌프장**으로 구분할 수 있다. 펌프의 설계용량은 표 3.11과 같이 중계펌프장의 경우 분류식 하수도는 계획시간 최대오수량으로, 합류식은 우천 시 계획오수량으로 하고, 빗물펌프장의 경우 분류식은 계획오수량으로, 합류식은 계획하수량에서 계획오수량을 제외한 양으로 한다.

펌프장 내 펌프의 설치 대수는 소규모 시설을 제외하면 2대 이상을 원칙으로 하며, 그 외에 파쇄장치·침사지·스크린 등을 설치해야 되는데, 이들 시설은 하수에 함유된 토사와 협잡물을 제거하여 펌프의 손상을 방지하기 위한 것이다. 이들 시설에 대한 자세한 내용은 1편의 9.1장을 참고하기 바란다.

하수도 시설에서 사용되는 펌프는 보통 원심력 펌프가 가장 많이 사용되며, 그 외에 상용의 펌프에 대해서는 1편의 9장에서 이미 기술한 바 있다. 따라서 본 항에서는 하수도와 관련된 펌프와 1편에서 소개하지 않는 몇몇 특수목적의 펌프만을 소개하고자 한다.

표 3.11 펌프장 계획하수량

하수배제방식	펌프장 종류	계획하수량
분류식	중계펌프장, 소규모펌프장, 유입방류펌프장	계획시간 최대오수량
	빗물펌프장	계획시간우수량
합류식	중계펌프장, 소규모펌프장, 유입방류펌프장	우천시 계획오수량
	빗물펌프장	계획하수량+우천시 계획오수량

3.4.1 스크류 펌프(screw pump)

스크류 펌프는 수평에 대해 약 30° 경사인 U자형 드럼통 속에서 스크류형 날개가 달린 회전축을 회전시켜 양수하는 펌프이다. 이 펌프의 양정은 양정량에 따라 다르나 최대 8 m 정도이고 펌프의 회전수는 최대 100 rpm 이하이며 효율은 75~80% 정도이다. 이 펌프는 하수처리장 등에서 슬러지 반송용으로 사용되는 저양정의 펌프로 회전수가 작기 때문에 마모가 적고 수중의 협잡물에 의한 폐색이 거의 없으며 구조도 간단하여 유지·관리가 매우 쉽다. 하지만 타 펌프에 비해 용적이 크고 양정은 작으며 개방된 구조로 오수 양수 시 냄새가 발생하는 등의 단점이 있다.

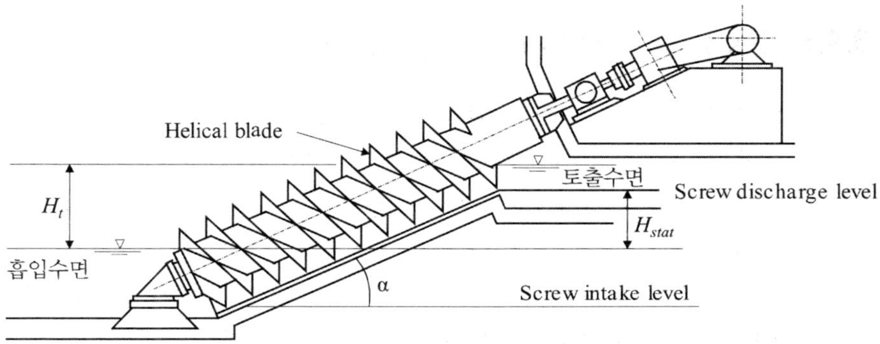

그림 3.18 Screw pump의 단면도

3.4.2 Air-lift 및 Jet 펌프

Air-lift 펌프는 양수관의 저부에 압축공기를 주입하고, 이때 공기방울의 상승력을 이용하여 양수하는 펌프이다. 이 펌프는 구동 부분이 없기 때문에 막히는 일이 거의 없고, 펌프의 실용 양정은 1~1.5 m 정도이며, 효율은 30% 정도이다.

한편 jet 펌프는 고속으로 분사되는 유체의 속도에너지를 이용하여 chamber 내에 진공을 형성하고, 이 진공력으로 유체를 흡입·분사하는 펌프로 가스·액체·분체 등을 흡입·배출·이송·혼합하는 데 이용되며, 기타 원심 펌프나 sump 펌프의 호수(呼水)에 사용되기도 한다. 이 펌프는 흔히 ejector라고도 하며 air-lift 펌프와 마찬가지로 구동 부분이 없어 고장이 적고 유지·보수가 매우 쉽다.

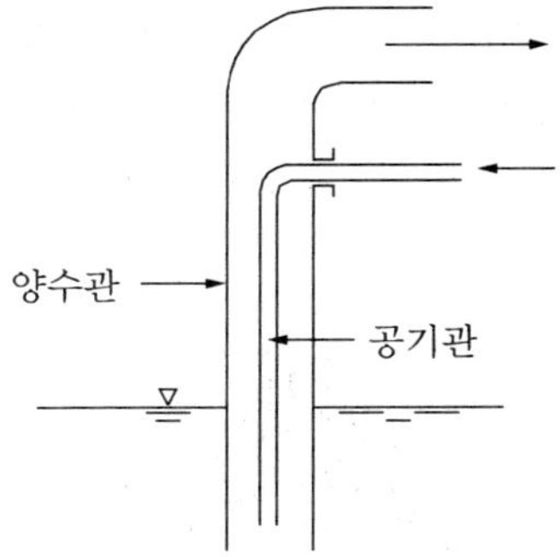

그림 3.19 Air-lift 펌프

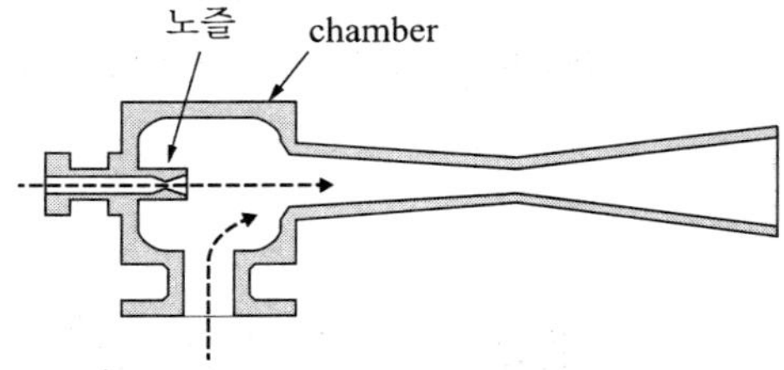

그림 3.20 Jet 펌프

3.4.3 수중펌프(submerged motor pump)

수중펌프란 수중에서 사용할 수 있는 motor와 펌프를 조합하여 우물 또는 수조의 수중에 내려 사용하는 펌프를 말한다. 이 펌프는 각종 토목공사 시 배수, 지하 집수조의 배수, 용수의 취수 및 배수, 고형물이 포함된 오·폐수의 이송 및 약액이나 퇴적물의 교반에 이용되는 등 사용범위가 다양하다. 사용되는 펌프는 원심력(방사류)·축류·사류 어느 것이나 사용되며, 최근에는 오수의 이송 시 막힘을 방지하기 위해 cutter 기능을 가진 펌프도 개발되어 있다.

3.4.4 용적식 펌프(positive displacement pump)

1. 왕복 펌프

왕복 펌프는 왕복운동을 하는 piston·plunger 또는 diaphragm과 흡입변 및 토출변 등으로 구성된다. 이 펌프는 정량 주입이 요구되는 약액의 주입이나 현탁액·슬러지 등의 pumping에 적합하다. 그림 3.23은 plunger pump의 개략적 구조를 나타낸 것이다.

2. 회전식 펌프

회전식 펌프에는 여러 가지가 있는데, 그중에서 progressing cavity pump(추진 공동형 펌프)과 peristaltic pump(튜브 연동식 펌프)가 가장 널리 사용되며, 그 외에는 gear·vane 및 lobe형 등이 있다. Progressing cavity pump는 그림 3.21과 같이 배우고정자(配偶固定子; matching stator)에 꼭 맞게 끼운 연속 screw 회전자, 즉 rotor를 갖고 있어 screw pump라고도 하며 양정의 변화에도 거의 일정한 토출량을 보인다. 또한 peristaltic pump는 그림 3.22와 같이 tube와 tube case 및 회전자로 구성된 head와 구동모타로 구성되어 있으며 주로 소량의 약액주입용 펌프로 이용된다.

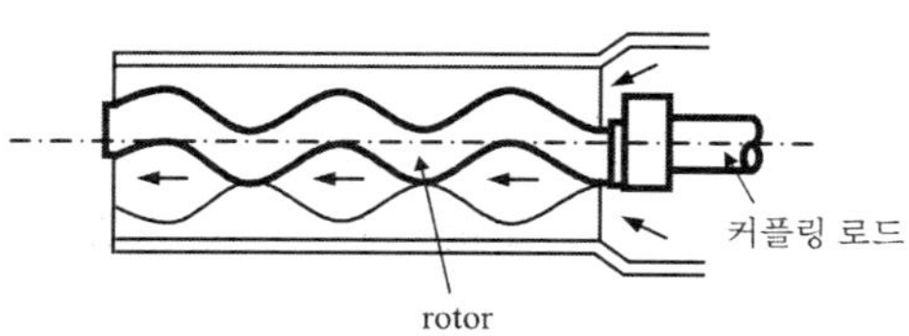

그림 3.21 Progressing cavity pump의 head

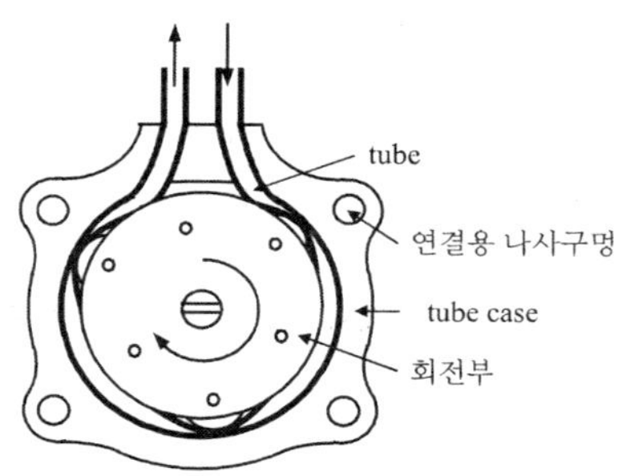

그림 3.22 Peristaltic pump의 head

3.4.5 Scum · grit 및 슬러지용 펌프

Scum · grit 및 슬러지 등의 pumping에 사용되는 펌프에는 다음과 같은 것들이 있다.

1. Torque-flow pump

이 펌프는 impeller가 case의 옆쪽에 있어 flow stream 밖에 벗어나 있는데 viscous drag에 의하여 pumping vortex가 생긴다. 이 펌프는 scum · grit 및 슬러지 · 생하수 등을 유송하기 위해 하수처리장에서 자주 사용되는데 고가이고 효율은 낮으나 막히는 현상은 거의 없다.

2. Plunger and rotary pump

플렌저 펌프는 왕복운동을 하는 플렌저와 흡입밸브 및 배출밸브에 의해 작동되며 하수처리장에서 슬러지 등의 고형물을 이송하는 데 사용된다. 한편 로타리 펌프는 흡입밸브나 배출밸브 없이 회전하는 로브 등을 이용하여 슬러지 등의 고형물을 이송할 수 있다. 이들 펌프는 고흡입력과 정확한 토출량을 나타낸다. 그림 3.24는 2엽 로타리 로브형 펌프 head의 모식도이다.

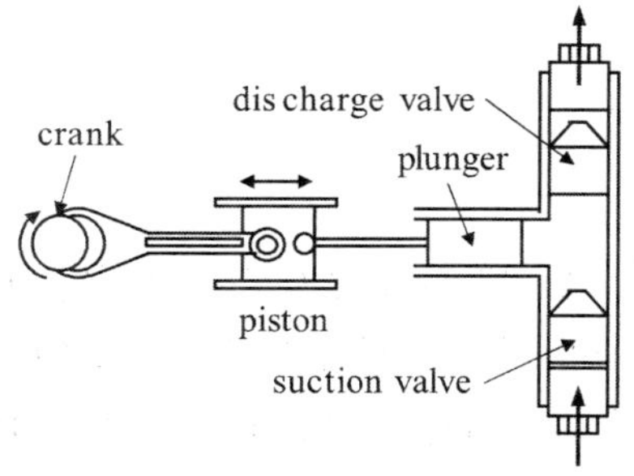

그림 3.23 plunger pump의 구조

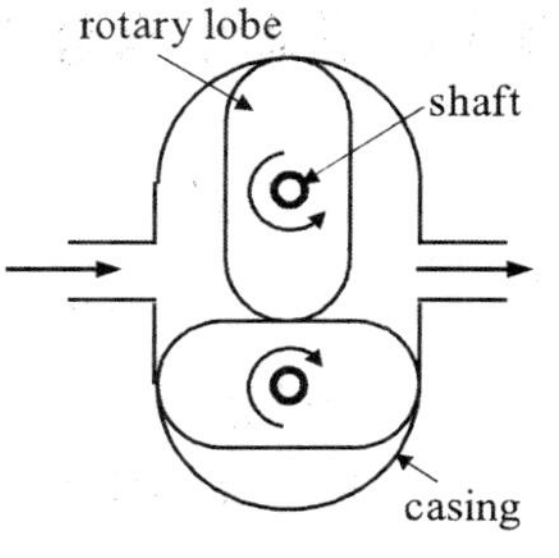

그림 3.24 로타리 로브 펌프의 head

3.5 관로의 유지관리

하수관거는 사용기간이 경과함에 따라 부식 · 지반침하 · 수압 · 동하중 등 여러 가지 요인으로 균열 · 파손되어 악취가 발생하거나, 지하수와 토양의 오염 · 통수능력의 저하·하수처리 효율의 저하 등 많은 문제가 발생한다. 이러한 불량 하수관을 개·보수하여 양호한 상태로 유지하고, 그 기능을 발휘시키기 위해서는 관리계획의 수립 및 꾸준한 점검과 보수가 요구된다. 관리계획을 수립하기 위해서는 가장 먼저 시설의 설치 연도·위치·구조·능력 등을 기재한 관망도의 확보 및 정리가 이루어져야 하며, 그것을 근거로 배수체계를 분석하고 배수분구별로 점검·청소·보수·교체 등 세부 관리계획을 수립해야 한다.

3.5.1 관거의 부식

하수관 내에 유기물이 퇴적하면 퇴적층 내에는 혐기성 상태가 조성되고 혐기성 미생물 반응에 의해 황화수소가 발생한다. 이때 포화농도 이상의 황화수소는 공기 중에 유출되고 이것은 황산화세균에 의해 SO_2나 SO_3로 산화된 후 관 내의 수분과 반응하여 황산이 된다. 이때 수면 위의 노출된 철근이나 콘크리트관은 황산과 반응하여 부식하는데, 이러한 현상을 **관정부식**(管頂腐蝕; crown corrosion)이라고 한다.

관정부식을 억제하기 위해서는 하수관 내의 유속을 증가시켜 유기물의 퇴적을 방지하거나 콘크리트관 내를 PVC 등으로 피복하여 내식성을 향상시켜야 한다.

3.5.2 관로의 점검 및 보수

1. 점검

관로의 유지관리를 위한 점검은 대상에 따라 경사도·오접이나 변형·내부 상태·수밀성 등을 검사하는데, 크기에 따라 사람이 직접 들어가거나, CCTV를 장착한 로봇 자주차와 녹화기 등을 이용하며, 수밀검사는 누수시험·공기압이나 수압시험· 침입시험·부공기압시험 등을 이용한다. 점검의 빈도는 시설의 중요도나 손상의 위험도 등에 따라 다르지만 최소 연 1회 이상 행하며, 호우나 지진 등으로 관로에 이상이 우려되는 때에는 수시로 점검한다.

2. 청소 및 보수

관로 조사 후 그 결과에 따라 청소 또는 보수·보강의 범위 및 방법을 결정하는데, 청소방법은 관경에 따라 인력에 의한 방법과 기계에 의한 방법으로 나눌 수 있으며, 자세한 내용은 표 3.12에 나타내었다.

표 3.12 시설별 청소방법

시 설	청소방법	비 고
ø800 mm 이하의 관거	인력식 기계식(cutter[1], bucket machine[2], 고압수 세정기[3], 진공식 흡입기, blow식 흡입기 등)	인력식은 와이어 로프의 중간에 bucket을 연결한 후 bucket를 왕복시킴
ø800 mm 이상의 관거	인력식	와이어 로프에 연결된 작은 배 등에 인력으로 오니를 싣고 이것을 인력이나 윈치를 이용 지상으로 끌어 냄
역사이펀	인력식 또는 진공식 흡입차	맨홀부는 저부의 모래받이 청소에 유의하고, 역사이펀은 기타 관거의 청소에 준한다.
연결관	고압수 세정차, cutter 등	
우수받이	인력식 기계식(진공식 흡입기, blow식 흡입기 등)	

1. Cutter : Air compressor와 회전식 cutter를 이용하여 용착물질 및 퇴적토 등을 제거한다.
2. Bucket machine : 주로 대구경 하수관의 청소에 이용하며, 윈치·와이어 및 bucket을 이용하는 방법이다.
3. 고압수 세정기 : 중·소구경관에 사용하며, 상용 수압은 100～170 kg/cm^2 정도, 토출수량은 200 L/min 정도이다. 퇴적물은 진공 흡입차로 반출한다.

한편 보수·보강의 범위는 크게 부분보수·전체보수·완전교체로 구분할 수 있으며, 보수방법은 크게 **굴착공법**과 **비굴착공법**으로 구분할 수 있는데, 굴착공사는 교통혼잡·미관·재포장 등 많은 문제가 발생하므로 완전교체를 위한 굴착공사를 제외하면 최근에는 가능한 한 지표면을 굴착하지 않고도 관 내부에서 하수관로를 보수·보강하는 비굴착공법이 관심을 끌고 있다.

비굴착공법에 의한 부분보수공법은 **지수제 충전공법·보강튜브 경화공법** 등이 있으며, 이들 공법은 보수기를 이용한 누수 부위의 그라우팅(grouting)이나 파손 부위의 라이닝(lining) 등에 의한다. 한편 비굴착공법에 의한 전체보수공법에는 **신관삽입공법·보강튜브 삽입공법** 등이 있는데, 이 중 신관삽입공법은 기존 관로에 구경이 작은 새로운 관을 삽입하고 양 관 사이에 모르타르를 주입하여 고착시키는 공법으로 1회 시공은 10 m 정도이며, 이때 삽입관으로는 폴리에틸렌관이나 주철관을 이용한다. 그리고 보강튜브 삽입공법은 관로 내에 열경화성 수지를 반전·삽입한 후 경화시켜 관 내면에 보강용 관을 형성하는 공법이다.

표 3.13 하수관로의 보수 및 보강공법

구 분	적용공법
부분 보수 및 보강	지수제 충전공법, 보강 ring 부착공법, 보강튜브 경화공법
전체 보수 및 보강	보강튜브 삽입공법, 신관삽입공법, 제관공법
완전 교체	추진공법, 개착공법

표 3.13은 보수·보강의 범위에 따른 적용 공법을 나타낸 것이며, 그림 3.25는 보강투브 삽입공법의 시공방법을 보인 것이다.

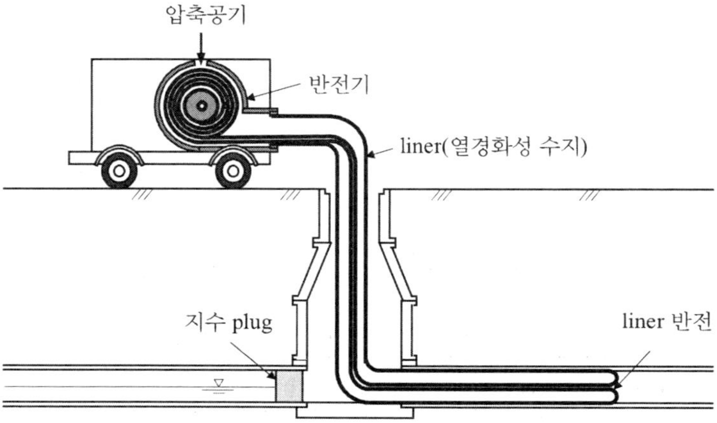

그림 3.25 공기압 반전 비굴착 관로 보수 공법

Chapter 3 연습문제

1. 합류식 하수도와 분류식 하수도의 장단점을 기술하라.

2. 연결관의 설치요령에 대해 기술하라.

3. 하수도에 사용되는 관 종과 관 종별 장단점을 기술하라.

4. 관거의 접합방법 및 각 방법의 장단점을 기술하라.

5. 맨홀의 설치위치 및 직선부에서 맨홀의 최대 간격과 관경과의 관계를 기술하라.

6. 계획최대 월류량은 0.5 m^3/sec이고 최대 월류수심은 0.3 m인 월류시설을 설계하고자 한다. 완전월류를 위해 요구되는 웨어의 길이를 구하라.

   Answer 1.7 m

7. 하수저류시설과 CSO저류시설의 기능에 대해 기술하라.

8. 빗물펌프장과 중계펌프장의 설치목적에 대해 기술하라.

9. 관로의 보수방법 중 비굴착공법의 장점은 무엇인가? 그리고 이 공법의 구체적 시공방법에는 어떤 것들이 있는가?

Chapter 4 하수처리

4.1 서 론

하수처리방법의 선정은 하수의 수질과 수량, 기타 방류수역의 상황·수질기준, 재이용 여부, 경제성 및 유지관리의 난이도 등에 따라 달라지며, 위치 선정 시에는 주변지역의 환경여건이나 물이용 상황 및 장래의 확장 계획 등을 고려하여 정해야 하는데, 본 장에서는 이상의 내용은 제외하고 하수처리의 기술적 측면만을 기술하고자 한다.

하수처리의 기본 원리는 분리이다. 즉, 하수처리란 하수 내에 존재하는 각종 상태의 오염물질을 분리·제거하여 수질을 개선하거나 재이용이 가능하도록 하는 것이다.

이러한 분리·제거의 수단으로는 물리적·화학적·생물학적 수단이 동원되며, 대단위 처리장에서는 경제성을 고려하여 주로 생물학적 방법이 이용된다.

4.2 제거 대상 물질 및 중요 수질항목

4.2.1 제거 대상 물질

하수에 포함된 물질 중 제거 대상이 되는 물질은 크게 유기물과 무기물, 또는 부유물질과 용해물질 등으로 구분할 수 있는데, 이를 구체적으로 세분하면 다음과 같다.

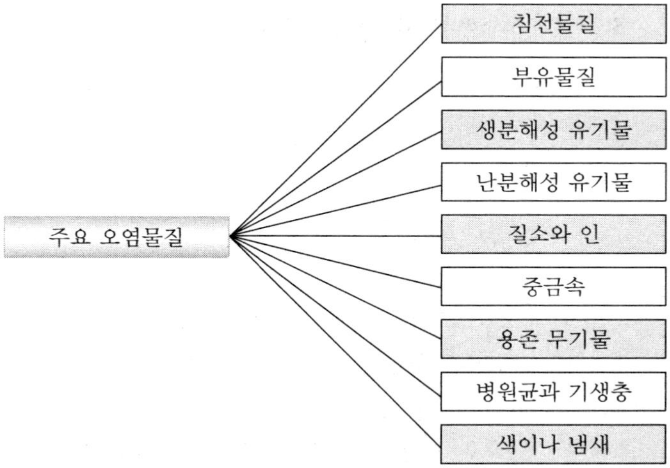

그림 4.1 오염물질의 종류

4.2.2 중요 수질항목

하수나 처리수의 수질을 파악하기 위해서는 DO · BOD · COD · SS · 질소 · 인 등 1편의 3.3항과 같이 다양한 항목을 측정하는데, 이들 물질을 측정하기 위한 분석기나 분석방법은 간단하고 편리하게 계속 개발 · 발전되고 있다. 따라서 분석방법 등의 자세한 내용은 관련 문헌에 미루고, 여기서는 하수처리와 관련하여 1편의 3.3항에 추가할 내용만을 기술하였다.

1. 온도(temperature)

수온은 화학반응의 속도, 미생물의 활성 및 각종 가스상 물질이나 염류의 용해도를 결정하는 중요한 영향인자이다. 일반적으로 온도가 상승하면 화학반응 · 미생물의 활성 · 염류의 용해도는 증가하지만 가스상 물질의 용해도는 감소한다. 특히 부유미생물을 이용하는 하수처리법에서 온도는 슬러지의 침전성을 변화시키는 중요 인자 중의 하나이다(李, 2016).

2. pH(hydrogen ion concentration)

pH는 화학반응의 속도, 화학반응을 위한 약품 주입량의 대소 및 생물의 활성 등에 영향을 미치는 인자이다.

3. 용존산소(dissolved oxygen; DO)

수중에 DO가 충분히 있을 때, 물질은 모두 산화상태가 높은 쪽으로 변환된다.

$$Fe^{2+} + \frac{1}{2}O_2 + \frac{1}{2}H_2O \rightarrow Fe^{3+} + OH^- \tag{4.1}$$

$$Fe^{3+} + OH^- + 2H_2O \rightarrow Fe(OH)_3 + 2H^+ \tag{4.2}$$

즉, 산소가 충분할 경우 2가의 철이온은 산화되어 3가의 철이온이 되고 수산화물로 침전한다. 또한 황화물은 산화되어 황산이 되고, 암모니아성 질소는 산화되어 질산성 질소가 된다. 그 외에 산소는 철·동 등으로 이루어진 배수관이나 boiler의 부식을 초래하는 중요한 요인이 된다. 반면 수중에 DO가 결여될 경우에는 환원작용(還元作用)이 일어나며, 이때 불용성이었던 철이온 등은 용출(溶出)한다.

생물학적 반응에 있어서도 DO의 유무 혹은 농도는 매우 중요하다. 유기물은 세균에 의해 분해되고 세포의 세포질을 구성하거나 에너지원이 된다. 이 단계에서 용존산소가 존재하면 유기물은 호기성세균에 의하여 분해되어 이산화탄소와 물로 안정된다. 하지만 용존산소가 없으면 유기물은 혐기성세균에 의해 이산화탄소와 메탄으로 분해되는데, 이때 세균은 유기물 내에 화학적으로 결합된 산소를 이용한다.

이와 같이 화학적·생물학적 반응에 따른 DO의 변화는 수계의 생태계에도 영향을 미치는데, 많은 유기물이 하천에 유입되면 하천의 DO가 감소하고, 마침내 무기적(無気的) 환경이 조성되며 이 과정에서 물고기는 사멸한다. 그러므로 하천의 수질이나 생태계를 보전하거나 또는 하수의 생물학적 처리를 위해서는 DO를 어느 수준 이상으로 유지해야 하는데, 하천의 DO를 유지하기 위해서는 하천에 방류되는 폐수를 처리하는 것과 인공적으로 포기를 실시하는 방법이 있다.

산소는 공기 중에 체적으로 약 20.8%를 차지하는 기체로, 어느 정도 물에 용해되는데, 물과 반응하지는 않는다. 그 용해도는 산소의 대기 중 분압에 비례하는데, DO의 포화값을 C_s(mg/L), 온도를 T(℃), NaCl 농도를 n(mg/L), 기압을 P(mmHg), 그 온도에서 포화 증기압을 p_w(mmHg)라고 하면 C_s값은 근사적으로 다음 식 (4.3)과 같다.

$$C_s \fallingdotseq 0.678(P - p_w)(1 - n \times 10^{-5})/(T + 3.5) \tag{4.3}$$

1기압(760 mmHg) 하에서 포화용존산소 농도는 표 4.1과 같다.

한편 수온이 일정할 경우, 기압이 760 mmHg에서 P(mmHg) 기압으로 변화할 때, 이에 따른 포화용존산소 농도(C_s')는 다음 식으로 표현된다.

$$C_s' = C_s \frac{P - p_w}{760 - p_w} \tag{4.4}$$

표 4.1 증류수 중의 포화용존산소 농도(760 mmHg)

온도	0	1	2	3	4	5	6	7	8	9	10
C_s	14.65	14.25	13.86	13.49	13.13	12.79	12.46	12.14	11.84	11.55	11.27
온도	10	11	12	13	14	15	16	17	18	19	20
C_s	11.27	11.0	10.75	10.50	10.26	10.03	9.82	9.61	9.40	9.21	9.02
온도	20	21	22	23	24	25	26	27	28	29	30
C_s	9.02	8.84	8.67	8.50	8.33	8.16	8.02	7.87	7.72	7.58	7.44

4. 생화학적 산소요구량(biochemical oxygen demand; BOD)

BOD는 용해성인 것(soluble BOD; S-BOD), 즉 여과지를 통과한 것과 비용해성인 것(insoluble BOD; I-BOD), 즉 여과지에 걸리는 것으로 나눌 수 있는데, 하수처리장 유출수의 수질기준이 되는 BOD는 이들 모두를 합한 것이다.

$$\mathrm{BOD} = \mathrm{BOD}_{\mathrm{sol}} + \mathrm{BOD}_{\mathrm{ins}} \tag{4.5}$$

미생물이 새로운 먹이를 분해하기 위해서는 효소적 적응기간, 즉 지체기가 필요하므로 BOD 측정 시에는 특히 이 점을 유의하여 반드시 대상 폐수에 순화된 미생물을 이용해야 하며, BOD가 8 mg/L 이상인 경우에는 반드시 희석하고, BOD 측정을 방해하는 독성물질이 함유되지 않도록 해야 한다. 또한 난분해성(難分解性) 물질은 잘 측정되지 않는다.

한편 그림 4.2는 회분식 반응에서 기질의 분해·미생물의 성장 및 산소 소비량과의 관계를 나타낸 것인데(Gaudy, 1972), 그림에 나타난 바와 같이 기질은 실험 초기에 세균에 의해 빠른 속도로 제거되고 이후 기질이 어느 정도 제거된 후에는 세균을 포식하는 고등한 미생물이 증식한다. 이와 같이 세균과 고등한 미생물 간 종구성비의 변화는 하수처리 시 슬러지의 발생량이나 처리속도를 변화시켜, 이제까지 명확하게 밝혀지지 않았던 처리장의 운전결과 중 많은 의문점을 해결하는 단서를 제공한다. 자세한 내용은 이 후 4.4.3장의 5.항 및 관련 문헌(李, 2016)을 참고하기 바란다.

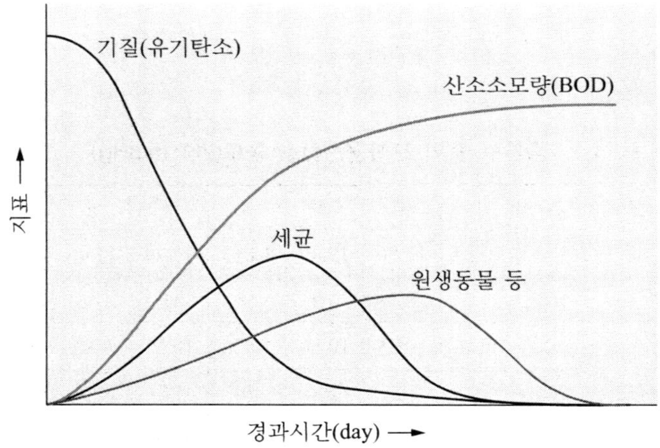

그림 4.2 미생물 성장·종조성·산소소모량·기질의 양과의 상관관계

5. 질소성 산소요구량(nitrogenous oxygen demand; NOD)

질산화세균은 암모늄이온이나 유기질소를 질산염으로 산화시키기 위해 산소를 필요로 한다. 이와 같이 질산화세균에 의한 산소소비량을 **질소성 산소요구량**이라 하고 N-BOD(nitrification BOD) 혹은 NOD로 표현한다.

질소의 산화는 1편의 그림 3.8과 같이 탄소성 유기물의 산화 이후에 일어나는데, 그것은 미생물의 기질선택에 따른 것으로 판단된다. 즉, 미생물은 에너지를 얻기 위해 기질을 분해하는데, 이때 질소 관련 물질보다는 탄소성 물질의 분해가 보다 용이하기 때문인 것으로 판단된다(李, 2016). 따라서 NOD의 발생 시기는 탄소성 유기물의 잔존 여부에 따라 결정된다. 보통의 하수에서 CBOD 실험 시작 후 7～10일 이후에 나타나며, 질산화 반응을 억제하지 않을 경우 하폐수의 BOD 값을 높이는 요인이 되는데, 때론 질산화 반응에 의한 NOD가 BOD의 24～86%까지 측정되기도 한다(Hall *et al.*, 1983; Washington *et al.*, 1983).

질산화 반응은 다음과 같이 나타낸다.

$$\frac{dL_{Nt}}{dt} = -k_N L_{Nt} \tag{4.6}$$

여기서, L_{Nt} : 임의의 시간 t에 있어서 수중의 NOD(mg/L)

k_N : 질산화 반응계수이며, 단위는 day^{-1}

임의의 시간 t 동안 질산화에 소비된 산소량을 NOD_t, 최종 NOD를 L_{No}라고 하면 위 식은 다음과 같이 나타낼 수 있다.

$$\mathrm{NOD_t} = L_{No}(1 - 10^{-k_N t}) \tag{4.7}$$

따라서 전체 $T-\mathrm{BOD_t}$(total BOD; CBOD+NOD)는 다음과 같이 나타낼 수 있다.

$$T-\mathrm{BOD_t} = L_o(1 - 10^{-k_1 t}) + L_{No}\left[1 - 10^{-k_N(t - t_N)}\right] \tag{4.8}$$

여기서, t_N : 질산화 반응이 일어날 때까지 지연된 시간(day)이다.

한편 NOD값은 이론적으로도 파악할 수 있는데, 이론적으로 1 g의 암모늄을 질산화시키는 데 4.57 g의 산소가 소비되는 것으로 알려져 있다. 하지만 질소 중 일부는 생체구성을 위해 소비되므로 실제는 다소 낮게 나타나며 일반적으로 다음 식과 같이 표현된다(Verstraete *et al.*, 1986).

$$\mathrm{NOD(mg/L)} = (\text{사용가능 } N - \text{생체구성을 위한 } N) \times 4.33 \tag{4.9}$$

6. 화학적 산소요구량(chemical oxygen demand; COD)

COD는 BOD와 달리 시료 채수 후 바로 측정하지 않아도 된다. 이때 시료수는 채수 후 바로 황산을 주입하여 시료수 내 미생물의 활동을 억제해야 하는데, 이러한 조작을 COD 고정이라고 하며, 일반적으로 황산의 주입량은 시료수 1 L당 2 mL 정도이다.

한편 COD는 용해성인 것(soluble COD; S-COD)과 비용해성인 것(insoluble COD; I-COD)으로 나눌 수 있는데, 유출수의 수질기준이 되는 COD는 이들 모두를 합한 것이다.

$$\mathrm{COD} = \mathrm{COD_{sol}} + \mathrm{COD_{ins}} \tag{4.10}$$

또한 COD는 생물학적으로 분해 가능한 것과 불가능한 것으로 구분할 수 있으며, BOD와의 관계는 다음과 같다.

$$\mathrm{COD} = \mathrm{COD_{bio}} + \mathrm{COD_{nb}} \tag{4.11}$$

$$\mathrm{COD_{bio}} = \mathrm{BOD_u} = \alpha \times \mathrm{BOD_5} \tag{4.12}$$

$$\mathrm{COD_{nb}} = \mathrm{COD} - \mathrm{BOD_u} \tag{4.13}$$

여기서, 첨자 bio는 생물학적으로 분해 가능한 것, nb는 분해 불가능한 것을 의미하며, α는 $\mathrm{BOD_u/BOD_5}$이다. α는 실험에 의해 정하며 가정하수의 경우 1.5 정도이다.

식 (4.6)~식 (4.13)으로부터 다음 관계를 얻을 수 있다.

$$COD_{ins} = COD_{bio \cdot ins} + COD_{nb \cdot ins} \tag{4.14}$$

$$COD_{bio \cdot ins} = BOD_{u \cdot ins} = \alpha \times BOD_{5 \cdot ins} \tag{4.15}$$

$$COD_{nb \cdot ins} = COD_{ins} - BOD_{u \cdot ins} \tag{4.16}$$

7. 총유기탄소(total organic carbon; TOC)

TOC는 유기물의 산화상태와 관계없이 시료에 포함된 총유기탄소량을 나타내며, 대상 시료를 산소 또는 산화제와 함께 가열하여 산화시킨 후 발생된 CO_2가스를 측정함으로써 구할 수 있다. 이때 측정에 방해물질인 무기성 탄소나 휘발성 물질이 존재한다면 실험 오차를 최소화하기 위해 미리 산처리를 한 후 폭기하여 제거한다.

일반적으로 많은 공장폐수의 경우, 제1철이온·질소물질·황화물 등 화학적으로 산화 가능한 무기물질이 함유되기 쉽다. 이런 경우 COD > TOC이다. 한편 TOC는 BOD로 측정되지 않는 난분해성 유기물질이나 중크롬산칼륨으로 산화되지 않는 유기물을 포함한다. 참고로 각 폐수의 COD/TOC 비율은 표 4.2와 같다.

표 4.2 폐수의 COD/TOC 및 BOD_5/TCO 비율

구 분	COD/TOC		BOD_5/COD	
	생하수	처리수	생하수	처리수
가정하수	4.15	2.20	1.62	0.47
화학공장폐수	3.54	2.29	–	–
석유공장폐수	5.40	2.15	2.75	0.43
석유화학공장폐수	2.70	1.85	–	–

EPA, 1973.

8. 고형물(solids)

고형물을 분류하면 다음과 같다.

① TS(총고형물; total solids) : 증발잔여물이라고 하며, TSS + TDS

② TSS(총현탁고형물; total suspended solids) : 여과 후 105℃에서 1시간 건조 후 잔류하는 물질의 양

③ TDS(총용존고형물; total dissolved solids) : 여과액을 증발접시에 담아 105℃에서 1시간 건조 후 잔류하는 물질의 양

④ TVS(총휘발성고형물; total volatile solids) : 휘발성 물질의 총량 즉, VSS + VDS 이고 유기물의 총량을 의미함

⑤ VSS(휘발성고형물; volatile suspended solids) : 총현탁고형물을 550℃에서 15분간 태웠을 때 휘발한 물질의 양

⑥ VDS(휘발성용존고형물; volatile dissolved solids) : 총용존고형물을 증발접시에 담아 550℃에서 15분간 태웠을 때 휘발한 물질의 양

⑦ TFS(총열작잔류고형물; total fixed solids) : 총고형물을 증발접시에 담아 550℃에서 15분간 태웠을 때 잔류하는 물질의 양

⑧ FSS(열작잔류고형물; fixed suspended solids) : 총현탁고형물을 증발접시에 담아 550℃에서 15분간 태웠을 때 잔류하는 물질의 양

⑨ FDS(열작잔류용존고형물; fixed dissolved solids) : 총용존고형물을 증발접시에 담아 550℃에서 15분간 태웠을 때 잔류하는 물질의 양

흔히 유출수의 수질기준에 되는 SS란 TSS를 의미하며, 이들 간의 관계는 다음과 같다.

$$
\begin{array}{ccccc}
TS & = & TVS & + & TFS \\
\| & & \| & & \| \\
TSS & = & VSS & + & FSS \\
+ & & + & & + \\
TDS & = & VDS & + & FDS
\end{array}
\tag{4.17}
$$

한편 TSS는 생물학적으로 분해 가능한 것과 불가능한 것으로 구분할 수 있으며, COD와의 관계는 다음과 같다.

$$TSS = TSS_{bio} + TSS_{nb} \tag{4.18}$$

$$TSS_{nb} = FSS + VSS_{nb} \tag{4.19}$$

$$VSS_{nb} = \frac{VSS \times COD_{nb \cdot ins}}{COD_{ins}} \tag{4.20}$$

일반적으로 처리와 관련하여 COD≫BOD_u인 경우나 VSS_{nb}의 농도가 높은 경우 처리법으로 생물학적 방법은 적합하지 않으며, TDS≫TSS인 경우 최초침전지는 생략해도 좋다.

한편 수중의 불순 고형물 입자를 크기별로 분류하면 다음 그림 4.3과 같은데, 이러한 분류는 각 고형물 입자의 제거방법을 결정하는 데 매우 유용하다. 그림에서 입자

는 여과성과 침전성 등에 따라 여과성 고형물·현탁성 고형물 및 침전성 고형물로 분류할 수 있는데, 현탁성 고형물은 보통의 침전법으로는 제거되지 않는 물질로 약품 침전법이나 여과법으로 제거할 수 있으며, 여과성 고형물은 보통의 여과법으로는 제거되지 않는 물질로 생물학적 또는 화학적 처리법으로 제거할 수 있다. 한편 침전성 고형물은 폐수를 1 L의 Imhoff cone에서 60분 이상 침강시켰을 때 침전하는 것을 말하며 이것은 보통의 침전법으로 제거할 수 있다.

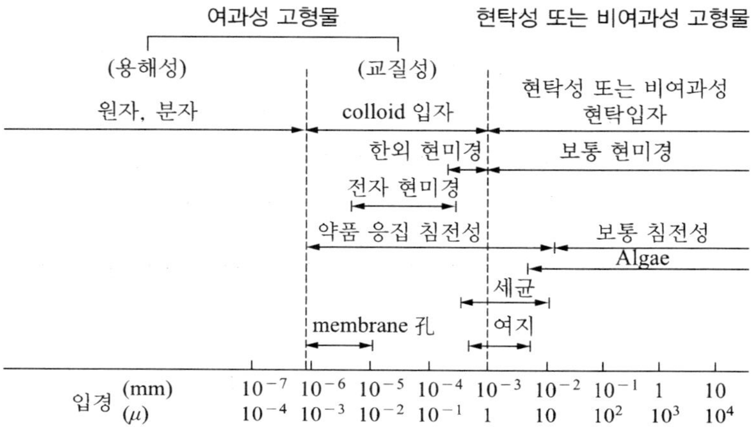

그림 4.3 수중 물질의 입자 크기(1편 그림 6.1)

9. 총질소(total nitrogen; T-N)

질소는 생물체 내의 단백질·아미노산·핵산 등 유기질소와 이온상태인 NH_4^+·NO_2^-·NO_3^- 및 분자상태인 NH_3로 존재하는데, 이 중 질소의 40%는 NH_4^+의 형태로 발견되고, 나머지 60%는 유기물의 형태로(Jones, 1974), 생물체의 사멸이나 배설물에 기인한 유기 형태의 질소는 생분해되어 무기질소로 된다. 즉,

$$\begin{matrix}\text{유기질소}\\\text{암모니아성 질소}\end{matrix}\xrightarrow{\textit{Nitrosomonas}} NO_2\text{-}N \xrightarrow{\textit{Nitrobactor}} NO_3\text{-}N \xrightarrow{\text{탈질균}} N_2\uparrow$$

10. 총인(total phosphorus; T-P)

인은 표 4.3에서 볼 수 있듯이 orthophosphates(정인)·polyphosphates(축합인)·metaphosphates 등 무기 형태와 유기성 인산염의 형태로 존재하는데, 유기 형태의 것이 전체의 약 70%를 차지한다. 일부 유기인은 미생물에 의해 축합인으로 분해되며, 축합인은 H_3PO_4·$H_2PO_4^-$·HPO_4^{2-}·PO_4^{3-} 등의 정인으로 가수분해되며, 정인은

생물의 신진대사에 이용된다(Henze, 1995).

인(燐, phosphrous)은 질소와 마찬가지로 생물의 성장에 필수적으로 요구되는 영양염류이다. 하지만 필요 이상의 인은 부영양화의 원인이 되므로 인 역시 하수처리시 중요한 처리대상물질이다. 일반적으로 인에 의한 부영양화의 한계치는 0.02~0.03 mg-P/L 정도로 알려져 있다. 참고로 생활하수의 경우, 인 농도는 상기 농도의 약 500배 정도이며, 활성슬러지법에 의한 인 제거율은 20~30%에 불과하다.

표 4.3 수중에 존재하는 주요 인 화합물[a]

구 분	전형적 구조도	주요 종류
orthophosphate	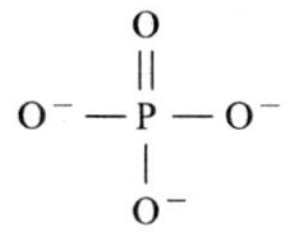	H_3PO_4, $H_2PO_4^-$, HPO_4^{2-}, PO_4^{3-}, HPO_4^{2-} complexes
polyphosphates	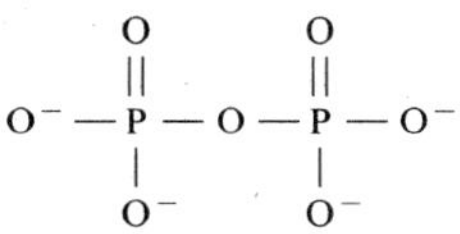 pyrophosphate	$H_4P_2O_7$, $H_3P_2O_7^-$, $H_2P_2O_7^{2-}$, $HP_2O_7^{3-}$, $P_2O_7^{4-}$, $HP_2O_7^{3-}$ complexes
	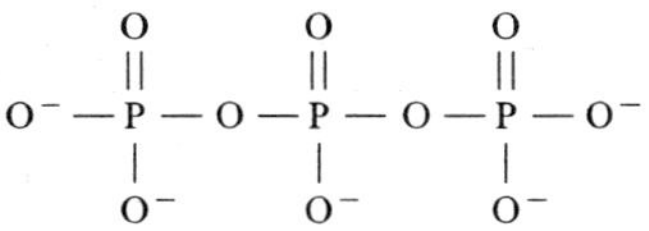 tripolyphosphate	$H_3P_3O_{10}^{2-}$, $H_2P_3O_{10}^{3-}$, $HP_3O_{10}^{4-}$, $P_3O_{10}^{5-}$, $HP_3O_{10}^{4-}$ complexes
metaphosphates	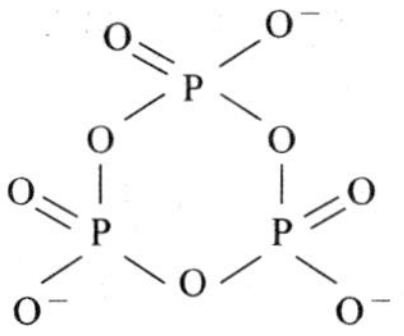 trimetaphosphate	$HP_3O_9^{2-}$, $P_3O_9^{3-}$
organic phosphates	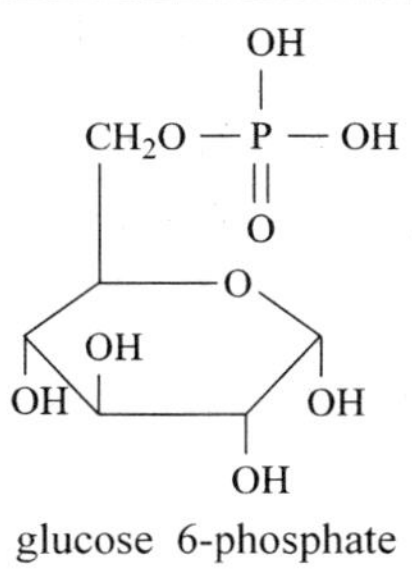 glucose 6-phosphate	Very many types, including phospholipids, sugar phosphates, nucleotides, phosphoamides, etc.

a; Water Chemistry, Snoeyink & Jenkins, 1980.

11. 냄새 · 투명도 · 알칼리도 · 산도 · 경도 · 대장균 등

(1편의 3.3장 참고.)

4.3 하수처리의 단위조작과 단위공정

이미 기술하였듯이 처리의 기본 개념은 분리이다. 즉, 하수처리란 여하의 수단을 이용하여 하수로부터 오염물질을 분리 · 제거해내는 과정이라고 말할 수 있다. 이러한 분리 · 제거과정은 물리적 · 화학적 · 생물학적 과정의 합리적 조합으로 이루어지며, 그림 4.4는 가장 일반적인 하수처리공정을 나타낸 것이다. 그림에서 공정은 크게 4단계, 즉 예비처리 · 1차처리 · 2차처리 · 3차 또는 그 이상의 고차처리로 이루어지며, 여기에 처리과정에서 발생하는 슬러지를 처리 · 처분하는 과정이 추가된다.

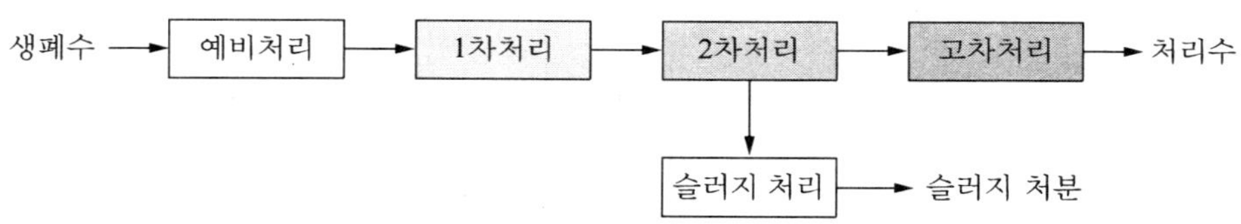

그림 4.4 하수처리 공정도

상기 공정에서 예비처리란 처리를 방해하는 조대(粗大)물질 · 모래 · 유지류(油脂類) 등을 제거하거나, 유입폐수의 pH를 조정하는 과정이며, 1차처리는 침전 · 부상 등의 물리적인 조작으로 현탁고형물을 제거하는 과정이다. 2차처리는 미생물을 이용하여 부유성 유기물이나 용해성 유기물을 제거하는 과정이며, 3차 또는 고차처리란 2차처리수를 3차 또는 그 이상으로 처리하는 과정을 말한다. 한편 상기 과정에서 특히 부영양화의 원인물질인 질소와 인을 제거하기 위한 과정을 별도로 구분하여 고도처리라 하는데, 그것은 이 처리 과정이 상기의 수순과 관계없이 행해질 수 있기 때문이다. 한편 이상의 처리 과정에서 생산되는 슬러지는 농축 · 소화 · 탈수 또는 소각된 후 매립 등을 통해 최종 · 처분된다.

상기와 같이 하수처리 과정은 물리적·화학적·생물학적 방법의 합리적 조합으로 이루어지는데, 이 중 물리적 방법에 의한 기본조작을 **단위조작**(unit operation)이라고 하고, 화학적 또는 생물학적 방법을 **단위공정**(unit process)이라 한다. 하지만 화학반응과 침전을 동시에 실행하는 경우와 같이 실제에 있어 어떤 단위과정은 조작과 공정이 혼재하여 공정과 조작을 분명하게 구분하는 것이 곤란할 때가 있다. 따라서 하·폐수처리 분야에서는 이들 용어를 혼용하는 경우가 많다. 표 4.4는 수처리에 이용되는 단위조작과 단위공정을 나타낸 것이며, 이 표에서 슬러지 처리과정은 나타내지 않았다. 한편 표 4.5는 처리과정과 관련 공정을 나타낸 것이다.

표 4.4 수처리의 단위조작과 단위공정

- 물리적 처리
  - 고액분리
    - 침전, 원심분리
    - 부상분리(가압부상, 진공부상 등)
    - 여과, screening, microstraining, 막분리
  - 액액분리 —— 이온교환, 역삼투, 흡착, 전기투석, 유분리(油分離)
  - 기액분리 —— 탈리(脫離), 탈취(脫臭), 폭기(曝氣) 등
- 화학적 처리
  - pH 조절, 산화, 환원, 중화 등
  - 응결, 응집 등
  - 오존 산화, 염소처리, 살조(殺藻) 등
  - 습식산화, 소각 등
- 생물학적 처리
  - 호기성처리 —— 활성슬러지법, 살수여상법, 산화지법 등
  - 혐기성처리 —— 소화(消化), 부패(腐敗) 등

표 4.5 처리과정과 관련 공정

처리과정	예비처리	1차처리	2차처리	3차처리
단위 공정	스크린, 부상, 침사, 유분리, 분쇄, pH 조정 등	1차침전지	활성슬러지, 살수여상, 회전원판, 유동상 등	여과, 활성탄 처리, 염소처리, 역삼투, 전기투석 등

4.4 활성슬러지법

이미 기술한 바와 같이 하·폐수를 처리하는 방법은 물리적·화학적·생물학적 공정의 조합으로 이루어지는데, 이 중 주요 공정은 생물학적 공정이며, 이 공정은 적용 미생물에 따라 크게 **혐기성 처리과정**과 **호기성 처리과정**으로 구분된다. 또한 미생물의 적용 상태에 따라서 **부유미생물**을 이용하는 방법·**부착미생물**을 이용하는 방법 또는 **고정화미생물**을 이용하는 방법으로 구분할 수 있는데, 이 중 부유 상태의 호기성 미생물을 이용하는 생물처리법을 총칭하여 **활성슬러지법**이라고 하며, 도시하수의 처리는 주로 이 방법에 의한다.

활성슬러지법은 1900년대 초기 Ardern과 Lockett(1914a, 1914b, 1915, 1917)에 의해 회분식으로 개발되었으며, 이후 관리자의 경험과 재간에 따라 표 4.7을 포함한 많은 변법이 개발되었다. 여기서 활성슬러지란 하·폐수처리에 관련하는 각종 미생물의 집괴(集塊)를 의미한다(그림 4.5 참고).

표 4.6 생물학적 폐수처리 공정의 분류

적용 미생물에 따라	호기성처리 - 활성슬러지법, 살수여상, 호기성 산화지 등
	혐기성처리 - 소화(消化), UASB, 혐기성 산화지 등
적용 상태에 따라	부유 상태 - 활성슬러지법, 소화조, 산화지 등
	막 상태 - 살수여상, 침지여상, 유동상, 회전원판법 등
	고정화 상태 - 포괄고정화, UASB 등

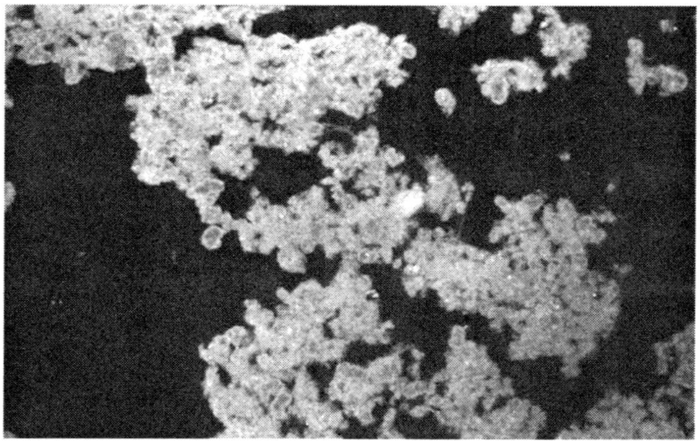

그림 4.5 정상적으로 운전되는 포기조의 활성슬러지

4.4.1 활성슬러지 공정의 개요

활성슬러지법의 일반적 공정은 다음 그림 4.6과 같다.

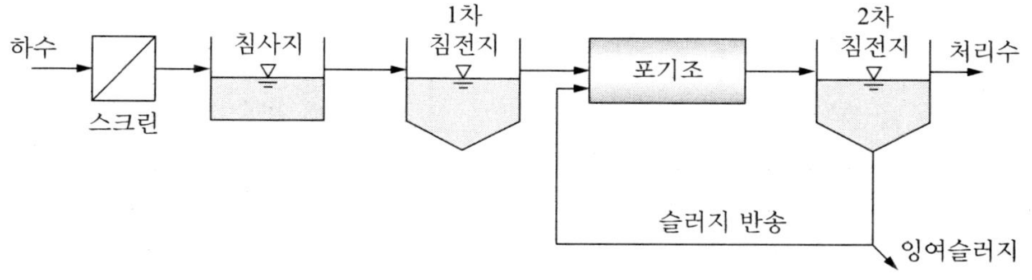

그림 4.6 ■ 활성슬러지법의 일반 공정도

하수 내 오염물질은 크게 스크린에 걸릴 정도의 조대물질에서 용해성인 것까지 다양하다. 또한 크기에 관계없이 유기물인 것과 무기물인 것으로 구분된다. 이미 기술하였듯이 처리란 분리의 개념에서 시작된다. 따라서 상기 공정도 역시 이들 다양한 물질을 순차적으로 고액(固液)분리하기 위한 합리적 과정을 보여주고 있다. 즉, 상기 공정도를 살펴보면, 먼저 폐수처리장에 유입되어서는 안 될 조대한 물질을 U자형 트랩이나 **스크린**에 의해 분리한다. 다음은 처리장의 각종 펌프계에 손상을 미치는 모래를 **침사지**에서 침강분리하고, 쉽게 침전이 가능한 입자성 유기물은 **1차침전지**에서 침전·분리한다. 이 과정을 거친 후에도 잔존하는 오염물질은 쉽게 침전되지 않는 입자성 부유물질과 용해성 물질인데, 이들 물질은 **포기조** 내에서 미생물의 먹이가 되거나 미생물의 표면에 부착되어 **2차침전지**에 유입된다. 2차침전지에서는 미생물들이 floc을 형성하여 부착된 물질과 함께 침전한다. 이와 같이 활성슬러지법은 오염물이 그림 4.6의 각 공정을 순차적으로 거치면서 분리·제거되는 과정으로 설명할 수 있으며, 표 4.7과 같이 크게 4가지의 주요 변법으로 구분된다.

한편 상기 과정이 연속적으로 유지되기 위해서는 포기조 내에 일정 양의 미생물이 유지되어야 하는데, 이러한 목적으로 2차침전지에서 침전한 일부 슬러지는 다시 포기조로 반송시키며, 이것을 **반송슬러지**라고 하고, 나머지는 **잉여슬러지**로 폐기된다.

■ 표 4.7 활성슬러지법의 주요 변법

구 분	F/M (kg-BOD/kg-MLVSS·d)	HRT (hr)	MLSS (mg/L)	SRT (day)	송기량 (倍하수량)
장기포기법	0.05～0.15	18～36	1500～5000	20～30	15 이상
재래법 (단계식부하법, 점감식포기법)	0.2～0.4	4～8	1500～3000	5～15	3～7
고율법	0.4～1.5	2～4	3000～6000	5～10	
수정포기법	1.5～5.0	1.5～3	200～500	0.2～0.5	2～4

Metcalf and Eddy, 1991.

4.4.2 운전변수

활성슬러지법의 설계 및 운전·관리를 위해 사용되는 변수에는 F/M비·미생물 농도·슬러지일령·슬러지 반송률 등이 있으며, 각각의 의미는 다음과 같다.

1. 운전변수

① 혼합액 내 부유고형물(mixed-liquor suspended solids; MLSS)

포기조 내의 혼합액(mixed liquor)은 미생물·미생물의 사체·기타 유기성 및 무기성 부유물로 이루어지는데, 이를 총칭하여 MLSS라 한다. MLSS는 혼합액을 여과지에 통과시켜 걸러진 부유물의 건조중량이며 mg/L로 나타낸다. 이것은 슬러지의 침전성을 좌우하는 중요 인자이며[4.4.3장 5.항 참고], 재래식 활성슬러지법의 경우 보통 1,500～3,000 mg/L 정도로 관리한다.

② 혼합액 내 휘발성 부유고형물(mixed-liquor volatile suspended solids; MLVSS)

MLSS에 포함된 유기물은 미생물·미생물의 사체 및 비생물적 유기물질 등이며, 이들 물질을 총칭하여 MLVSS라 한다. 따라서 MLVSS가 활성을 보이는 미생물의 총량을 나타내는 것은 아니다. 하지만 활성을 나타내는 미생물과 기타 유기물질을 분리·구분하기 곤란하므로 일반적으로 MLVSS를 활성을 가진 미생물의 총량으로 간주한다.

MLVSS는 여재에 걸러진 부유물을 550～650℃의 회화로에서 작열(灼熱)한 후 휘발한 유기물의 양으로 단위는 mg/L로 나타낸다.

③ 유입수 농도(influent substrate concentration; S_i)

BOD 또는 COD로 나타내며 단위는 mg/L이다. 유입수 농도는 슬러지의 침전성을 좌우하는 중요 인자이다(李, 2001a, 2001b; Chudoba, 1973, 1985). 자세한 내용은 4.4.3장 5.항을 참고하기 바란다.

④ 수리학적 체류시간(hydraulic retention time; HRT)

유입수가 포기조 내에서 체류하는 평균시간을 나타내며, 그 역수는 희석률(dilution rate)과 같고 단위는 hr이다. HRT 역시 슬러지의 침전성을 좌우하는 중요 인자이며(李, 2000a), 보다 자세한 내용은 4.4.3장 5.항을 참고하기 바란다.

$$\text{HRT} = \frac{V}{Q} \times 24 = 1/D \tag{4.21}$$

여기서, V : 포기조 용량(m^3) Q : 유입폐수량(m^3/day)
D : 희석률(hr^{-1})

⑤ F/M비(food/microorganism ratio)와 BOD용적부하

F/M비는 포기조 내 미생물의 총량에 대한 일당 유입 유기물의 부하를 나타내며, 단위는 kg-BOD/kg-MLSS · day, 혹은 kg-BOD/kg-MLVSS · day를 사용하는데, 전자의 사용이 일반적이다. 즉,

$$\text{F/M} = (Q \times S_i)/(X \times V) \tag{4.22}$$

위 식과 식 (4.21)을 연립하면 F/M비는 다음과 같이 유입수 농도 · 미생물 농도 및 수리학적 체류시간의 함수이다.

$$\therefore \ \text{F/M} = \frac{Q \times S_i}{X \times \frac{Q}{24} \times \text{HRT}_{(\text{hr})}} = \frac{S_i \times 24}{X \times \text{HRT}_{(\text{hr})}} \tag{4.23}$$

여기서, Q : 유입폐수량(m^3/day) S_i : 유입 BOD 농도(mg/L)
X : 포기조 MLSS 농도(mg/L) V : 포기조 용량(m^3)

한편 BOD용적부하는 조 내 미생물의 양에 관계없이 포기조 단위 용적당 유기물 부하(BOD)를 의미하며 다음과 같다.

$$\text{BOD용적부하} = \frac{Q \times S_i}{V} \times 10^{-3} \ (\text{kg-BOD/m}^3 \cdot \text{day}) \tag{4.24}$$

⑥ 슬러지 일령(sludge retention time; SRT)

슬러지 일령은 2차처리 공정 내 슬러지의 평균체류시간을 나타내는 것으로 단위는 day이다. 그림 4.7에서 공정 내 총 미생물량 및 일당 슬러지 발생량은 다음과 같다.

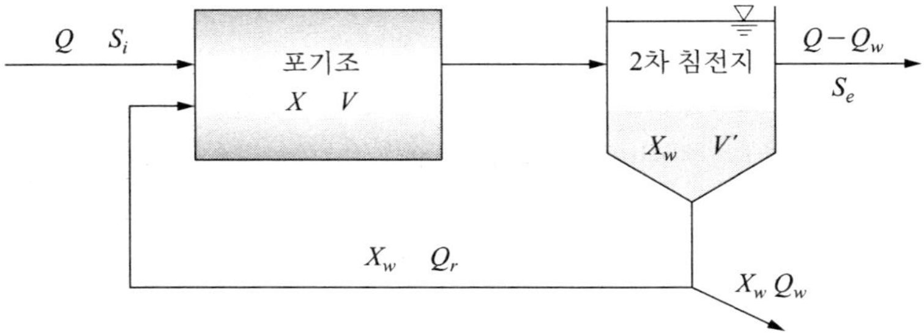

그림 4.7 활성슬러지 공정의 물질수지

$$\text{공정 내 총 미생물량} = X \cdot V + X_w \cdot V' \tag{4.25}$$

한편 일당 생산되는 슬러지의 양은 잉여슬러지($X_w \cdot Q_w$)와 유출수로 배출되는 현탁성 부유물질[$X_e \cdot (Q-Q_w)$]이다.

$$\text{일당 슬러지 발생량} = X_w \cdot Q_w + X_e \cdot (Q-Q_w) \tag{4.26}$$

따라서 슬러지 일령(SRT)은 다음과 같다.

$$\text{SRT} = \frac{X \cdot V + X_w \cdot V'}{X_w \cdot Q_w + X_e \cdot (Q-Q_w)} \text{ [day]} \tag{4.27}$$

하지만 위 식에서 $X_w \cdot V'$항은 정확한 값을 구하는 것이 불편하고, 또한 $X_e \cdot (Q-Q_w)$은 그 양이 적으므로 이들 값을 무시하고, 흔히 다음 식을 사용하는 것이 일반적이다.

$$\text{SRT} = \frac{X \cdot V}{X_w \cdot Q_w} \text{ [day]} \tag{4.28}$$

여기서, X : 포기조의 MLSS 농도(mg/L)

X_w : 잉여슬러지 농도(mg/L)

X_e : 유출수의 SS 농도(mg/L)

V' : 2차침전지의 슬러지층 부피(m^3)

Q_w : 잉여슬러지 발생량(m^3/day)

⑦ **증식계수(cell yield coefficient)**

미생물에 의해 제거되는 유기물은 생물체를 구성(증식)하거나 기타 호흡이나 증식 등을 위한 에너지(자산화)로 활용되는데, 이러한 관계는 다음 식으로 나타낼 수 있다.

$$\frac{dX}{dt} = Y\frac{dS_r}{dt} - k_d X \tag{4.29}$$

여기서, Y : 증식계수(m/m)

k_d : 자산화계수(day^{-1})

S_r : 제거된 기질 농도(m/L^3)

위 식은 관측된 **겉보기 세포증식계수** Y_{obs}를 이용하여 다음과 같이 나타낼 수 있다(Sherrard, 1972). 즉, 이 식은 미생물 간의 피·포식 관계를 고려하지 않은 것이다.

$$\frac{dX}{dt} = Y_{obs}\frac{dS_r}{dt} \tag{4.30}$$

여기서, Y_{obs} : 겉보기 세포증식계수(m/m)

겉보기 세포증식계수는 유기물이 슬러지로 전환되는 비율을 나타내므로 **슬러지전환율**(sludge conversion rate)과 같은 개념이며, 다음 식과 같이 일당 슬러지 발생량$[X_w \cdot Q_w + X_e \cdot (Q - Q_w)]$을 일당 BOD 제거량$[(S_i - S_e) \times Q]$으로 나누어 구할 수 있다.

$$\text{겉보기 세포증식계수}(Y_{obs}) = \frac{X_w \cdot Q_w + X_e \cdot (Q - Q_w)}{(S_i - S_e) \times Q} \tag{4.31}$$

여기서, S_e는 유출수의 BOD 농도(mg/L)

한편 식 (4.27)의 SRT는 반응조 내 미생물 농도 X를 단위시간 동안 증식한 미생물량 dX/dt로 나누어 구할 수 있으며, 비성장률 μ의 역수와 같다.

$$\text{SRT} = \frac{X}{dX/dt} = \frac{1}{\mu} \tag{4.32}$$

위 식과 식 (4.30)을 연립하면 다음 식이 유도된다.

$$\frac{1}{\mathrm{SRT}} = Y_{obs}\frac{dS_r}{dt}\bigg/X \tag{4.33}$$

한편 위 식에서 dt를 HRT$(=\theta)$로 하면 $\frac{dS_r}{dt} = \frac{S_i - S_e}{\theta} = \frac{(S_i - S_e)Q}{V}$이고, $\frac{dS_r}{dt}\bigg/X = \frac{(S_i - S_e)Q}{V \cdot X} = \left(\frac{\mathrm{F}}{\mathrm{M}}\right)_r$ 이므로 식 (4.33)은 다음과 같이 나타낼 수 있다.

$$\frac{1}{\mathrm{SRT}} = Y_{obs}\left(\frac{\mathrm{F}}{\mathrm{M}}\right)_r \tag{4.34}$$

여기서, $\left(\frac{\mathrm{F}}{\mathrm{M}}\right)_r$ 은 제거된 BOD의 양/미생물량

이상의 결과에서 알 수 있듯이 SRT는 F/M비와 직접 관련되는데, F/M비가 높을 경우 잉여슬러지 발생량의 증가로 SRT는 감소하고, F/M비가 낮을 경우에는 증가한다. 재래식 활성슬러지법의 SRT는 5～15일 정도이다.

한편 SRT는 온도와도 관련성을 가지는데, 온도가 낮을 경우 증가하고, 온도가 상승하면 감소한다(EPA, 1987). 이것은 반응온도가 하강할 경우 미생물의 생장속도가 감소하여 잉여슬러지의 발생량이 감소하기 때문이다.

표 4.8은 부하범위에 따른 활성슬러지의 자산화계수 및 증식계수를 나타낸 것이며, 그림 4.8은 가정하수를 대상으로 F/M비와 겉보기 증식계수(Y_{obs})와의 관계를 나타낸 것이다(Hammer M. J., and Hammer M. J., Jr., 1996).

표 4.8 활성슬러지의 자산화계수 및 증식계수

Coefficient	Basis	Range[b]	Typical[b]
Y^a	g VSS/g BOD_5	0.4～0.8 (0.6～0.84)	0.6 (0.71)
Y^a	g VSS/g COD	0.25～0.4	0.4
k_d	day^{-1}	0.004～0.075 (0.02～0.10)	0.06 (0.064)

[참고] a는 1차침전지 유출수 중 생분해가 가능한 기질의 세포전환율이며, 전체 슬러지 생산량을 계산할 경우에는 유출수 중 무기고형물질과 비생분해성 물질을 포함해야 한다.
b의 괄호 안 수치는 1989년 미국의 주요 15개 컨설팅사가 제시한 수치로 도시하수를 대상으로 조사한 값이다.

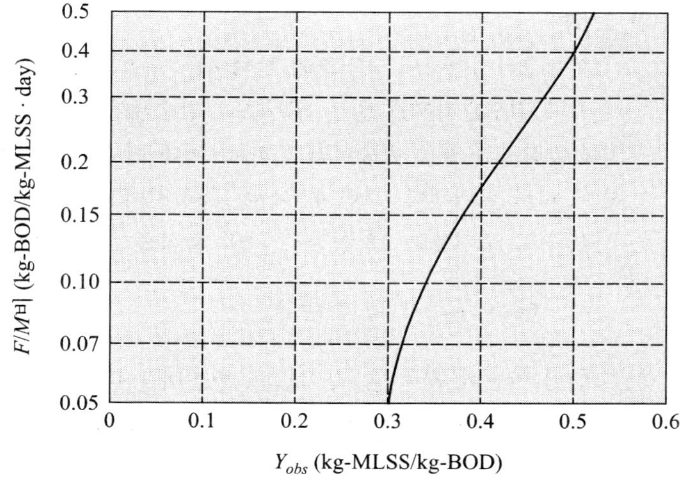

그림 4.8 F/M비와 Y_{obs}의 관계

⑧ 슬러지 용적지수(sludge volume index; SVI)

슬러지 용적지수는 슬러지의 침전성을 나타내기 위한 것으로, 실험 대상 슬러지를 1 L의 메스실린더(혹은 Imhoff cone)에서 30분 침전시킨 후 슬러지 부피(sludge volume; SV)를 실험 대상 혼합액의 농도로 나누어 구한다. 일반적으로 적정 SVI는 80 < SVI < 120 정도이며, 150 이하이면 처리장의 운전에 별 문제가 없다. 반면 SVI > 200인 경우를 슬러지팽화(sludge bulking)라 하는데, 이때 슬러지는 침전성이 악화되어 처리장의 운전이 곤란해진다.

반면 SVI 값이 지나치게 낮을 경우에도 운전이 곤란해지는데, 그것은 이때 유출수의 SS 농도가 증가하여 처리수가 악화되기 때문이다. 자세한 내용은 관련 문헌(李, 2016)을 참고하기 바란다.

$$\text{SVI} = \frac{\text{30분 침전 후 슬러지의 부피(mL/L)} \times 1000}{\text{MLSS 농도(mg/L)}} \tag{4.35}$$

한편 슬러지의 침강성은 그것의 밀도와도 관계되는데, 관련 식으로 슬러지밀도지수(sludge density index; SDI)가 있다. 이것은 Donaldson지수라고도 하는데, SDI = 100/SVI로 표현되며, 침강성이 좋은 슬러지의 SDI ≥ 0.7이다.

$$\text{SDI} = \frac{\text{MLSS 농도(\%)}}{\text{30분 침전 후 슬러지의 부피(\%)}} \tag{4.36}$$

⑨ 반송비

활성슬러지법에서 포기조의 F/M비를 조절하거나 유지하기 위해서는 2차침전지의 침전슬러지를 일부 포기조로 반송해야 하는데, 이때 유입수량에 대한 반송슬러지의 양을 반송비라고 하고, 이때 반송비는 침전슬러지의 농도나 처리법에 따라 달라진다. 그림 4.7에서 1차침전지 유출수의 슬러지 농도가 0이라고 가정하고, 포기조와 2차침전지 간의 물질수지를 나타내면 다음과 같다.

$$Q_r \times X_w = (Q_r + Q)X \tag{4.37}$$

한편 반송비 $R = Q_r / Q$이므로, 반송비를 미생물농도로 나타내면 다음과 같다. 즉, 반송비는 측정된 각각의 미생물 농도로부터 결정된다.

$$R = \frac{Q_r}{Q} = \frac{X}{X_w - X} \tag{4.38}$$

여기서, X_w : 반송슬러지 농도(=잉여슬러지 농도)(mg/L)

Q_r : 반송 유량(m^3/day)

예제 4.1

포기조의 용적 4,000 m^3, 유입수량 15,000 m^3/day, 유입수 농도 150 mg-BOD/L, 미생물 농도 2,000 mg/L, 유출수의 수질 10 mg-BOD/L, 겉보기 세포증식계수가 0.5인 경우, 수리학적 체류시간·F/M비·BOD용적부하 및 슬러지일령을 구하라.

풀이 ① 식 (4.21)에서 수리학적 체류시간 HRT= V/Q이므로,

$$\text{HRT (hr)} = \frac{4{,}000}{15{,}000/24} = 6.4 \text{ hr}$$

② $\text{F/M} = (Q \times S_i)/(X \times V)$

$$= (15{,}000 \times 150)/(2{,}000 \times 4{,}000) = 0.28 \text{ kg-BOD/kg-MLSS} \cdot \text{day}$$

③ 식 (4.24)에서 BOD용적부하는

$$\frac{Q \times S_i}{V} \times 10^{-3} = \frac{15{,}000 \times 150}{4{,}000} \times 10^{-3} = 0.56 \text{ kg-BOD/m}^3 \cdot \text{day}$$

④ 식 (4.34)에 의해 슬러지일령은 $\text{SRT} = 1/Y_{obs}\left(\frac{\text{F}}{\text{M}}\right)_r$ 이고,

이 식에서 $Y_{obs} = 0.5$이므로, $\left(\frac{\text{F}}{\text{M}}\right)_r = \frac{(S_i - S_e)Q}{V \cdot X}$ 이고,

$$\text{SRT} = 1\Big/\left[Y_{obs} \cdot \frac{(S_i - S_e)Q}{V \cdot X}\right] = 1\Big/\left[0.5 \times \frac{(150-10) \times 15{,}000}{4{,}000 \times 2{,}000}\right] = 7.6$$

day이다.

예제 4.2

1 L의 메스실린더를 이용하여 미생물 농도 2,000 mg/L인 포기조 혼합액에 대해 침전실험을 실시하였다. 30분 후 침전 슬러지의 부피는 250 mL였다. 이 슬러지의 SVI 및 SDI를 구하라.

풀이 ① 식 (4.35)에 의해 $SVI = \frac{250 \times 1,000}{2,000} = 125$이고,

② 식 (4.36)에 의해 $SDI = \frac{0.2}{0.25} = 0.8$이다.

4.4.3 단위공정의 설계

1. 스크린

스크린은 폐수처리의 첫 단계로 유입수 중에 비교적 큰 고형물을 제거하여 펌프와 각종 기계장치를 보호하기 위한 것이다. 스크린은 일반적으로 침사지 전후에 설치하는데, 그 형태에 따라 봉상(rack bar screen)·격자상(grating screen)·망상(fine screen)으로 구분하며, 유효간격에 따라 다음 표 4.9와 같이 조스크린(coarse screen)·중스크린(medium screen) 및 세스크린(fine screen)으로 분류한다.

도시하수 중의 전형적인 큰 고형물로는 나무·플라스틱 물질 등이 있으며, 스크린에 걸린 이들 물질은 인력 혹은 기계적으로 제거한다. 인력으로 제거할 경우, 손갈퀴 등을 이용하여 제거하는데, 이때 봉의 간격은 2~5 cm 정도로 하고, 봉의 수평각은 30~75° 정도로 한다. 하지만 작업의 편리를 위해서는 봉의 수평각이 되도록 작은 편이 유리하므로 통상 30~45° 정도로 하는 것이 바람직하다(그림 4.9 참고).

기계식인 경우 걸러진 고형물은 기계식 갈퀴에 의해 제거되며, 이때 봉의 간격은 1~4 cm, 봉의 수평각은 45~90° 정도이고, 통상 60° 정도로 한다(그림 4.9 참고).

한편 기계식 갈퀴의 작동은 일반적으로 부구(floats)를 이용하여 손실수두가 5 cm 이상일 때 자동으로 작동되도록 하는데, 이때 수두손실은 다음 식 (4.39)로 구할 수 있다.

$$h_L = \frac{(V_b^2 - V_a^2)}{2g} \times \frac{1}{0.7} \tag{4.39}$$

여기서, h_L : 손실수두(cm)
V_a : 접근유속(cm/sec)
V_b : 봉을 통과하는 유속(cm/sec)
g : 중력가속도(980 cm/sec^2)

한편 접근유속은 고형물의 침전을 억제하기 위해 최소 0.45 m/sec 이상이어야 하며, 봉을 통과하는 유속은 최소 0.6 m/sec, 최대 1.0 m/sec를 초과해서는 안 된다. 일반적으로 유효간격이 다른 2개 이상의 스크린을 설치하며, 소규모 처리장에서는 기계식과 수동식을 하나씩 설치하여 정전 등의 사고에 대비하는 것이 좋다. 또한 스크린 대신 분쇄기를 설치하는 경우도 있는데, 이때 분쇄된 고형물은 침전 또는 부상시켜 제거한다.

표 4.9 유효간격에 따른 스크린의 분류

구 분	조스크린	중스크린	세스크린
유효간격(mm)	50 이상	25 ~ 50	25 이하

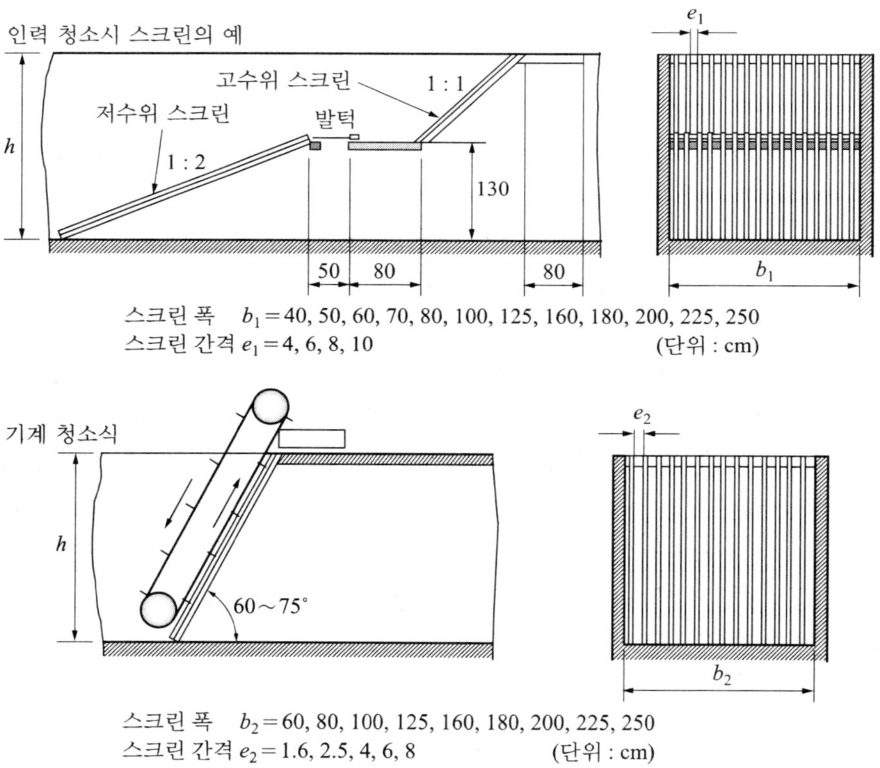

그림 4.9 스크린 시설

2. 침사지

침사지는 이후 공정 내의 모래 퇴적과 펌프·배관 및 각종 기기의 마모를 방지하기 위해 1차침전지 앞에 설치하는데, 이것은 스크린과 함께 중요한 예비처리시설이다. 일반적으로 합류식 또는 분류식 하수도의 우수에는 반드시 침사지를 설치하나 분류식 하수도의 오수에는 반드시 설치할 필요는 없다.

침사지의 종류는 **수평류식**(장방형)·**수직류식** 및 **포기식 침사지**가 있으며, 주로 수평류식, 즉 장방형 침사지가 주로 사용된다.

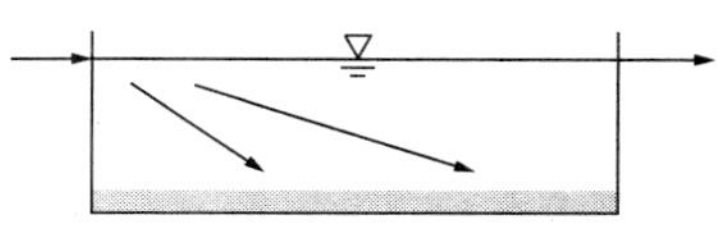

그림 4.10 수평 평형류식 침사지

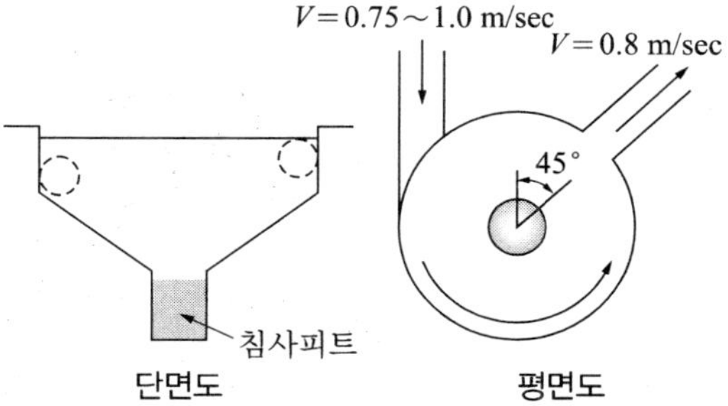

그림 4.11 수평 원형류식 침사지

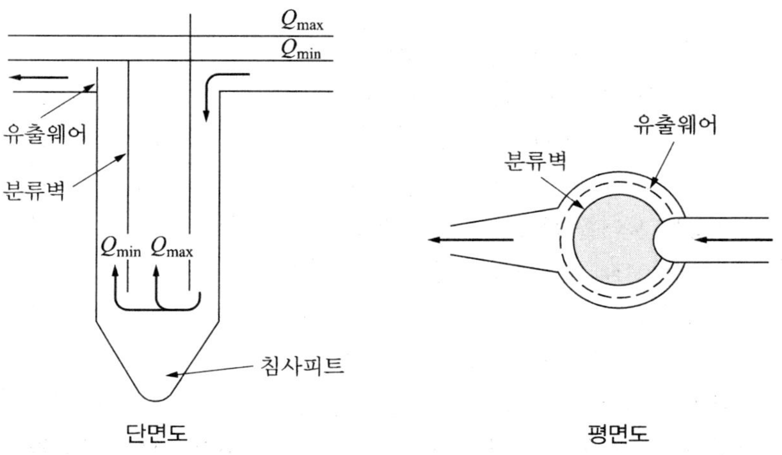

그림 4.12 수직류식 침사지

장방형 침사지는 그림 4.13과 같이 긴 네모꼴 형태의 수로이다. 수로의 평균유속은 0.3 m/sec 이하로 하고, 체류시간은 30~60초이다. 침사지의 깊이는 유효깊이에 모래 퇴적부의 깊이(30 cm 이상)를 더하여 2.5~3.5 m 정도로 한다. 침전된 모래는 인력 또는 기계로 제거하며, 모래를 제거하거나 청소 및 수리 시 배수를 고려하여 배수구를 향해 1/200～2/100 정도의 바닥경사를 둔다. 또한 유입수량의 이상 변동을 고려하여 우회로나 월류웨어를 설치하며, 층류 흐름을 유도하기 위해 전면에 정류벽을 설치한다. 장방형 침사지의 표면부하율은 일반적으로 오수침사지의 경우 1,800 $m^3/m^2 \cdot day$ 우수침사지의 경우 3,600 $m^3/m^2 \cdot day$ 이하의 값을 적용하며, 수평유속은 대상 입자의 소류(掃流)속도 이상으로 설계하여 일정 침강속도 이하의 가벼운 입자는 월류되도록 해야 한다. 지는 청소나 수리 시를 고려하여 최소 2조 이상 설치하며, 제거 대상이 되는 모래입자의 직경은 일반적으로 0.2 mm 이상이다. 장방형 침사지의 자세한 설계 요령은 1편의 6.3.3 1. ①항을 참고하기 바란다.

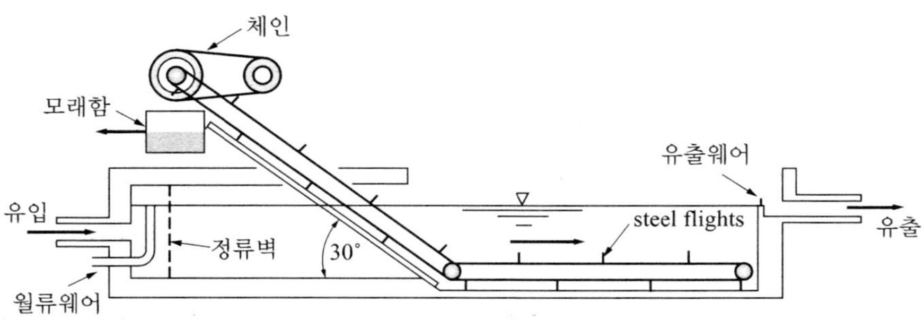

그림 4.13 장방형 침사지

한편 지저의 한쪽에 산기관을 설치하여 선회류를 유발시킬 수도 있는데, 이러한 침사지를 폭기식 침사지라 한다. 이 시설은 유량 변동에 관계없이 일정 크기 이상의 모래를 제거하기 위한 것으로, 제거되는 모래 입자의 크기는 침사지 내의 수평유속과 선회류의 수직유속에 의해 결정된다. 한편 이 시설은 그림 4.14와 같이 부상용(浮上用) 칸막이를 설치할 경우, 유지 등의 부상물질을 제거할 수 있으며, 폭기로 냄새와 휘발성 물질을 제거하여 지를 신선하게 유지시킬 수 있고, 고부하 시에는 다소나마 포기조의 부하율을 낮출 수 있는 장점이 있다.

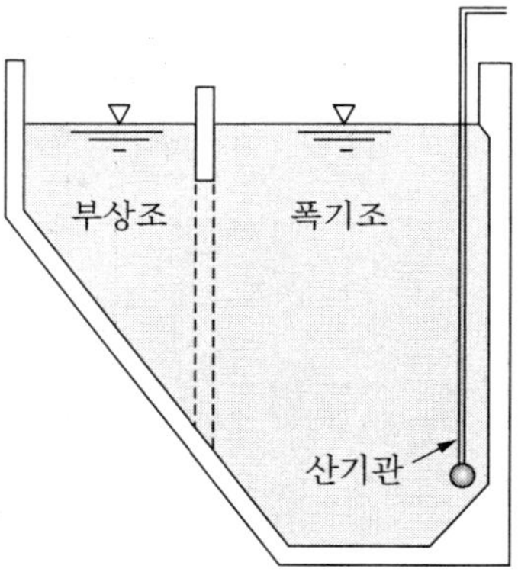

그림 4.14 부상용 칸막이가 있는 폭기식 침사지의 단면도

3. 예비 에어레이션 탱크

예비 에어레이션 탱크는 필요시 1차침전지의 앞에 설치한다. 이것은 유입하수가 유지 등을 포함하여 scum의 발생 소지가 많을 경우 설치하는데, 포기조에서 scum 발생을 감소시키는 효과 외에 침사지 유출수의 혐기화를 방지하고 동시에 냄새를 감소시킬 수 있다. 또한 여기에 잉여슬러지를 반송할 수도 있는데, 이때 1차침전지의 침전효율을 향상시킬 수 있다. 하지만 유입수의 농도가 낮을 경우 예비 에어레이션 탱크는 포기조의 유기물부하를 더욱 떨어뜨리고 그 결과 2차침전지에서 슬러지의 침전성을 악화시킬 수 있다.

탱크의 형상은 장방형 또는 정방형으로 하고 체류시간은 10～20분 정도로 하며, 잉여슬러지를 반송할 경우에는 20～30분 정도로 한다. 포기는 가능한 한 선회류식으로 하고, 송기량을 충분히 하여 유입 부유물이 침전되지 않도록 해야 한다. 일반적으로 설계 시 송기량은 계획1일 최대오수량과 같은 정도를 취한다. 그리고 슬러지를 반송하는 경우에 반송량은 계획1일 최대오수량의 1～2% 정도로 한다.

4. 1차침전지

1차침전지는 생하수 중 비교적 쉽게 침전 또는 부상하는 부유성 유기물과 유지류를 제거하기 위한 것으로 **최초침전지** 또는 약칭하여 **초침**이라고도 한다. 이때 침전지의 수면에 부상한 부유물이나 유지류를 scum이라고 하며 scum제거기에 의해 제거된다.

한편 침전한 슬러지를 **생슬러지**(raw sludge) 혹은 **생오니**(生汚泥)라 하며 생슬러지는 슬러지 제거널에 의해 슬러지 호퍼에 모아진 후 소화조로 유송된다. 유입수의 농도가 낮아 포기조 운전에 지장을 초래할 경우에는 1차침전지를 **파쇄기**(破碎機)로 대신하는 것이 유리하다.

형상은 장방형·정방형 및 원형이 이용되는데, 하수 처리 시는 주로 원형이 이용된다. 침전한 생슬러지는 매우 부패하기 쉬우므로 빠르게 수집하여 배출시켜야 한다. 따라서 1차침전지에는 **슬러지 수집기**(sludge scraper)를 설치하며, 슬러지의 수집이 용이하도록 지저구배를 두는데, 지저구배는 원형이나 정방형의 경우 1 : 10～20, 장방형의 경우에는 1 : 50～100 정도로 한다.

슬러지 수집기는 장방형의 경우 chain-and-flight식·traveling식, 원형이나 정방형의 경우에는 **회전식**이 주로 이용되는데, 어느 경우든 침전물이 교란되지 않도록 서서히 긁어야 하며, 수집된 슬러지는 지의 한쪽 끝 혹은 중앙부에 설치된 hopper와 슬러지 배출관에 의해 배출된다. 한편 scum을 제거하기 위해서는 슬러지 수집기와 연결된 scum 제거기를 설치한다(그림 4.15. 4.16, 4.17 참고).

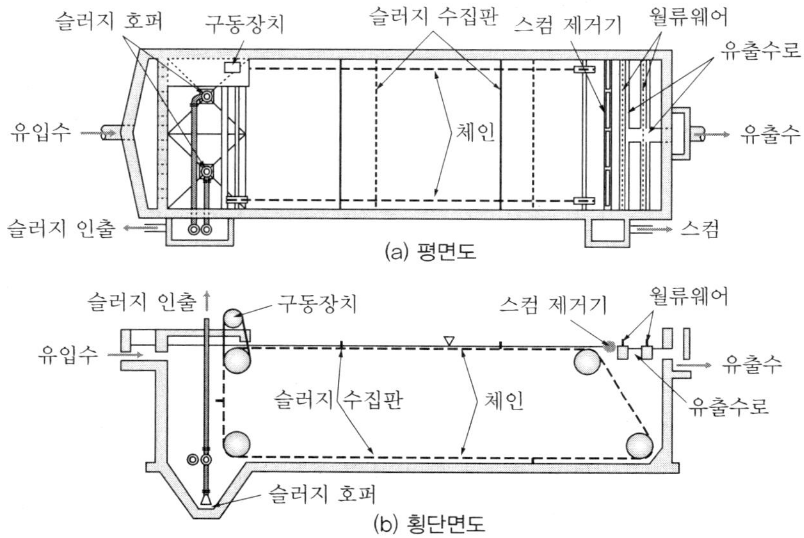

그림 4.15 직사각형 침전지

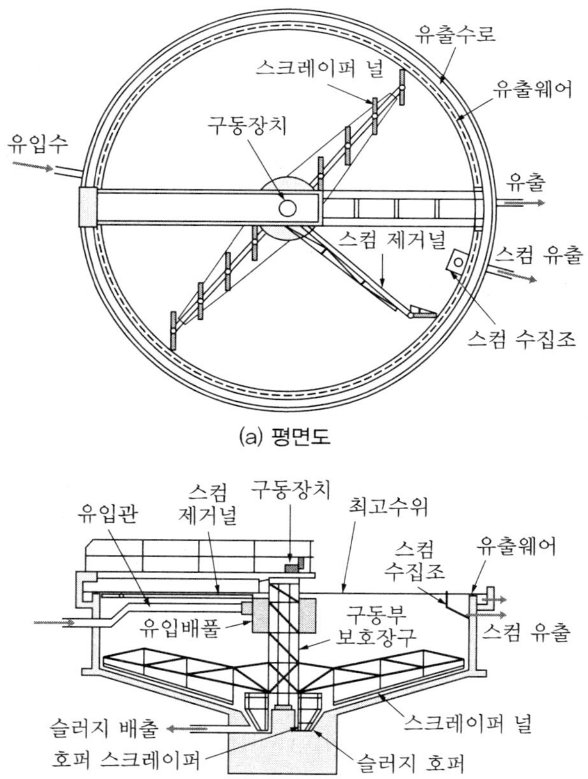

그림 4.16 원형 침전지

그림 4.17 원형 1차침전지

1차침전지의 설계에 필요한 자료는 대개 침전통실험의 결과나 기존 자료를 이용하는데, 일반적으로 체류시간은 분류식인 경우 계획1일 최대오수량의 1.5～3시간을 표준으로 하며, 합류식의 경우 우천 시 계획오수량(계획시간 최대오수량의 3배)을 감안하여 체류시간은 최소 0.5시간 이상으로 하고, 이때 생물반응조를 거치지 않고 방류되는 하수의 소독을 위해 별도의 소독방법을 강구해야 한다.

침전지의 유효수심은 2～4 m 정도로 하고, 표면부하율은 25～50 $m^3/m^2 \cdot day$ 정도로 하며, 장방형 침전지에서 평균유속은 30 cm/min 이하로 한다. 표 4.10은 도시하수를 처리하는 1차침전지의 설계기준을 나타낸 것이다.

표 4.10 1차침전지의 표면부하율 및 유효깊이

처리방법	표면부하율($m^3/m^2 \cdot day$)		깊 이 (m)
	평 균	최 대	
폐수의 1차침전	30～50	80～120	3.0～3.5
잉여슬러지를 혼입할 경우	25～30	50～ 60	3.5～4.5

한편 지 내에 유입되는 유수는 난류나 와류가 발생하지 않도록 유입부에는 정류벽을 설치하며 유출부에는 오리피스(orifice)나 notch를 설치한다. 이때 유출부의 폭(B')당 유출부하(Q)를 월류언(越流堰)부하(Q/B')라고 하는데, 1차침전지의 월류언부하는 250 $m^3/m \cdot day$ 이하로 하는 것이 바람직하다.

예제 4.3

평균 유량이 1,000 m^3/day인 도시하수처리장의 원형 1차침전지를 설계하고자 한다. 시간 최대유량/시간평균유량이 비는 2.8이다. 설계기준은 평균 표면부하율 50 $m^3/m^2 \cdot day$ 이하, 설계 최대 표면부하율 100 $m^3/m^2 \cdot day$ 이하, 평균 체류시간은 1.5시간 이상, 최대 유효수심은 4 m로 한다. 이때 침전지의 표면적과 월류언부하를 구하라.

풀이 평균 유량을 기초로 할 경우 표면적은

$$Q/A = 50\ \text{m}^3/\text{m}^2 \cdot \text{day} = 1{,}000/A \qquad \therefore\ A = 20\ \text{m}^2$$

최대 유량을 기초로 할 경우 표면적은

$$Q/A = 100\ \text{m}^3/\text{m}^2 \cdot \text{day} = 1{,}000 \times 2.8/A \qquad \therefore\ A = 28\ \text{m}^2$$

따라서 표면적은 28 m^2로 가정한다.
또한 평균 체류시간이 1.5시간이므로 침전지의 용량 V는

$$t = \frac{V}{Q}\text{이므로,}\quad V = \frac{Q}{24} \times t = \frac{1000}{24} \times 1.5 = 62.5\ \text{m}^3\text{이다.}$$

한편 최대 유효수심을 4 m로 할 경우 요구되는 표면적은 $V/A = 4$ m
$\therefore\ A = 62.5/4 = 15.6 < 28\ m^2$이므로, 표면적은 28 m^2로 결정한다.

표면적이 28 m^2이므로 월류웨어의 길이는 $\frac{\pi d^2}{4} = 28\ m^2$, $d = 5.97 \fallingdotseq 6$ m이고, 월류언의 길이 $L = \pi d = 18.85$ m이다.

따라서 최대 월류언부하는 $\frac{2.8Q}{L} = \frac{2{,}800}{18.85} = 148.5\ m^3/m \cdot day$이다.

5. 포기조

포기(飽氣) 또는 **폭기**(曝氣)란 광의적(廣義的)으로 물을 공기와 잘 접촉시켜 공기 중의 산소를 물속에 용입(溶入)시켜 산소 함량을 증가시키거나, 물속에 있는 휘발성 물질, 즉 $CO_2 \cdot H_2S \cdot CH_4$ 및 취기의 원인이 되는 물질을 제거하는 물리적 조작을 의미한다. 따라서 포기는 상수 처리 시 물의 침식성 제거를 위한 CO_2의 제거, 이취미(異臭味) 제거를 위한 휘발성 유기물의 제거, 용해성 철·망간의 산화 등에 사용되며, 하·폐수의 처리에 있어서는 생물학적 처리법에서 유기물의 산화에 필요한 산소를 공급하고 동시에 포기조 내 슬러지의 원활한 교반을 위해 실시한다.

포기조는 산소 주입 방법에 따라 **기계식 폭기법**과 **산기식 포기법**, 폐수 주입 방법에 따라 **연속식**과 **회분식**, 수류의 흐름 형태에 따라 **완전혼합 반응조**(completely mixed aerated system)와 **플러그흐름 반응조**(plug flow reactor; PFR), 산소원에 따라 공기식

및 순산소식으로 구분할 수 있다. 하지만 이러한 구분에 관계없이 포기조의 중요한 기능은 유기물의 제거와 침전성이 양호한 슬러지를 생산하는 것이다. 이들 기능 중 특히 후자는 연속운전을 위한 핵심 요건이다(李, 2016).

하지만 이제까지 슬러지의 침전과 관련해서는 일반적으로 2차침전지의 표면부하와 같은 물리적 기능만을 고려하였는데, **아무리 충분한 표면부하율로 설계된다 하여도 2차침전지의 이전 단계인 포기조에서 응집성과 밀도가 양호한 슬러지가 생산되지 않는다면, 2차침전지는 제 기능을 발휘할 수 없다.** 따라서 포기조의 운전조건은 2차침전지의 효율을 좌우하는데, 최적의 조건으로 포기조를 운전·관리하기 위해서는 미생물의 유기물 제거과정과 포기조의 운전조건, 즉 유입수 농도·수리학적 체류시간·미생물 농도 및 온도 등이 슬러지의 침전성에 미치는 영향을 정확하게 이해해야 한다.

① 미생물의 유기물 제거과정

미생물에 의한 유기물의 제거과정은 크게 호기성 과정과 혐기성 과정으로 구분할 수 있다. 이 중 호기성 세균에 의한 유기물의 분해과정을 요약하면 그림 4.18과 같다. 즉, 유기물의 분해는 *hydrolases* 및 *desmolases*와 같은 세포외 효소 및 세포내 효소의 촉매작용으로 이루어지는데, 먼저 가수분해과정에서는 glucose·polypeptides·amino acids·NH_3·organic acids·fatty acids 등과 같은 중간생성물이 생성되고(Sawyer, 1978), 이들 중간생성물은 호기성 호흡과정인 TCA cycle(tricarboxylic acid cycle)과 전자전달계(Electron transport system; 전자의 이동에 의해 일어나는 생체의 산화환원반응)라고 하는 일련의 분해과정을 통해 CO_2나 H_2O로 산화되며, 이때 최종전자수용체로 분자상태의 산소가 요구된다(Lim, 1998).

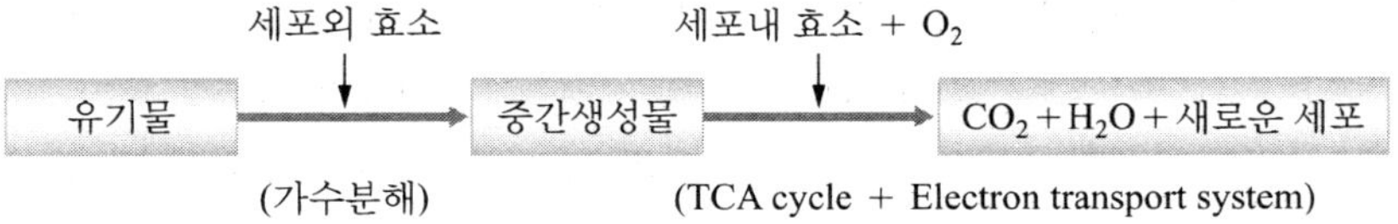

그림 4.18 미생물의 유기물 분해과정

한편 상기 과정에서 중간생성물로 생성되는 유기산 중 세균에 의해 분해되지 않은 일부가 반응기 내에 축적되는데, 이들 물질은 미생물에게 독성으로 작용한다(李, 2016). 따라서 이들 물질이 증가하면, 세균은 스스로를 방어하기 위해 bio-polymers를 생산하여 표면을 피복하는데(Lim, 1998; Atlas *et al.*, 1997; Bitton, 1994; Matin *et al.*, 1990), 특히 지방산의 영향이 크다.

Bio-polymers는 점성을 가지므로 그림 4.19와 같이 슬러지의 응집성과도 양론적으로 관련되는데, 지나치게 많거나 적을 경우 슬러지의 침전성은 악화된다. 즉, 지나치게 적을 경우에는 floc 자체가 잘 형성되지 않으며, 지나치게 많을 경우에는 입자들이 제멋대로 들러붙어 공극이 큰, 즉 밀도가 작은 floc을 형성하여 슬러지의 침전성이 악화된다(李, 2001a; 李, 2016, Granville, 1974; Forster *et al.*, 1987). 따라서 슬러지가 최적의 침전성을 유지하기 위해서는 bio-polymers의 농도가 최적치로 유지되어야 한다.

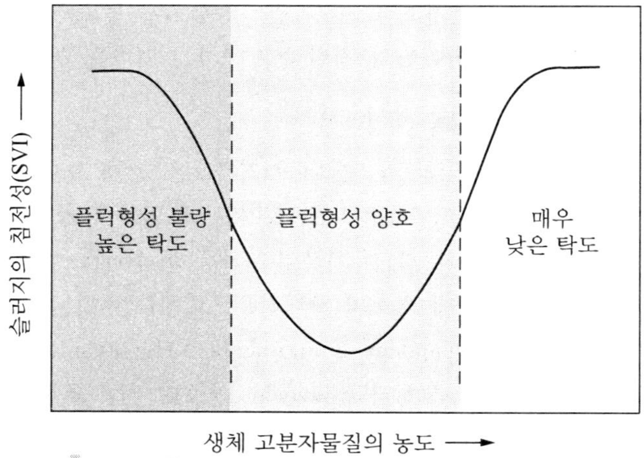

그림 4.19 Floc 형성과 처리수 탁도에 미치는 bio-polymer의 농도

② 유입수 농도·수리학적 체류시간 및 미생물 농도

이미 기술한 바와 같이 슬러지가 최적의 침전성을 유지하기 위해서는 bio-polymers의 농도가 최적치로 유지되어야 하는데, 이때 그 농도에 영향을 미치는 주요 인자로는 유입수 농도·수리학적 체류시간(or 희석률)·미생물 농도 등이 있으며, 이들 인자와 bio-polymers 농도와의 관계는 다음 식과 같다.

$$\text{bio-polymers의 농도}(C) \propto \frac{1}{D} \cdot S_i \cdot \frac{1}{X} = \text{HRT} \cdot S_i \cdot \frac{1}{X} \tag{4.40}$$

여기서, D : 희석률(HRT의 역수)

S_i : 유입수 농도(mg/L)

X : 미생물 농도(mg/L)

HRT : 수리학적 체류시간(T)

C : 최적의 bio-polymers 농도(ML^{-3})

즉, 슬러지가 최적의 침전성을 유지하기 위해서는 특정 HRT에 대해 특정의 X/S_i가 유지되어야 한다. 또한 F/M비는 상기 3가지 인자만의 함수이므로[식 (4.23) 참고] 슬러지가 최적의 침전성을 유지하기 위해서는 F/M비 역시 특정의 HRT에 대해 상응하는 값으로 유지되어야 하는데, 다음 그림 4.20은 합성하수를 이용한 실험결과로 침전성에 대한 HRT와 F/M비의 관계를 보인 것이다(李, 2000a). (참고로 이 실험에서 사용한 합성하수는 도시하수와 유사한 특성을 나타내는 것으로 알려져 있다. 기타 실험 시 적용 미생물 농도는 2,500 mg/L, 반응온도는 28℃이었다.)

이 그림에서 각 HRT에 해당하는 각 SVI 곡선의 최저점은 슬러지의 침전성이 가장 양호한 점으로 이들 각 점의 F/M비와 해당 HRT와의 관계를 수식으로 나타내면 다음과 같다(李, 2016; 李, 2004). 참고로 폐수의 독성이 다를 경우 각 HRT에 대한 최적 F/M비가 달라지므로, 이 식은 도시하수와 동일한 특성(독성)을 가진 하·폐수에만 적용 가능함을 미리 밝힌다. 자세한 내용은 이후 기술하였다.

$$\mathrm{Opt.F/M}_{(28℃)} = 3.3255 \times \theta^{-1.516} \tag{4.41}$$

여기서, θ : 수리학적 체류시간(HRT)

$\mathrm{Opt.F/M}_{(28℃)}$: 반응온도 28℃에서 각 HRT에 해당하는 최적 F/M비

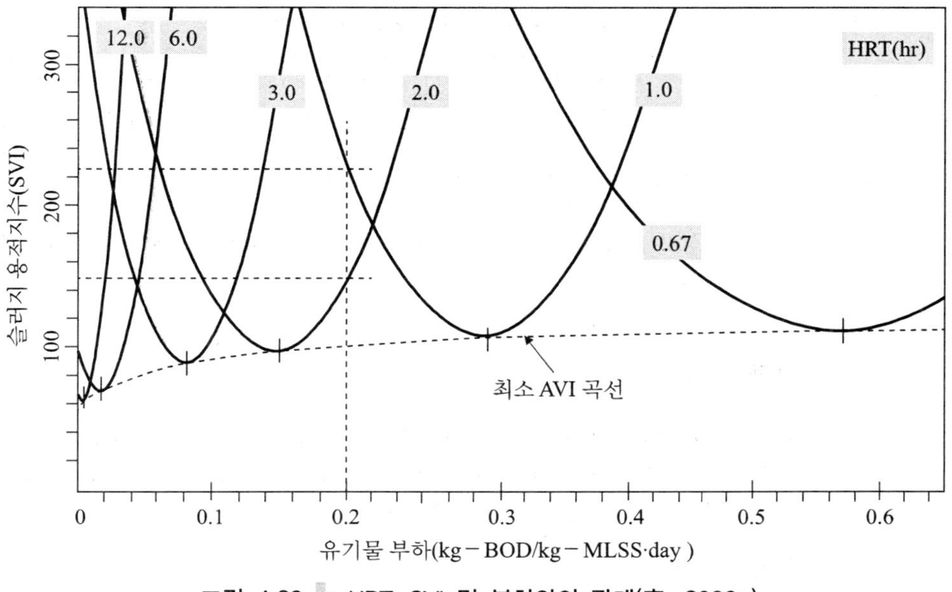

그림 4.20 ▪ HRT·SVI 및 부하와의 관계(李, 2000a)

예제 4.4

재래식 활성슬러지법을 이용하여 도시하수를 처리하고자 한다. 1차침전지 유출수의 평균 농도는 140 mg-BOD_5/L 정도이고, 설계 체류시간은 표 4.7과 같이 4~8 hr이다. 최적 F/M비는 얼마이고, 유지해야 할 미생물 농도는 얼마인가 계산하라. 또한 그 결과를 표 4.7과 비교하라. (단, 반응온도는 28℃이다.)

[참고] 예제에서 1차침전지의 평균 유출 농도를 140 mg-BOD_5/L 정도로 제시한 것은 도시하수 유입수의 농도가 약 200 mg-BOD_5/L(Droste, 1997)이고, 1차침전지의 BOD 제거율이 약 30%(Hammer *et al.*, 1996)로 판단되기 때문이다.

풀이 먼저 체류시간 4 및 8 hr일 때의 최적 F/M비를 식 (4.41)로부터 구한다.

HRT가 8 hr인 경우, $\text{Opt.F/M}_{(28℃)} = 3.3255 \times 8^{-1.516}$

$= 0.142$ (kg-BOD_5/kg-MLSS · day)

HRT가 4 hr인 경우, $\text{Opt.F/M}_{(28℃)} = 3.3255 \times 4^{-1.516}$

$= 0.41$ (kg-BOD_5/kg-MLSS · day)

따라서 최적 F/M비는 0.14~0.41 (kg-BOD_5/kg-MLSS · day)이다.

상기 결과를 식 (4.22); $\text{F/M} = \dfrac{S_i \times 24}{X \times \text{HRT}_{(hr)}}$ 에 대입하면, 미생물 농도는

HRT가 8 hr인 경우, $X = (140 \times 24)/(0.14 \times 8) = 3{,}000$ mg/L

HRT가 4 hr인 경우, $X = (140 \times 24)/(0.41 \times 4) = 2{,}048 \fallingdotseq 2{,}000$ mg/L

따라서 유지해야 할 미생물 농도는 약 2,000~3,000 mg/L이다.

표 4.11 기존 설계조건과 계산결과의 비교

구 분	F/M(kg-BOD/kg-MLVSS · d)	HRT(hr)	MLSS(mg/L)
재래법(기존 설계조건)	0.2~0.4	4~8	1,500~3,000
계산치	0.14~0.41	4~8	2,000~3,000

상기 표와 같이 재래식 활성슬러지법의 설계범위와 계산치는 거의 차이를 보이지 않는다.

예제 4.5

농도가 100 mg-BOD_5/L인 어떤 폐수를 수정포기법으로 처리하고자 한다. 평균 체류시간을 2시간, 적용부하를 3 kg-BOD_5/kg-MLSS · day으로 할 경우 유지해야 할 MLSS 농도는 얼마인가? (단, 반응온도는 28℃이다.)

풀이 400 mg/L

[참고] 문제의 조건과 같이 수정포기법은 저농도의 폐수를 짧은 체류시간으로 처리하기

위해 개발되었으며(McKinney, 1962; Metcalf, 1979), 이런 경우 슬러지의 침전성을 양호하게 유지하기 위해서는 표 4.7이나 해답과 같이 미생물 농도를 극히 낮게 유지해야 한다.

③ 온도

온도는 미생물의 활성과 생장을 촉진하여 생화학반응의 속도를 증가시킨다. 따라서 온도가 상승하면 일정량의 미생물이 동일 시간에 보다 많은 유기물을 처리하게 되는데, Eckenfelder(1956)는 BOD제거속도상수(K_1)을 이용하여 온도와 생화학반응속도 간의 관계를 다음 식[1편의 식 (2.5)]과 같이 제시하였다.

$$K_{1(T)} = K_{1(20)} \cdot \theta^{(T-20)} \tag{4.42}$$

여기서, T : 온도(℃)
$K_{1(T)}$: 주어진 온도에서 BOD제거속도상수(day^{-1})
$K_{1(20)}$: 20℃에서 BOD제거속도상수(day^{-1})
θ : 온도상수(1편의 표 2.1 참고)

따라서 가할 수 있는 부하는 다음 식과 같다.

$$L_{s(T)} = L_{s(20)} \cdot \theta^{(T-20)} \tag{4.43}$$

여기서, $L_{s(T)}$: T℃에서 적용부하(kg-BOD/kg-MLSS · d)
$L_{s(20)}$: 20℃에서 적용부하(kg-BOD/kg-MLSS · d)

식 (4.42)에 따르면 상온(15～25℃)에서 온도가 10℃ 상승할 경우 적용 가능 부하(or BOD제거속도)는 2($\theta^{10} = 1.083^{10}$)배 이상 증가한다. 하지만 이 식은 전체 생화학반응의 속도를 나타내는 것으로 슬러지의 침전성과는 일치하지 않는다. 따라서 온도 상승 시 가할 수 있는 부하는 슬러지의 침전성을 좌우하는 유기산의 제거속도에 달려 있다. 하지만 유기산의 제거속도나 유기산의 종별 영향을 파악하는 것은 쉽지 않다. 따라서 유기산을 측정하기 보다는 온도변화에 따른 슬러지의 침전성 변화를 파악함으로써 적정부하를 결정할 수 있는데, 그림 4.21은 일정 조건에서 온도만을 변화시킬 경우 슬러지 침전곡선의 이동현상을 나타낸 것이다(李, 2001b). 이 그림에서 각각의 온도에서 가할 수 있는 부하는 다음과 같은 관계를 나타낸다(李, 2016).

$$\text{Opt.F/M}_{(T)} = \text{Opt.F/M}_{(T_o)} \cdot K_m^{(T-T_o)} \tag{4.44}$$

여기서, $\text{Opt.F/M}_{(T_o)}$: T_o℃에서 최적 F/M비

$\text{Opt.F/M}_{(T)}$: T℃에서 최적 F/M비

K_m : 이동계수로 도시하수의 경우 평균 1.039 정도

이 식에 따르면 반응온도가 10℃ 증가할 경우 가할 수 있는 부하는 1.47(1.039^{10})배 정도로 슬러지 침전성을 고려하지 않을 경우에 비해 0.7(1.47/2) 정도로 크게 적다. 다시 말하지만 온도가 10℃ 상승할 경우 일반론과 같이 부하를 2배 상승시킨다면 슬러지의 침전성은 적정치를 벗어나게 된다.

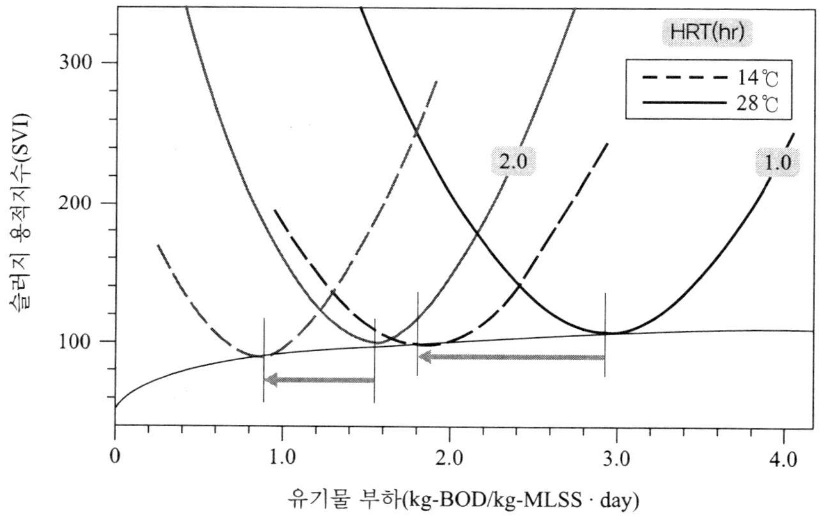

그림 4.21 온도 변화에 따른 SVI 곡선의 이동

예제 4.6

체류시간이 6 hr, 반응온도가 10℃, MLSS 농도 2000 mg/L인 조건에서 농도 150 mg-BOD_5/L인 폐수를 정상적으로 운전하였다. 반응온도가 20℃로 상승한다면, 유기물 제거만을 고려할 경우와 슬러지의 침전성을 고려할 경우 가할 수 있는 부하는 각각 얼마인가? 또한 MLSS 농도는 각각 얼마로 조절해야 하는가?

풀이 ① 유기물 제거만을 고려할 경우 ;

온도 10℃인 조건에서 F/M비는 식 (4.22)로부터

$$F/M = \frac{150 \times 24}{2,000 \times 6} = 0.3 \text{ kg-BOD}_5\text{/kg-MLSS} \cdot \text{day}$$이다.

온도상수 $\theta = 1.11$이라고 하면(표 1편의 표 2.1 참고), 반응온도 20℃에서 가할 수 있는 부하는 식 (4.43)에 의거

$$L_s(20℃) = 0.3 \times 1.11^{(20-10)} = 0.67 \text{ kg-BOD}_5\text{/kg-MLSS} \cdot \text{day}$$이다.

② 슬러지의 침전성을 고려할 경우 ;
이동계수 $K_m = 1.039$라고 가정하면, 반응온도 20℃에서 가할 수 있는 부하는 식(4.44)에 의해,

$$F/M_{(20℃)} = 0.3 \times 1.039^{(20-10)} = 0.44 \text{ kg-BOD}_5\text{/kg-MLSS} \cdot \text{day}$$이다.

따라서 유기물 제거만을 고려할 경우에 비해 0.66배의 부하를 가할 수 있다. 한편 유지해야 할 MLSS 농도는 식 (4.22)로부터 구할 수 있다.

$$X = \frac{S_i \times 24}{F/M \times HRT} = \frac{150 \times 24}{0.44 \times 6} = 1,364 \text{ mg/L}$$

[참고] 이상과 같이 온도가 변화할 때, 유기물 제거만을 고려할 경우와 침전성을 고려할 경우 각각의 미생물 농도는 크게 달라지고, 이때 온도 변화에 상응하는 미생물 농도로 조정하지 않으면 슬러지의 침전성은 악화된다.

예제 4.7

유입수 농도가 100 mg-BOD_5/L, 반응온도가 15℃, HRT가 4 hr인 조건에서 슬러지 침전성을 최적으로 유지하기 위해서 요구되는 미생물 농도를 구하라(단, 이동계수 K_m은 1.039이다).

풀이 2,400 mg/L

[참고] 문제를 해결하기 위해서는 먼저 알고 있는 온도에서 주어진 HRT에 해당하는 최적 F/M비를 구한다. 다음 이동계수 K_m을 이용하여 반응온도 15℃에서 최적 F/M비를 구한 후 MLSS 농도를 구한다.

④ 포기조의 설계절차

최근까지 도시하수처리장의 설계는 미국의 WEF(Water Environment Federation; formerly the Water Pollution Control Federation)와 ASCE(The American Society of Civil Engineers)에서 제시한 SRT기준 설계법을 이용하였다. 하지만 SRT를 기초설계인자로 사용하는 데는 문제점이 있다. 즉, 활성슬러지법이 정상상태를 유지하기 위해서는 슬러지의 반송이 필수적이고, 슬러지의

반송을 위해서는 슬러지의 침전성(SVI)이 일정치 이하로 유지되어야 한다. 따라서 SRT가 설계인자로 활용되기 위해서는 SRT가 SVI의 지표가 될 수 있어야 한다. 하지만 SRT는 SVI와 상관관계를 가지지 않는다.

예를 들어 MLSS 농도가 일정한 조건에서, S_i/HRT가 일정하다면, 즉 S_i/HRT가 200/6, 600/18, 1000/30, …, 등으로 일정할 경우 F/M비는 일정하다. 또한 식(4.34)와 같이 SRT는 F/M비의 함수이므로(Arceivala, 1981; Hammer, 1996; Droste, 1997), F/M비가 일정하다면 SRT 역시 일정하다. 하지만 SVI는 SRT나 F/M비가 일정하다 하여도 HRT나 S_i의 변화에 따라 달라진다. 이와 같이 SRT는 SVI의 지표가 될 수 없으므로 부유 system의 기초설계인자가 될 수 없다. 즉, SRT기준 설계법은 잘못된 설계법으로 보다 자세한 내용은 관련 문헌(李, 2016)에 미루고, 여기서는 새롭게 제시된 HRT기준 설계법에 의한 포기조 설계수순에 대해서만 기술하고자 한다.

HRT기준 포기조 설계수순은 다음과 같다.

(ㄱ) 처리 대상 폐수의 평균수질 S_i와 평균유량 Q를 측정한다.

(ㄴ) 처리수질이나 경제성 등을 고려하여 적당한 HRT를 정하고 식 (4.41)로부터 그 HRT에 해당하는 최적의 F/M비를 구한다.

(ㄷ) 식 (4.21)로부터 포기조의 용량 V를 결정한다.

(ㄹ) 상기에서 결정한 S_i, HRT 및 최적 F/M비를 식 (4.23)에 대입하여 포기조의 미생물 농도 X를 구한다.

(ㅁ) 온도 변화에 따른 최적 적용부하는 식 (4.44)를 이용하여 구할 수 있으며, 이 식에서 이동계수 K_m 값은 도시하수의 경우 1.047이다(李, 2001b).

$$\text{HRT} = \frac{V}{Q} \times 24 \tag{4.21}$$

$$\text{F/M} = \frac{S_i \times 24}{X \times \text{HRT}_{(\text{hr})}} \tag{4.23}$$

$$\text{Opt.F/M}_{(T)} = \text{Opt.F/M}_{(T_o)} \cdot K_m^{(T-T_o)} \tag{4.44}$$

여기서, $\text{Opt.F/M}_{(T_o)}$: 알려진 반응온도에서 어떤 HRT에 대한 최적 F/M비

$\text{Opt.F/M}_{(T)}$: 임의의 온도 T에서 상기 HRT에 대한 최적 F/M비

K_m : 이동계수이며, 도시하수인 경우 1.047

한편 그림 4.22는 반응온도 28℃의 조건에서 각 설계조건 간의 최적 관계를 나타낸 것으로 이 그림을 이용하면 계산과정을 거치지 않아도 쉽게 설계나 운전조건을 결정할 수 있다. 또한 이 그림은 기존의 설계조건(표 4.7) 중 수치적으로 정확하게 제시할 수 없었던 각 처리법의 적용 가능 유입수 농도의 범위도 확실하게 보여준다.

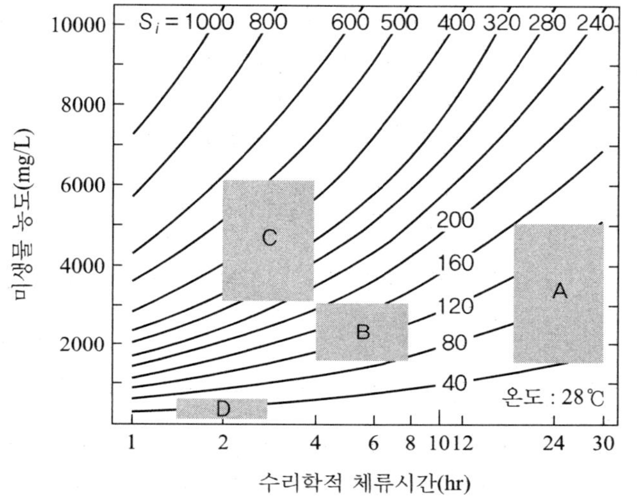

A; 장기포기법, B; 재래식 활성슬러지법, C; 고율법, D; 수정포기법

그림 4.22 최적 F/M비 유지를 위한 HRT·Si 및 MLSS 관계

다음 예제들은 이제까지 설명한 HRT기준 설계법을 보다 쉽게 이해할 수 있도록 기술한 것으로 참고하기 바란다.

예제 4.8

1차침전지 유출수의 수질이 약 140 mg-BOD_5/L 정도이고, HRT는 유입수의 처리수질이나 경제성을 고려하여 기존 재래식 활성슬러지법과 같이 4~8 hr로 정했다. 이 조건에서 HRT기준 설계법에 의한 설계수순을 보여라. 그리고 그 결과를 기존 설계조건과 비교하라(단, 반응온도는 28℃이다).

풀이 ① 먼저 HRT 4~8 hr에 해당하는 최적 F/M비를 식 (4.41)을 이용하여 구한다.

HRT가 8 hr인 경우, $\text{Opt.F/M}_{(28℃)} = 3.3255 \times 8^{-1.516}$

$= 0.14$ kg-BOD/kg-MLVSS · d이고

HRT가 4 hr인 경우, $\text{Opt.F/M}_{(28℃)} = 3.3255 \times 4^{-1.516}$
$= 0.41$ kg-BOD/kg-MLVSS · d이다.

따라서 최적 F/M비는 0.14 ~ 0.41 kg-BOD/kg-MLVSS · d이다.

② 최적 미생물 농도는 식 (4.23); $\text{F/M} = \dfrac{S_i \times 24}{X \times \text{HRT}_{(\text{hr})}}$에 의해 구한다.

HRT가 8 hr인 경우, $X = (140 \times 24)/(0.14 \times 8) = 3{,}000$ mg/L

HRT가 4 hr인 경우, $X = (140 \times 24)/(0.41 \times 4) = 2{,}048 ≒ 2{,}000$ mg/L

따라서 유지해야 할 미생물 농도는 약 2,000 ~ 3,000 mg/L이다.

③ SRT는 식 (4.34)에 의해 구할 수 있으며, 이때 적용 Y_{obs} 값은 그림 4.8을 이용한다. 먼저 HRT가 8 hr인 경우 즉, F/M비가 0.14 kg-BOD/kg-MLVSS · d인 경우, Y_{obs}는 그림 4.8에서 0.4 정도이다. 따라서 SRT는,

$$\frac{1}{\text{SRT}} = Y_{obs}\left(\frac{\text{F}}{\text{M}}\right)_r = 0.4 \times 0.14 \qquad \therefore\ \text{SRT} ≒ 18\ \text{day이고,}$$

HRT가 4 hr인 경우, 즉 F/M비가 0.41 kg-BOD/kg-MLVSS · d인 경우, Y_{obs}는 0.5 정도이므로,

$$\frac{1}{\text{SRT}} = 0.5 \times 0.41 \qquad \therefore\ \text{SRT} ≒ 5\ \text{day이다.}$$

계산결과는 표 4.12와 같다. 표에서 볼 수 있듯이 계산의 결과는 기존 설계범위와 거의 차이를 보이지 않는다. 이와 같이 HRT기준 설계법은 매우 간단한 방법으로 기존 처리법의 설계가 가능하며, 아울러 다음 예제 4.7 및 문제 4.3과 같이 기존에 제시되지 않은 조건에서도 얼마든지 설계가 가능하다.

표 4.12 기존 설계조건과의 비교

구 분	F/M (kg-BOD/kg-MLVSS · d)	HRT (hr)	MLSS (mg/L)	SRT (day)
재래법(기존 설계조건)	0.2 ~ 0.4	4 ~ 8	1500 ~ 3000	5 ~ 15
계산치	0.14 ~ 0.41	4 ~ 8	2000 ~ 3000	5 ~ 18

예제 4.9

1차침전지 유출수의 수질이 약 100 mg-BOD_5/L 정도이고, 최소~최대 반응온도는 20~28℃라고 하자. 기존의 설계조건에 없는 HRT 8~12 hr의 조건에서 계획 처리장의 최적 부하범위·미생물 농도 및 SRT 범위를 구하라.

풀이 1. 반응온도 28℃ 조건

① 먼저 HRT 8 ~ 12 hr에 해당하는 최적 F/M비는 식 (4.41)을 이용하여 구한다.
HRT가 12 hr인 경우, 0.077 kg-BOD/kg-MLVSS · d이고,

HRT가 8 hr인 경우, 0.142 kg-BOD/kg-MLVSS · d이다.
따라서 최적 F/M비는 0.077～0.142 kg-BOD/kg-MLVSS · d이다.

② 유입수 농도가 100 mg/L 이므로, 식 $F/M = \dfrac{S_i \times 24}{X \times HRT_{(hr)}}$에 대입하면, 미생물 농도는

HRT가 12 hr인 경우, $X = (100 \times 24)/(0.077 \times 12) = 2{,}600$ mg/L
HRT가 8 hr인 경우, $X = (100 \times 24)/(0.142 \times 8) = 2{,}100$ mg/L이다.
따라서 유지해야 할 미생물 농도는 2,100～2,600 mg/L이다.

③ SRT를 계산하기 위해 그림 4.8을 이용하여 각 부하에 해당하는 Y_{obs}를 구한 후 식 $\dfrac{1}{SRT} = Y_{obs}\left(\dfrac{F}{M}\right)_r$ 에 대입하면,

HRT가 12 hr인 경우, $\dfrac{1}{\theta_c} = 0.3 \times 0.077$ ∴ SRT ≒ 43 day

HRT가 8 hr인 경우, $\dfrac{1}{\theta_c} = 0.4 \times 0.142$ ∴ SRT ≒ 18 day이다.

따라서 유지해야 할 SRT는 18～43일이다.

2. 반응온도 20℃ 조건

① 먼저 20℃ 조건에서 HRT 8～12 hr에 해당하는 최적 F/M비는 28℃에서 구한 최적 F/M비를 이용하여 식 (4.44); $Opt.F/M_{(T)} = Opt.F/M_{(T_o)} \cdot K^{(T-T_o)}$ 으로부터 구한다.

HRT가 12 hr인 경우, $Opt.F/M_{(20)} = Opt.F/M_{(28)} \cdot 1.047^{(20-28)}$

∴ $Opt.F/M_{(20)}$ ≒ 0.053 kg-BOD/kg-MLVSS · d이고,
HRT가 8 hr인 경우, 0.098 kg-BOD/kg-MLVSS · d이다.
따라서 최적 F/M비는 0.053～0.098 kg-BOD/kg-MLVSS · d이다.

② 유입수 농도가 100 mg/L이므로, 식 $F/M = \dfrac{S_i \times 24}{X \times HRT_{(hr)}}$에 대입하면, 미생물 농도는

HRT가 12 hr인 경우, $X = (100 \times 24)/(0.053 \times 12) \fallingdotseq 3{,}800$ mg/L
HRT가 8 hr인 경우, $X = (100 \times 24)/(0.098 \times 8) = 3{,}060$ mg/L
따라서 유지해야 할 미생물 농도는 3,060～3,800 mg/L이다.

③ SRT는 식 (4.34); $\dfrac{1}{SRT} = Y_{obs}\left(\dfrac{F}{M}\right)_r$ 에 의거

HRT가 12 hr인 경우, $\dfrac{1}{SRT} = 0.3 \times 0.053$ ∴ SRT ≒ 63 day

HRT가 8 hr인 경우, $\dfrac{1}{SRT} = 0.35 \times 0.098$ ∴ SRT ≒ 29 day

따라서 유지해야 할 SRT는 29～63일이다.

표 4.13

HRT(hr)	반응온도	F/M(kg-BOD/kg-MLVSS · d)	MLSS(mg/L)	SRT(day)
8～12	28℃ 20℃	0.077～0.142 0.053～0.098	2,100～2,600 3,060～3,800	18～43 29～63

예제 4.10

유입수 농도가 각각 50 및 100 mg/L인 폐수를 HRT 8～12 hr의 조건으로 처리하고자 한다. 설계 MLSS 농도를 구하라(단, 반응온도는 20℃이다).

풀이

표 4.14

HRT(hr)	반응온도	유입수 농도(mg/L)	MLSS(mg/L)
8～12	20℃	100 50	3,000～3,300 1,500～1,670

[참고] 최적의 슬러지 침전성을 유지하기 위해서는 문제의 결과와 같이 유입수 농도에 따라 MLSS 농도를 조절해야 한다. 즉, 유입수 농도가 낮을 경우 MLSS 농도를 낮추어야 하며, 유입수 농도가 증가하면 미생물 농도는 증가시켜야 한다.

예제 4.11

반응온도 20℃, 유입수 농도 1,000 mg/L 및 HRT가 6 hr인 조건에서 활성슬러지법의 이론적 설계 MLSS 농도를 구하라.

풀이 ① 먼저 20℃ 조건에서 HRT 6 hr에 해당하는 최적 F/M비는 28℃에서 구한 최적 F/M비를 이용하여 식 (4.44); $\text{Opt.F/M}_{(T)} = \text{Opt.F/M}_{(T_o)} \cdot K_m^{(T-T_o)}$으로부터 구한다.

HRT가 6 hr, 28℃에서 최적 F/M비는 0.22 kg-BOD/kg-MLVSS · d,

$\text{Opt.F/M}_{(20)} = \text{Opt.F/M}_{(28)} \cdot 1.047^{(20-28)}$

$\therefore$ $\text{Opt.F/M}_{(20)} \fallingdotseq 0.15$ kg-BOD/kg-MLVSS · d이다.

② 유입수 농도가 1,000 mg/L이므로, 식 $\text{F/M} = \dfrac{S_i \times 24}{X \times \text{HRT}_{(\text{hr})}}$에 대입하면, 미생물농도는

$X = (1{,}000 \times 24)/(0.15 \times 6) \fallingdotseq 27{,}000$ mg/L

[참고] 계산결과와 같이 이론적으로 최적의 미생물 농도는 27,000 mg/L이다. 하지만 실제로 미생물 농도가 5,000 mg/L 이상일 경우 침전지의 효율 저하로 경제성이 떨어지므로, 미생물 농도를 5,000 mg/L 이상으로 유지하는 것이 곤란하다. 그렇다고 제시된 조건에서 미생물 농도를 5,000 mg/L 이하로 운전할 경우 슬러지는 팽화하여 운전이 불가능하다. 따라서 문제의 조건과 같이 고농도의 폐수는 활성슬러지를 이용하여 처리할 수 없으며, 고농도의 축산폐수를 활성슬러지법으로 처리할 수 없는 것도 이러한 이치에 따른 것이다.

예제 4.12

예제 4.9와 같이 HRT 8~12 hr, 1차침전지 유출수의 수질이 약 100 mg-BOD_5/L 정도, 최소~최대 반응온도가 20~28℃인 경우, 그림 4.22를 이용하여 미생물 농도를 구하고, 그 결과를 예제 4.9의 결과와 비교하라.

풀이 먼저 28℃의 조건에서 HRT 8 hr과 12 hr, 유입수 수질 100 mg-BOD_5/L에 해당하는 미생물 농도를 구하면,

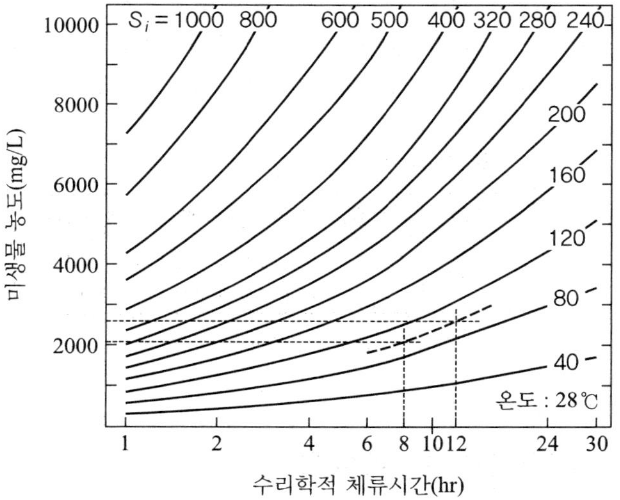

그림 4.23

미생물 농도는 HRT 12 hr일 때 2,600 mg/L 정도이고, HRT 8 hr일 때 2,100 mg/L 정도이다. 따라서 F/M비는

HRT 12 hr인 경우,

$$F/M = \frac{S_i \times 24}{X \times HRT_{(hr)}} = \frac{100 \times 24}{2600 \times 12} = 0.077 \text{ kg-BOD/kg-MLVSS} \cdot \text{d}$$이고,

HRT 8 hr인 경우,

$$F/M = \frac{100 \times 24}{2100 \times 8} = 0.143 \text{ kg-BOD/kg-MLVSS} \cdot \text{d}$$이다.

먼저 28℃에서 구한 F/M비를 이용하여 20℃의 F/M비를 구한다.
HRT가 12 hr인 경우,

$$F/M_{(20)} = F/M_{(28)} \cdot 1.047^{(20-28)}$$
$$= 0.077 \times 1.047^{-8} = 0.053 \text{ kg-BOD/kg-MLVSS} \cdot \text{d}$$이고,

HRT가 8 hr인 경우,

$$F/M_{(20)} = 0.143 \times 1.047^{-8} = 0.099 \text{ kg-BOD/kg-MLVSS} \cdot \text{d}$$이다.

따라서 미생물 농도는 유입수 농도가 100 mg/L이므로, 식 $F/M = \frac{S_i \times 24}{X \times HRT_{(hr)}}$ 에 대입하면,

HRT가 12 hr인 경우, $X = (100\times24)/(0.053\times12) \fallingdotseq 3{,}770$ mg/L이고,

HRT가 8 hr인 경우, $X = (100\times24)/(0.099\times8) \fallingdotseq 3{,}030$ mg/L이다.

그림 4.22를 이용하여 구한 미생물 농도는 다음 표와 같고 예제 4.9의 결과와 비교하면, 그 결과는 거의 동일함을 알 수 있다.

표 4.15

HRT(hr)	반응온도	F/M(kg-BOD/kg-MLVSS · d)	MLSS(mg/L)
8～12	28℃	0.077～0.142(0.077～0.143)	2,100～2,600(2,100～2,600)
	20℃	0.053～0.098(0.053～0.099)	3,060～3,800(3,030～3,770)

주 : ( )내는 그림 4.22를 이용한 결과이다.

⑤ DO 및 폐수 중 지방의 함유율

이상의 설계에 관한 기술에서 가장 기초적인 핵심 단서는 슬러지의 침전성을 유지하기 위해서는 계획 HRT에 상응하는 적절한 F/M비를 유지해야 한다는 것이다. 하지만 운전 시 DO나 하수 중 지방 함유율이 통상의 도시하수와 달라질 경우 식 (4.41)은 그대로 적용할 수 없다. 왜냐하면 DO의 경우 DO의 상승 또는 하강에 따라 유기산의 분해속도가 달라져 슬러지의 침전성이 변화하기 때문이며, 또한 동일한 F/M비라 하더라도 유기물 중 지방 함유율이 달라질 경우 타 유기산에 비해 독성이 큰 지방산의 농도가 변화하여 슬러지의 침전성에 매우 큰 영향을 미치기 때문이다.

참고로 필자의 실험에 따르면 수 %의 지방 함유율의 변화에도 슬러지의 침전성은 대폭 변화하며, 그 영향은 장치의 운전성패를 좌우할 정도로 매우 큰 것이었다. 따라서 지방의 함유율이 통상의 도시하수와 다를 경우 또는 도시하수가 아닌 기타의 폐수를 대상으로 처리장을 설계하기 위해서는 지방의 함유율과 독성의 정도에 따른 슬러지의 침전성 변화를 반드시 고려해야 한다.

⑥ 설계식의 일반화

이상의 설명은 도시하수를 처리하는 경우로 한정된다. 하지만 논리를 확대하여 식 (4.41)을 변형하면 도시하수 외에 타 폐수를 처리하는 처리장의 설계에도 응용할 수 있다. 즉, 이 식은 도시하수를 처리할 경우 각각의 HRT와 그에 따른 opt.F/M비의 관계를 나타낸 것으로 다른 종류의 폐수를 처리할 경우 각 폐수의 성분이나 유입하는 독성물질에 따라 미생물에게 미치는 상대적 독성이 달라지므로(식 4.45), 각 HRT에 해당하는 opt.F/M비 역시 변화할 것이다. 이때 일정 HRT에 대한 opt.F/M비는 상대적 독성에 따라 독성이 강한 폐수는 낮은 부하에서 opt.F/M비가 나타나고, 독성이 약한 폐수는 높은 부하에서 opt.F/M비가 나타나는 역비례 관계를 보일 것이다. 따라서 도시하수와 관련한 식 (4.41)을 각종 폐수처리를 위한 설계식으로 일반화시키기 위해서는 식 (4.46)과 같이 각 폐수의 상대적 독성을 감안해야 한다.

$$\text{상대적 독성} = k_t \times \text{독성물질의 농도} \qquad (4.45)$$

여기서, k_t : 독성계수(t; toxic)이다.

$$\mathrm{Opt.F/M}_{(28℃)} = \frac{1}{k_t}\theta_h^{-1.516} \qquad (4.46)$$

여기서, θ_h : 수리학적 체류시간(HRT)

$\mathrm{Opt.F/M}_{(28℃)}$: 반응온도 28℃에서 각 HRT에 해당하는 opt.F/M비

k_t : 독성계수(도시하수의 경우, $k_t = 1/3.3255 = 0.3$)

예제 4.13

A 처리장의 방류수 수질기준을 만족시키기 위해 반응기 실험을 실시한 결과 필요 HRT는 5시간이었다. 이 처리장에 유입하는 폐수의 유량은 100 m^3/day이고, 1차침전지 유출수의 평균 농도는 150 BOD_5-mg/L 정도로 예상되며, 이 폐수의 독성계수는 0.4이다. 활성슬러

지법으로 처리장의 포기조를 설계하라. 단, 반응온도는 28℃라고 하자.

풀이 먼저 체류시간이 5 hr인 경우 opt.F/M비를 식 (4.47)로부터 구한다.

$$\text{Opt.F/M}_{(28℃)} = \frac{1}{k_t} \times 5^{-1.516} = \frac{1}{0.4} \times 5^{-1.516}$$

$$\fallingdotseq 0.22 \ (\text{kg-BOD/kg-MLSS} \cdot \text{day})$$

상기 값을 식 (4.23)에 대입하면 적정 미생물농도를 구할 수 있다.

$$\text{F/M} = \frac{S_i \times 24}{X \times \theta_h} = \frac{150 \times 24}{X \times 5} = 0.22, \qquad \therefore \ X = 3{,}272 \text{ mg/L}$$이다.

⑦ 기타 포기조의 설계요령

그 외에 포기조의 일반적 설계요령은 다음과 같다.

지하구조물로 유효수심은 4～6 m를 표준으로 한다.

거품이 발생하는 폐수의 경우 거품 제거를 위해 처리수를 이용한 소포용 살수시설이나 소포제 투입시설을 갖춘다.

포기조의 산소 공급 방법에는 산기식 및 기계식이 있다(그림 4.24, 4.25 참고). 산기식의 경우 크게 고압형과 저압형이 있으며, 기계식에는 표면폭기형과 수중폭기형이 있는데, 어느 경우든 포기조의 DO는 2 mg/L 정도 유지가 가능해야 한다. 지나치게 DO가 높거나 낮을 경우 포기조의 관리에 어려움을 준다. 자세한 내용은 4.4.4 1. ②항을 참고하기 바란다. 일반적으로 대형의 처리장에

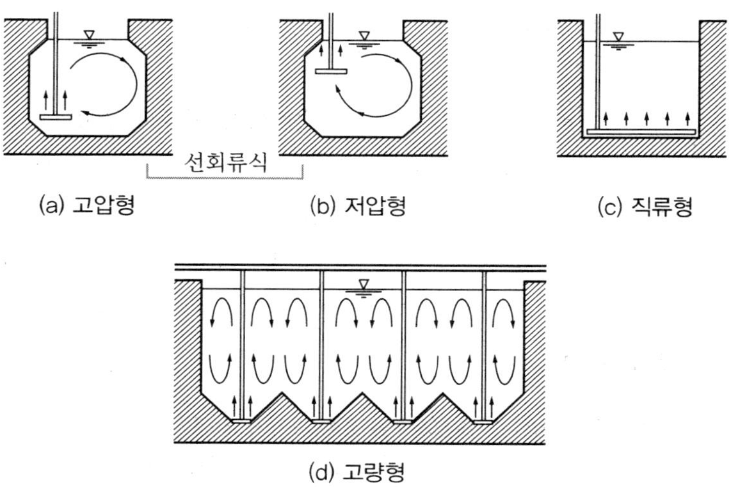

그림 4.24 산기식 포기장치

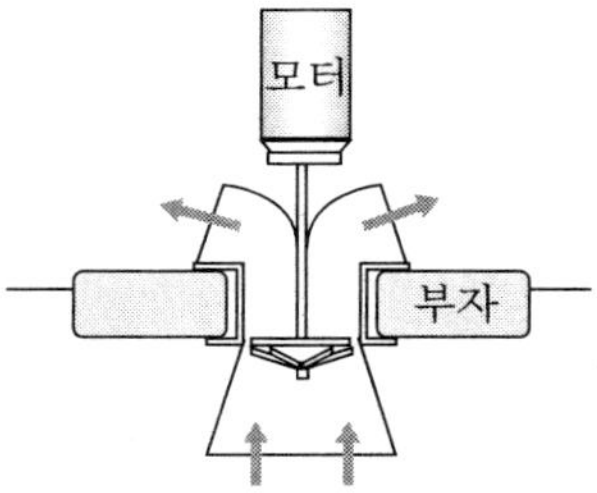

(a) 부상형 표면 폭기기

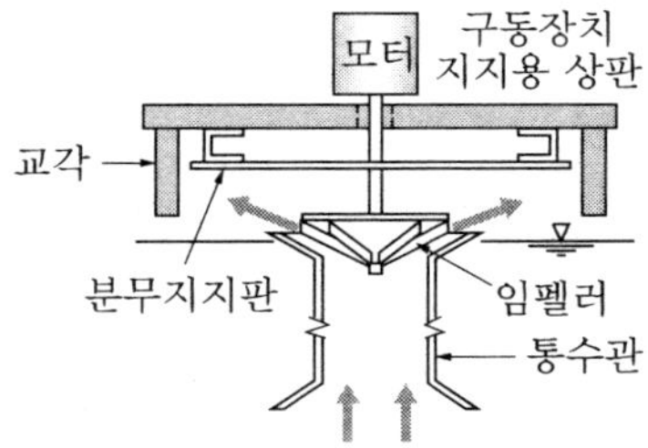

(b) 통수관이 부착된 고정형 표면 폭기기

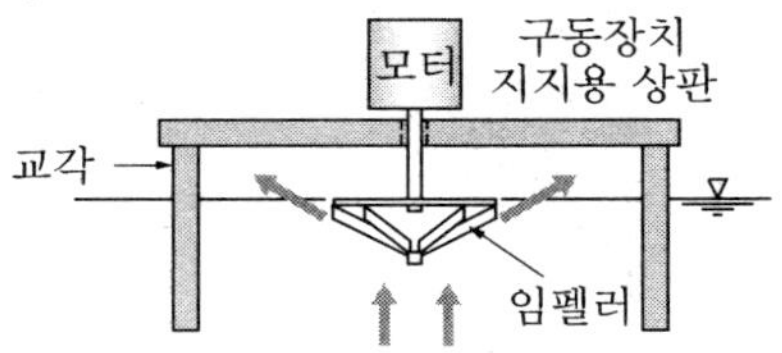

(c) 통수관이 없는 고정형 표면 폭기기

그림 4.25 기계식 폭기장치

서는 산기식을 주로 채용하고, 소형의 경우 기계식을 주로 채용하는데, 어느 경우든 교반의 능력과 산소전달능력(oxygenation capacity)을 동시에 고려해서 결정해야 한다.

기타 부대시설에는 blower · aerator · 산기관 및 산기판(그림 4.27 참고) · spray pump · nozzle · 무기영양 공급장치 및 자동 DO 측정기 등이 있다.

참고로 산소전달능력이란 다음과 같이 정의된다. 지금 용존산소 농도가 C인 물을 dt 시간 포기했을 때 용존산소 농도의 변화 dC는 다음과 같다.

$$\frac{dC}{dt} = K_{La}(C_s - C) \tag{4.47}$$

여기서, K_{La} : 총괄산소이동계수(t^{-1})로 공기와 물의 접촉면적 · 물의 체적 및 기타 온도 등의 함수

C_s : 포화용존산소 농도(mg/L)

C : 임의 시각에서 용존산소 농도(mg/L)

$K_{La} \cdot C_s$: 산소공급능력

위 식에서 $C_s - C = D$로 표시하면 다음과 같이 표시된다.

$$\frac{dD}{dt} = -K_{La} \cdot D \tag{4.48}$$

위 식을 적분하면 다음과 같이 표시된다.

$$\ln \frac{D_t}{D_o} = -K_{La} \cdot t \tag{4.49}$$

그림 4.26 활성슬러지법에서 표면폭기

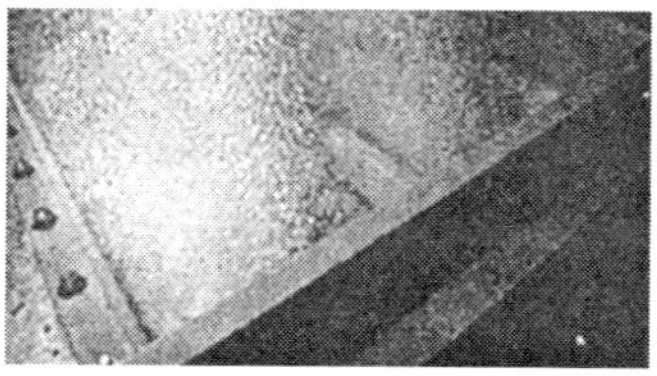

(a) aeration panel

(b) flexible tube

(c) fine bubble

(d) coarse bubble

그림 4.27 각종 기포발생장치(diffusers)

예제 4.14

포기조 내 혼합액의 포화용존산소 농도는 7 mg/L이고 혼합액 1 L의 산소소비속도(dC/dt)는 50 mg/hr이다. 포기조의 산소 농도를 2 mg/L로 유지하고자 할 경우 산기장치의 요구되는 총괄산소이동계수(K_{La}) 및 산소공급능력을 구하라.

풀이 식 (4.48)에 의해 총괄산소 이동계수

$$K_{La} = \frac{dC}{dt} / (C_s - C) = 50\ (\mathrm{mg/L \cdot hr}) / (7-2)\ (\mathrm{mg/L}) = 10\ \mathrm{hr}^{-1}$$

산소공급능력

$K_{La} \cdot C_s = 10\ \mathrm{hr}^{-1} \times 7\ \mathrm{mg/L} = 70\ \mathrm{mg/L \cdot hr}$이다.

6. 2차침전지

2차침전지는 **최종침전지** 또는 약칭으로 **종침**이라고도 한다. 포기조 뒤에 설치하며, 포기조에서 유입하는 혼합액 중 슬러지를 플럭화하여 고액분리하는 시설이다. 이때 고액분리된 상징수(上澄水)는 월류시켜 방류하며, 침전된 슬러지의 일부는 포기조로 반송하고, 그 나머지는 잉여슬러지로 인출하여 처리 및 처분한다. 다시 말하면 2차침전지의 2가지 기능은 첫째, 반송을 위한 농후한 농도의 슬러지를 얻는 것이고 둘째, 현탁물질을 제거하는 것이다.

하지만 슬러지의 침전성과 floc 형성능력은 대부분 포기조의 운전방법에 따라 미리 결정되며, 단순히 2차침전지의 표면부하에 기인하지 않는다. 즉, bulking 시 슬러지의 침전성은 매우 나쁘지만 방류수 중 현탁물질의 농도는 매우 낮고, pin floc 시 슬러지는 쉽게 침전하지만 방류수 중 현탁물질의 농도는 현저히 증가하는데, 이와 같은 현상을 명확하게 파악하여 2차침전지의 운전과 설계에 반영하기 위해서는 침전지의 체류시간·표면부하 및 고형물부하와 같은 물리적 인자 외에 생물학적 영향인자를 미리 고려해야 한다. 하지만 생물학적 영향은 포기조의 관리와 밀접히 관련되므로, 자세한 기술은 이후 관련 장에서 다루기로 하고, 본 항에서는 물리적 현상만을 기술하고자 한다.

일반적으로 침전지 체류시간은 1일 최대 오수량의 2.5시간 정도로 하며 기타 설계기준은 표 4.16과 같다. 이 표에서 **고형물부하**란 표면적당 가해지는 슬러지의 양으로 다음 식 (4.51)과 같다.

$$SL_s = \frac{Q_s \cdot X \cdot \mathrm{SVI}}{A_{st}} \tag{4.50}$$

여기서, SL_s : 고형물 부하율(kg/m^2 · day)

Q_s : 혼합액 유출량(m^3/day)

SVI : 슬러지 용적지수(m^3/kg)

X : 포기조의 MLSS 농도(kg/m^3)

A_{st} : 침전지의 수표면적(m^2)

표 4.16 2차침전지의 일반적 설계기준

처리방법	표면부하율(m^3/m^2 · day)		고형물부하(kg/m^2 · day)		유효깊이 (m)
	평 균	최 대	평 균	최 대	
활성슬러지법 (장기포기법 제외)	15 ~ 30	40 ~ 80	100 ~ 150	250	3.5 ~ 4.5
장기포기법	10 ~ 15	30	100 ~ 150	250	3.5 ~ 4.5

4.4.4 활성슬러지의 관리

하·폐수처리시설을 관리하는 데 있어 주요 관리인자는 처리수질·슬러지 발생량 및 슬러지 팽화나 해체의 방지 등을 들 수 있다. 이 중 슬러지 팽화나 해체의 문제는 막미생물이나 고정화 미생물을 이용하는 타 처리법에서는 전혀 문제되지 않는 활성슬러지법만의 중요한 설계·관리인자로, 본 항에서는 슬러지의 팽화나 해체·부상 등 슬러지의 침전성과 관련된 사항만을 기술하였으며, 처리수질이나 슬러지 발생량 등 기타 인자의 관리요령은 관련 문헌(李, 2016)을 참고하기 바란다.

1. 슬러지 팽화

팽화란 슬러지가 floc을 잘 형성하지 못하거나 floc은 형성하지만 잘 침전하지 않는 상태로 크게 사상성 세균의 과다 성장에 따른 사상성 팽화와 미생물이 생산하는 점액물질의 다소에 따른 점액성 팽화로 구분할 수 있으며, 어느 경우든 SVI 값이 200을 초과하는 경우를 말한다.

① 사상성 팽화 (filamentous bulking)

사상성 팽화를 발생시킨다는 사상성 세균은 일반 미생물에 비해 서서히 자라는 미생물이고(van Niekerk *et al*., 1987, Wanner *et al*., 1989), 자연계에서 흔치 않은 미생물이다(Bitton, 1994). 그럼에도 불구하고 이제까지 팽화의 원인은 대부분 사상성 세균이라고 알려져 왔다(WEF., 1998; Richard *et al*., 1985; Richard *et al*., 1982; Storm *et al*., 1984). 하지만 이러한 주장은 논리적 근거가 전혀 없는 잘못된 주장으로, 자세한 내용은 관련 문헌(李, 2016)을 참고하기 바라며, 여기서는 관련 문헌의 주요 내용만을 간추려 소개하고자 한다.

② **비사상성 팽화** (nonfilamentous bulking)

비사상성 팽화는 미생물이 생산하는 점액물질의 다소에 따라 발생하는 현상으로 **점액성 팽화**라고도 하며, 거의 모든 팽화의 원인이다. 점액성 팽화는 F/M비·온도·DO·독성물질·pH 등의 부적절한 관리에 따라 단시일 내에 발생하며, 적절한 조치를 취할 경우 4～5일 이내에 쉽게 사라진다. 발생원인과 대책을 살펴보면 다음과 같다.

㈀ F/M비

이미 4.4.3 5.항에서 기술했듯이 슬러지가 최적의 침전성을 유지하기 위해서는 각각의 HRT에 해당하는 최적의 F/M비가 유지되어야 한다. 즉, 그림 4.28과 같이 슬러지의 침전성은 각각의 HRT에서 특정의 침전곡선을 나타내는데, 이 곡선의 좌측은 점액물질의 부족으로 우측은 점액물질의 과잉으로 팽화한다. 이와 같이 팽화는 점액물질의 다소에 따라 침전곡선의 좌측 및 우측에서 발생하는데, 이후 좌측을 **좌측부하** 우측을 **우측부하**라 칭한다.

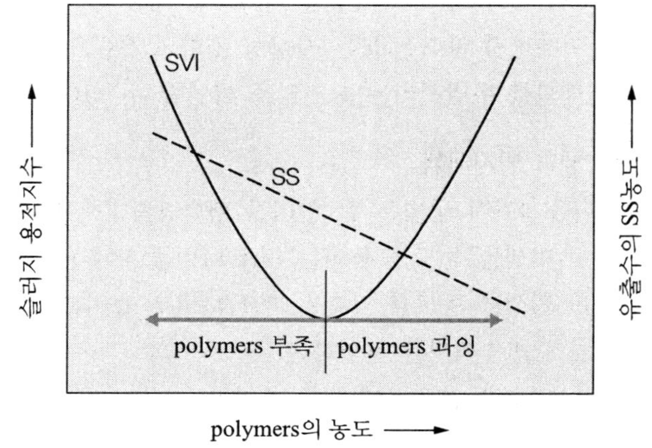

그림 4.28 점액물질의 양과 SVI 및 유출수 SS의 이상적 관계

이와 같이 팽화현상은 점액물질의 다소에 따라 나타나는 현상이므로 팽화현상과 더불어 특정의 현상을 보인다. 즉, 좌측부하에서는 점액물질의 부족으로 슬러지가 floc을 잘 형성하지 못해 팽화가 발생하며, 이때 점액물질의 부족으로 유출수 중 고형물의 농도는 현저히 증가한다(그림 4.28 참고).

반면 우측부하에서 발생하는 팽화는 점액물질의 과잉으로 슬러지는 floc을 형성하지만 floc을 형성하는 입자들이 불규칙적으로 아무렇게나 들러붙어 공극이 크고 밀도가 작아 잘 침전하지 않는다. 하지만 이때 floc은 부착력이 크므로 유출수 중 고형물의 농도는 현저히 감소한다.

㈁ 온도·DO·독성물질 및 pH

온도·DO·독성물질 및 pH 등도 점액물질의 생산을 좌우한다. 먼저 온도나 DO의 경우 온도나 DO가 상승하면 처리속도가 증가하고, 이에 따라 유기산의 농도가 감소하며 유기산의 감소는 점액물질의 감소를 초래한다. 따라서 온도나 DO가 지나치게 상승하면 슬러지는 점액물질의 부족으로 팽화하고 유출수 중 고형물의 농도는 증가한다. 즉, 온도나 DO의 상승은 그림 4.28의 SVI 곡선과 SS의 변화를 나타내는 점선을 우측으로 이동시키는 결과를 가져온다.

반면 온도나 DO가 낮아질 경우 처리속도가 감소하여, 조 내 유기산의 농도는 증가하며, 유기산 농도의 증가는 점액물질의 생산을 유도한다. 따라서 온도나 DO가 지나치게 낮아지면 슬러지는 점액물질의 과잉으로 팽화하고 유출수 중 고형물의 농도는 감소한다.

한편 독성물질의 유입이나 유입수의 낮은 pH는 점액물질의 생산을 촉진하여 그림 4.28의 SVI 곡선을 좌측으로 이동시키는 결과를 가져온다. 이상과 같이 이제까지 알려진 모든 사상성 팽화의 유발요인은 사상성 팽화가 아닌 점액성 팽화를 유발시키는 요인임을 확인할 수 있다.

㈂ 팽화 방지대책

다음 4가지 방법은 잘 알려진 팽화방지대책이다.

ⓐ 미생물 농도를 높이는 것(F/M비를 낮추는 것)
ⓑ 미생물 농도를 낮추는 것(F/M비를 높이는 것)
ⓒ 소화슬러지를 혼입하는 것
ⓓ 염소와 같은 산화제를 주입하는 것

이들 방법은 미생물의 점액물질 생산을 유도하거나 억제하여 팽화를 방지한다. 즉, ⓐ는 처리속도를 증가시켜 점액물질의 감소를 유도하고, ⓑ, ⓒ, ⓓ는 처리속도를 늦추거나 미생물을 직접 자극하여 점액물질의 생산을 유도한다. 이와 같이 상기의 방법들은 사상성 팽화와는 전혀 무관하다. 따라서 기존의 주장처럼 대부분의 팽화가 사상성 세균에 의해 발생한다는 주장은 잘못된 것이다. 구체적 팽화의 요인과 원인 및 대책은 다음 표와 같다.

표 4.17 팽화의 요인·원인 및 대책

팽화의 유발요인	원 인	대 책
낮은 F/M비(좌측부하) 온도상승 DO상승	점액물질 부족	미생물 농도를 낮춘다. 소화슬러지를 혼입한다. 염소와 같은 산화제를 주입한다.
높은 F/M비(우측부하) 온도하강 DO하강	점액물질 과잉	미생물 농도를 높인다.

예제 4.15

유입수 농도가 300 mg/L, HRT가 6 hr, MLSS 농도가 2,000 mg/L인 조건에서 슬러지가 팽화하였다. 팽화의 원인은 좌측부하인가 우측부하인가? 또한 최적의 침전성을 유지하기 위해서는 어떠한 팽화대책을 강구해야 하는가? (단, 반응온도 28℃이다.)

풀이 먼저 F/M비는 식 (4.23)에 의해

$$F/M = \frac{S_i \times 24}{X \times HRT_{(hr)}} = \frac{300 \times 24}{2{,}000 \times 6} = 0.6 \text{ kg-BOD/kg-MLSS} \cdot \text{day}이다.$$

한편 체류시간 6 hr일 때 최적 F/M비는 식 (4.41)에 의해

$$\begin{aligned} Opt.F/M_{(28℃)} &= 3.3255 \times \theta^{-1.516} = 3.3255 \times 6^{-1.516} \\ &\fallingdotseq 0.22 \text{ kg-BOD/kg-MLSS} \cdot \text{day}이다. \end{aligned}$$

∴ $0.6 > 0.22$이므로 우측부하로 인하여 팽화하였다.

따라서 팽화를 완화시키기 위해서는 점액물질의 감소를 유도해야 하는데, 점액물질을 감소시키기 위해서는 MLSS 농도를 상승시켜야 한다. 최적의 F/M비가 0.22이므로 최적 미생물 농도는

$$X = \frac{S_i \times 24}{F/M \times HRT_{(hr)}} = \frac{300 \times 24}{0.22 \times 6} = 5{,}454 \text{ mg/L}이다.$$

예제 4.16

겨울철에 반응온도 12℃, 체류시간 6 hr인 조건에서 슬러지는 양호한 침전성을 나타내었다. 여름철 기온의 상승으로 반응온도가 24℃로 상승하여 슬러지의 침전성이 악화되었다.

슬러지 팽화를 막기 위한 대책을 강구하라(단, 연중 체류시간과 유입수 농도의 변화는 없다고 가정한다).

풀이 온도가 상승하면서 슬러지가 팽화하는 것은 좌측부하로 인한 것이다. 따라서 임시적으로 소화슬러지나 염소와 같은 산화제를 투입하면 된다. 장기적으로는 미생물 농도를 조절해야 하는데, 조절 방법은 다음과 같다.
먼저 28℃에서 최적 F/M비는 식 (4.41)에 의해

$$\text{Opt.F/M}_{(28℃)} = 3.3255 \times \theta^{-1.516} = 3.3255 \times 6^{-1.516}$$
$$\fallingdotseq 0.22 \text{ kg-BOD/kg-MLSS} \cdot \text{day}$$이고,

12℃에서 최적 F/M비는 식 (4.44)에 의해

$$\text{Opt.F/M}_{(12)} = \text{Opt.F/M}_{(28)} \cdot 1.047^{(12-28)} = 0.22 \times 1.047^{(12-28)}$$
$$= 0.11 \text{ kg-BOD/kg-MLSS} \cdot \text{day},$$

24℃에서 최적 F/M비는 식 (4.44)에 의해

$$\text{Opt.F/M}_{(24)} = 0.22 \times 1.047^{(24-28)} = 0.18 \text{ kg-BOD/kg-MLSS} \cdot \text{day}$$이다.

한편 연중 유입수 농도나 체류시간의 변화가 없으므로, 식 (4.23)에서 다음 관계가 성립한다.

$$\text{F/M}_{(12)} \times X_{(12)} = \text{F/M}_{(24)} \times X_{(24)} \Rightarrow \text{F/M}_{(12)}/\text{F/M}_{(24)} = X_{(24)}/X_{(12)}$$
$$= 0.11/0.18 = 0.61.$$

따라서 겨울철에 유지했던 미생물 농도를 61% 정도로 감소시켜야 한다.

2. 슬러지 해체

이미 1.항에서 기술하였듯이 좌측부하에서 슬러지가 팽화할 경우 슬러지는 점액물질의 부족으로 floc을 형성하기 어렵고 유출수 중 고형물의 농도가 현저히 증가하는데, 이제까지 흔히 **분산성장**(dispersed growth)이라고 알려진 슬러지의 상태는 이러한 조건에서 발생하며, **점플럭**(pinpoint flocs)이란 저부하, 즉 긴 HRT의 좌측부하에서 나타나는 현상으로 floc은 작고 빠르게 침전하며, 슬러지의 SVI는 낮고 처리수의 탁도가 크게 증가하는 상태를 이르는 것이다.

3. 슬러지의 부상(rising sludge)

침전지에서 슬러지가 부상하는 원인은 탈질반응에 따른 것이다. 탈질반응은 무산소(anoxic)조건인 최종침전지 내에서 발생하며, 탈질의 결과로 발생한 미소한 질소가스가 침전슬러지의 자중을 감소시켜 슬러지 덩어리가 침전지 표면에 부상한다. 이때

부상한 슬러지로 인하여 유출수의 수질이 악화되며, 심한 경우에는 표면에 scum을 형성하기도 한다. 이러한 부상현상은 주로 여름철에 발생하는데, 이것은 온도의 상승으로 탈질반응이 촉진되기 때문이다.

슬러지의 부상현상을 억제하기 위해서는, 슬러지의 반송률을 증가시켜 침전조 내 슬러지의 체류시간을 줄거나, 포기조 유출수를 충분히 포기하여 침전지 내에 무산소 조건이 형성되는 것을 최대한 억제해야 한다.

4.5 활성슬러지 변법

활성슬러지법은 원래 회분식으로 개발되었으며 이후 계속 수정·발전되어 연속흐름형 반응기인 현재의 재래식 활성슬러지법으로 정착되었다. 이후 재래법과 운전조건이 다소 다른 많은 변법들이 개발되었는데, 재래법을 포함한 주요 변법은 표 4.7과 같다. 이 중 도시하수처리에 가장 흔히 사용되는 공법은 재래식 활성슬러지법(conventional activated sludge process)이다. 하지만 우리나라에서는 이 처리법을 흔히 **표준활성슬러지법**이라고 말하는데, 이러한 호칭은 우리나라에 하수처리방법이 도입·소개되면서 재래법을 설계 표준으로 권장하는 과정에서 잘못 붙여진 이름이다. 따라서 앞으로 이 호칭은 지양(止揚)하고 원래대로 재래식 활성슬러지법이란 용어를 사용하는 것이 바람직할 것으로 생각된다.

아무튼 이 방법은 장기포기법(extended aeration process)과 고율법(high rate aeration process)의 특징을 고루 갖추고 있다. 즉, 장기포기법은 일반적으로 처리수가 양호하고 슬러지 발생량이 극히 적어 경제적인 반면 포기조 체류시간이 길어 적용부하가 적은 단점을 가진다. 반면 고율법은 포기조 체류시간이 짧아 고부하를 가할 수 있어 경제적이지만 상대적으로 처리수가 불량하고 슬러지 발생량이 많은 단점을 가진다. 따라서 이들 중간 정도의 특징을 갖는 재래법은 경제성과 효율성을 고루 갖춘 처리법으로 도입 초기부터 활발히 권장되었다.

이와 같이 활성슬러지법은 적용부하를 기준으로 장기포기법·재래법 및 고율법으로 구분할 수 있으며(표 4.7 참고), 흐름의 형태에 따라 완전흐름혼합형 및 플러그흐름형 등으로, 그 외에 먹이나 산소 공급 방법 등에 따라 여러 가지의 변법이 있다.

4.5.1 흐름의 연속성에 따른 분류

활성슬러지법은 흐름의 연속성에 따라 회분식과 연속류식으로 나눌 수 있는데, 회분식(batch system)은 활성슬러지법 개발 초기의 것으로, 그것의 운전방법으로 인하여 "fill and draw"라고 불렸다. 그러나 이 방법은 당시 각종 자동제어기술의 부재로 관리가 번거로워 그 우수성에도 불구하고 그 후 **연속류식**(continuous flow system)으로 발전하였는데, 연속류식은 폐수가 연속적으로 유입되고 처리수 역시 연속적으로 유출되는 시스템이며 현재 가동 중인 대부분의 처리장은 이 시스템을 채용하고 있다. 한편 회분식은 근래에 각종 자동제어기술이 발전함에 따라 개발 초기의 결점인 조작의 번거로움이 사라지게 되었다. 따라서 회분식 처리법에 대한 관심이 높아져 현재에는 연속회분식 활성슬러지법(sequencing batch reactor activated sludge process; SBR)으로 발전하였다.

이 공법은 연속운전이 가능한 회분식 처리법으로 기본적인 운전조작 공정의 1주기는 그림 4.29와 같이 **유입**(fill) - **반응**(react) - **침전**(settle) - **방류**(draw) 및 대기(idle)의 4가지 공정으로 이루어진다. 이들 각 공정은 포기와 교반장치를 갖춘 하나의 반응조에서 순차적으로 이루어지며, 다수의 반응조를 교차운전함으로써 연속흐름형 반응기와 같이 연속처리가 가능하다.

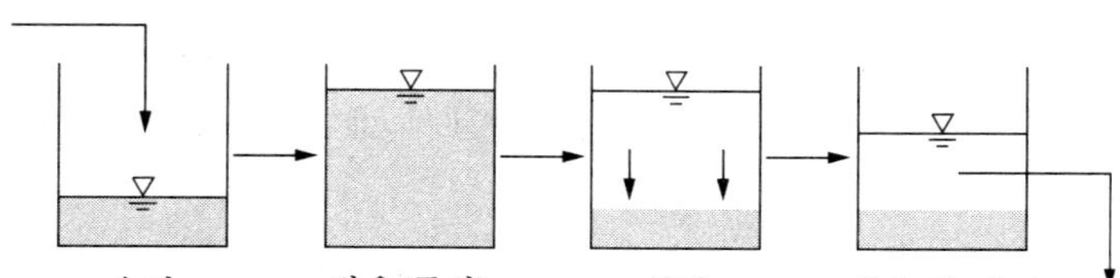

그림 4.29 SBR의 공정도

SBR의 장점은 다음과 같다.

① 장치가 간단하고 관리가 쉽다.

② 연속류 시스템에 비하여 비교적 수량과 수질의 변화에 대응하기 쉽다.

③ 정치침전(定置沈澱)을 실시하므로 고액분리가 용이하고 슬러지의 침전성이 다소 악화될 경우에도 침전시간을 연장함으로써 유연하게 대처할 수 있다.

④ 조작 방법을 변경함으로써 질소·인과 같은 영양물질의 제거도 가능하다. 즉, BOD 제거를 위한 단순 포기과정을 포기와 교반(무포기)과정으로 분할함으로써 질소와 인도 제거할 수 있다.

4.5.2 흐름의 상태에 따른 분류

활성슬러지법은 흐름의 상태에 따라 **완전흐름혼합형**(continuous flow stirred tank reactor; CFSTR)과 **플러그흐름형**(plug flow reactor; PFR)으로 구분된다. 완전흐름혼합형은 그림 4.30과 같이 폐수가 반응기에 연속적으로 유입되고, 유입과 동시에 기계적으로 완전 혼합되며 혼합수는 연속적으로 배출된다. 따라서 반응기 내 기질의 농도는 위치에 관계없이 일정하고 유출수와도 같다.

플러그흐름형은 그림 4.31과 같이 주입된 폐수가 반응기의 유입부에서 유출부로 흐르는 동안 점진적으로 처리되어 방류되는 시스템으로 반응기 내 기질의 농도는 위치에 따라 다르다. 따라서 전단과 후단의 부하율 및 산소요구량도 다르다.

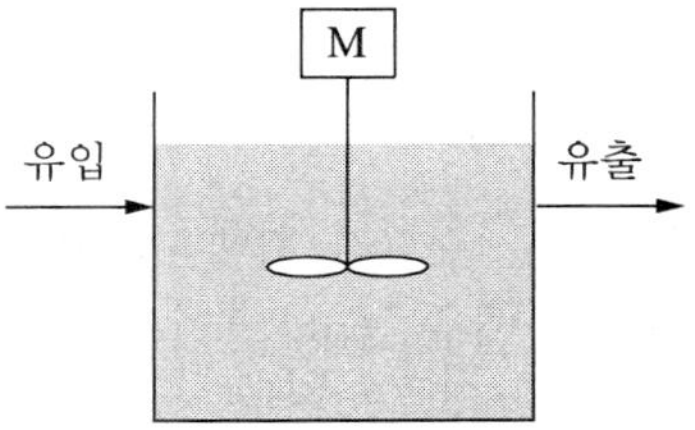

그림 4.30 완전 혼합형

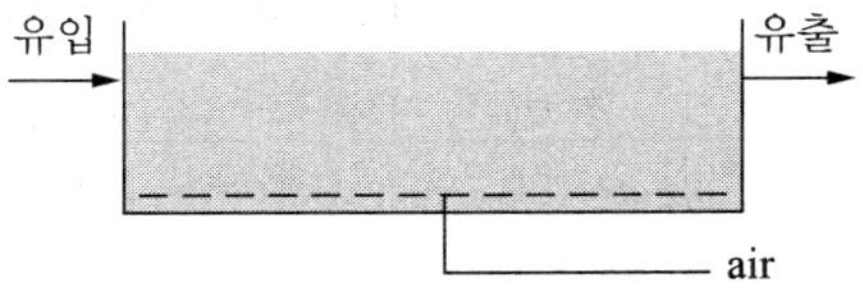

그림 4.31 플러그 흐름형

4.5.3 적용부하에 따른 분류

표 4.7에 나타낸 바와 같이 활성슬러지법은 적용부하에 따라 재래법 외에 장기포기법·고율법 및 수정포기법으로 구분된다. 이들 공정은 도시하수를 처리하는 경험적 과정에서 개발된 것으로 적용부하나 적용농도가 다를 뿐 공정은 모두 그림 4.6과 같다.

1. 장기포기법 (extended aeration process)

장기포기법은 0.05~0.15 kg-BOD/kg-MLVSS·d 정도의 낮은 부하로 운전된다. 따라서 미생물의 성장단계는 내생단계에 해당하며 슬러지 발생량은 매우 적고, 처리수는 비교적 양호하다. SRT는 20일 이상이 되며, 평균 수리학적 체류시간은 30시간 이상이다.

폐수의 적정 유입 농도는 비교적 중농도 이하의 도시하수에 해당하는 50~150 mg/L 정도가 적당하다(그림 4.22 참고). 비교적 소형 처리장에 주로 채용되며 1차침전지는 설치하지 않는 경우가 허다하다. 운전 시 pinpoint floc의 발생이 우려되며, 이 경우 미생물 농도를 낮추는 것이 유효하다(李, 2016).

2. 고율법 (high rate aeration process)

본 법은 재래법보다 짧은 체류시간으로 고농도의 폐수를 처리하기 위해 개발된 것으로(McKinney, 1962b; Metcalf, 1979), 적용부하는 0.4～1.5 kg-BOD/kg-MLVSS · d 정도로 매우 높고, 포기조 체류시간은 2～4시간 정도이다.

폐수의 적정 유입 농도는 200～600 mg/L 정도이며, 미생물 농도는 3,000～6,000 mg/L로 높게 유지시켜야 한다. 이때 미생물은 대수성장단계를 유지하며, 고부하로 인하여 슬러지 발생량 및 슬러지 전환율이 커서 SRT는 10일 이하이고, 처리수는 비교적 불량하다. 이 처리법은 타 처리법에 비해 대량의 포기를 필요로 하고, 운전 시 지나치게 미생물 농도를 높일 경우 분산성장에 의한 처리수의 악화가 우려된다(李, 2016).

3. 수정포기법 (modified aeration process)

본 법은 저농도의 폐수를 짧은 체류시간에 처리하기 위해 개발된 것으로, 적용부하는 1.5～5.0 kg-BOD/kg-MLVSS · d 정도로 매우 높고, 포기조 체류시간은 1.5～3시간 정도이다.

폐수의 적정 유입 농도는 50 mg/L 내외이며, 미생물 농도는 200～500 mg/L로 매우 낮다. 이때 미생물은 대수성장단계를 유지하며, 고부하로 인하여 슬러지 발생량 및 슬러지 전환율이 매우 커서 SRT는 0.5일 이하로 극히 짧다. 따라서 슬러지 처리비용이 많이 들고, 지나치게 낮은 미생물 농도로 인하여 형성되는 floc이 작고 빠르게 침강하여 현탁물의 제거율이 떨어지는 등 최종침전지 관리에 문제가 발생할 수 있다.

4. 초고율처리법 (ultra high rate aeration process; UHR)

본 법은 국내에서 개발된 활성슬러지의 새로운 변법이며(李, 2000b), 아직 실제 처리장에 도입된 바는 없으나, 실험실적 결과로는 1시간 이하의 극히 짧은 체류시간에서 2.2～7.0 kg-BOD/kg-MLSS · day 정도의 고부하를 적용할 수 있다. 이 부하는 재래법에 비해 약 10배 이상이고, 고율법에 비해서는 약 3배에 해당하는 초고부하에 해당한다.

적정 유입 농도는 200～450 mg/L 정도이며, 처리율은 94.7～97.3%로 매우 양호한 결과를 보인다. 본 법은 처리의 양적 개념에서 볼 때 기존의 어떤 처리법보다 획기적인 처리법으로 고려되며, 장 · 단점은 수정법이나 고율법과 거의 동일하다.

4.5.4 산소원이나 공기·기질 공급 방법에 따른 분류

공기나 기질의 공급방법에 따라 점감식 포기법(tapered aeration system)과 단계식 부하법(step feed system)으로 구분한다.

1. 점감식 포기법 (tapered aeration system)

플러그흐름형 포기조에서 산소요구량은 유입부에서 최대가 되고 유출부에서 최소가 된다. 이러한 현상은 폐수가 포기조를 통과하는 동안 기질이 감소하기 때문이다. 따라서 공기 공급을 위해 소요되는 에너지를 감소시키기 위해 유출부로 갈수록 산기장치의 간격을 벌려 공기 공급량을 감소시키는 방법을 점감식(漸減式) 포기법이라 한다.

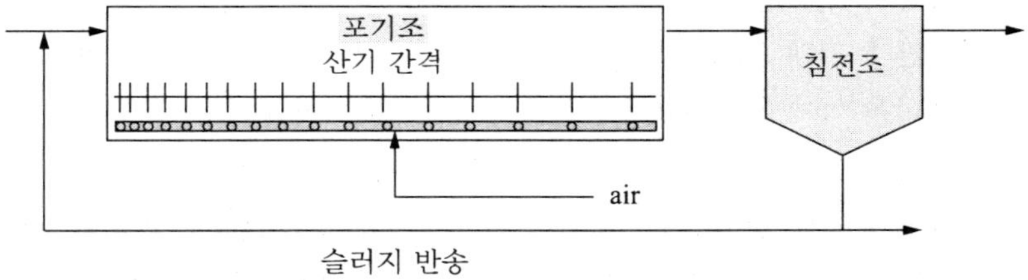

그림 4.32 점감식 포기법

2. 단계식 부하법 (step feed system)

단계식 부하법은 그림 4.33과 같이 하수를 포기조의 측면에 설치한 여러 유입구를 통하여 분할 공급함으로써 포기조 전체의 부하를 균등화시켜 산소이용률을 높이는 방법이다. 따라서 포기조의 적용부하를 높일 수 있으며, 첨두부하 시 산소 부족 현상을 다소나마 완화시킬 수 있는 장점이 있다.

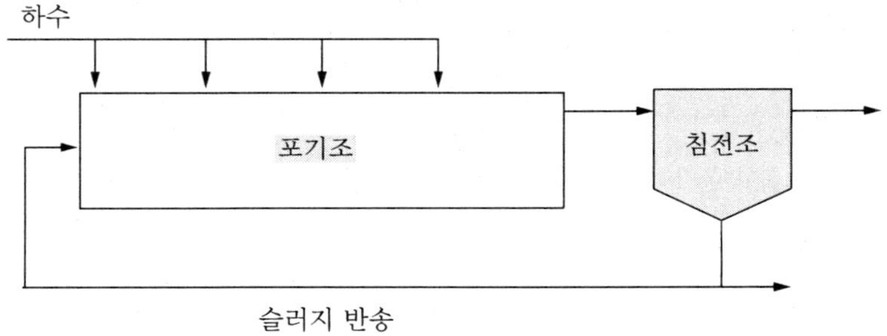

그림 4.33 단계식 부하법

4.5.5 기타 변법

1. 접촉안정법 (contact stabilization system)

일반적으로 하·폐수는 용해성 기질과 많은 양의 부유성 고형물을 포함하는데, 이들 물질이 미생물에 의해 제거되는 과정이나 속도는 각기 다르다. 용해성 기질의 경우 농도 차에 의한 확산이나 능동수송과정 등을 통하여 대사되는 데 반하여, 부유성 유기물의 경우 흡착(吸着)이라는 생물학적 현상에 의해 활성슬러지에 부착된 후 용해성 기질과 같은 대사과정을 거쳐 제거된다.

접촉안정법(接觸安定法)은 점액물질에 의한 미생물의 흡착작용을 최대한 이용하는 것으로, 그림 4.34와 같이 20～40분 정도의 짧은 체류시간을 갖는 접촉조에서 하수를 미생물과 접촉시킨 다음 혼합액을 침전조에 유입시킨다. 이때 침전된 슬러지는 다량의 부유성 고형물을 흡착한 고농도의 슬러지로 이것을 안정조로 이송하여 4～8시간에 걸쳐 포기한다. 이러한 방법으로 접촉안정법은 재래법에 비해 포기조의 소요용적을 약 1/2 정도로 크게 줄일 수 있고, 1차침전지를 소거할 수 있으며, 생물반응조의 체류시간을 증가시켜 슬러지 발생량을 다소나마 감소시킬 수 있다. 또한 이때 안정화조에서는 흡착력이 양호한 슬러지가 생산된다. 하지만 접촉조의 체류시간이 짧기 때문에 용해성 기질의 제거율은 재래법에 비해 다소 떨어질 수 있다.

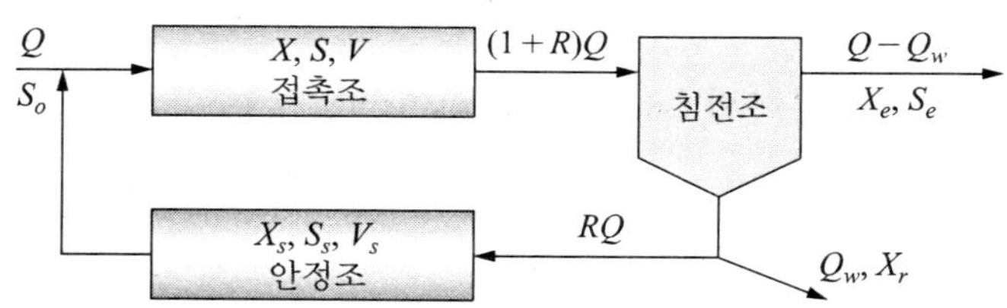

그림 4.34 접촉안정법의 공정도

표 4.18 재래식 방법과 접촉안정법에 있어서 필요한 조 용적의 비교

구 분	재래법		접촉안정법	
	체류시간(hr)	조용적(m^3)	체류시간(hr)	조용적(m^3)
1차침전지	1.5	$1.5Q$	–	–
재래식 포기조	6.0	$9Q$	–	–
접촉조+안정조	–	–	1.0+6.0	$1.5Q+3Q$
2차침전지	2.0	$2Q$	2.0	$2Q$
합 계	9.5	$12.5Q$	9.0	$6.5Q$

Q= 유량(m^3/hr), 슬러지반송률 $R=0.5$.

2. 순산소포기법 (pure oxygen aeration system)

순산소포기법은 공기 대신 순산소를 이용하기 때문에 뚜껑을 가진 포기조를 사용하며, 혼합액의 교반은 터빈과 같은 회전기를 이용한다. 이 방법은 높은 산소전달속도로 인하여 0.4～1.0 kg-BOD/kg-MLVSS · day 정도의 고부하를 실현할 수 있으며, 이때 조 내 용존산소 농도는 4～10 mg/L 정도를 유지한다. 자세한 운전조건은 표 4.19와 같다. 이 방법은 공기포기법에 비해 기질제거속도가 크고 슬러지 생산량이 적다. 또한 고농도의 MLSS 농도를 유지할 수 있으며 슬러지의 침강성과 처리수의 수질도 양호하다.

순산소포기법이 이상과 같은 장점을 가지는 것은 산소원에 따른 것으로 판단된다(李, 2016). 즉, 순산소포기법은 주로 고농도의 폐수를 처리하기 위해 이용된다. 이때 슬러지의 점액성팽화를 유도하는 고농도의 유기산이 생산되는데, 용존산소 농도를 크게 높일 수 있는 산소포기법은 공기포기법에 비해 유기산의 산화속도가 크다. 따라서 슬러지의 침전성이 안정되며, 동시에 처리수도 호전되는 것으로 판단된다. 또한 슬러지 발생량이 적은 것은 본 법이 고농도의 미생물을 유지할 수 있으므로 높은 용적부하(kg-BOD/m^3 · day)에도 불구하고 고율법이나 수정포기법에 비해 상대적으로 낮은 F/M비를 유지할 수 있기 때문이다.

3. 간헐포기법 (intermittent aeration system)

간헐포기법은 활성슬러지법의 포기방법만을 변형한 것으로, 공기 공급을 일정 간격으로 단속(斷續)하여 무산소 상태(anoxic)와 산소 상태(oxic)를 반복시키는 것이다(李, 1998a). 이때 공기 공급의 단속과 같은 서식환경의 악화는 미생물 중 세균의 비율을 증가시켜 처리속도를 상승시킨다. 또한 무산소 상태에서 미생물의 활성은 크게 저하되지 않지만 증식을 억제하여 슬러지 발생량이 감소하며, 특히 무산소 시에는 단순히 교반만을 실시하므로 포기에너지를 크게 절감시킬 수 있다. 이와 같이 간헐포기법은 활성슬러지의 효율개선 및 경제성을 높일 수 있는 이상적 방법으로 판단된다. 그 외에 연속포기와 비교할 때 이 방법은 거품 발생이나 동절기의 폭기조 온도 하락을 완화시킬 수 있는 장점도 있다.

4. 심층포기법 (deep aeration process)

심층포기법(深層曝氣法)은 1970년대 영국에서 활성슬러지의 변법으로 개발되었다(Cox, 1980). 이 방법은 높은 정수압 하에서 다량의 산소를 수중에 용해시켜 산소이용률을 극대화시키기 위한 것으로, 10～15% 정도인 기존의 산소이용률을 90%까지 크게 높일 수 있다(Hashimoto, 1986). 따라서 포기조는 높은 정수압을 얻기 위해 기존의 포기조에 비해 수심을 10 m 정도로 깊게 해야 하지만 그에 따라 소요 부지면적은 크게 줄일 수 있다. 본 법의 장점은 충분한 산소공급능력으로 포기조 내 미생물 농도를 높게 유지할 수 있고, 그로 인하여 고농도 폐수의 처리가 가능하다. 또한 슬러지 발생량이 적고, 악취나 소음·비산(飛散) 등의 발생이 적다.

한편 수심이 10 m 이상이 되면 혼합액의 상승 시 급격한 감압(減壓)에 의해 용존가스가 석출하고 석출된 미세 기포가 슬러지에 부착하여 슬러지의 침전성이 악화되는 단점을 가지는데, 이때 석출 가스는 주로 질소이고 그 농도는 산기수심에 비례한다. 따라서 포기조의 깊이에도 불구하고 산기장치의 설치위치를 충분히 깊게 할 수 없으며, 슬러지가 최종침전지에 유입하기 전에 **후폭기**(後曝氣; post aeration)를 실시하여 탈기(脫氣)할 필요가 있다. 적용부하는 0.5～5 kg-BOD/kg-MLVSS·day 정도이며, 수리학적 체류시간은 1～5시간 정도이다.

5. 초심층포기법 (deep shaft aeration process)

초심층포기법의 그림 4.35와 같이 1차침전지·포기조·탈기장치 및 2차침전지로 구성된다. 포기조는 deep shaft와 head tank로 구성되는데, deep shaft는 직경 0.5～10 m 정도, 깊이 50～150 m 정도의 하향관(downcomer)과 상향관(riser)으로 구성되어 있다. 이들 관은 일반적으로 U형관 혹은 동심 이중관의 형태를 가진다. 하향관(downcomer)은 저압 하에서 송풍한 공기를 폐수와 함께 50 m 이상의 수심까지 가져가 용해시킴으로써 산소공급률을 높인다. 폐수의 순환은 air lift 방식이나 펌프순환 방식을 채용하는데, 일반적으로 air lift 방식을 주로 채용한다. 이 방법은 초기 시동 시를 제외하면 폐수의 순환동력은 상승관의 공기(대부분 질소가스) 부상력에 의한다(그림 4.36 참고).

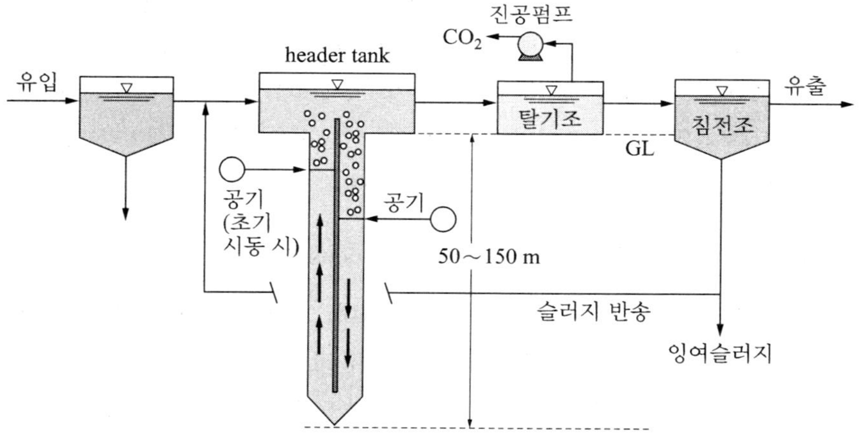

그림 4.35 초심층포기법의 공정도

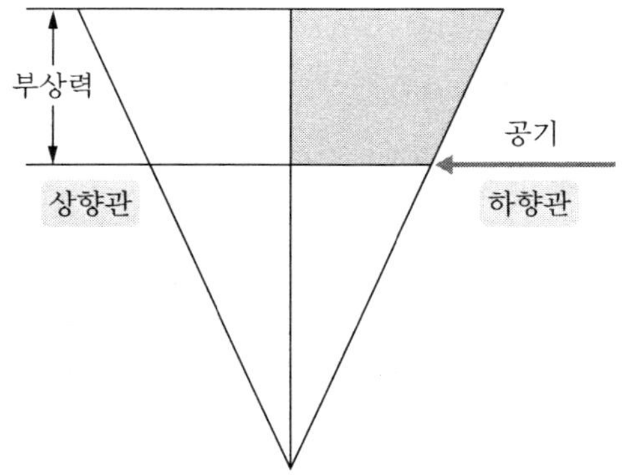

그림 4.36 순환의 원동력(상향관의 부상력)

6. 고속폭기침전지 (high rate aeration clarifier)

고속폭기침전지는 포기조와 침전지를 일체화시킨 구조로, 일종의 완전혼합방식으로 볼 수 있다. 본 법은 구조에 따라 slurry 순환형·slurry blanket형, 그리고 이들 두 가지 형식을 조합한 복합형이 있는데, 그 형태나 구조는 1편 6.3.3 3. ④항의 고속응집침전지와 같다(1편의 그림 6.19, 6.20, 6.21 참고).

하수는 포기부로 유입되어 슬러지와 함께 교반된 후 침전부로 유입되며, 침전슬러지는 포기부로 연속 유입되고 처리수는 침전지 상부로부터 월류(越流)한다. 이때 수면부하는 30～40 $m^3/m^2 \cdot day$가 적당하다. 잉여슬러지는 침전부 하부의 배니관을 통해 배출시키며, 타이머 등을 설치하여 자동적으로 배출될 수 있도록 한다. 포기설비는 산기장치만 있는 경우와 산기장치와 교반장치를 병용하는 경우가 있는데, 송기량은 전자의 경우 계획하수량의 5～8배, 후자의 경우 2～4배를 표준으로 한다. 교반기의 회전수는 20～50 rpm 정도로 하며 기타 조작 조건은 표 4.19에 나타내었다.

본 법은 고농도의 미생물을 유지시키고 동시에 침전조와 포기조를 일체화함으로써 소요 부지면적이 적고, 건설비나 전력비가 적게 들며 부하 변동에도 강하다. 하지만 고도의 운전기술이 요구되는 단점이 있다.

7. 산화구 (oxidation ditch)

본 법은 축산분뇨를 포함한 농업지역의 오·폐수를 처리하기 위해 네덜란드의 Pasveer에 의해 개발되었다. 이 방법은 표 4.19의 운전조건으로 볼 때 장기포기법과 원리적으로 거의 같은데 그 형태는 다르다.

일반적으로 1 m 정도의 도랑을 환상으로 설치하여 폐수를 순환시켜 처리하는 방법으로, 로터(rotor)의 회전력에 의해 기계적 폭기와 동시에 폐수의 흐름을 유도한다.

로터의 경제적 침수심은 직경의 20% 정도이며, 유속은 바닥에 슬러지가 침전하지 않는 정도, 즉 40 cm/sec 이상으로 한다.

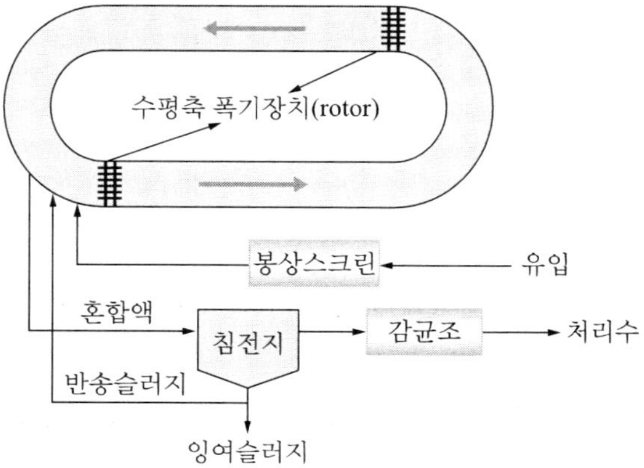

그림 4.37 연속류식 산화구의 공정도

표 4.19 각종 활성슬러지 변법의 운전조건

구 분	F/M (kg-BOD/kg-MLVSS·d)	HRT (hr)	MLSS (mg/L)	SRT (day)	Si[a] (mg/L)
장기포기법	0.05～0.15	18～36	1,500～5,000	20～30	50～150
재래법 (단계식부하법·점감식포기법)	0.2～0.4	4～8	1,500～3,000	5～15	80～200
고율법	0.4～1.5	2～4	3,000～6,000	5～10	200～600
수정포기법	1.5～5.0	1.5～3	200～500	0.2～0.5	50 내외
초고율법[a]	2.2～7.0	1 이하	(1,500～5,000)	(0.5 이하)	200～450
순산소포기법[b]	0.4～1.0	1～3	6,000～10,000	8～20	
접촉안정법	0.2	5 이상	2,000～8,000	4	
고속포기침전지	0.2～0.4	2～3	3,000～6,000	2～4	
산화구법	0.03～0.05	24～48	3,000～4,000	15～30	

a; 李, 2000b, ( )내는 필자의 추정 값임
b; Reynolds, T. D. 1978

본 법은 장기포기법보다 폭기조 체류시간이 더 길어 잉여슬러지는 매우 적다. 잉여슬러지의 인출은 연속류가 아닌 경우는 로터의 작동을 정지시킨 후 유로의 일부에 설치된 침전공간의 hopper로부터 인출하며, 연속류 처리인 경우는 별도의 후침전지를 설치하는 것이 바람직하다. 체류시간이 길어 후단에서 탈질을 기대할 수 있는 장점이 있으나 광대한 부지를 요하며 냄새·거품 등이 발생하는 단점이 있다.

8. 호기성 고온 활성슬러지법 (thermophilic aerobic activated sludge)

호기성 고온 활성슬러지법은 고온성 세균을 이용하여 고농도의 폐수를 처리하는 방법으로 분해속도가 빠르고 슬러지 발생량이 적은 것이 특징이다. 고온산화의 최적 온도는 55~60℃ 정도이지만, 일반적으로 45℃ 이상에서 운전한다. 본 법은 중온산화에 비해 반응속도가 3~10배 빠르고, 내생분해속도가 10배 정도 빠른 것으로 알려져 있다. 따라서 슬러지 발생량이 크게 감소한다. 하지만 산소전달효율이 떨어지고, 슬러지의 침강성이 불량하며 동시에 처리수의 탁도가 높다는 단점이 있는데, 그것은 고온성 세균의 floc 형성 능력이 떨어지기 때문이다.

9. 라군처리 (lagoon)

라군(lagoon)이란, 원래 작은 소지(沼池)를 의미하는데, 폐수처리 분야에서는 유기성 폐수를 비교적 장시간 체류시켜 생물학적으로 처리하는 지상(池狀)의 시설을 총칭하며, 안정화지(stabilization pond) 혹은 산화지(oxidation pond)라고도 한다. 라군은 주로 미생물학적으로 분류되며 그 종류와 특성은 표 4.20과 같다.

표 4.20 라군의 종류와 특성

구 분	안정화지			폭기지
	산화지		혐기성지	
	호기성	임의성		
수심(m)	0.2~0.4	1~2.5	2.5~4	2~4.5
체류시간(day)	2~6	7~30	30~50	2~10
BOD 부하(g/m^2·day)	10~20	2~10	20~100	
BOD 제거율(%)	80~95	35~75	50~70	
BOD 분해 형식	호기성	호기성	혐기성	호기성
슬러지의 분해	없음	혐기성	–	호기+혐기
광합성반응	있음	있음	–	–

위의 각종 라군은 개별적 특성을 가지고 있어 일률적으로 논하기는 어려우나 다음과 같은 공통적 특성을 가지고 있다.

① 비교적 넓은 용지를 필요로 하나, 비장치적 시설이므로 건설비는 저렴하다.

② 제어성(制御性)이 부족하나, 유지관리가 쉽고 그 비용도 싸다.

③ 체류시간이 길고, 폐수의 수량 및 수질의 변동이나 독물의 충격적 유입에 대해 저항력이 크다. 하지만 처리기능이 한 번 악화되면, 회복에 장시간이 요구된다.

④ 폭기지를 제외하고는 공학적 해석이 복잡하여 합리적인 설계기준과 운전지침을 확립하기 어렵다.

⑤ 기온이나 일조량(日照量) 등의 환경인자에 지배되는 바가 크고, 처리능력은 계절에 따라 크게 변화한다.

⑥ 고부하 시나 침전현탁물이 많은 경우, 황화수소 등의 악취와 모기 등 해충이 발생하기 쉽고, 민원을 야기할 가능성이 크다.

그림 4.38은 라군에 의한 폐수처리의 원리와 물질 흐름을 나타낸 것이다. 라군의 설계 시 부하는 표면적당 BOD부하로 나타내는데, 통상 2.44 g-BOD/m^2 · day를 초과해서는 안 된다. 또한 겨울철에는 생물의 활동이 중지되므로 이 기간 동안 유입 폐수를 저류할 수 있도록 지의 용량을 충분히 확보해야 하며, 폐수의 유·출입구는 단락류가 발생하지 않도록 위치를 잘 고려해야 한다. 그림 4.39는 단락류 예방을 위한 몇 가지 흐름의 예를 보인 것이다.

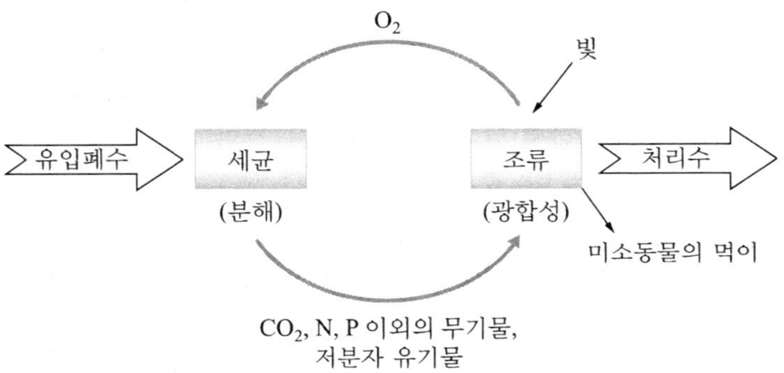

그림 4.38 라군에 의한 폐수 처리의 원리와 물질 흐름

그림 4.39 라군의 유입 및 유출 방법의 예

예제 4.17

어떤 지역의 인구는 1,000명이다. 이 지역 내 공장과 생활하수를 처리하기 위해 라군을 설계하고자 한다. 라군의 BOD부하를 2.0 g-BOD/m^2 · day으로 계획할 경우, 라군의 표면적과 제방의 높이를 구하라(단, 생활하수의 농도는 150 mg-BOD/L, 1인당 하수발생량은 0.35 m^3/day이고, 공장폐수의 농도 및 배출량은 각각 1,000 mg-BOD/L, 40 m^3/day이다. 또한 평상시 라군의 수위는 0.5 m 정도로 하고, 겨울철 폐수의 저장일수는 150일을 기준으로 한다).

풀이 일 BOD부하(생활하수 + 공장폐수)

$= 150 \times 0.35 \times 1{,}000 + 1{,}000 \times 40 = 92{,}500$ g-BOD/day

라군의 면적(A)

2.0 g-BOD/m^2 · day = 92,500 g-BOD/day/A $A = 46{,}250$ m^2

한편 1일 총 하폐수량(Q)은

$Q = 0.35 \times 1{,}000 + 40 = 390$ m^3/day

겨울철 저장유량(Q')은 1일 총 하폐수량 × 저장일수이므로,

$Q' = 390 \times 150 = 58{,}500$ m^{3}이다.

따라서 겨울철 저장유량에 의한 수위(h)는

$h = \dfrac{58{,}500}{46{,}250} \fallingdotseq 1.3$ m 이고,

여기에 평상시 수위(0.5 m) 및 여유고를 1 m 정도를 가산하면

제방고(H) = 1.0 + 1.3 + 0.5 = 2.8 m이다.

4.6 막미생물 공정

활성슬러지법을 설계·관리하는 데 있어 가장 중요하고 어려운 문제는 슬러지의 침전성을 확보하는 것이다. 하지만 막미생물 공법에서 이러한 점은 문제되지 않는다. 즉, 쇄석이나 그림 4.40과 같은 여러 가지 형태의 메디아를 반응조 내에 충전(充填)하고, 메디아 표면에 형성된 미생물막을 이용하기 때문에 슬러지의 침전성이 문제되지 않는다. 또한 활성슬러지법에 비해 상대적으로 높은 미생물 농도를 유지할 수 있으므로 낮은 F/M비로 인하여 슬러지 발생량이 적고, 운전이 비교적 쉽다는 장점을 가진다.

막미생물을 이용하는 대표적 공법으로는 **살수여상**(撒水濾床)이 있으며, 그 외에 **회전원판법**(回轉圓板法)·**침지여상법**(沈漬濾床法)·**유동상법**(流動床法) 등이 있는데, 일반적으로 활성슬러지법에 비해 처리수의 수질은 상대적으로 불량하고, 공학적으로 정화원리를 명확하게 해석하기 어렵다. 그림 4.41은 생물막의 모식도를 나타낸 것으로 그림의 생물막은 시간의 경과에 따라 호기성 생물막 하부에 혐기성 생물막이 형

성되고, 이것은 미생물막 탈리(脫離)의 원인이 되며 동시에 호기성 생물막의 활성을 저하시킨다.

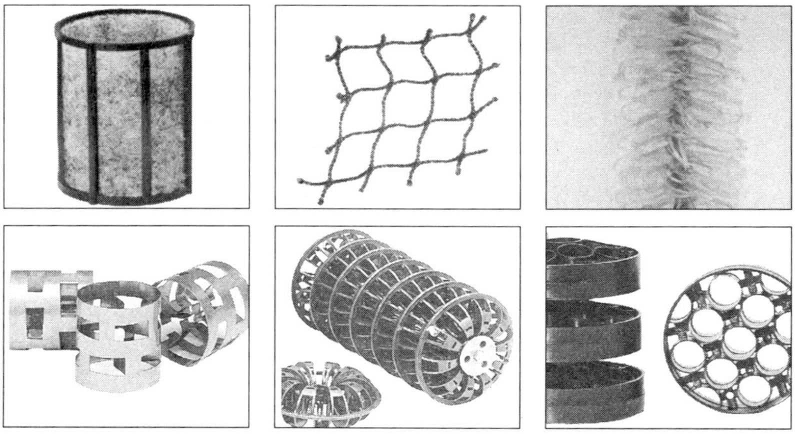

그림 4.40 생물막 공법에 이용되는 여러 형태의 메디아

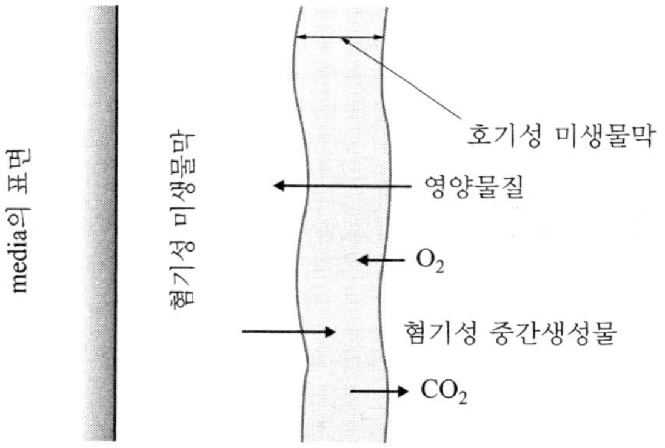

그림 4.41 생물막 모식도

4.6.1 살수여상법 (trickling filter)

1. 개요

살수여상은 막미생물을 이용하는 가장 대표적인 공법으로 미생물의 부착이 용이하고 동시에 통수가 원활한 메디아를 충전(充塡)한 여상에 폐수를 살수하는 공법이다. 그림 4.42는 살수여상의 가장 기본적인 공정을 나타낸 것으로 전체 공정은 1차침전지와 살수여상 및 2차침전지로 구성된다.

생물학적 정화원리는 활성슬러지와 같다. 즉, 1차침전지 유출수가 메디아의 표면에 부착성장하는 미생물막을 적시면서 유하하는 동안 현탁성 유기물 및 용해성 유기물이 생물막에 의해 산화되며, 이때 산소의 공급은 대기 혹은 하수의 용존산소가 이용된다. 또한 시간이 경과함에 따라 생물막은 상당한 두께로 성장하는데, 그때 산소공급이 불충분한 막의 내부가 부패되어 생물막은 메디아에서 떨어져 나간다. 이러한 현상을 탈리(脫離)라 하며, 2차침전지는 탈리된 슬러지를 분리하기 위한 것이다. 이와 같이 살수여상은 활성슬러지법과 같이 팽화가 없고 슬러지 반송도 필요치 않아 관리가 쉽고 구조도 간단하여 과거에 중소규모의 처리장에 많이 적용되었다.

여상의 구조는 장방형·정방형 또는 원형이 있으며, 일반적으로 원형이 주로 채용된다. 살수는 장방형이나 정방형의 경우 주행살수기 또는 고정노즐을 이용하며, 원형인 경우에는 그림 4.43과 같이 회전식 살수기를 이용한다. 회전살수기를 이용할 경우 회전동력은 살수기의 측면에 일정 간격으로 설치된 노즐로부터 폐수를 분사할 때 발생하는 반동력을 이용하며, 여상의 직경이 큰 경우에는 모터를 사용할 수도 있다.

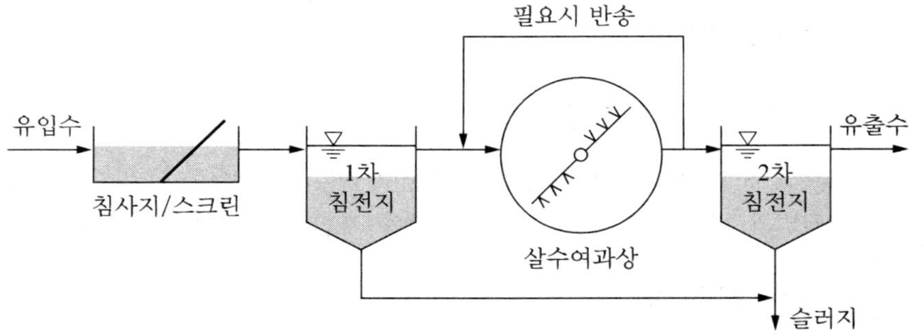

그림 4.42 살수여상의 공정도

그림 4.43 회전식 살수기가 설치된 살수여상

여상 내 생물상은 활성슬러지와 달리 세균·진균·조류·원생동물로 구성되며 그 외에 활성슬러지에서는 볼 수 없는 각종의 유충 등도 포함된다. 미생물은 여상 내 막의 형태로 존재하므로 세대기간이 긴 고등한 포식자가 활성슬러지법에 비해 많이 존재하는데, 그 결과 먹이연쇄가 잘 발달하여 기질의 슬러지전환율은 매우 적다. 하지만 하등한 세균류의 감소로 활성슬러지법과 같이 양호한 처리수를 기대하기는 곤란하다.

2. 살수여상에 충전되는 메디아

여상에 충전되는 메디아는 견고하고, 미생물의 부착이 용이한 표면특성과 큰 비표면적을 가져야 한다. 또한 공극률이 크고 통수저항이 커야 하며, 동시에 경제적으로 손쉽게 구할 수 있는 것이어야 한다. 만약 메디아가 너무 작거나 균일하지 못하면, 탈리된 생물막이 공극을 메워 연못화 현상이 발생하거나 단락류가 발생하여 처리효율이 급감하고 냄새가 발생하게 된다. 따라서 과거에는 상기 특성과 경제성을 갖춘 큰 자갈이나 쇄석이 자주 사용되었으나, 최근에는 이러한 특성을 고루 갖춘 합성플라스틱 제품이 많이 개발·사용되고 있다.

3. 살수여상의 특성

살수여상은 막미생물을 이용하는 공법의 제 특성을 그대로 나타내는데, 활성슬러지법과 비교하면 다음과 같은 특성을 가진다.

① 운전의 용이성

슬러지의 침전성이 문제되지 않음으로, 정교한 관리기술이 요구되지 않는다.

② 적은 슬러지 발생량

살수여상은 생물막 심층에 존재하는 미생물의 내호흡(內呼吸) 및 혐기성 대사 그리고 고등한 미생물의 포식작용(哺食作用)으로 활성슬러지법에 비해 슬러지 전환율이 상당히 적다.

③ 휴지기간에 대한 대응력

살수여상은 휴지기간 동안 내부순환을 실시하여 생물막을 상당기간 별다른 문제없이 유지할 수 있다.

④ 낮은 운전·유지비

살수여상은 살수에 소비되는 에너지 외에는 별도의 에너지가 거의 소요되지 않는다. 고속살수여상의 경우 에너지 소비량은 재래식 활성슬러지법의 절반 정도이며(Metcalf, 1979), 고도의 관리기술을 요하지 않으므로 인건비가 적게 들고 슬러지 처리비용 역시 적다.

⑤ 냄새와 파리의 발생

살수여상의 생물막 저부는 혐기상태로 유지되는데, 혐기성 대사과정의 중간 생성물인 각종의 유기산과 H_2S로 인하여 냄새가 발생한다. 이 경우 재순환비를 증가시키면 냄새는 다소 완화되지만, 여상의 구조상 냄새 발생은 불가피하다.

또한 여름철과 같이 온도가 상승하면 여상파리(*Psychoda* sp.)가 번식하여 운전자에게 매우 불쾌한 근무조건이 되는데, 여상파리의 발생을 방지하기 위해서는 평상시 수량부하를 30 $m^3/m^2 \cdot day$ 이상으로 유지하는 것이 바람직하며, 일단 발생한 여상파리나 그것의 유충을 제거하기 위한 가장 효과적인 수단은 여상을 하루 정도 침수(沈水)시키는 것이다.

⑥ 낮은 처리효율과 처리수의 높은 탁도

일반적으로 호기성 상태가 유지되는 막두께는 0.2 mm 정도인 것으로 알려져 있다. 따라서 두꺼워진 생물막은 영양이나 산소수급 측면에서 영향을 크게 받지 않는 호기성 부분과 산소나 영양이 결핍되는 혐기성 부분이 존재하게 되어, 부유미생물과 같이 미생물 전체가 양호한 활성을 유지하기는 곤란하다. 따라서 부유미생물 공법에 비해 상대적으로 처리효율이 떨어진다.

⑦ 비교적 큰 손실수두와 소요 부지면적

살수여상은 여상 위에서 폐수를 살수하고 바닥에서 유출 혹은 반송하므로, 그 사이의 수두 차는 완전한 손실수두가 된다. 활성슬러지법과 비교하여 소요 부지는 목표 수질이나 처리장의 규모에 따라 다른데, 일반적으로 80% 이하의 BOD 제거율을 목표로 하거나 처리장의 규모가 작을 경우에는 살수여상이 유리하며, 90% 이상의 BOD 제거율을 목표로 하거나 규모가 클 경우에는 활성슬러지법이 유리하다.

4. 살수여상의 분류

살수여상은 유기물부하, 특히 처리수의 내부반송 등에 따라 크게 저율과 고율로 분류하는데, 세부적으로는 표 4.21과 같이 저율·중간율·고율·초고율 등으로 분류하며, 실제에 있어서는 처리수의 향상을 위해 여상을 직렬로 연결하여 사용하는 경우가 많다(그림 4.44 참고).

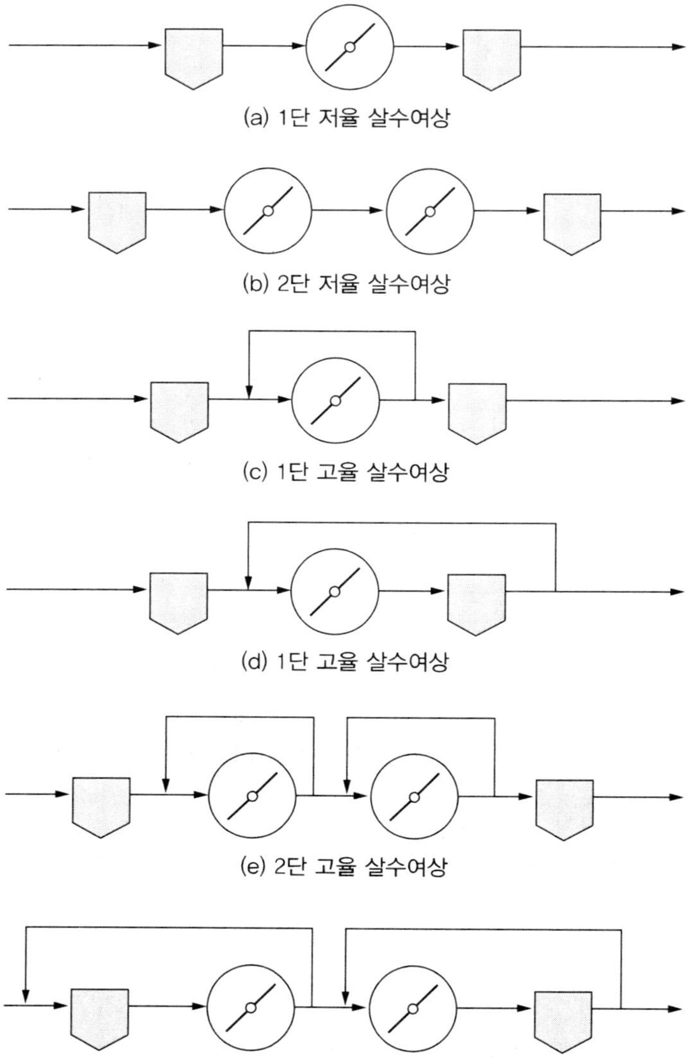

(a) 1단 저율 살수여상

(b) 2단 저율 살수여상

(c) 1단 고율 살수여상

(d) 1단 고율 살수여상

(e) 2단 고율 살수여상

(f) 2단 고율 살수여상

그림 4.44 살수여상의 여러 가지 흐름도

표 4.21에서 저율살수여상(low-rate trickling filter)은 가장 먼저 개발된 것으로 유기물부하가 0.08～0.32 kg-BOD/m^3 · day로 낮아 BOD 제거율이 85～95% 정도로 높고, 처리수질 역시 12～25 mg/L로 비교적 우수하며 질산화도 잘 이루어진다. 반송은 원칙적으로 실시하지 않으며, 폐수의 유입이 없는 야간에만 실시한다. 따라서 동력비가 적게 든다.

고율살수여상(high-rate trickling filter)은 100～200% 정도의 반송을 실시하여 처리수의 개선, 여상파리의 번식을 억제하거나 살수량의 조절 등을 꾀할 수 있다. 반송은 여상 유출수나 침전지 유출수를 이용할 수 있는데, 침전지의 유출수를 이용할 경우 침전지의 월류부하를 상승시켜 불리할 수 있으므로 대부분의 처리장에서는 여상 유출수를 이용한다. 한편 여상은 1단 혹은 두 개의 여상을 직렬로 연결한 2단 여상이 사용되는데, 2단 여상의 경우 각 여과상의 크기는 동일한 것을 채용하며 반송률 역시 대개 동일하다. 살수여상에 대한 보다 자세한 내용이나 설계방법은 관련 문헌(李, 2016)을 참고하기 바란다.

표 4.21 살수여상의 전형적 설계자료

구 분	저 율	중간율	고 율	초고율	초벌여상	2단여상
사용여재	돌·슬래그	돌·슬래그	돌	플라스틱	플라스틱	돌·플라스틱
수량부하 ($m^3/m^2 \cdot day$)	1～3	3～10	10～40	40～200	50～200	10～40
BOD부하 ($kg\text{-}BOD/m^3 \cdot day$)	0.08～0.32	0.24～0.48	0.32～1.0	0.5～1.6	1.6～8.0	1.0～2.0
유효심(m)	1.5～3.0	1.25～2.5	1.0～2.0	4.5～12.0	4.5～12.0	1.0～2.0
순환	0	0～1	1～2	1～4	1～4	0.5～2
소요동력 ($kW/10^3\ m^3$)	2～4	2～8	6～10	10～20	10～20	－
폐수유입간격	5분 미만 (간헐적)	5～60초 (연속적)	15초 미만 (연속적)	연속적	연속적	연속적
여상파리	많음	약간	적음	거의 없음	거의 없음	거의 없음
생물막 탈락	간헐적	간헐적	연속적	연속적	연속적	연속적
질산화 정도	완전 질산화	질산화	저부하 시	－	－	－

5. 살수여상의 운전인자

① 살수부하 (trickling loading)

살수부하는 **수량부하**라고도 하는데, 여상에 가해지는 1일 살수량을 여상의 면적으로 나누어 구하며, 이것은 BOD부하와 살수강도에 따라 정한다.

$$\text{살수부하} = \frac{Q}{A}\ (m^3/m^2 \cdot day) \tag{4.51}$$

여기서, Q : 유입 폐수량(m^3/day) A : 여상의 단면적(m^2)

② BOD 부하

일당 여상에 가해지는 유기물 부하를 나타내는 것으로 다음 식과 같다.

$$\text{BOD 부하} = \frac{Q \times S_i}{A \times H} = \frac{10^{-3} \times QS_i}{AH}\ (\text{kg/m}^3 \cdot \text{day}) \tag{4.52}$$

여기서, S_i : 유입수 농도(mg/L) H : 여상의 깊이(m)

③ 살수강도 (hydraulic intensity)

살수강도란 여상의 어떤 부분에 순간적으로 가해지는 폐수량을 나타낸다. 즉, 1초간에 살수된 폐수량을 살포된 면적으로 나누고, 그 값을 24시간에 해당하는 양으로 환산한 것으로, 단위는 $m^3/m^2 \cdot day$이다. 이것은 여상 내 폐수의 유하 상태를 결정하는 중요한 인자이며, 그 한계치는 충전 메디아의 직경에 따라 다르다. 일반적으로 메디아의 직경이 25, 50, 75 mm일 때 각각 180, 210, 240 $m^3/m^2 \cdot day$ 정도를 적용한다. 살수강도가 지나치게 클 경우 폐수는 생물막과 충분히 접촉하지 못하고 유하하여 처리효율이 감소한다.

④ 재순환비

재순환비는 다음 식 (4.53)과 같이 유입유량에 대한 처리수의 내부순환비를 말한다. 순환비가 클 경우, 동력의 소비량이 증가하지만 폐수와 생물막과의 접촉률을 증가시켜 처리수질의 향상을 기대할 수 있으며, 생물막의 연속적 탈리와 여상파리의 감소 및 냄새 제거에 유효하다.

$$\text{재순환비}(R) = Q'/Q \tag{4.53}$$

여기서, Q' : 처리수의 재순환량(m^3/day)

예제 4.18

직경 40 m 깊이 2.5 m인 살수여상에 유입 BOD가 200 mg/L인 폐수를 15,000 m^3/day 살수하고 있다. 재순환비가 100%인 경우 살수부하 및 BOD부하를 구하라.

풀이 재순환량을 포함하여 여상에 살수되는 유량은 1일 30,000 m^3/day이고, 여상의 단면적은

$$A = \frac{\pi D^2}{4} = \frac{\pi \times 40^2}{4} = 1256.6\ m^2\text{이므로,}$$

살수부하 = 30,000/1256.6 ≒ 23.9 $m^3/m^2 \cdot day$이고,

BOD부하는

$$\frac{Q \times S_i}{A \times H} = \frac{10^{-3} \times 15{,}000 \times 200}{1256.6 \times 2.5} = 0.95\ kg/m^3 \cdot day\text{이다.}$$

4.6.2 회전원판법(rotating biological contactor; RBC)

1. 개요

회전원판법은 회전원판접촉법·회전생물접촉법 혹은 회전판접촉법이라고도 하며, 전체 시스템은 그림 4.45와 같이 1차침전지와 생물접촉조 및 최종침전지로 구성되어 있다. 생물접촉조 내에는 그림 4.46과 같이 지름이 큰 원판형의 메디아를 수평축에 장착한 생물접촉장치가 설치되며, 이 접촉장치를 표면적의 약 40% 정도 침잠(沈潛) 시킨 상태에서 1～2 rpm의 속도로 천천히 회전시킨다. 이때 폐수는 수평축에 직각 혹은 평행으로 흐르게 하며, 폐수의 체류시간은 1시간 정도이다. 원칙적으로 처리수의 재순환은 실시하지 않는다.

원판 표면에는 1～4 mm 정도의 생물막(미생물 농도는 50,000～100,000 mg/L 정도)이 형성되는데, 원판에 형성된 생물막은 원판이 수중에 잠길 때 유기물을 흡수하고, 원판이 대기 중에 노출될 때 산소를 공급받는다. 한편 운전이 지속됨에 따라 두꺼워진 생물막은 살수여상과 마찬가지로 원판의 회전전단력에 의해 탈리되며, 탈리된 슬러지는 최종침전지에서 제거된다.

회전체는 각 조에 1기씩 설치하는 것을 원칙으로 하며, 일광으로 회전체에 조류가 번식하는 것을 억제하고, 기타 강수·기온 하락 또는 미관 등을 고려하여 덮개를 씌운다. 매체의 회전은 전동기와 감속기에 의하며, 회전속도는 산소공급·교반강도·생물막의 탈리 등 목적에 따라 달라지지만 보통 주변속도가 18 m/min 정도가 되도록 한다.

한편 부착 생물체는 살수여상과 비슷하게 세균·균류·원생동물·후생동물 등으로 구성되나 덮개의 설치로 조류의 번식은 억제되고, 기타 살수여상에서 발견되는 여상파리나 곤충 등도 서식하지 않는다.

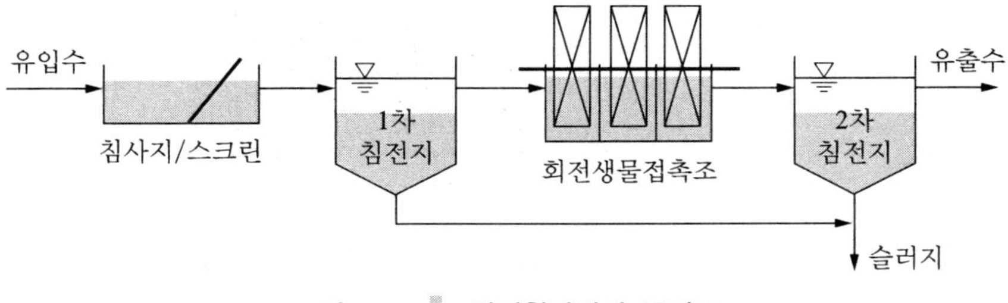

그림 4.45 회전원판법의 공정도

그림 4.46 회전 생물막 접촉장치의 예

2. 회전체의 구성

매체로는 평판(平板)·파판(波板)·망판(網板) 등이 이용되는데, 재질은 주로 폴리에틸렌·폴리염화비닐(PVC)·섬유보강수지(FRP)·발포폴리스틸렌 등 합성수지가 사용된다. 원판의 규격은 제작자에 따라 다를 수 있으나, 보통 직경이 3~4 m 정도이고, 수평축에 장착된 원판으로 구성된 회전체의 길이는 약 6~8 m 정도이다. 원판의 간격은 생물막에 의해 원판 간의 간극(間隙)이 막히지 않도록 보통 15~30 mm 정도로 하며, 유입수의 농도가 높을수록 간격을 크게 한다(그림 4.47 참고).

한편 처리수질을 향상시키기 위해서는 회전체를 2~4조 범위 내에서 직렬로 연결하여 이용하는데, 이때 역시 첫 단의 원판 간격은 다음 단의 간격보다 넓게 한다.

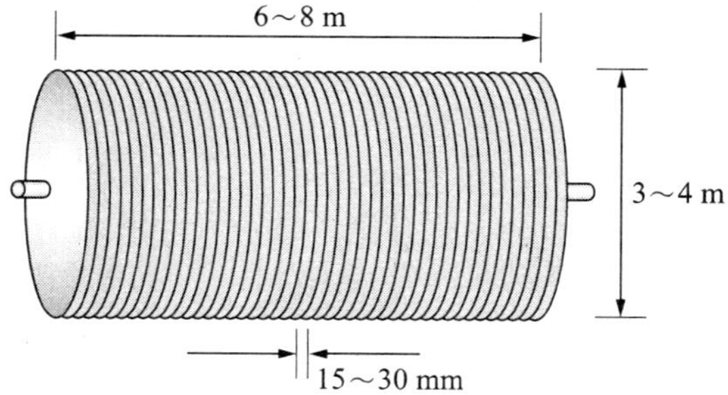

그림 4.47 회전체의 형상

3. 회전원판법의 특징

회전원판법은 운전의 용이성·적은 슬러지 발생량·휴지기간에 대한 대응력·낮은 운전관리비·낮은 처리효율과 처리수의 높은 탁도 등 살수여상과 거의 같은 특성을 나타낸다. 하지만 살수여상과는 달리 냄새나 파리 발생과 같은 문제는 발생하지 않는다.

또한 다단으로 처리할 경우에는 낮은 부하에서 고도의 질산화 반응이 일어나며, 소음도 거의 발생하지 않는다. 반면 회전체의 60% 정도가 언제나 대기 중에 노출되므로 온도가 하강할 경우 미생물의 대사활동에 영향을 줄 수 있다. 따라서 덮개의 설치가 필수적이다.

4. 운전인자

① 원판 침지율(W)

원판의 침지율(沈漬率)은 수중 부분의 원판 면적을 원판의 총면적으로 나눈 것으로 다음 식 (4.54)와 같다.

$$\text{원판 침지율}(W) = \frac{A_w}{A'} \times 100 \ \ [\%] \tag{4.54}$$

여기서, A_w : 수중 부분의 원판 면적(m^2)
A' : 원판의 총면적(m^2)

② 액량면적비(G)

액량면적비란 실용적 V를 전 원판의 미생물 부착 면적 A로 나눈 값으로, 단위는 L/m^2으로 나타내며, 다음 식 (4.55)와 같다.

$$\text{액량면적비}(G) = \frac{V}{A} \times 10^3 \ \ [L/m^2] \tag{4.55}$$

여기서, V : 실용적(m^3)
A : 전 원판의 미생물 부착 면적(m^2)

일반적으로 G값은 5∼9 정도를 취한다.

③ BOD면적부하(B·L; BOD surface loading)

BOD면적부하란 반응조에 가해지는 1일 부하량을 원판의 미생물 부착 면적으로 나누어 구하며, 다음 식 (4.56)과 같다.

$$\text{BOD 면적부하}(B \cdot L) = \frac{Q \times S_i}{A} \ \ [g/m^2 \cdot day] \tag{4.56}$$

여기서, Q : 유입폐수량(m^3/day)

S_i : 유입수 농도(mg/L)

④ **수리학적 부하(H·L; hydraulic loading)**

수리학적 부하란 일 폐수유입량을 원판의 미생물 부착 면적으로 나누어 구하며, 다음 식 (4.57)과 같다.

$$\text{수리학적 부하(H·L)} = \frac{Q}{A} \ [m^3/m^2 \cdot day] \tag{4.57}$$

⑤ **평균체류시간(T_a; average detention time)**

유입폐수의 생물반응조 내 평균체류시간은 다음과 같다.

$$\text{평균체류시간}(T_a) = \frac{V}{Q} \times 24 \ [hr] \tag{4.58}$$

예제 4.19

원판의 직경이 4 m이고, 침지율(W)이 40%인 경우, 원판의 유효면적을 구하라.

풀이 먼저 원판의 총면적을 구하면,

$$\text{원판의 총면적}(A') = \frac{\pi \cdot d^2}{4} = \frac{\pi \cdot 4^2}{4} = 12.6 \ m^2$$

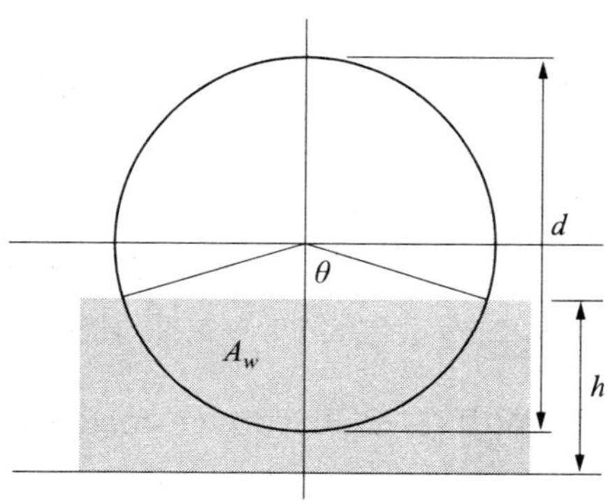

그림 4.48

한편 원판이 잠긴 깊이를 h라고 하면 원판의 잠긴 면적(A_w)은

$$A_w = \frac{\pi \cdot d^2}{4} - \left(\frac{\pi \cdot d^2}{4} \cdot \frac{360-2\theta}{360} + \frac{d^2}{4}\sin\theta \cdot \cos\theta\right)$$

$$= \frac{\pi \cdot d^2}{4}\left(\frac{\theta}{180} - \frac{1}{\pi}\sin\theta \cdot \cos\theta\right)$$

$$\therefore \ \frac{A_w}{A'} = \frac{\theta}{180} - \frac{1}{\pi}\sin\theta \cdot \cos\theta = 0.4$$

반복 시산하여 θ를 구하면 $\theta = 81°$이다.

한편 $\theta = \cos^{-1}\dfrac{d/2-h}{d/2}$이므로, $h = 2 - 2\cos 81 \fallingdotseq 1.69$ m이고,

$$\text{원판의 유효면적}(A) = \frac{\pi \cdot d^2}{4} - \frac{\pi \cdot (d-2h)^2}{4} = \frac{\pi \cdot 4^2}{4} - \frac{\pi \cdot 0.62^2}{4}$$

$$= 12.26 \text{ m}^2\text{이다.}$$

예제 4.20

상기 예제 4.16과 같은 회전원판을 이용하여 1차침전지 유출수 농도 200 mg-BOD/L의 폐수 500 m^3/day를 처리하고자 한다. 원판을 300매 사용할 경우, BOD면적부하·수리학적부하를 구하라. 또한 액량면적비(G)를 6 L/m^2으로 할 경우, 조의 용적과 체류시간을 구하라.

풀이 원판은 양면이 미생물과 접촉하므로, 1개 원판이 미생물과 접촉하는 면적은 12.26×2 = 24.52 m^2이고, 300매를 사용할 경우 총 유효면적은 24.52×250 = 7,356 m^2이다.

한편 BOD면적부하(B·L) $= \dfrac{Q \times S_i}{A}$ g/m^2·day이므로,

$$\frac{Q \times S_i}{A} = \frac{500 \times 200}{7{,}356} \fallingdotseq 13.6 \text{ g/m}^2 \cdot \text{day}$$

또한 수리학적부하(H·L) $= \dfrac{Q}{A}$ m^3/m^2·day이므로,

$$\frac{Q}{A} = \frac{500}{7{,}356} \fallingdotseq 0.07 \text{ m}^3/\text{m}^2 \cdot \text{day}$$

액량면적비(G) $= \dfrac{V}{A} \times 10^3$ L/m^2이므로, 용적 V는

$$V = A \times G = 7{,}356 \times 6 = 44{,}136 \text{ L} = 44.1 \text{ m}^3$$

또한 평균 체류시간(T_a) $= \dfrac{V}{Q} \times 24$ hr이므로,

$$\frac{V}{Q} \times 24 = \frac{44.1}{500} \times 24 = 2.1 \text{ hr이다.}$$

4.6.3 호기성 침지여상(aerobic submerged biofilter)

1. 개요

침지여상(沈漬濾床)의 전체 시스템은 그림 4.49와 같이 1차침전지·생물반응조(여상)·최종침전지로 구성되어 있다. 침지여상은 충전(充塡)메디아를 침지시킨 생물반응조이며, 호기성 여상과 혐기성 여상으로 분류된다. 호기성 여상의 경우 산소 공급방식은 여상의 하부에서 직접 포기하는 직접포기식과 별도의 조에서 유입폐수를 미리 포기하여 공급하는 간접포기식으로 구분된다.

폐수의 흐름은 일반적으로 상향류(上向流)이며, 산소 공급이나 처리수의 개선을 위하여 순환류 방법을 주로 채용한다. 특히 간접포기식의 경우 순환비가 지나치게 낮을 경우 여상의 일부가 폐색되어 미생물이 사멸하고 냄새가 발생할 수 있음으로 주의해야 한다. 한편 운전이 지속됨에 따라 두꺼워진 생물막은 수류의 속도나 공기부상에 따른 전단력에 의해 연속적으로 탈리되는 것이 원칙이지만, 그렇지 못할 경우 순환유량을 증가시키거나 공기 공급량을 증가시켜 탈리하며, 탈리된 슬러지는 최종침전지에서 제거된다.

2. 침지여상에 충전되는 메디아

침지여상에 충전되는 메디아는 살수여상의 충전제와 마찬가지로 견고하고, 미생물 부착이 용이한 표면특성과 다량의 미생물을 부착시킬 수 있도록 큰 비표면적을 가져야 한다. 또한 공극률이 크고 통수저항은 커야 하며 동시에 경제적으로 손쉽게 구할 수 있는 것이어야 한다. 따라서 살수여상의 충전제를 이용해도 무관하나 살수여상의 그것보다 입경이 다소 작아도 문제되지 않는다. 일반적으로 사용되는 메디아로는 벌집형이나 망상(網狀)의 module·net-ring형 또는 bulk형 플라스틱제품·쇄석 등이 사용된다.

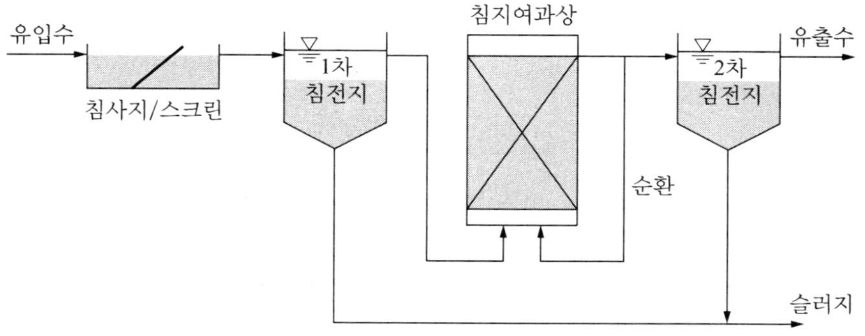

그림 4.49 침지여상의 공정도

4.6.4 유동상 (fluidized bed)

1. 개요

유동상(流動床)은 반응조 내에 모래와 같이 작은 메디아를 충전하고, 폐수를 상향류로 흐르게 하여 이들 메디아를 유동시키고, 이때 유동입자의 표면에 형성된 미생물막을 이용하여 폐수를 처리하는 공법이다.

전체 공정은 그림 4.50과 같이 1차침전지·유동상(간접포기 시 포기조 별도)·2차침전지로 구성된다. 두꺼워진 생물막은 탈리장치를 이용하여 연속적으로 탈리할 수 있으며(李, 1995), 생물막이 탈리된 메디아는 조 내로 재충전된다. 이때 탈리된 생물막은 SS로 유출되는데, 그 농도가 매우 낮다. 그러므로 경우에 따라서는 2차침전지를 소거할 수도 있으며, 처리수는 산소 공급이나 메디아의 유동을 위하여 재순환시키는 것이 일반적이다.

본 법은 막미생물을 이용하는 타 공정에 비해 적용 메디아의 비표면적이 매우 크고, 그에 따라 단위 용적당 미생물 농도 역시 매우 높아 부유미생물 공법과 같은 정도의 처리효율을 나타낸다.

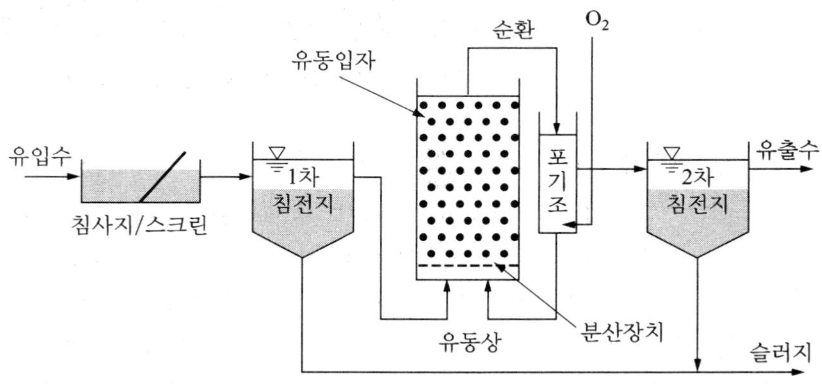

그림 4.50 간접포기식 유동상의 계통도

2. 유동상에 충전되는 메디아

유동상에 충전되는 메디아로는 입경이 작은 모래·활성탄(activated carbon) 및 anthracite 등이 주로 이용되나, 때론 작은 스폰지 조각이 이용되기도 한다. 이들 메디아는 미생물의 부착 및 탈리가 용이해야 한다.

3. 유동상의 특성

유동상은 몇몇의 단점을 제외하면 다음과 같이 막미생물 공법과 부유미생물 공법의 장점을 동시에 나타낸다.

① 고농도의 미생물 유지

유동상은 모래와 같이 입경이 매우 작은 메디아를 이용하므로 미생물 부착에 제공되는 비표면적이 매우 커 고농도의 미생물을 유지할 수 있다. 그림 4.51은 모래 표면에 형성된 미생물막을 보인 것이다(李, 1994).

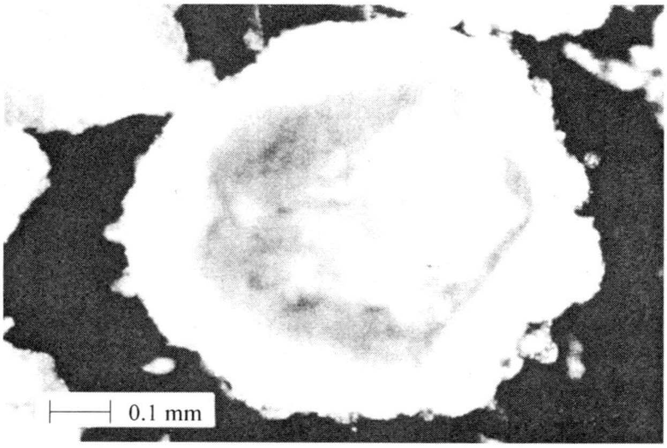

그림 4.51 모래 표면에 형성된 bioparticle

② 처리의 효율성

3～20 kg-BOD/m · day 정도의 고부하 운전이 가능하고, 순환유량이 많기 때문에 운전가능 부하범위 내에서 고농도의 폐수도 처리할 수 있으며, 처리에 요하는 시간이 30분 정도로 매우 짧다. 또한 상승유속을 조절함으로써 미생물막의 두께나 미생물 농도를 쉽게 조절할 수 있고, 부유미생물 공정과 마찬가지로 간헐포기를 실시할 수 있으며, 이 경우 처리수질의 저하 없이 운전에너지를 크게 감소시킬 수 있다(李, 1994; 1995).

③ 소요부지 및 손실수두

설치 면적이 재래식 활성슬러지법의 1/5 정도로 매우 작아 경제적이며, 최종침전지의 용적을 대폭 줄일 수 있고, 저부하 시에는 침전지를 소거할 수도 있다. 또한 침지여상 등에 비해 손실수두가 작다.

④ 운전의 용이성

충전입자의 직경 · 충전밀도 · 상승유속 등을 조절함으로써 미생물막의 두께나 미생물 농도를 쉽게 조절할 수 있고, 상의 폐색(閉塞)이나 bulking의 우려가 없으며 역세척(易洗滌)을 요하지 않는다.

⑤ 적은 슬러지 발생량

긴 SRT로 인하여 고등한 미생물이 대량 번식하여 슬러지 전환율이 적다.

⑥ 휴지기간에 대한 대응력

폐수가 유입되지 않을 경우 처리수의 순환만으로 별다른 문제없이 상당기간 상을 유지할 수 있다.

⑦ 높은 처리효율과 처리수의 낮은 탁도

타 막공법에 비해 높은 처리효율을 나타내며, 처리수의 탁도 역시 매우 낮다.

한편 유동상은 다음과 같은 단점을 가진다.

① 대규모화의 곤란

생물막의 형성과 유지를 위해서는 메디아의 고른 유동이 요구되는데, 유동상을 대형화할 경우 상 전체를 고르게 유동시키기 어렵고, 이것은 유동상의 실용화를 막는 가장 큰 요인이다.

② 비교적 많은 순환유량

낮은 상승유속에서 bioparticles의 합체(合體)현상이 발생하여 생물막의 비표면적이 감소할 수 있으므로 많은 순환유량이 요구된다. 그림 4.52는 낮은 유동유속에서 발생한 합체된 bioparticles를 보인 것이다.

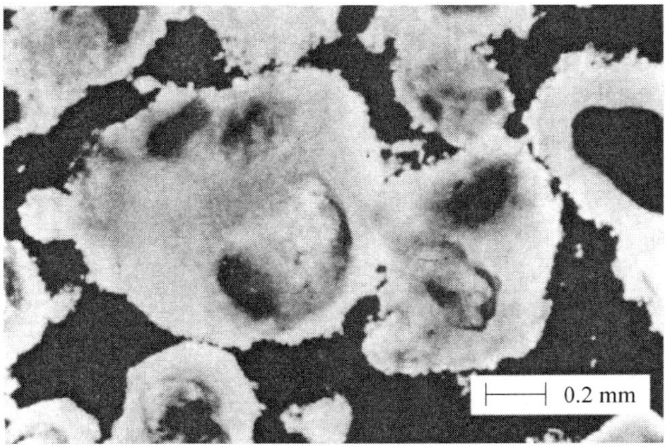

그림 4.52 낮은 유동유속에서 발생한 합체된 bioparticles

③ 메디아의 손모

상의 저부에서 입자 간의 마찰 또는 탈리과정에서 메디아의 손모(損耗) 가능성이 크다. 특히 활성탄이나 anthracite와 같이 강도가 작은 메디아를 사용할 경우 메디아의 손실량이 크다. 기타 운전 및 설계인자 등 유동상에 관한 보다 자세한 내용은 관련 문헌(李, 2016)을 참고하기 바란다.

4.7 기타 처리법

4.7.1 혐기성 소화

혐기성 소화(嫌氣性 消化, anaerobic digestion)란 그림 4.53과 같이 생물학적으로 분해 가능한 유기물이 가수분해단계·산생성단계·메탄생성단계를 거쳐 최종적으로 메탄과 이산화탄소로 전환되는 과정을 말한다. 혐기성 소화 반응은 호기성 반응에 비해 매우 복잡하고 환경인자에 매우 민감하며, 관련 세균의 증식속도가 낮아 유입 기질을 대사하기 위해서는 긴 체류시간이 요구된다. 또한 질소·인 등 영양물질의 소비속도나 소비량이 적고 냄새가 발생하며, 양호한 처리수를 얻을 수 없고, 슬러지의

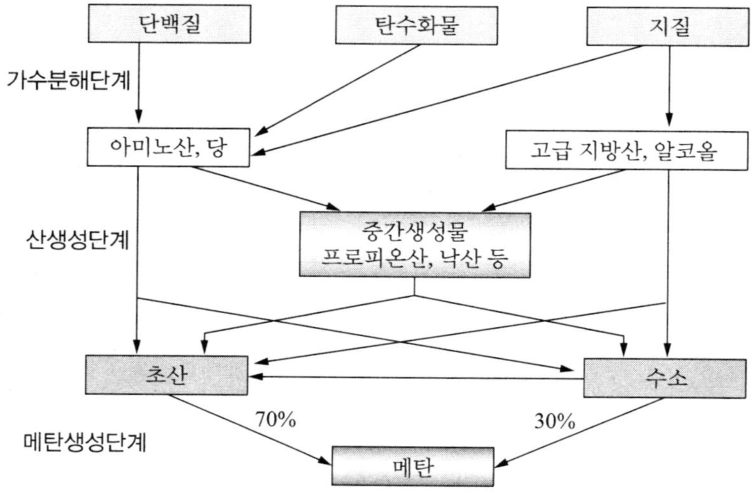

그림 4.53 혐기성 소화과정

침전성이 불량한 것 등이 단점이다. 하지만 혐기성 처리는 산소 공급 없이 유입 기질의 90% 이상을 유가(有價) 가스로 전환시킬 수 있으며, 고농도의 폐수를 처리할 수 있고, 슬러지 발생량도 4% 정도로 매우 적어 호기성 처리에 비해 상대적 장점을 가진다.

하수도 분야에서 혐기성 처리는 슬러지나 분뇨 처리에 주로 사용되며, 그 외에 차집관로가 연결되지 않는 교외지역의 소규모 마을·영업장 또는 가정의 하수를 처리하기 위한 정화조 시설로 이용된다.

슬러지 처리를 위한 소화조의 운전에 관해서는 이후 관련 장에서 자세히 기술하기로 하고, 여기서는 정화조와 분뇨처리를 중심으로 약술하고자 한다.

1. 분뇨의 물리적 처리

분뇨는 대부분 고속산화식 활성슬러지법과 호기성 소화 혹은 혐기성 소화 후 탈수액과 처리수를 도시하수처리장에 유입시켜 처리하는 방법을 주로 채용하여 왔다. 반면 요즈음은 생물학적으로 처리하지 않고 물리적으로 처리한 후 하수처리장과 연계처리하는 경향이 많다. 따라서 이 항에서 분뇨의 처리과정은 물리적 과정만을 소개하였다. 물리적 처리는 보통 스크린(드럼형 or 로타리형)·침사지 등을 이용한 협잡물과 모래의 제거, 스크류프레스 등을 이용한 탈수과정만으로 이루어지는데, 이와 같이 생물학적 처리를 거치지 않은 분뇨처리수를 하수처리장에 유입시킬 경우 냄새 발생으로 주변 지역의 피해나 근무자의 근무여건을 악화시킬 수 있다. 하지만 유입 하수의 농도가 낮은 처리장에서는 하수 농도의 증가로 처리수의 SS 발생이 감소하는 등 유리한 결과를 가져올 수도 있다. 그림 4.54는 하수처리장 유입 전 분뇨의 전처리(前處理) 과정의 한 예를 보인 것이다. 여기서 종합협잡물처리기는 회전 스크린·스크류프레스와 사이클론 등으로 이루어져 있으며, 각 저류조는 다음 단계의 처리용량을 고려하여 유입량을 조절하기 위한 것이다.

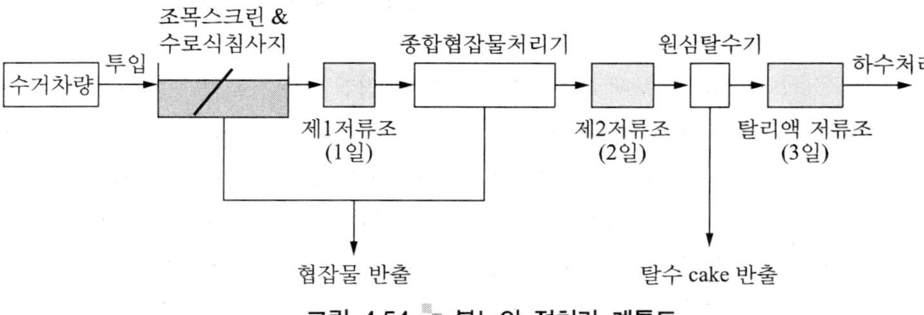

그림 4.54 분뇨의 전처리 계통도

2. 부패조와 Imhoff tank

부패조(septic tank)는 폐수처리 발달과정의 초기에 주로 사용되었으나, 최근에는 주로 공공하수도가 없는 지역이나 도시하수도(하수처리장 부재) 유입 전의 정화조로 사용된다. 부패조는 그림 4.55와 같이 밀폐된 콘크리트 구조물로, 유입된 폐수는 보통 1~3일 정도 체류한다. 체류시간 동안 침전성 고형물은 침전하고, 동시에 혐기성 소화가 진행된다. 침전슬러지의 소화과정에서 가스가 발생하고 scum이 수면에 떠오르므로 유출구와 유입부 앞에 저류벽(沮流壁)을 설치하여 scum이 유출수와 함께 흘러나가는 것을 방지하고, 아울러 유입수가 조 전체에 골고루 퍼지도록 해야 한다. 소화가스는 부상 시 슬러지를 교란시키므로, 부패조의 유출수는 항상 미세한 부유물을 많이 함유하고 악취를 내며 색도 검고 BOD 치가 높다. 부패조의 유효용적은 폐수유량이 2~6 m^3/day인 경우에는 보통 1.5일분 이상으로 하며, 그 이상인 경우에는 경험적으로 다음 식을 이용하여 산정한다.

$$V = 4.25 + 0.75Q \tag{4.59}$$

여기서, V : 부패조의 유효용적(m^3)
Q : 폐수량(m^3/day)이다.

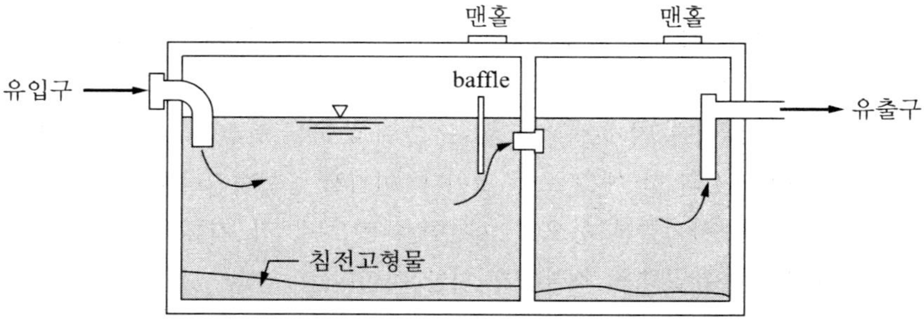

그림 4.55 ▪ 전형적인 부패조의 단면도

Imhoff tank는 부패조와 같이 부유물의 침전과 침전물의 혐기성 소화가 한 탱크 내에서 이루어지는 혐기성 폐수처리시설이다. 그림 4.56에 나타낸 Imhoff 탱크는 2개 층으로 되어 있어서 상층에서는 침전이 진행되고, 하층에서는 혐기성 소화가 이루어진다. 상층과 하층 사이에 설치된 전향벽(轉向壁; deflector)은 부유물을 하부로 침전시키고 동시에 소화가스가 상층으로 유입하는 것을 억제하기 위한 것이며, 이때 하층에서 발생한 소화가스는 scum실을 통하여 공기 중으로 방출된다.

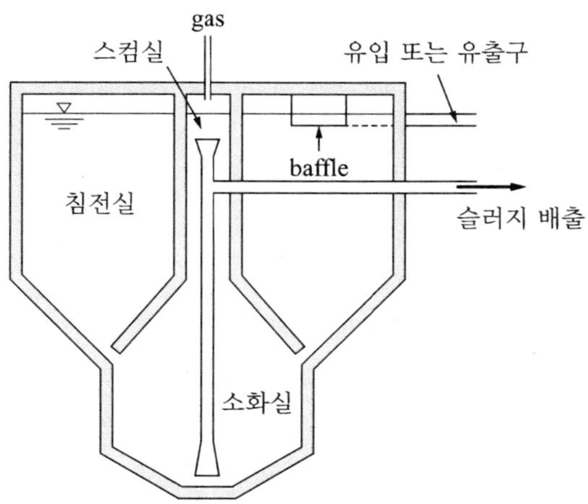

그림 4.56 Imhoff tank의 단면도

4.8 하수의 소독

하수의 소독에 사용되는 소독제나 소독원리는 상수 처리 시와 크게 다르지 않은데, 이미 1편에서 소독의 원리나 각종 소독제에 대해 기술한 바 있으므로, 본 장에서는 하수의 소독과 관련하여 염소와 오존처리 시 상수의 소독과 다른 점만을 간략하게 요약 기술하고자 한다.

4.8.1 염소소독

염소는 하수의 소독에 가장 널리 사용되는 소독제이다. 상수 소독 시 유리염소 중 HOCl은 수중의 humic acid나 fulvic acid와 같은 유기물과 반응하여 trihalomethane(THM)이란 발암물질을 발생시킨다. 이와 같이 THM이 생성되기 위해서는 수중에 HClO이 존재해야 하는데, 하수 소독 시 염소의 수중반응에서 생성되는 HClO은 하수 내에 다량 존재하는 암모니아와 매우 빠르게 반응하여 클로라민을 형성하므로(표 4.22 참고), 전구물질(前驅物質; humic

표 4.22 pH에 따른 HClO과 암모니아의 반응시간

pH	8.3	7	2
반응시간(sec)	0.069	0.2	421

acid · fulvic acid 등)이 존재한다 하여도, 불연속점 이상으로 염소를 투입하지 않는 한 THM은 발생하지 않는다. 즉, 하수 소독 시 불연속점에 이르기 위해서는 50～70 mg/L의 염소가 요구되는데, 이 정도로 염소를 주입하면 유출수가 방류하천의 수서생물에 심한 독성을 미치므로 하수의 불염속점 염소소독은 거의 실시하지 않고 (Brungs, 1973), 소독은 클로라민에 의존한다. 각종 하수의 소독에 요구되는 염소의 일반적 주입농도는 표 4.23과 같다.

한편 하수와 염소의 혼화장치는 diffuser와 혼화조로 구성되며 혼화효율을 높이기 위해 보통 우회류 발생을 위한 정류벽을 설치하고, 혼화조의 체류시간은 보통 15～30분 정도로 한다.

표 4.23 염소 주입률

하수의 종류	주입률(mg/L)
유입하수	7～12
1차침전지 유출수	7～10
살수여상 처리수	3～10
활성슬러지 처리수	2～ 4

일본하수도협회(1984)

4.8.2 오존처리

이미 1편에서 기술하였듯이 오존은 고가이고 복잡한 오존발생장치가 필요하다. 하지만 이러한 단점에도 불구하고 오존은 처리능력이 크고, 생물분해가 불가능한 물질의 처리에도 적용할 수 있으며 잔존물질이 남지 않는다. 따라서 하·폐수처리장의 방류수에 적용할 경우 많은 장점을 가지고 있어 하·폐수처리에 도입을 제고할 필요가 있는 것으로 판단된다. 표 4.24는 하수처리장의 방류수를 오존으로 처리한 결과를 나타낸 것이다.

표 4.24 하수처리장 2차 처리수의 오존처리 예

반응기 형식	응집제	오존 주입 농도 (mg/L)	오존에 의한 COD 제거율 (%)	오존 소비량 (mg/L)	오존 흡수율 (%)
향류 접촉조	없음	43	78	210	79
	없음	21～45	64	210	79
	alum	23	38	180	62
6단병류 접촉법	alum + acid	23	63	95	76
	alum + acid	11	53	68	60

4.9 하수의 고도처리

도시와 산업의 발달에 따라 물 사용량은 날로 증가하고 있다. 하지만 하·폐수 발생량의 증가로 수원은 오염되고 그로 인하여 사용 가능한 수자원은 점차 감소하고 있는 실정이다. 따라서 물의 재이용과 강화된 환경기준을 유지·달성하기 위해서는 기존의 2차처리 이상의 처리나 새로운 처리법의 도입이 절실히 요구되는데, 상기 목적으로 2차처리 이후에 3차 또는 그 이상의 고차처리와 부영양화의 원인물질인 질소와 인을 제거하기 위한 고도처리를 행한다.

고차처리는 처리의 방법이나 목적에 따라 표 4.25와 같은 다양한 물리적·화학적·생화학적 단위조작과 이들 단위조작의 조합으로 이루어지는데, 이 중 물리적·화학적 단위조작의 대부분은 용수처리에 사용되는 기술로 관련 장을 참고하기 바라며, 이 장에서는 주로 질소와 인의 제거방법, 즉 고도처리에 대해서만 기술하고자 한다.

표 4.25 고차처리 목적별 제거대상물질 및 주요 단위조작

처리 목적	제거대상물질			단위조작
환경기준의 유지 및 달성	유기물	부유성	SS, VSS	여과, 응집침전, 규조토(硅藻土) 여과, 부상법(浮上法), 장모여과, 스크린, 한외여과 등
		용해성	BOD, COD, TOC, TOD, UV 흡광도	활성탄 흡착, 염소 등 산화제 처리, 응집침전, 접촉산화 등
부영양화 방지	영양염류	질소	TN, TKN, 암모니아, 질산성 질소, 아질산성 질소	생물학적 질산화-탈질법(A/O; anoxic/oxic 등), 이온교환법, 암모이나 탈기법(脫氣法), 불연속점 연소투입법, 토지적용(土地適用), 전기투석, 역삼투 등
		인	T-P, PO4-P	생물학적 인 제거법(A^2/O 등), 흡착, 이온교환, lime 첨가법, 응집침전, 응집제첨가 활성슬러지법, 토지적용(土地適用), 전기투석, 역삼투 등
재이용	미량성분	용해성	TOC, 전도도, Na, Cl, Ca, Cd 등	역삼투, 전기투석, 이온교환법 등
		미생물	세균, 바이러스, 조류 등	멸균, 소독(Cl_2, NaOCl, O_3, 자외선 등), micro-straining 등

4.9.1 질소 제거

1. 물리·화학적 질소 제거방법

① 암모니아 탈기법

수중의 암모늄이온(NH_4^+)과 암모니아(NH_3)는 pH와 수온에 따라 다음과 같이 해리하여 평형을 이룬다.

$$NH_4^+ + OH^- \rightleftarrows NH_3 + H_2O \tag{4.60}$$

다음 그림 4.57은 pH와 온도에 따른 NH_3와 NH_4^+의 평형이동 상태를 나타낸 것이다(橫須賀市下水道部, 1975, 1976). 그림에서 온도와 pH의 상승에 따라 NH_3의 비율이 증가함을 알 수 있다.

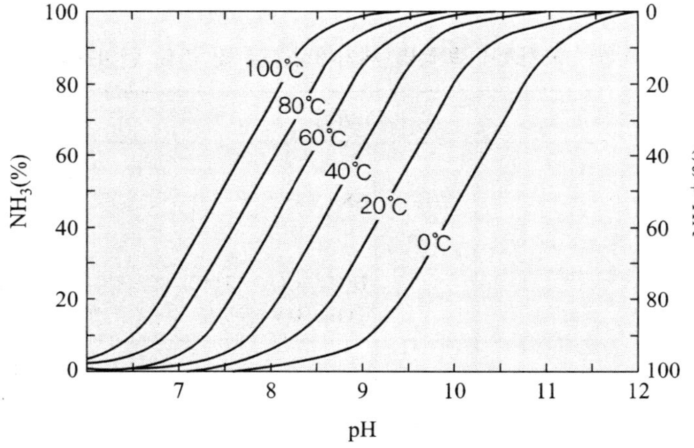

그림 4.57 pH와 온도 변화에 따른 NH_3와 NH_4^+의 존재 비율

암모니아 탈기법은 보통 석회를 이용하여 pH를 11 이상으로 충분히 높여 암모늄이온을 암모니아로 유리(遊離)시킨 후 탈암모니아탑에서 다량의 공기와 접촉시켜 암모니아를 대기 중으로 방산(放散)시키는 방법이다. 이 방법은 다량의 공기가 요구되므로 동력비가 크고, 석회의 칼슘이온이 공기 중의 탄산가스와 반응하여 탄산칼슘을 형성하므로 반응탑 내에 스케일이 발생하며, 암모니아가 대기를 오염시키는 단점이 있다. 또한 수온이 떨어지면 제거효율이 크게 저하한다.

② 이온교환법

이온교환(ion 交換)이란 화학반응성에 따라 결합된 이온이 서로 교환되는 것을 말하는데, 일반적으로 양이온교환수지의 선택성은 다음과 같다.

$$Al^{3+} > Ca^{2+} > Mg^{2+} > \cdots Mn^{2+} > K^{+} > NH_4^{+} > Na^{+} > H^{+} \quad (4.61)$$

하지만 상기 식과 다르게 알미노규산염 광물의 일종인 제올라이트(zeolite)는 하수 중에 다량 존재하는 Ca^{2+}나 Mg^{2+} 등에 비해 NH_4^+과의 반응성이 높아 공존 이온의 영향을 크게 받지 않으면서 선택적으로 NH_4^+을 제거할 수 있다. 한편 이 방법은 동절기에도 사용이 가능하며, pH를 높일 필요가 없기 때문에 알루미늄이나 철염에 의한 인의 응집·제거 후 유출수에도 적용할 수 있다.

참고로 제올라이트는 알칼리 및 알칼리토금속의 규산알루미늄 수화물인 아종광물(亜種鉱物)의 총칭으로, 이 중 클리놉틸로라이트[clinoptilolite($CaNaK_4$)($AlSi_5O_{12}$)$24H_2O$]와 모더나이트[mordenite($CaNa_2K_4$)($AlSi_5O_{12}$)$24H_2O$]를 주성분으로 하는 제올라이트의 양이온 교환능력이 우수하다.

제올라이트의 양이온 선택성은 다음과 같다.

$$K^{+} > NH_4^{+} > Cr^{2+} > Ca^{2+} > Fe^{3+} > Al^{3+} > Mg^{2+} \quad (4.62)$$

제올라이트는 분말 또는 입상으로 이용하는데 후자가 일반적이며, 각종 천연 제올라이트의 NH_4^+-N 흡착량은 5～10 mg NH_4^+-N/g 정도이다.

③ 불연속점 염소처리법

불연속점 염소처리법(break point chlorination process)은 액체염소 또는 차아염소산나트륨이나 표백분(차아염소산칼륨)과 같은 염소화합물의 산화력을 이용하여 암모니아성 질소를 질소가스로 전환시키는 방법이다.

염소화합물이 물에 주입되면 다음과 같이 차아염소산(HClO)이나 차아염소산이온(ClO^-)이 발생한다[1편의 식 (6.31)～(6.34) 참고]. 그림 4.58은 암모니아성 질소를 포함한 물에 염소를 서서히 주입할 경우 총 잔류염소 농도의 변화를 나타낸 것으로 다음 4단계로 구별된다.

㈀ 주입된 염소는 하수 중의 유기물을 산화하는 데 소비되고 액 중에 잔류염소 농도는 나타나지 않는다.

㈁ 유기물이 충분히 산화된 이후 계속되는 염소의 주입에 따라 형성된 차아염소산(HOCl)과 암모니아가 반응하여 **결합잔류염소**(結合殘留鹽素)인 클로라민이 형성되는 단계이며, 이때 일부 클로라민은 질소가스 상태로

분해된다.

차아염소산과 암모니아가 반응하면 먼저 모노클로라민이 형성되고 이후 pH가 저하하면서 디클로라민과 트리클로라민이 형성된다[1편의 식 (6.35)~(6.37) 참고].

(ㄷ) 계속 염소를 주입해도 결합잔류염소가 증가하기 보다는 오히려 감소하는 단계로, 그 원인은 이미 생성된 클로라민이 다음과 같은 반응을 통하여 분해되기 때문이다. 이 단계에서 암모니아성 질소의 대부분은 질소가스로 변환된다.

$$2NH_2Cl + 2HClO \rightarrow N_2 + 2H_2O + 2HCl + 2Cl^- \quad (4.63)$$

$$NHCl_2 + NH_2Cl \rightarrow N_2 + 3HCl \quad (4.64)$$

$$2NHCl_2 + H_2O \rightarrow N_2 + 4HCl + (O) \quad (4.65)$$

$$2NCl_2 + 3H_2O \rightarrow N_2 + 6HCl + 3(O) \quad (4.66)$$

(ㄹ) 이 단계는 더 이상 산화될 물질이 없어 주입한 염소가 그대로 유리된 염소로 남아 유리잔류염소의 농도가 계속 증가한다.

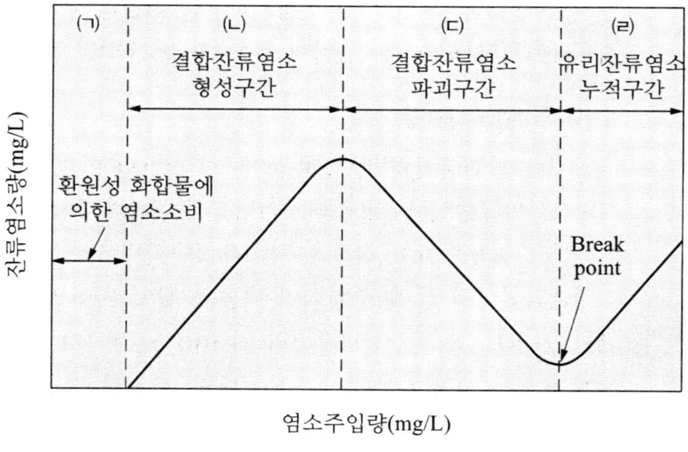

그림 4.58 염소 주입 시 잔류염소의 변화

참고로 하수 처리수에는 많은 유기물이 포함되므로 고도처리를 목적으로 염소를 사용할 경우, 유기물과 질소를 동시에 제거할 수 있는 장점이 있으나 염소의 소비량이 커서 약품비가 과다하고, pH의 조정을 위한 석회의 투여로 유출수의 경도가 증가하며, 잔류염소의 독성으로 방류수역의 생태계를 교란시킬 수 있다.

2. 생물학적 질소 제거

오늘날 폐수처리과정에서 질소의 제거는 매우 중요한 공정인데, 생물학적 질소제거현상에 대해서는 일반적으로 질산화(Kluyer and Donker, 1926)에 이은 탈질(Beijerinck and Minkman, 1910)로 생각하고 있다. 즉, 폐수 중에 질소는 유기성 질소·암모니아성 질소·아질산성 질소 및 질산성 질소의 형태로 존재하는데, 이 중 유기성 질소나 암모니아성 질소가 산소가 공급되는 조건에서 아질산균(nitrosomonas)과 질산균(nitrobactor)에 의해 질산화되는 1단계 과정과 질산화 물질이 탈질균(脫窒菌)에 의해 질소가스(N_2)로 탈질되는 2단계 과정으로 생각하고 있다. 하지만 폐수에 포함된 많은 종류의 질소화합물과 다양한 반응(그림 4.59 참고; Mark, 1998)은 질소제거공정에 대한 연구를 어렵게 하고, 게다가 기존과 다른 새로운 이론, 예를 들어 호기성 탈질(aerobic denitrification), 타영양성 미생물에 의한 타영양성 질산화(heterotrophic) (Robertson and Kuenen, 1990; Muller *et al.*, 1995), 혐기성 암모니아 산화(anaerobic ammonium oxidation) (Muller *et al.*, 1995) 또는 자영양성 질산화 박테리아에 의한 탈질(Bock *et al.*, 1995; Schmidt and Bock, 1997) 등도 보고되고 있어 상기의 일반론을 의심케 한다. 따라서 생물학적 질산화 및 탈질 현상은 기존의 mechanism 이 외에 밝혀지지 않은 많은 다른 작용이 있을 것으로 판단되지만,

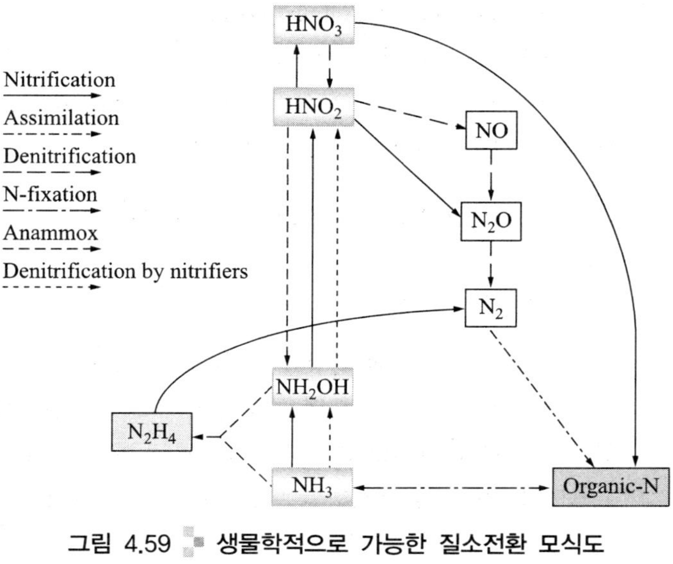

그림 4.59 생물학적으로 가능한 질소전환 모식도

이들 연구의 성과는 아직 미미하고 이론적으로 확실하게 증명된 바 없으므로 이후 기술은 기존 이론에 준하였다. 보다 자세한 내용은 관련 문헌(李, 2016)을 참고하기 바란다.

① 질산화 반응

식 (4.67)과 (4.68)은 생물학적 질산화 과정을 나타낸 것으로, 이때 질산화 미생물은 암모니아와 같은 질소화합물의 산화를 통해 성장에 필요한 에너지를 얻고, 탄소원으로 무기탄소(탄산가스)를 이용한다.

$$NH_4^+ + \frac{3}{2}O_2 \xrightarrow{nitrosomonas} NO_2^- + 2H^+ + H_2O \quad (4.67)$$

$$NO_2^- + \frac{1}{2}O_2 \xrightarrow{nitrobactor} NO_3^- \quad (4.68)$$

총괄적 반응은 다음과 같다.

$$NH_4^+ + 2O_2 \rightarrow NO_3^- + 2H^+ + H_2O \quad (4.69)$$

② 탈질반응

질소제거공정에서 유기물은 미생물의 증식·호흡활동의 에너지원으로 활용될 뿐 아니라 탈질세균의 탈질을 위한 에너지원으로 활용된다. 즉, 탈질세균은 타영양성 세균이며, 활성슬러지 중에 다량 존재하는 임의성 세균으로 *Pseudomonas* · *Micrococcus* · *Bacillus* · *Achromobactor* 등이 있다. 이 세균은 산소(oxic) 혹은 무산소조건(anoxic)에서도 에너지를 얻을 수 있는데, 산소조건에서는 유리산소(遊離酸素)를 이용하고, 무산소조건에서는 NO_2^-와 NO_3^- 같은 결합산소(結合酸素)를 이용한다. 탈질반응은 다음 식과 같다.

$$2NO_3^- + 2(H_2) \rightarrow 2NO_2^- + 2H_2O \quad (4.70)$$

$$2NO_2^- + 3(H_2) \rightarrow N_2\uparrow + 2OH^- + 2H_2O \quad (4.71)$$

위 식과 같이 질산화 물질을 환원하기 위해서는 수소가 요구되는데, 이 수소는 유기물의 분해를 통해 얻은 것이다. 수소공여체로 활용되는 유기물에는 유입하수·메탄올(methanol)·초산 등의 저급 지방산·당류나 펩톤(peptone) 등이 있으며 유입하수를 제외하면 메탄올이 가장 경제적이다.

3. 생물학적 질소제거공정

생물학적 질소제거공정은 1950년대 후반 유럽에서 개발되었는데, 전체 공정은 무산소조와 산소조의 조합으로 이루어지며, 가장 기본적인 공정원리는 크게 후탈질 공정과 전탈질 공정으로 구분할 수 있다.

① 후탈질공정

후탈질공정은 생물학적 질소제거공정의 개발과정에서 가장 초기에 해당하며, 그림 4.60(Wuhrmann Process)과 같이 산소가 공급되는 질산화조에서 유기물과 질소를 산화시킨 다음, 교반만 실시되는 탈질조에서 질산화 물질을 질소가스로 탈질시켜 제거하는 공정이다. 이 공정은 탈질을 위한 에너지원으로 별도의 유기물을 제공하지 않기 때문에 미생물은 세포 내 저장물질을 에너지원으로 이용하게 된다. 즉 미생물의 성장단계 중 내생단계를 이용하기 때문에, 이 공정은 반응속도가 느리고, 탈질조 내 체류시간이 길어야 되는 단점이 있다.

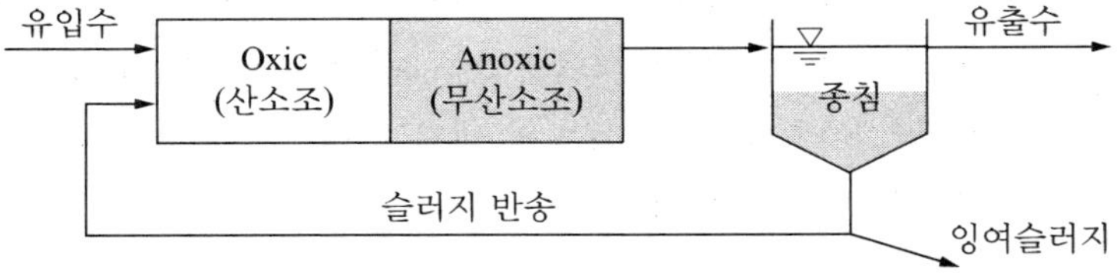

그림 4.60 Wuhrmann Process

따라서 이러한 문제점을 개선하기 위해 탈질조에 메탄올과 같은 별도의 에너지원을 공급하여 탈질반응을 촉진하기 위해 그림 4.61과 같은 process가 Bringmann에 의해 개발되었는데, 이 경우 탈질은 매우 용이하지만 메탄올의 소비량이 커서 운전비용이 과다하게 소비되는 단점을 가진다. 한편 이 공법에서 메탄올이 탈질세균의 에너지원으로 사용된다는 일반론적 주장은 필자의 생각과 다르다. 필자의 생각은 단순히 일반세균이 추가된 메탄올을 분해하여 새로운 세포를 구성하는 과정에서 생체구성비만큼 질소를 소비한 결과라고 판단한다.

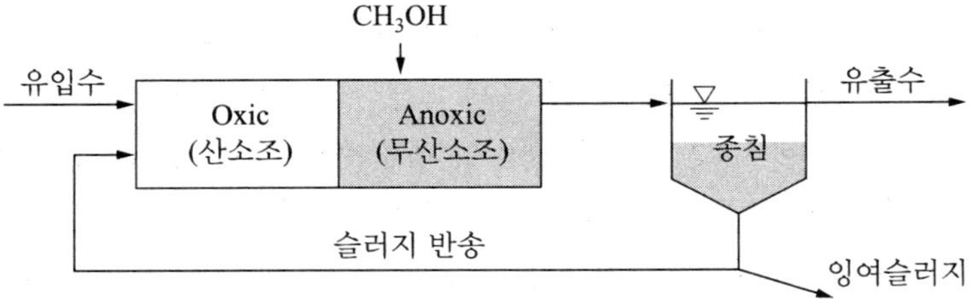

그림 4.61 Bringmann Process

② 전탈질공정

1960년경 미국의 Ludzack 등에 의해 탈질을 위한 에너지원으로 유입하수를 이용하는 방법이 개발되었는데, 이 process는 그림 4.62와 같이 후탈질공정과는 다르게 전단에 탈질조를 후단에 질산화조를 배치하여, 질산화조에서 질산화된 유출수를 전단의 탈질조에 반송함으로써 전단에서 탈질과 동시에 탄소성 유기물을 제거하는 방법이다. 이 방법은 가장 기본적인 질소제거공정으로, 순환이 요구되므로 **순환식 질화탈질법**이라고도 한다. 이 방법은 이후 유출수의 순환에서 산소조에서 무산소조로 내부 순환시키는 방법으로 수정되었는데, 이들 공법은 탈질을 위한 에너지원으로 유입하수를 이용하지 때문에 운전비용면에서 전탈질공정에 비해 경제적이다. 하지만 순환을 위한 에너지의 소비와 질화된 혼합액의 일부가 침전지를 경유하여 유출되는 단점을 가진다.

수정된 공법(Modified Ludzack-Ettinger Process)은 질소 제거를 위한 가장 기본적인 공정으로 자주 채용되며, 이후 본 공정의 후단에 무산소조나 산소조 등을 추가하여 유출수 중 질산화물의 제거 또는 2차침전지에서 슬러지가 부상하는 현상을 억제하기 위해 Barnard process·Bardenpho process 등의 변법으로 발전하였다. 이후 개발된 변법에 대한 자세한 내용은 관련 문헌(李, 2016)을 참고하기 바란다.

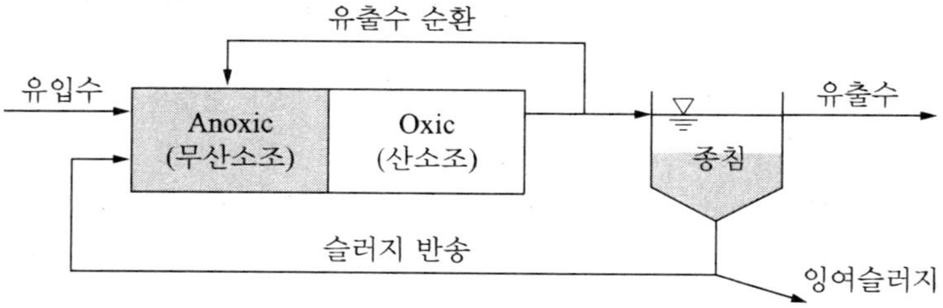

그림 4.62 Ludzack-Ettinger Process

4. 효율적 운전 요령

일반적으로 질소 관련 미생물, 즉 질산화 미생물과 탈질 미생물은 탄소성 유기물을 제거하는 미생물과 각기 다른 종류의 미생물로 잘못 인식되고 있다. 따라서 탄소성 유기물의 제거 정도가 질소 제거에 아무런 영향을 미치지 않는 것으로 생각하기 쉽다. 하지만 질소를 효율적으로 제거하기 위해서는 무엇보다 탄소성 유기물의 제거가 선행되어야 한다. 이는 많은 세균들이 질소나 유기성 탄소를 제거할 수 있는 능력을 겸유하고 있으며, 산화를 통해 에너지를 얻는 과정에서 질소보다는 유기성 탄소를 선호하기 때문이다. 따라서 에너지를 보다 쉽게 얻을 수 있는 유기성 탄소가 존재하는 한 세균은 질산화를 잘 행하지 않는다. 이러한 필자의 주장에 대해 아직도 많은 이견이 있으나, 필자의 주장은 기존의 실험, 즉 1편 3.3.1항의 그림 3.8을 통해 명확하게 입증된다.

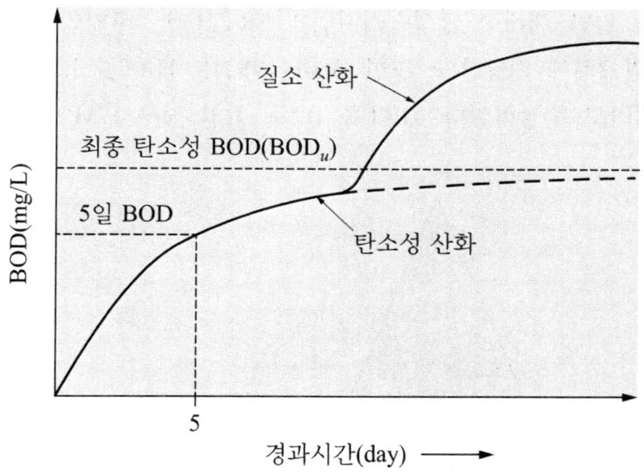

그림(1편 그림 3.8) BOD반응곡선

상기 BOD반응곡선에서 탄소성 유기물의 산화와 질소의 산화는 1단계와 2단계 반응으로 나타나는데, 이와 같은 현상은 각 오염물질을 제거하는 데 관련 미생물이 각각 따로 존재한다면 나타날 수 없는 결과이다. 즉 질소 관련 세균이 따로 존재한다면 그림에서 탄소성 유기물이 산화되는 동안 질소 관련 세균은 유기물의 유무에 관계없이 질소를 산화할 것이고, 반응의 결과는 1단계와 2단계로 구분되지 않고 하나의 곡선으로 나타날 것이다. 하지만 1단계와 2단계로 구분되어 나타나는 현상은 세균이 탄소성 유기물을 산화시킨 이후에 새로운 에너지원으로 질소를 산화시키는 과정을 보여주는 현상이다. 따라서 생물학적 질소제거공정에서 질소를 효율적으로 제거하기 위해서는 후탈질 공정인 경우 산소조에서, 전탈질 공정인 경우 무산소조에서 충분히 탄소성 유기물이 제거되어야 하는데, 그런 조건이 되기 위해서는 이들 조의 체류시간을 충분히 길게 유지해야 한다. 즉 F/M비를 낮게 유지해야 한다. 하지만 이 경우 다음 그림 4.63에 나타낸 바와 같이 생물반응조 내 미생물상은 하등한 세균류가 감소하고 그 결과 유기물의 제거속도는 오히려 감소한다. 따라서 효과적으로 질소제거를 위해서는 F/M비를 상승시켜 종조성을 세균류로 유도하여 탄소성 유기물의 제거속도를 상승시켜야 한다.

저자의 이러한 주장은 질소나 인을 제거하기 위해 낮은 F/M비로 설계·운전하는 일반적 관행과 다르지만, 실제 많은 연구자들은 고 F/M비로 운전하는 것이 질소제거에 보다 효과적임을 실험적으로 증명하고 있다. 예를 들어 Dan Vacker(1967)는 질소와 인 제거를 위한 적정 F/M비로 0.5 kg-BOD/kg-MLVSS · day를 제시하였는데, 이 부하는 일반적 재래식 활성슬러지법 부하(F/M비)의 2배에 해당한다. 또한 津野洋(1985)은 슬러지 체류시간(SRT)이 대체로 3.7～7일이 가하다고 주장하였다. 이 또한 일반 재래식 활성슬러지법의 SRT가 5～15일임을 감안하면 일반적 부하(F/M비)의 2배에 해당한다. 또한 Barth(1982)는 HRT를 1/2 정도로 줄일 경우 보다 효과적이라고 주장하였다. HRT를 1/2로 줄일 경우 F/M비는 2배로 상승한다.

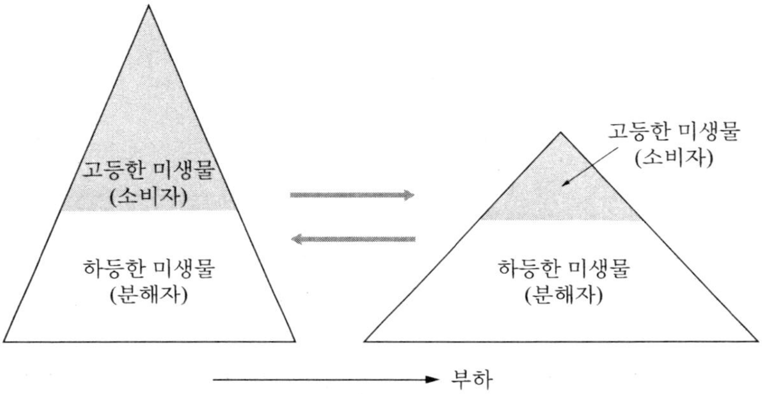

그림 4.63 부하 변화에 따른 생물 반응조 내 미생물상의 변화

4.9.2 인 제거방법

1. 물리·화학적 인 제거방법

① 응집침전법

이 방법은 2차처리수에 응집제를 가하여 처리수 중의 인을 불용성 화합물로 만들어 침전·제거하는 방법으로, 처리수 중의 부유물이나 유기물을 제거하기 위한 고차처리법으로도 이용될 수도 있고, 응집침전 후 여과나 활성탄 흡착 등을 병행하면 처리수의 수질을 보다 향상시킬 수 있다. 또한 응집제첨가 활성슬러지법이나 응집제첨가 여과법 역시 인을 응집시켜 불용성 화합물로 침전·제거하므로 원리적으로 응집침전법과 같다. 사용되는 응집제로는 황산반토[$Al_2(SO_4)_3 \cdot 18H_2O$] · 폴리염화알미늄[PAC; $(AlCl_3)_n$] · 알루민산소다[$NaAlO_3$] · 염화제

2철[$FeCl_3$]·황산제1철[$FeSO_4$]·황산제2철[$Fe_2(SO_4)_3$]·석회[$Ca(OH)_2$] 등이 있는데, 주로 황산반토·염화제2철·PAC 및 석회가 주로 사용된다.

② 석회(Lime) 첨가법

이 방법은 반응 pH 조건에 따라 high lime법과 low lime법으로 구분하는데, high lime법의 경우, pH가 11∼11.5 정도, low lime법의 경우, pH가 10 이하가 되도록 lime[$Ca(OH)_2$]을 주입한다. 이때 젤라틴상의 불용성 화합물인 hydroxy apatite[$Ca_5(OH)(PO_4)_3$]가 생성되는데, 이것을 침전시켜 인을 제거한다.

③ 금속염 첨가법

응집제로 사용되는 금속염(metal salt)으로는 알루미늄염과 철염이 있는데, 이들 물질을 원수에 첨가하면 원수 중의 정인(arthophosphate)과 축합인(polyphosphate)은 다음과 같이 반응하여 난용성의 인산알루미늄이나 인산제2철이 생성된다. 이것을 침전·제거함으로써 인을 제거할 수 있다.

$$Al_2(SO_4)_3 + 2PO_4^{3-} \rightarrow 2AlPO_4 + 3SO_4^{2-} \quad (4.72)$$

$$FeCl_3 + PO_4^{3-} \rightarrow FePO_4 + 3Cl^- \quad (4.73)$$

④ 응집제첨가 활성슬러지법

응집제첨가 활성슬러지법은 활성슬러지공정에 무기계 응집제를 직접 첨가하여 인을 응집·침전시키는 방법이다. 응집제로는 주로 알루미늄염이 사용되며, 그 원리는 응집침전법과 기본적으로 같고, 응집제의 첨가 위치에 따라 그림 4.64와 같이 세분할 수 있다.

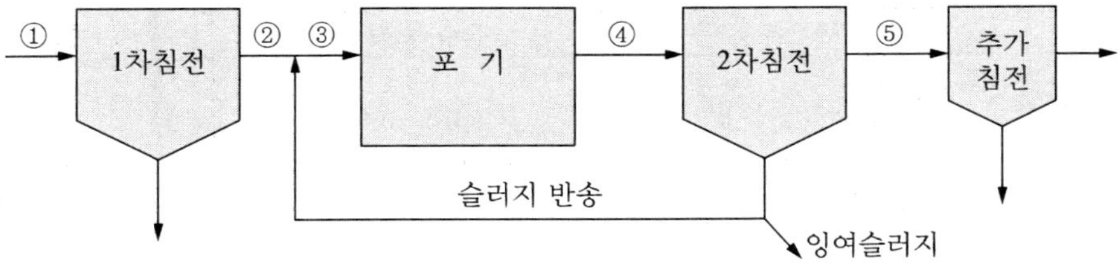

① 1차침전지 유입수 ② 1차침전지 유출수 ③ 반송슬러지 유입 후
④ 포기조 유출수 ⑤ 2차침전지 유출수

그림 4.64 인 제거를 위한 활성슬러지법의 응집제 투여 위치

⑤ 입상여재여과법

이 방법은 상수 처리 시 급속여과와 동일한 원리이며, 2차처리수의 여과, 화학적으로 처리된 2차처리수의 여과 및 화학적으로 처리된 1차 혹은 원폐수의 여과 등 고도처리에 이용된다. 상수도의 여과기술과 비교하여 그 차이점은 현탁물질의 농도와 성질·여과지의 구성·여재의 성질·유량제어·여과속도·손실수두·역세정 등을 들 수 있으며, 그중 가장 큰 차이점은 표 4.26·4.27과 같이 여재의 크기에 있다.

여과지의 구성은 과거에는 하향류식 단층여과(유효경 0.45～0.7 mm, 균등계수 1.7)가 대부분이었으나, 현재에는 상향류식 여과, 즉 내부여과가 많이 채용되고 있으며, 현탁물의 제거효율이나 여과지속시간을 증가시키기 위해 여재는 주로 2층 혹은 혼합층으로 이용하는 경우가 많다. 사용되는 여재로는 anthracite

표 4.26 이층 여재를 이용한 여과상의 여재 특성

구 분	상수 처리 시	하·폐수 처리 시
활성탄		
깊이(m)	0.5～0.6	0.3～0.6
유효경(mm)	0.9～1.1	0.8～2.0
균등계수	1.6～1.8	1.3～1.8
모래		
깊이(m)	0.15～0.2	0.15～0.6
유효경(mm)	0.45～0.55	0.4～0.8
균등계수	1.5～1.7	1.2～1.6
여과속도($m^3/m^2 \cdot day$)	150～500	100～600

표 4.27 혼합 여재를 이용한 여과상의 여재 특성

구 분	상수 처리 시	하·폐수 처리 시
활성탄		
깊이(m)	0.4～0.5	0.2～0.5
유효경(mm)	0.95～1.0	0.8～2.0
균등계수	1.55～1.75	1.4～1.8
모래		
깊이(m)	0.15～0.2	0.2～0.4
유효경(mm)	0.45～0.55	0.4～0.8
균등계수	1.5～1.65	1.3～1.8
석류석		
깊이(m)	0.08～0.1	0.05～0.15
유효경(mm)	0.20～0.35	0.2～0.6
균등계수	1.6～2.0	1.5～1.8
여과속도($m^3/m^2 \cdot day$)	200～600	100～600

(비중; 1.35～1.75)·모래(비중; 2.65)·석류석(garnet, 비중; 4.0～4.5) 등이 자주 사용된다. 여재의 입경과 균등계수는 상수의 모래여과와 마찬가지로 현탁물의 제거효율을 결정하는 중요 요소로 입경이 작을수록 처리율은 상승한다. 하지만 상수와 달리 하수는 현탁물질이 많기 때문에 여과지속시간을 길게 하고, 내부여과에 따른 유효공극을 확보하기 위해서는 상수 처리 시 사용되는 여재에 비해 가능한 한 입경이 큰 것을 사용해야 한다. 한편 여재에는 미생물막이 형성되며, 화학적 floc을 제거할 경우에는 floc이 여과상의 심층까지 스며드는 경향이 있으므로 역세정이 필요하다. 이때 그 효율을 증가시키기 위해서는 공기세정 및 중간 표면세정을 실시한다. 또한 균등계수는 역세정 수량과 관련되므로 가급적 균등한 입자를 사용한다. 일반적으로 이 방법에 의한 현탁물 제거효율은 80～90% 정도이다.

1편의 그림 6.36은 각종 여과장치의 입자 크기별 배열에 따른 공극의 변화를 나타낸 것이며, 그림 4.65는 상향류 여과상의 개요도를 나타낸 것으로 이 그림에서 격자는 역세정 시 상 전체가 유동하여 세척효과가 감소하는 것을 방지하기 위한 것이다.

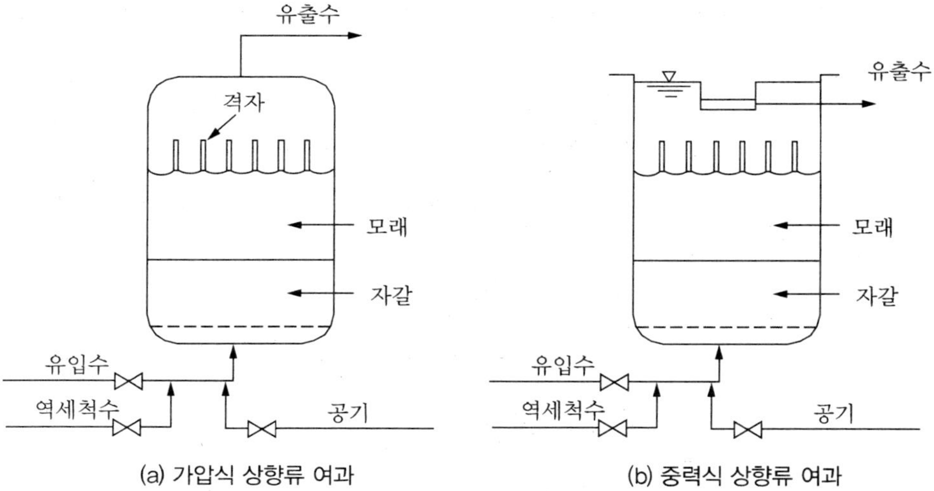

그림 4.65 상향류 여과상의 개요도

2. 생물학적 인 제거의 원리 및 공정

① 인 제거 mechanism

통상 활성슬러지의 인 함량은 VSS당 2～3%이며, 재래식 활성슬러지법을 이용하는 도시하수처리장의 인 제거율은 20～30% 정도이다. 그러나 재래법을 이용하는 여러 처리장에서 통상 활성슬러지의 인 함량 이상의 인이 제거되는데, 이와 같은 인의 초과 제거 현상은 다음 두 가지 이론으로 설명되고 있다. 그 하나는 화학침전설(Ferguson, 1973)로 하수 중의 인이 우수와 함께 유입하는 Ca·Fe·K 및 Mg와 같은 금속과 반응하여 침전·제거된다는 것이고, 또 다른 하나는 과잉섭취설(Carberry, 1973)로 활성슬러지가 어떤 특정의 조건에서 보통 때보다 많은 양의 인을 섭취한다는 것으로 연구자 간에 이견이 있었다. 그러나 오늘날 일반적으로 과잉섭취에 따른 것으로 판단하고 있으며, 아울러 화학침전에 의한 영향도 다소 있는 것으로 생각하고 있다.

그림 4.66은 과잉섭취에 의한 인 제거 mechanism을 요약 도식한 것이다. 이 그림에 따르면 어떤 특정의 미생물은 무산소(anoxic)조건과 산소(oxic)조건이 반복될 경우 산소조건에서 인을 과잉 섭취하는 경향이 있다. 즉, 무산소조건에서 임의성 미생물에 의한 유기물질의 발효반응으로부터 acetate나 기타 발효물질이 생성되는데, 이 발효생성물은 탈인 미생물에 의해 쉽게 섭취되어 glycogen이나 PHB(poly-β-hydroxy butyrate) 등의 기질로 저장되며, 이때 이미 산소조건에서 축적된 축합인은 정인으로 되어 세포 외로 방출된다. 뒤 이은 산소조건에서 세포 내에 저장된 기질이 산화되는 과정에서 얻어지는 에너지를 이용

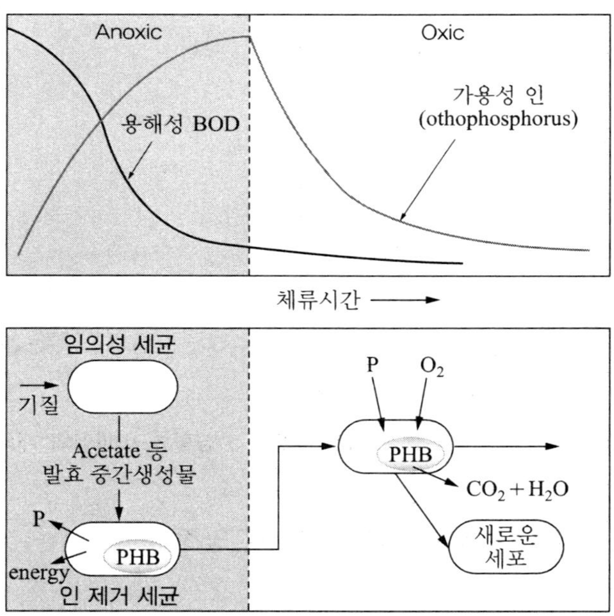

그림 4.66 생물학적 인 제거의 원리

하여 미생물은 폐수 중에 용해되어 있는 정인을 다시 섭취하여 축합인을 합성하게 되는데, 이때 미생물이 연속포기 시 통상 체내에 함유하는 인보다 높은 농도의 인을 섭취하게 되고(EPA, 1987), 과잉 섭취한 이들 미생물을 잉여슬러지로 인출시킴으로써 인이 제거된다는 것이다. 따라서 저 F/M비로 인하여 잉여슬러지의 발생량이 적을 경우 인의 조 외 인출량이 감소되어 인을 효과적으로 제거할 수 없다. 즉, 생물학적 공정으로 인을 제거하기 위해서는 F/M비를 높여 잉여슬러지의 발생량을 증가시켜야 한다.

② 생물학적 인 제거 공정

㈀ A/O 공법(Anoxic/Oxic process)

본 법은 탄소성 유기물과 인을 제거하기 위한 가장 기본적인 프로세스로 그림 4.67과 같이 무산소조와 산소조로 구성되어 있다. 이때 무산소조와 산소조는 각각 같은 크기가 되도록 여러 개의 칸막이로 나뉘며 완전혼합조이다.

이 프로세스에서 유입수는 반송슬러지와 함께 처음 무포기조에 유입하는데, 이 조에서 유입수 중의 탄소성 유기물은 거의 제거되고, 동시에 반송슬러지 중의 과잉섭취된 인은 방출된다. 이때 인의 방출 정도는 후속하는 산소조에서 관련 세균의 인 과잉섭취에 영향을 미친다. 따라서 무산소조에서 충분한 인의 방출이 요구되는데, 무산소조로 유입하는 자유산소나 결합산소는 인의 방출을 방해한다. 따라서 이 프로세스에서 인을 효율적으로 제거하기 위해서는 산소조에서 질산화를 억제하거나 아니면 산소조에서 체류시간을 충분히 확보하여 질산화물의 호기성 탈질을 유도해야 하는데, 이 경우 조의 F/M비가 낮아져 인의 충분한 제거를 기대할 수 없다. 따라서 효과적으로 인을 제거하기 위해서는 무산소조의 전단에 반송슬러지와 함께 유입하는 결합산소(질산화물)와 유입수에 포함된 자유산소를 제거하기 위해 별도의 조를 설치해야 하는데, 이러한 목적의 조를 anaerobic tank라 한다. 따라서 이 조를 혐기성조라고 부를 수는 있으나 조의 상태는 anaerobic이 아닌 anoxic의 상태로 혐기성 미생물과는 전혀 관계가 없음을 유의해야 한다.

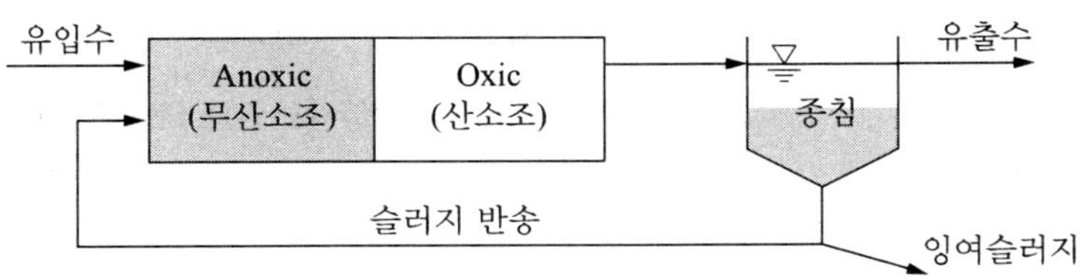

그림 4.67 A/O process

㈏ PhoStrip process

PhoStrip process는 그림 4.68과 같이 생물학적 방법과 화학적 방법을 조합한 것이다. 본 법은 A/O 법의 단점을 보완한 것으로, 즉 인을 과잉 섭취한 반송슬러지의 일부를 무산소 상태의 탈인조에 보내 슬러지로부터 인을 방출시켜 반송함으로써 보다 많은 양의 인을 제거할 수 있도록 한 것이다. 한편 과잉의 인을 함유한 탈인조의 상징액은 화학처리조에 유입시키고, 여기에 석회를 가하여 인을 hydroxy apatite로 침전·제거시킨다.

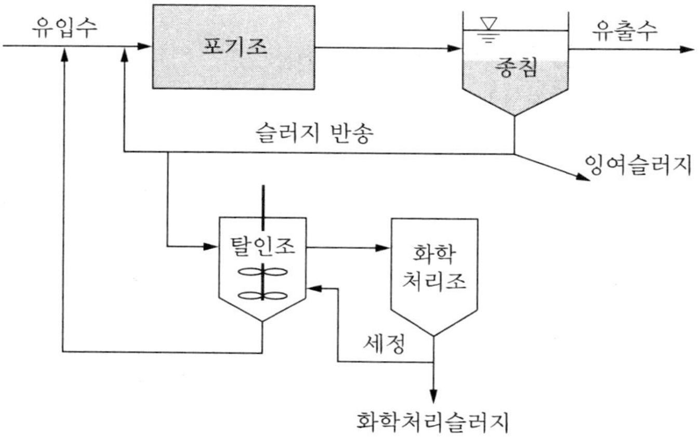

그림 4.68 PhoStrip process의 처리 개통도

㈐ SBR(Sequencing batch reactors)

그림 4.69는 BOD와 인 제거를 위한 SBR의 계통도이며, 자세한 내용은 이후 4.9.3항을 참고하기 바란다.

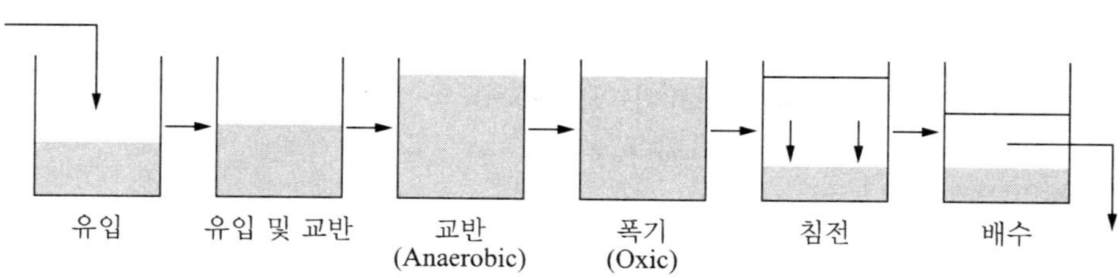

그림 4.69 BOD·인 제거를 위한 SBR의 계통도

4.9.3 질소·인 동시 제거

1. A^2/O 공법(Anaerobic–Anoxic/Oxic process)

A^2/O 공법은 질소와 인을 동시에 제거하기 위한 가장 기본인 공정으로 그림 4.70과 같이 A/O 공법의 무산소조에 유입하는 유입수 중의 자유산소(용존산소)나 반송슬러지 중의 결합산소(질산화물)를 제거하여 인 제거효율을 상승시키기 위한 목적의 혐기조를 공정의 전부(前部)에 부가한 것이다. 즉, 혐기조 - 무산소조 - 산소조의 3단계로 구성되어 있다. 각 조의 체류시간은 같고, 완전혼합 상태를 유지한다. 따라서 인 제거만을 목적으로 할 경우 내부순환은 필요치 않으며, 인과 질소를 동시에 제거하고자 할 경우에는 내부순환을 실시한다.

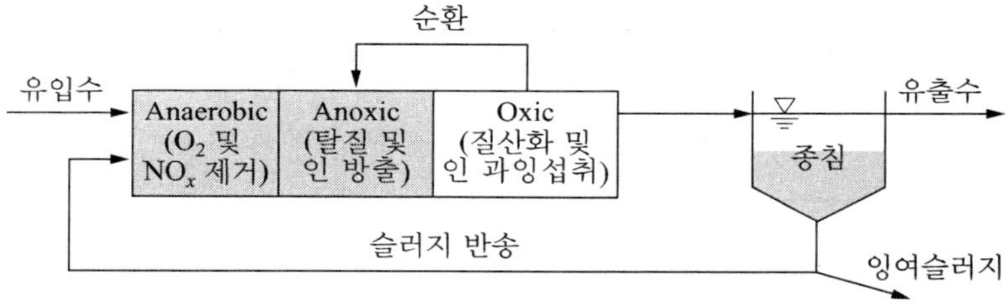

그림 4.70 A^2/O 공법에 의한 인·질소 동시 제거 프로세스

한편 질소와 인의 동시 제거 공법에는 A^2/O 공법 외에 수정바덴포 공법(Modified Bardenpho process)·수정포스트립 공법(Modified PhoStrip process)·UCT 공법(University of Cape Town)·수정 UCT 공법(Moified University of Cape Town)·VIP 공법(Virginia initiative plant) 등 다수가 있는데, 이들 공법은 모두 A^2/O 공법을 개량·발전시킨 변법으로, 자세한 내용은 관련 문헌(李 2016)을 참고하기 바란다.

2. SBR(Sequencing batch reactors)

SBR은 각 조건의 시간 배분에 따라 유기물의 제거에서 질소나 인의 제거까지 다양하게 운전될 수 있는데, 그림 4.71은 BOD와 질소 및 인을 동시에 제거하기 위한 SBR의 계통도이다. 질소와 인을 동시에 제거하기 위해서는 무산소조건과 산소조건을 반복해야 하는데, 이때 1단계 포기 이전에 대부분의 유기물이 산화됨과 동시에 인의 방출과 과잉섭취를 위한 혐기조건이 달성되어야 한다. 뒤 이은 산소조건에서는 암모니아가 질산화물로 산화되고, 다음 교반조건(무산소조건)에서는 질산화물이 탈질·제거되며 동시에 인의 방출이 이루어진다. 다음 산소조건에서는 인의 과잉섭취가 일어나며 인을 과잉 섭취한 슬러지는 침전과정에서 잉여슬러지로 제거된다.

제거 목적에 따른 공정 및 시간 배분은 표 4.28 및 4.29와 같고, 이 방법을 이용하여 폐수를 연속적으로 처리하기 위해서는 최소 2개 이상의 조가 요구된다.

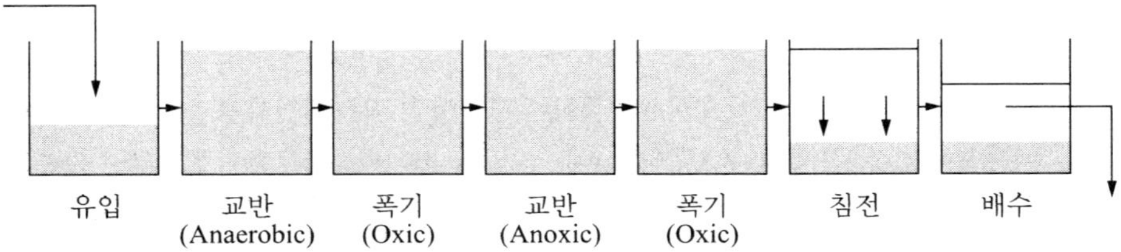

그림 4.71 SBR에 의한 질소·인 동시 제거

표 4.28 처리 목적에 따른 SBR의 공정 배분

<table>
<tr><th>운전방식</th><th colspan="7">공정배분</th><th>처리목적</th></tr>
<tr><td rowspan="2">무제한포기</td><td colspan="3">유입</td><td colspan="4"></td><td rowspan="2">BOD, SS 제거</td></tr>
<tr><td colspan="5">포기</td><td>침전</td><td>배출</td></tr>
<tr><td rowspan="2">제한포기</td><td>유입</td><td colspan="6"></td><td rowspan="2">BOD, SS 제거,
일부 N, P 제거</td></tr>
<tr><td></td><td colspan="4">포기</td><td>침전</td><td>배출</td></tr>
<tr><td rowspan="2">반제한포기</td><td colspan="3">유입</td><td colspan="4"></td><td rowspan="2">BOD, SS 제거,
일부 N, P 제거</td></tr>
<tr><td></td><td colspan="4">포기</td><td>침전</td><td>배출</td></tr>
<tr><td rowspan="2">간헐포기 A</td><td colspan="4">유입</td><td colspan="3"></td><td rowspan="2">BOD, SS 제거,
N, P 제거</td></tr>
<tr><td>교반</td><td>포기</td><td colspan="2">교반</td><td>포기</td><td>침전</td><td>배출</td></tr>
<tr><td rowspan="2">간헐포기 B</td><td>유입</td><td></td><td colspan="2">유입</td><td colspan="3"></td><td rowspan="2">BOD, SS 제거,
N, P 제거</td></tr>
<tr><td>교반</td><td>포기</td><td colspan="2">교반</td><td>포기</td><td>침전</td><td>배출</td></tr>
</table>

표 4.29 질소·인 동시제거를 위한 SBR의 각 공정별 체류시간

공 정	체류시간(hr)	
	저부하 운전	고부하 운전
유입 및 교반	1.8	3.0
포 기	1.0	0.4
침 전	1.0	0.7
배 수	0.4	0.7
휴 지	0.6	0

U.S. EPA. (1987)

3. 수생식물에 의한 질소·인 제거

식물의 성장에는 영양물질인 질소와 인이 필요한데, 수생식물은 수중의 영양물질을 이용하여 성장한다. 따라서 모든 수생식물이 수중의 영양물질을 제거하지만, 보다 효과적으로 영양물질을 제거하기 위해서는 수중 영양물질의 흡수속도나 생체 내 요구량 및 생장속도가 빠른 식물을 이용해야 하는데, 이러한 특성을 지닌 대표적인 식물로 브레옥잠과 갈대 등이 있다. 한 예로 브레옥잠의 경우 생장속도가 매우 빨라 1주가 8개월 간 약 65,000주로 번식한다고 하며 NASA의 연구에서는 1년간 1 ha당 생산량이 건조중량으로 154톤이나 되었다고 한다.

하지만 수생식물을 이용할 경우 식물이 성장할 수 없는 동절기에 수질의 악화는 불가피하며, 또한 적절한 시기에 성장한 식물을 수확 혹은 제거해야 하는데, 이 수확물의 처리·처분이 문제이다. 따라서 수확물을 사료화 또는 퇴비화하기 위해 노력하고 있으나 아직 경제성은 없는 것으로 판단되며, 그 외에 이 방법은 설치장소가 수변지역 등으로 한정되고, 시설의 소요면적이 크다는 단점이 있다. 현재 이용하거나 이용이 검토되는 수생식물을 서식형태에 따라 분류하면 표 4.30과 같다.

표 4.30 고도처리에 이용 가능한 수생식물

분 류		서식형태	주요 식물명
고착성	추수성	뿌리와 줄기의 일부만 물속에 있는 것	부들·벗들·갈대·창포·솔잎말
	부엽성	뿌리와 줄기는 물속에 있고, 잎만 수면 위에 떠있는 것	연꽃·마름·수련·가래
	침수성	뿌리·줄기·잎 모두가 물속에 있는 것	말 종류·물수세미·검정말·말즘
부유성		뿌리가 고정되지 않고 수면이나 수중을 부유하는 것	부래옥잠·생이가래·개구리밥·좀개구리밥

Chapter 4 연습문제

1. BOD 반응곡선에서 탄소성 유기물과 질소물질이 동시에 산화되지 않고 각기 다르게 산화되는 이유는 무엇인가?

2. 하수처리공정을 크게 4단계로 구분하고 각 단계에 대해 설명하라.

3. 어떤 하수의 BOD_5가 150 mg/L이고, 최종 BOD가 250 mg/L인 경우 탈산소계수는 얼마이고, 또한 5일 후 수중의 BOD는 얼마인가(base 10)?

   Answer 탈산소계수 k_1; 0.08 day^{-1}, 5일 후 수중의 BOD; 100 mg/L

4. 상기 문제의 탈산소계수가 20℃의 것이라고 하면 15℃의 탈산소계수는 얼마인가? (단, 온도보정계수 $\theta = 1.047$이다.)

   Answer $k_{1(15)}$; 0.064 day^{-1}

5. 어떤 처리장의 유입유량은 50,000 m^3/day이다. 침전지의 평균 체류시간이 2.5시간이라면, 이 침전지의 표면부하율은 얼마인가? (단, 침전지의 깊이는 3.5 m이다.)

   Answer 33.6 $m^3/m^2 \cdot day$

6. 원형 침전지의 유입량이 5,000 m^3/day이고, 이때 표면부하가 24 $m^3/m^2 \cdot day$이다. 침전지의 직경과 월류언부하는 각각 얼마인가?

   Answer 침전지 직경; 16.28 m, 월류언부하; 97.76 $m^3/m \cdot day$

7. 활성슬러지법을 정의하라.

8. 다음 용어를 설명하라.
① F/M비 ② HRT ③ SVI ④ SRT

9. 활성슬러지법의 일반적 공정흐름을 도식하고 각 공정에 대해 설명하라.

10. 포기조의 용적은 6,000 m^3, 유입수량은 20,000 m^3/day, 유입수 농도는 150 mg-BOD/L, 미생물 농도는 2,500 mg/L, 유출수의 수질은 10 mg-BOD/L, 겉보기 세포증식계수가 0.4인 경우, 수리학적 체류시간 · F/M비 · BOD용적부하 및 슬러지 일령을 구하라.

Answer HRT; 7.2 hr, F/M비; 0.2 kg-BOD/kg-MLSS · day,
BOD용적부하; 0.5 kg-BOD/m^3 · day, SRT; 10.7 day.

11. 슬러지 용적지수 SVI를 이용하여 슬러지의 양부(良否)를 설명하라.

12. 최적 F/M비란 무엇인가?

13. 포기조의 설계 수리학적 체류시간이 6시간이다. 최적 F/M비는 얼마인가? (단, 반응온도는 28℃이다.)

Answer 0.22 kg-BOD/kg-MLSS · day

14. 슬러지의 팽화원인과 대책에 대해 기술하라.

15. 좌측부하와 우측부하에 대해 설명하라.

16. 부유미생물 공정과 막미생물 공정의 장단점에 대해 기술하라.

17. 슬러지의 부상원인과 대책에 대해 기술하라.

18. 상수와 하수의 염소소독 시 차이점에 대해 기술하라.

19. 어떤 소독제를 이용하여 하수를 처리한 결과 90%의 대장균을 사멸시키는 데 20초가 소요되었다. 감소율 상수 k는 얼마인가?

Answer $k = 0.115\ \text{sec}^{-1}$

20. 질소의 물리·화학적 처리법에는 어떤 것이 있는가?

21. 질소의 화학적 처리법 중 불연속점 염소처리법에 대해 기술하라.

22. 후탈질공정과 전탈질공정의 원리를 설명하라.

23. 인의 물리·화학적 처리법에는 어떤 것이 있는가?

24. 인 제거법 중 high lime법과 low lime법에 대해 설명하라.

25. 생물학적 인 제거 mechanism을 설명하라.

26. A/O 공정과 A^2/O 공정의 차이점을 설명하라.

Chapter 5 슬러지 처리

5.1 서 론

하수처리과정에서 발생하는 스크린 협잡물·침사지 모래·1차 및 2차침전지의 슬러지 등은 각각의 처리과정을 거친 후 처분되는데, 이 중 특히 슬러지는 함수율과 유기물 함량이 높아 처분이 어렵고 비위생적이다. 따라서 처분에 앞서 저렴하고 안전하게 운반·처분할 수 있도록 용적을 줄이고, 취급을 용이하게 하며, 유기물을 무해한 무기물로 분해하여 안정화하고, 병원성 세균을 제거하는 등 별도의 처리과정이 요구된다. 이러한 처리과정으로는 농축·소화·탈수·소각 등의 방법이 이용되는데, 이때 각 시설을 정확하게 설계·운전하기 위해서는 대상물질의 성상과 발생량을 자세하게 파악해야 한다. 이와 같이 슬러지 처리는 다양한 방법이 동원되고 내용도 많으므로 본 항에서는 기본적인 내용을 소개하고 보다 자세한 내용은 관련 문헌에 미루고자 한다.

5.1.1 슬러지의 성상과 공정별 발생량

하수슬러지란 도시하수처리장의 스크린과 침사지에서 제거되는 대형의 협잡물과 모래를 제외하고 하수로부터 분리되는 모든 고형물의 총칭이다. 즉, 하수슬러지는 분쇄된 스크린 협잡물·1차침전지와 포기조의 scum 및 1차·2차침전지의 침전물을 포함하는데, 그 발생공정에 따라 다음과 같이 크게 2가지로 구분할 수 있다.

① 침전슬러지 : 최초침전지에서 발생하는 슬러지(약품침전슬러지도 포함)

② 생물학적 폐슬러지 : 생물학적 처리과정에서 발생하는 슬러지

도시하수처리장의 단위 슬러지 발생량은 부하나 처리량 또는 처리공정별로 다른데, 시설의 규모에 따른 슬러지 발생량은 다음 표 5.1과 같고, 공정별로 발생하는 슬러지의 양은 표 5.2와 같다.

표 5.1 하수도 시설기준에 의한 슬러지 발생량

계획인구(만명)	계획1인1일 최대하수량(L/인·일)	슬러지 발생량[a] (m^3/day)
1	250	20
5	300	120
50	400	1,600
100	500	4,000

건설부, 1992; a) 함수율 98% 기준

표 5.2 각종 하수처리공정에서 발생하는 슬러지의 특성

처리방법	건조중량 기준 발생량(kg/1,000 m^3)		함수율 (%)
	범 위	전형적 발생량	
1차침전(보통침전)	108～169	151	92～95
활성슬러지법	72～96	84	98～99
살수여상법	60～96	72	92～95
장기포기식 활성슬러지법	84～121	96[a]	
폭기식 산화지	84～121	96[a]	
인 제거를 위한 1차침전지의 화학처리			93～97
- 석회 350～500 mg/L	241～398	301[b]	
- 석회 800～1,600 mg/L	602～1,325	795[b]	
부유성장식 탈질공정	12～30	18	

a) 1차침전이 없는 경우, b) 1차슬러지 포함

5.1.2 슬러지 발생량의 산정·고형물의 함유율 및 용적

1. 슬러지 발생량의 산정

슬러지는 발생 공정에 따라 1차침전지의 침전슬러지와 2차침전지의 생물학적 폐슬러지로 구분할 수 있으며, 1일당 발생 슬러지의 총량은 이들의 합이다. 먼저 1차침전지의 침전슬러지 발생량은 다음과 같다.

$$\text{침전슬러지} = S_1 \cdot Q \cdot e_1 \ [\text{g/day}] \tag{5.1}$$

여기서, S_1 : 1차침전지 유입 부유물의 농도(mg/L)

Q : 유입 하수량(m^3/day)

e_1 : 1차침전지의 부유물 제거 효율

한편 2차침전지에서 발생하는 생물학적 폐슬러지는 2차침전지에서 제거되는 1차침전지 유출 부유물과 포기조에서 유기물 분해로 증식한 활성슬러지를 포함한다. 즉,

$$\text{생물학적 폐슬러지} = S_1 \cdot Q(1-e_1)e_2 + \Delta X \ [\text{g/day}] \tag{5.2}$$

여기서, e_2 : 2차침전지의 부유물 제거 효율

ΔX : 일당 미생물 증식량(g/day) $= Y(S_r \times Q) - k_d X = Y_{obs}(S_r \times Q)$

Y : 증식계수(g-VSS/g-BOD_5)

Y_{obs} : 겉보기 세포증식계수(g-VSS/g-BOD_5)

k_d : 자산화계수(day^{-1})

S_r : 제거된 기질 농도(mg/L)

따라서, 1일당 발생 슬러지량은 다음과 같다.

$$\begin{aligned}\text{1일당 발생 슬러지량} &= \text{침전슬러지} + \text{생물학적 폐슬러지} \\ &= S_1 \cdot Q \cdot e_1 + S_1 \cdot Q(1-e_1)e_2 + \Delta X \ [\text{g/day}]\end{aligned} \tag{5.3}$$

이상과 같이 슬러지 발생량은 유입 부유물의 농도와 운전부하에 따라 달라지는데, 생물학적 공정에서 발생하는 폐슬러지 양은 표 5.3과 같다. 표에서 부하율은 크게 고율·중간율·저율로 구분하였는데, 이는 SRT 기준으로 각각 1~3일, 4~8일, 15일 이상을 나타내며, 제시된 값들은 부유성장공정이나 부착성장공정에 관계없이 호기성 처리에 적용할 수 있다.

표 5.3 생물학적 처리공정에서 발생하는 폐슬러지량

처리공정	폐슬러지 발생량(mg-TSS/mg-BOD_5)	
	1차침전지 없음	1차침전지 있음
고 율	1.0~1.6	0.8~1.3
중 율	0.8~1.1	0.7~0.9
저 율	0.7~0.9	0.5~0.7

2. 슬러지의 함수율·고형물의 함유율 및 용적

슬러지 중의 함수율·고형물질 및 슬러지 용적은 다음과 같다.

$$\text{슬러지의 수분 함유율} \quad P_w = \frac{W}{W+S} \times 100 \ [\%] \tag{5.4}$$

슬러지의 고형물 함유율 $P_s = \dfrac{S}{W+S} \times 100 = 100 - P_w\,[\%]$ (5.5)

$$W = \frac{S(100 - P_s)}{P_s} \tag{5.6}$$

슬러지 수분의 용적 $V_w = \dfrac{W}{r_w}$ (5.7)

고형질의 용적 $V_s = \dfrac{S}{r_s}$ (5.8)

∴ 슬러지의 전 용적 $V = \dfrac{W}{r_w} + \dfrac{S}{r_s} = S\left(\dfrac{100}{P_s r_w} - \dfrac{1}{r_w} + \dfrac{1}{r_s}\right)$

또는 $V = \dfrac{S}{r_w \cdot r_s (P_s/100)}$ (5.9)

여기서, W : 슬러지 중 수분중량(kg)

S : 슬러지 중 건조 고형물의 중량(kg)

r_w : 슬러지 중 수분의 밀도(kg/m^3)

r_s : 슬러지 중 건조 고형물의 비중(kg/m^3)

슬러지를 탈수할 경우 슬러지의 함수율과 부피의 관계는 다음 식 (5.10)과 같다. 이 식에 따르면 슬러지의 함수율이 99%에서 98%로 소폭만 변화하여도 슬러지의 부피는 반으로 감소한다. 발생 슬러지의 부피는 슬러지 펌프의 능력·건조상의 크기·소각로의 효율 등 슬러지 처리와 관련된 시설의 크기나 운영비에 큰 영향을 미친다. 따라서 슬러지 처리에 있어서 함수율을 낮추는 것이 매우 중요하다.

$$\frac{V_1}{V_2} = \frac{100 - P_2}{100 - P_1} \tag{5.10}$$

여기서, V_1 : 함수율 P_1(%)인 슬러지의 부피

V_2 : 함수율 P_2(%)인 슬러지의 부피

예제 5.1

일 평균 하수유입량이 10,000 m^3/day이고 유입 부유물의 농도는 200 mg/L인 하수를 활성슬러지법으로 처리하고자 한다. 부유물 제거율은 90%이고 슬러지의 함수율이 99%인 경우 슬러지 발생량을 구하라(단, 슬러지의 비중은 1.01이다).

풀이 부유물 제거량은 건조무게로

$200 \times 10,000 \times 0.9 = 1.8$ (t/day)이며, 슬러지의 함수율이 99%이므로,

발생슬러지의 부피는

$$1.8 \times \frac{100}{100-99} \div 1.01 = 178.2\ m^3/day \text{이다.}$$

예제 5.2

아래 표 5.4와 같은 조건으로 운전되는 하수처리장에서 발생하는 슬러지를 혐기성 소화법으로 처리하고자 한다. 소화조에 투입되는 슬러지의 양 및 휘발성 고형물량을 구하라.

표 5.4

항목	값	항목	값
유입 하수량(m^3/day)	10,000	포기시간(hr)	8
유입 현탁고형물 농도(mg/L)	200	SS 중 휘발성 물질(%)	65
초침 SS 제거율(%)	60	MLSS 중 휘발성 물질(%)	90
종침 SS 제거율(%)	90	농축조 배니 농도(kg/m^3)	50
포기조 유입 BOD(mg/L)	150	증식계수(g-VSS/g-BOD_5)	0.6
포기조 BOD제거율(%)	95	자산화계수(day^{-1})	0.05
MLSS 농도(mg/L)	2,000		

풀이 1차침전지 슬러지

$$200(mg/L) \times 10,000(m^3/day) \times 0.6 = 1,200\ kg/day$$

2차침전지 현탁고형물

$$200(mg/L) \times (1-0.6) \times 10,000(m^3/day) \times 0.9 = 720\ kg/day$$

2차침전지 생물슬러지

$$[150(mg/L) \times 0.95 \times 0.6(g\text{-}VSS/g\text{-}BOD_5) - 2,000(mg/L) \times 0.05(day^{-1}) \times 8/24(day)] \times 10,000(m^3/day) = 522\ kg/day$$

전체 슬러지량(건조중량)

$$1,200 + 720 + 522 = 2,442 \fallingdotseq 2,500\ kg/day$$

소화조에 유입하는 슬러지량

$$2,500(kg/day) / 50(kg/m^3) = 50\ m^3/day$$

휘발성 고형물량

$$(1,200 + 720) \times 0.65 + 522 \times 0.9 = 1,718\ kg/day$$

3. 공정별 슬러지의 특성

슬러지를 처리하기 위해서는 슬러지의 발생량뿐만 아니라 공정별 발생 슬러지의 특성을 파악해야 한다. 발생 슬러지는 공정별로 크게 1차침전지 슬러지·생물학적 폐슬러지·소화 슬러지 및 약품응집 슬러지 등으로 나눌 수 있으며, 그 특성은 다음과 같다.

① 1차슬러지

1차침전지에서 발생하는 슬러지는 유기 고형물·그릿·무기성 미세입자로 구성되며, 휘발성 고형물의 함량은 50～60% 정도이고, 비교적 탈수성이 양호하다. 이 슬러지는 침전성 유기물이 주요 성분이므로 침전지 체류시간이 길어지면 악취의 원인이 된다.

② 생물학적 폐슬러지

생물학적 처리공정의 2차침전지에서 발생하는 슬러지로 다갈색을 띠며, 1차슬러지나 소화 슬러지에 비해 악취 발생의 우려는 적으나 유기물의 함량이 높고, 소화과정을 거치지 않을 경우 탈수하기 곤란하다. 휘발성 고형물의 함량은 70～85% 정도이고, 함수율은 98～99% 정도로 매우 높다.

③ 약품응집 슬러지

약품을 주입하여 부유성 고형물이나 인 등을 화학적으로 처리할 때 발생하는 슬러지로, 농축과 탈수성은 약품·하수의 pH·반응시간 등에 따라 달라진다. 주입 약품으로 석회를 사용할 경우 발생 슬러지의 양은 증가하지만 농축과 탈수성은 양호해진다.

표 5.5 처리공정별 슬러지 및 고형물의 비중

공정의 종류	슬러지 내 고형물 비중	슬러지 비중
1차침전(보통침전)	1.4	1.02
활성슬러지법	1.25	1.005
살수여상법	1.45	1.025
장기포기식 활성슬러지법	1.30	1.015
폭기식 산화지	1.30	1.01
인 제거를 위한 1차침전지의 화학처리		
- 석회 350～500 mg/L	1.9	1.04
- 석회 800～1,600 mg/L	2.2	1.05
부유성장식 탈질공정	1.20	1.005

④ 소화 슬러지

혐기성 소화슬러지는 흑회색을 띠며 함수율은 87~90% 정도로 탈수성이 양호하다. 하지만 소화과정의 각종 소화가스로 인하여 악취가 발생할 가능성이 크다. 한편 호기성 소화슬러지는 악취 발생의 우려는 적으나 혐기성 소화슬러지에 비해 상대적으로 수분이 많고 탈수성도 떨어진다.

5.2 슬러지 처리 및 처분방법

슬러지 처리는 매우 어렵고, 많은 비용이 소요되는 복잡한 공정이다. 따라서 슬러지 처리법의 선정은 처리장 전체 공정의 경제성 및 효율을 좌우하는 중요 사안이며, 하수처리법의 선정과 마찬가지로 신중하게 고려해야 한다.

슬러지 처리의 기본 목적은 안정화·안전화 및 감량화에 있다. 이러한 목적을 달성하기 위해 농축·소화·탈수·소각 등 각종의 단위조작이 이용되는데, 그림 5.1은 슬러지 처리를 위한 주요 공정을 나타낸 것이다. 그림에 나타낸 공정의 수순은 처리의 목적을 달성하기 위한 일반적 수순을 나타낸 것으로, 슬러지의 최종처분 또는 재이용 방법에 따라 달라질 수 있다. 예를 들어, 최종 처리법으로 소각이 이용될 경우 슬러지는 안정화나 살균과정 없이 탈수하여 소각하게 된다.

슬러지의 처분방법으로 흔히 비료·퇴비·토양 개량제로 토양에 환원하는 방법, 소각 후 매립 혹은 소각재의 재이용, 매립 등이 이용되는데, 어느 경우든 경제성과 안정성, 즉 자원의 재이용 측면과 환경적 측면을 고려해야 한다.

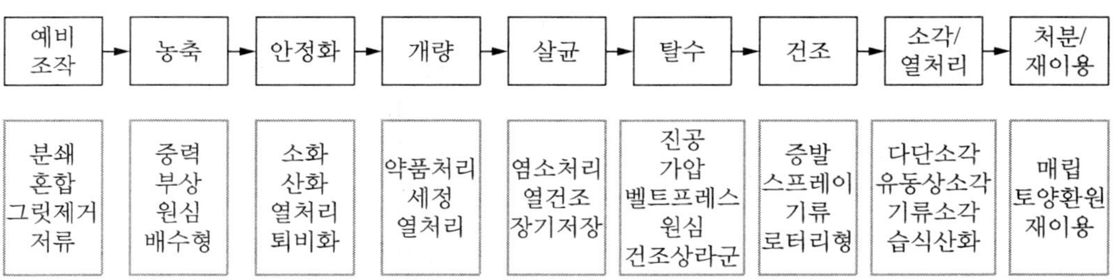

그림 5.1 슬러지 처리 및 처분공정

5.2.1 슬러지의 예비처리

슬러지를 효율적이고 쉽게 처리하기 위해 농축 전에 분쇄·혼합하거나 그릿을 제거하는 수가 있는데, 이러한 처리를 예비처리라 한다.

먼저 분쇄는 처리를 요하는 슬러지의 이송을 보다 편리하게 하기 위한 것이다. 슬러지의 이송에는 이송관과 동형(動型, kinetic pump)·용적형(容積型) 펌프 또는 스크류 펌프 등이 사용되는데, 특히 동형의 원심력 펌프가 주로 사용된다. 따라서 유입슬러지 중 조대한 물질이 존재할 경우 이송관이 막히거나 원심력펌프의 임펠러가 손상될 수 있으므로, 이를 방지하기 위해 분쇄기를 설치하며, 분쇄기는 입자를 6~13 mm 정도의 크기로 분쇄시킨다.

한편 슬러지 처리 시 1차침전지의 그릿은 후속 처리의 부작용, 즉 슬러지 이송과정에서 이송관과 펌프의 마모, 농축조나 소화조에 그릿의 축적 등의 문제를 일으키므로 미리 제거해야 한다. 일반적인 수처리시설에서는 중력식 혹은 포기식 침사지를 이용하여 직경 210 μm 이상의 모래를 제거하고 있으나 유입유량의 증가나 초기 강우 시 대량의 토사가 유입하는 경우 설계목표대로 그릿을 제거할 수 없는 경우가 많다. 이런 경우에 재차 그릿을 제거하기 위해서 흔히 그림 5.2와 같은 하이드로사이클론(hydrocyclone)을 사용하는 예가 많은데, 이것은 직경 65~75 μm 이상의 그릿을 효과적으로 제거할 수 있다.

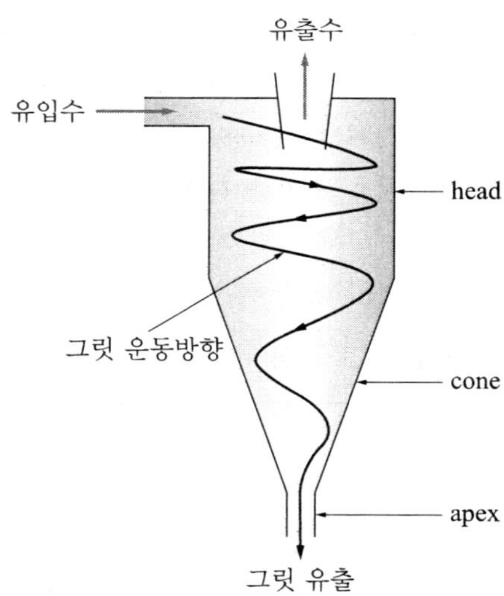

그림 5.2 하이드로사이클론의 기본구조

한편 탈수나 소각과 같이 처리시간이 짧은 공정이나 균일한 성상의 유입슬러지가 요구되는 경우 처리의 효율성을 향상시키기 위해서는 각 공정에서 발생하는 슬러지를 혼합하는 혼합시설이 요구되며, 각 공정에서 발생하는 슬러지를 발생시간과 관계없이 효과적으로 혼합하기 위해서는 저류조를 설치하는 것이 유효하다.

5.2.2 슬러지의 농축

슬러지 농축(濃縮, thickening)이란 일단 침전한 슬러지를 장시간 다시 침전시켜 부피를 감소시키기 위한 물리적 공정으로, 후속 공정의 규모를 줄이고 효율을 향상시키기 위한 것이다. 슬러지의 농축방법 중 대표적인 것은 중력농축·부상농축·원심농축 등이 있으며, 이 중 중력농축이 가장 일반적으로 채용된다. 참고로 농축 시 슬러지의 함수율 변화에 따른 슬러지의 부피 변화는 식 (5.10)과 같다.

1. 중력농축

중력농축(重力濃縮, gravity thickening)이란 슬러지를 자체의 자중에 의해 압밀시키는 것을 말한다. 이 방법은 주로 1차슬러지나 화학슬러지의 농축에 이용되며, 장치의 구조가 비교적 간단하고 유지·관리가 쉽다. 그러나 악취가 발생할 수 있는 단점이 있다.

중력식 농축조의 설계 시 중요한 설계인자는 **고형물부하**와 **표면부하율**로[식 (5.11) 및 (5.12) 참고], 이 중 고형물부하는 회분식 침전실험에 의해 정하는 것이 원칙이지만 실험을 실시하지 못할 경우 경험적 결과를 이용한다. 이러한 결과를 표 5.6에 나타내었는데, 이 표에서 고형물부하는 유입 고형물의 종류에 따라 다르지만 보통 25～90 $kg/m^2 \cdot day$ 정도이다. 한편 표면부하율은 1차슬러지의 경우 16～32 $m^3/m^2 \cdot day$, 2차슬러지의 경우는 4～8 $m^3/m^2 \cdot day$ 정도가 적당하다.

중력식 농축조에서 슬러지의 체류시간은 최대 18～24시간 정도를 취하는데, 그것은 체류시간이 길어지면 슬러지가 부패하고 부패가스로 인하여 슬러지가 부상하는 등의 문제가 발생하기 때문이다. 참고로 이러한 현상은 수온이 상승하는 여름철에 1차슬러지를 농축할 경우 특히 빈번히 발생한다.

농축조의 형상은 그림 5.3과 같이 원형이 대부분이나 때로 직사각형의 것도 있다. 농축조 바닥은 슬러지의 배출을 위해 5/100 정도의 경사를 두며 회전식 스크레이퍼(scraper)를 설치하는데, 이때 스크레이퍼의 원주속도는 2～6 m/min 정도로 하며, 상부에는 scum제거기를 설치하는 것이 바람직하다.

표 5.6 중력식 농축조의 고형물부하

슬러지의 종류	유입슬러지 농도 (%)	농축 후 농도 (%)	고형물부하 (kg/m²·day)
분리농축의 경우			
1차슬러지	2.0～7.0	5.0～10.0	100～150
살수여상 슬러지	1.0～4.0	3.0～6.0	40～50
회전원판 슬러지	1.0～3.5	2.0～5.0	35～50
2차슬러지			
일반 활성슬러지	0.5～1.5	2.0～3.0	20～40
순산소 활성슬러지	0.5～1.5	2.0～3.0	20～40
장기포기법 슬러지	0.2～1.0	2.0～3.0	25～40
약품침전 슬러지			
High lime	3.0～4.5	12.0～15.0	120～300
Low lime	3.0～4.5	10.0～12.0	50～150
철염	0.5～1.5	3.0～4.0	10～50
알미늄염	0.5～1.5	2.0～4.0	10～50
혼합 슬러지			
1차＋활성슬러지	0.5～1.5	4.0～6.0	25～70
	2.5～4.0	4.0～7.0	40～80
1차＋살수여상 슬러지	2.0～6.0	5.0～9.0	60～100
1차＋회전원판 슬러지	2.0～6.0	5.0～8.0	50～90
1차＋활성슬러지＋철염	1.5	3.0	30
1차＋활성슬러지＋알미늄염	0.2～0.4	4.5～6.5	60～80

EPA, 1979

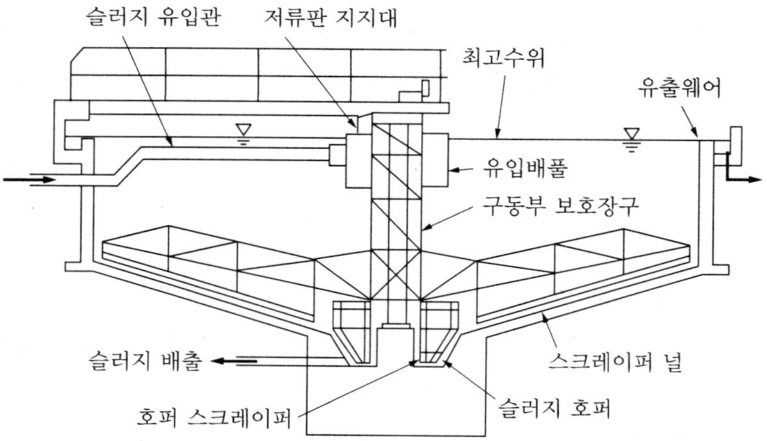

그림 5.3 중력식 농축조

$$고형물부하 = \frac{Q_i C_i}{A} \tag{5.11}$$

$$표면부하 = \frac{Q_i - Q_u}{A} \tag{5.12}$$

여기서, Q_i : 슬러지 유입량(m^3/day)
Q_u : 농축 슬러지 유출량(m^3/day)
C_i : 유입 슬러지 농도(g/L)
A : 농축조 수면적(m^2)

한편 농축조의 크기를 결정하기 위해서는 침전실험을 실시하여 슬러지의 침전특성을 파악해야 하며, 침전에 소요되는 표면적과 농축에 필요한 표면적을 비교하여 큰 면적의 것으로 결정한다.

그림 5.4는 농축에 필요한 표면적을 구하기 위해 실시한 회분식 농축실험의 한 예이다. 그림에서 슬러지의 농도를 C, 슬러지 경계면의 높이를 H, 요망하는 슬러지 농축농도(C_u)에 달하는 데 소요되는 시간을 T_u(day)라고 하면, T_u는 다음과 같이 구할 수 있다.

$$T_u = \frac{H - H_u}{v} \tag{5.13}$$

여기서, v : 슬러지 경계면의 평균 침강속도(m/day)

한편 그림에서 슬러지의 농도와 경계면의 높이는 다음 관계가 성립한다.

$$C_o H_o A = C \cdot H \cdot A = C_u H_u A \tag{5.14}$$

만약 표면적이 A인 농축조에 농도가 C_i인 슬러지가 유입되어 T_u 시간 체류한다면 다음 관계가 성립한다.

$$H_u C_u A \fallingdotseq C_i Q_i T_u \tag{5.15}$$

$$\therefore\ A = \frac{C_i Q_i T_u}{H_u C_u} \tag{5.16}$$

따라서 식 (5.13)과 (5.16)을 연립하면 다음 관계가 성립하며,

$$A = \frac{C_i Q_i}{v} \frac{H - H_u}{H_u C_u} \tag{5.17}$$

$H = \frac{1}{C} C_u H_u$ 이므로[식 (5.14) 참고], 농축에 필요한 표면적 A는 다음과 같다.

$$A = \frac{C_i Q_i}{v}\left(\frac{1}{C} - \frac{1}{C_u}\right) \tag{5.18}$$

농축조에 유입하는 슬러지의 농도는 수시로 변화하고 농축조의 효율 역시 유입 슬러지의 농도에 따라 변화하므로, 상기 식 (5.18)을 이용하여 표면적을 구할 경우에는 처리장의 실제 슬러지 농도범위 내에서 실험조건(슬러지 농도)을 다양하게 변화시켜 실험해야 하며 이 중 가장 큰 결과치를 채택한다.

한편 침전에 소요되는 표면적(A')는 다음과 같다.

$$A' = \frac{Q_i - Q_u}{v} \tag{5.19}$$

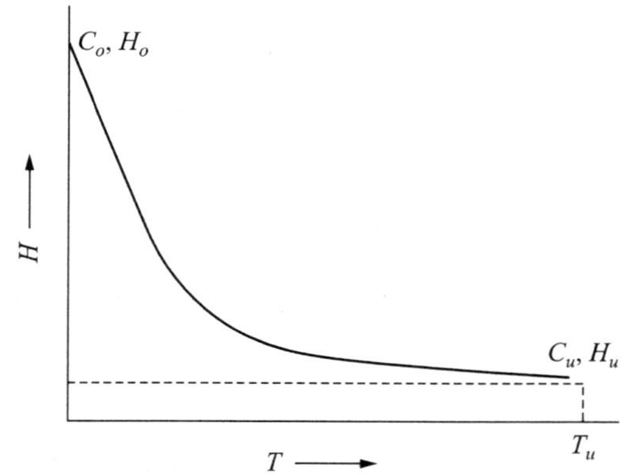

그림 5.4 시간 변화에 따른 슬러지 경계면의 위치변화

예제 5.3

고형물 농도가 8 kg/m^{3}인 슬러지가 1,000 m^3/day 발생하고 있다. 수리학적 체류시간이 15시간인 조건에서, 고형물의 농도를 40 kg/m^{3}까지 농축하고자 할 경우 농축조의 단면적·용적 및 고형물부하를 구하라(단, 슬러지 침전실험 결과는 다음 표 5.7과 같다).

표 5.7 슬러지 침전실험 결과

실 험	고형물 농도(kg/m^3)	경계면 침강속도(m/day)
1	8.5	19.32
2	12.5	9.14
3	16.1	6.90
4	25.6	2.29
5	34.2	1.71

풀이 실험 결과로부터 소요 단면적을 계산하면 다음 표 5.8과 같다.

표 5.8

실 험	고형물 농도 C (kg/m^3)	경계면 침강속도 v (m/day)	1/C	$1/C-1/C_u$	A (m^2)
1	8.5	19.32	0.118	0.093	38.5
2	12.5	9.14	0.080	0.055	48.1
3	16.1	6.90	0.062	0.037	42.9
4	25.6	2.35	0.039	0.014	47.7
5	34.2	1.71	0.031	0.006	28.1

표 5.8에서 고형물 농도가 12.5 kg/m^{3}일 때 농축조의 최대 소요단면적은 48.1 m^{2}이고, 이때 경계면의 침강속도는 9.14 m/day임을 알 수 있다.
한편 농축슬러지 발생량

$$Q_u = \frac{C_i Q_i}{C_u} = \frac{8 \times 1{,}000}{40} = 200 \text{ m}^3/\text{day}\text{이고,}$$

경계면의 침강속도는 9.14 m/day인 조건에서 침전에 소요되는 표면적(A')

$$A' = \frac{Q_i - Q_u}{v} = \frac{1{,}000 - 200}{9.14} \fallingdotseq 87.6 \text{ m}^2\text{이다.}$$

따라서 농축조의 표면적은 87.6 m^{2}로 해야 한다.
한편 수리학적 체류시간이 15시간이므로 조의 용적

$$V = 1{,}000 \times \frac{15}{24} = 625 \text{ m}^3\text{이다.}$$

또한 고형물부하는

$$\frac{Q_i C_i}{A} = \frac{1{,}000 \times 8}{87.6} = 91.3 \text{ kg/m}^2 \cdot \text{day}\text{이다.}$$

2. 부상농축

이 방법은 중력식으로 잘 농축되지 않는 잉여슬러지에 적용하는데, 중력농축에 비해 농축조의 소요 용량을 줄일 수 있으며, 농축농도도 높고 고부하 운전이 가능하나, 운전비용은 중력식에 비해 크다.

부상농축은 기포를 발생시키는 방법에 따라 **가압식**과 **감압식**으로 구분할 수 있는데, 감압식은 압력 조절범위가 좁으므로 슬러지 농축에는 별로 사용되지 않는다. 가압식은 **전량가압식·부분가압식** 및 **순환수가압식**이 있는데, 전량가압식이나 부분가압식은 슬러지에 과도한 전단력이 가해지고 가압시스템이 막히기 쉽다. 따라서 농축조의 처리수를 순환 및 가압시키는 순환수가압식이 자주 사용되는데, 이 방법은 타 방법에 비해 공기포화도가 높고 비교적 고농도에 적용한다. 최대 순환수량은 대략 유입 슬러지량의 100% 정도로 한다.

한편 처리효율은 순환수량뿐 아니라 적용 **공기/고형물(A/S)비**[식 (5.20) 참고]에 따라 달라지고, 적용 A/S비는 요구되는 농축농도나 슬러지의 종류에 따라서도 다른데 일반적으로 A/S비가 커지면 슬러지의 농축농도가 증가한다. 하지만 A/S비가 지나치게 크면 심한 와류가 발생하여 floc이나 scum이 깨져 제거효율이 나빠질 수 있다. 따라서 잉여슬러지의 경우 A/S비는 보통 0.01～0.04 kg/kg 정도로 한다. 이때 농도 3～6% 정도의 농축슬러지를 얻을 수 있으며, 유입수에 응집제를 혼입하면 농축효율을 보다 향상시킬 수 있다. 일반적으로 A/S비는 다음과 같이 표현된다.

$$\mathrm{A/S} = \frac{1.3S_a(f \cdot P - 1)R}{S_c \cdot Q} \tag{5.20}$$

여기서, 1.3 : 공기의 밀도(mg/cm^3)
A/S : 공기/고형물 비(mg-공기/mg-고형물)
S_a : 공기포화용해도(mL/L)
S_c : 고형물 농도(mg/L)
f : 압력이 P일 때 공기용해율로 보통 0.8
R : 가압순환유량(m^3/day)
Q :폐수유량(m^3/day)

한편 S_a는 표 5.9와 같고, P는 실제로 전달되는 압력, 즉 절대압력으로 다음 식과 같다.

표 5.9 공기의 포화용해도

온도(℃)	0	10	20	30
S_a(mg/L)	29.2	22.8	18.7	15.7

$$P(\text{atm}) = \frac{p + 101.35}{101.35} \tag{5.21}$$

여기서, p는 가압수 계기압력(kPa = 1,000 N/m^2)이다.

가압식을 사용할 경우 최적의 압력은 275 ~ 460 kN/m^2 정도이며, 적정 고형물부하는 40 ~ 125 kg/m^2 · day 정도이고(표 5.10 참고), 수리학적부하는 26 ~ 121 m^3/m^2 · day 정도가 좋다. 농축조의 체류시간은 2시간 이상으로 하며, 가압탱크 내 체류시간은 2분 정도로 한다.

표 5.10 용존공기부상법에서 고형물부하율

슬러지의 종류	고형물부하율(kg/m^2 · day)	
	약품투입이 없는 경우	약품투입이 있는 경우
폐활성 슬러지	48	≤ 220
순산소 폐활성슬러지	68 ~ 97	≤ 270
살수여상 슬러지	68 ~ 97	≤ 220
1차 + 폐활성슬러지	68 ~ 146	≤ 220
1차 + 살수여상 슬러지	97 ~ 146	≤ 295
1차슬러지	97 ~ 146	≤ 295

3. 원심농축

이 방법은 원심력을 이용하여 중력만으로 침강·농축시키기 어려운 슬러지를 농축시키는 방법으로 적용되는 원심력은 중력의 500 ~ 3,000배 정도이다. 형태에 따라 흔히 decanter라고 불리는 횡형의 쏠리드 보울형(solid-bowl type)·입형의 디스크 노즐형(disk-nozzle type)·바스켓형(basket type)이 있으나, 입형보다는 횡형이 주로 사용된다. 그것은 입형 원심농축기가 마모 등 유지·관리에 어려움이 많기 때문이다(자세한 내용은 5.2.6항의 원심탈수 참고).

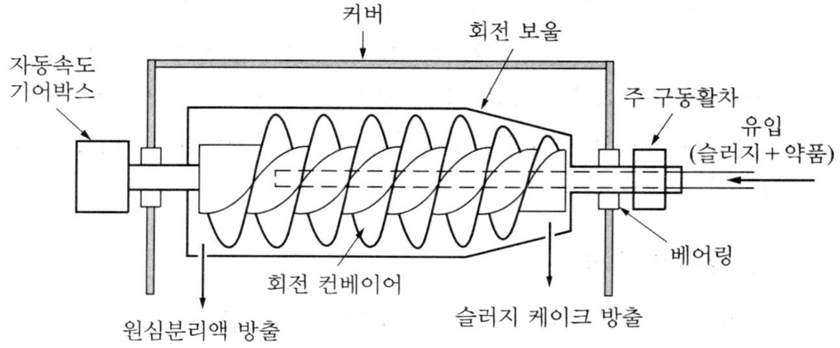

그림 5.5 쏠리드 보울형 원심농축기

이 장치는 농축시설의 규모를 줄일 수 있으며, 악취 발생을 최소화할 수 있으나 기계장치가 복잡하고, 초기 투자비와 운전·관리비가 상당히 크다. 따라서 농축보다는 탈수에 많이 이용된다. 이상 기술한 주요 농축법의 장단점은 표 5.11과 같다.

표 5.11 슬러지 농축법의 장단점

방 법	장 점	단 점
중력농축	비교적 구조가 간단하고, 유지관리가 쉽다. 시설비가 싸다. 저장과 농축이 동시에 가능하다. 약품 주입이 불필요하다. 동력비가 거의 소요되지 않는다. 1차슬러지나 석회 슬러지 농축에 적합하다.	악취가 발생한다. 잉여슬러지 농축에는 부적합하다. 부지 소요량이 크다.
부상농축	잉여슬러지에 적합하다. 고형물 회수율이 비교적 높다. 약품 주입 없이도 운전이 가능하다.	악취가 발생한다. 동력비가 많이 소요된다. 타 공법에 비해 부지 소요량이 크다. 유지·관리가 어렵고, 특히 건물 내에 설치될 경우 부식이 발생한다.
원심농축	소요 부지면적이 적다. 고농도의 농축이 가능하다. 잉여슬러지에 효과적이다. 운전효율의 적절한 조정이 가능하다. 연속운전이 가능하고 악취가 없다.	시설비와 유지·관리비가 고가이다. 시설의 세심한 유지·관리가 요구된다.

WEF & ASCE, 1992.

5.2.3 슬러지의 안정화

슬러지의 안정화(安定化, stabilization)는 슬러지 내의 유기물을 분해하여 부패성을 감소시키고 병원성 세균을 사멸시켜 위생적으로 안전화시킴과 동시에 폐슬러지의 양을 감소시켜 처분과 재이용을 용이하게 하기 위한 것이다. 안정화 방법에는 생물학적 방법과 화학적 방법이 있는데, 생물학적 방법으로는 혐기성 소화와 호기성 소화법이 있고, 화학적 방법으로는 석회안정화법 및 염소산화법 등이 있다. 그 외에 고온·고압 하에서 슬러지를 열처리하는 습식산화법이나 퇴비화도 일종의 안정화법으로 생각할 수 있다.

1. 혐기성 소화

혐기성 소화의 원리는 이미 4.7.1장에서 설명한 바 있다. 따라서 본 항에서는 슬러지의 안정화를 위한 슬러지 소화에 대해서만 기술하였다.

① 최적소화한계와 최적소화시간

슬러지 소화는 경제성 등을 고려하여 슬러지가 소화한계에 달하기 전에 탈수나 악취 등이 문제되지 않을 정도에서 중단하는 것이 좋은데, 이와 같이 실용상 요구되는 소화도를 **최적소화한계**(最適消化限界)라 하고, 이때 소요되는 소화시간을 **최적소화시간**(最適消化時間)이라 한다. 유기물 분해율이나 최적소화시간은 대상 슬러지의 유기물 함량이나 소화온도에 따라 다르지만, 일반적으로 가정하수 슬러지의 경우 중온소화 시 최적소화시간은 약 30일 정도이고 이때 유기물의 분해율은 50～70% 정도이다.

② 혐기성 소화 방식

혐기성 소화에는 저율소화·고율소화·단조식(單槽式)·다단식(多段式) 및 2상소화(二相消化) 등이 있고, 소화온도에 따라 중온소화 및 고온소화로 구분할 수 있는데, 일반적으로 슬러지의 소화에는 중온의 2단소화 방식이 주로 채용된다.

㈀ **저율소화법** (low rate digestion or conventional digestion)

저율소화법은 소화법의 발달 초기에 상용되던 방법으로 단조식 소화법이다. 이 방법은 그림 5.6과 같이 단일 조 내에서 슬러지의 소화와 상징액의 분리가 이루어지므로 조의 용적 면에서 다소 비효율적이다. 이 방법에서 생슬러지의 유입·상징수의 유출 및 소화슬러지의 인출은 간헐적으로 실시하며, 일반적으로 조 내의 균일한 온도 유지 및 소화조 액면에 생기는 scum층을 제거하기 위해 주기적인 교반을 실시한다. 전형적인 설계조건은 표 5.12와 같다.

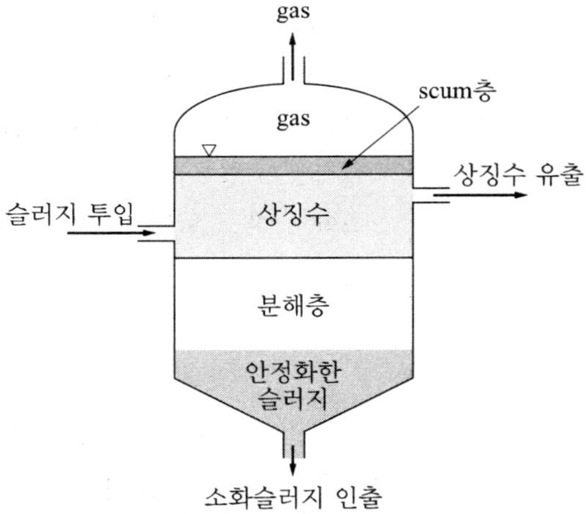

그림 5.6 저율소화법

㈁ **고율소화법** (high rate digestion)

고율소화조에서는 슬러지의 주입과 소화슬러지의 인출을 연속 또는 간헐적으로 실시하지만 혼합은 연속적으로 실시한다. 따라서 고율소화법에서는 세균과 유기물의 접촉이 원활하게 이루어지므로 저율법에 비해 수 배에 달하는 고부하 운전이 가능하고 체류기간도 줄일 수 있다. 설계조건은 표 5.12와 같다.

표 5.12 저율 및 고율소화조의 전형적 설계조건

구 분	저 율	고 율
소화시간(day)	30～60	10～20
유기성 고형물 부하(kg-VSS/m^3 · day)	0.64～1.6	2.4～6.4
용적기준(m^3/1000人)		
a. 1차슬러지	56～84	37～56
b. 1차+살수여상슬러지	112～140	75～93
c. 1차+잉여슬러지	112～168	75～112
1, 2차 혼합슬러지 유입 농도[건조고형물(%)]	2～5	4～6
소화조 하부 유출 농도[건조고형물(%)]	4～8	4～6

㈂ 2단소화조

2단소화조는 그림 5.7에 보인 바와 같이 2개의 소화조로 이루어져 있다. 이 중 첫 번째 조는 연속적인 혼합과 고정형 뚜껑을 가진 고율소화조이고, 두 번째 조는 간헐적인 혼합과 일반적으로 부동식(浮動式) 뚜껑을 가진 저율소화조이다. 2단소화조의 첫 번째 조는 두 번째 조에서 침전·분리된 소화슬러지의 반송을 통해 고농도의 미생물을 유지하고 동시에 가온과 연속혼합을 실시하여 유기성 고형물을 소화시키는 것이 주목적이고, 두 번째 조는 유기성 고형물의 소화가 다소 일어나지만 고액분리·가스 저장 및 소화슬러지의 저장이 주목적이다.

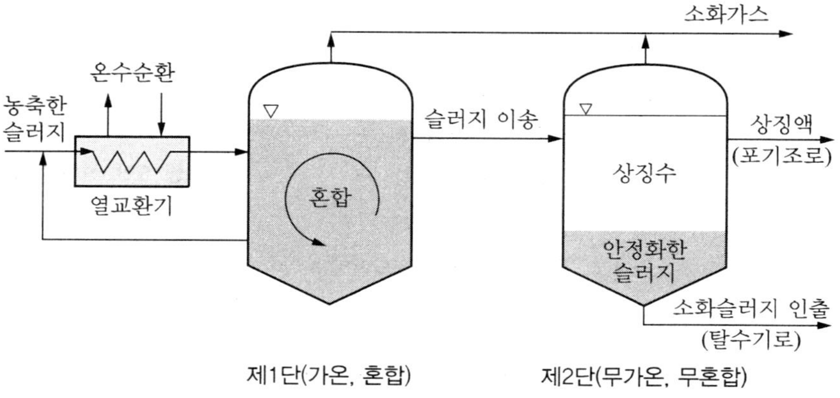

그림 5.7 2단소화조

③ 소화가스

㈀ 소화가스의 성분과 용도

표 5.13 슬러지 소화가스의 조성

성 분	구성비
methane	56～65%
탄산 gas	32～40%
황화수소	0.003～0.004%
질 소	2～6%

소화가스의 성분은 다음 표 5.13과 같고, 그 용도는 소화조의 교반과 가온용 열원, 슬러지 소각로의 열원, 관리동의 난방과 온수공급용, 기타 처리장 내의 동력원 등이다.

㈁ 소화가스의 포집

발생하는 소화가스를 포집하기 위해서는 뚜껑을 설치해야 하는데, 이때 뚜껑은 가스의 누출과 외부로부터 공기의 침입을 방지해야 한다. 뚜껑의 형식에는 고정식과 부동식(浮動式)이 있는데, 이 중 부동식은 뚜껑이 상하로 이동하여 부압으로 인한 폭발의 위험성이나 이상압력의 발생이 없다. 하지만 소화가스와 슬러지로 인한 부식으로 뚜껑의 상하활동(上下滑動)에 지장을 초래할 수 있으므로 주의해야 한다.

㈂ 가스 탱크

일반적으로 소화가스의 발생량과 소비량은 동일하지 않으므로 가스저장탱크가 필요하다. 저장탱크의 용적은 처리장의 규모와 가스의 이용도에 따라 결정되는데, 보통 1일 발생량의 25～40% 정도로 한다. 소화가스는 습윤상태이고, H_2S를 다량 함유하므로 부식성이 강하고, 포말이나 슬러지 입자 등 불순물을 포함한다. 따라서 저장탱크의 내부는 부식을 막기 위해 특수도료로 도장해야 하며, 가스는 저장 전에 충분히 탈황·탈습 및 정화하는 것이 좋다.

㈃ 안전장치

소화가스의 대부분은 메탄가스이며, 이것이 공기와 일정 비율 혼합되면 폭발성을 가진다. 따라서 다음과 같은 안전장치를 설치하고 상시 점검해야 한다.

ⓐ 뚜껑이 고정식인 소화조와 가스탱크 : 압력조절변·진공조절변 및 역화방지기(逆火防止器) 설치
ⓑ 부동식 소화조 : 압력조절변 및 역화방지기 설치
ⓒ 잉여가스 소각기 설치
ⓓ 배관계통 : 역화방지기 설치
ⓔ 계기·유량계·압력조절변 등 모든 계기류 : 역화방지기 설치

참고로 역화방지기는 가스계통이 부압(負壓)이 될 때 화염이 내부로 진행하여 폭발하는 것을 방지하기 위한 장치이다.

2. 호기성 소화

호기성 소화(好氣性消化, aerobic digestion)는 농축된 혼합 또는 잉여 슬러지를 장기간 포기하여 미생물로 하여금 유기물 분해와 내생호흡을 유도하고 동시에 미생물간의 피포식으로 슬러지의 양과 부패성을 줄여 슬러지를 안전화시키는 방법이다. 따라서 생물학적 원리는 내생단계에서 운전되는 장기포기법과 유사하다.

이 방법은 혐기성 소화에 비해 운전이 쉽고 악취가 발생하지 않으며, 초기투자비가 적고 보다 짧은 체류시간에서도 동일한 휘발성 고형물의 감소 효과를 얻을 수 있다. 하지만 혐기성 소화와 달리 별도의 공기를 공급해야 하고, 운전 온도에 따라 소화효율이 심하게 영향을 받으며, 무엇보다 슬러지의 탈수성이 떨어지는 단점이 있다. 혐기성 소화와 비교하여 호기성 소화의 장단점은 표 5.14와 같다.

호기성 소화조의 운전방법에는 연속식 및 반연속식이 있다. 그림 5.8은 연속식 호기성 소화조의 계통도이다. 한편 반연속식은 단일 소화조에서 슬러지 주입·소화·상징수 및 소화슬러지 인출 등의 조작이 반연속적으로 진행되는데, 운전방법이 간단하고 융통성이 커서 소규모 처리장에서 자주 사용된다.

표 5.14 혐기성 소화법과 비교한 호기성 소화법의 장단점

구 분	장 점	단 점
호기성 소화	최초 투자비가 적다. 반응속도가 빠르다. 악취가 발생하지 않는다. 운전이 용이하다. 상징수의 수질이 우수하다.	포기에 소요되는 동력비가 과다하다. 유용한 소화가스가 발생하지 않는다. 슬러지의 탈수성이 불량하다. 병원성 세균의 잔존 가능성으로 안전성이 떨어진다. 가치있는 부산물이 생성되지 않는다. 유기물 감소율이 낮다. 온도의 영향이 크다.

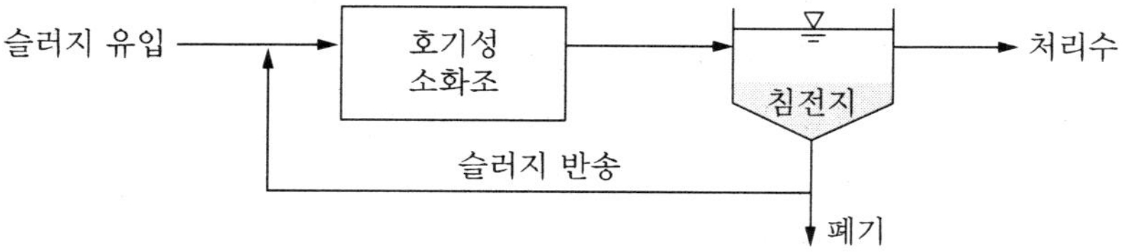

그림 5.8 연속운전 호기성 소화조의 계통도

3. 화학적 슬러지 안정화

슬러지를 안정화시키는 방법에는 화학적 방법·열처리 방법 및 퇴비화 방법 등이 있는데, 여기서는 화학적 방법인 석회안정화법 및 염소산화에 대해서만 기술하고, 그 외의 방법은 이후 관련 항에 기술하였다.

① 석회안정화법

석회안정화법(石灰安定化法, lime stabilization)은 액상슬러지에 석회를 가하여 미생물의 활동을 중지시키거나 사멸을 유도하여 일시적으로 부패와 악취 발생을 억제하는 방법이다. 석회안정화법의 주요 설계인자는 pH와 접촉시간으로 상기 목적을 달성하기 위해서는 pH를 12 이상으로 하여 3시간 정도 접촉시켜야 하며(Paulsrud, 1975), pH를 12.5로 상승시킬 경우에는 30분간 접촉시켜도 동일한 효과가 있는 것으로 알려져 있다(EPA, 1979).

석회안정화법은 운전이 쉽고, 초기투자비가 적으며, 슬러지의 탈수성이 좋다. 또한 병원균이 거의 사멸하여 안전성이 좋고, pH의 상승으로 H_2S의 발생이 감소하여 냄새가 발생하지 않는 장점이 있다. 하지만 이 방법은 부패성을 일시적으로 억제할 뿐 영구히 안정화시키는 것은 아니며, 슬러지 발생량이 증가하고 높은 pH에서 질소가 암모니아로 유실되는 단점이 있다. 석회안정화법은 석회를 첨가하는 시점에 따라 전석회 처리와 후석회 처리로 구분하는데, **전석회 처리**란 슬러지를 탈수하기 전에 석회를 투입하는 것이며, **후석회 처리**란 탈수한 후 슬러지 케익을 석회로 처리하는 것이다.

② 염소산화

염소산화(鹽素酸化)는 밀폐된 반응조 내에서 액상의 슬러지와 기체염소를 접촉시켜 악취를 산화하고 미생물을 살균하여 더 이상의 부패를 방지하는 화학적 안정화법이다. 이 방법은 안정화를 위한 시설의 규모를 줄일 수 있고, 초기투자비가 적은 장점이 있다. 하지만 유기물의 제거율이 낮고 슬러지 부피를 감소시키지는 못한다. 또한 염소처리 시 반응의 결과로 발생하는 염산이 구조물을 부식시키고 슬러지 내 중금속을 용출시키는 단점이 있다.

5.2.4 슬러지의 개량

슬러지는 형상이 고르지 않은 미립의 고형물로 구성되며, 탈수에 방해가 되는 단백질·콜로이드 물질·점토질 및 알칼리도 등을 함유한다. 따라서 이들 물질을 탈수전에 미리 제거하거나, 물리적 또는 화학적인 방법을 이용하여 슬러지 내 미립자의 응결성을 증가시키고 동시에 탈수효율을 향상시킬 필요가 있는데, 이러한 조작을 슬러지 개량(改良, conditioning)이라고 하며, 그 방법으로 슬러지의 세정·약품응집·열처리·초음파나 방사선 처리 등이 이용된다.

1. 슬러지의 세정

소화슬러지는 높은 알칼리도를 함유하는데, 알칼리도는 응집제의 소비량을 증가시킨다. 따라서 슬러지를 침전·탈수시키기 위해서는 응집제를 주입하기 전에 슬러지의 알칼리도를 감소시켜야 할 필요가 있는데, 이러한 목적의 조작을 세정(洗浄, elutriation) 혹은 수세(水洗)라 한다.

한편 슬러지의 세정은 탈수에 장해가 되는 미립자 등도 제거시켜 탈수효율을 향상시키지만, 세정슬러지는 질소성분이 유실되어 비료로써의 가치가 떨어지는 단점이 있다.

2. 약품개량

하수슬러지는 형상이 고르지 못하고 대부분 전기적 부하를 띤 콜로이드 물질로 물과의 친화력이 강하다. 따라서 입자 간의 반발력으로 잘 응집하지 않는데, 약품개량은 화학약품을 투입하여 입자 표면의 전기적 부하를 중화시켜 응집을 촉진하고 아울러 탈수성을 개량하기 위한 것이다. 사용 약제로는 염화제1철[$FeCl_2$]·염화제2철[$FeCl_3$]·황산제1철[$FeSO_4$]·소석회[$Ca(OH)_2$] 등의 무기응집제와 polymer와 같은 고분자응집제가 주로 이용된다.

3. 열처리

열처리(heat treatment)는 액상슬러지를 150~200℃ 정도의 고온과 9~17 kg/cm^2 정도의 고압 하에서 가열한 후 냉각하든지 혹은 −20℃로 동결시킨 후 융해(融解)시킴으로써 탈수성을 증가시키는 방법이다. 이때 탈수성이 증가하는 원인은 온도 변화로 콜로이드의 응집과 세포막의 파괴로 슬러지의 수분이 유리(遊離)함에 기인하는 것으로 생각된다. 이 방법은 원리가 간단하지만 초기투자비 및 운전비용이 높아 실용화에는 경제적인 문제가 따른다. 하지만 소화가스·쓰레기 또는 슬러지 소각 시 발생하는 폐열을 이용할 수 있을 때에는 이 방법을 적용할 수 있을 것으로 판단된다. 한편 고온열처리는 슬러지 안정화법의 일종으로 열처리로 인한 세균의 사멸로 슬러지의 부패·악취 방지 및 안전화도 꾀할 수 있다.

5.2.5 슬러지의 살균

슬러지의 살균(disinfection)은 슬러지의 토양살포 등 재이용 시 슬러지의 안전성을 확보를 위해 실시하는데, 살균방법은 저온살균법·열처리·소각·퇴비화 등 물리적 방법과 염소처리 혹은 소석회처리 등 화학적 방법으로 나눌 수 있다.

여기서 저온살균법(pasteurization)이란 30분 정도의 짧은 시간 동안 70℃ 정도의 열을 가하여 병원균을 사멸시키는 방법인데, 이 방법은 살균 후에도 대부분의 비병원성 미생물이 살아남는 단점이 있다. 기타 살균법은 관련 항을 참고하기 바란다.

5.2.6 슬러지의 탈수

슬러지 탈수의 목적은 슬러지의 용량을 감소시켜 처리 및 처분을 용이하게 하고, 동시에 2차오염을 방지하고자 함에 있다. 탈수방법은 기계적 탈수와 자연건조 탈수법으로 나눌 수 있는데, 기계적 탈수방법에는 진공탈수·가압탈수·벨트프레스탈수·원심탈수 등이 있고, 자연건조 탈수법에는 모래건조상·건조용 라군 등이 있다. 후자는 전자에 비해 동력비와 초기투자비가 적은 반면 부지 소요량이 크고 처리에 장시간이 소요되며 악취가 발생하는 등의 단점이 있다.

1. 기계적 탈수

① 진공탈수기

진공탈수 또는 진공여과(vacuum filtration)는 비교적 입자가 거친 슬러지를 진공펌프와 여포를 이용하여 흡착·제거하는 방법으로, 진공탈수에 의한 슬러지의 최종 함수율은 55～87% 정도이고, 고형물 회수율은 50～99% 정도이다.

여과기의 종류는 여과면의 형상이나 구조에 따라 수평 벤드형·수직 회전 원반형(垂直回転圓盤型)·수평 회전 원반형(水平回転圓盤型) 및 회전드럼형 등으로 분류되는데, 이 중 구조가 간단하고 대용량을 처리할 수 있는 회전드럼형이 주로 사용된다. 그림 5.9(a)는 회전식 드럼형 탈수기를 나타낸 것이다.

② 가압탈수기

가압탈수 또는 가압여과는 여포를 주철 등 강도를 지닌 여판 사이에 부착한 후 슬러지를 압착(壓搾)하거나 벨트 프레스를 이용하여 탈수하는 방법이다. 이 방법은 여과 압력이 높아 탈수케익의 고형물 농도가 40% 전후로 높아 케익의 소각에 있어 보조연료가 절감되는 장점이 있다. 하지만 일반적으로 기계장치가

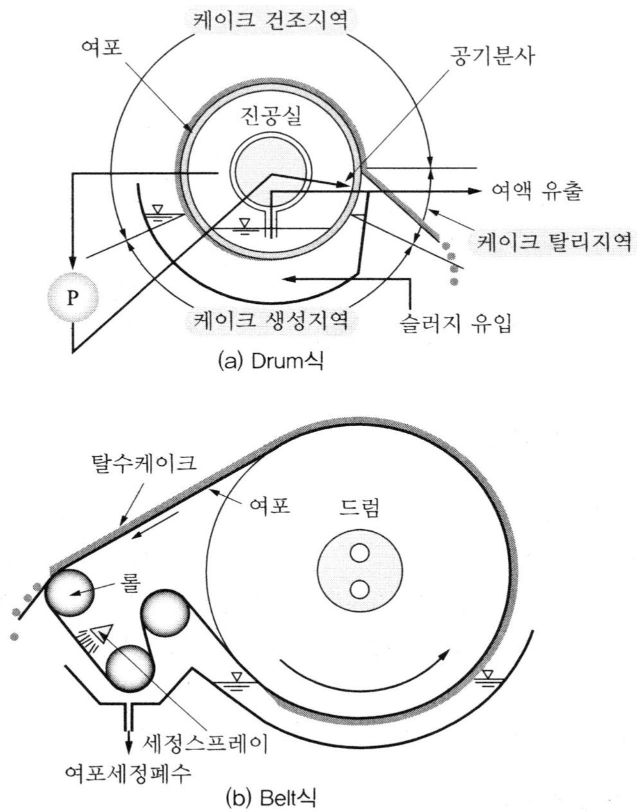

그림 5.9 진공여과기

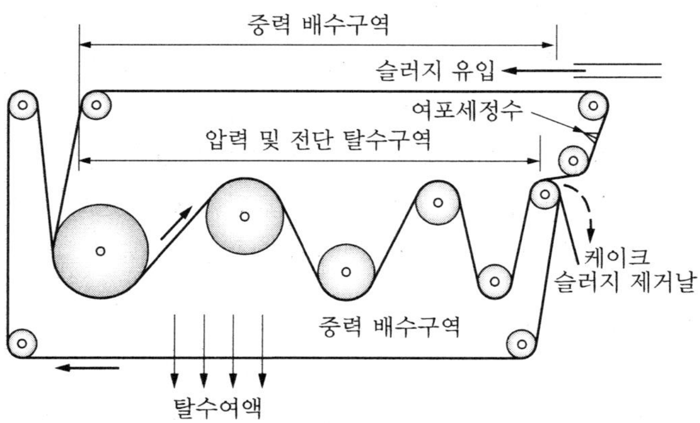

그림 5.10 벨트 프레스의 탈수공정 모식도

복잡하고 노동력이 많이 들며, 여포의 수명이 짧고 운전 및 유지·보수가 어렵고, 슬러지의 주입과 탈수케익의 배출이 불연속적이므로 불편하다. 그림 5.10은 벨트 프레스의 탈수공정을 나타낸 것이다.

③ 원심탈수

원심탈수(centrifugation)는 중력의 1,500～2,000배의 원심력을 가하여 탈수하는 방법으로, 원심농축과 마찬가지로 횡형 연속식(橫型連續式)·입형 연속식(立型連續式)·입형 회분식(立型回分式) 등이 있으나, 슬러지의 탈수에는 횡형 연속식의 쏠리드 보울형이 주로 쓰이고 있다. 쏠리드 보울형 탈수기의 장점은 설치면적이 작고 유지·관리가 쉬우며 연속운전이 가능한 것이다. 그러나 동력비가 크고 소음이 발생하는 단점이 있다. 각 탈수기의 장단점을 비교하면 표 5.15와 같다.

표 5.15 각 탈수기의 장단점 및 성능

항 목	가압탈수기	벨트프레스탈수기	원심탈수기
소요부지	크다	작다	작다
동력	많다	적다	많다
운전기술	숙련된 기술이 필요	쉽다	쉽다
유지관리	기계장치가 복잡하고 운전비와 노동력이 많이 소요됨	유입슬러지의 특성에 영향이 큼	바스켓형 – 진동 발생 쏠리드형 – 전처리로 그릿 제거와 분쇄과정이 필요하고, 탈수기 스크류의 세심한 관리가 필요
악취발생	보통	보통	적다
소음	보통	적다	보통
케익의 함수율	55～65%	72～80%	75～80%
탈수속도 (건조고형물 기준)	3～5 kg/m^2·hr	100～180 kg/m·hr	–
주요 약품 개량제	$Ca(OH)_2 + FeCl_3$	양이온계 polymer	양이온계 polymer
약품 주입률	$Ca(OH)_2$; 25～40% $FeCl_3$; 7～12%	5～0.8%	0.7～1.0%
여포교환 (8 hr/day 기준)	3개월(1,500 cycle)	약 1년	2～2.5년(스크류)
여포세척; 세척수압 필요수량	3～6 kg/cm^2 보통	3 kg/cm^2 이하 보통	– 적다
케익반출	매 cycle마다 (간헐)	연속	연속

2. 자연건조 탈수법

5.2.7장 참고

5.2.7 슬러지의 건조

슬러지의 건조에는 천일건조상(天日乾燥床)·슬러지 라군·기계식 건조 등을 이용한다.

1. 천일건조상

천일건조상은 슬러지를 건조상 위에서 태양열이나 바람을 이용하여 건조시키는 것으로, 여액은 상의 하부에 설치된 집수관을 통해 배출한다. 사용되는 여재로는 모래나 쐐기(wedge)형의 스테인리스 재질의 철사나 폴리우레탄의 여판 등이 사용된다. 이 방법은 기계건조에 비해 에너지 소비가 극히 적으나 소요부지면적이 크고 기상조건에 따라 효율이 크게 좌우된다. 따라서 소규모의 처리장에서 주로 채용되는데, 규모가 커질 경우에는 강우에 노출되지 않도록 지붕을 설치하는 것이 유리하다. 그 밖에 건조상에 진공 흡입력을 가하여 배수 및 건조효율을 높이는 경우가 있는데, 이것을 진공 슬러지 건조상이라 한다.

2. 슬러지 라군 (sludge lagoon)

슬러지 라군은 개방된 지(池)에 생슬러지 또는 소화슬러지를 주입하여 슬러지의 수분을 지하에 침투시키든지 또는 증발시키는 방법으로, 이때 슬러지는 생물학적으로도 안정화된다. 슬러지 지로는 0.7～1.5 m의 제방을 축조하거나, 모래나 자갈의 채굴갱 또는 폐쇄된 골짜기 등을 이용할 수 있는데, 이 방법은 충분한 토지가 요구되며, 악취나 지하수 오염의 우려가 높고, 건조에 장기간이 소요되며, 기상 조건에 크게 영향을 받는다.

3. 기계식 건조

슬러지를 자연 또는 인공적으로 탈수할 때 함수율은 50～80% 정도이다. 하지만 건조 슬러지를 농지에 살포(散布)하거나 포대에 넣기 위해서는 30% 정도의 함수율이 요구된다. 이러한 목적으로 슬러지를 인공적으로 가열·건조하는 경우가 있는데, 이때 사용되는 건조방법은 직접 건조법과 간접 건조법으로 구분된다.

슬러지의 건조 온도는 보통 300℃ 정도이며, 건조 시 악취를 발하는 증기는 600～900℃의 가열장치 또는 습식정화장치를 이용하여 제거한다. 이와 같이 기계건조 시 슬러지는 고온에서 처리되므로 슬러지에 포함된 배아(胚芽)나 세균이 사멸되어 최종생성물이 특별한 유해물을 함유하지 않는 한 토지살포에 따른 위험성이 크게 감소한다.

① 직접 건조법

슬러지의 직접 건조는 슬러지의 건조에 외부 열을 이용하는 방법으로 소각과는 외부 열의 온도 차에 따른 착화(着火)의 여부로 구분된다. 따라서 직접 건조기는 동일한 형식의 소각로와 그 구조가 거의 같다. 이와 같이 외부 열을 직접 이용하는 직접 건조법에는 기류(氣流) 건조기·로타리(rotary) 건조기·유동상(流動床) 건조기·다단 건조기·스프레이형 건조기 등이 있다.

② 간접 건조법

간접 건조법은 외부 열을 직접 이용하지 않고 열교환기를 이용하여 간접 건조하는 방식으로, 스크류 건조기·패들 건조기·디스크 건조기 및 다단 증발형 건조기 등이 있으며, 이 중 그림 5.11과 같은 스크류 건조기가 자주 사용된다. 이것은 주입된 슬러지로부터 발생하는 수분을 배출시키기 위한 풍량만 탈취 대상이 되어 탈취를 위한 시설 및 경비를 줄일 수 있는 장점이 있으며, 건조 상태를 제어하기 쉽다.

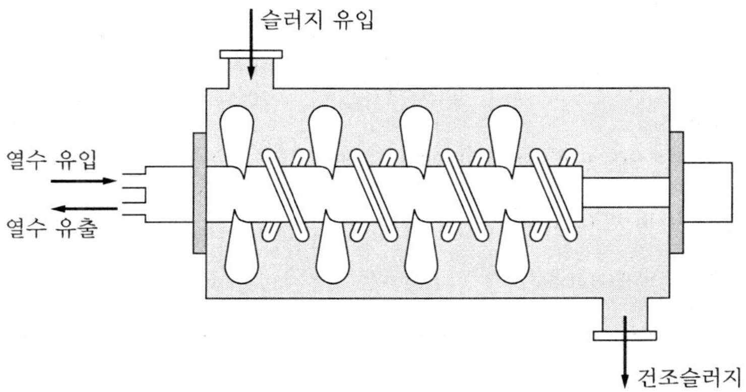

그림 5.11 스크류 건조기

5.2.8 슬러지의 소각

경제적 혹은 기술적인 이유로 탈수슬러지를 이용하기 곤란할 경우, 또는 탈수슬러지의 지중(地中) 혹은 해양투기가 제한될 경우 슬러지를 소각·처분하는데, 슬러지의 소각은 대기오염물질의 발생 및 경제적 측면을 제외하면 감량화·안정화·재이용 등의 목적을 달성할 수 있는 가장 이상적인 처리방법으로 판단된다. 즉, 소각으로 슬러지 내의 수분은 수증기로, 유기물은 연소가스로 변화되며, 소각 후 발생하는 극소의 무기물질은 재이용이 가능한 물질로 변화되는데, 이때 발생하는 소각재의 양은 주입 슬러지 용적의 1/50～1/100 정도이다.

일반적으로 건조와 소각은 동일한 소각로 내에서 행해지는데, 슬러지의 소각은 탈수과정으로 함수율을 70～80% 정도로 낮춘 후 보조연료와 함께 소각하며, 함수율이 50% 이하일 경우에는 보조연료 없이 슬러지 자체만으로 소각이 가능하다. 따라서 소각 에너지를 최소화하기 위해서는 탈수케익의 함수율을 가능한 한 낮게 할 필요가 있다.

대표적 소각방법에는 다단 소각로·유동상 소각로·로터리 킬른 소각로·기류건조 소각로·선회류 소각로 및 그 밖에 분사형·사이클론형·전기식 등이 있으며, 각 방법의 장단점은 표 5.16과 같다.

표 5.16 주요 소각로의 특성 비교

항목 \ 종류	다단 소각	유동상 소각	로터리 킬른 소각	기류건조 소각
건설비	중	중	중	대
내구성	대	대	중	중
처리량 범위(습윤기준)	50 kg～6 ton/hr	59 kg～6 ton/hr	100 kg～3 ton/hr	100 kg～3 ton/hr
소각의 용이성	아주 용이	아주 용이	비교적 용이	용이하지 않음
승온시간	40분～1시간	20～40분	30～50분	40분～1시간
공기비	1.4～2.0	1.3	2.4～3.2	2～3
열부하율(kcal/m^3·hr)	70,000～150,000	150,000 ～4,550,000	70,000～100,000	–
소각 및 건조 병행	가능	가능	가능	가능
보조연료 사용량	중	적음	많음	많음
분진 발생량(g/Nm^3)	0.85～2	5～30	3～6	–
혼합소각 가능성	가능	가능	가능	불가능

5.2.9 슬러지의 최종처분 및 재이용

각종의 폐수처리장에서 발생하는 슬러지는 안전한 방법으로 최종처분되어야 하는데, 처분방법으로는 매립하거나 해양 등에 투기(投棄)하는 방법, 퇴비화를 통한 토지환원 및 자원화 등을 들 수 있다. 하지만 이들 처분법의 선정은 단순히 경제성이나 방법의 난이(難易)뿐 아니라 사후 안전성 및 정서적 측면을 고려해야 하는데, 무엇보다 바람직한 것은 자원화를 통해 적극적으로 재이용하는 것이다.

1. 매립 또는 해양투기법

매립은 슬러지 처분에 가장 흔히 사용되는 방법으로 대상 슬러지의 함수율은 통상 60～80% 정도이나 현장에서 작업성은 좋지 않다. 매립법은 슬러지 운반 시 소음이나 교통의 장애뿐 아니라 매립 후 침출수 및 악취 발생 등으로 주위 환경을 악화시켜 민원을 발생시킬 우려가 크고, 질병의 확산이나 화재의 발생도 우려된다. 따라서 매립지는 가급적 피해예상지역으로부터 멀리 떨어져 있는 것이 바람직하다. 하지만 이때 운송방법이나 수송거리 등도 면밀히 검토해야 하며, 토질조건·지하수위·침출수 처리방안 및 주풍향 등을 고려해야 한다.

매립지의 부대시설로는 집배수시설·가스포집시설·침출수 처리시설·포집가스 소각시설·지하수위 측정시설 등을 갖추어야 하며, 완충녹지를 조성하여 가급적 시설이 외부로 노출되지 않도록 함이 좋다. 하지만 이러한 공학적 기술과 관계없이 현재 우리나라에서는 하수슬러지의 직접매립은 억제되고 있다.

또 다른 슬러지의 처분방법으로는 해양투기가 있는데, 해양투기는 최근까지 일부 지역에서 허용되어 왔다. 이때 슬러지는 바지선이나 파이프라인을 통해 처분된다. 하지만 현재 해양투기는 금지되고 있어 재이용, 즉 건조나 탄화 후 고형연료 등으로 사용되거나 소각 후 재사용하는 방법으로 처분되고 있다.

2. 퇴비화(composting)

퇴비화는 유기성 폐기물(주방쓰레기·축산폐기물 등)을 자연에 환원시키기 위한 방법으로 오래전부터 자연발생적으로 시행하여 온 기술이다. 근래에 화학비료의 보급으로 하수슬러지나 유기성 폐기물의 퇴비화가 감소되었으나, 화학비료의 과용으로 인한 지력의 저하로 유기비료의 필요성이 인식되고, 녹농지의 지력 회복과 환경보전을 위해 퇴비화의 적극적인 추진이 요망되고 있다.

생하수 슬러지를 다량 녹농지에 시용(施用)하면 토양 내에서 급격히 분해되어 토양 내의 산소가 부족하게 되고 그로 인하여 농작물의 뿌리가 썩고 악취가 발생하며 병원균 및 기생충에 의한 비위생적 환경이 조성된다. 하지만 슬러지를 탈수한 후 퇴비화하면 공기 공급이 원활해져 혐기성 미생물의 증식이 억제되어 악취가 발생하지 않고, 소화열(65～75℃)로 인하여 함수율이 저하하며, 슬러지 중의 병원균·기생충·바이러스 및 잡초의 종자 등이 사멸 또는 불활성화하는 효과가 있다.

퇴비화는 energy가 많은 유기물이 energy가 적은 무기성 최종생성물로 변화하는 과정으로, 즉 질소 함유량이 많은 분뇨·하수슬러지 등을 쓰레기·짚·풀 등과 혼합하여 호기적 조건 하에서 미생물의 작용에 의하여 분해시키는 것이다. 이때 비교적 분해가 쉬운 유기물은 CO_2 · H_2O · NH_3 등으로 분해되며, 완전히 무기화되지 않는 나머지 유기물도 물리·화학적으로 비교적 안정한 물질이 된다. 퇴비화 방법은 운전방식·혼합방법 등의 차이에 따라 강제공기주입법(aerated static pile)·퇴비단법(堆肥壇法, windrow)·기계식 퇴비화법 등으로 나눌 수 있는데, 강제공기주입법은 그림 5.12와 같이 격자형으로 설치된 다공관을 이용하여 퇴비단에 공기를 강제로 주입하는 방법으로 퇴비화에 약 21~28일 정도가 소요되며, 이후 30일 이상의 후숙공정을 거친다. 이 방법으로 퇴비화를 실시할 경우 필요한 면적은 건조고형물 1,000 kg을 기준으로 0.067~0.4 ha 정도이다.

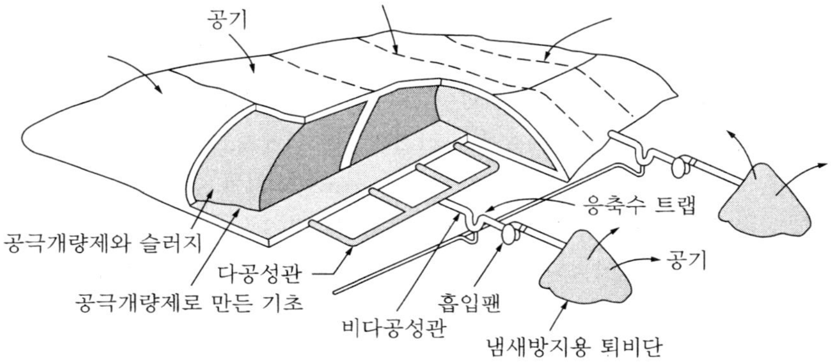

그림 5.12 강제공기주입식 퇴비화 공법

한편 퇴비단법은 강제공기주입식 퇴비화법과 비슷하며, 이 공법에서 기계적 혼합은 초기 5일간 매일 2회씩 실시하고, 이후에는 산소 공급을 위해 적절히 실시하는데, 퇴비화에 소요되는 기간은 보통 30~40일 정도이고(Burge, 1977), 퇴비화 과정에서 슬러지의 감량은 약 55% 정도이다(EPA, 1979). 기계식 퇴비화법은 공정의 운전방법에 따라 플러그 주입형과 기계적 혼합형(agitated bed)으로 구분되는데, 플러그 흐름형은 연속적으로 유입되는 슬러지가 흐름방향의 혼합 없이 차례로 퇴비화되어 반출되는 방법이며, 기계적 혼합형은 유입 슬러지가 반응기 내에서 혼합되는 방식이다. 이 방법은 강제공기주입법이나 퇴비단법에 비해 냄새의 발생이 적고, 퇴비화 기간이 단축되며, 노동력이나 소요부지 면에서 장점을 가진다. 퇴비화에 소요되는 기간은 약 10일 정도이다.

3. 자원화

전 항에서 기술한 바와 같이 분뇨 및 하수처리장에서 발생하는 슬러지는 유기물이 많고 식물에 유해한 성분이 적으므로 퇴비화하여 녹농지에 환원할 수 있다. 하지만 최근에는 경제적 또는 입지적으로 퇴비화하기 어려운 하수슬러지나, 각종의 산업장에서 발생하는 슬러지를 소각처리하는 일이 많아지고 있다. 따라서 소각 시 발생하는 소각재의 처분이 또 다른 문제가 되고 있는데, 소각재의 주성분은 무기성 이토(泥土)로 그것을 효과적으로 이용하기 위한 여러 가지의 시도가 진행되고 있으며 실용화된 것도 있다. 다만 어려운 점은 소각재를 이용한 제품의 활용을 꺼려하는 일반의 의식이며, 이러한 문제를 해결하기 위해서는 우선 소각재를 활용한 제품에 대한 일반적 인식의 전환을 유도하고, 나아가 특정 분야에서라도 소각제의 활용이나 소각재를 활용한 제품의 사용을 의무화하는 것이 요구된다 하겠다. 다음 표 5.17은 소각재의 이용방법을 나타낸 것이다.

표 5.17 슬러지 소각재의 이용

슬러지의 형태	이용분야	이용방법
석회계 소각재	토목건축자재	도로용 노반·노상재, 연약지반 개량재, 콘크리트용 세골재(細骨材)
	요업자재	tile 원료, 자기원료
	농업자재	원예용 토양개량재
고분자계 소각재	토목건축자재	도로용 노반·노상재, 운동공원용 노반·노상재, 콘크리트용 세골재
	요업자재	tile 원료
	농업자재	원예용 토양개량재

Chapter 5 연습문제

1. 일반적인 슬러지 처리 및 처분공정을 도시하라.

2. BOD 150 mg/L인 폐수 1,000 m^3/day를 활성슬러지법으로 처리할 때 함수율이 96%인 잉여슬러지가 1일 2,000 kg 발생한다고 하자. BOD 제거량·건조슬러지량·건조슬러지 중 유기물량 및 제거 BOD 1 kg당 유기물량을 구하라(단, 처리시설의 유기물 제거율은 95%이고 슬러지 중 유기물은 건조슬러지의 80%이며, 잉여슬러지의 비중은 1로 가정한다).

   Answer BOD 제거량 ; 142.5 kg/day, 건조슬러지량 ; 80 kg,
   건조슬러지 중 유기물량 ; 64 kg, 제거 BOD 1 kg당 유기물량 ; 0.45 kg/kg

3. 슬러지 농축방법 중 중력농축·부상농축 및 원심농축의 장단점을 기술하라.

4. 다음 용어를 설명하라.
   ① 고형물부하　　② 표면부하

5. 저율소화법과 고율소화법의 차이점에 대해 기술하라.

6. 석회 안정화법의 장단점에 대해 기술하라.

7. 함수율이 98%인 슬러지를 농축조에서 함수율 94%로 농축하였다. 슬러지의 부피는 어떻게 변화하는가?

   Answer 33.3%로 감소

Chapter 6 용수의 재이용

6.1 서 론

우리나라는 1960년대 이후 산업의 발달과 인구의 도시 집중 현상으로 물 수요와 하수 발생량이 급격히 증가하였다. 그에 따라 새로운 수자원을 확보하거나 현재 이용하고 있는 수자원의 오염을 방지하기 위해 다각적으로 노력하고 있으나 각종 오염의 증가와 팽배하는 지역주의는 양질의 수자원을 확보하는 데 많은 어려움을 주고 있다.

한편 상수는 용도에 관계없이 음용수 수준의 물이 공급되고 있는데, 화장실 세척수나 청소수와 같이 사용용도에 따라서는 양질을 요구하지 않는 경우가 허다하다. 따라서 상수의 사용량을 감소시키고 수자원을 보호하기 위해서는 먹는 물과 같이 특별히 청정을 요하는 경우를 제외한 기타 용수로 이미 사용한 물을 적절한 처리 후 다시 사용하는 것이 효과적일 수 있다. 이와 같이 한 번 사용한 물을 다시 사용하거나 반복 사용하는 수도체계를 중수도라고 하는데, 이 시설의 설치는 이미 많은 국가에서 의무화되어 있다. 따라서 우리나라에서도 이미 이 시설을 법으로 규정하고 있는데, 현 상황에서 이 시설은 재처리 비용 측면에서 다소의 문제점이 있으나 상수 사용량과 최종적으로 공공하수도에 배출되는 오염물질의 양을 줄여 상수와 하수처리에 소요되는 경비를 크게 줄일 수 있으며, 기타 물 부족 현상, 가용수원의 확보 및 수환경의 보전 측면에서 문제 해결을 위한 가장 현실적인 방안으로 판단된다.

6.2 중수도

중수도, 즉 용수의 재이용은 수원의 종류나 사용방법 등에 따라 주택이나 빌딩에서 발생하는 배수를 재이용 하는 **중수도**, 하수처리장의 유출수나 산업장의 배수를 그대로 혹은 재차 처리하여 이용하는 **하수처리수 재이용** 및 **공업용수의 재이용**으로 세분할 수 있는데, 이하 기술에서는 상기 모든 재이용수를 편의상 중수도로 칭하였다.

6.2.1 중수도의 수원

중수도의 원수는 수집과 처리가 용이하고 동시에 경제성이 있어야 한다. 이런 점에서 원수는 해당 건축물에서 배출되는 우수와 각종 하수가 주가 되며 하수 중에서는 비교적 수질이 양호하고 정서적으로 문제가 적은 세면배수나 욕실배수 또는 공조용 냉각수 등이 가장 기대되는 수원으로 판단된다. 원수의 종류와 수질은 다음과 같다.

1. 양질 잡배수

건축물에서 배출된 폐수 중에서 수세식 화장실의 세정수를 제외한 모든 폐수를 잡배수라고 하며, 잡배수 중 주방폐수를 제외한 세면배수·욕실배수·공조용 냉각수·급탕실 배수 등은 비교적 수질이 양호하므로 이들 배수를 **양질 잡배수**라고 한다. 이들 양질 잡배수는 중수도의 수원으로 가장 우선적으로 고려되는데, 그것은 중수도를 이용함에 있어 소요비용의 대부분이 수처리 비용이고, 그 비용은 원수의 수질에 따라 좌우되기 때문이다. 또한 배관의 연장이 짧다는 장점이 있다. 그림 6.1은 가정용수의 용도별 사용량을 나타낸 것이다.

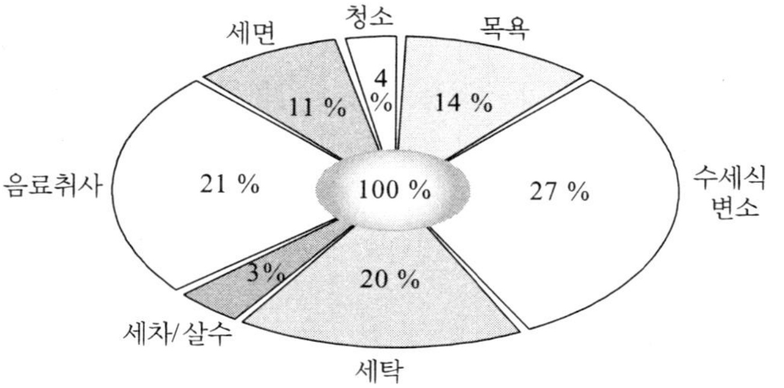

그림 6.1 가정용수의 용도별 사용량 [자료 ; 환경부(1998)]

① 세면·욕실배수

세면배수는 일반 빌딩의 전체 폐수량 중 10~30%를 차지하고, 수질도 비교적 양호하다. 따라서 재이용을 계획할 시 가장 우선적으로 고려해야 한다. 특히 호텔·여관 등 숙박시설의 욕조나 세면장에서 발생하는 배수는 수량이나 수질 면에서 매우 양호하므로 간단한 물리·화학적 처리만으로도 재이용이 가능하다. 하지만 세면장을 청소용 걸레의 세척장소로 이용하거나 세척수의 배출장소로 이용할 경우에는 세제·마루용 왁스·유분·계면활성제 등 재이용에 장해가 되는 물질이 함유되므로 걸레의 세척장소와 세척수의 배출은 다른 배관이 되도록 하는 것이 좋다.

② 공조용 냉각수

공조용 냉각수는 냉각과정에서 증발에 의해 용해염류의 농도가 증가하고 공기 중의 먼지 등이 함유되지만 유기물의 오염은 전혀 받지 않는다. 따라서 여과와 살균만으로 재이용이 가능하다. 하지만 냉각수는 일반적으로 냉방이 요구되는 기간에만 한정적으로 발생하므로 연간을 통해 지속적인 재이용이 곤란하고 그 발생량도 비교적 적은 것이 단점이다.

2. 잡배수

배출되는 배수 중 양질의 잡배수와 수세식 화장실 세척수를 제외한 배수를 잡배수라 하며 주방배수와 세탁배수가 대부분을 차지한다. 이들 배수는 유기물·유분 및 계면활성제의 농도가 높아 처리비용이 많이 소요된다. 하지만 수량은 비교적 풍부하므로 양질을 요구하지 않는 화장실 세척수 등의 원수로 사용하는 것이 적절하다.

3. 하수

건축물에서 배출된 모든 배수를 하수라고 부르지만 여기서는 잡배수와 화장실 세척수가 혼합된 것으로 한정한다. 하수는 잡배수와 마찬가지로 유기성분에 의한 오염도가 높고 처리비용이 많이 소요된다. 특히 수세식 화장실의 세척수는 세균이나 바이러스 등이 존재할 가능성이 높다. 따라서 다른 수원들의 공급이 원활하고 안정적이라면 가급적 사용하지 않는 것이 경제적으로나 정서적으로 바람직하다. 하지만 하수를 재이용할 경우 원수량과 재이용 수량 간의 물 수지에 여유가 생기며 모든 배수를 1개의 배관으로 수집할 수 있으므로 배관 비용이 싸다는 장점이 있다.

4. 하수 처리수

정화조나 도시하수처리장의 유출수는 농업용수·조경용수·하천유지용수·지하수 함양을 위한 지하수 재충전 용수·소화용수·수세식 화장실 세척용수 등으로 활용될 수 있다. 이 중 특히 도시하수처리장의 유출수는 양적·안정적 측면에서 매우 기대되는 대체수자원으로, 이 수원의 적극적인 재이용은 하천의 오염부하를 경감시켜 수질 보전에도 크게 기여할 것으로 판단된다.

5. 공업용수

공업용수의 재이용은 주로 자가 이용을 목적으로 하며, 최근에는 공업용 수도요금의 상승, 배·폐수로 인한 환경오염의 방지, 용수의 안정적 확보 및 각 기업의 이미지 개선을 위한 노력 등으로 꾸준히 증가하고 있는 추세이다.

공업용수는 보통 냉각용수·보일러용수·세정용수·원료용수·공정용수 등으로 사용되는데, 업체별·공정별 요구수질이 크게 다르기 때문에 특별히 수질기준을 마련하기는 곤란하지만 일반적으로 요구되는 공업용수의 수질은 표 6.1과 같다.

한편 전체 용수 사용량 중에서 냉각용수와 보일러용수의 사용량이 가장 많은데, 이들 두 용수는 표 6.1의 요구수질 외에 냉각용수의 경우 스케일의 발생과 금속류 기기의 부식을 일으키지 않아야 하고, 미생물의 생장을 촉진하여 슬라임을 발생시키는 영양염류가 없어야 하며, 과도한 거품을 발생시키지 않아야 한다. 보일러 용수는 스케일 발생과 금속의 부식 측면에서 냉각용수에 비해 보다 양질의 물이 요구되며 이러한 요구는 보일러의 압력이 높을수록 보다 커진다.

표 6.1 공업용수의 표준 수질

항 목	탁도 (도)	pH	알칼리도 (mg/L)	경도 (mg/L)	증발잔유물 (mg/L)	염소이온 (mg/L)	철 (mg/L)	망간 (mg/L)
표준치	20	6.5～8.0	75	120	250	80	0.3	0.2

6. 빗물

일부 도서지방에서는 빗물을 여과 등의 간단한 처리만 거친 후 상수로 이용하고 있다. 이와 같이 빗물은 타 수원에 비해 질적으로 양호하고 정서적으로도 매우 유리하다. 한편 도시의 경우 빗물은 대기오염으로 상당히 오염된 상태이지만 그래도 타 수원에 비해 비교적 양호한 수질을 나타낸다. 따라서 빗물은 수원으로써 이용도가 크게 기대된다.

빗물을 모으는 방법에는 부지 전체를 대상으로 하는 방법과 건물의 지붕이나 옥상의 유출수 등 일부만을 대상으로 하는 경우 또는 상기 방법을 병용하는 경우가 있을 수 있는데, 이 중 지붕이나 옥상 등을 대상으로 하는 경우 빗물의 유출률이 높고 수질이 양호하여 소독 정도의 처리만으로 재이용이 가능하므로 경제적이다. 하지만 돔형의 체육시설이나 빌딩 밀집지역 등을 제외하면 많은 수량을 수집하기는 곤란하다. 한편 부지 전체를 대상으로 하는 경우 많은 수량을 수집할 수는 있으나 수질이 불량해짐에 따라 수처리 비용이 상승하는 단점이 있다. 따라서 빗물을 수원으로 하는 중수도를 계획할 경우 수집방법은 수량과 수처리 비용을 동시에 고려하여 정한다. 재이용을 위한 빗물의 처리방법은 약품응집·침전·여과·소독의 과정으로 이루어지며, 처리수는 조경용수·청소용수·수세식 화장실 세척용수·공조용 냉각수 등으로 이용할 수 있을 것이다.

6.2.2 용도별 사용량과 수질

중수도의 용도는 음용에서 청소에 이르기까지 다양하게 이용될 수 있다. 따라서 일부 국가에서는 상수에 중수를 혼합하여 공급하는 경우도 있으나, 우리나라의 경우 아직까지 인체와 직접 접촉하는 음용수나 목욕용수 등에 중수를 혼합하는 것은 정서상 꺼리고 있다. 이와 같이 중수의 용도는 지역에 따라 또는 나라에 따라 다를 수 있으므로 중수도를 계획함에 있어서는 용도와 사용량을 미리 정확히 정해 둘 필요가 있으며, 필요 이상의 시설이 되지 않도록 유의해야 한다. 특히 중수도를 효율적으로 이용하기 위해서는 수원별로 용도와 사용방법을 정할 필요가 있는데, 이것은 수원의 종류와 중수의 용도에 따라 요구수질과 사용처 및 물 순환 체계가 달라져야 하기 때문이다.

그림 6.2는 용도별로 중수의 상대적 사용량을 나타낸 것으로 대부분은 수세식 변소의 세정수·살수·세차 등에 사용되고 있다. 이때 중수는 각 용도에 맞게 처리되어야 하는데, 각 용도에 따라 유의할 점은 먼저 중수를 수세식 변소의 세정수나 세차 등에 이용할 경우에는 부유물이 충분히 제거되어야 하며, 살수용 중수는 사용 시 거품이나 냄새가 발생하지 않아야 한다. 그리고 중수를 공업용수로 이용할 경우에는 농축된 용해염으로 금속이 부식될 우려가 있으므로 유의해야 하며, 분수 등에 이용할 경우에는 세균이나 바이러스로 인한 수인성 질환이 발생하지 않도록 충분히 소독해야 한다.

한편 하수처리수에는 질소와 인이 다량 함유되는데, 이들 물질은 식물의 성장에 필수적으로 요구되는 영양물질이다. 하지만 작물에 따라 질소나 인 등 비료의 시비의 시기가 따로 정해져 있으므로 하수처리수를 농업용수로 사용할 경우에는 농업에 피해가 발생하지 않도록 유의해야 한다. 표 6.2는 재이용수의 용도별 수질기준을 나타낸 것이다.

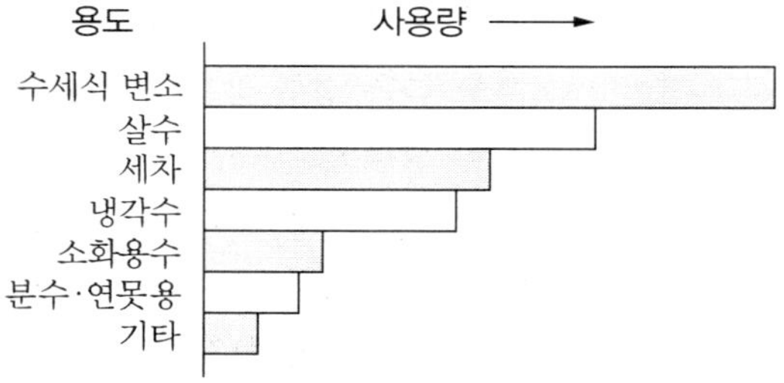

그림 6.2 재생수의 용도별 사용량

표 6.2 재이용수의 용도별 수질기준

구 분	수세식 변소용수	살수용수	조경용수	세차·청소용수
대장균군수	불검출/100 mL	불검출/100 mL	불검출/100 mL	불검출/100 mL
결합잔류염소	0.2 mg/L 이상일 것	0.2 mg/L 이상일 것	-	0.2 mg/L 이상일 것
외관	이용자가 불쾌감을 느끼지 아니할 것	이용자가 불쾌감을 느끼지 아니할 것	이용자가 불쾌감을 느끼지 아니할 것	이용자가 불쾌감을 느끼지 아니할 것
탁도	2 NTU를 넘지 아니할 것	2 NTU를 넘지 아니할 것	2 NTU를 넘지 아니할 것	2 NTU를 넘지 아니할 것
BOD	10 mg/L를 넘지 아니할 것	10 mg/L를 넘지 아니할 것	10 mg/L를 넘지 아니할 것	10 mg/L를 넘지 아니할 것
냄새	불쾌한 냄새가 나지 아니할 것	불쾌한 냄새가 나지 아니할 것	불쾌한 냄새가 나지 아니할 것	불쾌한 냄새가 나지 아니할 것
pH	5.8~8.5	5.8~8.5	5.8~8.5	5.8~8.5
색도	20도를 넘지 아니할 것	-	-	20도를 넘지 아니할 것
COD(Mn기준)	10 mg/L를 넘지 아니할 것	10 mg/L를 넘지 아니할 것	10 mg/L를 넘지 아니할 것	10 mg/L를 넘지 아니할 것

* 살수용수라 함은 도로청소작업, 건설공사 등을 하는 경우에 뿌리는 물로 이용되는 중수도를 말한다. 조경용수란 주택단지 등에 있어서 인공연못·인공폭포·인공하천 및 분수 등에 이용하는 중수도를 말한다.
공업용수에 쓰는 중수도에 대해서는 수질기준을 적용하지 아니한다.

6.2.3 중수도의 이용방식

중수도의 운영체계는 순환방식에 따라 개방순환방식과 폐쇄순환방식으로 구분할 수 있으며, 이 중 폐쇄순환방식은 중수의 수원과 용도 및 원수의 수질 등에 따라 개별순환방식 · 지역순환방식 · 광역순환방식으로 대별할 수 있다.

1. 개방순환방식

개방순환방식은 하수나 처리수를 하천 등에 방류하여 희석하거나 자연정화를 유도한 후 하류에서 그 물을 원수로 사용하거나 또는 지표에 살포 또는 지하에 침투시킨 후 우물을 이용 다시 수집 · 이용하는 방식이다. 우리나라의 경우 의도적인 것은 아니지만 처리수의 최종 방류수역으로 하천을 이용하고 있기 때문에 주요 하천의 하류에 위치한 대부분의 도시는 결국 개방순환방식으로 하수를 재이용하고 있다. 다음 그림 6.3은 개방순환방식의 개념도이다.

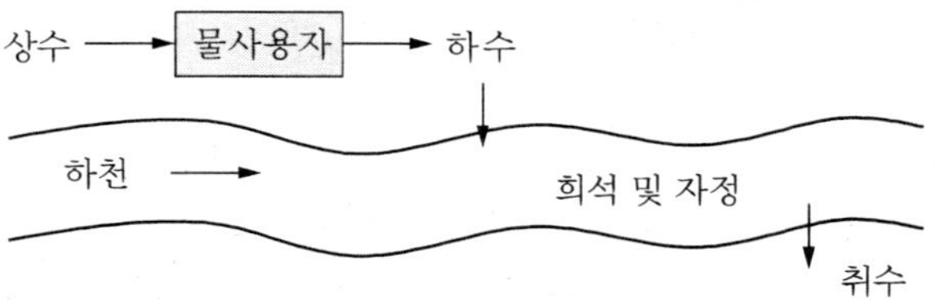

그림 6.3 개방순환방식

2. 폐쇄순환방식

폐쇄순환방식은 처리하지 않은 하수 혹은 처리수를 직접 이용하는 방식으로 순환방식에 따라 개별순환방식 · 지역순환방식 · 광역순환방식으로 구분할 수 있으며 각각의 특징은 다음과 같다.

① **개별순환방식** (indivisual recirculation system)

개별순환방식은 그림 6.4와 같이 사무실이나 빌딩 등 각각의 건물에서 발생하는 배수를 자가 처리하여 해당 건물에서 다시 사용하는 방식이다. 이것은 재이용 방식 중에서 가장 흔히 채용되는 방법으로 배관의 연장이 짧아져 시설비가 적게 들고, 배관의 관리가 용이하며 건물마다 요구수질에 맞는 처리방법을 채택할 수 있으므로 용도에 맞는 물을 얻을 수 있는 장점이 있다. 하지만 각 시설별로 개개의 처리장을 운전해야 하므로 처리장의 관리와 운전 면에서는 타 방식에 비해 불리하다.

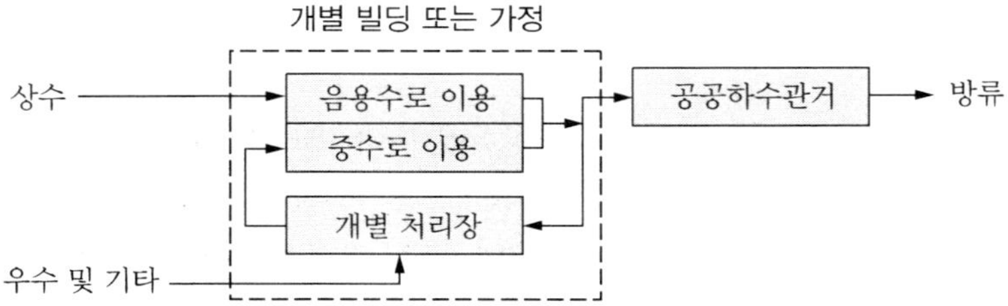

그림 6.4 개별순환방식

② 지역순환방식 (regional recirculation system)

지역순환방식이란 그림 6.5와 같이 아파트 단지나 공단 또는 밀집한 주거단지와 같이 비교적 규모가 크고 한정된 지역에서 발생하는 폐수를 지역별로 공동 처리하여 그 처리수를 해당 지역에서 다시 사용하는 방식이다. 이 방식은 광역순환방식에 비해 비교적 동종의 폐수를 처리하므로 용도에 맞는 처리수를 얻을 수 있고, 동시에 개별순환방식에 비해 처리장의 시설비나 운전비 등을 줄일 수 있는 장점이 있다.

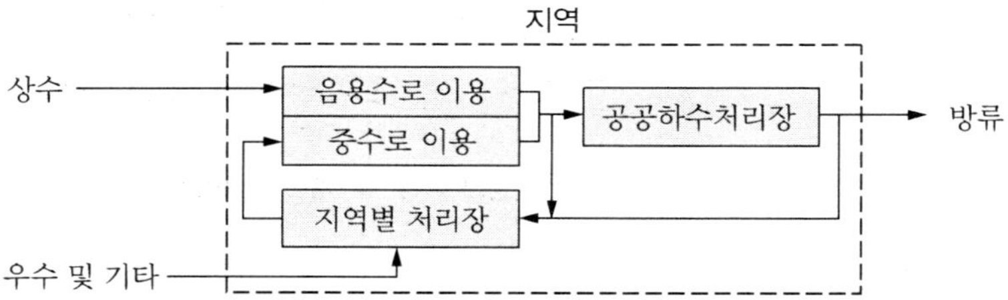

그림 6.5 지역순환방식

③ 광역순환방식 (regional recirculation system)

광역순환방식이란 도시하수처리장이나 공단처리장의 처리수를 재처리하여 배출원과 관계없이 광역적으로 재이용하는 방식을 의미한다. 이 방법은 기존의 광역하수처리장에 재처리시설을 부설하여 이용할 수도 있고 아니면 단지별로 급수되는 재이용수를 용도에 맞게 재차 처리하여 이용할 수도 있는데, 후자의 경우 각각의 요구에 맞는 재이용수를 얻을 수 있으므로 용도를 확대할 수 있는 장점이 있다. 하지만 전자에 비해 시설의 설치비나 운전비의 증가는 필연적이다.

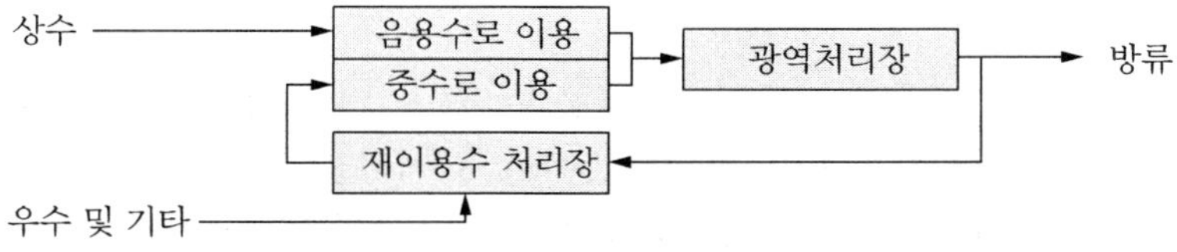

그림 6.6 광역순환방식

6.2.4 수처리 방식

중수의 처리방법은 원수의 수질, 재이용수의 용도별 수질이나 요구량 및 경제성 등에 따라 정해지는데, 주 공정에 따라 크게 생물처리를 중심으로 하는 방법과 막처리를 중심으로 하는 방법으로 대별할 수 있다. 하지만 어느 것이나 처리 원리에 있어서는 기존의 하수처리법과 다를 바 없다.

1. 생물학적 처리를 중심으로 한 방식

이 처리방식은 당연히 유기물을 주 처리대상으로 하는 경우에 유효한데, 이때 적용 가능한 처리방식은 부유미생물을 이용하는 활성슬러지법나 막미생물을 이용하는 살수여상법·회전원판법 등 어느 것이나 다 가능하다. 생물처리법은 막처리법과 비교하여 규모가 클수록 유리한데, 이때 처리효율을 고려하면 부유미생물을 이용하는 것이 보다 유리하고, 운전·관리 측면을 고려하면 규모가 작아질수록 막미생물을 이용하는 것이 유리하다.

그림 6.7은 생물학적 처리를 중심으로 할 경우 처리시스템의 구성 예를 보인 것이다. 그림과 같이 중수의 생물학적 처리공정은 기존의 하수처리법과 크게 다를 것 없이 전처리·주처리(생물학적 처리)·후처리·소독의 과정으로 구성되며 각 공정의 기능은 다음과 같다.

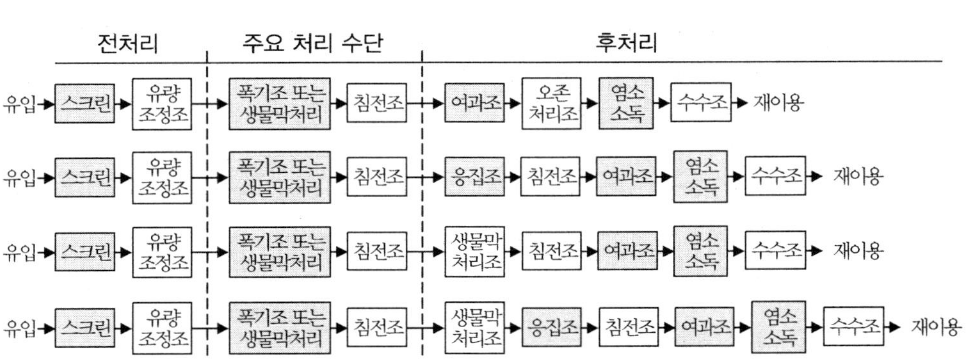

그림 6.7 생물처리를 중심으로 한 처리방식

① 전처리

전처리는 후속 처리에 장해가 되는 협잡물을 제거하고 동시에 유량부하를 일정하게 유지시키기 위한 것으로 스크린과 유지류나 대형 부유물의 분류시설 및 유량조정조로 이루어지며 필요에 따라서는 파쇄기나 침사시설을 갖추어야 한다.

㈀ 스크린

스크린은 폐수 중의 협잡물을 제거하기 위한 것으로 스크린 간격의 크기에 따라 **조스크린**(coarse screen)·**중스크린**(medium screen) 및 **세스크린**(fine screen)으로 구분한다. 자세한 내용은 4.4.3장을 참고하기 바란다.

㈁ 유량조정조

유량조정조는 각 공정의 수리학적 부하 또는 생물학적 부하를 일정하게 유지하기 위한 것으로, 조 내에는 유기물의 부패와 오물의 침전을 방지하기 위해 교반과 폭기시설을 설치하는 것이 바람직하다. 조정조의 용량은 유입하수를 24시간 균등하게 유지할 수 있는 크기로 설계하는 것이 이상적이나 이 경우 시공 및 관리 측면에서 비경제적일 수 있으므로 조의 용량은 이용방식에 따라 적정 용량을 정해야 한다.

② 생물처리공정

생물처리공정은 미생물을 이용하여 유기물질이나 부유물질을 제거하는 것을 말하며, 요구수질에 따라 활성슬러지법과 같은 부유미생물 공법이나 살수여상 또는 회전원판법과 같은 막미생물 공법 중 어느 것이나 적당한 공법을 선택하여 이용할 수 있다. 하지만 일반적으로 중수도 시설은 용지나 유지·관리에 제한을 받기 쉬우므로 공법을 선택함에 있어 이러한 점에 유의하여 가급적 시설의 규모가 작을수록 유지·관리가 용이한 공법을 선택하고, 규모가 커질수록 운전·관리 측면보다는 가급적 처리수질이 양호한 처리법을 선택하여 처리수의 용도를 확대하는 것이 보다 경제적일 것으로 판단된다. 각 처리법에 대한 자세한 내용은 관련 장을 참고하기 바란다.

③ 후처리

주처리로 중수의 목표수질을 얻을 수 없을 경우에는 후처리를 실시하는데, 후처리로는 보통 생물막 처리법·응집침전 및 여과·오존처리·활성탄 흡착 등이 이용된다.

㈀ 생물처리

후처리로 생물처리를 채택할 경우 보통 생물막 처리법을 이용하는데, 이때 중대형 시설에서는 별도의 조를 이용하여 2단 생물처리를 실시하며, 소규모 시설에서는 생물처리를 2단으로 실시하기 보다는 후처리로 물리·화학적 처리를 적용하는 것이 바람직하다.

㈁ 응집침전

주처리 공정에서 제거되지 않은 미세 부유물을 응집·침전시킨다.

㈂ 여과

여과과정을 통해 주처리 공정에서 제거되지 않은 잔류고형물을 제거하는 공정으로 보통 모래여과를 이용하며, 이때 여과 형식은 처리수의 흐름에 따라 상향류식과 하향류식으로 구분된다. 일반적으로 상향류식은 하향류식에 비해 상대적으로 유입수의 고형물 농도가 높고 요구수질이 낮을 경우에 적합하다.

㈃ 활성탄 흡착

활성탄 처리는 주처리 과정에서 제거되지 않은 미량의 용해성 유기물·색·냄새 등을 제거하기 위해 사용된다. 하지만 이 처리는 고가의 처리에 해당하므로 활성탄을 장기간 효과적으로 이용하기 위해서는 고형물의 사전처리가 필수적으로 요구된다. 활성탄은 입상 또는 분말 상태로 이용할 수 있는데, 입상 활성탄을 이용할 경우 흡착 외에 여과작용도 기대할 수 있다.

㈄ 오존처리

오존처리는 운전비용이 높지만 처리수 중의 색·냄새·유기물질의 제거는 물론 병원성 세균이나 바이러스의 사멸에도 매우 효과적이다.

④ 소독

소독은 병원균을 사멸시키고 슬라임의 발생을 억제하기 위해 실시한다. 소독방법으로는 염소처리·오존처리·자외선 처리 등이 이용되는데, 염소처리는 원칙적으로 최종 처리수의 잔류염소 확보를 위해 소독방법에 관계없이 채용해야 한다.

2. 막처리를 중심으로 한 물리·화학적 처리방식

물리·화학적 처리는 폭기·부상분리·여과·흡착·역삼투·한외여과 등 물리적 처리와 pH조정·이온교환·약품응집침전·산화작용 등 화학적 처리를 단독 혹은 병용하는 것으로(그림 6.8 참고), 이 중 주처리 방법으로 막의 여과효과를 이용하는 경우가 많은데, 막은 제거대상입자의 크기(그림 4.3)에 따라 여러 가지로 나눌 수 있다.

물리·화학적 처리는 보통 생물학적 처리공정의 전처리 또는 후처리 공정으로 이용되나 생물처리 없이 물리·화학적 처리만을 이용할 수도 있는데, 이때 전처리로는 응집침전을 주로 이용하고, 정밀여과(MF; micro filtration)·한외여과(UF; ultra filtration)·나노여과(NF; nano filtration) 또는 역삼투(RO; reverse osmosis) 장치를 주 처리로 이용하는 경우가 많다(표 6.3 참고). 각 처리법에 대한 자세한 내용은 1편 6.4.10장을 참고하기 바란다.

막처리는 처리시설의 규모가 작고 필요시만 가동할 수 있으며 동시에 양질의 처리수를 얻을 수 있는 장점이 있다. 하지만 생물처리에 비해 처리비용이 고가이므로 부지 확보가 곤란한 지역이나 자가 이용을 목적으로 하는 소규모 시설 등에 채용하는 것이 바람직하다. 반면 용량이 클수록 경제성 면에서 생물처리를 이용하는 것이 좋다. 한편 막처리는 응집침전 등 전처리 없이 막만을 이용할 수도 있는데, 이 경우 타 방식에 비해 슬러지 발생량도 적고 유지·관리도 편리하다. 하지만 처리비용은 병용하는 경우에 비해 크게 상승한다.

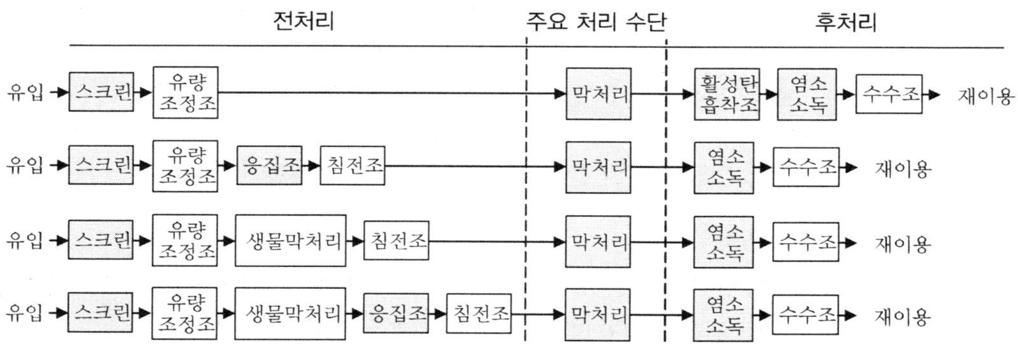

그림 6.8 물리·화학적 처리를 중심으로 한 처리방식

표 6.3 막의 종류와 기능

구 분	정밀여과(MF)	한외여과(UF)	나노여과(NF)	역삼투(RO)
분리기능	고체입자	큰 용질	큰 분자	용질
분리대상의 크기	0.025～10 μm	1,000～300,000 Da*	350～1,000 Da	350 Da
조작압력 (×100 kPa)	가압식 : 2 이하 흡인식 : －0.6 이상	가압식 : 3 이하 흡인식 : －0.6 이상	2～15	해수담수화 : 50～75 함수탈염 : 4～40
제거대상	현탁물, 미생물	미생물, 바이러스	소독부산물, 전구물질, 색도, Ca·Mg이온, 증발 잔류물, 음이온계면활성제 등	염소이온, 나트륨 이온 등의 용해염류

* Da(Dalton); 원자 질량의 단위로 1 Dalton은 산소 원자의 질량의 1/16

6.2.5 장해와 대책

중수도를 보급함에 있어 가장 어려운 점은 일반적으로 상수 처리비를 능가하는 중수의 처리비·기술적 문제 및 수질에 대한 일반의 부정적 인식 등이다. 이러한 문제를 해결하기 위해서는 중수도 설치자금의 융자, 중수도 이용 시 상·하수도 요금의 절감이나 환경개선 부담금의 감면 등 사적인 편익의 제공, 수돗물 값의 현실화 및 지속적인 기술개발과 홍보를 통해 중수도 사용의 필요성을 인식시키는 것이다.

한편 중수도를 사용함에 있어 각종의 문제점이 발생할 수 있는데, 흔히 발생하는 장해로는 가장 먼저 급수계가 상수와 중수의 이중 배관이 됨에 따라 발생하기 쉬운 오음(誤飮)·오접합에 의한 장해를 들 수 있으며, 기타 배관기기의 내용년 단축, 수질의 악화, 열효율 감소나 압력손실을 증가시키는 부식·스케일·슬라임 장해 등을 들 수 있다.

먼저 오음·오접합을 방지하기 위해서는 상수용과 구별되는 위생기구를 사용하는 것이 바람직하며, 기타 배관의 재질이나 색을 다르게 하고 배관의 도면을 정비하여 오접합을 방지해야 한다. 일반적으로 중수도의 배관은 보다 자극적인 색깔이 되도록 하며, 재질은 부식에 강한 내식동관 등을 사용하는 것이 좋다. 또한 배관 시에는 중수관과 다른 급수배관이 일정 간격을 유지하도록 해야 하며, 재이용수의 누수는 오음이나 오접합과 같은 결과를 초래하므로 중수관은 다른 급수관보다 하부에 부설하는 것을 원칙으로 한다.

부식을 방지하기 위해서는 기본적으로 내식성 재료를 사용하는 것이 요구되며, 수질관리를 철저히 하고 경우에 따라서는 설비의 보전을 위해 요구수질 이상으로 처리해야 할 필요가 있으며, 그 외에 냉각용수 등에는 부식억제제(inhibitor)의 사용을 고려해야 한다.

스케일을 방지하기 위해서는 연수화 공정을 채용하거나 산을 주입하여 순환수의 pH를 조정한다. 그 외에 보조 수단으로 탄닌·리그닌과 같은 천연의 부착방지제를 사용하거나 EDTA(ethylene diamine tetraacetic acid; $C_{10}H_{16}N_2O_8$)와 같은 수용성 착염형성제의 사용도 고려할 수 있다.

한편 슬라임은 주로 미생물의 성장과 부착에 따른 것으로 슬라임을 방지하기 위해서는 염소나 차아염소산과 같은 살균제를 투여한다. 이때 고농도의 잔류염소는 금속을 부식시킬 수 있으므로 주의해야 하는데, 관련하여 관 내의 염소농도는 0.2～1.0 mg/L 정도로 유지하는 것이 좋다.

6.2.6 폐기물의 처리 · 처분

중수의 처리과정에서 발생하는 폐기물의 양과 질은 처리시설의 용도나 공정에 따라 약간 다르지만 필연적으로 발생하는데, 이들 물질은 기존 하·폐수처리장의 폐기물 처리과정과 마찬가지로 처분에 앞서 위생적이고 취급이 용이하도록 처리되어야 한다.

폐기물이 발생하는 공정은 하수나 상수 처리 시와 마찬가지로 스크린·생물처리장치·응집처리·부상처리·여과지 등이며, 그 처리·처분 방법 또한 현행의 상수처리장이나 하·폐수처리장과 거의 같다. 하지만 발생량이 많지 않을 경우에는 별도의 처리시설을 갖추기 보다 위탁처리하는 것이 경제적으로 유리하다.

Chapter 6 연습문제

1. 중수도의 수원을 분류하고 각 수원의 특징을 기술하라.

2. 순환방식에 따라 중수도의 운영체계를 분류하고 각 체계의 장단점을 기술하라.

3. 중수 사용 시 발생하기 쉬운 장해와 그 대책에 대해 기술하라.

참고문헌

건설교통부, 수자원장기종합계획(1997～2011), p. 81, 1996, 12.

건설부, 하수도 시설기준, 1992.

이정수, 간접포기식 유동상에 의한 폐수처리특성에 관한 실험적 연구, 대한토목학회논문지, 14(2), 1994.

이정수, 간접포기식 유동상에 의한 폐수처리특성에 관한 연구, 대한토목학회논문지, 15(1), 1995.

이정수, 표준 및 간헐포기식 활성슬러지법의 처리특성에 관한 비교 연구(Ⅰ)-부하변동 및 합리적 설계에 관하여-, 대한환경공학회지, 20(9), 1267～1278. 1998a.

이정수, 부유성미생물을 이용한 생물처리법의 최적 설계, 대한환경공학회지, 22(6), 1011～1019, 2000a.

이정수, Ultra high rate(UHR)법의 처리특성 및 설계에 관한 연구, 대한환경공학회지, 22(12), 2239～2245, 2000b.

이정수, 팽화 발생 원인의 재고, 대한토목학회지, 21(6-B), 725～733, 2001a.

이정수, 슬러지의 침전성에 미치는 온도의 영향, 대한환경공학회지, 23(4), 671-679, 2001b.

이정수, 하·폐수처리, 도서출판 동화기술, 2016.

이정수, HRT를 기초설계변수로 한 활성슬러지의 공정설계, 대한토목학회논문지, 제24권 제1-B호, pp. 79～85, 2004.

일본하수도협회, 하수도시설설계지침과 해설, 1984.

한국수자원공사, 미래 수자원 전망에 관한 연구, p. 306, 1997, 12.

환경부, 전국 수도종합계획, 1998.

横須賀市下水道部；横須賀市における下水の三次處理實驗報告 1975, 1976.

Alleman, J. E. *et al*., Storage-induced denitrification using sequencing batch reactor operation, *Water Research*. Vol. 1483-1488, 1980.

Arceivala S. J., *Wastewater treatment and disposal*, Marcel Dekker, Inc., New York, pp.638-643, 1981.

Ardern E. and Lockett W. T. Experiments on the oxidation of sewage without the aid of filters, *J. Society of Chemical Industries*, 33, pp.523-539,.1914a.

Ardern E. and Lockett W. T. The oxidation of sewage without the aid of filters Ⅱ, *J. Society of*

Chemical Industries, 33, pp.1122-1124, 1914b.

Ardern E. and Lockett W. T. The oxidation of sewage without the aid of filters Ⅲ, *J. Society of Chemical Industries*, 34, pp.937-943, 1915.

Ardern E. A resume of the present position of the activated sludge process of sewage purification, *J. Society of Chemical Industries*, 36, pp.822-883, 1917.

Atlas R. M.; R. Bartha. *Microbial Ecology: Fundamental and application*. Bejamin/Cummings Science Publishing, Menlo park, California, USA. 61-65, 1997.

Barth, E. F., Project officer, Summary Report, Workshop on Biological Phosphorus removal in municipal wastewater treatment., US. EPA, 1982.

Beijerinck, M. W., and Minkman, D. J. C., Bildung und verbrauch von stickoxydul durch bacterien. Zentralbl, Bakteriol, Parasitenk, Abt. Ⅱ 25, 30-63, 1910.

Bitton G. *Wastewater Microbiology*, John Wiley & Sons, New York, pp. 6, 150, 156, 167～179, 1994.

Bock E., Ⅰ. Stueven R. Zaet D., Nitrogen loss caused by denitrifying Nitrosomonas cells using ammonium or hydrogen as electron donors and nitrite as electron acceptor. Arch. Microbiol. 163, 16～20, 1995.

Brungs, W. A., Effects of recidual chlorine on aquatic life, J. WPCF. 45, No, 10; 2180, 1973.

Burge, W. D., Occurrence of Pathogens and Microbial Allergens in the Sewage Composting Enviroment, Proc. National Conf. on Composting of Municipal Residues and Sludges, Information Transfer, Inc. Rockville, MD, 1977.

Carberry, J. B. *et al.*, Luxury uptake of phosphate by activated sludge. *J. W.P.C.F.*, Vol. 45, No. 12, 1973.

Chick, H., Investigation of the Laws of Disinfection, *J. Hygiene*, 8-92, 1908.

Chudoba J., Grau P., Ottova V. and Madera V. Control of activated sludge filamentous bulking: Part Ⅰ, Effect of the hydraulic regime or degree of mixing in an aeration tank, *Water Research*, 7(8), 1163-1182, 1973.

Chudoba J. Control of activated sludge filamentous bulking Ⅵ: Formulation of basic principles, *Water Res.* 19(8). 1017-1022, 1985.

Cox, G. C., Lewin, V. H., and Brignal, W. J., Use of the deep shaft process in uprating and extending existing sewage treatment works, *J. WPCF*, 80, p. 70-86, 1980.

Dan Vacker *et al.*, Phosphate removal though minic pal wastewater treatment at San Antonio Texas., *J. W.P.C.F.*, Vol. 39, No. 5, 1967.

Droste R. L. *Theory and Practice of Water and Wastewater Treatment*, John Wiley & Sons, New York, pp. 142, 145, 208, 561～565, 594, 1997.

Eckenfelder W. W. and Weston R. F., Kinetics of Biological Oxidation, *Biological Treatment of Sewage and Industrial Wastes*, 1, 1956.

EPA. *Evaluation of Dewatering Devices for Producting High Sludge Solid Cake*, Office of Research and Development, Cincinnati, Oh. 1979.

EPA, *Process Design Manual*, EPA 625/1-79-011, 1979.

EPA., Technology Transfer, *Process Design manual, Sludge Treatment and Disposal*, 625/1-79-011, 1979.

EPA, *Process design manual for Dewatering Municipal Wastewater Sludges*, 625/1-82-014, 1982.

EPA. *The causes and control of activated sludge bulking and foaming*, EPA -625/8-87/012, Cincinnati, Oh., 1987.

Ferguson, J. F. and Jenkins, D., Pilot plant tests of a phosphate removal process. Discussion/ Communication, *J. W.P.C.F.*, Vol. 45, No. 4, 620, 1973.

Forster C. F. and Johnston D. W. M. *Aerobic processes*, pp. 15-56, in: *Environmental Biotechnology*, Forster C. F. and Wase D. A. J. Eds. Ellis Horwood, Chichester, U.K., 1987.

Gaudy, A. F., Jr. Biochemical oxygen demand, p. 305-332, in; *Water Pollution Microbiology*, R. Mitchell, Ed. Wiley, New York, 1972.

Granville, H. Sewell. *Introduction to environmental Microbiology*, Prentice-Hall. New Jersey, 267, 1974.

Hall, J. C., and Foxen, R. J., Nitrification in BOD5 test increases POTW noncompliance. *J. Water Pollut. control Fed.* 55, 1461-1469, 1983.

Hammer M. J. *Water and Wastewater Technology*. Wiley, New York. 1986.

Hammer M. J., and Hammer M. J., Jr. *Water and Wastewater Technology*, 3rd, Prentice-Hall, New Jersey, pp. 366, 396～397, 409, 1996.

Hashimoto, S., Fujimoto, T., Kawasugi, T. and Yoriyama, A., 深層曝氣法の 研究と 歷史的 展望, 環境技術, Vol. 15, No. 11, p. 837-981, 1986.

Henze, M., Harremoes, P., Cour Jansen, J. and Arvin, E., Wastewater Treatment. Biological and Chemical Process. Springer-Verlag, Germany, 1995.

Hoff, J. C., and Akin, E. W., Microbial resistance to disinfectants: Mechannisms and significance, Environ. Health Perspect. 69: 7-13, 1986.

Jones, H. R., *Pollution control in the Dairy Industry*. Noyes Data Corperation, Park Ridge, New Jersey, 1974.

Kluyer, A. J., and Donker, H. J. K., Die einheit in der biochemie. Chem. Zelleu. Gewebe 13, 134-190, 1926.

Lim Daniel. *Microbiology*, WCB/McGraw-Hill. New York, NY. pp. 61-62, 141-171, 433, 1998.

Luckiesh, M., and Holladay, L. L., Disinfecting water by means of germicidal lamp, Gen. Electric Rev., 47: 45～54, 1944.

Mark C. M., Van Loosdrecht and Mike S. M. Jetten, Microbiological Conversions in Nitrogen Removal, IAWQ. 19th. International, 21～26, June, 1998.

Matin A. and Haraken S. *Effect of starvation on bacterial resistance to disinfectants*, pp.88-103, in; Drinking Water Microbiology, G. A. McFeters, Ed. Springer-Verlag, New York., 1990.

McKinney R. E. Mathematics of Complete Mixing Activated Sludge, *J. Sanit. Eng. Div. ASCE.*, 88, SA3., 1962.

Metcalf and Eddy, Inc. *Wastewater engineering: Treatment, Disposal, Reuse*, 3rd ed., G. Tcchobanoglous and F. L. Burton, eds., McGraw-Hill, Toronto, 1991.

Muller A., Van de Graaff A.A. Robertson L. A. and Kuenen J. G., Anaerbic ammonium oxidation discovered in a denitrifying fluidized bed reactor. FEMS Microbiol Ecol. 16, 177~184, 1995.

Pasveer A., A case of filamentous activated sludge, *J. Water Pollut. Control Fed.* Vol. 41, No. 7, pp. 1340-1352, 1969.

Paulsrud, B. and Eikum, A. S., Lime Stabilization of Sewage Sludges, *Water Research*, Vol. 9, 1975.

Reynolds, T. D., Unit operation and processes in environmental engineering.

Sawyer C. N. and McCarty P. L. *Chemistry for EnvironmentalEngineering*, 3rd, McGraw-Hill, pp. 230-239, 1978.

Rice, R. G., Miller, G. W., Robson, C. M., and Hill, A. G., Ozone utilization in Europe. *AIChE, 8th Annual Meeting*, Houston, Tex, 1979.

Richard M. G., Jenkins D., Hao O. and Shimizu G., The isolation and characterization of filamentous microorganisms from activated sludge bulking, *Report No. 81-2, Sanitart Eng. and Envir. Health Research Laboratory, University of California, Berkeley*, 1982.

Richard M. G., Hao O. and Jenkins D., Growth kinetics of *Sphaerotilus* species and their significances in activated sludge bulking, *J. Water Pollut. Control Fed.* Vol. 57, pp. 68-81, 1985.

Robertson L. A. and Kuenen J. G., Combined heterotrophic nitrification and aerobic denitrification in *Triosphaera pantotropha* and other bacteria. Ant. Van Leeuwenhoek, 56, 289~299, 1990.

Rubin, A. J., J. P. Engel, and O. J. Sproul, Disinfection of amoebic cysts in water with free chlorine. J. *Water Pollut. Control Fed.*, 55, 1174~1182, 1983.

Schmidt I. and Bock E., Anaerobic ammonia oxidation with nitrogen dioxide by *Ntrosomonas eutropha*, Archives of Microbiology, 167, 106~111, 1997.

Severin, B. F., Disinfection of municipal wastewater effluents with ultraviolet light, J. WPCF., 52: 200 7~2018, 1980.

Sherrard J. H. and Schroeder E. D., Relationship between the observed cell yield coefficient and mean cell residence time in the completely mixed activated sludge process, *Water Research*, Vol. 6, No. 9, pp. 1039-1049, 1972.

Snoeyink, V. L. and Jenkins, D., Water Chemistry, John Wiley & Sons, Inc., 1980.

Storm P. F. and Jenkins D., Identification and significance of filamentous microorganisms in activated sludge, *J. Water Pollut. Control Fed.* Vol. 49, pp. 584-589, 1984.

Thomann, R. V., Mueler, J. A., *Principales of Surface Water Quality Modeling and Control*, Harper & Row, 1987.

U.S. EPA, *The relationship of Phosphorus and Nitrogen to the Trophic State of Northeast and North-Central Lakes and Reservoirs*, National Eutrophication Survey Working Paper, No. 23, 1974.

van Niekerk A. M., Jenkins D. and Richard M. G., The competitive growth of Zooglea ramigera and Type 021N in activated sludge and pure culture; A model for low F/M bulking, *J. Water Pollut. Control Fed.* 59. 262-273, 1987.

Verstraete, W., and E. van Vaerenbergh, Aerobic activated sludge, pp. 43-112, in; *Biotechnology*, H. J. Rehm and G. Reed, Eds.; Vol. 8. *Aerobic Degradations*, W. Schonborn, Vol. Ed. VCH, Germany,

1986.

Wanner J. and Grau P., Identification of filamentous microorganisms from activated sludge; A compromise between wishes and possibilities, *Water Res.* 23, 883-891, 1989.

Washington, B. Leu-Hing, C., Zenz, D. R., Rao, K. C. and Kobayashi, A. W., Exertion of 5-day nitrogenous oxygen demend in nitrifying wastewater. *J. Water Pollut. control Fed.* 55, 1196-1200, 1983.

Water Poiiution Control Fed., MOP FD-7, *Nutrient control*, 1983.

WEF & ASCE, Design of MWTP, Vol. Ⅱ, 1992.

WEF. and ASCE., *Design of Municipal Wastewater Treatment Plants*, Vo. 2, Chapters 11, pp. 14, 27, 1998.

Wolfe, R. L., Ward, N. R., and Olson, B. H., Inorganic chloramines as drinking water disinfectants; A review, *J. Am. Water Works Assoc.* 76; 74～88, 1984.

찾아보기

저 자 : **이 정 수**

- 전북대학교 토목공학과 졸업
- 전북대학교 토목공학과 공학박사
- 우석대학교 토목공학과 교수

상하수도공학 –개정판– 정가 24,000원

인 쇄 2017년 3월 2일 2판 1쇄
발 행 2017년 3월 10일 2판 1쇄
저 자 이정수
발행인 전귀연
발행처 신 광 문 화 사
경기도 파주시 광인사길 201(문발동, 파주출판도시)
Tel (031)955-4211~6 donghwapub@nate.com
Fax (031)955-4217 www.donghwapub.co.kr
(등록) 1991년 6월 26일/6-130호

Printed in Korea

ISBN 978-89-7432-930-3

공급처 도서출판 동화기술